简明大学物理

（第四版）

主　编　张丹海　洪小达　李晓梅
副主编　吕素叶　孙晓宁　王云志

科学出版社
北　京

内 容 简 介

本书依据教育部高等学校物理学与天文学教学指导委员会物理基础课程教学指导分委员会编制的《理工科类大学物理课程教学基本要求》(2010年版)编写，主要内容包括力学、振动和波动、光学、热学、电磁学和近代物理基础等. 本书内容精练、体系完整、注重应用. 为便于读者对书中内容的理解，本书配有相应的练习题和答案. 同时，为了方便教师教学和学生自学，本书在每章后附有自测题，可以扫码查看答案.

本书突出对学生的科学素质教育，突出时代性、应用性和普适性. 在最后部分增加了阅读与讨论的内容，为广大师生提供课外拓展的方向.

本书可作为高等院校理工科类各专业的物理教材，也可供成人高等学校及高等职业学校的师生使用.

图书在版编目(CIP)数据

简明大学物理/张丹海，洪小达，李晓梅主编 .—4 版.—北京：科学出版社，2023.1

ISBN 978-7-03-073804-2

Ⅰ.①简… Ⅱ.①张…②洪…③李… Ⅲ.①物理学-高等学校-教材 Ⅳ.①O4

中国版本图书馆 CIP 数据核字(2022)第 221249 号

责任编辑：窦京涛　田轶静 / 责任校对：杨聪敏
责任印制：霍　兵 / 封面设计：蓝正设计

科学出版社 出版

北京东黄城根北街 16 号
邮政编码：100717
http://www.sciencep.com

三河市荣展印务有限公司印刷
科学出版社发行　各地新华书店经销

*

1998 年 1 月第　一　版　开本：720×1000 1/16
2023 年 1 月第　四　版　印张：23
2024 年11月第三十六次印刷　字数：464 000

定价：69.00 元

(如有印装质量问题，我社负责调换)

前　言

《简明大学物理》第一次出版于1998年1月，至今已经过二十多年的教学检验. 广大师生在使用中提供了很多宝贵的建议和意见，促使我们对本书进行了再次修改.

第四版的编写，在充分保留前几版编写成果和成功经验的基础上，主要做了三个方面的调整：一是更新了部分例题和习题，更加体现了物理与生产生活的实际联系，旨在突出学以致用的教学思想；二是增加了阅读内容，以拓展学生的物理知识面；三是将部分电子资源融入教材，实现扫码阅读.

第四版的编写得到了北京师范大学的李春密、北京交通大学的唐莹、防灾科技学院的康永刚等教师的热情帮助，他们给出了许多有益的建议. 在此深表谢意！

参与《简明大学物理》(第四版)编写的成员都是具有一线教学经验的教师. 他们是北京石油化工学院吕素叶，北京信息职业技术学院洪小达，北京联合大学张丹海、李晓梅、孙晓宁、王云志. 本书第一～三章和附录部分由孙晓宁编写，第四～七章由李晓梅编写，第七、八章的部分内容和阅读与讨论部分由王云志编写，第八～十章由吕素叶编写；统稿工作由李晓梅和王云志共同完成；全书内容由张丹海和洪小达定稿.

虽然编者有为广大读者奉献一本有质量、有特色的物理教材之初心，然而受学识能力所限，不当之处在所难免，希望读者批评指正！

编　者

2022年7月于北京

第三版前言

《简明大学物理》(第一、二版),经过17年的教学检验,为编写第三版提供了科学验证和实践根基;在一定意义上,第三版的编写是对前两版的传承与创新.

《简明大学物理》(第三版)的编写,兼顾了两个方面:既有对第一版、第二版的面向大众化高等教育的编写定位,保证基础、精选内容的编写原则和简要明晰的编写风格,予以坚守和保持,又有为适应经济社会的变革与发展和高等教育深化改革对基础学科教育教学提出的新要求,增加了探索性、创新性的内容.与第二版相比,第三版有以下主要变化.

调整了部分篇章结构.质点运动学和质点动力学是中学物理的教学重点,也是学生掌握得相对较好的内容.为了避免低水平的内容重复,适合少学时的物理教学,将这两部分知识内容合并为一章"质点力学".同时,将通常放在近代物理学板块中的狭义相对论,调整到"刚体运动基础"之后,意在引导学生认识到,在科学发展观的视野下,狭义相对论不是对经典力学的否定,而是科学发展与创新的结果.根据教学实践,删除了光学中的几何光学内容,恢复到第一版的"波动光学",并调整到"机械振动与机械波"之后,便于学习者掌握干涉和衍射产生的条件和规律.

更新了部分例题和习题.每章后增设了"自主测试".自主测试题是由选择、填空和计算等不同题型组合的,并备有答案,以弥补习题中只有单一计算题型的不足,也为学生自主学习提供了一定的方便.

新编的《简明大学物理》(第三版)由十章组成.章节的结构没有完全遵循传统的大学物理的内容排序,而是更多地关注了学习者的认知逻辑和教学的方便,仅作为一种尝试.

参加《简明大学物理》(第三版)编写的成员都是物理教学一线的教师.他们是:北京建筑大学杨宏,石河子大学郭志荣,北京信息职业技术学院洪小达,北京联合大学姜黎霞、李晓梅、宗广志、钱卉仙、张丹海.书中融入了编写者的教学经验和教改成果,吸纳了多位专家学者和广大师生对本书提出的真知灼见.在此,深表谢意.

为实现本书的编写目标,编者虽尽其所能,但由于水平所限,书中仍会有不当之处,敬请读者批评指正.

编　者

2015年1月于北京

第二版前言

诞生于20世纪末的《简明大学物理》转眼走过了十个春秋. 十年来,国家的飞速发展,社会的长足进步,推动着我国的高等教育迈入了大众化阶段.《简明大学物理》已经出版十年,与时俱进,保持活力,面向大众化高等教育,主动适应社会对人才目标的培养要求,是编写《简明大学物理》(第二版)的动因;务真求实,不求高深,力求创新,是编写《简明大学物理》(第二版)的基本宗旨.

《简明大学物理》(第二版)保持了第一版的"保证基础,精选内容"、简要明晰的基本风格. 根据近年来教育部基础物理课程指导委员会关于"非物理类理工学科大学物理课程教学基本要求"的指导精神,调整了部分结构,重组了部分内容,突出了应用,加重了近代物理内容. 与第一版相比,有四分之一的知识内容得到了调整,为适应不同院校、不同类别专业的教学要求,以"核心内容"和"扩展内容"(文中小字部分)对知识内容作了相对性区分;有三分之一的例题、习题进行了更换,力图体现"基本训练、贴近实际、激发兴趣、体现素质"的选题思想.

《简明大学物理》出版十年,重印十次,许多专家学者和广大师生基于对编者的鼓励和厚爱,在给予本书十分肯定的同时,还提出了不少合理的要求和有益的建议. 对这些要求和建议,在第二版中编者给予了应有的重视和吸纳.

参加本书第二版编写的有北方工业大学米仪琳、李为人,北京印刷学院李柳青,北京信息职业技术学院洪小达,北京建筑工程学院余丽芳,北京联合大学张丹海、宗广志、钱卉仙、姜黎霞.

为了提高《简明大学物理》的教学效果,同时出版了与本书配套使用的电子教案和习题解答(光盘),以及与本书内容结构相同的教学用书《大学物理解析》,三者成为具有互补教学关系的"立体教材".

面向大众化高等教育写书,写出大众化高等教育所需要的教材是编者期盼的目标. 这些目标虽然限于编者的学识和水平,不敢妄称定能实现,但参与目标的追求也是很有意义的.

书中难免有疏漏之处,欢迎批评指正.

编　者

2007年9月于北京

第一版序

物理学是一门重要的基础学科，是整个自然科学的基础. 物理学的发展推动了整个自然科学的发展，对人类的物质观、时空观、宇宙观乃至整个人类文化都产生了极其深刻的影响. 与此同时，物理学又是技术发展的最主要的源泉. 上述结论，不仅已经为过去几百年的历史和当今的现实无可辩驳地证明了，而且必将进一步为未来所证明.

基于对物理学地位和作用的认识，在教学中应该强调物理学的基础性，着重阐明物质的基本结构形态和基本运动规律，并有选择地介绍当代进展，以扩展视野，使课程内容更加丰富. 物理教学应该在传授物理知识和研究方法，培养能力和提高素质的同时，宣扬物理学本身一贯具有的崇高理性、崇尚实践、追求真理的精神.

《简明大学物理》是为非物理专业学时较少的“大学物理”课程提供的教材. 它继承了我国物理教学的成熟经验，精选内容，加强基础，力图在较少的时间内使学生对物理学的内容和方法、概念和图像、历史和现状有所了解，为尔后的学习打下比较扎实的物理基础. 为此，编者进行了一些有益的尝试和探索，相信会受到读者的欢迎，也衷心期待批评和指正.

陈秉乾

1997 年 4 月于北京大学

目　　录

第一章　质点力学

物理学是研究物质结构及其运动的最普遍基本规律的自然科学，为其他自然科学和工程技术提供了理论基础. 物理学是在人类不断认识物质世界的过程中形成的，本章主要讨论物体位置的变化，即自然界中最简单、最基本的运动形态——机械运动.

1-1　质点运动的描述

一、参考系和坐标系　质点

1. *参考系和坐标系*

自然界中的一切物体都在运动，大到地球、太阳等天体，小到分子、原子和各种基本粒子，都处在永恒的运动中，所以物体的运动是普遍的、绝对的. 但是对运动的描述是相对的，即与参考物有关. 例如，匀速行驶的车上物体的落体运动在地面上看却是抛物线运动. 所以在描述研究对象的运动时，首先必须选择另一个或几个保持相对静止的物体作为参考，被选作参考的物体就称为参考系.

一般地，参考系的选择具有任意性，视具体问题的性质和方便而定. 例如，研究地面附近物体的运动就常以地球为参考系，若研究地球绕太阳的运动，则选太阳为参考系.

为了定量地描绘物体相对于参考系的运动，还需要建立固定在参考系中的坐标系. 通常使用的是固定在参考系上的直角坐标系，也可以使用极坐标系、球面坐标系或柱面坐标系等. 长度单位取国际单位制为米(m)，也可以使用厘米(cm)、千米(km)等.

2. *质点*

当物体的大小和形状可以忽略时，可将物体抽象为具有质量的几何点，即质点.

例如，在研究物体的平动时，其上各点的运动情况完全相同，可取物体上的任一点来代表，将平动的物体看作质点；研究地球绕太阳的运动，虽然地球既自转又公转，各点间的运动也不相同，但考虑到日地距离是地球直径的一万多倍，在研究地球公转时可以忽略地球的大小和形状，把地球看成一个质点.

一个物体能否看成质点，应根据具体问题而定. 例如，研究地球自转及物体的转动、液体的流动等时必须考虑研究对象的大小和形状，不能将物体看成质点，但可以将其分成质点系，所以质点运动学是整个运动学的基础.

我们将物体看成质点，对实际问题进行抽象化处理，突出事物的本质因素，忽略次要因素，从而使所研究的问题简化，以便于从理论上去研究它，这种被抽象了的模型称为理想模型. 质点是实际物体的一个理想模型，后面我们还会建立刚体、理想气体、点电荷等理想模型，建立理想模型的方法在处理实际问题中是很有意义的.

二、位置矢量　位移

1. 位置矢量和运动方程

在直角坐标系中描述质点的位置我们习惯于用坐标(x,y,z)表示，在物理学中还可以用一个有向线段来表示质点的位置. 这个有向线段的长度为质点到原点的距离，方向规定为由坐标原点指向质点所在位置 P 点，称为质点的位置矢量，简称位矢，记作 $\boldsymbol{r}$，显然 $\boldsymbol{r}=\overrightarrow{OP}$，而且下式成立：

$$\boldsymbol{r} = x\boldsymbol{i} + y\boldsymbol{j} + z\boldsymbol{k} \tag{1-1}$$

式中，$\boldsymbol{i}$、$\boldsymbol{j}$、$\boldsymbol{k}$ 分别为 x、y、z 轴上的单位矢量.

$\boldsymbol{r}$ 的大小为

$$r = |\boldsymbol{r}| = \sqrt{x^2 + y^2 + z^2} \tag{1-2}$$

$\boldsymbol{r}$ 的方向余弦为 $\cos\alpha=\dfrac{x}{r}$，$\cos\beta=\dfrac{y}{r}$，$\cos\gamma=\dfrac{z}{r}$.

对于不同时刻，质点总有一定的位置矢量 $\boldsymbol{r}$ 与之对应，$\boldsymbol{r}$ 是 t 的函数，记作

$$\boldsymbol{r} = \boldsymbol{r}(t)$$

这就是质点的运动方程.

由直角坐标系中点的坐标与 $\boldsymbol{r}$ 的对应关系可以得到

$$\boldsymbol{r} = x(t)\boldsymbol{i} + y(t)\boldsymbol{j} + z(t)\boldsymbol{k}$$

或者

$$x = x(t),\quad y = y(t),\quad z = z(t) \tag{1-3}$$

这就是质点运动方程的标量形式.

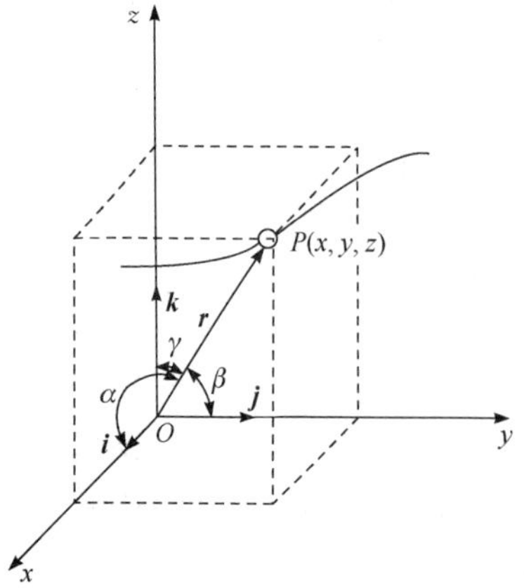

图 1-1　位置矢量

位置矢量有三条基本特性：①矢量性，$\boldsymbol{r}$ 是矢量，不仅有大小，而且有方向；②瞬时性，位置矢量总是与时刻相对应，不同时刻质点的位置矢量不同；③相对性，坐标系的选择不同导致位置矢量也不同，这表明质点的位置矢量 $\boldsymbol{r}$ 与坐标系的选择有关(图 1-1).

运动质点在空间所经过的路径称为轨道. 轨道是位置矢量的矢端在空间移动的轨迹，在质点的运动方程中消去时刻 t 就可以得到质点的轨道方程. 运动方程是轨道的参数方程.

例如，质点的运动方程为

$$\boldsymbol{r} = R\cos\omega t\boldsymbol{i} + R\sin\omega t\boldsymbol{j}$$

其标量形式为

$$x = R\cos\omega t,\quad y = R\sin\omega t,\quad z = 0$$

消去 t 后得到轨道方程

$$x^2 + y^2 = R^2,\quad z = 0$$

这是圆心在坐标原点,半径为 R,位于 $z=0$ 平面内的圆.

2. 位移

如图 1-2 所示,A、B 分别为 t 与 $t+\Delta t$ 时刻质点的位置,$\overset{\frown}{AB}$是质点运动轨迹的一部分,$\boldsymbol{r}_A$、$\boldsymbol{r}_B$ 分别为 A、B 两点的位置矢量. 这样,质点在 Δt 内的位移定义为 $\Delta\boldsymbol{r}=\boldsymbol{r}_B-\boldsymbol{r}_A$. $\Delta\boldsymbol{r}$ 是由 A 点(起点)指向 B 点(终点)的有向线段,$\Delta\boldsymbol{r}$ 是位置矢量 $\boldsymbol{r}_A$ 的增量,$\Delta\boldsymbol{r}$ 不仅表示 B 点相对于 A 点的方位,而且还表示 A、B 间的距离.

位移是矢量,既有大小,又有方向,它与质点所经过的路程不同. 路程 Δs 是指质点所经路径的长度,只有大小,没有方向,路程是标量. 位移与路程是两个截然不同的概念. 某人绕 400m 跑道跑一圈,其位移 $\Delta\boldsymbol{r}$ 为 0,而路程 Δs 为 400m. 显然 $\Delta s\neq|\Delta\boldsymbol{r}|$,仅当$|\Delta\boldsymbol{r}|\to 0$ 时,表示$|\Delta\boldsymbol{r}|$的弦与表示 Δs 的弧趋于一致,二者的大小才相等,即$|\mathrm{d}\boldsymbol{r}|=\mathrm{d}s$,而且 $\mathrm{d}\boldsymbol{r}$ 的方向趋近于 A 点的切线方向.

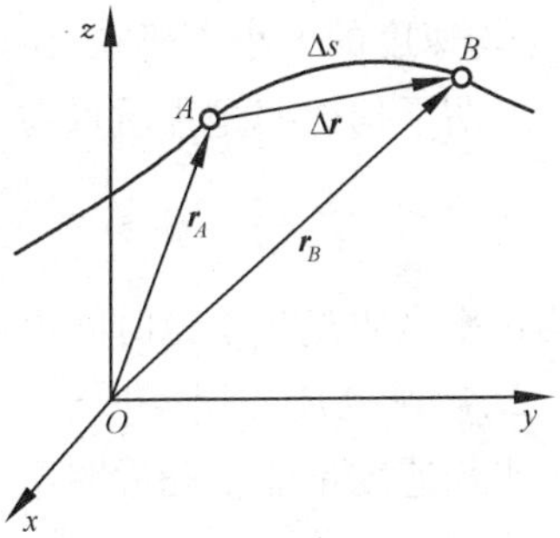

图 1-2 位移

在图 1-2 中,A、B 两点的位置矢量分别为

$$\boldsymbol{r}_A = x_A\boldsymbol{i} + y_A\boldsymbol{j} + z_A\boldsymbol{k}$$

$$\boldsymbol{r}_B = x_B\boldsymbol{i} + y_B\boldsymbol{j} + z_B\boldsymbol{k}$$

由此,质点由 A 运动到 B 的位移矢量 $\Delta\boldsymbol{r}$ 为

$$\Delta\boldsymbol{r} = \boldsymbol{r}_B - \boldsymbol{r}_A = (x_B - x_A)\boldsymbol{i} + (y_B - y_A)\boldsymbol{j} + (z_B - z_A)\boldsymbol{k} \tag{1-4}$$

位移的大小为

$$|\Delta\boldsymbol{r}| = \sqrt{(x_B - x_A)^2 + (y_B - y_A)^2 + (z_B - z_A)^2} \tag{1-5}$$

其方向可由方向余弦表示

$$\cos\alpha = \frac{x_B - x_A}{|\Delta\boldsymbol{r}|},\quad \cos\beta = \frac{y_B - y_A}{|\Delta\boldsymbol{r}|},\quad \cos\gamma = \frac{z_B - z_A}{|\Delta\boldsymbol{r}|} \tag{1-6}$$

三、速度 加速度

物理学要研究物体的多种运动形式,而描述这些动动形式的各种物理量一般都处在变化之中,因此就需要研究各种物理量对于时间的变化率. 本节由最基本的

变化率开始.

1. 平均速度矢量

研究物体的运动,不仅要研究位置矢量和位移,而且要研究位置移动的快慢和方向. 在图 1-2 中,时刻 t 到$(t+\Delta t)$内,质点的位移为 $\Delta \boldsymbol{r}$,所用时间间隔为 Δt,那么,我们称 $\Delta \boldsymbol{r}$ 与 Δt 的比值为质点在这段时间内的平均速度矢量,简称平均速度,即

$$\overline{\boldsymbol{v}}=\frac{\Delta \boldsymbol{r}}{\Delta t} \tag{1-7}$$

表明平均速度等于位移矢量对时间的平均变化率.

由于 $\Delta \boldsymbol{r}$ 与所取时刻 t 及时间间隔 Δt 有关,所以$\overline{\boldsymbol{v}}$与 t 和 Δt 的选取有关. 平均速度$\overline{\boldsymbol{v}}$并不能精确反映 $t \rightarrow t+\Delta t$ 内质点运动的情况,它只是粗略地反映出在这一时间段内质点运动的平均快慢及总的方向. 平均速度的方向与位移 $\Delta \boldsymbol{r}$ 的方向相同,平均速度的大小等于在 Δt 内每单位时间内平均位移的大小.

所谓平均速率是指质点在 Δt 内所经过的路程 Δs 与所用时间 Δt 的比值,即

$$\bar{v}=\frac{\Delta s}{\Delta t} \tag{1-8}$$

平均速率是质点在单位时间内通过的平均路程,它是标量.

2. 瞬时速度矢量

平均速度不能精确说明质点的运动情况,为了精确说明质点在时刻 t 的运动情况,应该把 Δt 取得尽可能小,Δt 越小,比值$\frac{\Delta \boldsymbol{r}}{\Delta t}$就越能精确地表示 t 时刻的运动情况. 为此应用极限的概念,在 $\Delta t \rightarrow 0$ 时,$\frac{\Delta \boldsymbol{r}}{\Delta t}$的极限就是质点在 t 时刻的运动的精确描写,我们称之为瞬时速度矢量,简称速度,即

$$\boldsymbol{v}=\lim_{\Delta t \rightarrow 0} \overline{\boldsymbol{v}}=\lim_{\Delta t \rightarrow 0} \frac{\Delta \boldsymbol{r}}{\Delta t}=\frac{\mathrm{d} \boldsymbol{r}}{\mathrm{d} t} \tag{1-9}$$

该式表明瞬时速度就是位置矢量对时间的一阶导数. 瞬时速度是矢量,其方向为 $\Delta t \rightarrow 0$ 时位移 $\Delta \boldsymbol{r}$ 的极限方向,参看图 1-3 中位移 $\Delta \boldsymbol{r}=\overrightarrow{AB}$沿着割线$AB$的方向. 当 Δt 逐渐减小而趋于零时,B 点趋于 A 点,相应的割线AB趋于 A 点的切线,其方向为质点前进的方向.

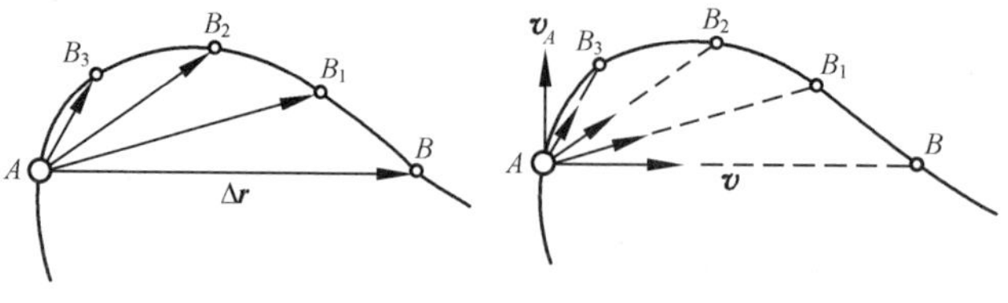

图 1-3　质点在轨道上 A 点处的速度的方向

在 $\Delta t\to 0$ 的极限情况下，质点平均速率的极限就是质点的瞬时速率，即

$$v=\lim_{\Delta t\to 0}\frac{\Delta s}{\Delta t}=\frac{\mathrm{d}s}{\mathrm{d}t}=\lim_{\Delta t\to 0}\frac{|\Delta \boldsymbol{r}|}{\Delta t}=|\boldsymbol{v}| \tag{1-10}$$

上式还表明，在 $\Delta t\to 0$ 时，弦AB无限接近弧$\overset{\frown}{AB}$，即$|\Delta \boldsymbol{r}|\to\Delta s$，因此，瞬时速率就是瞬时速度的大小. 瞬时速率是标量，瞬时速度是矢量，在国际单位制中速度与速率的单位均为 $\mathrm{m\cdot s^{-1}}$. 由于

$$\boldsymbol{r}=x\boldsymbol{i}+y\boldsymbol{j}+z\boldsymbol{k}$$

所以

$$\begin{aligned}\boldsymbol{v}&=\frac{\mathrm{d}\boldsymbol{r}}{\mathrm{d}t}=\frac{\mathrm{d}}{\mathrm{d}t}(x\boldsymbol{i}+y\boldsymbol{j}+z\boldsymbol{k})\\&=\frac{\mathrm{d}x}{\mathrm{d}t}\boldsymbol{i}+\frac{\mathrm{d}y}{\mathrm{d}t}\boldsymbol{j}+\frac{\mathrm{d}z}{\mathrm{d}t}\boldsymbol{k}\\&=v_x\boldsymbol{i}+v_y\boldsymbol{j}+v_z\boldsymbol{k}\end{aligned} \tag{1-11}$$

式中，v_x、v_y、v_z 分别为 $\boldsymbol{v}$ 在 x、y、z 方向上投影的大小，显然

$$v_x=\frac{\mathrm{d}x}{\mathrm{d}t},\quad v_y=\frac{\mathrm{d}y}{\mathrm{d}t},\quad v_z=\frac{\mathrm{d}z}{\mathrm{d}t} \tag{1-12}$$

速度的大小

$$v=\sqrt{v_x^2+v_y^2+v_z^2}=\sqrt{\left(\frac{\mathrm{d}x}{\mathrm{d}t}\right)^2+\left(\frac{\mathrm{d}y}{\mathrm{d}t}\right)^2+\left(\frac{\mathrm{d}z}{\mathrm{d}t}\right)^2} \tag{1-13}$$

其方向可由方向余弦表示

$$\cos\alpha=\frac{v_x}{v},\quad \cos\beta=\frac{v_y}{v},\quad \cos\gamma=\frac{v_z}{v} \tag{1-14}$$

例 1-1 质点在 Oxy 平面内的运动方程为 $\boldsymbol{r}=x\boldsymbol{i}+y\boldsymbol{j}$，其中 $x=2t$，$y=\frac{1}{2}t^2-2$，式中各量均为 SI 单位. 求：(1) $t_1=2.0\mathrm{s}$ 到 $t_2=4.0\mathrm{s}$ 这段时间内的位移和平均速度；(2) $t_2=4.0\mathrm{s}$ 时的速度和速率；(3) 质点的轨道方程.

解 (1) 由定义

$$\Delta\boldsymbol{r}=\Delta x\boldsymbol{i}+\Delta y\boldsymbol{j}=(4\boldsymbol{i}+6\boldsymbol{j})(\mathrm{m})$$

$$\bar{\boldsymbol{v}}=\frac{\Delta\boldsymbol{r}}{\Delta t}=\frac{\Delta x}{\Delta t}\boldsymbol{i}+\frac{\Delta y}{\Delta t}\boldsymbol{j}=\frac{8-4}{4-2}\boldsymbol{i}+\frac{6-0}{4-2}\boldsymbol{j}=(2\boldsymbol{i}+3\boldsymbol{j})(\mathrm{m\cdot s^{-1}})$$

(2) 运动方程的矢量式为

$$\boldsymbol{r}=2t\boldsymbol{i}+\left(\frac{1}{2}t^2-2\right)\boldsymbol{j}$$

根据速度公式有

$$\boldsymbol{v}=\frac{\mathrm{d}\boldsymbol{r}}{\mathrm{d}t}=2\boldsymbol{i}+t\boldsymbol{j}$$

将 $t_2=4\mathrm{s}$ 代入上式，可得

$$\boldsymbol{v}_{t_2}=(2\boldsymbol{i}+4\boldsymbol{j})(\mathrm{m\cdot s^{-1}})$$

速率为

$$v_{t_2}=\sqrt{v_x^2+v_y^2}=\sqrt{2^2+4^2}=4.5(\mathrm{m}\cdot\mathrm{s}^{-1})$$

(3) 由 $x=2t$ 得 $t=\dfrac{x}{2}$,代入 $y=\dfrac{1}{2}t^2-2$,可得轨道方程

$$y=\frac{1}{8}x^2-2$$

3. 瞬时加速度矢量

质点运动时,瞬时速度的大小和方向都会不断变化,加速度就是描述这种变化的快慢和方向的物理量.

仿照平均速度概念的研究方法,在图 1-4 中,$\boldsymbol{v}_A$ 表示质点在 t 时所在 A 点的速度,$\boldsymbol{v}_B$ 表示质点在 $t+\Delta t$ 时所在 B 点的速度,参看速度的矢量三角形,可知速度在 Δt 内的增量,即末时刻速度与初时刻速度之差为

$$\Delta\boldsymbol{v}=\boldsymbol{v}_B-\boldsymbol{v}_A \tag{1-15}$$

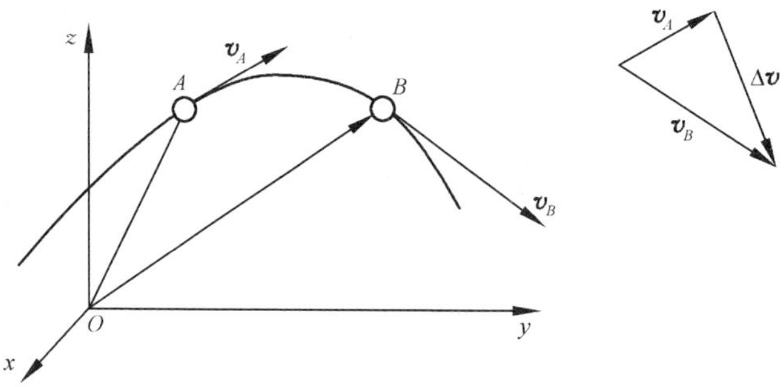

图 1-4 速度的增量

平均加速度的定义为

$$\bar{\boldsymbol{a}}=\frac{\Delta\boldsymbol{v}}{\Delta t} \tag{1-16}$$

平均加速度描述的是质点在 Δt 时间内的运动速度变化的平均快慢及变化的总方向. 这种描述是粗糙的. 为了精确地描述质点在某一时刻 t(或某一位置 A 处)的速度变化情况,有必要使 $\Delta t\to0$,引入瞬时加速度矢量的概念. 当 $\Delta t\to0$ 时,质点平均加速度的极限即为质点在 t 时刻的瞬时加速度,即

$$\boldsymbol{a}=\lim_{\Delta t\to0}\bar{\boldsymbol{a}}=\lim_{\Delta t\to0}\frac{\Delta\boldsymbol{v}}{\Delta t}=\frac{\mathrm{d}\boldsymbol{v}}{\mathrm{d}t}=\frac{\mathrm{d}^2\boldsymbol{r}}{\mathrm{d}t^2} \tag{1-17}$$

上式表明瞬时加速度矢量是速度矢量对时间的一阶导数,也就是速度矢量对时间的变化率. 上式还表明加速度是位置矢量对时间 t 的二阶导数,它的方向是当 $\Delta t\to0$ 时速度增量 $\Delta\boldsymbol{v}$ 的极限方向,由于速度变化情况不同,$\Delta\boldsymbol{v}$ 的极限方向也不同,因而 $\boldsymbol{a}$ 的方向也不同. 必须注意,速度增量的方向与速度的方向一般并不相同.

由于速度增量导致速度方向的改变,因而加速度的方向就总是指向位置曲线凹的一侧(图 1-4).

在直线运动中,$\boldsymbol{a}$ 的方向与 $\boldsymbol{v}$ 相同或相反(即加速或减速),在曲线运动中,$\boldsymbol{a}$ 的方向就各有不同. 例如,在匀速圆周运动中,质点的加速度 $\boldsymbol{a}$ 的方向永远指向圆心;抛体运动中质点的加速度就是重力加速度,其方向永远竖直向下.

把 $\boldsymbol{r}=x\boldsymbol{i}+y\boldsymbol{j}+z\boldsymbol{k}$ 代入(1-17)式,可得

$$\boldsymbol{a}=\frac{\mathrm{d}^2\boldsymbol{r}}{\mathrm{d}t^2}=\frac{\mathrm{d}^2x}{\mathrm{d}t^2}\boldsymbol{i}+\frac{\mathrm{d}^2y}{\mathrm{d}t^2}\boldsymbol{j}+\frac{\mathrm{d}^2z}{\mathrm{d}t^2}\boldsymbol{k} \tag{1-18}$$

由此得到加速度在坐标轴方向上的分量式

$$a_x=\frac{\mathrm{d}^2x}{\mathrm{d}t^2},\quad a_y=\frac{\mathrm{d}^2y}{\mathrm{d}t^2},\quad a_z=\frac{\mathrm{d}^2z}{\mathrm{d}t^2} \tag{1-19}$$

加速度的大小

$$a=\sqrt{a_x^2+a_y^2+a_z^2}=\sqrt{\left(\frac{\mathrm{d}^2x}{\mathrm{d}t^2}\right)^2+\left(\frac{\mathrm{d}^2y}{\mathrm{d}t^2}\right)^2+\left(\frac{\mathrm{d}^2z}{\mathrm{d}t_2}\right)^2} \tag{1-20}$$

其方向由方向余弦表示

$$\cos\alpha=\frac{a_x}{a},\quad \cos\beta=\frac{a_y}{a},\quad \cos\gamma=\frac{a_z}{a} \tag{1-21}$$

由于

$$a=|\boldsymbol{a}|=\frac{|\mathrm{d}\boldsymbol{v}|}{\mathrm{d}t}=\lim_{\Delta t\to 0}\frac{|\Delta\boldsymbol{v}|}{\Delta t}$$

可知加速度的大小等于速度增量的大小对时间的变化率的极限.

例 1-2 已知质点的运动方程为 $\boldsymbol{r}=10\boldsymbol{i}+15t\boldsymbol{j}+5t^2\boldsymbol{k}$(单位:m),求:(1)质点的运动轨迹;(2)$t=0$,$t=1.5\mathrm{s}$ 时质点的速度矢量和加速度矢量.

解 由于 $x=10$ 为常量,所以质点在 x 轴上距原点 10m 处的 Oyz 平面上运动(图 1-5). 运动方程为

$$\begin{cases}x=10\\y=15t\\z=5t^2\end{cases}$$

消去 t 得轨迹方程

$$x=10$$

$$z=\frac{1}{45}y^2$$

为 $x=10$ 平面上开口向上的一支抛物线.

$t=0$ 时,质点位于 A 点,速度方向沿轨道切向,即 y 轴正向;$t=1\mathrm{s}$ 时,质点位于 B 点,速度方向沿 B 点处轨道的切向.

由(1-11)式,速度矢量表达式为

$$\boldsymbol{v}=15\boldsymbol{j}+10t\boldsymbol{k}$$

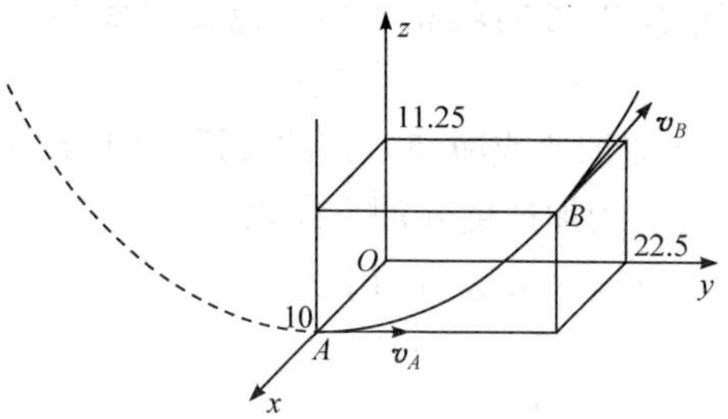

图 1-5　例 1-2 图

$\boldsymbol{v}$ 的大小

$$v=\sqrt{225+100t^2}$$

$\boldsymbol{v}$ 的方向余弦

$$\cos\alpha=0,\quad \cos\beta=\frac{15}{v},\quad \cos\gamma=\frac{10t}{v}$$

（1）当 $t=0$ 时，$v=15\text{m}\cdot\text{s}^{-1}$

$$\cos\alpha=\cos\gamma=0,\quad \cos\beta=1$$

表明质点速度沿 y 轴正方向（$\alpha=\gamma=90°$，$\beta=0°$）.

（2）当 $t=1.5\text{s}$ 时，$v=15\sqrt{2}\text{m}\cdot\text{s}^{-1}=21.21\text{m}\cdot\text{s}^{-1}$

$$\cos\alpha=0,\quad \cos\beta=\frac{\sqrt{2}}{2},\quad \cos\gamma=\frac{\sqrt{2}}{2}$$

即

$$\alpha=90°,\quad \beta=\gamma=45°$$

再求加速度矢量. 由（1-18）式，$\boldsymbol{a}=10\boldsymbol{k}$

$$a=10\text{m}\cdot\text{s}^{-2}=\text{恒量}$$

$$\cos\alpha=\cos\beta=0,\quad \cos\gamma=1$$

可见质点做 $a=10\text{m}\cdot\text{s}^{-2}$ 的匀加速运动，其加速度方向沿 z 轴正方向（$\alpha=\beta=90°$，$\gamma=0°$）.

1-2　质点的机械运动

一、直线运动

物体轨迹是直线的运动称为直线运动. 直线运动可以用一维坐标来描述，其所涉及的物理量都可以作为标量处理. 设这个一维坐标为 x 轴，O 为原点. 显然质点的位置是时间的函数，其运动方程为

$$x=x(t)$$

与此相对应的速度、加速度分别为

$$v=\frac{\mathrm{d}x}{\mathrm{d}t}$$

$$a=\frac{\mathrm{d}v}{\mathrm{d}t}=\frac{\mathrm{d}^2x}{\mathrm{d}t^2}$$

其值的正与负表示与 x 轴同方向或反方向，并不表示运动是加速或是减速，后者要依据加速度方向与速度方向是否相同来决定.

例 1-3　已知质点沿 x 轴做匀加速直线运动，加速度为 a. $t=0$ 时坐标 $x=0$，

速度为 v_0. 求该质点的运动方程.

解 由加速度定义式(1-17), $a=\frac{dv}{dt}=$恒量

$$dv = a dt$$

$$v = \int a dt = at + C_1$$

设当 $t=0$ 时, $v=v_0$, 代入上式可得 $C_1=v_0$, 因此

$$v = v_0 + at$$

由速度定义式(1-9)或(1-11)

$$v = v_0 + at = \frac{dx}{dt} \tag{1-22}$$

$$dx = (v_0 + at)dt$$

积分可得

$$x = \int (v_0 + at)dt = \int v_0 dt + \int at\, dt$$

$$= v_0 t + \frac{1}{2}at^2 + C_2$$

设当 $t=0$ 时, $x=0$, 代入上式可得 $C_2=0$. 因此

$$x = v_0 t + \frac{1}{2}at^2 \tag{1-23}$$

这就是所求质点的运动方程.

另外,由(1-22)和(1-23)式消去 t 可得

$$v^2 = v_0^2 + 2ax \tag{1-24}$$

(1-22)～(1-24)三式即为匀变速直线运动常用公式,式中 v、v_0、a 都是代数量,当它们与 x 轴同方向时为正,与 x 轴反方向时为负.

由本题的解答可以看出,在已知加速度求运动方程时,每积分一次就要引进一个积分常数,而积分常数要由 $t=0$ 时刻质点运动的初始条件来确定. 有些时候积分常数还可以由其他条件确定,例如,预先知道两个不同时刻 t_1 和 t_2 的质点位置 x_1 和 x_2.

在地球表面附近,初速为零的物体只在重力作用下的运动叫做自由落体运动. 物体下落的加速度称为重力加速度,符号为 $\boldsymbol{g}$,其方向铅直向下. 重力加速度的大小可由实验测出. 实验表明,地球上不同地区的 g 值略有差异(与纬度、高度和地质等情况有关),通常可取 $g=9.80\text{m}\cdot\text{s}^{-2}$.

如以 t 为横坐标,以 x 为纵坐标,由运动方程 $x=x(t)$,可得 x-t 曲线,即质点的位移-时间曲线. 设在 t 和 $t+\Delta t$ 时刻,质点坐标分别是 x 和 $x+\Delta x$,则由图 1-6(a)可以看出,平均速度 $\frac{\Delta x}{\Delta t}$ 的数值等于 x-t 曲线中相应割线的斜率. 当 $\Delta t\to 0$, $\Delta x\to 0$

时，可知瞬时速度 $v=\frac{dx}{dt}$ 的数值与 x-t 曲线上该点切线斜率相等. 这表明当 $v>0$ 时，x 值在增加，质点沿 x 轴正方向运动；当 $v<0$ 时，x 值在减小，质点沿 x 轴负方向运动. 如以 t 为横坐标，v 为纵坐标，由 $v=v(t)$ 可得 v-t 曲线，即速度-时间曲线，如图 1-6(b)所示. 显然，瞬时加速度的数值等于 v-t 曲线中切线的斜率.

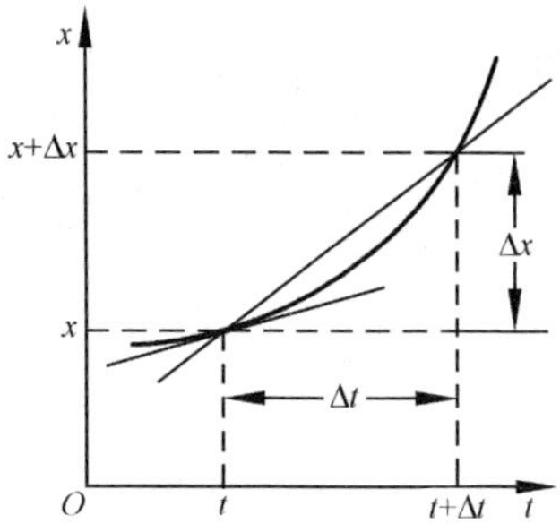

(a) 位移-时间曲线

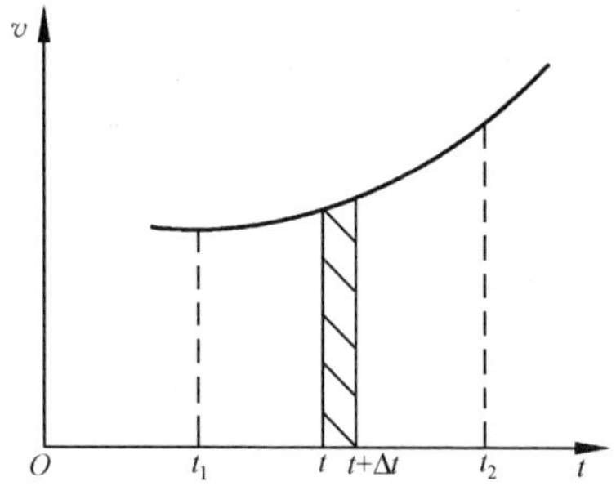

(b) 速度-时间曲线

图 1-6　位移、速度与时间的曲线

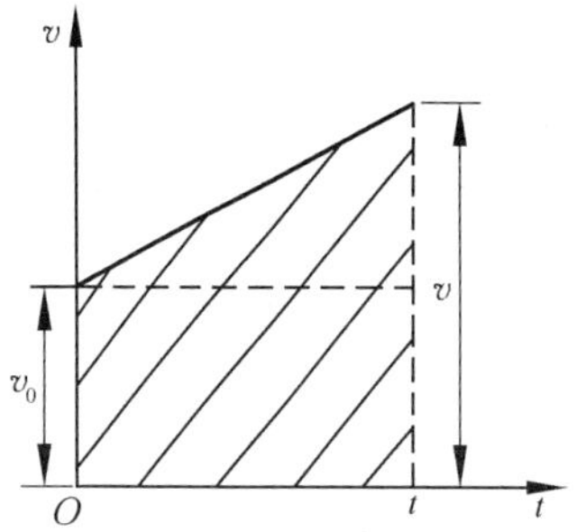

图 1-7　匀加速直线运动的 v-t 曲线

匀变速直线运动的 v-t 曲线如图 1-7 所示，其斜率等于加速度 a(a 为恒量). 在任一时间 Δt 内，速度增量 $\Delta v=a\Delta t$，设 $t=0$ 时，质点的速度为 v_0，t 时刻质点的速度为 v，再设这两时刻质点的位置坐标分别为 x_0 和 x，则位移 $x-x_0$ 应等于v-t 图中梯形面积，即 $x-x_0=\frac{1}{2}(v_0+v)t$.

在一般直线运动中，v-t 曲线不是直线，$a\neq$恒量. 可以证明，质点在 $t=0$ 到 t 时间内的位移 $x-x_0$ 的数值仍与 v-t 曲线下对应图形的面积相等.

二、抛体运动

物体运动所具有的一个重要特性就是叠加性. 如图 1-8 所示，A、B 为两个小球，在同一高度，同一时刻，使 A 球自由下落，B 球水平抛出，我们将会看到两球同时落地(可以听到两球落地的声音正好重合). 这说明，在 A 球竖直下落时，B 球不仅与A 球一样完成了自由落体运动，同时在水平方向上还完成了一个直线运动，B 球的运动是两个运动叠加而成的平抛运动，而这两个运动彼此毫不相

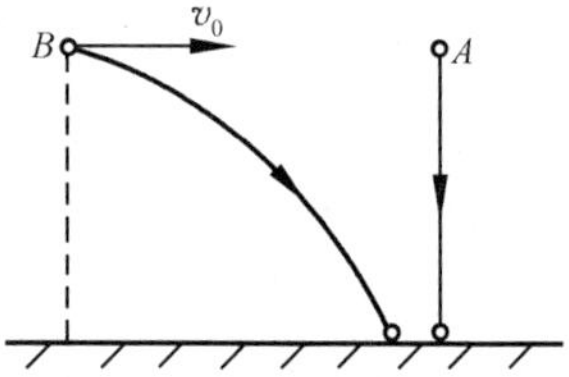

图 1-8　运动的叠加原理

干，类似的情况还有很多，这就是运动的叠加性. 一个运动可以看成由几个各自独立进行的运动叠加而成，这称为运动的叠加原理.

设质点以初速度$\boldsymbol{v}_0$抛出，$\boldsymbol{v}_0$与水平成θ_0角，空气阻力忽略不计，重力加速度可视为恒量，如图1-9所示. 取抛出点为坐标原点，建立直角坐标系，使x轴沿水平方向，y轴沿垂直方向，取抛出时刻$t=0$，显然物体运动的加速度为重力加速度，是个恒加速度，大小为g，方向竖直向下，即

$$\boldsymbol{a}=-g\boldsymbol{j}$$

写成分量形式

$$a_x=\frac{\mathrm{d}^2x}{\mathrm{d}t^2}=0,\quad a_y=\frac{\mathrm{d}^2y}{\mathrm{d}t^2}=-g$$

分别积分，可得

$$v_x=\frac{\mathrm{d}x}{\mathrm{d}t}=C_1,\quad v_y=\frac{\mathrm{d}y}{\mathrm{d}t}=-gt+C_2$$

式中，C_1、C_2为积分常数.

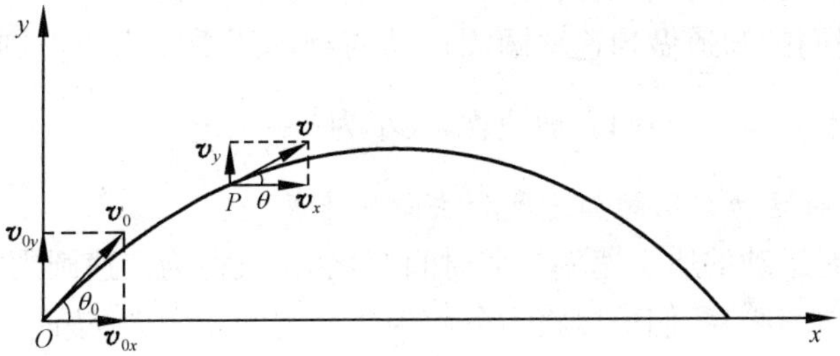

图1-9　抛体运动

当$t=0$时

$$v_{0x}=v_0\cos\theta_0,\quad v_{0y}=v_0\sin\theta_0$$

代入上式可得

$$C_1=v_0\cos\theta_0,\quad C_2=v_0\sin\theta_0$$

于是得到质点的速度方程

$$\begin{cases}v_x=\dfrac{\mathrm{d}x}{\mathrm{d}t}=v_0\cos\theta_0\\ v_y=\dfrac{\mathrm{d}y}{\mathrm{d}t}=v_0\sin\theta_0-gt\end{cases}\tag{1-25}$$

再积分

$$\begin{cases}x=(v_0\cos\theta_0)t+C_3\\ y=(v_0\cos\theta_0)t-\dfrac{1}{2}gt^2+C_4\end{cases}$$

当 $t=0$ 时，$x=y=0$，代入上式可得

$$C_3=0,\quad C_4=0$$

于是得到质点的运动方程

$$\begin{cases} x=(v_0\cos\theta_0)t \\ y=(v_0\sin\theta_0)t-\dfrac{1}{2}gt^2 \end{cases} \tag{1-26}$$

消去 t，可得质点运动的轨道方程

$$y=x\tan\theta_0-\frac{gx^2}{2v_0^2\cos^2\theta_0}$$

表明物体的轨道为一开口向下的抛物线，如图 1-9 所示.

三、圆周运动

由于各种绕固定轴转动的物体（如机器的转动部分）上每一点都在做圆周运动，而曲线运动中任意一小段弧（ds）都可以看成是某一圆周（曲率圆）的一部分，因此研究圆周运动具有十分重要的意义.

在中学，我们就知道做匀速率圆周运动的物体所受合力指向圆心，叫向心力，对应加速度也指向圆心，叫向心加速度，大小为 $a=\dfrac{v^2}{R}$.

1. 变速圆周运动　切向加速度和法向加速度

如果做圆周运动的质点速率是随时间变化的，就称为变速圆周运动，此时质点所受合力不指向圆心，我们可以将力分解为法向力和切向力. 法向力方向垂直于速度的方向指向圆心，作用效果是不改变速度的大小，只改变速度的方向，对应着匀速率圆周运动的向心力，对应的法向加速度的大小为 $\dfrac{v^2}{R}$；切向力方向平行于速度的方向，作用效果是只改变速度的大小，不改变速度的方向，对应的切向加速度的大小为速率对时间的变化率. 下面我们来具体推导变速圆周运动的法向加速度、切向加速度以及加速度的表达式.

如图 1-10 所示，质点在 A、B 两点的速度除方向不同外，大小也不相同，其增量 $\Delta\boldsymbol{v}$ 仍可由矢量三角形表示，作 DF，使 $CF=CD$，于是速度增量 $\Delta\boldsymbol{v}$ 被分解为 $\Delta\boldsymbol{v}_{\mathrm{n}}$（即 $\overrightarrow{DF}$）和 $\Delta\boldsymbol{v}_{\mathrm{t}}$（即 $\overrightarrow{FE}$）两部分，于是 $\Delta\boldsymbol{v}=\Delta\boldsymbol{v}_{\mathrm{n}}+\Delta\boldsymbol{v}_{\mathrm{t}}$，质点的平均加速度为

$$\bar{\boldsymbol{a}}=\frac{\Delta\boldsymbol{v}}{\Delta t}=\frac{\Delta\boldsymbol{v}_{\mathrm{n}}}{\Delta t}+\frac{\Delta\boldsymbol{v}_{\mathrm{t}}}{\Delta t}$$

瞬时加速度为

$$\boldsymbol{a}=\lim_{\Delta t\to 0}\frac{\Delta\boldsymbol{v}_{\mathrm{n}}}{\Delta t}+\lim_{\Delta t\to 0}\frac{\Delta\boldsymbol{v}_{\mathrm{t}}}{\Delta t}$$

显然，$\Delta\boldsymbol{v}_{\mathrm{n}}$ 的极限方向沿法向，指向圆心，$\lim\limits_{\Delta t\to 0}\dfrac{\Delta\boldsymbol{v}_{\mathrm{n}}}{\Delta t}$ 就是向心加速度，即法向加速度，

用 $\boldsymbol{a}_n$ 表示，$a_n=\dfrac{v^2}{R}$，它反映了速度方向改变的快慢. $\Delta\boldsymbol{v}_t$ 的极限方向与 $\boldsymbol{v}_A$ 方向相同，即在 A 点切线方向，故 $\lim\limits_{\Delta t\to 0}\dfrac{\Delta\boldsymbol{v}_t}{\Delta t}$ 就是沿切线方向的加速度，称为切向加速度，用 a_t 表示，$a_t=\dfrac{\mathrm{d}v}{\mathrm{d}t}$，它反映速度大小改变的快慢，即瞬时速率 v 对时间的变化率.

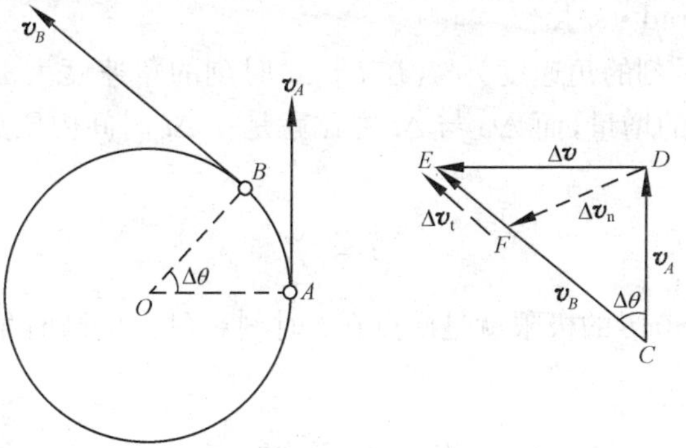

图 1-10　变速圆周运动

由上可知，变速圆周运动的总加速度为

$$\boldsymbol{a}=\boldsymbol{a}_n+\boldsymbol{a}_t \tag{1-27}$$

$$\left.\begin{aligned}&\boldsymbol{a}\text{ 的大小 } a=\sqrt{a_n^2+a_t^2}=\sqrt{\left(\frac{v^2}{R}\right)^2+\left(\frac{\mathrm{d}v}{\mathrm{d}t}\right)^2}\\&\boldsymbol{a}\text{ 的方向 } \theta=\arctan\frac{a_n}{a_t}(\theta\text{ 为 }\boldsymbol{v}\text{ 与 }\boldsymbol{a}\text{ 的夹角})\end{aligned}\right\} \tag{1-28}$$

2. 圆周运动的角量描述

当质点做圆周运动时，它的运动也可以用角位置、角位移、角速度和角加速度等角量进行描述.

如图 1-11 所示，t 时刻质点在圆周上 A 点，$t+\Delta t$ 时刻在 B 点，半径 OA 和 x 轴的夹角为 θ，称为 A 点的角坐标，在国际单位制中角度的单位为弧度，符号为 rad. 半径 OB 与 x 轴的夹角为 $\theta+\Delta\theta$，也就是说在 Δt 时间内，质点转过角度 $\Delta\theta$，$\Delta\theta$ 称为质点对 O 点的角位移，角位移不但有大小而且有转向，通常规定沿逆时针方向转动的角位移为正值，反之为负值.

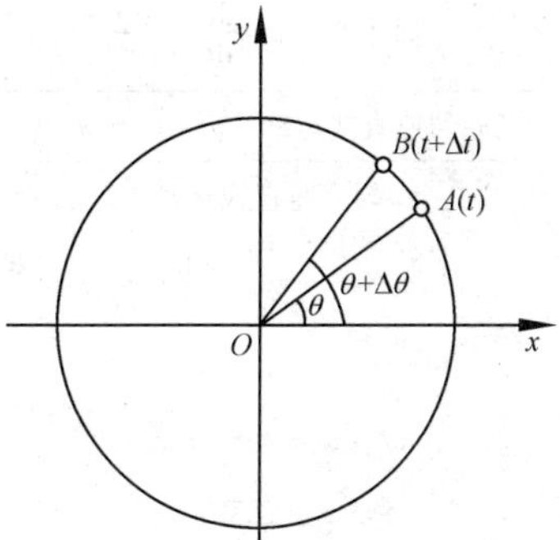

图 1-11　角位移

所谓在 Δt 时间内质点对 O 点的平均角速度就是 $\Delta\theta$ 与 Δt 之比，即

$$\bar{\omega}=\frac{\Delta\theta}{\Delta t}$$

令 $\Delta t\to 0$，同时有 $\Delta\theta\to 0$，这时 $\bar{\omega}$ 的极限就是质点在 t 时刻对 O 点的瞬时角速度（简称角速度），即

$$\omega=\lim_{\Delta t\to 0}\frac{\Delta\theta}{\Delta t}=\frac{\mathrm{d}\theta}{\mathrm{d}t} \tag{1-29}$$

角速度的单位为 $\mathrm{rad}\cdot\mathrm{s}^{-1}$.

设质点在 t 时刻的角速度为 ω，在 $t+\Delta t$ 时刻的角速度为 $\omega+\Delta\omega$，则 $\Delta\omega$ 为在 Δt 时间内角速度的增量，而 $\Delta\omega$ 与 Δt 之比就是在 Δt 时间内质点对 O 点的平均角加速度，用 $\bar{\beta}$ 表示

$$\bar{\beta}=\frac{\Delta\omega}{\Delta t}$$

令 $\Delta t\to 0$，则 $\Delta\omega\to 0$，$\bar{\beta}$ 的极限就是质点在 t 时刻对 O 点的瞬时角加速度（简称角加速度），即

$$\beta=\lim_{\Delta t\to 0}\frac{\Delta\omega}{\Delta t}=\frac{\mathrm{d}\omega}{\mathrm{d}t} \tag{1-30}$$

角加速度的单位为 $\mathrm{rad}\cdot\mathrm{s}^{-2}$.

当质点做匀速圆周运动时，角速度 ω 为恒量，角加速度 β 为 0；当质点做变速圆周运动时，角速度不是恒量，角加速度 β 不为 0，若 $\beta=$ 恒量，则为匀变速圆周运动. 现将直线运动与圆周运动的一些常用公式列表对照如表 1-1，请读者注意物理规律中的这种对称性.

表 1-1　常用公式对照

直线运动	圆周运动
坐标 x，位移 Δx	角坐标 θ，角位移 $\Delta\theta$
速度　$v=\frac{\mathrm{d}x}{\mathrm{d}t}$	角速度　$\omega=\frac{\mathrm{d}\theta}{\mathrm{d}t}$
加速度　$a=\frac{\mathrm{d}v}{\mathrm{d}t}=\frac{\mathrm{d}^2x}{\mathrm{d}t^2}$	角加速度　$\beta=\frac{\mathrm{d}\omega}{\mathrm{d}t}=\frac{\mathrm{d}^2\theta}{\mathrm{d}t^2}$
匀速直线运动　$x=x_0+vt$	匀速圆周运动　$\theta=\theta_0+\omega t$
匀变速直线运动 $x=x_0+v_0t+\frac{1}{2}at^2$ $v=v_0+at$ $v^2=v_0^2+2a(x-x_0)$ $\bar{v}=\frac{v_0+v}{2}$	匀变速圆周运动 $\theta=\theta_0+\omega_0t+\frac{1}{2}\beta t^2$ $\omega=\omega_0+\beta t$ $\omega^2=\omega_0^2+2\beta(\theta-\theta_0)$ $\bar{\omega}=\frac{\omega_0+\omega}{2}$

3. 角量和线量的关系

当质点做圆周运动时,线量(如速度、加速度)与角量(如角速度、角加速度)之间存在着一定关系.

设质点做半径为 R 的圆周运动,如图 1-12 所示,若在 Δt 时间内,质点的角位移为 $\Delta\theta$,那么,其相应的线位移为有向线段 $\overrightarrow{AB}$,当 Δt 充分小时,可以认为

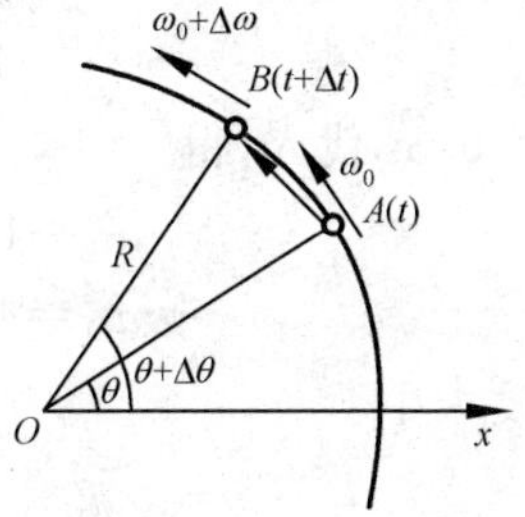

图 1-12 推导线量和角量间关系式用图

$$|\overrightarrow{AB}| = |\overset{\frown}{AB}| = \Delta s = R\Delta\theta$$

两边同除以 Δt,并令 $\Delta t\to 0$,取极限

$$\lim_{\Delta t\to 0}\frac{\overset{\frown}{AB}}{\Delta t} = \lim_{\Delta t\to 0} R\frac{\Delta\theta}{\Delta t} = R\lim_{\Delta t\to 0}\frac{\Delta\theta}{\Delta t}$$

$$v = \lim_{\Delta t\to 0}\frac{\overset{\frown}{AB}}{\Delta t} = \frac{\mathrm{d}s}{\mathrm{d}t},\quad \omega = \lim_{\Delta t\to 0}\frac{\Delta\theta}{\Delta t} = \frac{\mathrm{d}\theta}{\mathrm{d}t}$$

所以

$$v = R\omega \tag{1-31}$$

两边对时间 t 求导,可得

$$\frac{\mathrm{d}v}{\mathrm{d}t} = R\frac{\mathrm{d}\omega}{\mathrm{d}t}$$

即

$$a_{\mathrm{t}} = R\beta \tag{1-32}$$

把(1-31)式代入向心加速度公式,可得

$$a_{\mathrm{n}} = \frac{v^2}{R} = v\omega = R\omega^2 \tag{1-33}$$

例 1-4 一质点在水平面内以逆时针方向沿半径为 2.0m 的圆形轨道运动. 该质点的角位置与运动时间的三次方成正比,即 $\theta=kt^3$,式中 k 为常数. 已知质点在第 2.0s 末的线速度为 $48.0\mathrm{m\cdot s^{-1}}$,求 $t_1=0.5\mathrm{s}$ 时质点的线速度与加速度.

解 先确定常数 k. $\omega=\frac{\mathrm{d}\theta}{\mathrm{d}t}=3kt^2$.

由 $v=R\omega=3kt^2R$,有

$$k=\frac{v}{3Rt^2}=\frac{48}{3\times 2.0\times 2.0^2}=2$$

故

$$\theta=2t^3$$

$$v=R\omega=6Rt^2$$

将 $t_1=0.5\mathrm{s}$ 代入,得

$$v_1=6\times 2.0\times(0.5)^2=3.0(\mathrm{m\cdot s^{-1}})$$

$$a_t = \frac{dv}{dt} = 12Rt$$

$$a_n = \frac{v^2}{R}$$

将 $t_1 = 0.5s$ 代入,得

$$a_{t1} = 12.0 \times 2.0 \times 0.5 = 12.0(m \cdot s^{-2})$$

$$a_{n1} = 4.5m \cdot s^{-2}$$

加速度大小

$$a = \sqrt{a_{t1}^2 + a_{n1}^2} = \sqrt{12.0^2 + 4.5^2} = 12.8(m \cdot s^{-2})$$

与 $\boldsymbol{v}_{t_1}$ 的夹角

$$\theta = \arctan\frac{a_{n1}}{a_{t1}} = \arctan\frac{4.5}{12.0} = 20.6°$$

4. 自然坐标系

如果质点做一般的曲线运动,我们可以沿质点的轨道建立自然坐标系.轨道上取一点 O 为原点,质点所在位置 P 至 O 点的轨道长度记为 S(图 1-13). S 为代数量,质点在 O 点右方取正、左方取负.在此规定下的 S 也可以唯一描述质点位置,沿轨道建立的 OS 系统称作自然坐标系,代数量 S 称为质点的自然坐标,运动方程为

$$S = S(t)$$

质点的速度方向沿轨道切向,大小为

$$v = \frac{ds}{dt}$$

加速度切向分量和法向分量分别为

$$a_t = \frac{dv}{dt}, \quad a_n = \frac{v^2}{\rho_n}$$

ρ_n 为质点所在位置处轨道的曲率半径.

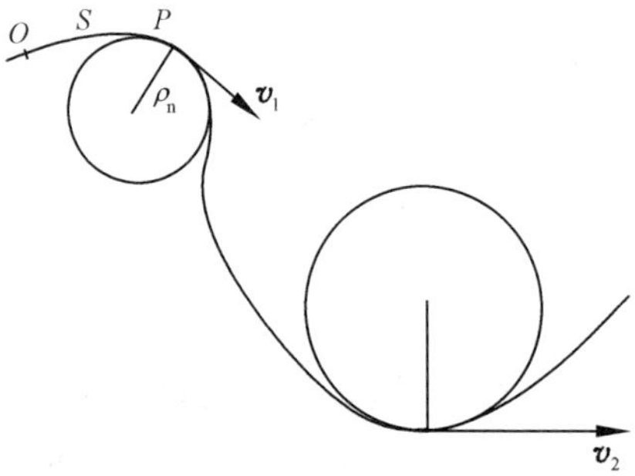

图 1-13 曲线上 P 点处的曲率圆和曲率半径

本章中研究一般曲线运动的常用基本方法可以归结为两类,即直角坐标系中研究各运动分量,像我们在抛体运动研究中所做的那样,其基本方法是研究直线运动的方法;另一种方法是在自然坐标系中研究路程和圆周运动.后者在现实生活中似乎更常见.

1-3 质点动力学

本章论述物体间的相互作用及其对物体运动的影响,这是整个经典力学理论的基础.

一、牛顿运动定律

牛顿(1643～1727)在以伽利略(1564～1642)为代表的许多科学家的大量科学观测和实验的基础上又进行了大量的实验和研究，卓越地提出了三条运动定律和万有引力定律，不但建立了经典力学的理论基础，而且还找到了人类的生活空间——地球与宇宙天体普遍适用的力学规律. 对此有人称之为人类认识史上的第一次大的综合.

1. 牛顿运动定律

1687 年牛顿发表了《自然哲学的数学原理》，提出了著名的三条运动定律，表述如下.

第一定律：任何物体都保持静止或匀速直线运动的状态，直到其他物体所作用的力迫使它改变这种状态为止.

第二定律：物体在受到外力作用时，其所获得的加速度的大小与所受外力矢量和的大小成正比，与物体的质量成反比，加速度的方向与外力矢量和的方向相同.

第三定律：两物体相互作用时，作用力和反作用力大小相等、方向相反，并在同一直线上.

为了正确理解和应用这三条定律，首先应明确定律中所说的“物体”是指质点，它们都是质点运动定律，由此可以导出力学中许多其他规律，从而建立起整个经典力学体系.

第一定律首先指出一个事实：任何物体都具有保持其原有运动状态(静止或匀速直线运动)的属性，即惯性. 所谓惯性，就是物体在不受外力时保持静止或匀速直线运动状态的能力. 惯性还表现在当物体受外力时，运动状态改变的难易程度上. 因此第一定律又叫惯性定律.

第一定律纠正了自亚里士多德以来统治科学界近两千年的一种错误认识(即认为力是维持物体运动的原因)，确立了力的科学含义. 第一定律认为力是物体运动状态变化的原因，如果不受力，物体的运动状态就不改变.

第一定律是伽利略在经过大量观察和实验的基础上进行了大胆的逻辑推理(所谓“思想实验”)而提出来的. 他认为从斜面上滑下的物体在绝对光滑的平面上可以无限远地滑行下去，这就是惯性定律. 因为绝对光滑的平面不存在，也就无法由实验直接验证第一定律，然而由此推论出的所有结论都一一被实践所证实，这就是惯性定律成立的最充分的理由. 它是这三条定律成立的基础和前提.

在第一定律确立了力和惯性的概念，以及伽利略科学地确定了加速度概念的基础上，牛顿归纳总结了大量实验数据，提出了著名的第二定律. 这是三条定律的核心. 把第二定律中确定的比例关系写成等式，即

$$f = kma$$

式中，k 为比例系数，在国际单位制中 $k=1$. 这样牛顿第二定律的数学表达式为

$$\boldsymbol{f}=m\boldsymbol{a} \tag{1-34}$$

这是质点动力学的基本方程. 由此式出发，在已知物体所受外力和物体初始状态(初速度和初位置)的前提下，物体任何时刻的位置和速度就都可以确定，因而也常称此式为牛顿运动方程. 牛顿第二定律的重要意义是：

(1) 定量地说明了力的动力学效果. 对质点而言，力是产生加速度的外部原因，而且加速度与它所受到的外力成正比. 我们可以通过测量质点的加速度来确定质点所受到的力，从而实现了对力的动力学量度.

(2) 确定了物体惯性的量度方法. 第一定律虽然提出了惯性的概念，但却未能确定量度的方法. 第二定律明确了在相同外力作用下，获得加速度较大的物体质量较小，获得加速度较小的物体质量较大. 显然，质量是物体获得加速度的内部原因，惯性较小的物体，质量就小；惯性较大的物体，质量就大. 在第二定律中质量 m 就是物体惯性大小的量度.

(3) 第二定律概括了力的独立作用原理(或称为力的叠加原理)，也就是说在 $\boldsymbol{f}=m\boldsymbol{a}$ 中，左边的 $\boldsymbol{f}$ 实际上是物体所受所有外力的矢量和，即 $\boldsymbol{f}=\sum\boldsymbol{f}_i$.

应用牛顿第二定律时还须注意：

(1) 第二定律表示的是 $\boldsymbol{f}$ 与 $\boldsymbol{a}$ 的瞬时关系，某时刻的 $\boldsymbol{f}$ 决定着同一时刻的 $\boldsymbol{a}$，如果外力 $\boldsymbol{f}$ 变化了，物体的加速度 $\boldsymbol{a}$ 也同时发生变化. 这里没有谁先谁后的问题.

(2) 第二定律表示的是 $\boldsymbol{f}$ 与 $\boldsymbol{a}$ 的矢量关系，上述瞬时关系不仅指数值而且包含方向，$\boldsymbol{f}$ 的方向时刻决定着 $\boldsymbol{a}$ 的方向，二者始终保持一致，注意这里不涉及物体的速度 $\boldsymbol{v}$，$\boldsymbol{v}$ 与 $\boldsymbol{f}$ 没有直接的关系，由 $\boldsymbol{v}=\int\boldsymbol{a}\mathrm{d}t$ 可知，$\boldsymbol{v}$ 的变化产生于加速度对时间的积分.

(3) 实际应用时可以使用分量式. 比如在直角坐标系中

$$f_x=ma_x,\quad f_y=ma_y,\quad f_z=ma_z \tag{1-35}$$

或

$$f_x=m\frac{\mathrm{d}^2x}{\mathrm{d}t^2},\quad f_y=m\frac{\mathrm{d}^2y}{\mathrm{d}t^2},\quad f_z=m\frac{\mathrm{d}^2z}{\mathrm{d}t^2}$$

在自然坐标系中

$$f_{\mathrm{t}}=ma_{\mathrm{t}},\quad f_{\mathrm{n}}=ma_{\mathrm{n}} \tag{1-36}$$

或

$$f_{\mathrm{t}}=m\frac{\mathrm{d}v}{\mathrm{d}t},\quad f_{\mathrm{n}}=m\frac{v^2}{\rho}$$

式中，f_{t} 与 f_{n} 分别表示合外力的切向和法向分量.

(4) 第二定律表示的是 $\boldsymbol{f}$ 与 $\boldsymbol{a}$ 的因果关系. 物体所受到的合外力 $\boldsymbol{f}=\sum\boldsymbol{f}_i$ 是产生加速度的原因，而加速度是物体受外力 $\boldsymbol{f}$ 作用的结果. 这里等号表示的只是 $\boldsymbol{f}$

与 ma 的数值相等及方向的一致，并不表示物理意义相同.

在荷兰物理学家惠更斯(1629～1695)对碰撞问题所做的大量实验和理论研究的基础上，牛顿进行了深入的分析与实验，建立了第三定律. 该定律是对前两条定律的重要补充. 正确理解第三定律，对分析物体受力非常重要. 请注意以下三点.

(1) 作用力与反作用力总是成对出现，并以对方的存在为自己存在的条件，它们同时产生、同时消失，是物体间相互作用这一现象中互相联系着的两个方面. 比如甲、乙两个物体相碰，乙受到甲施予的作用力的同时，甲也受到乙施予的反作用力. 如果没有甲施予乙的作用力，也就不可能有乙施予甲的反作用力. 作用与反作用总是相互的，施力者与受力者也是相互的. 在相互作用这一现象中，两物体彼此是等价的，不分主次先后，有时分开说(如作用与反作用)只是为了方便.

(2) 作用力和反作用力总是分别作用在两个物体上，各有自己的作用效果，因此谈不上互相抵消(图 1-14). 有人误以为大小相等、方向相反就可以抵消，其实只有两个力作用在同一个物体上时，才可能相互抵消. 现在的作用力与反作用力完全是作用在两个物体上，是不能相互抵消的. 比如，用手推车，手对车的作用力作用在车上，而车对手的反作用力作用在手上. 它们虽然大小相等、方向相反，作用在一条直线上，但作用对象不同，不能相互抵消.

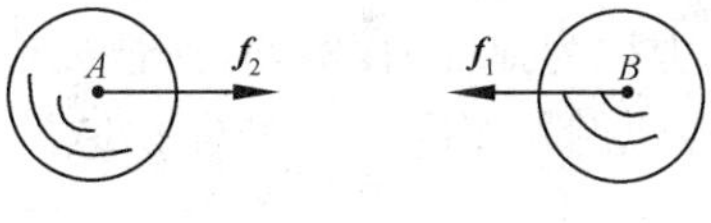

图 1-14　作用力与反作用力

(3) 作用力与反作用力总是属于同种性质的力. 如果作用力是万有引力，那么反作用力也必然是万有引力.

牛顿运动定律不仅是整个经典力学的基础，而且是各种工程技术的科学基础. 然而，牛顿运动定律也有其局限性. 它只适用于宏观物体的低速(远小于光速)的机械运动，研究高速物体的运动要用相对论力学，研究微观粒子的运动要用量子力学.

2. 力学相对性原理(伽利略相对性原理)

一个物体对于两个相互做匀速直线运动的惯性系(如在平静湖面上做匀速直线运动的两条船)来说，其运动速度可以不同，但其加速度却是相同的. 在这样的两个参考系中，如果各有一物体，其质量相同，相对于各自参考系及其坐标系的初速度、初位置相同，所受的力相同，那么这两个物体相对于各自参考系的运动将完全相同. 伽利略为此做了大量实验，并得出结论：在相互做匀速直线运动的所有惯性系中，一切力学现象是等同的. 也就是说，在任意一个惯性系中，物体所遵从的力学规律完全相同，这就是力学相对性原理，也称作伽利略相对性原理.

二、力学中常见的三种力

1. 万有引力

万有引力定律表述如下：在两个相距为 r，质量分别为 m、M 的质点间存在万

有引力，其方向沿着它们的连线，其大小与它们的质量乘积成正比，与二者之间的距离平方成反比，即

$$f = G\frac{mM}{r^2} \tag{1-37}$$

式中，G 为万有引力常数，$G=6.672\times10^{-11}\,\mathrm{N\cdot m^2\cdot kg^{-2}}$.

如果忽略地球自转的微弱影响，可以说地球对地面附近物体的万有引力就是重力. 物体仅在重力$\boldsymbol{G}$作用下获得的加速度，称为重力加速度$\boldsymbol{g}$. 显然$\boldsymbol{G}=m\boldsymbol{g}$，对照(1-37)式，$g=G\frac{M}{r^2}$($M$为地球质量，$r$为地球半径).

2. 弹性力

相互接触的物体因挤压或拉伸而产生形变，形变物体内部产生的反抗这种形变的力称为弹性力. 例如，弹簧被拉伸或压缩而形变时，其弹性力$\boldsymbol{f}$与形变$\boldsymbol{x}$成正比(在比例限度内)，方向与形变方向相反，即

$$\boldsymbol{f}=-k\boldsymbol{x} \tag{1-38}$$

式中，k为该弹簧的刚度系数；负号表明弹性力与形变方向相反. 我们平时所说的张力、拉力、压力、支持力等都是弹性力. 一般情况下弹性力与接触面相垂直，即沿着相互拉伸或挤压的方向.

3. 摩擦力

相互接触的物体产生相对运动时，在其接触面上产生一对阻碍相对运动的力，称为滑动摩擦力. 实验证明，在速度不太大时，滑动摩擦力f_{k}与接触面上的正压力N成正比，即

$$f_{\mathrm{k}}=\mu N \tag{1-39a}$$

式中，μ为滑动摩擦系数，其值取决于两物体的材料及表面情况.

相互接触的物体有相对运动趋势时，在接触面上产生的一对阻碍相对运动趋势的力，称为静摩擦力. 若外力超过最大静摩擦力，物体便开始运动，这时的摩擦力转化为滑动摩擦力. 最大静摩擦力的计算公式为

$$f_{\mathrm{r\,max}}=\mu_0 N \tag{1-39b}$$

式中，μ_0为静摩擦系数，其值取决于接触面的材料及表面情况，N为相互间的正压力. 通常情况下$\mu<\mu_0$.

三、牛顿运动定律的应用

由牛顿定律表达式可以看出，直接应用牛顿定律可以解决的问题主要有两类：一是已知运动求力，即已知加速度情况求物体所受合外力(或其中的分力)；二是已知力求运动.

应用牛顿定律解力学问题的步骤通常如下所示.

(1) 弄清题意，确定研究对象. 找准由已知量过渡到未知量的桥梁是正确解题

的基础,并以所含未知量尽可能少为原则.

(2) 分析研究对象的受力情况及运动情况,画隔离体图.

(3) 选取坐标系(或规定正方向),使坐标轴或正方向尽量与力或加速度的方向一致,列出各个方向上的运动方程.

(4) 解方程. 如果方程个数比未知量少,可以由运动学公式或几何关系等列出辅助方程. 一般先进行公式推导,找到未知量的代数表达式,再代入数值进行运算,必须注意应统一各量的单位.

最后,在必要时须对所得结果进行分析讨论.

例 1-5 一大力士用相当于体重 2.5 倍、与水平方向成 30°角的恒力(用牙咬住绳子的一端)拉动一个重 700kN 的火车车厢,沿铁轨移动 1.0m(图 1-15).

(1) 如果他的质量为 80kg,忽略车轮所受铁轨的阻力,拉到最后车厢的速率为多少?(2) 如果将绳绑在稍高位置,使绳沿水平方向效果是否更好? 为什么?

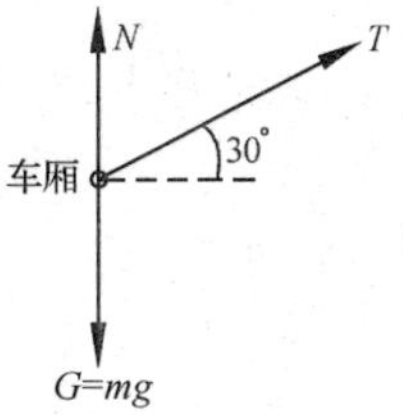

图 1-15 例 1-5 图

解 (1) 车厢在大力士的拉动下在水平方向做加速运动. 根据牛顿第二定律

$$T\cos 30^\circ = Ma$$

$$a = \frac{T\cos 30^\circ}{M} = \frac{80 \times 9.8 \times 2.5 \times \cos 30^\circ}{700 \times 10^3 \div 9.8} = 0.024(\mathrm{m \cdot s^{-2}})$$

再根据匀加速直线运动公式

$$v^2 = v_0^2 + 2as$$

得

$$v = \sqrt{2as} = \sqrt{2 \times 0.024 \times 1} = 0.22(\mathrm{m \cdot s^{-1}})$$

(2) 若绳绑在稍高位置,使绳沿水平方向,则

$$a = \frac{T\cos 0^\circ}{M} = \frac{80 \times 9.8 \times 2.5 \times 1}{700 \times 10^3 \div 9.8} = 0.027(\mathrm{m \cdot s^{-2}})$$

$$v = \sqrt{2as} = 0.23\mathrm{m \cdot s^{-1}}$$

所以效果会更好.

例 1-6 图 1-16(a)所示为一圆锥摆,长为 l 的细绳一端固定在天花板上,另一端悬挂一质量为 m 的小球,小球经推动后,在水平面内做匀速圆周运动,其速率为 v,转动角速率为 ω. 试问细绳与铅直方向间的夹角 θ 是多大?

解 选小球为研究对象,以地面为参考系,对小球进行受力分析:重力 $\boldsymbol{G}$,向下;拉力 $\boldsymbol{T}$,沿绳向上.

画受力分析图如图 1-16(b)所示.

对小球进行运动分析:小球做匀速圆周运动,其向心加速度为

$$a_n = r\omega^2 = l\omega^2\sin\theta$$

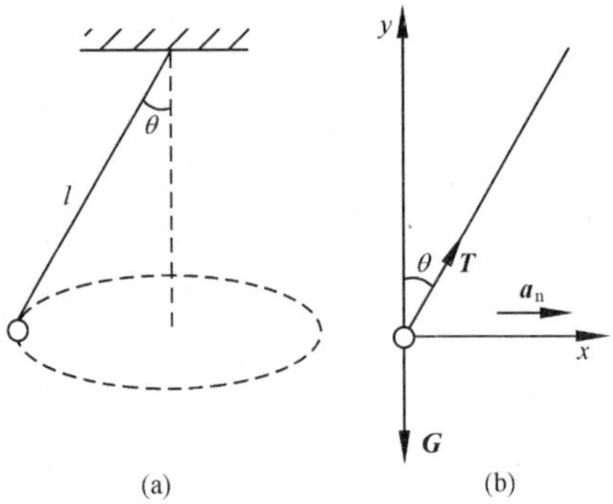

图 1-16　例 1-6 图

取坐标系如图 1-16(b)所示.

根据牛顿第二定律，有 $\boldsymbol{G}+\boldsymbol{T}=m\boldsymbol{a}_{\mathrm{n}}$. 写成分量式为

x 方向　$T\sin\theta=ma_x=ma_{\mathrm{n}}=ml\omega^2\sin\theta$

y 方向　$T\cos\theta-G=ma_y=0$

可解出

$$T=ml\omega^2 \tag{1}$$

$$T\cos\theta=G=mg \tag{2}$$

将(1)式代入(2)式，得

$$\cos\theta=\frac{g}{l\omega^2}$$

所以

$$\theta=\arccos\frac{g}{l\omega^2}$$

显然，当 ω 增大时，细绳与铅直方向的夹角 θ 也增大.

一些机械中常用的离心调速器就是根据圆锥摆的原理制作的.

通过以上例题，我们可以体会到，在选取研究对象后的关键一步就是对其进行受力分析，分析力时应画草图，一般称为受力分析图，由于把研究对象单独“拿”出来分析，也称为画隔离体图.

在进行受力分析时，首先要想到地球上的物体都受重力作用，其次看它与谁接触，如果有接触又有相互间的挤压，它就受到对方给的支持力，其方向与接触面垂直. 如果有挤压又有相对运动或相对运动趋势，它就受到滑动摩擦力或静摩擦力，其方向沿相对运动或相对运动趋势的相反方向.

1-4　动　　量

一、动量定理

牛顿第二定律给出了质点所受合外力与其加速度之间的瞬时关系. 从本节起，我们将研究力的累积作用. 先研究力的时间累积作用(冲量和动量)，再研究力的空间累积作用(功和能).

1. 动量　牛顿第二定律的另一种形式

在牛顿定律发表之前，人们在研究打击和碰撞问题时就已经发现，一个物体的质量和它的速度的乘积是反映物体运动状态和运动规律的重要的量. 例如，高速运动着的子弹，质量虽小却有着较大的运动的量，即运动较为剧烈. 这是由于子弹具有较大的速度. 慢速前进的火车与速度相同的自行车相比也具有较大的运动的量，这是由于火车具有较大的质量.这说明表征物体运动剧烈程度的量与物体的质量和速度有关.

物体的质量与其速度的乘积称为物体的动量,即

$$\boldsymbol{p}=m\boldsymbol{v} \tag{1-40}$$

动量是矢量,其方向与 $\boldsymbol{v}$ 相同,在国际单位制中,单位是 $\mathrm{kg\cdot m\cdot s^{-1}}$.动量是相对量,与参考系的选择有关.

牛顿第二定律最初发表时就是采用动量来描述的,即

$$\boldsymbol{f}=\frac{\mathrm{d}\boldsymbol{p}}{\mathrm{d}t}=\frac{\mathrm{d}(m\boldsymbol{v})}{\mathrm{d}t} \tag{1-41}$$

因为通常情况下物体的质量可视为恒量,于是

$$\boldsymbol{f}=m\frac{\mathrm{d}\boldsymbol{v}}{\mathrm{d}t}=m\boldsymbol{a}$$

这就是现在常用的形式,(1-41)式表明,物体动量的时间变化率与其所受的合外力成正比,方向相同.

2. 冲量　质点的动量定理

由(1-41)式可得

$$\mathrm{d}\boldsymbol{p}=\boldsymbol{f}\mathrm{d}t$$

两边对 t 积分,并用 $\boldsymbol{p}_1$、$\boldsymbol{p}_2$ 分别表示物体在时刻 t_1、t_2 的动量,则

$$\int_{\boldsymbol{p}_1}^{\boldsymbol{p}_2}\mathrm{d}\boldsymbol{p}=\int_{t_1}^{t_2}\boldsymbol{f}\mathrm{d}t$$

$$\boldsymbol{p}_2-\boldsymbol{p}_1=\boldsymbol{I} \tag{1-42}$$

式中,$\boldsymbol{I}=\int_{t_1}^{t_2}\boldsymbol{f}\mathrm{d}t$ 称为力 $\boldsymbol{f}$ 在从 t_1 到 t_2 的时间内对物体的冲量.冲量是矢量.若力为恒力,冲量 $\boldsymbol{I}=\boldsymbol{f}(t_2-t_1)$,方向与 $\boldsymbol{f}$ 相同;若力为变力,冲量 $\boldsymbol{I}$ 的方向由积分 $\int_{t_1}^{t_2}\boldsymbol{f}\mathrm{d}t$ 的方向决定.在国际单位制中,冲量的单位为 $\mathrm{N\cdot s}$.

(1-42)式可改写为

$$\boldsymbol{I}=\int_{t_1}^{t_2}\boldsymbol{f}\mathrm{d}t=m\boldsymbol{v}_2-m\boldsymbol{v}_1 \tag{1-43}$$

(1-42)式与(1-43)式表明,力在一段时间内的冲量等于物体在该时间内动量的增量.这就是质点的动量定理.动量定理是矢量式,运算时通常用标量式.在直角坐标系中,将(1-43)式中各矢量向坐标轴投影,得

$$\begin{cases}I_x=\int_{t_1}^{t_2}f_x\mathrm{d}t=mv_{2x}-mv_{1x}\\ I_y=\int_{t_1}^{t_2}f_y\mathrm{d}t=mv_{2y}-mv_{1y}\\ I_z=\int_{t_1}^{t_2}f_z\mathrm{d}t=mv_{2z}-mv_{1z}\end{cases} \tag{1-44}$$

式中，f_x、f_y、f_z 通常为变力，若用平均力表示，可定义 f_x 对时间的平均值为平均力，即

$$\overline{f}_x = \frac{1}{t_2 - t_1}\int_{t_1}^{t_2} f_x \mathrm{d}t$$

或

$$I_x = \overline{f}_x(t_2 - t_1) = \int_{t_1}^{t_2} f_x \mathrm{d}t$$

同理

$$\begin{aligned} I_y &= \overline{f}_y(t_2 - t_1) = \int_{t_1}^{t_2} f_y \mathrm{d}t \\ I_z &= \overline{f}_z(t_2 - t_1) = \int_{t_1}^{t_2} f_z \mathrm{d}t \end{aligned} \tag{1-45}$$

写成矢量式为

$$\boldsymbol{I} = \overline{\boldsymbol{f}}(t_2 - t_1) = m\boldsymbol{v}_2 - m\boldsymbol{v}_1 \tag{1-46}$$

式中，$\overline{\boldsymbol{f}}$ 就是在 t_1 到 t_2 时间内的平均力.

例 1-7 已知作用在质量为 10kg 的物体上的力为 $F=(30+4t)$，式中，F 的单位为 N，t 的单位为 s. 求：(1) 在开始 2s 内，冲量、平均冲力大小；(2) 当冲量 $I_1=300\mathrm{N\cdot s}$ 时，物体速度大小.

解 (1) 由冲量的定义式

$$I = \int_0^2 (30 + 4t)\mathrm{d}t = (30t + 2t^2)\Big|_0^2 = 68(\mathrm{N\cdot s})$$

$$\overline{F}=\frac{I}{t}=\frac{68}{2}=34(\mathrm{N})$$

(2) 由动量定理 $I=mv-mv_0$，得

$$v=v_0+\frac{I_1}{m}=0+\frac{300}{10}=30(\mathrm{m\cdot s^{-1}})$$

(1-43)式与(1-46)式表明，外力在时间上累积作用的效果是使物体动量发生变化. 例如，在建筑工地上，为了避免事故而使用安全网，通过延长力的作用时间，使跌落在上面的人受到较小的力. 相反，在锻压工作中则尽可能减少力的作用时间以获得较大的力，其方法是使用质量很大的铁砧.

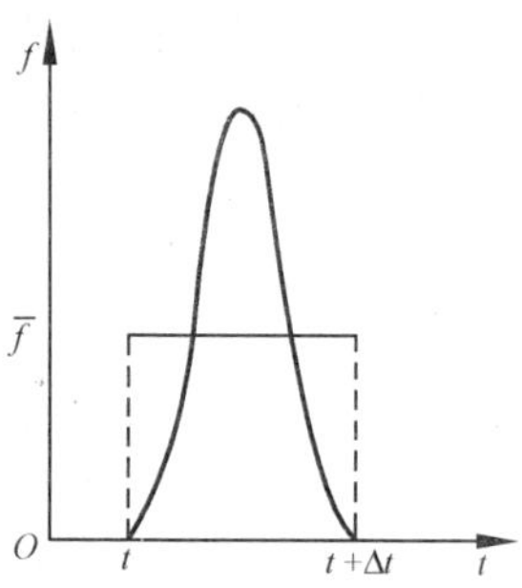

图 1-17 冲力示意图

在打击和碰撞过程中，物体相互作用时间很短，但力却很大，而且随时间变化，这种力称为冲力. 由于冲力的瞬时值很难确定，通常用平均力来表示. 在图 1-17 中，曲线就是冲力随时间变化的示意图，直线为其平均力，曲线下的面积与直线下的面积相等，均为力在 Δt 时间内的冲量.

例 1-8 体重 60.0kg 的运动员跳过 2.0m 高的横杆后，垂直落在海绵垫子上，假设人与垫子

相互作用的时间为 2.0s. 试求出运动员所受到的平均冲力. 若运动员落在地上，作用时间为 0.20s，试问运动员受到的平均冲力又是多少?

解 以运动员为研究对象，选竖直向下为 y 轴正方向.

运动员受到两个力：重力 $\boldsymbol{G}$，竖直向下，垫子给他的平均冲力 $\bar{f}$，竖直向上.

由动量定理

$$(G-\bar{f})\Delta t = mv_2 - mv_1$$

其中 $v_1=\sqrt{2gh}$，$v_2=0$，可解出

$$\bar{f}=\frac{m(v_1-v_2)}{\Delta t}+G=m\left(\frac{\sqrt{2gh}}{\Delta t}+g\right)$$

代入数据，当 $\Delta t=2\text{s}$ 时

$$\bar{f}=60.0\times\left(\frac{\sqrt{2\times 9.80\times 2.0}}{2}+9.80\right)$$

$$=60.0\times(3.13+9.80)=7.8\times 10^2(\text{N})$$

当 $\Delta t=0.2\text{s}$ 时

$$\bar{f}=60.0\times\left(\frac{\sqrt{2\times 9.80\times 2}}{0.2}+9.80\right)$$

$$=60\times(31.3+9.80)=2.5\times 10^3(\text{N})$$

由此可以看出物体间的相互作用时间对平均力的影响. 当相互作用时间极短时，重力往往可以忽略不计.

二、动量守恒定律

动量定理说明物体在外力的持续作用下，其动量变化的规律. 而力总是成对出现的，一物体受到其他物体的作用力的同时，也必然施力于其他物体，而且二者等值反向，作用在一条直线上. 由此可知，另一物体的动量也必然产生相应的变化. 下面我们来看，由多个物体组成的系统不受外力作用(或合外力为零)时，系统内各物体之间动量的转移情况.

1. 质点系的动量定理

为简单起见，我们先讨论两个物体的碰撞，设 A、B 两物体在同一直线上运动而发生相互碰撞(图 1-18)，它们相碰的瞬间没有受到其他外力作用，两物体的质量分别为 m_1 和 m_2，碰撞前后的速度分别为 $\boldsymbol{v}_{10}$、$\boldsymbol{v}_{20}$ 和 $\boldsymbol{v}_1$、$\boldsymbol{v}_2$，碰撞时间为 Δt，A 物体给予 B 物体的平均冲力为 $\bar{f}_2$，B 物体给予 A 物体的平均冲力为 $\bar{f}_1$. 对物体 A 和物体 B 分别应用质点的动量定理

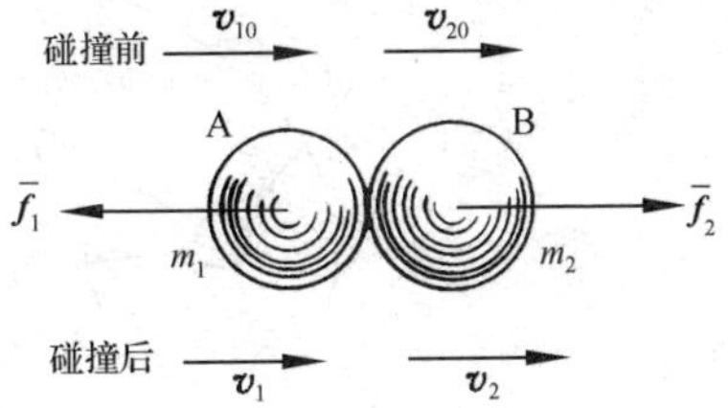

图 1-18　动量守恒定律

$$\overline{\boldsymbol{f}}_1 \Delta t = m_1 \boldsymbol{v}_1 - m_1 \boldsymbol{v}_{10}$$
$$\overline{\boldsymbol{f}}_2 \Delta t = m_2 \boldsymbol{v}_2 - m_2 \boldsymbol{v}_{20}$$

由牛顿第三定律 $\overline{\boldsymbol{f}}_1 = -\overline{\boldsymbol{f}}_2$，以上两式相加后得

$$m_1 \boldsymbol{v}_1 + m_2 \boldsymbol{v}_2 = m_1 \boldsymbol{v}_{10} + m_2 \boldsymbol{v}_{20} \tag{1-47}$$

显然，等式右边和左边分别为碰撞前后两物体动量之和. 可见，碰撞前后两物体组成的物体组的总动量矢量是守恒量.

在实际问题中，经常研究一组物体的运动，我们把这一组物体称为“系统”或质点系. 系统内各物体所受到的力包括两种：一种是系统内各物体间的相互作用力，称为系统的内力；一种是系统外的物体对系统内的物体的作用力，称为作用于系统的外力.

若一系统由 n 个物体组成，如图 1-19 所示，虚线表示系统的范围，其中 $\boldsymbol{f}_{12}$，$\boldsymbol{f}_{21}$，…，$\boldsymbol{f}_{1n}$，$\boldsymbol{f}_{n1}$，$\boldsymbol{f}_{2n}$，$\boldsymbol{f}_{n2}$，…为内力，$\boldsymbol{f}_1$，$\boldsymbol{f}_2$，…，$\boldsymbol{f}_n$ 分别表示系统外的物体对系统内物体 1、物体 2……物体 n 的作用的合力，称为系统的外力. 根据质点的动量定理

$$\int_{t_1}^{t_2} (\boldsymbol{f}_1 + \boldsymbol{f}_{12} + \boldsymbol{f}_{13} + \cdots + \boldsymbol{f}_{1n}) \mathrm{d}t = m_1 \boldsymbol{v}_1 - m_1 \boldsymbol{v}_{10}$$
$$\int_{t_1}^{t_2} (\boldsymbol{f}_2 + \boldsymbol{f}_{21} + \boldsymbol{f}_{23} + \cdots + \boldsymbol{f}_{2n}) \mathrm{d}t = m_2 \boldsymbol{v}_2 - m_2 \boldsymbol{v}_{20}$$

……

$$\int_{t_1}^{t_2} (\boldsymbol{f}_n + \boldsymbol{f}_{n1} + \boldsymbol{f}_{n2} + \cdots + \boldsymbol{f}_{n(n-1)}) \mathrm{d}t = m_n \boldsymbol{v}_n - m_n \boldsymbol{v}_{n0}$$

以上各式左右分别相加，注意到内力总是成对出现，而且每对内力总是等值反向，即 $\boldsymbol{f}_{12} = -\boldsymbol{f}_{21}$，…，$\boldsymbol{f}_{1n} = -\boldsymbol{f}_{n1}$，…，可得 $\sum \boldsymbol{f}_{内} = 0$，因此

$$\int_{t_1}^{t_2} (\boldsymbol{f}_1 + \boldsymbol{f}_2 + \cdots + \boldsymbol{f}_n) \mathrm{d}t = \sum m_i \boldsymbol{v}_i - \sum m_i \boldsymbol{v}_{i0} \tag{1-48a}$$

式中，$(\boldsymbol{f}_1 + \boldsymbol{f}_2 + \cdots + \boldsymbol{f}_n)$ 为系统所受到的所有外力的矢量和，左边表示系统所受外力的总冲量，右边表示系统总动量的增量. 该式表明，系统所受外力的冲量等于系统动量的增量. 这就是质点系的动量定理，或称为系统的动量定理. (1-48a)式可改写为

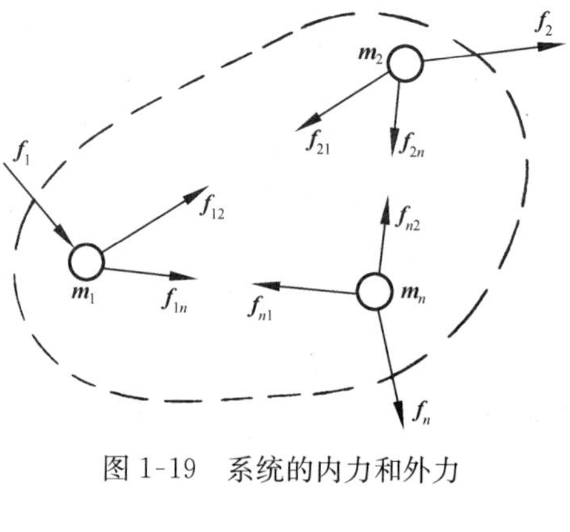

图 1-19　系统的内力和外力

$$\int_{t_1}^{t_2} \sum \boldsymbol{f}_{外}\, \mathrm{d}t = \boldsymbol{p} - \boldsymbol{p}_0 \tag{1-48b}$$

例 1-9 设炮车在水平光滑轨道上发射炮弹.炮弹离开炮口时对地的速率为 $\boldsymbol{v}_0$,仰角为 θ,炮弹质量为 m_1,炮身质量为 m_2.(1)求炮车的水平反冲速度;(2)若发射时间(从击发到炮弹离开炮筒)为 Δt,求发射过程中炮车对轨道的压力.

解 (1) 以炮弹 m_1、炮车 m_2 组成的系统为研究对象.在发射过程中.系统受力为:重力 $m_1 g$ 和 $m_2 g$,还有轨道作用于炮车竖直向上的弹力平均值 N,建坐标系,画受力图,如图 1-20 所示.

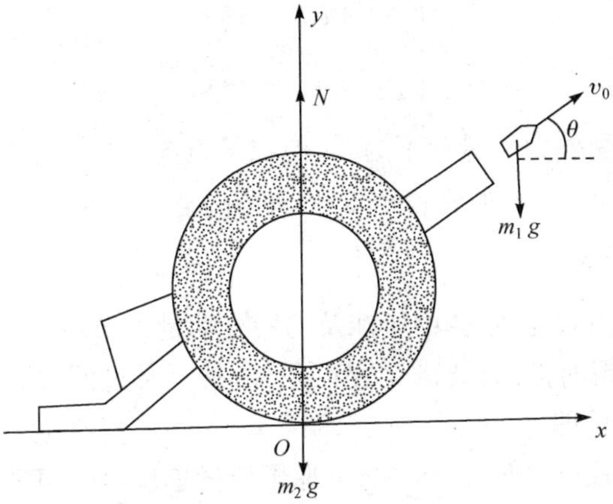

图 1-20 例 1-9 图

x 方向,动量守恒 $m_1 v_0 \cos\theta - m_2 u_{m_2} = 0$ 得

$$u_{m_2} = \frac{m_1}{m_2} v_0 \cos\theta$$

(2) y 方向,系统动量定理 $(N - m_2 g - m_1 g)\Delta t = m_1 v_0 \sin\theta$ 得

$$N = \frac{m_1 v_0 \sin\theta}{\Delta t} + (m_1 + m_2) g$$

即为 $N_{对地}$.

讨论:发射过程中,炮车对轨道的平均压力增加了 $\dfrac{m v_0 \sin\theta}{\Delta t}$.

2. 动量守恒定律

在(1-48a) 及(1-48b) 式中,若 $\sum \boldsymbol{f}_{外} = \boldsymbol{f}_1 + \boldsymbol{f}_2 + \cdots + \boldsymbol{f}_n = 0$,即系统不受外力,这时等式右边也应为 0. 于是有

$$\sum m_i \boldsymbol{v}_i = \sum m_i \boldsymbol{v}_{i0} = C(\text{恒矢量}) \tag{1-49}$$

这就是系统的动量守恒定律.它指出:系统总动量的变化仅与外力有关,在系统不受外力或所受外力的矢量和为零时,系统的总动量守恒.系统内各物体间相互作用的内力虽然能引起各自动量的改变,但不能引起系统总动量的改变.

关于动量守恒定律，应当明确以下几点：

(1) 系统动量守恒的条件是 $\sum \boldsymbol{f}_{外}=0$，即系统所受外力的矢量和在整个过程中始终为零.

在许多实际问题中，系统所受外力矢量和虽不为零，但却远远小于系统的内力，这时守恒条件可视为近似成立，仍可按动量守恒处理.

(2) 动量守恒为矢量守恒，具体运用时可用分量式

$$\begin{cases}\sum m_i v_{ix}=\text{恒量}\\ \sum m_i v_{iy}=\text{恒量}\\ \sum m_i v_{iz}=\text{恒量}\end{cases} \tag{1-50}$$

(3) 若系统所受外力矢量和不为零，但在某方向上的分量为零，即 $\sum f_l=0$，则系统的总动量虽不守恒，但在该方向上动量的分量守恒，称为某方向分动量守恒，即 $\sum m_i v_{il}=$ 恒量.

(4) 动量具有相对性. 定律中所涉及的所有动量都必须相对于同一惯性系.

(5) 动量具有瞬时性. 只要满足守恒条件，就不必过问过程中的细节，只需注意始末两时刻的动量即可.

例 1-10 已知质子的质量 $m_{\mathrm{H}}=1\mathrm{u}$(原子质量单位，$1\mathrm{u}=1.6605\times10^{-27}\mathrm{kg}$)，速度为 $v_{\mathrm{H}}=6\times10^5\mathrm{m\cdot s^{-1}}$，水平向右；氦核的质量 $m_{\mathrm{He}}=4\mathrm{u}$，速度 $v_{\mathrm{He}}=4\times10^5\mathrm{m\cdot s^{-1}}$，竖直向下. 若二者相互碰撞，碰后质子速度 $v'_{\mathrm{H}}=6\times10^5\mathrm{m\cdot s^{-1}}$，与竖直方向成 $37°$ 角(图 1-21). 试求碰撞后氦核的速度.

解 选坐标系如图，设碰撞后氦核的速率为 v'_{He}，与 y 轴成 α 角. 根据动量守恒定律，有

x 方向 $\quad m_{\mathrm{H}}v_{\mathrm{H}}=-m_{\mathrm{H}}v'_{\mathrm{H}}\sin37°+m_{\mathrm{He}}v'_{\mathrm{He}}\sin\alpha$

y 方向 $\quad m_{\mathrm{He}}v_{\mathrm{He}}=m_{\mathrm{H}}v'_{\mathrm{H}}\cos37°+m_{\mathrm{He}}v'_{\mathrm{He}}\cos\alpha$

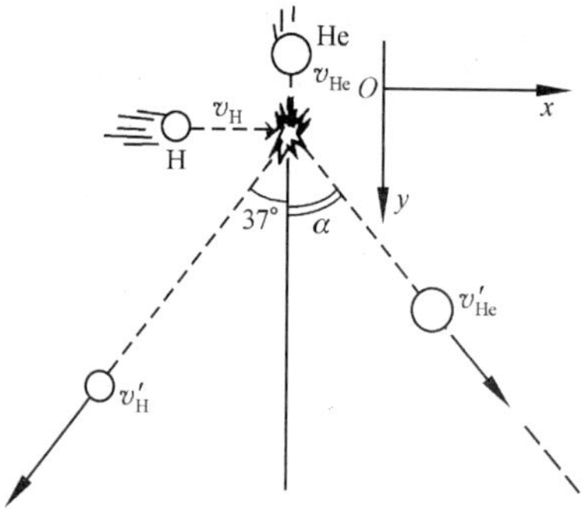

图 1-21 例 1-10 图

从上两式中，解得

$$v'_{\mathrm{He}}\sin\alpha=\frac{m_{\mathrm{H}}}{m_{\mathrm{He}}}(v_{\mathrm{H}}+v'_{\mathrm{H}}\sin37°)$$
$$=\frac{1}{4}(6\times10^5+6\times10^5\times0.6)$$
$$=2.4\times10^5(\mathrm{m\cdot s^{-1}})$$
$$v'_{\mathrm{He}}\cos\alpha=v_{\mathrm{He}}-\frac{m_{\mathrm{H}}}{m_{\mathrm{He}}}v'_{\mathrm{H}}\cos37°$$
$$=4\times10^5-\frac{1}{4}\times6\times10^5\times0.8$$
$$=2.8\times10^5(\mathrm{m\cdot s^{-1}})$$

从上两式中，解得

$$v'_{\mathrm{He}} = 3.7\times10^{5}\,\mathrm{m\cdot s^{-1}},\quad \alpha = 40.6^{\circ}$$

该结果在实验室中可以得到很好的验证.

从历史上看，动量守恒定律的发现早于牛顿定律，它是经实验独立发现的. 在这里我们可以由牛顿定律推导出来，这正反映了自然规律间的有机联系. 动量守恒定律对于接近光速的核子仍然成立，这一点有别于牛顿定律. 事实证明，在微观领域中，粒子与粒子之间的相互作用也遵从动量守恒定律. 如把光看成由光子组成，则由康普顿效应证实，光子与电子的碰撞遵从动量守恒定律. 现已确认，动量守恒定律是由空间的均匀性决定的，所以它是物理学中最重要的基本规律之一.

1-5 功 动能 动能定理

一、功和功率

功的概念来源于机械工作，但又有别于平常所谓的工作. 在物体受到力的作用并且沿着力的方向产生位移时，我们就说该力对物体做了功. 计算恒力的功时要用该力在作用点位移方向上的分量和作用点位移大小相乘，如图 1-22(b)所示. $\boldsymbol{f}$ 为与水平夹角为 θ 的恒力，$\boldsymbol{r}$ 为力的作用点在水平方向上的位移，那么力 $\boldsymbol{f}$ 对物体所做的功为

$$W = fr\cos\theta \tag{1-51}$$

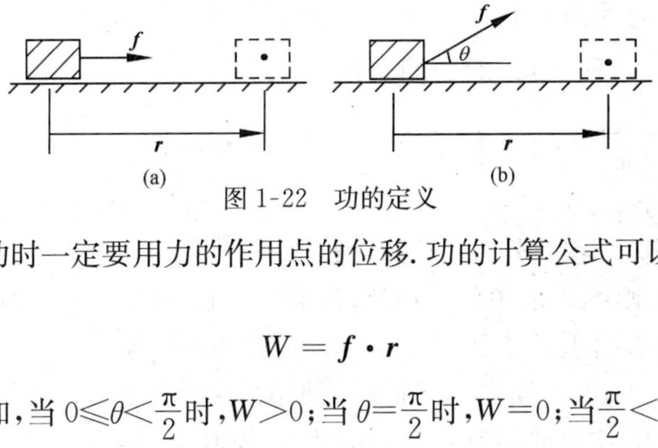

图 1-22 功的定义

注意计算功时一定要用力的作用点的位移. 功的计算公式可以用 $\boldsymbol{f}$ 与 $\boldsymbol{r}$ 的标积表示

$$W = \boldsymbol{f}\cdot\boldsymbol{r} \tag{1-52}$$

由(1-51)式可知，当 $0\leqslant\theta<\frac{\pi}{2}$ 时，$W>0$；当 $\theta=\frac{\pi}{2}$ 时，$W=0$；当 $\frac{\pi}{2}<\theta\leqslant\pi$ 时，$W<0$，此时物体克服外力做功. 显然，功是标量.

在很多情况下，物体(质点)做曲线运动，其所受外力也是变力，这时怎样计算外力的功呢?

我们将物体的轨道曲线分成若干小段，任取一小段弧 Δs_i 研究(图 1-23). 当 Δs_i 充分小时，Δs_i(弧长)$=\Delta r_i$(弦长)，外力 $\boldsymbol{f}_i$ 与 $\Delta\boldsymbol{r}_i$ 之间的夹角为 θ_i，按(1-52)式计算，力 $\boldsymbol{f}_i$ 所做的功为

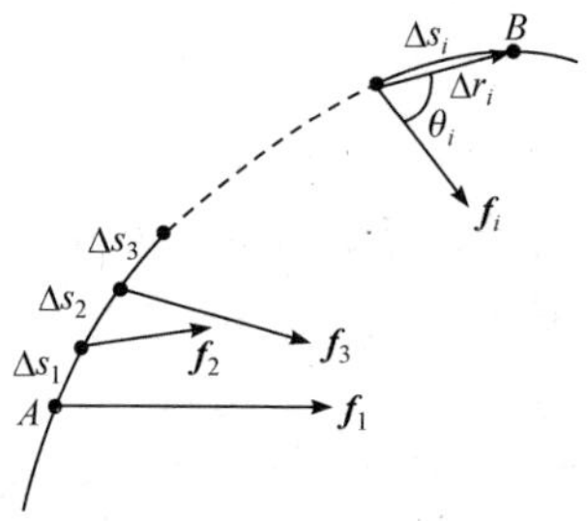

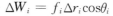

图 1-23 变力做功

$$\Delta W_i = f_i \Delta r_i \cos\theta_i$$

写成标积形式为

$$\Delta W_i = \boldsymbol{f}_i \cdot \Delta \boldsymbol{r}_i$$

当 $\Delta \boldsymbol{r}_i \to 0$ 时，可用微分 $\mathrm{d}\boldsymbol{r}$ 代换 $\Delta \boldsymbol{r}_i$，$\mathrm{d}\boldsymbol{r}$ 为位移，此时 $|\mathrm{d}\boldsymbol{r}| = \mathrm{d}s$，$\Delta W_i$ 可用 $\mathrm{d}W$ 代换，称为元功，即

$$\mathrm{d}W = \boldsymbol{f} \cdot \mathrm{d}\boldsymbol{r} = f\cos\theta \mathrm{d}s \qquad (1\text{-}53)$$

设质点沿图 1-23 的轨道运动，在从 A 点运动到 B 点的过程中，作用在质点上的外力 $\boldsymbol{f}$ 不仅大小而且方向都在改变，对于轨道的各段微小位移上外力的元功，我们都可以照此式计算. 于是，变力沿曲线由 A 到 B 的功为

$$W = \int_{AB} \boldsymbol{f} \cdot \mathrm{d}\boldsymbol{r} = \int_{AB} f\cos\theta \mathrm{d}s \qquad (1\text{-}54)$$

在直角坐标系中 $\boldsymbol{f} = \boldsymbol{f}(x, y, z)$，只要知道具体的函数关系，就可进行计算. 若 $\boldsymbol{f} = f_x \boldsymbol{i} + f_y \boldsymbol{j} + f_z \boldsymbol{k}$，$\mathrm{d}\boldsymbol{r} = \mathrm{d}x\boldsymbol{i} + \mathrm{d}y\boldsymbol{j} + \mathrm{d}z\boldsymbol{k}$，考虑到 $\boldsymbol{i} \cdot \boldsymbol{j} = \boldsymbol{j} \cdot \boldsymbol{k} = \boldsymbol{k} \cdot \boldsymbol{i} = 0$，直角坐标系中功可以表示为

$$W = \int_{AB} \boldsymbol{f} \cdot \mathrm{d}\boldsymbol{r} = \int_{AB} (f_x \mathrm{d}x + f_y \mathrm{d}y + f_z \mathrm{d}z)$$

在自然坐标系中，力可以分解为切向分量和法向分量. 若 $\boldsymbol{f} = f_{\mathrm{t}} \boldsymbol{\tau} + f_{\mathrm{n}} \boldsymbol{n}$，$\mathrm{d}\boldsymbol{r} = \mathrm{d}s\boldsymbol{\tau}$，考虑到 $\boldsymbol{n} \cdot \boldsymbol{\tau} = 0$，自然坐标系中功可以表示为

$$W = \int_{AB} \boldsymbol{f} \cdot \mathrm{d}\boldsymbol{r} = \int_{AB} f_{\mathrm{t}} \mathrm{d}s$$

如果物体同时受到几个力 $\boldsymbol{f}_1, \boldsymbol{f}_2, \cdots, \boldsymbol{f}_n$ 的作用，则作用于质点的合力为 $\boldsymbol{f} = \sum \boldsymbol{f}_i = \boldsymbol{f}_1 + \boldsymbol{f}_2 + \cdots + \boldsymbol{f}_n$，合力的功为

$$\begin{aligned} W &= \int_{AB} \boldsymbol{f} \cdot \mathrm{d}\boldsymbol{r} = \int_{AB} \boldsymbol{f}_1 \cdot \mathrm{d}\boldsymbol{r} + \int_{AB} \boldsymbol{f}_2 \cdot \mathbf{d}\boldsymbol{r} + \cdots + \int_{AB} \boldsymbol{f}_n \cdot \mathrm{d}\boldsymbol{r} \\ &= W_1 + W_2 + \cdots + W_n \end{aligned}$$

这表明合力的功等于各个分力的功的代数和.

在国际单位制中，功的单位为焦耳，符号为 J，1J=1N·1m=1N·m.

例 1-11 万有引力做功如图 1-24 所示，有两个质量为 m_1 和 m_2 的质点，其中质点 m_1 固定不动，m_2 在万有引力作用下经点 a 沿任意曲线路径运动到点 b. 如取 m_1 的位置为坐标原点，那么 a、b 两点与 m_1 的距离分别为 r_a 和 r_b. 求此过程中万有引力做的功.

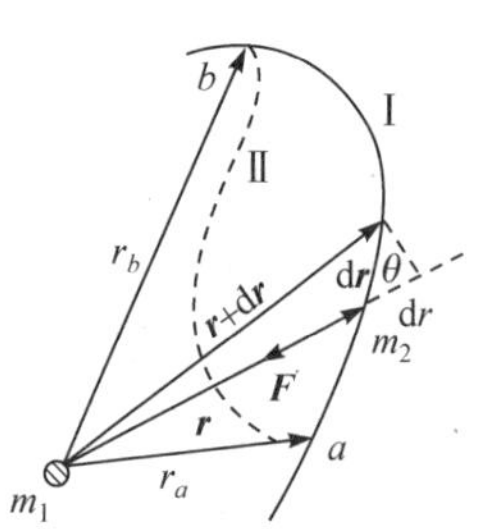

图 1-24 万有引力做功

解 设在某一时刻质点 m_2 距质点 m_1 的距离为 r，其位置矢量为 $\boldsymbol{r}$，$\boldsymbol{r}_0$ 为沿位置矢量 $\boldsymbol{r}$ 的单位矢量. 当 m_2 沿路径移动位移元 $\mathrm{d}\boldsymbol{r}$时，万有引力做的元功为

$$dW=\boldsymbol{F}\cdot d\boldsymbol{r}=-G\frac{m_1m_2}{r^2}dr$$

所以，质点 m_2 从点 a 沿任意路径到达点 b 的过程中，万有引力做功为

$$W=\int_a^b dW=\int_{r_a}^{r_b}-\frac{Gm_1m_2}{r^2}dr$$

即

$$W=Gm_1m_2\left(\frac{1}{r_b}-\frac{1}{r_a}\right)$$

万有引力所做的功只与运动质点 m_2 的始末位置（r_a 和 r_b）有关，而与质点 m_2 所经历的路径无关.

例 1-12 如图 1-25 所示，一质量为 20kg 的物体由 A 点沿圆形轨道下滑，到达 B 点时速度值为 $4.0\text{m}\cdot\text{s}^{-1}$，从 B 点开始，物体在水平向右的拉力 $f=10\text{N}$ 的作用下沿地面水平向右运动到 8.0m 处的 C 点停止. 求：(1)在运动全过程中法向力对物体做的功；(2)在水平运动时拉力和摩擦力对物体做的功；(3)在水平运动时合外力对物体做的功.

解 (1) 在 $A\to B\to C$ 的运动全过程中，圆轨道及水平地面对物体的支持力均为法向力，而法向力与物体的位移处处垂直. 在元功公式 $dW=\boldsymbol{f}\cdot d\boldsymbol{r}=f\cos\theta|d\boldsymbol{r}|$ 中 $\theta=\pi/2$，所以在运动全过程中法向力的功为零.

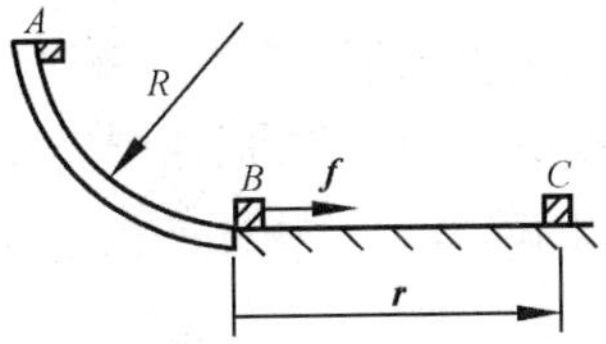

图 1-25 例 1-12 图

(2) 在 BC 段上拉力与位移方向一致，$\theta=0$，所以拉力的功为

$$W_f=\boldsymbol{f}\cdot\boldsymbol{r}=f\cos\theta r=fr=10\times8.0=80(\text{J})$$

在 BC 段上物体做匀减速运动，其加速度为

$$a=\frac{v^2-v_0^2}{2s}=\frac{0-v_0^2}{2s}=-\frac{4.0^2}{2\times8.0}=-1.0(\text{m}\cdot\text{s}^{-2})$$

在水平方向物体只受拉力和摩擦力作用，竖直方向所受支持力和重力相互平衡，因此可由牛顿第二定律求出摩擦力

$$f-f_r=ma$$

$$f_r=f-ma=10-20\times(-1.0)=30(\text{N})$$

其方向与物体运动方向相反，因此 $\theta=\pi$，所以摩擦力对物体做负功，其值为

$$W_{f_r}=f_rs\cos\theta=30\times8.0\times\cos\pi=-2.4\times10^2(\text{J})$$

(3) 在 BC 段，由于重力 $\boldsymbol{G}$ 与支持力 $\boldsymbol{N}$ 均与位移方向垂直，其对物体做的功均为零，所以 $W_G=W_N=0$. 在 BC 段所有外力对物体做的总功为

$$\begin{aligned}W&=W_G+W_N+W_f+W_{f_r}\\&=0+0+80+(-2.4\times10^2)=-1.6\times10^2(\text{J})\end{aligned}$$

负号表示物体对外做功.

做功有快慢,考虑到时间因素可以引入功率概念.若在 Δt 时间内外力所做的功为 ΔW,我们说外力在这段时间内的平均功率为

$$\bar{P} = \frac{\Delta W}{\Delta t}$$

当 $\Delta t \to 0$ 时,可得瞬时功率(简称为功率)

$$P = \lim_{\Delta t \to 0} \frac{\Delta W}{\Delta t} = \frac{\mathrm{d}W}{\mathrm{d}t}$$

若力 $\boldsymbol{f}$ 作用在物体上并已知其运动速度为 $\boldsymbol{v}$,则力 $\boldsymbol{f}$ 的功率为

$$P = \frac{\mathrm{d}W}{\mathrm{d}t} = \frac{\boldsymbol{f} \cdot \mathrm{d}\boldsymbol{r}}{\mathrm{d}t} = \boldsymbol{f} \cdot \frac{\mathrm{d}\boldsymbol{r}}{\mathrm{d}t} = \boldsymbol{f} \cdot \boldsymbol{v}$$

式中,$\mathrm{d}\boldsymbol{r}$ 为物体在时间 $\mathrm{d}t$ 内的位移.在国际单位制中,功率的单位为瓦特(简称瓦),符号为 W. $1\mathrm{W}=1\mathrm{J} \cdot \mathrm{s}^{-1}$.例如,国产解放牌汽车发动机的功率为 76.75kW.

二、动能　质点的动能定理

我们知道,外力对物体做功可以引起物体运动状态的变化.最简单的情况是物体在恒力作用下,经过一段位移后速度发生了变化.设物体质量 m,初速 v_0,末速 v,所受合外力为 $\boldsymbol{f}$,加速度为 $\boldsymbol{a}$,经过的位移为 $\boldsymbol{r}$,根据牛顿第二定律及匀加速直线运动公式,合力对物体所做的功

$$W = \boldsymbol{f} \cdot \boldsymbol{r} = m\boldsymbol{a} \cdot \boldsymbol{r} = \frac{1}{2}mv^2 - \frac{1}{2}mv_0^2$$

令

$$E_\mathrm{k} = \frac{1}{2}mv^2, \quad E_{\mathrm{k}0} = \frac{1}{2}mv_0^2$$

上式可改写为

$$W = E_\mathrm{k} - E_{\mathrm{k}0} \tag{1-55}$$

式中,E_k 和 $E_{\mathrm{k}0}$ 称为物体的初动能和末动能.该式表明合外力对物体所做的功等于物体动能的增量.这就是质点的动能定理.

若物体在变力 $\boldsymbol{f}$ 作用下做曲线运动(图 1-26),根据牛顿第二定律,$f_\mathrm{t} = f\cos\alpha = ma_\mathrm{t}$,$a_\mathrm{t} = \frac{\mathrm{d}v}{\mathrm{d}t}$,$\mathrm{d}r = \mathrm{d}s = v\mathrm{d}t$,这时外力对物体所做的元功为

$$\begin{aligned} \mathrm{d}W &= \boldsymbol{f} \cdot \mathrm{d}\boldsymbol{r} = f_\mathrm{t}\mathrm{d}s = f\cos\alpha\mathrm{d}s \\ &= ma_\mathrm{t}\mathrm{d}s = m\frac{\mathrm{d}v}{\mathrm{d}t}v\mathrm{d}t = mv\mathrm{d}v \end{aligned}$$

外力对物体做的总功为

$$W = \int_{ab} \boldsymbol{f} \cdot \mathrm{d}\boldsymbol{r} = \int_{v_a}^{v_b} mv\mathrm{d}v = \frac{1}{2}mv_b^2 - \frac{1}{2}mv_a^2 \tag{1-56}$$

式中，v_a 与 v_b 分别为物体在起点 a 和终点 b 的速度大小. 该式表明，当外力对物体做正功($W>0$)时，物体的动能增加；当外力对物体做负功($W<0$)时，物体的动能减少，或者说物体反抗外力做功. 可见动能描述的是物体因运动而具有的能量.

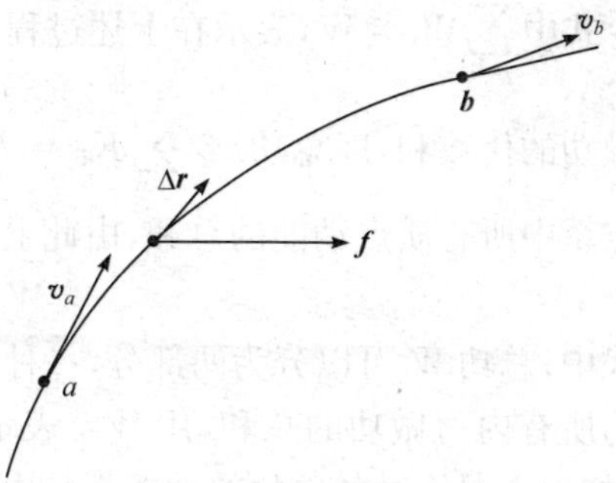

图 1-26　动能定理

在国际单位制中，动能的单位与功相同，均为焦耳，符号为 J.

关于动能和动能定理，还应明确几点：

(1) 动能是相对量. 当我们谈到动能时，必须明确所选择的参考系. 在动能定理中，所有动能必须对同一参考系而言.

(2) 动能定理只有在惯性系中才成立.

(3) 功与能的概念不能混淆，物体的运动状态一经确定，动能也就被确定了. 动能是物体状态的函数，是反映运动状态的物理量. 功是和物体受力及其受力的过程相联系的物理量. 功是过程量，是过程的函数. 一定的状态对应着一定的动能. 功与过程相对应，如摩擦力的功就与所经路径有关.

例 1-13　质量为 4.0kg 的物体在 $F=4+8t$ 的力作用下，由静止出发沿一直线运动，求在 2s 的时间内，该力所做的功.

解　由牛顿第二定律得

$$a=\frac{F}{m}=\frac{4+8t}{4}=1+2t(\mathrm{m\cdot s^{-2}})$$

$$t=2\mathrm{s}\text{ 时},v=\int_0^2 a\mathrm{d}t=\int_0^2(1+2t)\mathrm{d}t=6(\mathrm{m\cdot s^{-1}})$$

由动能定理得

$$A=\frac{1}{2}mv^2-\frac{1}{2}mv_0^2=\frac{1}{2}\times4\times6^2-0=72(\mathrm{J})$$

三、质点系的动能定理

若所研究的是由几个物体组成的物体组(质点系)则研究对象所受的力就不只是外力，还有质点间相互作用的内力. 设 t_0 时刻各质点的动能分别为 $E_{k10},E_{k20},\cdots,E_{kn0}$，另一时刻 t 各质点的动能分别为 $E_{k1},E_{k2},\cdots,E_{kn}$.

对第 i 个质点应用(1-56)式，得

$$W_i=E_{ki}-E_{ki0}$$

式中，W_i 为第 i 个质点在上述过程中所受合力(包括外力和内力)所做的功. 对于质点系内的每一个质点都可以列出相应方程，共有 n 个，它们的总和为

$$\sum_{i=1}^{n}W_i=\sum_{i=1}^{n}E_{ki}-\sum_{i=1}^{n}E_{ki0}$$

令式中 $\sum_{i=1}^{n} W_i = W$，表示在上述过程中（由 t_0 到 t）作用于所有质点的内力与外力所做功的代数和，即总功. 令 $\sum_{i=1}^{n} E_{ki} = E_k$，$\sum_{i=1}^{n} E_{ki0} = E_{k0}$，分别表示 t 时刻和 t_0 时刻质点系中所有质点动能的总和，由此上式可写成

$$W = E_k - E_{k0} \tag{1-57}$$

式中，总功 W 可以分为两部分，一种为所有外力做功的总和，用 $W_外$ 表示；另一种为所有内力做功的总和，用 $W_内$ 表示. 由于作用力和反作用力的功并非等值异号（如地雷爆炸时各碎片的动能都是由内力做正功产生），其总和并不为零，因此上式可改写为

$$W_外 + W_内 = E_k - E_{k0} \tag{1-58}$$

该式表明质点系总动能的增量在数值上等于所有外力做的功与所有内力做的功的代数和. 这就是质点系的动能定理.

1-6 保守力的功 势能

一、重力的功 保守力

设物体的质量为 m，在重力 $\boldsymbol{G}$ 的作用下，沿任意曲线由 a 点运动到 b 点，a、b 两点的高度分别为 h_a 和 h_b（图 1-27）. 为计算重力在物体由 a 到 b 过程中所做的功，可以将曲线上任一点处重力做的元功先求出来，然后再求总功.

在曲线上任取一点 c，物体在 c 处的微小位移记为 $\mathrm{d}\boldsymbol{r}$，重力 $\boldsymbol{G}$ 所做的元功为

$$\begin{aligned}\mathrm{d}W &= \boldsymbol{G}\cdot\mathrm{d}\boldsymbol{r} = G\cos\alpha\mathrm{d}r \\ &= mg\cos\alpha\mathrm{d}r = -mg\,\mathrm{d}h\end{aligned}$$

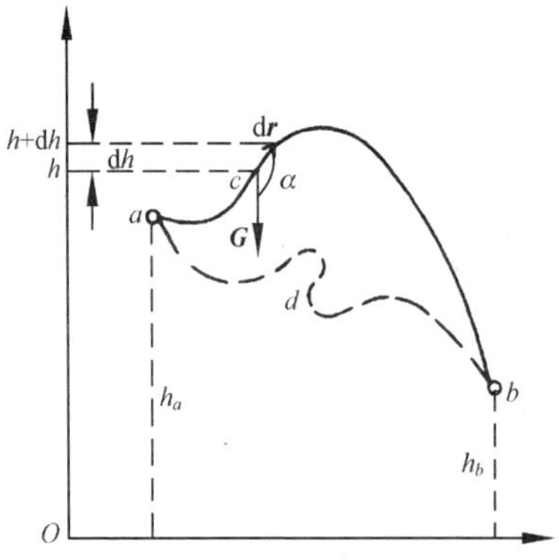

图 1-27 重力的功

式中，$\mathrm{d}h = \mathrm{d}r\cos(\pi-\alpha) = -\mathrm{d}r\cos\alpha$，表示在微小位移 $\mathrm{d}\boldsymbol{r}$ 中物体上升的高度. 由此可求出重力由 a 到 b 所做的总功为

$$\begin{aligned}W &= \int \mathrm{d}W = \int_{h_a}^{h_b} -mg\,\mathrm{d}h \\ &= -mgh\Big|_{h_a}^{h_b} = mgh_a - mgh_b\end{aligned} \tag{1-59}$$

上式表明当物体上升时（$h_b > h_a$），重力做负功（$W<0$）；当物体下降时（$h_b < h_a$），重力做正功（$W>0$）.

acb 为任意曲线，计算出的功与曲线形状无关，只与始末两点 a 和 b 的高度有

关，这就是重力做功的特征. 也就是说，重力对物体所做的功只与物体的始末位置有关，而与物体所经路径无关. 如果 a 与 b 重合，又可表示为：当物体沿任一闭合路径绕行一周时，重力对物体做的总功为零. 这一特点结合(1-59)式及图中曲线 $acbda$ 即可看出. 具有做功与路径无关这种特点的力称为保守力，否则称为非保守力. 弹性力、万有引力(重力为其特例)、静电力等是保守力，摩擦力是非保守力.

二、弹性力的功

如图 1-28 所示，轻弹簧(质量可以忽略)的一端固定，另一端连一物体，O 点为弹簧未形变时物体的位置，也是 x 轴的原点(向右为正). 由此可知物体的位置坐标与弹簧的形变数值相等. 将弹簧向右拉长时弹性力做负功，其元功为

$$\mathrm{d}W = kx\cos\pi\mathrm{d}x = -kx\mathrm{d}x$$

当物体由 a 点到 b 点时，弹性力对物体做的功为

$$W_{ab} = \int_{x_1}^{x_2} -kx\mathrm{d}x = -\frac{kx^2}{2}\bigg|_{x_1}^{x_2} = \frac{1}{2}kx_1^2 - \frac{1}{2}kx_2^2 \tag{1-60}$$

若物体由 b 点回到 a 点，弹性力的功与上式所求差一个负号，即

$$W_{ba} = \frac{1}{2}kx_2^2 - \frac{1}{2}kx_1^2$$

可以证明弹性力的功与重力的功具有相同的特点，弹性力的功只与始末位置时弹簧的形变有关，而与形变过程无关. 在闭合路径 $a\to b\to a$ 中弹性力的功为零，因此弹性力也是保守力.

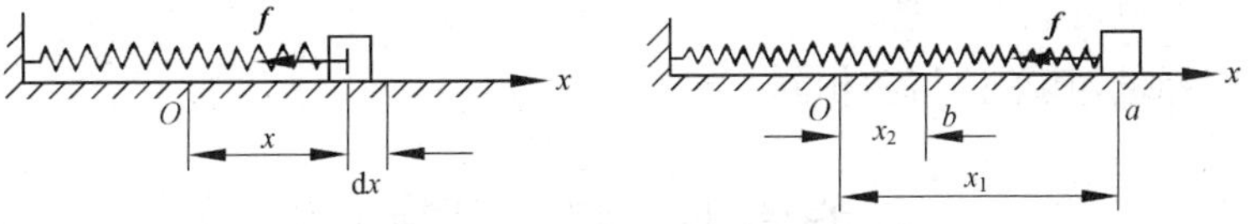

图 1-28　弹性力做的功

三、势能

在(1-59)式中，令 $h_a=h, h_b=0$，这时重力所做的功等于 mgh，这就是物体在高为 h 处所具有的做功本领，也就是说物体在高为 h 处具有某种与位置有关的能量. 我们把这种能量称为势能. 物体由于受到重力而具有的势能叫重力势能. 重力势能的符号为 E_p. 物体在高为 h 处的重力势能为

$$E_\mathrm{p} = mgh$$

由于重力是物体与地球相互作用的结果，因此，重力势能应该属于地球与物体所共有，称为物体与地球所组成的系统的重力势能，简称为物体的重力势能. 又由于 h 是相对参考平面($h=0$ 处)计算的，所以说重力势能的值具有相对性. 对于不同的参考平面其值可以不同. 但由(1-59)式可知，无论参考平面如何选取，物体由一点到另一点的过程中重力所做的功是一定的，因此重力势能的增量也是一定的，它只

与始末两点的位置有关.

若E_{pa}和E_{pb}分别表示物体在a、b两点的重力势能mgh_a和mgh_b,(1-59)式可以改写为

$$W = mgh_a - mgh_b = E_{pa} - E_{pb}$$

或

$$W = -(E_{pb} - E_{pa}) \tag{1-61}$$

该式表明重力的功等于重力势能增量的负值.如果重力做正功($W>0$),系统的重力势能将减少($E_{pb}<E_{pa}$);反之,如果重力做负功($W<0$),系统的重力势能将增加($E_{pb}>E_{pa}$).

仿照引入重力势能的过程,由(1-60)式,令O点为参考点,弹簧伸长x时具有弹性势能$E_p=\frac{1}{2}kx^2$.

若$E_{pa}=\frac{1}{2}kx_1^2$, $E_{pb}=\frac{1}{2}kx_2^2$,(1-61)式可改写为

$$W_{ba} = \frac{1}{2}kx_2^2 - \frac{1}{2}kx_1^2 = E_{pb} - E_{pa}$$

或

$$W_{ab} = -(E_{pb} - E_{pa}) \tag{1-62}$$

表明弹性力的功等于弹性势能增量的负值.在弹性势能定义式$E_p=\frac{1}{2}kx^2$中,x是弹性形变.无形变时($x=0$)的弹性势能通常规定为零,这就是弹性势能的零点.弹性势能的零点也可以任意选取.

势能是标量,其单位与功相同.

1-7 功能原理 机械能守恒定律

一、质点系的功能原理

在(1-58)式中,$W_{内}$为质点系各成员之间相互做功的总和,即内力的功.而质点系的内力可以分成两类:保守内力和非保守内力.与它们相对应的功也分成两类:$W_{内保}$和$W_{内非}$.其中$W_{内保}$指保守内力的功,$W_{内非}$指非保守内力的功.因此

$$W_{内} = W_{内保} + W_{内非}$$

代入(1-58)式,得

$$W_{外} + W_{内保} + W_{内非} = E_k - E_{k0} \tag{1-63}$$

保守内力(如重力和弹性力)做功的同时,可以使质点系内相应的势能(重力势能和弹性势能)发生变化.由前述(1-61)及(1-62)式可知,保守力的功与相对应的势能增量的负值相等,即

$$W_{内保} = -(E_p - E_{p0})$$

将此式代入(1-63)式,并将能量项移到右边,得

$$W_{外} + W_{内非} = (E_k - E_{k0}) + (E_p - E_{p0}) \tag{1-64}$$

该式表明系统所受外力的功和非保守内力的功的总和等于系统机械能的增量. 这就是质点系的功能原理. 机械能为动能和势能(重力势能和弹性势能)的总称.

例 1-14 质量 $m=2.0\text{kg}$ 的物体由静止开始沿 1/4 圆周由 A 滑到 B,在 B 时的速度值为 $v=6.0\text{m}\cdot\text{s}^{-1}$,圆的半径 $R=4.0\text{m}$. 求物体由 A 到 B 过程中,摩擦力所做的功(图 1-29).

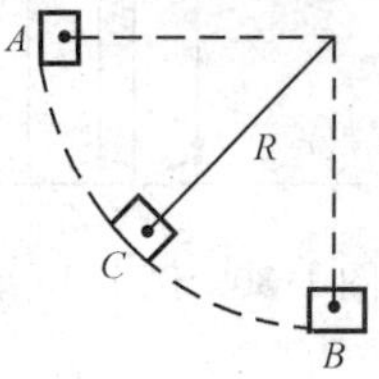

图 1-29 例 1-14 图

解 取地球与物体为质点组. 在整个过程中物体受到三个力作用:重力 $\boldsymbol{G}$,轨道支持力 $\boldsymbol{N}$ 和摩擦力 $\boldsymbol{f}$,其中重力为保守内力,支持力与位移垂直不做功,摩擦力为非保守外力,且功不为零,因此机械能不守恒,可用功能原理(1-64)式求解.

由(1-64)式得

$$W_f = E - E_0 = \frac{1}{2}mv^2 - mgR$$

式中,E 与 E_0 分别为 B 点与 A 点处的机械能. 重力势能零点选在 B 点,因此在 B 点只有动能$\frac{1}{2}mv^2$,在 A 点只有重力势能 mgR.

代入数据可求出摩擦力做的功为

$$W_f = -44\text{J}$$

负号表示摩擦力对物体做负功,机械能减少(转化为热能),即物体组向外界输出能量. 可见,物体与外界所交换的能量可以用外力做的功来量度. 功是能量交换或转化的一种量度.

二、机械能守恒定律

在(1-64)式中,如果外力的功和非保守内力的功都为零,即 $W_{外}=0$ 且 $W_{内非}=0$,可得

$$E_k + E_p = E_{k0} + E_{p0} = 恒量 \tag{1-65}$$

该式表明对于质点系(即系统)而言,如果只有保守内力(重力、弹性力)做功,没有非保守内力及一切外力的功,那么,质点系内各物体之间的动能和势能虽然可以互相转换,但是它们的总和是恒量. 这就是机械能守恒定律.

机械能守恒定律的成立是有条件的. 所谓外力不做功,即 $W_{外}=0$,是指质点系与外界没有能量交换;非保守内力不做功,即 $W_{内非}=0$,是指质点系内部每时每刻都不发生机械能与其他形式能量间的转化. 当这两个条件满足时,系统的机械能才保持守恒. 机械能守恒定律可以由牛顿定律导出,它只适用于惯性系.

例 1-15 长为 l,质量均匀分布的软绳放在高 l 的光滑桌面上,其质量为 m,开始时软绳静止,垂下的长度为 l_0,释放后软绳下落,求软绳完全脱离桌面时的速率.

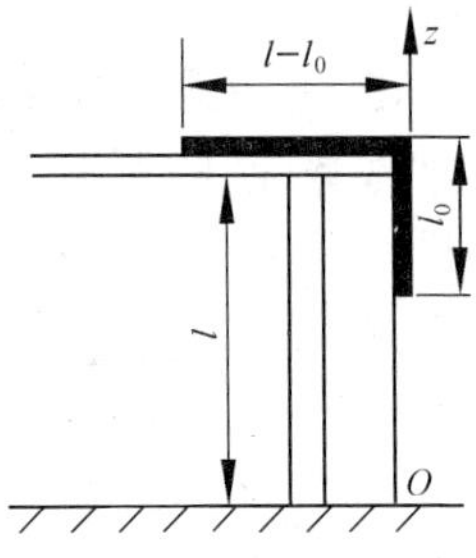

图 1-30 例 1-15 图

解 以软绳与地球为物体组. 由于外力(桌面支持力)不做功,无非保守内力,物体组机械能守恒. 以地面为重力势能零点,由此向上建立坐标轴如图 1-30. 软绳刚刚释放时为初态,其动能为零,桌上部分软绳重力势能为 $mg(l-l_0)$,下垂部分中任一小段软绳重力势能为$\frac{m}{l}gz\mathrm{d}z$(设该小段长为 dz,距地面高度为 z),所以,下垂部分总的重力势能为

$$\int_{l-l_0}^{l}\frac{m}{l}gz\mathrm{d}z=\frac{1}{2}\frac{m}{l}g[l^2-(l-l_0)^2]$$

初态轻绳总机械能为

$$E=E_{\mathrm{p}0}=mg(l-l_0)+\frac{1}{2}\frac{m}{l}g[l^2-(l-l_0)^2]$$

软绳刚刚离开桌面时为终态,其动能为$\frac{1}{2}mv^2$,重力势能为

$$E_{\mathrm{p}}=\int_0^l\frac{m}{l}gz\mathrm{d}z=\frac{1}{2}mgl$$

由机械能守恒定律,得

$$\frac{1}{2}mv^2+\frac{1}{2}mgl=mg(l-l_0)+\frac{1}{2}\frac{m}{l}g[l^2-(l-l_0)^2]$$

解之可得

$$v=\sqrt{\frac{g}{l}(l^2-l_0^2)}$$

三、能量守恒与转换定律 功与能概念的深化

由于力学系统中经常存在着非保守内力做的功,因而机械能守恒实际上是很难实现的. 然而大量事实和实验证明,在机械能减少的同时,必然有其他形式的能量增加. 例如,摩擦力做功的同时,一方面减少了力学系统的机械能,另一方面却增加了热能. 也就是说,完成了机械能向热能的转化. 这是由一种形式的运动向另一种形式的运动的转化,其间伴随着能量的转移. 事实证明,系统的机械能和其他运动形式的能量的总和仍为恒量. 也就是说,能量不能消失,也不能创造,它只能从一种形式转换为另一种形式,这个结论称为能量守恒和转换定律. 这是物理学中最具普遍性的定律之一,也是整个自然界遵从的普遍规律.

能量守恒和转换定律可以使我们更深刻地理解功的含义. 上述力学系统机械能向热能的转化就是通过做功的方式完成的. 可以说,通过做功的方法(以后在热力学中会看到，也可以用传递热量等其他方法）使一个系统的能量发生变化的实质，是使这一系统和另一系统之间发生能量的交换，所交换的能量在数量上就等于功. 因此，从本质上说，做功是能量交换或转化的一种形式，从数量上说，功是被交换或转化的能量的一种量度.

必须指出，功与能是完全不同的两个概念. 功总是与能量的交换或转化的过程相联系. 而能量代表着系统在一定状态时所具有的特征. 系统的状态一定，其所对应的能量也就一定，能量的数值只取决于系统的状态，能量是系统状态的单值函数.

本 章 要 点

一、目的

（1）掌握描述质点运动的四个基本物理量，即位置矢量、位移、速度和加速度；明确它们的矢量性、瞬时性、叠加性.

（2）掌握运动方程和轨道方程的物理意义.

（3）掌握已知运动方程，通过对时间 t 求导得到速度和加速度的方法，掌握矢量大小及方向在几种情况下的表示方法.

（4）掌握已知速度、加速度和初始条件，通过一次或两次积分求得运动方程和轨道方程的方法.

（5）掌握相对运动的参考系中坐标、速度、加速度变换公式.

（6）掌握牛顿三定律及其适用条件，能求解一维变力作用下的简单的质点动力学问题.

（7）掌握动量、冲量及动量定理、动量守恒定律；掌握功、动能、势能和保守力、非保守力的概念；掌握动能定理、功能原理和机械能守恒定律，能运用它们分析、解决质点在平面内运动时的简单力学问题；掌握运用守恒定律分析问题的思路和方法，能分析简单系统在平面内运动的动力学问题.

（8）了解对称性与守恒定律的相互关系及其在物理学中的地位.

二、基本概念和规律

（1）平均速度 $\overline{\boldsymbol{v}}=\dfrac{\Delta \boldsymbol{r}}{\Delta t}$；

瞬时速度 $\boldsymbol{v}=\lim\limits_{\Delta t\to 0}\dfrac{\Delta \boldsymbol{r}}{\Delta t}=\dfrac{\mathrm{d}\boldsymbol{r}}{\mathrm{d}t}$.

（2）平均加速度 $\overline{\boldsymbol{a}}=\dfrac{\Delta \boldsymbol{v}}{\Delta t}$；

瞬时加速度 $\boldsymbol{a}=\lim\limits_{\Delta t\to 0}\dfrac{\Delta \boldsymbol{v}}{\Delta t}=\dfrac{\mathrm{d}\boldsymbol{v}}{\mathrm{d}t}=\dfrac{\mathrm{d}^2\boldsymbol{r}}{\mathrm{d}t^2}$.

(3) 运动叠加原理

$$\boldsymbol{r} = x\boldsymbol{i} + y\boldsymbol{j} + z\boldsymbol{k}$$
$$\boldsymbol{v} = v_x\boldsymbol{i} + v_y\boldsymbol{j} + v_z\boldsymbol{k}$$
$$\boldsymbol{a} = a_x\boldsymbol{i} + a_y\boldsymbol{j} + a_z\boldsymbol{k}$$

(4) 运动方程 $\boldsymbol{r}=\boldsymbol{r}(t)$；

轨道方程.包括直线运动、圆周运动(含角量描述)和抛体运动等几种情况.

(5) 力.力是物体间的相互作用.

牛顿三定律(略).

质量.这里指惯性质量,是物体平动惯性大小的量度.

惯性系.牛顿第一定律成立的参考系.

(6) 力的冲量 $\boldsymbol{I} = \int_{t_0}^{t} \boldsymbol{f} \mathrm{d}t$；

动量定理 $\boldsymbol{I} = m\boldsymbol{v} - m\boldsymbol{v}_0$(质点)；

$\boldsymbol{I} = \sum(m_i\boldsymbol{v}_i) - \sum(m_i\boldsymbol{v}_{i0})$(质点组).

(7) 动量守恒定律.当 $\sum \boldsymbol{f}_{i外} = 0$ 时,$\sum m_i\boldsymbol{v}_i =$ 恒矢量.

(8) 变力的功 $W = \int_{AB} \boldsymbol{f} \cdot \mathrm{d}\boldsymbol{r}$；

动能定理 $W = \frac{1}{2}mv^2 - \frac{1}{2}mv_0^2$(质点)；

$$W_{外} + W_{内} = \sum\left(\frac{1}{2}m_iv_i^2\right) - \sum\left(\frac{1}{2}m_iv_{i0}^2\right)\text{(质点组)}$$

(9) 保守力的功 $W_{内保} = -\Delta E_{\mathrm{p}}$；

重力势能 $E_{\mathrm{p}} = mgh$；

弹性势能 $E_{\mathrm{p}} = \frac{1}{2}kx^2$.

(10) 功能原理 $W_{外} + W_{内非} = E - E_0 = (E_{\mathrm{k}} + E_{\mathrm{p}}) - (E_{\mathrm{k0}} + E_{\mathrm{p0}})$；

机械能守恒定律.当 $W_{外} = 0$, $W_{内非} = 0$ 时, $E_{\mathrm{k}} + E_{\mathrm{p}} = E_{\mathrm{k0}} + E_{\mathrm{p0}} =$ 恒量.

习　　题

1-1　一人锻炼身体,从起点出发经过 0.2h 向东跑了 3km 到达 A 点,又用了 0.2h 向北跑了 2km 到达 B 点,再经过 0.3h 向西南方向走了 1.5km 到达 C 点,求:(1) 全过程的位移和路程;(2) 整个过程的平均速度和平均速率.

1-2　有一物体做直线运动,运动方程为 $x=6t^2-2t^3$,其中 x 的单位为 m,t 的单位为 s.试求:(1) 第 2s 内的平均速度;(2) 第 3s 末的速度;(3) 第 1s 末的加速度;(4) 此物体的运动类型.

1-3　欲将行驶中的汽车停下,所经历的时间可分为两个阶段:驾驶人的反应时间(此段时间车速不变)和制动后车以恒定加速度减慢. 当汽车以 $90\text{km}\cdot\text{h}^{-1}$的速率行驶时人车的制动总距离为 56m,以 $54\text{km}\cdot\text{h}^{-1}$的速率行驶时人车的制动总距离为 24m,试计算:(1) 驾驶人的反应时间;(2) 制动后汽车加速度的大小.

1-4 已知质点的运动方程为 $x=2t, y=2-t^2$,式中各量用国际单位制.

(1) 试导出质点的轨道方程;

(2) 计算 $t=1\text{s}$ 和 $t=2\text{s}$ 时质点的矢径,并计算 1s 到 2s 之间质点的位移;

(3) 计算质点在 2s 末时的速度;

(4) 计算质点的加速度,并说明质点做什么运动.

1-5 一质点的运动方程为 $\boldsymbol{r}=(-10t+30t^2)\boldsymbol{i}+(15t-20t^2)\boldsymbol{j}$,式中各量均为 SI 单位,求:$t=0\text{s}$ 时质点的速度和加速度.

1-6 在离水面高为 h(m)的岸边,有人用绳拉船靠岸. 船在离岸边 s(m)处,当人以 v_0($\text{m}\cdot\text{s}^{-1}$)的速率收绳时,试求船速及加速度的大小.

1-7 一次网球比赛中,运动员发出的球以离地高度 2.4m、速率为 $24\text{m}\cdot\text{s}^{-1}$ 水平飞出. 已知球网高 0.9m,与发球点距离 12m 远. (1) 当球到达球网时它可否从网上飞过? 球与网顶距离是多少? (2) 落地点距发球点多远? (3) 假如球飞出时有 5.0°的俯角,它到达球网时可否从网上飞过?

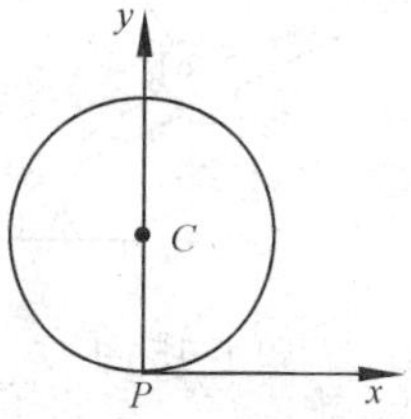

题 1-8 图

1-8 一质点从 P 点出发以匀速率 $1\times10^{-2}\ \text{m}\cdot\text{s}^{-1}$ 做顺时针转向的圆周运动,圆的半径为 1m.

(1) 当它走过 2/3 圆周时,位移是多少? 走过的路程是多少? 这段时间内,平均速度是多少? 在该点的瞬时速度如何?

(2) 当它走过 1/2 圆周时,以上各值又如何?

(3) 取 P 点为原点,坐标系 xPy 如题 1-8 图. 试写下该质点的运动方程 $x=x(t)$ 和$y=y(t)$的函数式.

1-9 有一定滑轮,半径为 R,沿轮周绕着一根绳子,悬在绳子一端的物体,按 $s=\dfrac{1}{2}bt^2$(式中,s 以 m 计,t 以 s 计)的规律运动. 若绳子和轮周间没有打滑现象发生,试求轮周上一点 M 在 t 时刻的速度、切向加速度、法向加速度及总加速度.

1-10 质点的运动方程为 $\boldsymbol{r}(t)=9\cos(3t)\boldsymbol{i}+9\sin(3t)\boldsymbol{j}$,求:(1)质点在任意时刻的速度和加速度的大小;(2)质点的运动轨迹和法向加速度.

1-11 质点沿半径为 R 的圆周按规律 $S=v_0t-\dfrac{1}{2}bt^2$ 运动,式中,v_0、b 均为常数. 求:(1) 任意时刻质点的加速度;(2) t 为何值时总加速度的数值等于 b .

1-12 一电机的电枢每分钟转 1800 圈,从电流停止时为计时起点,经过 20s,

电枢停止转动.试求:(1) 在此期间内,电枢转了多少圈;(2) 经过 10s 时,距转轴 r 为 1.0×10^{-1}m 处的质点的切向加速度和法向加速度.

1-13 一质点做圆周运动,运动方程为 $\theta=50\pi t+\frac{1}{2}\pi t^2$,式中,$t$ 以 s 计,θ 以 rad(弧度)计,试求:(1) 第 3s 内的角位移;(2) 第 3s 末的角速度和角加速度.

1-14 一人质量为 50kg,站在升降机内的一个磅秤上.问升降机在下述三种情况下,磅秤读出的表观重量各是多少?

(1) 以 $10\text{m}\cdot\text{s}^{-1}$的速度匀速上升或下降;

(2) 以 $0.8\text{m}\cdot\text{s}^{-2}$的加速度下降;

(3) 以 $0.2\text{m}\cdot\text{s}^{-2}$的加速度上升.

1-15 一架飞机以 $480\text{km}\cdot\text{h}^{-1}$的速率在水平面内绕圆周飞行.如果机翼与水平面成 30°倾角,问飞机盘旋的半径是多少?如题 1-15 图,假定所需的力全部来自于与机翼表面垂直的"空气动力升力".

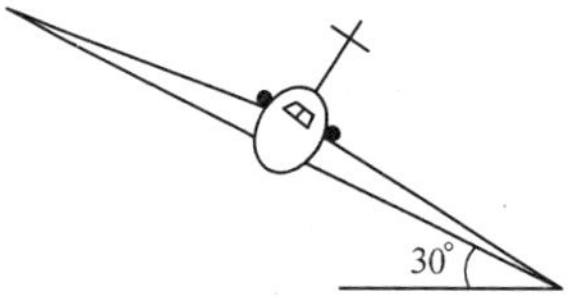

题 1-15 图

1-16 在高山缆车系统中,每个车厢所允许的包括乘客在内的总质量最大是 2800kg.车厢挂在架空的钢缆上,由各支架塔牵引.假定钢缆是直的,车厢处于最大允许质量,在以 $0.49\text{m}\cdot\text{s}^{-2}$的加速度拉上 30°倾角,求相邻的两段牵引钢缆中的张力差.

1-17 一质量为 $m_2=20$kg 的小车,可以在光滑平面上水平运动,车上放一物体,质量为 $m_1=2$kg,与小车间的摩擦系数为 $\mu=0.25$.现使物体受一水平拉力 f 作用,已知 $f=20$N.试求物体与小车的加速度有多大.二者之间的摩擦力为多大.

1-18 连接体如题 1-18 图放置在斜面上滑轮两侧,已知斜面与水平面夹角 $\alpha=30°$,两物体质量分别为 m_1 和 m_2,与斜面间的摩擦系数为 $\mu=0.6$.

(1) 若 $m_1=5\times10^{-2}$kg, $m_2=4\times10^{-2}$kg,问物体如何运动?绳中张力如何?

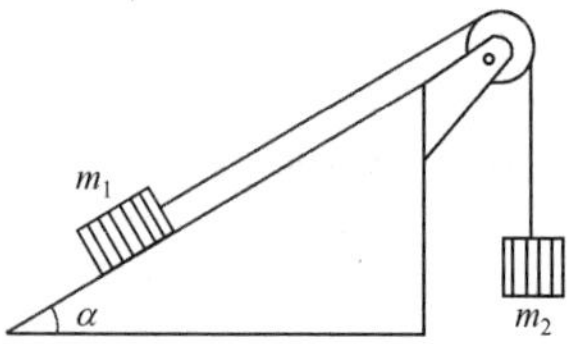

题 1-18 图

(2) 若 $m_1=4\times10^{-2}$kg, $m_2=5\times10^{-2}$kg,问物体的加速度及绳中张力各如何?

(3) 若 $m_2=5\times10^{-2}$kg,问 m_1 应为多少才能沿斜面下滑?

1-19 已知质量为 $m=2$kg 的静止物体受到水平变力为 F 的作用而运动,$F=8t^3$(N),试求:(1)前两秒内的冲量;(2)第二秒末物体的速度.

1-20 质量为 0.2kg 的垒球,如果投出时速度值为 $30\text{m}\cdot\text{s}^{-1}$,被棒击回的速度值为 $50\text{m}\cdot\text{s}^{-1}$,方向相反.求:(1) 球的动量变化和打击力的冲量;(2) 如果棒与球接触时间为 0.002s,则打击的平均冲力为多少?

1-21 已知子弹从枪口飞出的速度为$300\text{m}\cdot\text{s}^{-1}$,在枪管内子弹受的合力满足$f=400-\dfrac{4\times10^5}{3}t$,其中$f$的单位为N,$t$的单位为s.试计算:(1) 子弹在枪管内运动的时间(假设子弹到达枪口时所受的力变为零);(2)f 的冲量;(3) 子弹的质量.

1-22 两个滑冰运动员站在冰面上,用绳平稳地互相拉动.设运动员甲的质量为$m_1=50\text{kg}$,运动员乙的质量为$m_2=40\text{kg}$,与冰面的摩擦系数为$\mu=0.05$,互相拉动的时间为$\Delta t=40\text{s}$后,甲的速度为$v_1=2.0\text{m}\cdot\text{s}^{-1}$.请问乙的速度$v_2$多大?

1-23 喷气式飞机以$v_0=300\text{m}\cdot\text{s}^{-1}$的速度飞行,突然撞到一只质量$m=2.00\text{kg}$的鸟,鸟身长为$l=0.30\text{m}$,已知撞后鸟与飞机粘在一起,试求出相撞时的平均冲力$\overline{\boldsymbol{f}}$的大小.

1-24 质量为m的水银小球,竖直地落在水平桌面上,分成质量相等的三部分沿着桌面运动.其中两部分m_1与m_2的速度分别为$\boldsymbol{v}_1$和$\boldsymbol{v}_2$,大小均为$0.30\text{m}\cdot\text{s}^{-1}$,且相互垂直.试求出第三部分$m_3$的速度$\boldsymbol{v}_3$.

1-25 用力推地面上的石块,推力随位移变化,即$F=4x+3x^2$(N),方向与地面平行.试求石块由$x=1\text{m}$移动到$x=2\text{m}$的过程中,推力所做的功.

1-26 一物体按$x=ct^3$的规律做直线运动,设介质对物体的阻力正比于速度的平方,比例系数为k.求物体从$x_0=0$运动到$x=l$时,阻力所做的功.

1-27 质量为$m=100\text{kg}$的木箱在水平推力$\boldsymbol{F}$的作用下,沿长为$l=3\text{m}$、倾斜角为$\alpha=30°$的斜面被匀速地推上汽车.已知木箱与斜面间的摩擦系数为$\mu=0.2$.试求在此过程中:(1)推力$\boldsymbol{F}$对木箱做多少功;(2) 重力对木箱做多少功;(3) 斜面支持力对木箱做多少功;(4) 摩擦力对木箱做多少功.

1-28 一地下蓄水池的底面积$S=50\text{m}^2$,贮水深度$h_1=1.5\text{m}$.若水面低于地面的高度$h_0=5.0\text{m}$.问将池水全部吸到地面时,需做多少功?若水泵的效率$\eta=80\%$,输入功率$P=35\text{kW}$,需要多少时间可以抽完?

1-29 质量为2.0kg的物体在$F=6t^2$的力作用下,由静止出发沿一直线运动,求在2s的时间内,该力所做的功.

1-30 竖直上抛一小球,空气阻力可视为恒力.试问该小球上升所用的时间$\Delta t_{上}$和下落时所用的时间$\Delta t_{下}$相比较,哪个更长些,或者相等?

1-31 如题1-31图所示,质量为$m=2\text{kg}$的物体由静止开始沿四分之一圆周轨道上A点滑行到B点.已知其在B点时末速度的大小为$v=6\text{m}\cdot\text{s}^{-1}$,圆半径$R=4\text{m}$.试求在整个滑行过程中摩擦力所做的功.(四分之一圆周轨道放在铅直平面内.)

1-32 如题1-32图所示,在桌面上固定一个半径为R的光滑球体,顶点A处有一质量为m的物体.若物体以水平初速度v_0开始运动,试问:(1)物体将在何处($\varphi=?$)脱离球体?(2)v_0的值多大时刚好能使物体一开始就脱离?

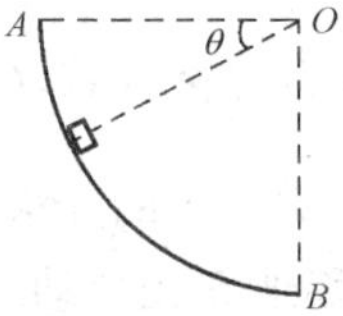

题 1-31 图

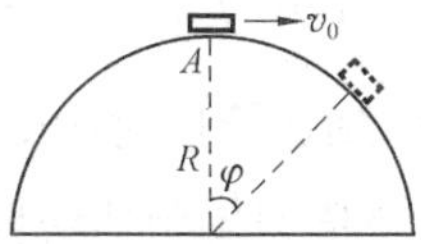

题 1-32 图

1-33 有一个竖直放置的轻弹簧，刚度系数 $k=100\text{N}\cdot\text{m}^{-1}$，在弹簧顶端放一个质量为 $m=5.0\times10^{-3}\text{kg}$ 的砝码，然后向下压缩弹簧，弹簧释放后砝码被向上抛出 $h=0.1\text{m}$，求弹簧的压缩量.

1-34 试证明初速相同的抛射体，在同一高度上的任何位置时的速率都是相同的，而与抛出时的角度无关.

1-35 质量为 $m=2.0\times10^{-2}\text{kg}$ 的子弹，击中质量为 $M=10\text{kg}$ 的冲击摆，使摆在竖直方向升高 $h=7\times10^{-2}\text{m}$，子弹嵌入其中. 试问：(1) 子弹的初速度 v 是多少？(2) 击中后的瞬间，子弹的动能为子弹初动能的多少倍？

1-36 测子弹速度的一种方法是把子弹水平射入一个固定在弹簧上的木块内，由弹簧压缩的距离就可以求出子弹的速度，已知子弹质量 $m=2\times10^{-2}\text{kg}$，木块质量 $M=8.98\text{kg}$，弹簧的刚度系数 $k=100\text{N}\cdot\text{m}^{-1}$，子弹射入后弹簧压缩 $\Delta x=1.0\times10^{-1}\text{m}$，求子弹的速度. 设木块与平面间的摩擦系数 $\mu=0.2$.

自 测 题

1. 质点在 Oxy 平面内做曲线运动，其运动方程为 $\boldsymbol{r}=\boldsymbol{r}(t)$，则在任一时刻，质点的速度大小为[　　]

(A) $\dfrac{\mathrm{d}\boldsymbol{r}}{\mathrm{d}t}$；　(B) $\dfrac{\mathrm{d}t}{\mathrm{d}\boldsymbol{r}}$；　(C) $\dfrac{\mathrm{d}|\boldsymbol{r}|}{\mathrm{d}t}$；　(D) $\sqrt{\left(\dfrac{\mathrm{d}x}{\mathrm{d}t}\right)^2+\left(\dfrac{\mathrm{d}y}{\mathrm{d}t}\right)^2}$.

2. 某质点的运动方程为 $x=3t+8t^3-9$，其中 $t\neq0$，则该质点做[　　]

(A) 匀加速直线运动，速度沿 x 轴正方向；

(B) 匀加速直线运动，速度沿 x 轴负方向；

(C) 变加速直线运动，速度沿 x 轴正方向；

(D) 变加速直线运动，速度沿 x 轴负方向.

3. 已知质点的运动方程为 $x=2t^2$，$y=4-t^3$，则质点在任意时刻的速度表达式为 $\boldsymbol{v}=$__________，加速度表达式为 $\boldsymbol{a}=$__________.

4. 质点做圆周运动的运动方程为 $\theta=50\pi t+\dfrac{1}{2}\pi t^2$，则在 $t=3\text{s}$ 时的角速度 $\omega=$__________；角加速度 $\beta=$__________.

5. 质点做半径为 R 的圆周运动，运动方程为 $s=\frac{1}{2}bt^2$，求：(1)质点在任意时刻的速度大小；(2)质点在任意时刻的切向加速度的大小.

6. 质点沿直线做变速运动.已知受外力 $f=4+2x$(国际单位制)，且沿运动方向，求质点从 $x_1=0$ 移到 $x_2=10\text{m}$ 的过程中，外力所做的功.

7. 已知质量为 4kg 的物体受到水平变力 $F=8+2t$ 的作用而运动，式中 F 的单位是 N，t 的单位是 s. 设物体的初速度为 $3\text{m}\cdot\text{s}^{-1}$，求：(1)在开始的 2s 内，力的冲量大小.(2)在第 2s 末物体的速度大小.

8. 一质量为 0.1kg 的质点由静止开始运动，运动方程为 $\boldsymbol{r}=\frac{5}{3}t^3\boldsymbol{i}+2\boldsymbol{j}$(国际单位制)，求在 $t=0$ 到 $t=2\text{s}$ 时间内，作用在该质点上的合力所做的功.

第一章习题答案　　　　第一章自测题答案

第二章　刚体力学基础

当物体转动时，再用质点作为模型进行研究显然是不适合的，例如，研究地球的自转、受到各种空气阻力的飞行物体的运动等. 此时如果物体形状的变化对于问题的研究不起主要作用，则我们可以建立一种新的理想模型——刚体. 所谓刚体是一种特殊的质点系，系统内任意两质点间的距离恒保持不变. 任何材料的物体在外力的作用下都会产生相应的变形，但如果这些变形可以忽略，那么这些实际物体可以视为刚体. 刚体的运动是机械运动的一种典型形式，其规律在土木建筑、机械制造、船舶工业和航空工业中有着广泛的应用.

2-1　刚体的基本运动形式

一、刚体的平动

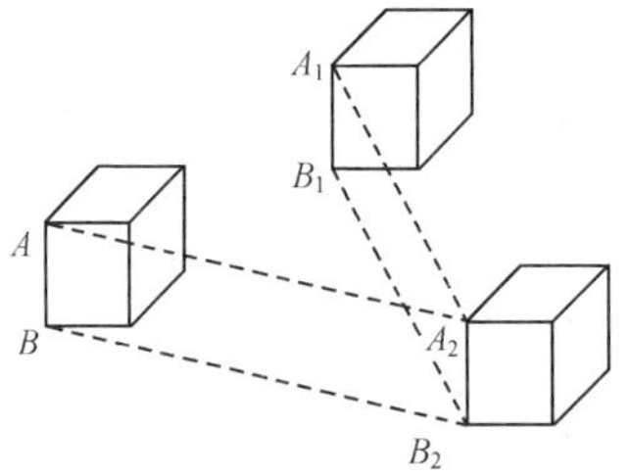

图 2-1　刚体的平动

刚体上任意两点间的连线在运动中始终平行于它们初始位置间的连线时，刚体的运动就称为平动.

如图 2-1 所示，在刚体上任意取两点 A、B，刚体运动过程中，$AB /\!/ A_1B_1 /\!/ A_2B_2$，则刚体的运动为平动.

二、刚体绕固定轴的转动

若刚体上任一质元都在做绕同一固定直线的平面圆周运动，这种运动就称为刚体绕固定轴的转动，简称为定轴转动，其中相对于参考系固定不动的直线称为转轴. 如图 2-2 所示，刚体绕定轴 OO'转动时，刚体上 A、B 质元都在做圆心在同一轴上的圆周运动，两质元距转轴的距离不同，线速度不同，但它们转动的角位移、角速度、角加速度是相同的，而且定轴转动时刚体的转动方向只有两个：顺时针方向和逆时针方向.

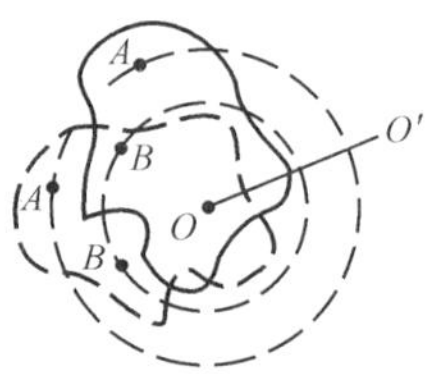

图 2-2　刚体的定轴转动

刚体的运动比较复杂，但是刚体的任何复杂运动都可以看作是两种基本运动平动和转动的合成. 例如，滚动的车轮可分解为整体随车辆的平动再加绕轮轴的定轴转动；又如飞行的铁饼可分解为整体的平动再加上绕某一瞬时定轴的转动等.

2-2 转动定律

由牛顿定律可知，质点运动状态的改变是由外力引起的. 同样，刚体转动状态的改变也是因为受到了一种作用——力矩的作用.

一、力矩

因为刚体的形状不能忽略，因此刚体转动状态的改变不仅与作用在刚体上的力有关，还取决于力的作用位置. 力的作用位置不同，产生的效果不同. 考虑这种特性的物理量称为力矩. 下面我们引入力矩的概念.

设刚体绕某一固定轴转动时受到外力 $\boldsymbol{F}$ 的作用，如图 2-3 所示. P 点相对 O 点的径矢为 $\boldsymbol{r}$，$\boldsymbol{r}$ 与 $\boldsymbol{F}$ 的夹角为 θ，于是我们定义力 $\boldsymbol{F}$ 对转轴的力矩 $\boldsymbol{M}$ 为

$$\boldsymbol{M} = \boldsymbol{r} \times \boldsymbol{F} \tag{2-1}$$

大小为 $M=rF\sin\theta$，方向垂直于 $\boldsymbol{r}$ 和 $\boldsymbol{F}$ 所决定的平面，服从右手螺旋定则，即将四指弯曲，从 $\boldsymbol{r}$ 方向转向 $\boldsymbol{F}$ 方向转角小于 180°，拇指所指的方向即为 $\boldsymbol{M}$ 的方向(图 2-4). 由于定轴转动的刚体只有两种转向，故可将力矩矢量看作是有正负的标量. 我们约定，刚体逆时针转动时，$\boldsymbol{M}$ 为正，反之为负. 这一点与后面我们对角动量方向的约定是一致的.

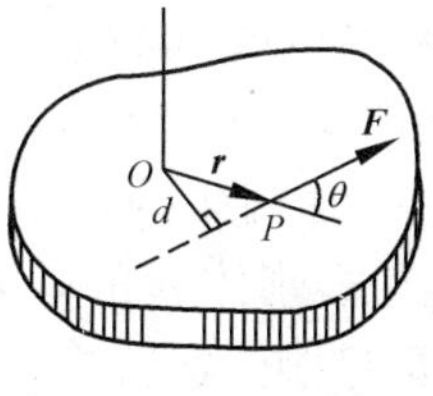

图 2-3 力对转轴的力矩

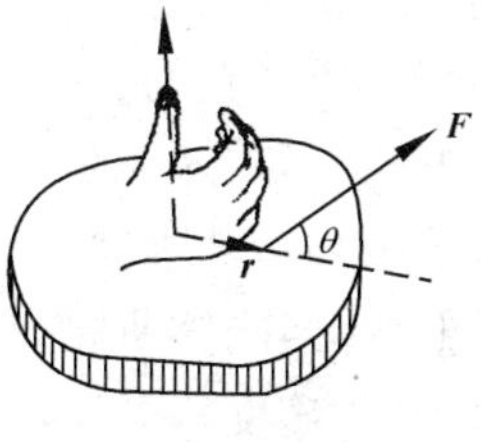

图 2-4 力矩的方向

如果刚体同时受到几个力的作用，则合力矩为各分力力矩的矢量和，在定轴转动时也可按代数和计算.

二、转动定律

设刚体绕垂直于纸面的轴 O 转动(图 2-5). 由于每个质元都在绕同一转轴做圆周运动，所以可在刚体上任取一小质元 Δm_i，并设其所受到的外力、内力分别为 $\boldsymbol{f}_i$、$\boldsymbol{f}'_i$，与径矢 $\boldsymbol{r}_i$ 的夹角分别为 α_i，α'_i，根据牛顿第二定律，可对此质元列出切向方程

$$f_i \sin\alpha_i + f'_i \sin\alpha'_i = \Delta m_i a_{ti} \tag{2-2}$$

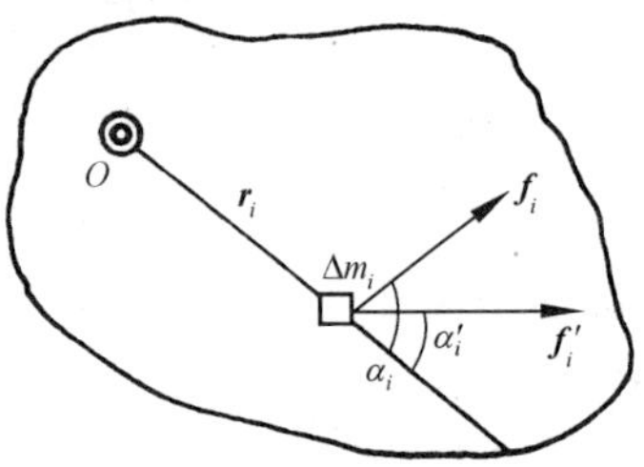

图 2-5 推导转动定律用图

又由角量、线量关系有

$$a_{ti} = r_i\beta \tag{2-3}$$

将(2-2)式两边同乘 r_i，并将(2-3)式代入可得

$$r_i f_i \sin\alpha_i + r_i f'_i \sin\alpha'_i = \Delta m_i r_i^2 \beta$$

式中，左边第一项为质元所受的外力矩 M_i；第二项为质元所受的内力矩 M'_i. 因此上式可写为

$$M_i + M'_i = \Delta m_i r_i^2 \beta \tag{2-4}$$

对刚体上的每个质元都列出与(2-4)式同样的方程，并将所有这些方程相加得到

$$\sum M_i + \sum M'_i = \sum \Delta m_i r_i^2 \beta \tag{2-5}$$

式中，左边第二项为刚体内各质元间相互作用力矩之和，可知此项为 0；右边的 β 为角加速度，对刚体的各个质元是相同的. 令

$$J = \sum \Delta m_i r_i^2 \tag{2-6}$$

称为刚体对转轴 O 的转动惯量. 于是有

$$\sum M_i = J\beta \tag{2-7}$$

若以矢量表示，则为

$$\sum \boldsymbol{M}_i = J\boldsymbol{\beta} \tag{2-8}$$

上式左边表示刚体所受到的合外力矩. 这就是说，刚体绕固定轴转动时，所获得的角加速度的大小与其所受到的合外力矩成正比，与转动惯量成反比；角加速度的方向与合外力矩的方向一致. 这就是定轴转动刚体的转动定律.

转动定律对于定轴转动刚体是一个基本规律，这与牛顿定律在质点动力学理论中的地位是相似的. 当刚体所受合外力矩为 0 时，刚体的角加速度为 0，即保持其原有的转动状态(角速度)，静止或匀速转动，可见刚体定轴转动时体现出的惯性与质点的惯性是非常相似的.

三、转动惯量

转动惯量 J 是刚体转动时惯性大小的量度. J 越大，刚体的转动状态越不容易改变. 因此在这个意义上，J 类似于牛顿第二定律 $\boldsymbol{F}=m\boldsymbol{a}$ 中的质量 m.

转动惯量的定义式为(2-6)式. 此式不仅适用于刚体，而且也普遍适用于质点、质点系. 对于质点，其转动惯量为 mr^2；对于质量连续分布的物体，其转动惯量为

$$J = \int r^2 \mathrm{d}m = \int \rho r^2 \mathrm{d}V \tag{2-9}$$

式中，ρ 表示密度；V 表示体积.

根据转动惯量的定义,首先转动惯量的大小与总质量的大小有关.对于大小、形状都相同的刚体,总质量越大,转动惯量也越大.例如,同样形状的木轮和铁轮,对同一轴的转动惯量显然后者比前者大.其次,转动惯量与质量相对于转轴的分布密切相关.例如,同样半径和质量的轮子,质量大部分分布在边缘的空心轮肯定要比质量均匀分布的盘状轮转动惯量大.另外,转动惯量还与转轴的位置有关.同一刚体相对于不同的转轴,转动惯量一般也不相同,因而不指明转轴的方位谈转动惯量是没有意义的.

关于转动惯量的计算可按(2-6)式或(2-9)式进行.以下试举两例.

例 2-1 求质量为 M、长为 L 的均匀细杆在以下两种情况下(图 2-6)的转动惯量:(1)轴垂直经过细杆上一点;(2)轴与细杆异面垂直,相距为 d.

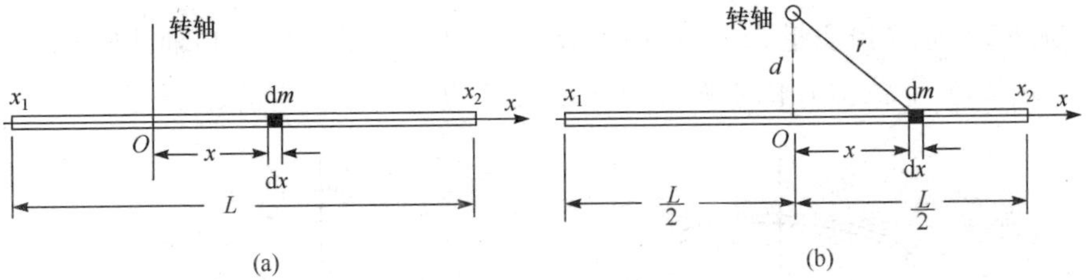

图 2-6 例 2-1 图

解 (1) 如图 2-6(a)所示,取轴经过点 O 为原点,沿杆方向建立坐标轴 x,设杆的两端坐标分别为 x_1 和 x_2.

由于杆可看作质量连续分布的刚体,故在杆上 x 处任取质元 $\mathrm{d}x$,对应质量 $\mathrm{d}m=\lambda\mathrm{d}x$,其中 $\lambda=\dfrac{M}{L}$,$\mathrm{d}m$ 到转轴的距离 $r=|x|$.根据(2-9)式

$$J=\int_{x_1}^{x_2}x^2\lambda\mathrm{d}x=\frac{1}{3}\lambda(x_2^3-x_1^3)$$

设 O 点在杆长的 $\dfrac{1}{n}$ 处,即 $x_1=-\dfrac{L}{n}$,$x_2=\left(1-\dfrac{1}{n}\right)L$,则

$$J=\frac{1}{3}ML^2\,\frac{(n-1)^3+1}{n^3}$$

可以看出,若 O 在杆的中点,则 $n=2$,有 $J=\dfrac{1}{12}ML^2$;O 在杆的末端,则 $n=1$ 或 $n=\infty$,有 $J=\dfrac{1}{3}ML^2\lim\limits_{n\to 1\,\mathrm{or}\,\infty}\dfrac{(n-1)^3+1}{n^3}=\dfrac{1}{3}ML^2$.

(2) 如图 2-6(b),这里 $r=\sqrt{x^2+d^2}$,代入(2-9)式

$$J=\int_M r^2\mathrm{d}m=\int_{-\frac{L}{2}}^{\frac{L}{2}}(x^2+d^2)\lambda\mathrm{d}x=\frac{1}{12}ML^2+Md^2$$

此题显示，轴垂直通过杆端点的转动惯量$\frac{1}{3}ML^2$ 比垂直通过杆中心的转动惯量$\frac{1}{12}ML^2$ 大 $M\left(\frac{L}{2}\right)^2$，其中$\frac{L}{2}$是两(平行)转轴间的距离. 同样，轴过中垂线的转动惯量$\frac{1}{12}ML^2+Md^2$ 比垂直通过杆中心的转动惯量大 Md^2，其中 d 是两(平行)轴间的距离. 如果杆中心是质心，这个结论具有一般性，即刚体对某一轴的转动惯量 J，等于将该轴平行移动到过刚体质心时的转动惯量 J_c 跟刚体质量 m 与移动距离 x 平方的乘积之和

$$J=J_c+mx^2$$

此即刚体转动惯量的平行轴定理.

例 2-2 求：(1)质量为 m，半径为 R 的均匀薄环对垂直中心轴的转动惯量；(2)质量为 m，半径为 R 的细圆环对通过直径的轴的转动惯量(图 2-7).

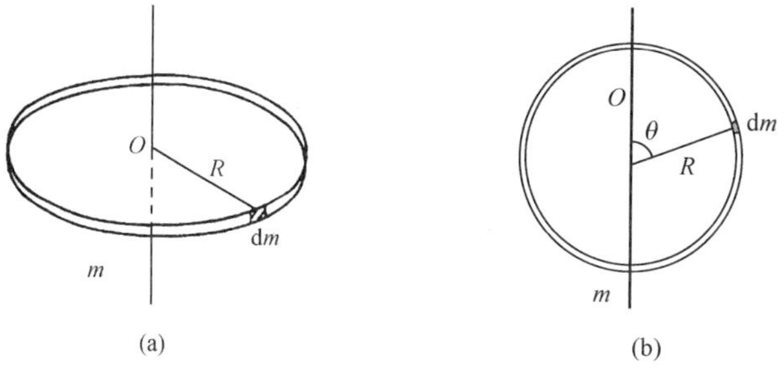

图 2-7 例 2-2 图

解 (1) 如图 2-7(a)，在环上任取质元 dm. 由于各质元至转轴的距离都等于 R，故圆环的转动惯量为

$$J=\int R^2\,\mathrm{d}m=mR^2$$

(2) 如图 2-7(b)，在细圆环上任取质元 $\mathrm{d}m=m\mathrm{d}\theta R/2\pi R$. 各质元至转轴的距离为 $R\sin\theta$，细圆环的转动惯量为

$$J=\int(R\sin\theta)^2\,\mathrm{d}m=\int_0^{2\pi}(R\sin\theta)^2 m/2\pi\mathrm{d}\theta=\frac{1}{2}mR^2$$

一些常用刚体的转动惯量公式列在表 2-1 上.

表 2-1　几种刚体的转动惯量

物体	转轴的位置	转动惯量
薄圆环	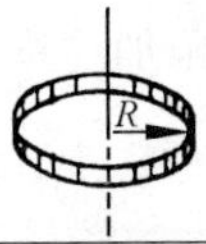	mR^2
圆柱体或圆盘	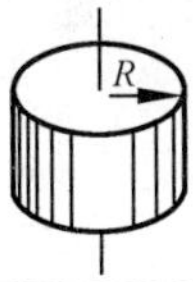	$\frac{1}{2}mR^2$
细棒(转轴过中心)	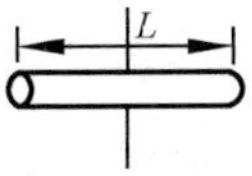	$\frac{1}{12}mL^2$
细棒(转轴过一端)	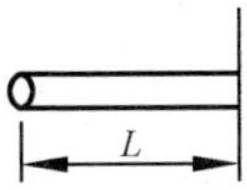	$\frac{1}{3}mL^2$
球体 (转轴沿球的任一直径)	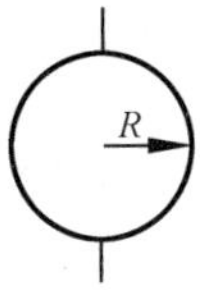	$\frac{2}{5}mR^2$
圆筒(转轴沿几何轴)	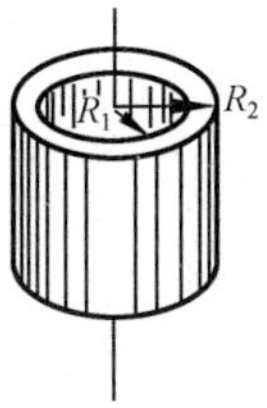	$\frac{1}{2}m(R_2^2+R_1^2)$

四、转动定律应用举例

例 2-3　一质量为 M、半径为 R 的定滑轮(可看作均匀圆盘)上绕有轻绳.绳的一端固定在轮边上,另一端系一质量为 m 的物体(图 2-8).忽略轮轴处的摩擦力,求物体由静止下落高度 h 时的速度 v 和滑轮的角速度 ω.

解　显然,作为刚体的定滑轮受外力作用而加速运动,在这些外力中只有绳子对轮有相对 O 轴的作用力矩,其大小为 TR.根据转动定律,对 O 轴有

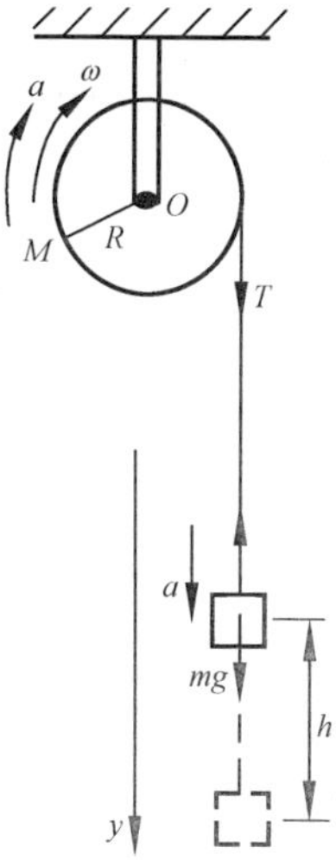

图 2-8　例 2-3 图

$$M = RT = J\beta = MR^2\beta/2$$

式中，T 为绳子的张力；J、β 分别为滑轮的转动惯量和角加速度. 根据牛顿第二定律，物体沿 y 轴方向有

$$mg - T = ma$$

物体的加速度 a 与 β 有关系

$$a = R\beta$$

联立以上三式可解出

$$a = mg/(m + M/2)$$

由于物体做匀加速直线运动，故其速度为

$$v = \sqrt{2ah} = \sqrt{4mgh/(2m + M)}$$

相应地，滑轮的角速度为

$$\omega = v/R = \sqrt{4mgh/(2m + M)}/R$$

*2-3　刚体绕定轴转动的动能定理

一、力矩的功

外力做功可以引起质点动能的变化，刚体是特殊的质点系，各质元之间的相对位置保持不变，内力不做功，所以讨论刚体定轴转动的功，只需要研究作用于该刚体上的外力所做的功，如图 2-9 所示.

质量为 Δm_i 的质元在外力 $\boldsymbol{F}$ 的作用下绕轴转过角位移 $\mathrm{d}\theta$，质元的元位移 $\mathrm{d}\boldsymbol{r}$，外力 $\boldsymbol{F}$ 对质元做的元功

$$\begin{aligned}\mathrm{d}W &= \boldsymbol{F}\cdot\mathrm{d}\boldsymbol{r} = F\cos\left(\frac{\pi}{2} - \alpha\right)|\,\mathrm{d}\boldsymbol{r}\,| \\ &= F\sin\alpha\mathrm{d}s = F\sin\alpha r\mathrm{d}\theta \\ &= M\mathrm{d}\theta\end{aligned}$$

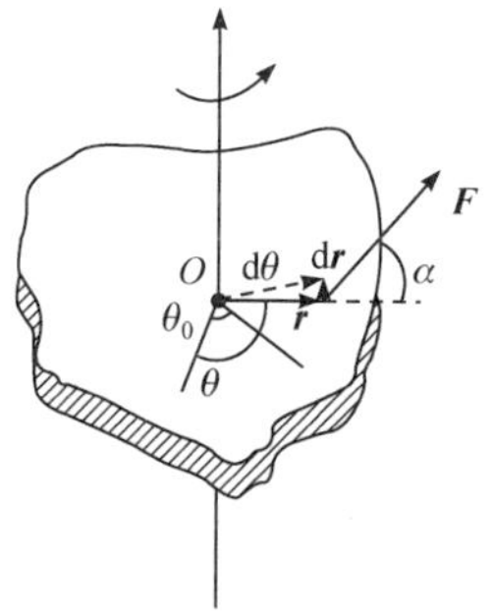

图 2-9　力矩的功

刚体在外力 $\boldsymbol{F}$ 的作用下，从 θ_0 到 θ，外力 $\boldsymbol{F}$ 所做的功等于力矩对角位移乘积的积分，所以也称为力矩的功

$$W = \int_{\theta_0}^{\theta} M\mathrm{d}\theta \tag{2-10}$$

二、转动的动能

刚体可以看作是有很多质元组成的特殊的质点系，假设第 i 个质元的质量为 Δm_i，如果刚体以角速度 ω 绕定轴旋转，Δm_i 的速率为 v_i，相对轴的矢径大小为 r_i，那么第 i 个质元的动能：$E_{ki} =$

$\frac{1}{2}\Delta m_i v_i^2$;刚体定轴转动具有的动能

$$E_k = \sum_i E_{ki} = \sum_i \frac{1}{2}\Delta m_i v_i^2 = \frac{1}{2}\omega^2 \sum_i \Delta m_i r_i^2$$
$$= \frac{1}{2}J\omega^2 \tag{2-11}$$

刚体绕定轴转动的转动动能等于刚体的转动惯量与角速度平方的乘积的一半.

三、刚体绕定轴转动的动能定理

如图 2-9 所示,刚体在外力矩 $\boldsymbol{M}$ 的作用下,在 $t \sim t+\mathrm{d}t$ 的时间间隔内,绕轴转过角位移 $\mathrm{d}\theta$,外力矩 $\boldsymbol{M}$ 做的元功

$$\mathrm{d}W = M\mathrm{d}\theta = J\frac{\mathrm{d}\omega}{\mathrm{d}t}\mathrm{d}\theta = J\omega\mathrm{d}\omega$$

从 θ_0 到 θ,外力矩 $\boldsymbol{M}$ 做的功

$$W = \int_{\omega_1}^{\omega_2} J\omega\mathrm{d}\omega = \frac{1}{2}J\omega_2^2 - \frac{1}{2}J\omega_1^2 \tag{2-12}$$

刚体绕定轴转动的动能定理:刚体绕定轴转动时,合外力矩对刚体所做的功,等于刚体转动动能的增量.

例 2-4 一质量为 m、长为 L 的均匀细杆可绕固定光滑水平轴在铅直平面内自由转动(图 2-10).设最初杆位于水平位置,求当其下转至 θ 角时的角加速度 β 和角速度 ω.

解 先求角加速度.作为定轴转动的刚体,细杆的转动惯量表 2-1 已经给出

$$J = mL^2/3$$

在杆上任取小段 $\mathrm{d}l$,与轴相距 l,其质量为 $\mathrm{d}m = \lambda\mathrm{d}l = m\mathrm{d}l/L$.根据力矩的定义可求出杆转至 θ 角时小段 $\mathrm{d}l$ 所受到的相对 O 轴的合外力矩——重力矩(轴对杆的作用力没有力矩)为

$$\mathrm{d}M = lg\,\mathrm{d}m\,\cos\theta$$

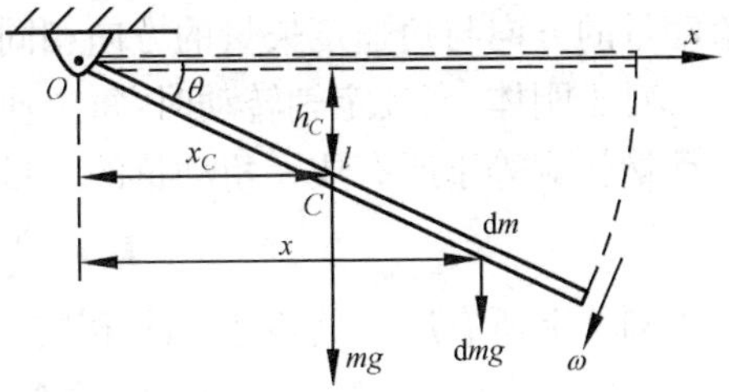

图 2-10 例 2-4 图

于是杆所受到的重力矩为

$$M = \int_0^L \frac{mg\cos\theta}{L}l\,\mathrm{d}l = \frac{mgL\cos\theta}{2}$$

根据转动定律可知杆的角加速度为

$$\beta = M/J = 3g\cos\theta/2L$$

根据运动学公式 $\beta = \mathrm{d}\omega/\mathrm{d}t = (\mathrm{d}\omega/\mathrm{d}\theta)(\mathrm{d}\theta/\mathrm{d}t) = \omega\mathrm{d}\omega/\mathrm{d}\theta$,或 $\beta\mathrm{d}\theta = \omega\mathrm{d}\omega$,两边同时取定积分有

$$\int_0^\theta \beta\mathrm{d}\theta = \int_0^\omega \omega\mathrm{d}\omega$$

由此可解出角速度 $\omega = \sqrt{3g\sin\theta/L}$.

当杆由水平位置下转至 θ 角时,外力(重力)所做的功 W 等于杆重力势能增量的负值,为 $mg\frac{L}{2}\sin\theta$.根据动能定理,W 应等于杆(转动)动能的增量,即

$$W = \frac{J\omega^2}{2} = mg\frac{L}{2}\sin\theta = \frac{1}{6}mL^2\omega^2$$

由此也可解出 $\omega = \sqrt{3g\sin\theta/L}$.

2-4 角动量 角动量守恒定律

一、角动量

角动量(又称为动量矩)矢量是与物体转动相联系的物理量. 和动量、能量一样,角动量也存在着守恒定律,因此其应用非常广泛,是力学中极为重要的概念. 其定义如下:

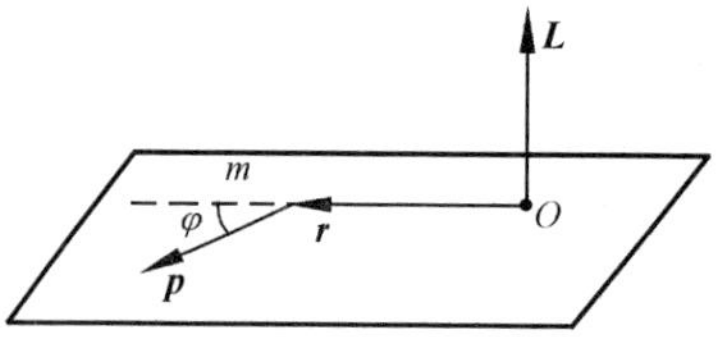

图 2-11 质点的角动量

设质量为 m、动量为 $\boldsymbol{p}=m\boldsymbol{v}$ 的质点某时刻相对于某固定点 O 的径矢为 $\boldsymbol{r}$,则定义质点相对于 O 点的角动量 $\boldsymbol{L}$ 为

$$\boldsymbol{L}=\boldsymbol{r}\times\boldsymbol{p} \tag{2-13}$$

即 $\boldsymbol{L}$ 的大小为 $L=pr\sin\varphi$(其中 φ 为 $\boldsymbol{r}$ 与 $\boldsymbol{p}$ 的夹角);$\boldsymbol{L}$ 的方向服从右手螺旋法则(图 2-11). 在国际单位制中,角动量的单位为 $\mathrm{kg\cdot m^2\cdot s^{-1}}$(千克·米^2·秒$^{-1}$). 当质量为 m 的质点做平面圆周运动时,其动量 $\boldsymbol{p}$ 与相对圆心的径矢 $\boldsymbol{r}$ 保持垂直,因此质点相对圆心的角动量的大小为 $L=pr=mvr=mr^2\omega=J\omega$,其中 v、ω 分别表示质点的速度和角速度,J 为质点的转动惯量;角动量的方向与角速度矢量的方向相同.

对于刚体,当其定轴转动时,每个质元都在做平面圆周运动,因此整个刚体的角动量就应等于所有质元角动量的矢量和,即为

$$\boldsymbol{L}=\sum\Delta m_i r_i^2\boldsymbol{\omega}_i$$

由于刚体上所有质点的角速度$\boldsymbol{\omega}_i$ 相同,$\boldsymbol{\omega}_i=\boldsymbol{\omega}$,故

$$\boldsymbol{L}=\boldsymbol{\omega}\sum\Delta m_i r_i^2=J\boldsymbol{\omega} \tag{2-14}$$

式中,J 为刚体的转动惯量. 可见定轴转动刚体 $\boldsymbol{L}$ 的方向与 $\boldsymbol{\omega}$ 的方向一致,而 $\boldsymbol{\omega}$ 此时可用标量表示,因此 $\boldsymbol{L}$ 也可用标量表示. 这里应指出,(2-13)式是对所有质点都成立的,而(2-14)式仅对定轴转动的刚体成立,其中 J、$\boldsymbol{L}$、$\boldsymbol{\omega}$ 等量都应是对同一固定转轴的.

二、角动量定理

当质量为 m 的质点做平面圆周运动时,根据牛顿定律有 $\boldsymbol{F}=m\boldsymbol{a}$ 或

$$\boldsymbol{F}=\mathrm{d}\boldsymbol{p}/\mathrm{d}t$$

式中,$\boldsymbol{p}$ 为质点的动量. 若用径矢 $\boldsymbol{r}$ 叉乘上式两边,则有 $\boldsymbol{r}\times\boldsymbol{F}=\boldsymbol{r}\times\mathrm{d}\boldsymbol{p}/\mathrm{d}t$,由于 $\boldsymbol{r}\times\boldsymbol{F}=\boldsymbol{M}$为质点所受到的合外力矩,故此式可写为 $\boldsymbol{M}=\mathrm{d}(\boldsymbol{r}\times\boldsymbol{p})/\mathrm{d}t$ 或

$$\boldsymbol{M}=\mathrm{d}\boldsymbol{L}/\mathrm{d}t$$

即做圆周运动的质点的角动量对时间的变化率等于其所受到的合外力矩.

这个规律可以推广到刚体定轴转动的情形. 由转动定律

$$\boldsymbol{M} = J\boldsymbol{\beta} = J\mathrm{d}\boldsymbol{\omega}/\mathrm{d}t$$

而刚体的 J 是不变的，故上式可变为 $\boldsymbol{M}=\mathrm{d}(J\boldsymbol{\omega})/\mathrm{d}t$ 或

$$\boldsymbol{M} = \mathrm{d}\boldsymbol{L}/\mathrm{d}t \tag{2-15}$$

即定轴转动刚体的角动量对时间的变化率等于其所受到的合外力矩. 显然(2-15)式反映的是角动量与合外力矩的瞬时关系. 若合外力矩持续作用，则(2-15)式应变为

$$\boldsymbol{M}\mathrm{d}t = \mathrm{d}\boldsymbol{L}$$

或

$$\int_{t_0}^{t} \boldsymbol{M}\mathrm{d}t = \int_{L_0}^{L} \mathrm{d}\boldsymbol{L} = \boldsymbol{L} - \boldsymbol{L}_0 \tag{2-16}$$

以上两式的左边分别表示合外力矩在 $\mathrm{d}t$、$t-t_0$ 时间内的积累效应，称为合外力矩在 $\mathrm{d}t$、$t-t_0$ 时间内的冲量矩；而两式的右边则表示角动量的增量. 这说明定轴转动的刚体、质点角动量的增量等于合外力矩在同一时间内的冲量矩，这个规律称为角动量定理.

以上角动量定理虽然是由质点、定轴转动的刚体情形推出的，但可以证明定理同样适用于绕任意轴转动的物体(即质点系). 这里的区别在于，对于刚体、质点，$\boldsymbol{L}=J\boldsymbol{\omega}$，而 J 保持不变，于是(2-16)式可具体写为

$$\int_{t_0}^{t} \boldsymbol{M}\mathrm{d}t = J(\boldsymbol{\omega} - \boldsymbol{\omega}_0) \tag{2-17}$$

而对质点系，$\boldsymbol{L}$ 应按(2-14)式计算. 特别是当质点系在 t_0、t 时刻具有共同的角速度 $\boldsymbol{\omega}_0$、$\boldsymbol{\omega}$ 时，转动惯量可分别写为 J_0、J，于是(2-16)式应变为

$$\int_{t_0}^{t} \boldsymbol{M}\mathrm{d}t = J\boldsymbol{\omega} - J_0\boldsymbol{\omega}_0 \tag{2-18}$$

三、角动量守恒定律

由以上角动量定理(2-14)～(2-16)式可知：当定轴转动的物体所受合外力矩 $\boldsymbol{M}$ 为零时，其角动量对时间的变化率 $\mathrm{d}\boldsymbol{L}/\mathrm{d}t$，以及角动量的增量 $\mathrm{d}\boldsymbol{L}$ 或 $\boldsymbol{L}-\boldsymbol{L}_0$ 为零，即角动量保持不变. 这个规律被称为角动量守恒定律.

值得注意的是，角动量是矢量，角动量守恒意味着角动量的大小、方向都不改变.

对于质点和刚体，角动量的大小不变，意味着角速度 ω 不变；而对于一般物体(在其中各质点具有共同角速度 ω 时)，角动量的大小不变，意味着 $J\omega=$常量，也就是说 J 与 ω 成反比，即要想转得快就要降低转动惯量. 这在我们日常生活中是可以观察到的. 例如，芭蕾舞演员、花样滑冰运动员在做原地快速旋转动作时，由于所受外力矩可以忽略，因而角动量是守恒的. 他们总是先把两臂张开，以一定的角速度绕通过脚尖的竖直轴旋转，然后再迅速地将两臂收拢，这时转动惯量变小了，于是就得到了很高的角速度. 体操、跳水运动员都知道，直体的空翻比屈体、团身的空翻难度大，其原因就在于前者的转动惯量大，角速度不易提高. 另外，宇宙中各种天体系统盘状结构的形成也与角动量守恒有着非常密切的关系. 例如，开始银河系是

一团具有一定角动量的分散的气体云，气体云内部相互之间的万有引力的作用使得银河系逐渐收缩. 因为万有引力是有心力，银河系相对于自身的转轴角动量守恒，所以气体云向转动轴收缩时，转动惯量减小，角速度增大，惯性离心力也随着增大，因此限制着气体云进一步向转轴收缩. 而在平行于转轴的方向上气体云收缩，不影响自身对轴的转动惯量，所以银河系就形成了旋转的盘状结构.

角动量的方向不变，对于质点来说即意味着它只能在同一平面中运动. 最典型的例子是在有心力场中质点的运动问题. 例如，在太阳系中，行星受到太阳的万有引力作用做回转运动. 若将太阳作为参考点，则行星受到的引力时刻指向太阳，即行星在太阳的有心力场中运动. 由于引力的力矩为零，行星角动量守恒，因此行星只能做平面轨道运动，否则行星角动量的方向就要改变了.

四、角动量问题举例

例 2-5 设一质量为 m 的质点在足够高处以初速度 v_0 水平抛出，只在重力作用下做平抛运动. 试求任意时刻 t 质点对抛出点的角动量和力矩.

解 以抛出点为原点 O，水平抛出方向为 x 轴，竖直向上为 y 轴建立坐标系 $Oxyz$. 初值为 $\boldsymbol{v}(0)=v_0\boldsymbol{i}, \boldsymbol{r}(0)=0$. 由加速度 $\boldsymbol{a}=-g\boldsymbol{j}, \boldsymbol{v}=\boldsymbol{v}_0+\int_0^t \boldsymbol{a}\mathrm{d}t, \boldsymbol{r}=\boldsymbol{r}_0+\int_0^t \boldsymbol{v}\,\mathrm{d}t$ 得质点在任意时刻 t 的速度和位置分别为 $\boldsymbol{v}=v_0\boldsymbol{i}-gt\boldsymbol{j}, \boldsymbol{r}=v_0t\boldsymbol{i}-\frac{1}{2}gt^2\boldsymbol{j}$.

t 时刻质点的角动量为

$$
\begin{aligned}
\boldsymbol{L}&=\boldsymbol{r}\times m\boldsymbol{v}\\
&=\left(v_0t\boldsymbol{i}-\frac{1}{2}gt^2\boldsymbol{j}\right)\times m(v_0\boldsymbol{i}-gt\boldsymbol{j})=-\frac{1}{2}mv_0gt^2\boldsymbol{k}
\end{aligned}
$$

根据角动量定理(2-15)式，t 时刻质点的力矩为

$$\boldsymbol{M}=\frac{\mathrm{d}\boldsymbol{L}}{\mathrm{d}t}=\frac{\mathrm{d}}{\mathrm{d}t}\left(-\frac{1}{2}mv_0gt^2\boldsymbol{k}\right)=-mgv_0t\boldsymbol{k}$$

力矩也可以用力矩的定义(2-1)式计算

$$\boldsymbol{M}=\boldsymbol{r}\times\boldsymbol{F}=\left(v_0t\boldsymbol{i}-\frac{1}{2}gt^2\boldsymbol{j}\right)\times(-mg)\boldsymbol{j}=-mgv_0t\boldsymbol{k}$$

结果是一样的.

例 2-6 一长为 l、质量为 M 的均匀直杆，一端 O 悬挂于一水平光滑轴上(图 2-12)，并处于铅直静止状态. 一质量为 m 的子弹以水平速度 v_0 射入杆的下端而随杆运动. 求它们开始共同运动时的角速度.

解 这是一个质点与刚体的碰撞问题. 由于碰撞时间极短，可认为碰撞过程中杆和子弹没有运动，现将杆和子弹作为一个系统分析，会发现外力(主要是轴对杆的作用力)是不可忽略的，因此它们的动量是不守恒的；又由于是完全非弹性碰撞，所以机械能也不守恒. 现分析它们所受到的合外力矩会发现，相对转轴所有外力

(包括它们所受到的重力、轴对杆的支持力)的力矩皆为零,所以系统角动量守恒. 于是有

$$mlv_0 = mlv + J\omega$$

式中,v、ω 分别表示子弹和杆开始运动时的下端速度和角速度. 由表 2-1 可查到杆的转动惯量 $J=Ml^2/3$,又由运动学关系有

$$v = \omega l$$

代入上式后可解出 $\omega=3mv_0/[(3m+M)l]$.

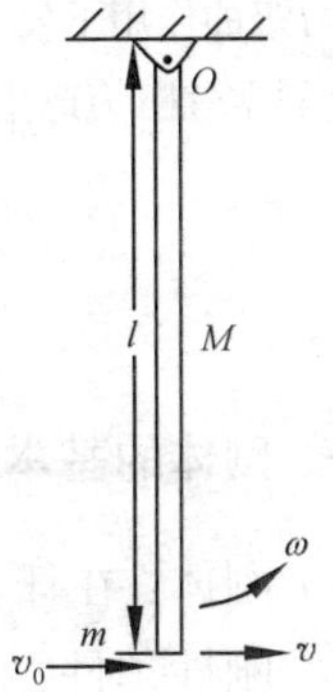

图 2-12　例 2-6 图

*2-5　刚体的进动

一、进动

绕某一非固定轴转动的物体如果受到与轴方向不平行的外力矩的作用,其角动量大小和方向都会发生变化,物体此时的运动称为进动. 例如,陀螺绕自身轴快速旋转时,在重力力矩的作用下,还会同时绕着竖直轴转动,这就是进动.

二、进动的力学分析

假设陀螺固定在某一点上(图 2-13),开始时绕自身水平轴转动,当陀螺快速旋转时,陀螺绕自身轴旋转的角速度远远大于其进动的角速度,可认为陀螺绕固定点的角动量与其绕自身轴的角动量近似相等,在重力矩的作用下,在 $\mathrm{d}t$ 时间内发生了角位移 $\mathrm{d}\theta$,角动量增量为 $\mathrm{d}\boldsymbol{L}$(图 2-14),根据角动量定理

$$J\omega \mathrm{d}\theta = M\mathrm{d}t$$

所以得到进动角速度大小为

$$\Omega = \frac{M}{J\omega} \tag{2-19}$$

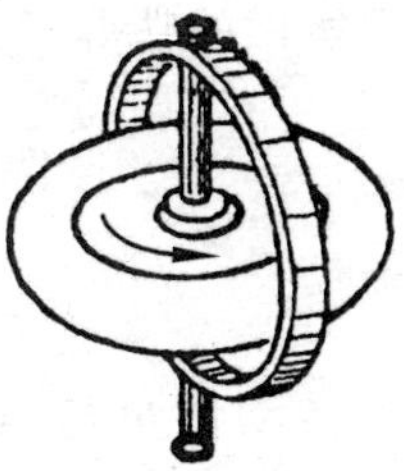
图 2-13　陀螺

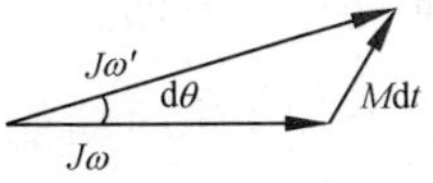

图 2-14　进动

三、进动的应用

进动在实践中有很多应用,例如,为保证子弹射出后,弹头命中目标,防止子弹在空气阻力

对质心力矩的作用下发生翻转，一般在设计时利用枪膛内的来复线使出射的子弹绕自身轴高速旋转，这样空气阻力产生的力矩只能使子弹绕飞行方向发生进动，而不会发生翻转.

本章要点

一、刚体的基本运动形式

（1）刚体：在任何情况下大小、形状都保持不变的物体.

刚性条件：刚体上任意两点间的距离恒保持不变.

（2）平动：刚体上任意一条直线在运动中始终保持彼此平行.

（3）定轴转动：刚体上各点都绕同一固定直线(轴)做平面圆周运动.

二、转动定律

（1）力矩 $\boldsymbol{M}=\boldsymbol{r}\times\boldsymbol{F}$.

（2）转动定律.刚体绕定轴转动时所获得的角加速度的大小与其所受到的合外力矩成正比；与转动惯量成反比；角加速度的方向与合外力矩的方向一致.即

$$\boldsymbol{M}=J\boldsymbol{\beta}$$

（3）转动惯量.

定义 $J=\sum \Delta m_i r_i^2$；

对质量连续分布的物体 $J=\int r^2 \mathrm{d}m=\int \rho r^2 \mathrm{d}V$；

常见物体的转动惯量公式见表 2-1.

三、刚体转动中的功和能

（1）力矩的功.

刚体在外力 $\boldsymbol{F}$ 的作用下，从 θ_0 到 θ，外力 $\boldsymbol{F}$ 所做的功等于力矩对角位移乘积的积分 $W=\int_{\theta_0}^{\theta} M\mathrm{d}\theta$.

（2）刚体定轴转动具有的动能 $E_{\mathrm{k}}=\dfrac{1}{2}J\omega^2$.

刚体绕定轴转动的转动动能等于刚体的转动惯量与角速度平方的乘积的一半.

四、角动量、角动量定理、角动量守恒定律

（1）质点的角动量定义 $\boldsymbol{L}=\boldsymbol{r}\times\boldsymbol{p}$；

质点、定轴转动刚体的角动量 $\boldsymbol{L}=J\boldsymbol{\omega}$.

(2) 角动量定理(对定轴转动刚体) $\int_{t_0}^{t} \boldsymbol{M} \mathrm{d}t = J(\boldsymbol{\omega} - \boldsymbol{\omega}_0)$.

(3) 角动量守恒定律. 若系统所受合外力矩为零,则系统角动量保持不变.

五、刚体的进动

刚体进动角速度 $\Omega = \dfrac{M}{J\omega}$.

习　　题

2-1　如题 2-1 图装置,一半径为 1.0m、转速为 $300\mathrm{r} \cdot \mathrm{min}^{-1}$ 的飞轮受制动后均匀减速,50s 后停止转动. 求制动过程中:(1)飞轮的角加速度和角位移;(2)飞轮还能转动多少圈;(3)$t(0<t<50\mathrm{s})$时飞轮边缘一点的速度和加速度;(4)经过多长时间,边缘一点加速度与半径成 45°.

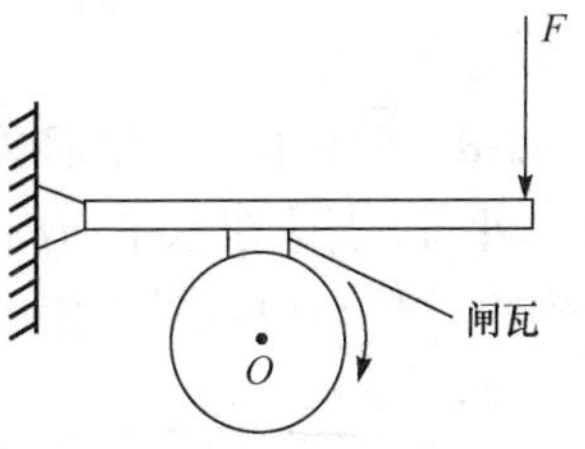

题 2-1 图

2-2　由四根质量均为 M、长均为 L 的细杆构成的正方形框架,求对过两对边中点的轴的转动惯量.

2-3　如题 2-3 图所示,将两个用同种材料制成的同轴圆柱形刚体固接在一起,并可绕 OO' 轴自由转动. 大小柱体的半径分别为 R、r;长度分别为 L、l;整个刚体的质量为 m,两柱体上的绳子分别与物体 m_1、m_2 相连,求转动时刚体的角加速度.

2-4　如题 2-4 图所示,其中 M_1、M_2、m_1、m_2、R_1、R_2 都已知,且 $m_1 > m_2$,滑轮可看作均匀圆盘,绳子质量及滑轮轴上所受摩擦力可忽略,而轮、绳间无滑动. 求 m_2 的加速度及绳中的张力 T_1、T_2、T_3.

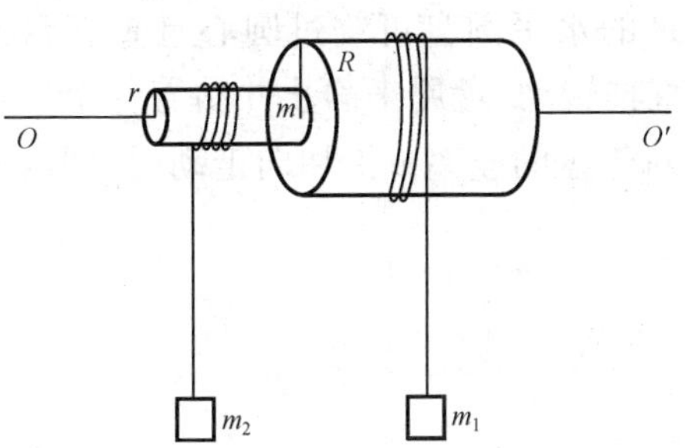

题 2-3 图

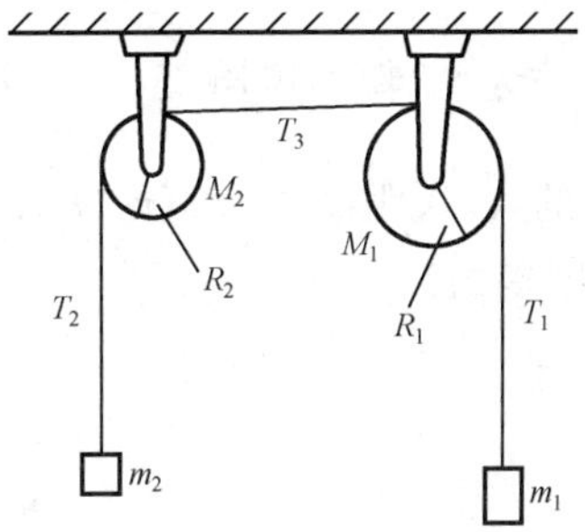

题 2-4 图

2-5　如题 2-5 图所示,一轻绳两端分别拴有质量为 m_1 和 m_2($m_1 \neq m_2$)的物体,并跨过质量为 m、半径为 r 的均匀圆盘状的滑轮. 设绳在轮上无滑动,并忽略轮与轴间、m_2 与支撑面间的摩擦,求 m_1、m_2 的加速度大小 a 以及两段绳中的张力.

2-6 求匀质细杆 OA 对通过其端点 O 的转轴的转动惯量.

2-7 如题 2-7 图所示，质量为 m、长为 l 的匀质细杆，可绕过其一端的水平轴 O' 在竖直面内转动. 今使匀质杆从水平位置开始自由下摆. 求：(1) 匀质杆下摆到与竖直线夹角 θ 时的角加速度、角速度；(2) 当下摆到竖直位置时，与静止放置在水平面的、质量为 M 的物块做完全弹性碰撞. 求碰撞完成瞬间，物块的速度.

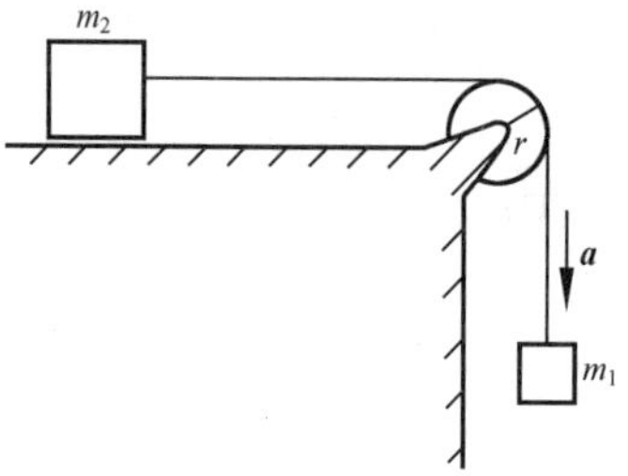

题 2-5 图

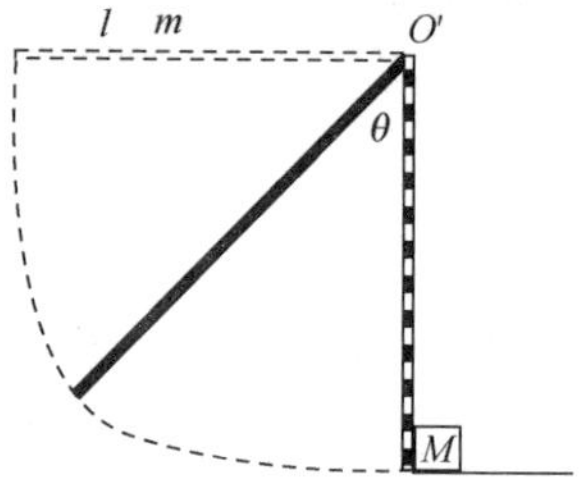

题 2-7 图

2-8 一根长为 l 的轻绳，一端悬挂于天花板，另一端系一可看作质点的质量为 m 小球. 小球在水平面内做匀速圆周运动，轻绳与竖直方向的夹角为 θ. 求小球受到的对圆心 O 点的力矩的大小.

2-9 哈雷彗星绕太阳运动的轨道是一个椭圆. 它离太阳最近距离为 $r_1 = 8.75\times10^{10}\,\text{m}$ 时的速率是 $v_1 = 5.46\times10^4\,\text{m}\cdot\text{s}^{-1}$，它离太阳最远时的速率是 $v_2 = 9.08\times10^2\,\text{m}\cdot\text{s}^{-1}$，这时它离太阳的距离 r_2 是多少？（太阳位于椭圆的一个焦点.）

题 2-10 图

2-10 如题 2-10 图所示，质量为 M、半径为 R 的水平圆盘可绕过圆心且垂直盘面的竖直轴转动，盘原来静止并站着一个质量为 m 的人，人距盘轴为 $r(r<R)$. 当人以相对于盘的速率 v 沿切向走动时，圆盘的角速度多大？

自 测 题

1. 关于刚体对轴的转动惯量，下列说法中正确的是[　　]

(A) 只取决于轴的位置，与刚体的质量和质量的空间分布无关；

(B) 取决于刚体的质量和质量的空间分布，与轴的位置无关；

(C) 与质量的空间分布和轴的位置无关；

(D) 取决于刚体的质量、质量的空间分布和轴的位置.

2. 花样滑冰运动员可绕通过脚尖的竖直轴旋转，当他伸长两臂旋转时的转动惯量为 J，角速度为 ω，当他突然收臂使转动惯量减少为 $\frac{2}{3}J$ 时，则角速度为[　　]

(A) $\frac{2}{3}\omega$；　(B) $\omega/2$；　(C) $\frac{1}{3}\omega$；　(D) $\frac{3}{2}\omega$.

3. 如 3 题图所示，边长为 a 的等边三角形的三个顶点上，各有一个质量为 m 的质点，则此系统绕通过三角形中心且垂直于质点所在平面的转轴的转动惯量为____________.

4. 如 4 题图所示，质量为 m_1 的鼓形轮，可绕水平轴转动，一绳绕于轮上，另一端通过质量为 m_2 的圆盘形滑轮悬有质量为 m 的物体，设绳与滑轮间无相对滑动. 当物体由静止开始下降距离为 h 时，求：(1)物体 m 的加速度；(2)物体 m 的速度；(3)圆盘形滑轮 m_2 的动能.

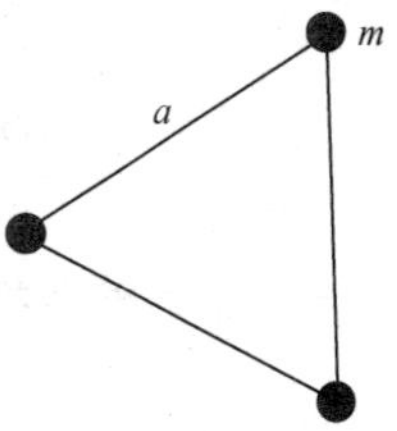

3 题图

5. 长为 l 的均匀细棒，质量为 M，可绕水平轴 O 在竖直面内转动. 开始时棒自然悬垂，现有质量为 m 的子弹以速率 v_0 从 A 点射入棒中，如 5 题图所示. 假定 A 点与 O 点的距离为 $d=\frac{3}{4}l$，求棒开始转动时的角速度.

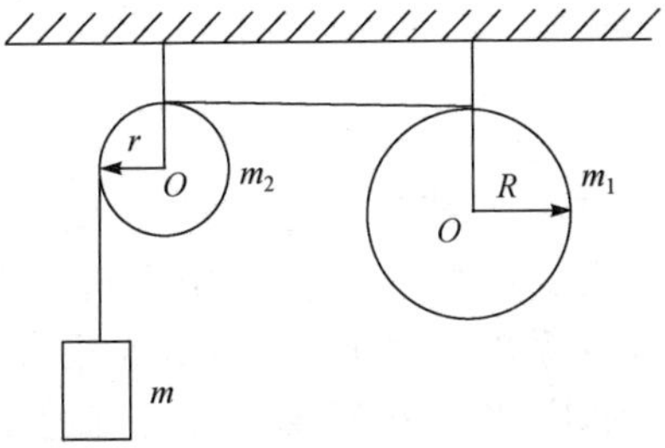

4 题图

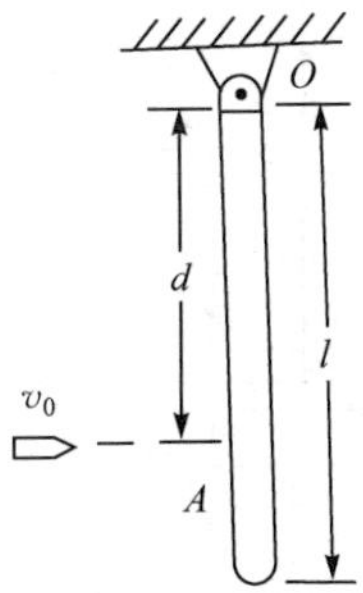

5 题图

第二章习题答案　　第二章自测题答案

第三章　狭义相对论

爱因斯坦创立的相对论是20世纪物理学的伟大成就之一，它否定了时间、空间的绝对性，解决了高速运动问题. 本章简要介绍狭义相对论的基本原理、时空观、动力学及电磁场的相对性.

3-1　伽利略变换式　绝对时空观

一、伽利略变换式

在牛顿力学范围内，同一质点在两个惯性系中的坐标、速度和加速度的对应关系，即伽利略变换式.

两个惯性系 S 和 S'，它们的对应坐标轴都相互平行，S' 系相对于 S 系以速度 $\boldsymbol{v}$ 沿 OX 轴的正方向运动(图 3-1)，而且开始时，两参考系重合在一起. 由经典力学可知，经过时间 t 后，质点 P 在这两个参考系中的坐标及时间有如下对应关系：

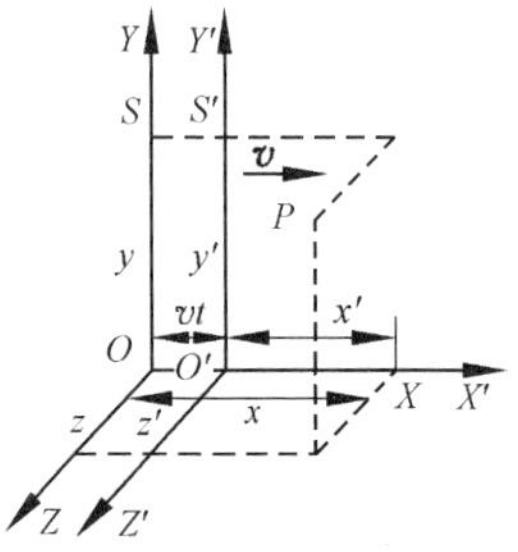

图 3-1　相互做匀速直线运动的两个坐标系

$$\begin{cases} x' = x - vt \\ y' = y \\ z' = z \\ t' = t \end{cases} \quad 或 \quad \begin{cases} x = x' + vt \\ y = y' \\ z = z' \\ t = t' \end{cases} \tag{3-1}$$

上式就是伽利略坐标变换式，它反映了经典力学的时空观. 若在惯性系 S' 中沿 OX' 轴放置一细棒，且 S' 系以速度 $\boldsymbol{v}$ 相对于 S 系沿 OX 轴的正方向运动，则此棒在 X' 轴上和 X 轴上的坐标分别为 x_1'、x_2' 和 x_1、x_2，由(3-1)式可得

$$x_1 = x_1' + vt, \quad x_2 = x_2' + vt$$

于是，有

$$x_2 - x_1 = x_2' - x_1'$$

这就是说，由惯性系 S 和 S' 来量度一物体的长度时，测得的量值是相等的. 此外，在经典力学中，时间的量度也是绝对的，不随进行量度的参考系而变化. 一事件在 S' 系中时间的量度与 S 系中时间的量度相同，即 $t=t'$.

把(3-1)式对时间求一阶导数，即得经典力学中的速度变换式

$$\begin{cases} u_x' = u_x - v \\ u_y' = u_y \\ u_z' = u_z \end{cases} \quad 或 \quad \begin{cases} u_x = u_x' + v \\ u_y = u_y' \\ u_z = u_z' \end{cases} \tag{3-2a}$$

式中，u'_x、u'_y、u'_z 和u_x、u_y、u_z 是质点 P 分别对于 S'系和 S 系的速度分量. 其矢量形式为

$$\boldsymbol{u}' = \boldsymbol{u} - \boldsymbol{v} \tag{3-2b}$$

(3-2)式就是伽利略速度变换式.

将(3-2)式对时间求一阶导数，就得到经典力学的加速度变换公式

$$\begin{cases} a'_x = a_x \\ a'_y = a_y \\ a'_z = a_z \end{cases} \tag{3-3a}$$

其矢量形式为

$$\boldsymbol{a}' = \boldsymbol{a} \tag{3-3b}$$

上式表明，在惯性系 S 和 S'中，质点 P 的加速度是相同的.

二、牛顿力学的相对性原理

由于经典力学认为质点的质量是一与运动状态无关的恒量，所以由(3-3)式可知，在两个相互做匀速直线运动的惯性系中，牛顿运动定律的形式也应是相同的，即有如下形式：

$$\begin{cases} f_x = ma_x \\ f_y = ma_y \\ f_z = ma_z \end{cases}$$

上述结果表明，当由惯性系 S 变换到惯性系 S'时，牛顿运动方程的形式不变. 也就是说，对于任意的惯性系，牛顿力学的规律具有相同的形式. 这就是牛顿力学的相对性原理.

绝对时空观认为空间只是物质运动的“场所”，这个“场所”与其中的物质完全无关而独立存在，并且是永恒不变、绝对静止的. 因此，空间的量度应当与参考系无关. 绝对时空观认为时间也是与物质运动无关的，并且永恒不变地均匀流逝着. 所以，一个事件持续的时间，无论在哪个参考系来看，都应当是相同的. 实践证明，绝对时空观在高速运动世界是不正确的，相对论给出了新的时空观.

*三、迈克耳孙-莫雷实验

在电磁理论发展初期，人们认为光是在所谓“以太”的介质中传播的，以太被作为绝对参考系的代表. 为了确定绝对参考系(或以太参考系)的存在，历史上许多物理学家做过很多实验，其中最著名的是 1881 年迈克耳孙探测地球在以太中运动速度的实验，以及 1887 年他和莫雷所做的更为精确的实验.

如果有一惯性系 S'，相对于绝对空间(或以太)沿光速传播方向以速度 $\boldsymbol{v}$ 运动，那么自 S'系观测光的传播速度 $c'=c-v$. 因此如果从地面一点(视地球为近似惯性系)来测量在不同方向上(如相互垂直的方向)传播的光速，则由于地球的运动将有不同的光速值. 这样就可以借以判定

地球相对于绝对参考系(或以太)的运动,从而找出绝对参考系(或以太). 这正是迈克耳孙-莫雷实验的设计思路.

实验装置如图 3-2 所示,整个装置可绕垂直于图面的轴线转动,并保持光程 $PM_1 = PM_2 = L$ 固定不变,设地球相对于绝对参考系自左向右以速度 $\boldsymbol{v}$ 运动. 当装置处于图 3-2 所示的位置时,PM_1 与 $\boldsymbol{v}$ 平行,光束①在 P、M_1 间来回所经路线也与 $\boldsymbol{v}$ 平行,而光束②在 P、M_2 间来回所经路线则与 $\boldsymbol{v}$ 垂直. 可以证明,光束①在 P、M_1 间来回所需时间 t_1 比光束②在 P、M_2 间来回所需时间 t_2 稍长,即 $t_1 > t_2$. 如把整个装置绕垂直于图面的轴线转 90°,光束①、②所经路线正好互换,于是光束①所需时间 t_1 就比光束②所需时间 t_2 稍短. 因而在转动过程中,就能从望远镜 T 观察到干涉条纹的移动. 经计算可得条纹移动数目为

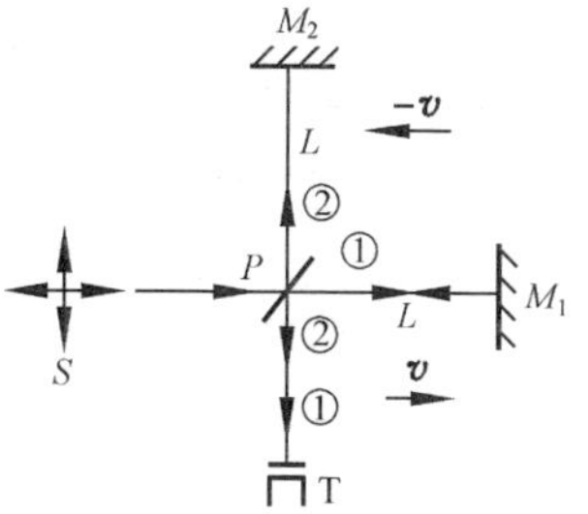

图 3-2　迈克耳孙-莫雷实验原理图

$$\Delta N = 2Lv^2/\lambda c^2 \tag{3-4}$$

但出乎意料,虽经多次反复实验,都未观察到条纹的移动. 这一实验后经多人改进反复做过,始终没有观察到地球相对于以太(或绝对参考系)运动的效应.

迈克耳孙-莫雷实验中条纹移动 ΔN 的计算如下.

由前所述,根据伽利略速度变换,可得

$$t_1 = \frac{L}{c-v} + \frac{L}{c+v} = \frac{2Lc}{c^2 - v^2} = \frac{2L/c}{1-\frac{v^2}{c^2}}$$

光束②在 $P \to M_2 \to P$ 间所经路程实验上是如图 3-3 所示的等腰三角形的两腰之和,故有

$$\frac{ct_2}{2} = \left[L^2 + \left(\frac{vt_2}{2}\right)^2\right]^{1/2}$$

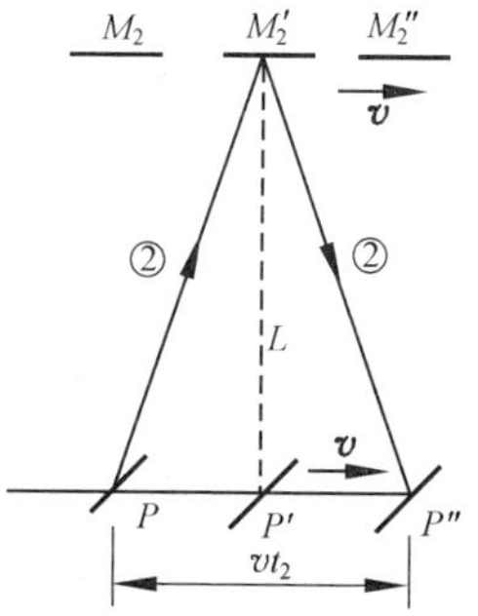

图 3-3　迈克耳孙-莫雷实验结果的证明

经计算可得

$$t_2 = \frac{2L}{\sqrt{c^2 - v^2}} = \frac{2L/c}{\sqrt{1-\frac{v^2}{c^2}}}$$

两光束的时间差为

$$\begin{aligned}\Delta t = t_1 - t_2 &= \frac{2L}{c\left(1-\frac{v^2}{c^2}\right)} - \frac{2L}{c\left(1-\frac{v^2}{c^2}\right)^{\frac{1}{2}}} \\ &= \frac{2L}{c}\left[\left(1+\frac{v^2}{c^2}+\cdots\right) - \left(1-\frac{v^2}{2c^2}+\cdots\right)\right] \\ &\approx \frac{L}{c}\,\frac{v^2}{c^2}\end{aligned}$$

于是,两光束的光程差为

$$\delta = c\Delta t \approx L\frac{v^2}{c^2}$$

若把整个装置转过 90°，则前后两次的光程差为 2δ，在此过程中干涉条纹移动 ΔN 条，由上式，有

$$\Delta N=\frac{2\delta}{\lambda}=\frac{2Lv^2}{\lambda c^2} \tag{3-5}$$

迈克耳孙-莫雷实验结果表明了不存在绝对参考系，以太假说不能成立；光速不变，它与地球的运动状态无关. 迈克耳孙-莫雷实验是否是狭义相对论的实验基础，学术界说法不一. 但该实验及其结果有助于我们接受相对论理论.

3-2 爱因斯坦假设 洛伦兹变换

一、爱因斯坦狭义相对论基本假设

1905 年，爱因斯坦在他的论文《论动体的电动力学》中提出了作为狭义相对论基本原理的两条假设.

1. 相对性原理

物理定律在所有的惯性系中都是相同的. 也就是说，所有的惯性系都是等价的，物理定律对一切惯性系都应取相同的数学形式.

2. 光速不变原理

在所有惯性系中，自由空间（真空）中的光速等于恒定值 c. 也就是说，光速不依赖于惯性系之间的运动，也与光源、观察者的运动无关.

第一个假设肯定了一切物理规律，包括力和电磁等，都应遵从同样的相对性原理. 从而指明了无论用什么物理实验方法，都不可能找到绝对静止的参考系，否定了以太假说. 第二个假设与伽利略变换不相容. 这一假设隐含着一个前提：真空各向同性，否则沿不同方向的光速 c 就会有不同的值.

二、洛伦兹变换

爱因斯坦以他的两个基本假设为基础，导出了能正确反映相对论基本原理的变换式. 此前洛伦兹从以太假说出发，也曾提出这套变换式，故称洛伦兹-爱因斯坦变换（简称洛伦兹变换）.

对于图 3-1 所示的两个惯性系 S 和 S'，洛伦兹求出同一事件的两组坐标（x，y，z，t）和（x'，y'，z'，t'）之间的关系是

$$\begin{cases} x'=\dfrac{x-vt}{\sqrt{1-\beta^2}}=\gamma(x-vt) \\ y'=y \\ z'=z \\ t'=\dfrac{t-vx/c^2}{\sqrt{1-\beta^2}}=\gamma\left(t-\dfrac{vx}{c^2}\right) \end{cases} \tag{3-6}$$

式中，$\beta=v/c$，$\gamma=1/\sqrt{1-\beta^2}$，$c$ 为光速. 从（3-6）式可解得逆变换

$$\begin{cases} x = \dfrac{x' + vt'}{\sqrt{1-\beta^2}} = \gamma(x' + vt') \\ y = y' \\ z = z' \\ t = \dfrac{t' + vx'/c^2}{\sqrt{1-\beta^2}} = \gamma\left(t' + \dfrac{vx'}{c^2}\right) \end{cases} \tag{3-7}$$

(3-6)式和(3-7)式都称为洛伦兹变换式. 应当注意,在洛伦兹变换中,t'是t 和x 的函数,t 是t'和x'的函数;即 t 和t'不再是与空间坐标无关的量. 这与伽利略变换式迥然不同.

对于低速情况,$v \ll c, \beta \to 0, \gamma \to 1$,不难得出

$$\begin{cases} x' = x - vt, y' = y, z' = z, t' = t \\ x = x' + vt, y = y', z = z', t = t' \end{cases}$$

这就是伽利略变换式. 伽利略变换是洛伦兹变换在低速时的极限形式. (3-6)式和(3-7)式都要求$\sqrt{1-\beta^2}$为实数,所以在相对论中,运动物体的速度不能大于光速.

现根据爱因斯坦的两个假设推导洛伦兹变换.

在图 3-1 中,对于 S 系的原点 O,由 S 系观察,不论在任何瞬时,$x=0$;但由 S'系来观察,在瞬时 t'的坐标 $x'=-vt'$或 $x'+vt'=0$. 所以对于同一点 O,数值 x 和 $x'+vt'$同时为零. 考虑到假设 2 要求空间是各向同性,因此可以假定在任何瞬时,x 与 $x'+vt'$之间的一般关系为线性关系,即

$$x = k(x' + vt') \tag{3-8}$$

式中,k 为一常数. 同理,对 S'系的原点 O'亦有

$$x' = k'(x - vt)$$

根据狭义相对论的相对性原理,S 系与 S'系是等价的,除了把 v 改为$-v$ 外,上述两式应有相同的形式. 这就要求 $k'=k$,于是

$$x' = k(x - vt) \tag{3-9}$$

关于 y 和 y'、z 和 z'的变换式,可由图 3-1 直接得出

$$y' = y \tag{3-10}$$

$$z' = z \tag{3-11}$$

下面再讨论 t 和 t'的变换关系. 把(3-9)式代入(3-8)式得

$$x = k^2(x - vt) + kvt'$$

由此解出

$$t' = kt + \left(\frac{1-k^2}{kv}\right)x \tag{3-12}$$

以上各式中的 k 值,由假设 2——光速不变原理得出. 我们取 O 与 O'重合的瞬时($t'=t=0$),由重合点发出沿 OX 轴前进的光信号到达点的坐标,分别为

$$x = ct \quad 和 \quad x' = ct'$$

把(3-9)式和(3-12)式代入 $x'=ct'$,得

$$k(x-vt)=ckt+\left(\frac{1-k^2}{kv}\right)cx$$

由上式来解 x，并与 $x=ct$ 相比较，可得

$$k=\frac{1}{\sqrt{1-\frac{v^2}{c^2}}}=\frac{1}{\sqrt{1-\beta^2}} \tag{3-13}$$

将上式分别代入(3-9)式、(3-12)式，并与(3-10)式、(3-11)式一起，即为洛伦兹变换(3-6)式和(3-7)式.

*三、洛伦兹速度变换式

考虑从 S 系和 S' 系观测同一质点 P 在某一瞬时的运动速度. 设 S 系和 S' 系的观察者分别测得的速度值为 $u(u_x,u_y,u_z)$ 和 $u'(u'_x,u'_y,u'_z)$，则因

$$u_x=\frac{\mathrm{d}x}{\mathrm{d}t},\quad u_y=\frac{\mathrm{d}y}{\mathrm{d}t},\quad u_z=\frac{\mathrm{d}z}{\mathrm{d}t}$$

$$u'_x=\frac{\mathrm{d}x'}{\mathrm{d}t'},\quad u'_y=\frac{\mathrm{d}y'}{\mathrm{d}t'},\quad u'_z=\frac{\mathrm{d}z'}{\mathrm{d}t'}$$

应用洛伦兹变换式，可得

$$\mathrm{d}x'=\gamma(\mathrm{d}x-v\mathrm{d}t),\quad \mathrm{d}y'=\mathrm{d}y,\quad \mathrm{d}z'=\mathrm{d}z$$

$$\mathrm{d}t'=\gamma\left(\mathrm{d}t-\frac{v}{c^2}\mathrm{d}x\right)$$

故得 u' 的 x 分量为

$$u'_x=\frac{\mathrm{d}x'}{\mathrm{d}t'}=\frac{\gamma(\mathrm{d}x-v\mathrm{d}t)}{\gamma\left(\mathrm{d}t-\frac{v}{c^2}\mathrm{d}x\right)}=\frac{\left(\frac{\mathrm{d}x}{\mathrm{d}t}\right)-v}{1-\left(\frac{v}{c^2}\right)\left(\frac{\mathrm{d}x}{\mathrm{d}t}\right)}$$

或

$$u'_x=\frac{u_x-v}{1-\frac{v}{c^2}u_x}$$

同样得

$$\begin{aligned}u'_y&=\frac{u_y}{\gamma\left(1-\frac{v}{c^2}u_x\right)}\\ u'_z&=\frac{u_z}{\gamma\left(1-\frac{v}{c^2}u_x\right)}\end{aligned} \tag{3-14}$$

反过来可得逆变换

$$\begin{cases}u_x=\dfrac{u'_x+v}{1+\frac{v}{c^2}u'_x}\\ u_y=\dfrac{u'_y}{\gamma\left(1+\frac{v}{c^2}u'_x\right)}\\ u_z=\dfrac{u'_z}{\gamma\left(1+\frac{v}{c^2}u'_x\right)}\end{cases} \tag{3-15}$$

(3-14)式和(3-15)式就是洛伦兹速度变换式. 对低速情况，$v \ll c, \gamma \to 1$，可得伽利略变换式，它是洛伦兹变换在低速下的极限形式

$$u'_x = u_x - v, \quad u'_y = u_y, \quad u'_z = u_z$$

例 3-1 在地面上测得飞船甲、乙分别以 $-0.8c$ 和 $0.8c$ 的速度反向飞行，求两飞船的相对速度.

解 令地球为 S 系，飞船甲为 S' 系，沿 XX' 轴负方向以 $v=-0.8c$ 相对于 S 系飞行. 在 S 系里还有一速度为 $0.8c$ 的飞船乙，即 $u_x=0.8c$. 故在飞船甲上测得飞船乙的速度 u'_x，由洛伦兹速度变换式得

$$u'_x = \frac{u_x - v}{1 - \dfrac{v}{c^2}u_x} = \frac{0.8c-(-0.8c)}{1-\dfrac{(-0.8c)}{c^2}0.8c} = \frac{1.6c}{1.64} = 0.976c$$

u'_x 为"正"表示沿 X 轴正方向.

此题若按伽利略速度变换 $u'_x = u_x - v = 0.8c-(-0.8c)=1.6c$，会得出大于光速的错误结果.

3-3 相对论时空观

本节从洛伦兹变换出发，讨论长度、时间和同时性等基本概念.

一、运动的物体沿运动方向收缩

设有两个观察者分别静止于惯性系 S 和 S' 中. 一细棒静止于 S' 系中并沿 OX' 轴放置，如图 3-4 所示.

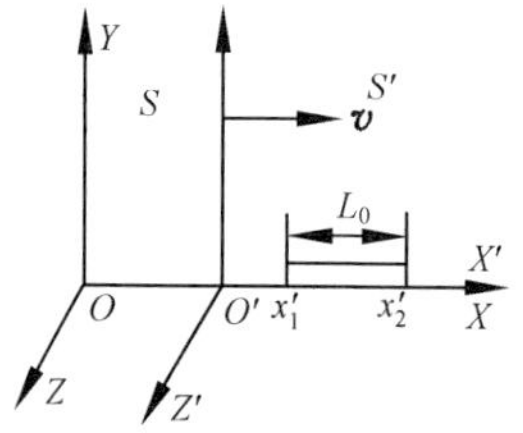

图 3-4 长度的收缩

S' 系中观察者测得棒两端点的坐标为 x'_1 和 x'_2，即棒长为 $L_0 = x'_2 - x'_1$. 当 S' 系相对于 S 系静止时，两观察者测得的棒长相等. 但当 S' 系以速度 $\boldsymbol{v}$ 沿 XX' 轴相对 S 系运动，则必须在同一时刻 $t_1 = t_2 = t$ 测得该棒两端点的坐标 x_1 和 x_2，棒长 $L = x_2 - x_1$. 由洛伦兹变换(3-6)式，有

$$x'_1 = \gamma(x_1 - vt), \quad x'_2 = \gamma(x_2 - vt)$$

所以

$$L_0 = x'_2 - x'_1 = \gamma(x_2 - vt) - \gamma(x_1 - vt) = \gamma L$$

或

$$L = L_0/\gamma = L_0\sqrt{1-\beta^2} \tag{3-16}$$

这就是说，从 S 系测得运动细棒的长度 L，是从相对细棒静止的 S' 系中所测长度的 $\sqrt{1-\beta^2}$. 可见，长度测量值与被测物体相对于观察者的运动有关. 观测者与物体相对静止时，长度的测量值最大；观测者与物体有相对运动时，长度的测量值在运动方向上要缩短，只有原来长度的 $\sqrt{1-\beta^2}$.

我们知道，在经典物理学中棒的长度是绝对的，与参考系的运动无关. 而在狭

义相对论中，同一根棒在不同参考系中测得的长度不同.

例 3-2 设火箭上有一天线，长 $l_0=1\text{m}$，以 45°角伸出火箭体外. 火箭沿水平方向以 $v=\sqrt{3}c/2$ 的速度飞行时，地面上的观察者测得此天线的长度和天线与火箭体的交角各为多少？

解 如图 3-5 所示，设火箭相对于 S' 系静止，自 S'(即火箭上)测得天线长度 $l_0=1\text{m}$，$\theta_0=45°$，故 $l_{0x'}=l_0\cos\theta_0$，$l_{0y'}=l_0\sin\theta_0$.

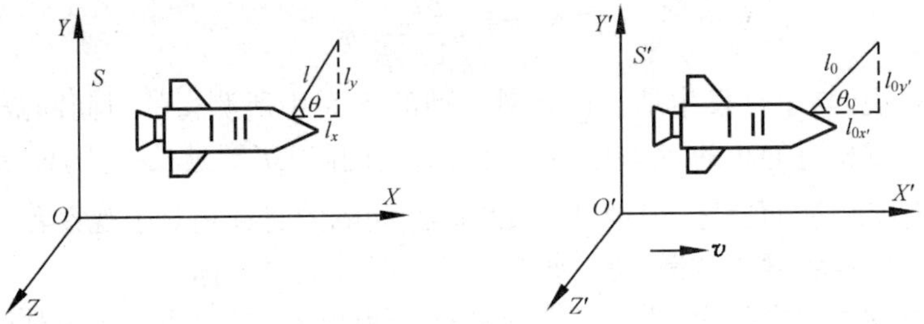

图 3-5 例 3-2 图

设自 S 系(地面上)测得天线长度为 l，交角为 θ，由于收缩只沿运动方向(X 轴)发生，所以由(3-16)式，有

$$l_x=l\cos\theta=l_{0x'}\sqrt{1-\frac{v^2}{c^2}}=l_0\cos\theta_0\sqrt{1-\frac{v^2}{c^2}}$$

而

$$l_y=l\sin\theta=l_{0y'}=l_0\sin\theta_0$$

所以

$$l=\sqrt{l_x^2+l_y^2}=\sqrt{\left[l_0\cos\theta_0\sqrt{1-\frac{v^2}{c^2}}\right]^2+l_0^2\sin^2\theta_0}$$

$$=l_0\sqrt{1-\left(\frac{v^2}{c^2}\right)\cos^2\theta_0}=\sqrt{0.625}=0.791(\text{m})$$

$$\tan\theta=\frac{l_y}{l_x}=\frac{\tan\theta_0}{\sqrt{1-\frac{v^2}{c^2}}}=2,\ \theta=63°27'$$

二、运动的时钟变慢

如同长度不是绝对的那样，时间间隔也不是绝对的. 设一事件在 S' 系中某点 x' 处发生，用固定在 S' 系中的时钟记录，这事件发生在 t_1' 时刻；另一事件也在 x' 处发生于 t_2' 时刻，两者之间的时间间隔为 $\Delta t'=t_2'-t_1'$. 当 S' 系以速度 $\boldsymbol{v}$ 沿 OX 方向相对于 S 系运动时，用固定在 S 系中的时钟记录，前一事件在 t_1 时刻发生在 x_1 处，而后一事件则在 t_2 时刻发生在 x_2 处(注意，不是同一地点了!). 由洛伦兹变换(3-7)式，可知

$$t_1=\gamma\left(t_1'+\frac{v}{c^2}x'\right),\quad t_2=\gamma\left(t_2'+\frac{v}{c^2}x'\right)$$

所以，S 系中测得这两事件发生的时间间隔为

$$\begin{aligned}\Delta t=t_2-t_1&=\gamma\left(t_2'+\frac{v}{c^2}x'\right)-\gamma\left(t_1'+\frac{v}{c^2}x'\right)\\&=\gamma(t_2'-t_1')=\gamma\Delta t'\end{aligned}$$

或

$$\Delta t=\frac{\Delta t'}{\sqrt{1-\beta^2}}\tag{3-17}$$

这就是说，与事件发生地点做相对运动的 S 系中所测得的时间间隔 Δt，比与事件发生地点相对静止的 S' 系中所测得的时间间隔 $\Delta t'$ 要延长一些，即膨胀为 $\Delta t'$ 的 $1/\sqrt{1-\beta^2}$ 倍，换而言之，记录事件发生时间间隔的时钟相对于观察者运动时，要比它相对于观察者静止时慢，所以亦有运动的时钟变慢之称.

在经典物理学中认为，两个事件发生的时间间隔是量值不变的绝对量. 而在狭义相对论中，同样两事件发生的时间间隔是相对的，与测量时间的惯性系的运动有关. 前面所说的时间膨胀或时钟变慢，并非钟表自身的运转所致，而是相对性时空效应的客观规律. 时钟如此，一切生长进程，如生物钟、心跳频率等都具有这样的相对性效应.

例 3-3 一个在实验室中以 $0.8c$ 的速率运动的粒子，飞行 3m 后衰变，由实验室中的观察者测量，该粒子存在了多长时间？由一个与该粒子一起运动的观察者来测量，该粒子衰变前存在了多长时间？

解 在实验室（S 系）测量，该粒子存在的时间为

$$\Delta t=\frac{s}{v}=\frac{3}{0.8\times3\times10^8}=1.25\times10^{-8}(\mathrm{s})$$

在与该粒子一起运动的参考系（S' 系）中测量，该粒子衰变前存在的时间为

$$\Delta t'=\Delta t\sqrt{1-\beta^2}=1.25\times10^{-8}\times\sqrt{1-\frac{(0.8c)^2}{c^2}}=7.5\times10^{-9}(\mathrm{s})$$

三、同时的相对性

正如长度和时间不是绝对的一样，在相对论中同时性也不是绝对的. 设自惯性系 S 观察到 A、B 两事件分别在 x_1、x_2 两点处同时发生，两点相距 $\Delta x=x_2-x_1\neq0$，两事件发生的时间间隔 $\Delta t=t_2-t_1=0$. 若 S' 系相对于 S 系沿 X 轴正方向以速度 $\boldsymbol{v}$ 运动，自 S' 系观察到 A、B 两事件发生的时间间隔 $\Delta t'=t_2'-t_1'$. 根据洛伦兹变换为

$$\begin{aligned}\Delta t'&=\frac{t_2-vx_2/c^2}{\sqrt{1-\beta^2}}-\frac{t_1-vx_1/c^2}{\sqrt{1-\beta^2}}\\&=\frac{\Delta t-\frac{v}{c^2}\Delta x}{\sqrt{1-\beta^2}}\end{aligned}\tag{3-18}$$

由于 $\Delta t=0$，$\Delta x\neq 0$，所以 $\Delta t'\neq 0$. 这说明不同地点发生的 A、B 两事件，对 S 系观察者来说是同时发生的，而在 S' 系来看不是同时发生的."同时"具有相对意义，它与参考系有关. 另外，从(3-18)式不难分析有可能会出现如下结果：在 S 系中的不同地点($\Delta x\neq 0$)，先后发生的两事件($\Delta t\neq 0$)，如 A 先 B 后，$\Delta t=t_B-t_A>0$，而在 S' 系中可能是 A 先 B 后，$\Delta t'>0$；也可能是 A、B 同时，$\Delta t'=0$；还可能是时序颠倒，即 B 先 A 后，$\Delta t'=t'_B-t'_A<0$.

在相对论中，尽管同时性、时序都只有相对意义，但是，具有因果关系的事件，其先后时序仍然是不可逆的. 例如，先下雨地后湿是不可逆的.

例 3-4 观察者甲看到两个事件是同时的，且空间距离为 4m，观察者乙看到这两个事件的空间距离为 5m，问乙测得这两个事件的时间间隔是多少？甲、乙分别是两个不同惯性系中的观察者.

解 设甲的参考系为 S，乙的参考系为 S'，则有

$$\Delta x' = \gamma(\Delta x - v\Delta t),\quad \Delta t' = \gamma\left(\Delta t - \frac{v}{c^2}\Delta x\right)$$

在 S 系中，$\Delta t=0$，于是

$$\gamma=\frac{\Delta x'}{\Delta x}=\frac{5}{4},v=c\sqrt{1-1/\gamma^2}=\frac{3}{5}c$$

$$|\Delta t'| = \left|-\frac{5}{4}\times\frac{3\times 4}{5c}\right| = \frac{3}{c} = 10^{-8}(\text{s})$$

3-4 相对论动力学基础

一、相对论中的动量和质量

在相对论中，理论分析和实验结果都证明质量是物体运动速度的函数，并非常量.

$$m = \frac{m_0}{\sqrt{1-\beta^2}} = \frac{m_0}{\sqrt{1-v^2/c^2}} \tag{3-19}$$

式中，v 是物体运动的速度的大小；m 为物体以速度 $\boldsymbol{v}$ 运动时的质量，称为动质量；m_0 为物体静止时的质量，称为静质量. 于是动量为

$$\boldsymbol{p} = m\boldsymbol{v} = \frac{m_0\boldsymbol{v}}{\sqrt{1-v^2/c^2}} \tag{3-20}$$

这就得到了在相对论中满足相对性原理的动量守恒定律，使其在洛伦兹变换下保持不变. 从(3-20)式可以看出，在 $v\ll c$ 时，就还原为经典力学公式，$m\approx m_0$. 说明牛顿力学在低速情况下仍然是适用的.

由以上的讨论可以推知，相对论动力学的基本方程可以写成

$$\boldsymbol{F} = \frac{\mathrm{d}}{\mathrm{d}t}(m\boldsymbol{v}) = \frac{\mathrm{d}}{\mathrm{d}t}(\gamma m_0\boldsymbol{v}) = \frac{\mathrm{d}}{\mathrm{d}t}\left(\frac{m_0\boldsymbol{v}}{\sqrt{1-\beta^2}}\right) \tag{3-21}$$

由于 m 不再是恒量，上式也可写成

$$\boldsymbol{F}=\frac{\mathrm{d}(m\boldsymbol{v})}{\mathrm{d}t}=m\frac{\mathrm{d}\boldsymbol{v}}{\mathrm{d}t}+\boldsymbol{v}\frac{\mathrm{d}m}{\mathrm{d}t} \tag{3-22}$$

不难看出，当物体运动速度大小 $v\ll c$，或认为 m 为恒量时，(3-21)式和(3-22)式就还原为经典力学中的牛顿第二定律的形式

$$\boldsymbol{F}=\frac{\mathrm{d}(m_0\boldsymbol{v})}{\mathrm{d}t}=m_0\boldsymbol{a}$$

二、质量与能量的关系

根据动能定理，物体动能的增量等于合外力对它所做的功，即

$$\mathrm{d}E_{\mathrm{k}}=\boldsymbol{F}\cdot\mathrm{d}\boldsymbol{r}=\boldsymbol{F}\cdot\boldsymbol{v}\mathrm{d}t=\boldsymbol{v}\cdot(\boldsymbol{F}\mathrm{d}t)=\boldsymbol{v}\cdot\mathrm{d}(m\boldsymbol{v})$$

为使问题简化，设物体是在合外力作用下，由静止开始做一维运动的，即 $\boldsymbol{F}$ 与 $\boldsymbol{v}$ 的方向总是相同的，故有 $\mathrm{d}E_{\mathrm{k}}=v\mathrm{d}(mv)$. 当物体的速率为 v 时，它所具有的动能为

$$\begin{aligned}E_{\mathrm{k}}&=\int\mathrm{d}E_{\mathrm{k}}=\int_0^v v\mathrm{d}(mv)=\int_0^v v\mathrm{d}\left(\frac{m_0v}{\sqrt{1-\beta^2}}\right)\\&=\int_0^\beta\beta c\,\mathrm{d}\left(\frac{m_0\beta c}{\sqrt{1-\beta^2}}\right)=m_0c^2\int_0^\beta\frac{\beta}{(1-\beta^2)^{3/2}}\mathrm{d}\beta\\&=m_0c^2\left[\frac{1}{\sqrt{1-\beta^2}}\right]_0^\beta=\frac{m_0}{\sqrt{1-v^2/c^2}}c^2-m_0c^2\end{aligned}$$

即

$$E_{\mathrm{k}}=mc^2-m_0c^2 \tag{3-23}$$

式中，m_0 和 m 分别是物体的静质量和动质量. 上式表明，物体动能 E_{k} 为 mc^2 和 m_0c^2 两项之差. 通常定义 $E_0=m_0c^2$，称为物体的静能量；$E=mc^2$，称为物体的总能量. 于是有

$$E=mc^2=E_0+E_{\mathrm{k}} \tag{3-24}$$

(3-24)式是质能关系式，揭示了质量和能量这两个重要物理量之间有着密切的联系. 若物体的质量发生 Δm 的变化，据上式可知，物体的能量必然伴随有相应的变化

$$\Delta E=\Delta(mc^2)=c^2\Delta m \tag{3-25}$$

反之，物体的能量变化也一定发生相应的质量变化. 在核能的释放和应用之中，不仅完全验证了质能关系，而且也是质能关系的重大应用之一.

*三、能量和动量

由前所述，静质量为 m_0、速度大小为 v 的物体的动量和总能量分别为

$$p=mv=\frac{m_0v}{\sqrt{1-v^2/c^2}},\quad E=mc^2=\frac{m_0c^2}{\sqrt{1-v^2/c^2}}$$

将两式平方消去 v，可得到动量和能量之间的一个重要关系

$$E^2 = m_0^2 c^4 + p^2 c^2 = E_0^2 + p^2 c^2 \tag{3-26}$$

本章我们所叙述的有关狭义相对论的时空观和相对论动力学的结论，对于低速情况，即当 $v \ll c$ 时，都还原为经典力学中的结论；另外，当物体的运动速度等于或超过光速，即当 $v \geqslant c$ 时，相对论的有关结论会失效. 然而光子是以速度 c 运动，如果光子静质量 $m_0 \neq 0$，按(3-19)式就有光子的动质量

$$m = \frac{m_0}{\sqrt{1 - c^2/c^2}} \to \infty$$

这是不可能的. 所以光子的静质量 $m_0 = 0$，光子的静能量 $E_0 = 0$. 这样光子的能量为

$$E = pc$$

所以，光子的质量为

$$m = \frac{E}{c^2} = \frac{h\nu}{c^2}$$

光子的动量为

$$p = \frac{E}{c} = \frac{h\nu}{c} = \frac{h}{\lambda}$$

可见，相对论深刻地阐明了光子的物质性.

例 3-5 一被加速器加速的电子，其能量为 3.0×10^9 eV.

试问：(1) 此电子的质量是其静质量的多少倍？(2) 此时电子的速率是多少？

解 (1) $E_0 = m_0 c^2 \approx 0.51\text{MeV}$，$E = mc^2 = \gamma m_0 c^2$

$$\frac{m}{m_0} = \frac{E}{E_0} = \frac{3.0 \times 10^9}{0.51 \times 10^6} = 5.88 \times 10^3$$

(2) $\dfrac{E}{E_0} = \gamma = \dfrac{1}{\sqrt{1 - v^2/c^2}}$

$$v = c\sqrt{1 - 1/\gamma^2} = 0.999999986c$$

本章要点

(1) 经典力学时空观.

长度和时间的测量与参考系无关，伽利略坐标变换式

$$x' = x - vt, \quad y' = y, \quad z' = z, \quad t' = t$$

伽利略速度变换式

$$u'_x = u_x - v, \quad u'_y = u_y, \quad u'_z = u_z$$

(2) 爱因斯坦假设.

爱因斯坦相对性原理.

光速不变原理. 真空中 $c = 3 \times 10^8 \text{m} \cdot \text{s}^{-1}$.

(3) 洛伦兹变换式

$$x' = \frac{x - vt}{\sqrt{1 - v^2/c^2}}, \quad y' = y, \quad z' = z, \quad t' = \frac{t - vx/c^2}{\sqrt{1 - v^2/c^2}}$$

速度变换式

$$u'_x = \frac{u_x - v}{1 - u_x v/c^2}, \quad u'_y = \frac{u_y}{\gamma\left(1 - \frac{v}{c^2}u_x\right)}, \quad u'_z = \frac{u_z}{\gamma\left(1 - \frac{v}{c^2}u_x\right)}$$

(4) 时空的相对性.

长度收缩 $\Delta l = \Delta l_0 \sqrt{1 - v^2/c^2}$；

时间延缓 $\Delta t = \dfrac{\Delta t_0}{\sqrt{1 - v^2/c^2}}$.

(5) 相对论质量、动量.

质量 $m = \dfrac{m_0}{\sqrt{1 - v^2/c^2}}$ （m_0 为静质量）；

动量 $\boldsymbol{p} = m\boldsymbol{v} = \dfrac{m_0 \boldsymbol{v}}{\sqrt{1 - v^2/c^2}}$.

(6) 相对论能量 $E = mc^2$；

动能 $E_k = E - E_0 = mc^2 - m_0 c^2$；

动量能量关系式 $E^2 = p^2 c^2 + m_0^2 c^4$.

习　题

3-1　从地球上测得，地球到恒星半人马座 α 星的距离是 4.3×10^{16} m. 某宇宙飞船以速率 $v=0.99c$ 从地球向该星飞行. 问飞船上的观察者将测得地球与该星间的距离为多大？

3-2　地面上的一观察者看到 A、B 两个光子火箭以 $0.9c$ 的速率彼此离开. 从一个火箭上看到另个火箭的速率是多大？

3-3　火箭 A 以 $0.8c$ 的速率相对于地球向正北飞行，火箭 B 以 $0.6c$ 的速率相对于地球向正西飞行，由火箭 B 测得火箭 A 的速度大小和方向.

3-4　一观察者测得运动着的米尺长为 0.5m，问此米尺以多大的速度接近观察者？

3-5　长为 1m 的尺子静止地放在 S' 系 $O'X'Y'$ 平面内，观察者在 S' 系中测得该米尺与 $O'X'$ 轴成 45°角，试问从 S 系的观察者来看，该米尺的长度以及米尺与 OX 轴的夹角是多少？设 S' 系相对 S 系的速率(沿 OX 轴正向运动)为 $v=\sqrt{3}c/2$.

3-6　双生子效应：孪生兄弟二人 20 岁时，哥哥从地球出发乘飞船以 $v=0.999c$ 的速率运行 10 年后回到地球与弟弟重逢，此时兄弟二人的年龄各为多少？

3-7　静止的 μ 子的平均寿命为 2×10^{-6} s，今在 8km 高空，由于 π 介子的衰变产生一个速率为 $0.998c$ 的 μ 子，试问 μ 子能否到达地面？

3-8　在惯性系 S 中观察到有两个事件发生在某一地点，其时间间隔为 4.0s. 从另一惯性系 S' 观察到这两个事件发生时间间隔 6.0s. 试问：从 S' 系测量到这两个事件的空间间隔是多少？设 S' 系以恒速率相对于 S 系沿 XX' 轴运动.

3-9　前进中的一列火车的车头和车尾各遭到一次闪电袭击. 据车上观察者测

定两次袭击是同时发生的. 试问：据地面观察者测定，它们是否仍然同时？

3-10 边长为 a、质量为 m 的正方形薄板静止于惯性系 S 的 OXY 平面内，且两边分别与 OX、OY 轴平行. 今有惯性系 S' 以 $0.8c$（c 为真空中的光速）的速率相对于 S 系沿 OX 轴正向做匀速直线运动，则从 S' 系测得薄板的面积及其面密度各为多少？

3-11 一个电子以 $0.99c$ 的速率运动. 试问：(1) 此时它的质量、总能量分别为多少？(2) 按牛顿力学算出的动能和按相对论力学的动能各为多少？

3-12 一个粒子的动量为非相对论动量的 2 倍，问该粒子的速率是多少？

3-13 当电子的运动速率达到 $v=0.98c$ 时，(1)其质量 m 等于多少？(2)此时电子的动能等于多少？已知电子的质量为 9.11×10^{-31}kg.

自　测　题

1. 宇宙飞船相对于地面以速率 v 做匀速直线飞行，某一时刻飞船头部的宇航员向飞船尾部发出一个光信号，经过 Δt（飞船上的钟）时间后，被尾部的接收器收到，则由此可知飞船的固有长度为（c 表示真空中的光速）[　　]

(A) $v\Delta t$；　(B) $c\Delta t$；　(C) $\dfrac{c\Delta t}{\sqrt{1-\dfrac{v^2}{c^2}}}$；　(D) $c\Delta t\sqrt{1-\dfrac{v^2}{c^2}}$.

2. 在某地发生两件事，静止位于该地的甲测得时间间隔为 9s，若相对于甲做匀速直线运动的乙测得时间间隔为 15s，则乙相对于甲的运动速率是（c 表示真空中的光速）[　　]

(A) $0.8c$；　(B) $0.6c$；　(C) $0.4c$；　(D) $0.2c$.

3. 狭义相对论的两条基本原理是：(1)____________；(2)____________.

4. 一正方体静止时测得其体积为 V_0，质量为 m_0，现令其沿某一棱边的方向以匀速率 v 高速运动，再进行测量，问：(1)该正方体的体积为多少？(2)该正方体的密度为多少？

5. 一个在实验室中以 $0.8c$ 的速率运动的粒子，飞行 3m 后衰变. 问：(1)实验室中的观察者测量，该粒子存在了多长时间？(2)由一个与该粒子一起运动的观察者来测量，这粒子衰变前存在多长时间？

6. 已知一个电子的静能量为 0.5MeV，将静止电子加速到动能为 0.25MeV，计算该电子的运动速度大小.

7. 若一个电子的总能量为 5.0MeV，求该电子的动量和速率.

第三章习题答案　　　　第三章自测题答案

第四章　机械振动与机械波

机械振动是指物体在一定的位置附近做往复运动.这是自然界中一种很普遍的运动形式.钟摆的摆动、心脏的跳动、气缸中活塞的运动、琴弦的颤动等都是机械振动.在力学中,研究振动的规律具有重要意义,这是进一步研究地震学、建筑学、声学甚至生物学的基础.另外,在物理学领域中振动具有更为广泛的含义.当一个系统的状态发生变化时,若某个物理量围绕在某一定值附近反复变化,则此量也可看作是在振动.因此掌握机械振动的规律也是进一步学习物理学其他分支的基础.振动在空间的传播过程称为波;机械振动的传播过程就形成了机械波.掌握振动的理论就为进一步学习波动理论打下了基础.

就形式而言,机械振动是多种多样的.它们可以是周期性的,也可以是非周期性的(广义地说,任何机械运动都可以看作是振动).但在各种机械振动中,最简单、最基本的形式是简谐振动.说其简单是因为它的动力学方程及其解有着最简单的形式;说其基本是因为任何复杂的振动都可以分解为若干不同频率、不同振幅的简谐振动.本章将主要介绍简谐振动及其传播过程——简谐波.

4-1　简谐振动的基本概念和规律

一、简谐振动的动力学方程及其解——运动方程

为了说明简谐振动的基本特征,首先看两个具体的例子.

例 4-1　水平弹簧振子的运动.

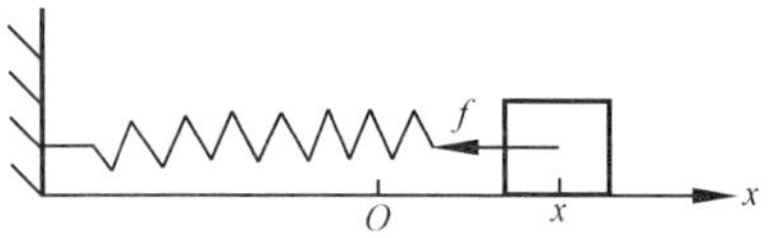

图 4-1　弹簧振子的简谐振动

将刚度系数为 k 的轻弹簧一端固定,另一端接一个质量为 m 的物体(振子),水平放置在光滑平面上(图 4-1),就形成了水平的弹簧振子系统.当振子被拉(或压)离平衡位置(即振子受弹力为零的位置)时,由于弹力的作用,振子将会在平衡位置附近做往复运动.设 x 轴原点与平衡位置重合,运动中振子位于任意位置 x 时,所受的弹力为

$$f = -kx \tag{4-1}$$

即弹力的大小与振子相对平衡位置的位移成正比;弹力的方向与位移的方向相反.根据牛顿第二定律,对弹簧振子,可列出动力学方程

$$-kx = m\frac{d^2x}{dt^2}$$

或

$$\frac{d^2x}{dt^2} + \frac{k}{m}x = 0 \tag{4-2}$$

这说明振子加速度的大小与位移成正比;方向与位移方向相反.

例 4-2 单摆小角度摆动.

在一根不会伸缩的轻线下端系一可看作质点的小球,上端点 A 固定,这就形成了一个单摆(图 4-2). 摆球被拉离平衡位置点 O 后,在重力的作用下会返回点 O. 而到达点 O 时,它由于具有动能会继续摆动. 若忽略空气阻力,这种摆动可以一直持续下去. 这里单摆可以看作是定轴转动的刚体,根据转动定律可列出其动力学方程. 设摆球偏离点 O 时摆线与铅直方向的夹角为 θ,并以点 O 为基准取逆时针方向的角位移 θ 为正. 由于摆球只受到重力矩的作用,且由于小角度摆动,故重力矩可写为

$$-mgl\sin\theta \approx -mgl\theta$$

式中,负号表示力矩的方向与角位移的方向相反;m、l 分别表示摆球的质量和摆线的长度. 根据转动定律,应有

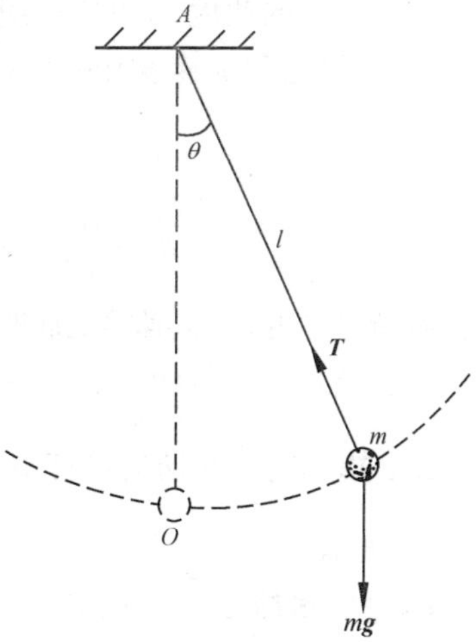

图 4-2 单摆

$$-mgl\theta = ml^2\beta$$

式中,ml^2 为摆球的转动惯量;β 为角加速度. 整理上式可得到

$$\frac{d^2\theta}{dt^2} + \frac{g}{l}\theta = 0 \tag{4-3}$$

与(4-2)式比较可知,两式在数学上是完全等价的.

分析以上两例可知,当以变量 x 代替例 4-1 中的 x 以及例 4-2 中的 θ,以 ω^2 代替(4-2)、(4-3)两式中的 k/m、g/l 时,两式将具有相同的形式

$$\frac{d^2x}{dt^2} + \omega^2 x = 0 \tag{4-4}$$

这是一个二阶线性齐次常微分方程. 式中的 ω 是一个仅由振动系统本身性质决定的常数,至于它的物理意义我们稍后再讨论. 类似的例子还可以举出很多. 于是我们定义,凡动力学方程的形式满足(4-4)式的物体的运动称为简谐振动.

分析简谐振动的特点可知,振动物体的加速度(或角加速度)总是与位移(或角位移)大小成正比,方向相反. 从受力的角度看,它们不是受到弹力(即力与位移的大小成正比,方向相反)就是受到与弹力的规律完全类似的力矩(即力矩与角位移

的大小成正比，方向相反），对此我们将后者称为准弹性力. 因此它们具有相同的动力学方程形式就是必然的了.

按照微分方程的理论，(4-4)式有标准的解法，其解——运动方程的形式为

$$x = A\sin(\omega t + \alpha)$$

或

$$x = A\cos(\omega t + \alpha) \tag{4-5}$$

或正、余弦函数的线性组合. 为了便于教学，以下我们仅取(4-5)式的余弦函数形式. 式中，A、α 是需由初始条件确定的积分常数，且 A 恒为正数. 由(4-5)式我们也可以得到广义的速度 v(可以是速度，也可以是角速度)、广义的加速度 a(可以是加速度，也可以是角加速度)的表达式

$$v = \frac{\mathrm{d}x}{\mathrm{d}t} = -A\omega\sin(\omega t + \alpha) \tag{4-6}$$

$$a = \frac{\mathrm{d}^2x}{\mathrm{d}t^2} = -A\omega^2\cos(\omega t + \alpha) = -\omega^2 x \tag{4-7}$$

可见简谐振动的位移、速度、加速度都是随时间周期性变化的简谐函数，不过它们变化的步调是不一致的. (4-5)～(4-7)三式同样可以成为判断简谐振动的依据.

二、描述简谐振动的特征量

1. 振幅

振幅是指简谐振动的物体偏离平衡位置最大位移的绝对值. 在运动方程(4-5)中，A 即为振幅.

振幅的大小取决于振动系统的初始状态. 以下还将看到振幅的大小将直接关系着振动系统的能量. 设 $t=0$ 时振动物体的位置和速度分别为 x_0、v_0，由(4-5)、(4-6)式可得

$$x_0 = A\cos\alpha \tag{4-8}$$

$$v_0 = -A\omega\sin\alpha \tag{4-9}$$

将以上两式两边平方后相加消去 α，即可得到振幅公式

$$A = \sqrt{x_0^2 + (v_0/\omega)^2} \tag{4-10}$$

由此式可见振幅 A 是由振动系统的初始状态决定的，而且在一般情况下，$A \neq x_0$，只有在 $v_0=0$ 时才有 $A=x_0$.

2. 相位与初相位

在运动方程(4-5)中，括号内的 $\omega t+\alpha=\varphi$ 称为系统的相位. 显然 φ 是时间 t 的函数. 当 $t=0$ 时，$\varphi=\alpha$，因此 α 即称为初相位，简称初相.

相位是表示系统振动状态的重要特征量. 可以认为系统在任意时刻的位置、速度等都是由相位决定的. 下面以水平弹簧振子的振动过程(图 4-3)为例说明这一点.

设水平弹簧振子的运动方程为

$$x = A\cos(\omega t + \alpha)$$

当相位 $\varphi=(\omega t+\alpha)=0$ 时，$x=A$，$v=0$；当 $0<\varphi<\pi/2$（即 φ 处于第一象限）时，$v<0$，即振子沿 $-x$ 轴方向运动；当 $\varphi=\pi/2$ 时，$x=0$，即振子回到平衡位置，而速度达到反向最大值，$v=-A\omega$；当 $\pi/2<\varphi<\pi$（即 φ 处于第二象限）时，振子继续反向运动；当 $\varphi=\pi$ 时，$x=-A$，$v=0$. 以上是振子一个完整振动过程的一半情形，接下去的一半过程是完全类似的，是振子沿 x 轴正方向（$v>0$）的运动过程. 可以看到，在整个振动过程中不同时刻的相位 φ 就决定了系统在该时刻的位置和速度. 例如，同样在平衡位置，当振子的相位不同时，速度也不相同. 总之，用相位描述系统的振动状态是突出了振动具有周期性这样一个重要的特点.

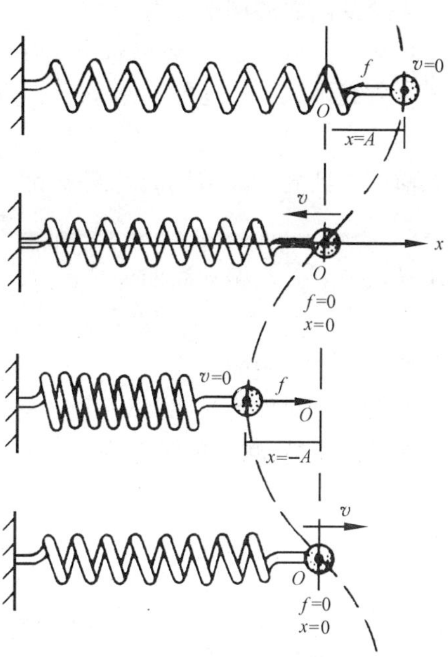

图 4-3　水平弹簧振子的振动过程

另外，相位还为比较不同的振动状态提供了方便. 这里可以比较同一振动系统在不同时刻的状态；也可以比较不同振动系统在同一时刻的状态. 设两个振动状态所对应的相位分别为 φ_1 和 φ_2，若 $\varphi_1>\varphi_2$，则称振动状态 1 超前于振动状态 2；若 $\varphi_1<\varphi_2$，则称振动状态 1 滞后于振动状态 2；若 $\varphi_1=\varphi_2$，则称两个振动状态同相或同步.

初相 α 是表征振动系统初始状态的特征量，因此 α 值是由初始条件决定的. 由(4-8)、(4-9)式联立消去 A，即可得到初相公式

$$\alpha = \arctan(-v_0/\omega x_0) \tag{4-11}$$

由这个公式可以看到，初相的确是由初始条件决定的. 但是仅由此式往往还不能将 α 值唯一确定下来，一般要在(4-9)～(4-11)三式中任取两式才能在$(-\pi,\pi)$的区间内唯一确定下来. 这在处理具体问题时需要充分注意.

3. 周期和频率

简谐振动是具有周期性的运动. 所谓周期是指振动物体做一次完全振动所需要的时间. 而一次完全振动是指物体由某一状态（位置、速度）出发，经过一段时间后第一次完全恢复到原有状态的过程. 根据以上的定义，不难看出，若以 T 表示周期，则物体在任意时刻 t 的位置（或速度）应与物体在时刻 $t+T$ 的位置（或速度）完全相同. 代入运动方程(4-5)后有

$$\cos(\omega t + \alpha) = \cos[\omega(t + T) + \alpha]$$

再考虑余弦函数的周期性有

$$\cos(\omega t+\alpha)=\cos(\omega t+\alpha+2\pi)$$

于是不难看出

$$T=2\pi/\omega \tag{4-12}$$

联系前面提到的做简谐振动的两个例子可知，对弹簧振子，$\omega=\sqrt{k/m}$，振动周期为

$$T=2\pi\sqrt{m/k} \tag{4-13}$$

对单摆，$\omega=\sqrt{g/l}$，振动周期为

$$T=2\pi\sqrt{l/g} \tag{4-14}$$

这是两个非常有用的公式.

周期的倒数称为频率，以下用 ν 表示. 它的物理意义是单位时间内物体所做的完全振动的次数. 频率的单位为 s^{-1}，即 Hz（赫兹）. 由(4-12)式可得

$$\nu=1/T=\omega/2\pi$$

或

$$\omega=2\pi\nu \tag{4-15}$$

可见 ω 与 ν 只差常数倍 2π，因此 ω 被称为角频率.

由以上介绍不难看出，简谐振动的周期和频率完全是由振动系统自身的性质决定的，与系统的振动状态无关. 也就是说，当振动系统自身的性质（例如，弹簧振子的 m、k；单摆的 l、g）一经确定，则无论它们振动与否，它们的振动周期和频率就已经完全确定下来了. 因此，可将它们称为固有周期和固有频率、固有角频率. 对于一个做简谐振动的系统，要确定其振动周期和频率，只需根据有关的力学规律，列出动力学方程，再与简谐振动动力学方程的标准形式(4-4)式对比，就会很容易找出 ω，从而求出 T 或 ν.

例 4-3 一物体沿 x 轴做简谐振动，其振幅为 $A=0.12\text{m}$，周期为 $T=2\text{s}$. $t=0$ 时，物体的位移为 $x_0=0.06\text{m}$，且向 x 轴正方向运动. 求简谐振动方程.

解 设简谐振方程为

$$x=A\cos(\omega t+\alpha)$$

由题意知，振幅为

$$A=0.12\text{m}$$

角频率

$$\omega=\frac{2\pi}{T}=\pi(\text{s}^{-1})$$

将初始条件 $t=0\text{s}$，$x_0=0.06\text{m}$ 代入简谐振动方程得

$$0.06=0.12\cos\alpha,\quad \alpha=\pm\frac{\pi}{3}$$

因为 $t=0$ 时，物体向 x 轴正方向运动，即 $v_0=-\omega A\sin\alpha>0$，所以初相为

$$\alpha=-\frac{\pi}{3}$$

简谐振动方程

$$x=0.12\cos\left(\pi t-\frac{\pi}{3}\right)\mathrm{m}$$

三、简谐振动的几何描述——旋转矢量法

利用几何图形旋转矢量可以更为形象、直观地描述简谐运动的规律. 掌握这种方法对今后进一步学习振动合成以及电磁学、光学课程极为有用.

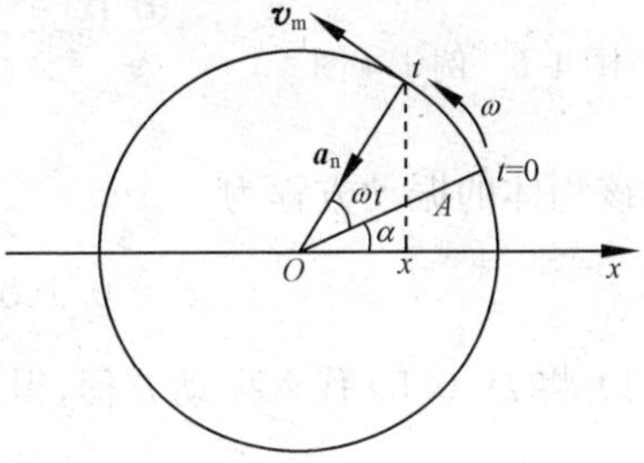

图 4-4　匀速圆周运动与简谐运动

简谐运动和匀速圆周运动有一个很简单的关系. 如图 4-4 所示，设一质点沿圆心在 O 点而半径为 A 的圆周做匀速运动，其角速度为 ω. 以圆心 O 为原点，设质点的径矢经过与 x 轴夹角为 α 的位置时开始计时，则在任意时刻 t，此径矢与 x 轴的夹角为$(\omega t+\alpha)$，而质点在 x 轴上的投影坐标为

$$x = A\cos(\omega t+\alpha)$$

这正好与(4-5)式所表示的简谐运动定义公式相同. 由此可知，做匀速圆周运动的质点在某一直径(取作 x 轴)上的投影运动就是简谐运动. 圆周运动的角速度(或周期)就等于振动的角频率(或周期)，圆周的半径就等于振动的振幅. 初始时刻做圆周运动的质点的径矢与 x 轴的夹角就是振动的初相.

不但可以借助于匀速圆周运动来表示简谐运动的位置变化，也可以从它求出简谐运动的速度和加速度. 由于做匀速圆周运动的质点的速率是 $v_m=\omega A$，在时刻 t，它在 x 轴上的投影是 $v=-v_m\sin(\omega t+\alpha)=-\omega A\sin(\omega t+\alpha)$. 这正是(4-6)式给出的简谐运动的速度公式. 做匀速圆周运动的质点的向心加速度是 $a_n=\omega^2 A$. 在时刻 t，它在 x 轴上的投影是 $a=-a_n\cos(\omega t+\alpha)=-\omega^2 A\cos(\omega t+\alpha)$，这正是(4-7)式给出的简谐运动的加速度公式.

正是由于匀速圆周运动与简谐运动的上述关系，所以常常借助于匀速圆周运动来研究简谐运动，那个对应的圆周叫参考圆.

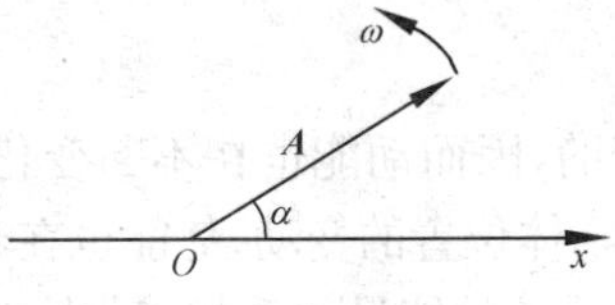

图 4-5　旋转矢量图

如果画一个图表示出做匀速圆周运动的质点的初始径矢的位置，并标以 ω(图 4-5)，则相应的简谐运动的三个特征量都表示出来了，因此可以用这样一个图表示一个确定的简谐运动. 简谐运动的这种表示法叫做旋转矢量法.

例 4-4　物体沿 x 轴做简谐振动，其振幅为 $A=10.0\mathrm{cm}$，周期为 $T=2.0\mathrm{s}$，$t=0$ 时物体的位移为 $x_0=-5\mathrm{cm}$，且向 x 轴负方向运动. 试求

(1) $t=0.5\mathrm{s}$ 时物体的位移；

(2) 何时物体第一次运动到 $x=5\mathrm{cm}$ 处?

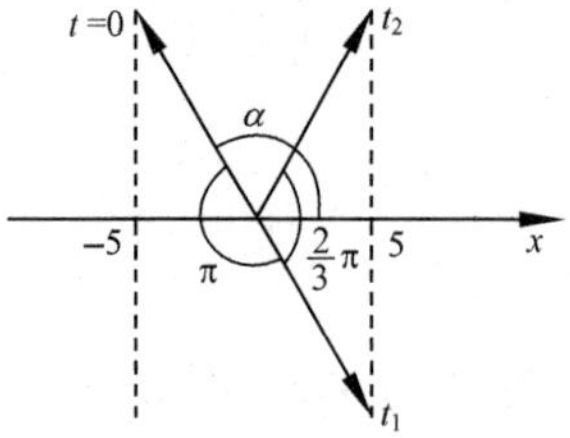

图 4-6　例 4-4 图

(3) 再经过多少时间物体第二次运动到 $x=5\text{cm}$ 处?

解　由已知条件,该简谐振动在 $t=0$ 时刻的旋转矢量位置如图 4-6 所示. 由图及初始条件可知

$$\alpha=\pi-\frac{\pi}{3}=\frac{2}{3}\pi$$

由于

$$T=2\text{s},\quad \omega=\frac{2\pi}{T}=\pi$$

所以,该物体的振动方程为

$$x=0.1\cos\left(\pi t+\frac{2}{3}\pi\right)(\text{m})$$

(1) 将 $t=0.5\text{s}$ 代入振动方程,得质点的位移为

$$x=0.1\cos\left(0.5\pi+\frac{2}{3}\pi\right)=-0.087(\text{m})$$

(2) 当物体第一次运动到 $x=5\text{cm}$ 处时,旋转矢量转过的角度为 π,如图 4-6 所示,所以有

$$\omega t_1=\pi$$

即

$$t_1=\frac{\pi}{\omega}=\frac{T}{2}=1\text{s}$$

(3) 当物体第二次运动到 $x=5\text{cm}$ 处时,旋转矢量又转过 $\frac{2}{3}\pi$,如图 4-6 所示,所以有

$$\omega\Delta t=\omega(t_2-t_1)=\frac{2}{3}\pi$$

即

$$\Delta t=\frac{2\pi}{3\omega}=\frac{1}{3}T=\frac{2}{3}\text{s}$$

四、简谐振动的能量

在简谐振动过程中,振动物体的速度是不断改变的,因而动能也在不断变化. 由于物体所受的弹力(或准弹性力)是保守力,因而随着物体位置的变动,势能也在不断变化. 下面仍以水平弹簧振子(图 4-1)为例,分析一下系统的能量关系和变化情况.

因为弹簧振子在任一时刻的位置和速度分别为

$$x=A\cos(\omega t+\alpha)$$
$$v=-A\omega\sin(\omega t+\alpha)$$

于是相应的动能为

$$E_k=mv^2/2=m[A\omega\sin(\omega t+\alpha)]^2/2$$

势能为

$$E_p = kx^2/2 = k[A\cos(\omega t + \alpha)]^2/2$$

由于 $\omega^2 = k/m$，故系统的总能量为

$$E = E_p + E_k = m(A\omega)^2/2 = kA^2/2$$

可见，系统的动能和势能都是随时间周期性变化的，而且最大、最小值乃至对时间的平均值都相同，只是变化的步调（相位）不同. 当动能达到最大（小）值时，势能最小（大）. 另外，由于简谐振动系统只有保守内力做功，因而系统的总能量不随时间变化，即系统的总机械能守恒. 由以上公式可见，系统的总能量与振幅 A 的平方成正比，这是一个很重要的结论，说明系统的总能量由初始状态决定.

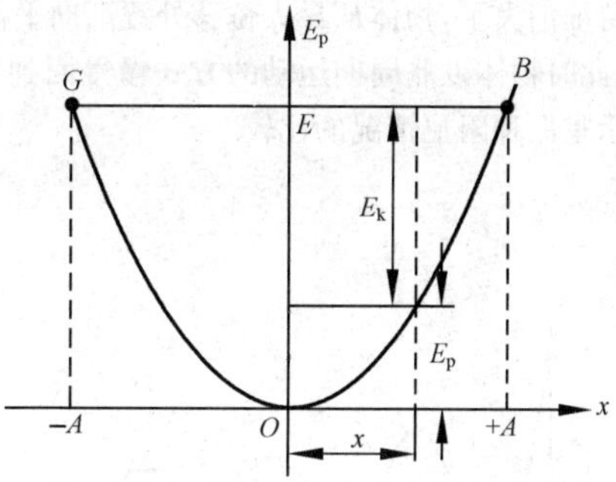

图 4-7　弹簧振子的势能曲线

以上对弹簧振子系统能量的分析具有普遍意义，简谐振动系统能量的变化情况可参看图 4-7.

*4-2　阻尼振动　受迫振动和共振

一、阻尼振动

任何实际的振动，总要受到阻力的影响. 由于克服阻力做功，振动系统的能量不断减少，因而振幅也逐渐减小. 这种振幅随时间而减小的振动称为阻尼振动.

实验指出，当物体以不太大的速度在流体中运动时，流体对物体的阻力与物体运动的速度大小成正比，即

$$F_r = -cv$$

式中，比例系数 c 称为阻力系数；负号表示阻力的方向与速度方向相反. 对弹簧振子来说，如果考虑它受到这种阻力（实际上总是要受到空气阻力）的作用，则根据牛顿第二定律有

$$-kx - cv = ma$$

或

$$m\frac{\mathrm{d}^2 x}{\mathrm{d}t^2} + c\frac{\mathrm{d}x}{\mathrm{d}t} + kx = 0$$

令 $k/m = \omega_0^2$，$c/m = 2\beta$，则上式可以写成

$$\frac{\mathrm{d}^2 x}{\mathrm{d}t^2} + 2\beta\frac{\mathrm{d}x}{\mathrm{d}t} + \omega_0^2 x = 0$$

式中，ω_0 就是振动系统的固有角频率，它由系统本身的性质决定；β 叫做阻尼因数，对于一个给定的振动系统来说，它由阻力系数决定. 当阻尼较小，即 $\beta < \omega_0$ 时，方程的解为

$$x = A\mathrm{e}^{-\beta t}\cos(\omega t + \alpha) \tag{4-16}$$

式中，角频率 $\omega = \sqrt{\omega_0^2 - \beta^2}$；$A$、$\alpha$ 是由初始条件决定的常量. 如图 4-8 所示，是阻尼振动的位移-

时间曲线. 阻尼振动的振幅 $Ae^{-\beta t}$ 是随时间衰减的，阻尼越大，振幅衰减得越快. 阻尼振动不是简谐振动，但是在阻尼不大时，可以近似看成简谐振动，它的周期

$$T = 2\pi/\omega = \frac{2\pi}{\sqrt{\omega_0^2 - \beta^2}}$$

可见，对一定的振动系统，有阻尼时的振动周期要比无阻尼时大. 当阻尼大到使 $\beta=\omega_0$ 时，振动的特征消失了，物体从最大位移处逐渐向平衡位置靠近，称为临界阻尼振动. 若阻尼很大，即 $\beta>\omega_0$，此时物体以非周期运动的方式慢慢回到平衡位置，而且速度很慢，称为过阻尼振动. 图 4-9 所示是三种阻尼情况的比较.

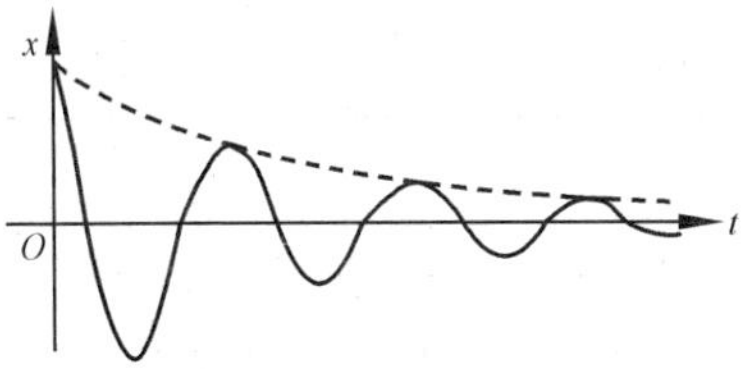

图 4-8　阻尼振动曲线

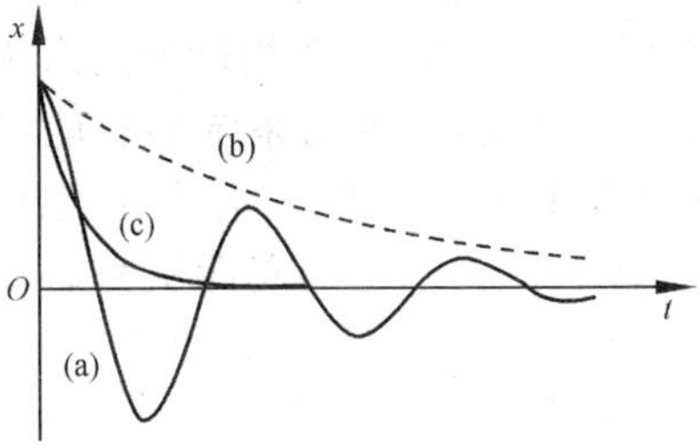

图 4-9　三种阻尼情况的比较

(a) 小阻尼；(b) 大阻尼；(c) 临界阻尼

银行、宾馆等大型建筑物的弹簧门上常装有一个消振油缸，其作用就是避免门来回振动，使其工作于大阻尼状态.

为使精密天平、指针式测量仪表等快速地逼近正确读数或快速地返回平衡位置. 在这类仪器、仪表中广泛地采用临界阻尼系统.

二、受迫振动

系统在周期性外力作用下发生的振动，叫做受迫振动. 例如，扬声器中纸盒的振动、机器运转时所引起的基础的振动，都是受迫振动.

设一系统在弹力 $F=-kx$、阻力 $F_r=-cv$ 以及周期性的外力 $H\cos pt$ 的作用下做受迫振动. 这个周期性外力称为强迫力，H 为其最大值，称为力幅，p 为其角频率.

根据牛顿第二定律有

$$-kx - cv + H\cos pt = ma$$

令 $k/m=\omega_0^2$，$c/m=2\beta$，$H/m=h$，得

$$\frac{d^2x}{dt^2} + 2\beta\frac{dx}{dt} + \omega_0^2 x = h\cos pt$$

方程的解为

$$x = A_0 e^{-\beta t}\cos(\sqrt{\omega_0^2 - \beta^2}\,t + \alpha_0) + A\cos(pt + \alpha) \quad (4\text{-}17)$$

受迫振动是由阻尼振动 $A_0 e^{-\beta t}\cos(\sqrt{\omega_0^2-\beta^2}\,t+\alpha_0)$ 和简谐振动 $A\cos(pt+\alpha)$ 合成的.

实际上，从受迫振动开始经过不太长的时间之后，阻尼振动就衰减到可以忽略不计，受迫振动达到稳定状态. 这时受迫振动为一个简谐振动，其振动方程为

$$x = A\cos(pt + \alpha)$$

式中，振动的角频率 p 就是强迫力的角频率；而振幅 A 和初相 α 不仅与振动系统的性质有关，而

且还与强迫力的频率和力幅有关.

受迫振动在稳定状态时的振幅和初相分别为

$$A=\frac{h}{\sqrt{(\omega_0^2-p^2)^2+4\beta^2p^2}}$$

$$\alpha=\arctan\frac{-2\beta p}{\omega_0^2-p^2}$$

受迫振动的振幅与强迫力的频率有关. 当强迫力的频率为某一值时,振幅达到极大值. 使振幅达到极大值时强迫力的角频率,用求极值的方法可得

$$p=\omega_r=\sqrt{\omega_0^2-2\beta^2} \tag{4-18}$$

相应的最大振幅为

$$A_r=h/(2\beta\sqrt{\omega_0^2-\beta^2})$$

把强迫力的角频率满足(4-18)式而使受迫振动产生最大振幅的现象称为振幅共振,一般简称为共振,把 ω_r 称为共振角频率,它是由系统本身性质及阻力决定的. 由上面可知,阻尼因数 β 越小,共振角频率 ω_r 越接近系统的固有角频率 ω_0,同时共振的振幅 A 越大. 若阻尼因数趋近于零,则 ω_r 趋近于 ω_0,此时共振振幅趋于无穷大,如图 4-10 所示.

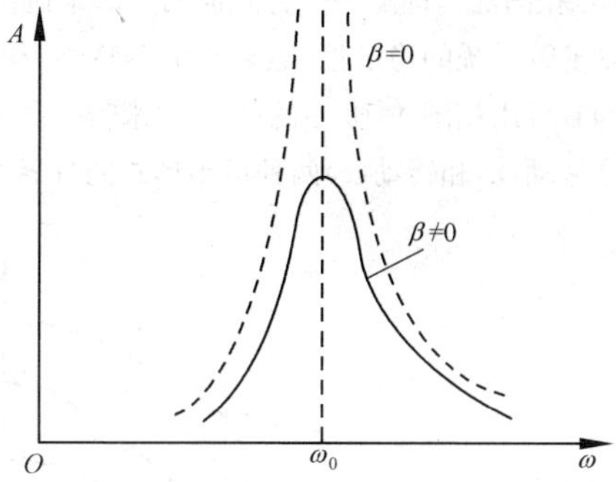

图 4-10　受迫振动的振幅曲线

另外一种共振是速度共振,当发生速度共振时受迫振动的物体的速度振幅取极大值. 速度共振的条件是外力的频率等于系统的固有频率.

共振是日常生活中常见的物理现象,我国早在公元前 3 世纪就有了乐器相互共鸣的文字记载. 利用声波共振可提高乐器的音响效果,利用核磁共振可研究物质结构以及进行医疗诊断,收音机中的调谐回路是利用电磁共振来选台等. 然而,共振除了可资利用的一面外,还会给我们带来不利的一面. 机器在工作过程中的共振会使某些零部件损坏. 1940 年 7 月 1 日,美国的塔科马大桥通车,但是在启用后仅四个多月,就在大风下因共振而坍塌.

*4-3　非线性振动简介

前面介绍的振动的叠加都属于线性系统的叠加,它们都有如下特点:动力学行为可由线性微分方程表示,其解满足叠加原理,结合初始条件或边界条件,其解为精确解.

但是,线性系统只是理想的或者说是近似的(如小角度近似),它是真实系统在特定状态附

近的线性化结果. 而绝大多数情况是非线性的，比如大角度摆. 这种情况下叠加原理不再成立，且初始条件不同，会导致不相同的运动形式，还可能出现完全随机的混沌行为.

图 4-11 表示了大角度摆在三种不同的起始能量所导致的摆的三种不同运动. 图(a)是起始能量较小的情况，摆在偏离一定角度 θ 后，摆锤将沿原路摆回做往复性运动；图(b)所示的起始能量较大，摆锤将不会沿原路返回，运动将不再具有往复性；图(c)表示起始能量更大时，摆锤将在竖直平面内做圆周运动，而这已不是通常意义上的摆动了.

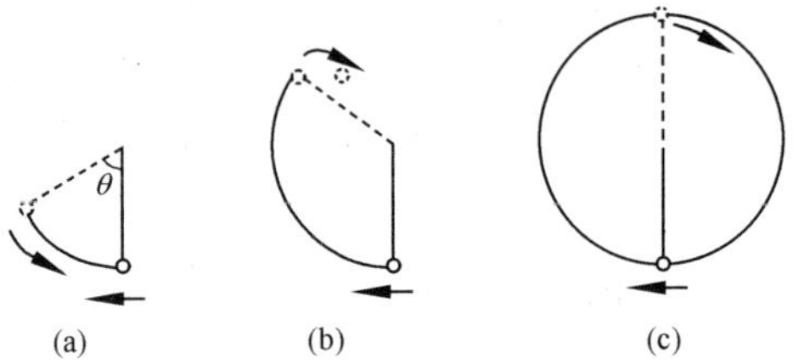

图 4-11　起始能量不同导致大角度摆的三种不同运动

为了对非线性运动的特征作出定性描述，法国数学家、物理学家庞加莱(H. Poincaré，1854～1912)在 19 世纪提出“相图法”，即运用一种几何的方法来讨论非线性问题，如图 4-12 所示. 通过对相图的研究，可以了解系统的稳定性、运动趋势等特性. 相图的描述方法已成为非线性力学中最基本的方法. 例如，可用相图 4-13 中的(a)、(c)来表示图 4-11 中的(a)、(c)两种运动(振动和转动)，而轨迹(b)是振动(a)和转动(c)两种运动形式的分界线.

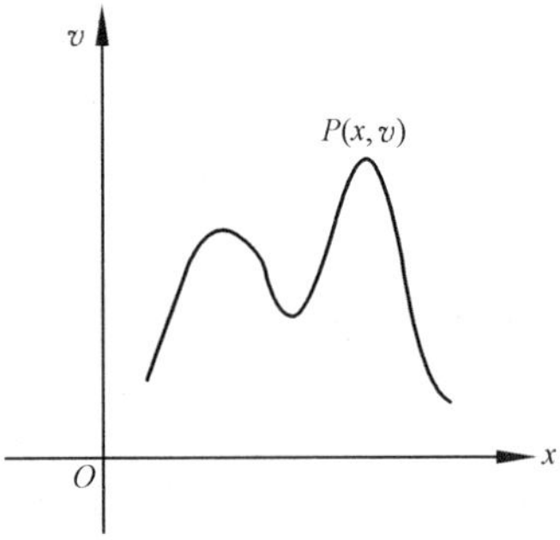

图 4-12　相图

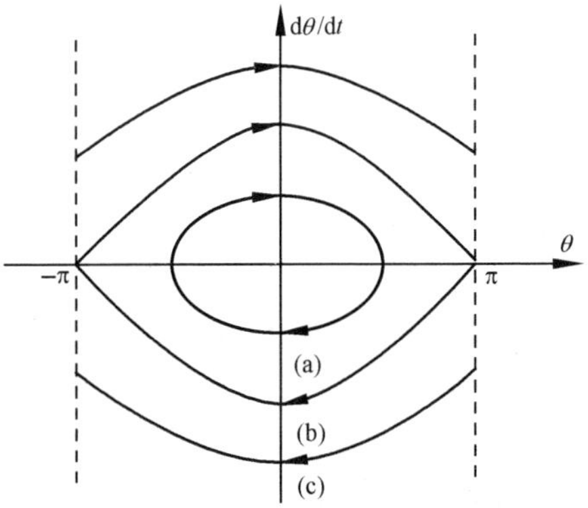

图 4-13　不同初始条件的相轨迹

对于非线性系统可能还会出现更复杂的“混沌”运动状态. 这是在确定性动力学系统中存在的一种随机运动，其特征是：初始条件的微小差异就会导致极不相同的后果，使系统的未来运动状态无法预料而呈现为随机的行为.

对于多数显示出混沌的非线性系统来说，要给它精确选定初始条件并确定其结果，实际上是办不到的，因为这种系统的运动具有显著的随机性. 例如，地球表面附近的大气层就是个相当复杂的非线性系统，而大气环流、海洋潮汐、太阳活动等因素的某些偶然变化，都会使仅仅靠求解气象方程来精确预报天气成为不可能和不现实的事.

*4-4　简谐振动的合成

在实际问题中，一个质点往往同时参与两个以上的振动过程. 例如，两列声波同时传播到某点时，该点的空气质点就会同时参与这两列声波在该点引起的振动. 这就是所谓振动的合成问题. 一般地讨论这个问题往往比较复杂，以下我们将讨论几种基本的简谐振动合成问题.

一、同方向、同频率简谐振动的合成

设某质点在同一直线上同时参与两个同频率的简谐振动，它们的运动方程分别为

$$x_1 = A_1\cos(\omega t + \alpha_1)$$
$$x_2 = A_2\cos(\omega t + \alpha_2)$$

因而质点在任意时刻的合振动应为

$$\begin{aligned} x &= x_1 + x_2 \\ &= A_1\cos(\omega t + \alpha_1) + A_2\cos(\omega t + \alpha_2) \end{aligned}$$

利用三角函数公式将上式展开、合并后可得

$$x = A\cos(\omega t + \alpha)$$

其中

$$A = \sqrt{A_1^2 + A_2^2 + 2A_1A_2\cos(\alpha_2 - \alpha_1)} \tag{4-19}$$
$$\alpha = \arctan[(A_1\sin\alpha_1 + A_2\sin\alpha_2)/(A_1\cos\alpha_1 + A_2\cos\alpha_2)] \tag{4-20}$$

由此可见，两个同方向、同频率简谐振动合成后仍为同方向、同频率的简谐振动. 这个结论显然可以推广到多个同方向、同频率简谐振动合成的情形.

根据(4-19)式可以看出，合振动的振幅不仅与分振动的振幅有关，而且更重要的是与分振动的相位差 $\varphi_2 - \varphi_1 = \alpha_2 - \alpha_1$ 有关，对此以下作简单的讨论.

(1) 当 $\varphi_2 - \varphi_1 = \pm 2k\pi$，$k$ 为任意整数时，两个分振动步调相同，按(4-19)式，振幅 $A = A_1 + A_2$. 这是 A 所能达到的最大值. 此时振动得到最大的加强.

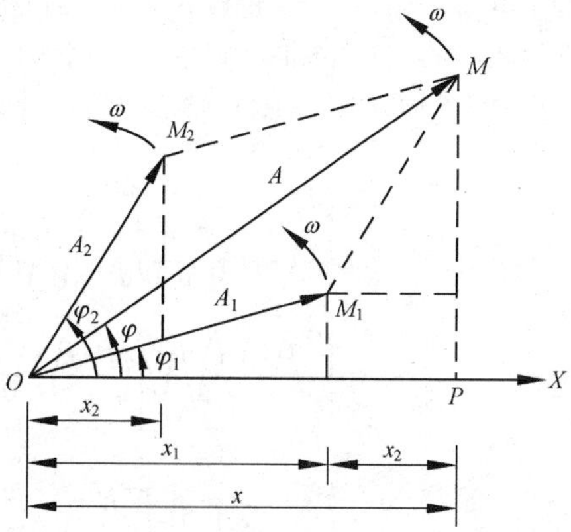

图 4-14　x 轴上两个同频率的简谐振动合成

(2) 当 $\varphi_2 - \varphi_1 = \pm(2k+1)\pi$，$k$ 为任意整数时，两个分振动步调正好相反，按(4-19)式，振幅 $A = |A_1 - A_2|$. 这是 A 所能达到的最小值. 此时振动受到最大的削弱.

(3) 以上是两种极端的情形. 在一般情况下，$\varphi_2 - \varphi_1$ 可取任意值，A 也就将介于以上两种情况之间，即有

$$|A_1 - A_2| < A < (A_1 + A_2)$$

以上这些讨论结果是很重要的，它们将在波的干涉问题中有重要的应用.

对以上的振动合成问题也可以采用旋转矢量法求解，如图 4-14 所示. 用角速度都为 ω 的旋

转矢量 $\boldsymbol{A}_1$、$\boldsymbol{A}_2$ 分别代表简谐振动 x_1、x_2，因而按照矢量合成的平行四边形法则可得到合矢量 $\boldsymbol{A}$，而且 $\boldsymbol{A}$ 也将以相同的角速度旋转，所以 $\boldsymbol{A}$ 所代表的必然仍是简谐振动. 参照图 4-14，利用余弦定理以及直角三角形边角关系，可求得 $\boldsymbol{A}$ 和 α（即图中的 φ），其结果与(4-19)式、(4-20)式完全相同，但计算方法要简单得多.

二、同方向、不同频率简谐振动的合成，拍

在讨论了同方向、同频率简谐振动合成问题的基础上，为突出不同频率这一主要矛盾，为简单起见，可设质点所参与的两个同方向、不同频率的简谐振动振幅相等、初相相同，分别为

$$x_1 = A\cos(\omega_1 t + \alpha)$$

$$x_2 = A\cos(\omega_2 t + \alpha)$$

按照旋转矢量法可知，代表以上两个简谐振动的旋转矢量 $\boldsymbol{A}_1$、$\boldsymbol{A}_2$ 的角速度是不相同的，因而由此所得到的合矢量 $\boldsymbol{A}$ 的角速度 ω 也必定不同于 ω_1、ω_2. 又由于 $\boldsymbol{A}_1$、$\boldsymbol{A}_2$ 的相对方位会随时间不断变化，因而 ω 也会不断改变. 因此合矢量 $\boldsymbol{A}$ 所代表的绝不再是简谐振动.

根据三角函数公式可求出合振动为

$$\begin{aligned} x &= x_1 + x_2 \\ &= A\cos(\omega_1 t + \alpha) + A\cos(\omega_2 t + \alpha) \\ &= 2A\cos[(\omega_2 - \omega_1)t/2]\cos[(\omega_2 + \omega_1)t/2 + \alpha] \end{aligned}$$

很明显，在一般情况下，合振动的位移变化已看不出有严格的周期性. 但当两个分振动的角频率 ω_1、ω_2 都很大，而相差很小时，会有 $|\omega_2 - \omega_1| \ll (\omega_2 + \omega_1)$，即量 $\cos[(\omega_2 - \omega_1)t/2]$ 随时间的变化比量 $\cos[(\omega_2 + \omega_1)t/2 + \alpha]$ 慢得多. 于是在此条件下，我们可以近似地将合振动看作是振幅为 $|2A\cos[(\omega_2 - \omega_1)t/2]|$、角频率为 $(\omega_2 + \omega_1)/2$ 的简谐振动. 由于振幅随时间作缓慢变化，并有周期性，因而会出现振幅时大时小，振动时强时弱的现象. 如图 4-15 所示. 这种频率都很大但相差很小的两个同方向振动合成时，所产生的合振动时强时弱的现象称为拍.

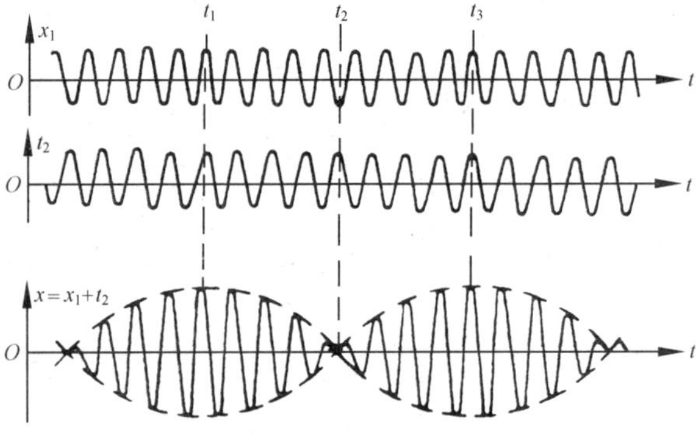

图 4-15　拍的形成

拍现象发生时，由于取绝对值的关系，振幅 $|2A\cos[(\omega_2 - \omega_1)t/2]|$ 的变化角频率应为函数 $\cos[(\omega_2 - \omega_1)t/2]$ 的角频率的两倍，即振幅的变化频率应为

$$\nu = |(\omega_2 - \omega_1)/2\pi| = |\nu_2 - \nu_1| \tag{4-21}$$

这个频率称为拍频，它表示单位时间内振幅取极大或极小值的次数.

拍是一种很重要的现象，在声振动、电振动以及波动中会经常遇到. 双簧管中由于发同一音

的两个簧片的振动频率有微小的差别，因而可以发出悦耳的拍音．在校准钢琴、测定超声波频率时也要利用拍的规律．

三、相互垂直的同频率简谐振动的合成

这是一个二维问题．设质点所参与的两个振动分别沿 x、y 轴方向，有

$$x = A_1\cos(\omega t + \alpha_1)$$

$$y = A_2\cos(\omega t + \alpha_2)$$

消去二式中的 t，可得到质点运动的轨迹方程为

$$\left(\frac{x}{A_1}\right)^2 + \left(\frac{y}{A_2}\right)^2 - \frac{2xy}{A_1A_2}\cos(\alpha_2 - \alpha_1) = \sin^2(\alpha_2 - \alpha_1) \tag{4-22}$$

一般地说，这是一个椭圆方程式．考虑下述几种特殊情况：

(1) $\alpha_2 - \alpha_1 = 0$，即两振动同相，上式变为$\frac{x}{A_1} - \frac{y}{A_2} = 0$，表明物体轨迹为一过坐标原点，斜率为$\frac{A_2}{A_1}$的直线．在 t 时刻物体离开原点的位移是 $s = \sqrt{A_1^2 + A_2^2}\cos(\omega t + \alpha)$．可见合振动也是简谐振动，频率与分振动相同，振幅等于 $\sqrt{A_1^2 + A_2^2}$．

(2) $\alpha_2 - \alpha_1 = \pi$，即两振动反相．这时有$\frac{x}{A_1} + \frac{y}{A_2} = 0$，物体轨迹仍为一条直线，但斜率为$-\frac{A_2}{A_1}$，合振动仍为简谐振动，角频率为 ω，振幅也等于 $\sqrt{A_1^2 + A_2^2}$．

(3) $\alpha_2 - \alpha_1 = \frac{\pi}{2}$，此时$\frac{x^2}{A_1^2} + \frac{y^2}{A_2^2} = 1$，这表示物体运动轨迹是以坐标轴为主轴的椭圆．

(4) $\alpha_2 - \alpha_1$ 等于其他值时，合振动轨迹一般为椭圆，其具体形式由两个分振动振幅及相位差决定．

一般来说，两个相互垂直、具有不同频率的振动，它们的合振动比较复杂，运动轨迹往往不稳定．当两振动的频率为简单整数比时，合振动的轨迹是稳定而封闭的．这样的轨道图形称为李萨如图形．

李萨如图形是频率为简单整数比的、相互垂直的两个简谐振动的合成的结果．图 4-16 给出了沿 x 方向、振动周期为 T_x 的振动，与沿 y 方向振动周期为 T_y 的振动的合振动轨迹．

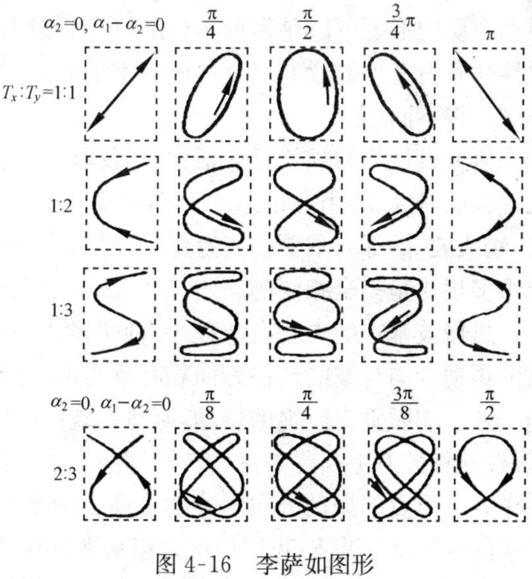

图 4-16　李萨如图形

4-5 机械波的产生及其特征量

一、机械波形成的条件

前面已提到，物体在振动时要与周围的物质发生相互作用，因而能量要向四周传递.换句话说，周围的物体也将随之振动起来.这样就形成了一个机械振动的传播过程，这个过程称为机械波.例如，投石子于水面，该点处的小水团就振动起来，于是周围的一圈圈水团也将在重力和水的表面张力的作用下，被带动着振动起来，圈圈涟漪，荡漾成为水面波.再比如，扬声器的纸盒在空气中振动时，将会使周围的空气质点发生振动，进而使这些质点附近的空气层产生压缩和舒张.由于空气质点间存在着弹力作用，这种过程将不断持续下去，这样就自然造成了空间各处空气层的压缩和舒张，此起彼伏，伸展延续，即形成了声波.

由以上两例可知，机械波的形成需要有两个基本的条件.一是要有波源，即引起波动的初始振动物体.波源可根据研究问题的需要而看作质点（如上例中水面波的中心水团）、直线（如琴弦）、平面（如鼓膜）等，于是波源也可分为点波源、线波源、面波源等；二是要有传播振动的物质，即如以上各例所提到的，由无穷多的、相互间以弹力连接在一起的质点所构成的连续分布的物质.这种物质通常称为弹性介质.弹性介质的形态可以是多种多样的，可以是固体，也可以是液体或气体.由于不同弹性介质内发生的形变以及由此产生的相应弹力的类型不同，因而传播的机械波类型也将不同.

研究机械波的规律意义很大，不仅具有直接的应用价值（如对声波、地震波等机械波的研究、利用和改造等），而且对于自然界中存在的所有波动过程（如电磁波、物质波等）都有重要的借鉴作用.尽管各种波动的物理意义、产生的条件不同，但很多规律是完全相同的.

机械波基本的类型有两种.一种叫做横波；另一种叫做纵波.当介质中各个质点的振动方向与波的传播方向相互垂直时，这种波就是横波.例如，使一条拉紧的绳子的一端做垂直于绳的振动，则将发现这振动会沿绳传到另一端，形成绳子上的横波.这种波看上去是波峰、波谷（即绳子的最凸、凹处）相连，如图 4-17 所示.当介质中各个质点的振动方向与波的传播方向平行时，这种波就是纵波.例如，空气中传播的声波就是纵波.我们还可以用水平悬挂的弹簧传递纵波（图 4-18）.当反复沿水平方向推拉弹簧的一端时，弹簧的各处就出现了疏、密相间的情形，并且这些疏、密部位也将沿水平方向向另一端运动.

横波和纵波是波动的两种最简单的基本类型.但在实际问题中，介质中质点的振动情况是很复杂的，由此产生的波动过程也很复杂.波动可能既不是横波也不是纵波，或者说既有横波成分又有纵波成分.例如，地震波的横波与纵波成分可以通过传播速度的显著差别而区分出来.

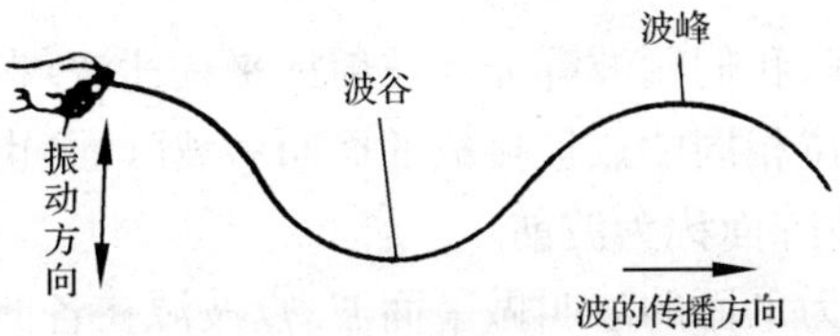

图 4-17　横波

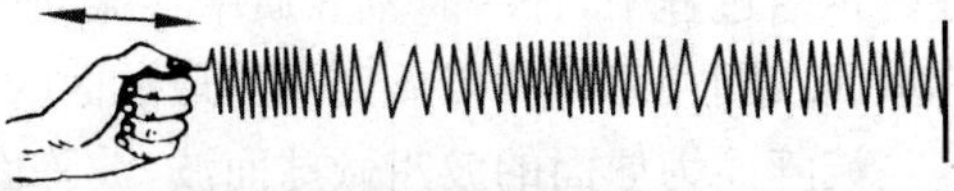
图 4-18　纵波

这里值得强调指出的是,机械波是振动状态(或相位)的传播过程,至于传波介质中的各个质点则并未随机械波的传播而迁移.可以进行这样的观察,当水面上的圈圈涟漪四散扩展时,漂浮在水面上的小木块只做上下浮动,而不会随波前进.这说明机械波的传播方向、传播速度与介质中各个质点的振动方向、振动速度是完全不同的概念,务必不要混淆.

二、描述波动的特征量

为了描述波动的整体性质,引入波速 u、波长 λ、周期 T、频率 ν 四个物理量.

波的传播是介质中质元振动状态的传播.单位时间内一定振动状态所传播的距离就是波速(u).同一波射线上两个相邻的振动状态相同(相位差为 2π)的质元之间的距离称为波长(λ).波前进一个波长的距离所需要的时间叫做波的周期(T).单位时间内,波前进距离中完整波的数目,叫做波的频率(ν).波长、波速和频率的关系如图 4-19 所示.

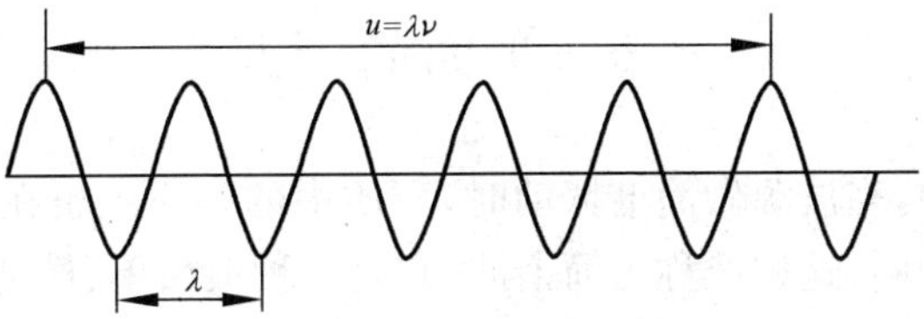

图 4-19　波长、波速和频率的关系

由上述定义得出

$$u = \frac{\lambda}{T} \tag{4-23}$$

因为 $\nu = \dfrac{1}{T}$,所以

$$u = \nu\lambda \tag{4-24}$$

因为振源完成一次全振动,相位就向前传播一个波长,所以波的周期在数值上等于质元的振动周期.

三、波动的几何描述

为了形象地利用几何图形描述波动过程，我们用波阵面和波射线来描述波. 在波的传播过程中，任一时刻介质中各振动相位相同的点连接成的面叫做波阵面(也称波面或同相面). 波传播到达的最前面的波阵面称为波前.

波阵面为球面的波叫做球面波，波阵面为平面的波叫做平面波. 点波源在各向同性均匀介质中向各个方向发出的波就是球面波，其波面是以点波源为球心的球面，在离点波源很远的小区域内，球面波可近似看成平面波.

沿波的传播方向作一些带箭头的线，称为波射线. 射线的指向表示波的传播方向. 在各向同性均匀介质中，波射线恒与波阵面垂直. 平面波的波射线是垂直于波阵面的平行直线. 球面波的波射线是沿半径方向的直线. 平面波和球面波的波阵面和波射线如图 4-20 和图 4-21 所示.

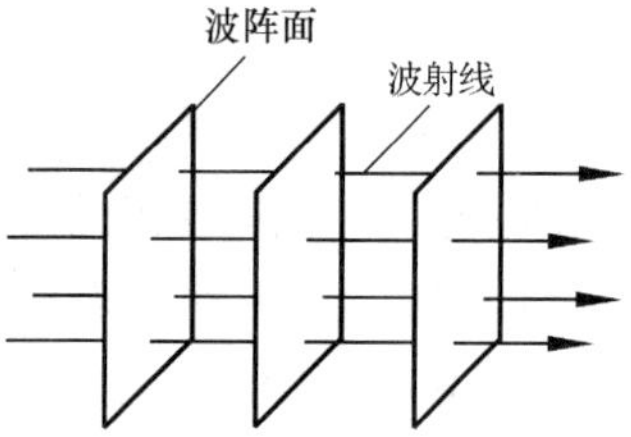

图 4-20　平面波的波阵面和波射线

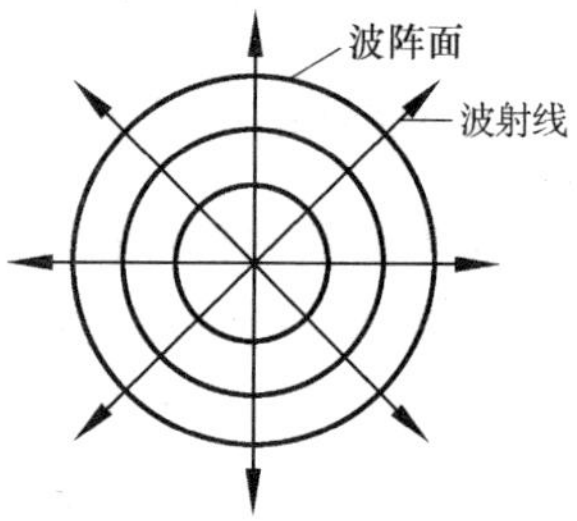

图 4-21　球面波的波阵面和波射线

4-6　平面简谐波

在波动过程中，当波源做简谐振动时，介质中的各质点也在做简谐振动，且振动的频率与波源相同. 这种波称为简谐波. 它是一种最简单、最基本的波. 任何复杂的波都可以看作是若干简谐波叠加的结果. 本节将以平面简谐波为主，讨论有关波动过程的基本规律.

一、平面简谐波的波动方程

在波动过程中，确定任一质点在任意时刻偏离平衡位置的位移是分析波动规律的首要任务，也是波动方程所要解决的问题. 我们采用运动学的方法推出平面简谐波的波动方程.

设一列沿 x 轴正向传播的平面简谐波波速为 u，并设想在坐标原点 O 以及坐标为 x 的任意一点 P 各放置一个经严格校准的、完全相同的钟(图 4-22). 波传到哪点时，哪个钟开始计时. 于是我们将点 O、P 的钟所计时间分别称为标准时 t 和

地方时 t_P.

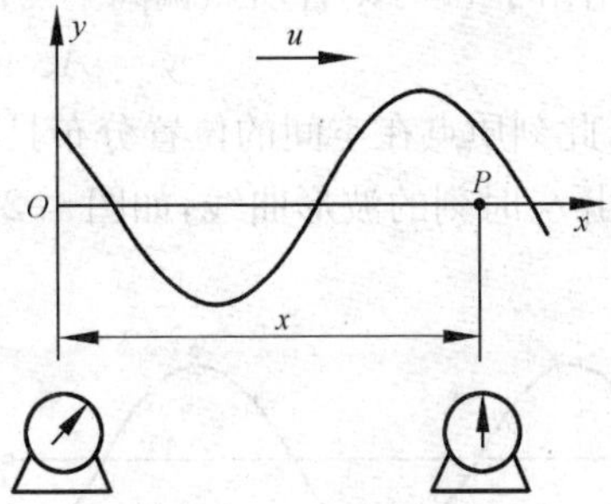

图 4-22 波的传播

设点 O 处的质点在某时刻 t_0 的振动状态为

$$y = A\cos(\omega t_0 + \alpha)$$

则在介质不吸收能量(即各点振幅相同)的情况下,此状态沿 x 轴正向传至点 P 时,点 P 的状态也应如上式所示,并且点 P 的钟所计时间也应为 $t_P = t_0$. 但是由于点 O 的钟比点 P 的钟先走,故此时点 O 的钟所示时间已变为 t,根据波速可以算出两钟的时差为

$$t - t_0 = x/u \tag{4-25}$$

或 $t_0 = t - x/u$. 于是当我们统一用标准时表示坐标为 x 的任一质点 P 在任一时刻偏离平衡位置的位移 y 时,就有

$$y = A\cos[\omega(t - x/u) + \alpha] \tag{4-26}$$

此式即为平面简谐波的波动方程. 显然,这表示一种包含时、空变量并具有周期性的函数关系. 考虑到(4-24)式、(4-12)式,上式还可写为

$$y = A\cos[2\pi(t/T - x/\lambda) + \alpha]$$

或

$$y = A\cos[2\pi(\nu t - x/\lambda) + \alpha]$$

当平面简谐波沿 x 轴负向传播时,点 P 的振动状态(相位)将超前于点 O,或者说点 P 的钟比点 O 的钟先走. 于是两钟的时差变为

$$t - t_0 = -x/u$$

从而波动方程变为

$$y = A\cos[\omega(t + x/u) + \alpha] \tag{4-27}$$

对于波动方程(4-26)的物理意义,我们可做如下讨论:

(1) 当固定(4-26)式中的 $x = x_0$ 时,y 仅为时间 t 的函数. 也就是说此时波动方程给出的是坐标为 x_0 的指定质点的振动方程,有

$$y = A\cos[\omega(t - x_0/u) + \alpha]$$

这个方程说明了每个质点振动的周期性,即波动的时间周期性. 据此我们可以作出该质点的 y-t 振动曲线,如图 4-23 所示.

另外还可以看出,坐标为 x 的质点的振动初相为 $(-\omega x/u) + \alpha$. 因此在同一时刻 t,同一波线上坐标为 x_1、x_2 的任意两点间的相位差 $\varphi_1 - \varphi_2$ 即为其初相位差,有

$$\varphi_1 - \varphi_2 = \omega(x_2 - x_1)/u = 2\pi(x_2 - x_1)/\lambda \tag{4-28}$$

式中,$(x_2 - x_1)$ 称为波程差.

(2) 当固定(4-26)式中的 $t = t_0$ 时,y 仅为坐标 x 的函数. 也就是说此时波动

方程给出了 t_0 时刻各质点偏离平衡位置位移 y 的空间分布，即 t_0 时刻的波形，有

$$y = A\cos[\omega(t_0 - x/u) + \alpha]$$

可见，此刻质点在空间的位置分布具有周期性，即波动的空间周期性. 据此我们可以作出 t_0 时刻的波形曲线，如图 4-24 所示.

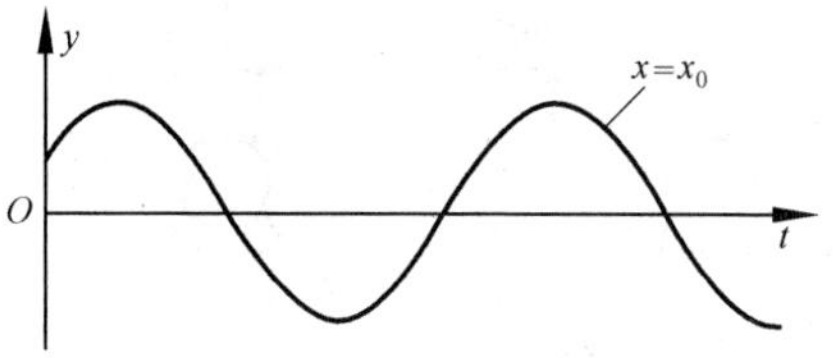

图 4-23　质点的振动曲线

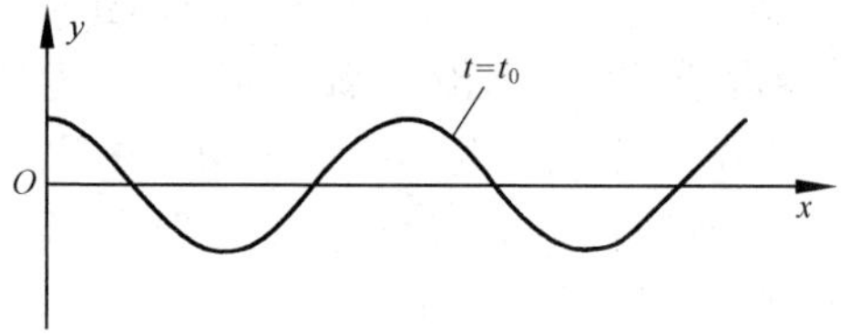

图 4-24　t_0 时刻波形曲线

例 4-5　有一平面简谐波沿 Ox 轴正向传播，已知振幅 $A=1.0\text{m}$，周期 $T=2.0\text{s}$，波长 $\lambda=2.0\text{m}$. 在 $t=0$ 时，原点处的质点位于负向偏离平衡位置的最远处，求波动方程.

解　由(4-26)式知

$$y=A\cos\left[2\pi\left(\frac{t}{T}-\frac{x}{\lambda}\right)+\alpha\right]$$

式中，α 为坐标原点振动的初相位. 根据题意可得

$$\alpha=-\pi$$

将各数据代入可得

$$y=(1.0\text{m})\cos\left[2\pi\left(\frac{t}{2.0\text{s}}-\frac{x}{2.0\text{m}}\right)-\pi\right]$$

例 4-6　已知一列平面简谐波沿 x 轴正向传播，$t=0$ 时刻的波形如图 4-25 中的实线所示. 求：(1) $t=T/4$ 时的波形曲线；(2) 坐标 $x=\lambda/4$ 的质点的振动曲线(T、λ 分别为波的周期和波长).

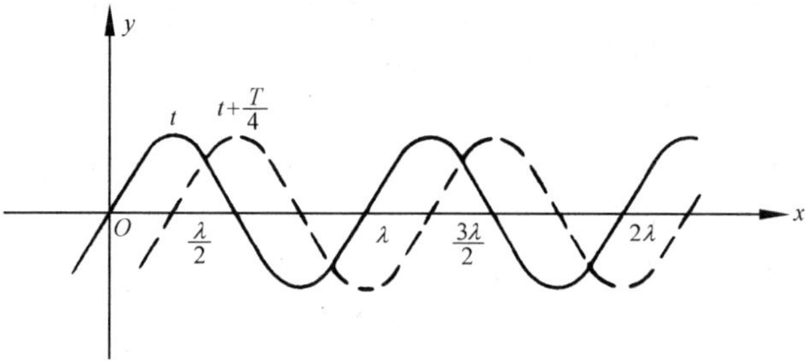

图 4-25　例 4-6 图

解 本题显然可以根据波动方程，经过计算作出所求曲线. 但利用对波动过程时空周期性的理解可以更为简捷地得到结果.

(1) 前面曾经讨论过，按照波动过程的空间周期性，沿着波的传播方向每个质点在 $t+\Delta t$ 时刻都在重现它前面的质点在 t 时刻的状态，因而整个波形应沿传播方向平移 $u\Delta t$ 的距离. 故当 $\Delta t=T/4$ 时，整个波形应沿传播方向平移 $\lambda/4$ 的距离. 于是可容易地作出 $t=T/4$ 时的波形曲线，如图 4-25 中的虚线所示.

(2) 由图 4-25 中的两条曲线可得到坐标 $x=\lambda/4$ 的质点在 $t=0$、$T/4$ 时的 y 值，按照这样的思路，只要平移波形曲线，就可以得到在不同时刻质点更多的 y 值. 于是就可以作出这个质点的振动曲线，如图 4-26 所示.

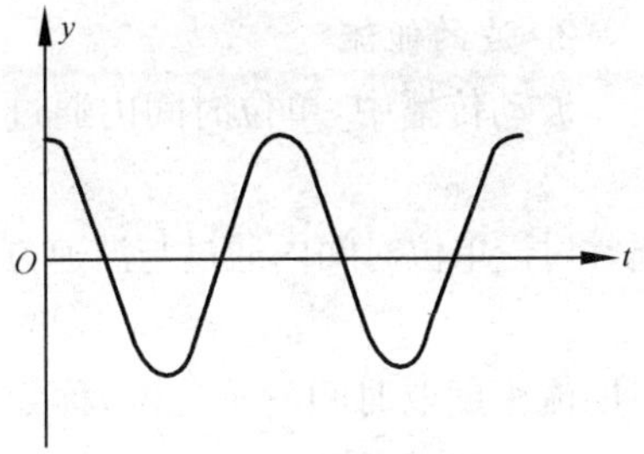

图 4-26 振动曲线

二、波的能量和能流

1. 波的能量

波动在弹性介质内传播时，波所达到的质元要发生振动，因而有动能，质元还要发生形变因而有弹性势能. 动能与弹性势能的总和即为该质元含有的波的能量.

设平面简谐波为

$$y=A\cos\left[\omega\left(t-\frac{x}{u}\right)\right]$$

质元体积 ΔV，介质体密度为 ρ，则质元的振动动能为

$$\Delta E_{\mathrm{k}}=\frac{1}{2}\rho\Delta V\omega^2A^2\sin^2\left[\omega\left(t-\frac{x}{u}\right)\right]$$

可以证明，ΔV 质元的弹性势能也为

$$\Delta E_{\mathrm{p}}=\frac{1}{2}\rho\Delta V\omega^2A^2\sin^2\left[\omega\left(t-\frac{x}{u}\right)\right]$$

ΔV 质元的机械能为

$$\Delta E=\Delta E_{\mathrm{k}}+\Delta E_{\mathrm{p}}=\rho\Delta V\omega^2A^2\sin^2\left[\omega\left(t-\frac{x}{u}\right)\right] \tag{4-29}$$

质元的动能、弹性势能、机械能都是时间 t 的周期性函数，并且三者变化情况相同，它们同时达到最大值，同时达到最小值(即为零). 当质元到达振动平衡位置时，其位移为零，振动速度最大，因而动能最大，此时质元形变最大，因而弹性势能也最大，机械能取最大值；当质元位移最大时，振动速度为零，动能为零，此时形变最小，因而弹性势能为零，机械能等于零.

单位体积的介质中波所具有的能量称为能量密度，即

$$w = \frac{\Delta E}{\Delta V} = \rho A^2 \omega^2 \sin^2\left[\omega\left(t - \frac{x}{u}\right)\right] \tag{4-30}$$

能量密度在一个周期内的平均值称为平均能量密度，用 $\overline{w}$ 表示. 对于无吸收介质中的平面简谐波，它也是任一时刻沿波线方向在一个波长 λ 范围内的空间能量的平均值.

2. 波的能流

波动传播中，单位时间内通过某一面积的波的能量称为能流. 以 P 表示，有

$$P = wS_{\perp} u$$

通常讨论单位时间内通过与波速方向垂直的单位面积的波的能量，即波的能流密度

$$P/S_{\perp} = wu \tag{4-31}$$

对能流密度取时间的平均值，称为平均能流密度，又称为波的强度，常用 I 表示

$$I = \frac{\overline{P}}{S_{\perp}} = \frac{1}{2}\rho A^2 \omega^2 u \tag{4-32}$$

3. 波的振幅

在波动过程中，如果各处质点的振动状况不随时间改变，并且振动能量也不为介质所吸收，那么单位时间内通过不同波面的总能量就相等，这是能量守恒定律要求的.

对平面波，可任取两个面积为 S_1、S_2 的波面，相应的强度分别为 $\overline{I}_1$、$\overline{I}_2$. 由于 $S_1 = S_2$（图 4-27），且根据能量守恒，在单位时间内有

$$\overline{I}_1 S_1 = \overline{I}_2 S_2 \tag{4-33}$$

所以

$$\overline{I}_1 = \overline{I}_2$$

从而

$$A_1 = A_2$$

前面在讨论平面简谐波的波动方程时，以上结论实际上已经用到了.

对球面波，(4-33)式仍然成立，但由于球面半径不同，$S_1 \neq S_2$（图 4-28），因而有 $S_2/S_1 = r_2^2/r_1^2$. 因此

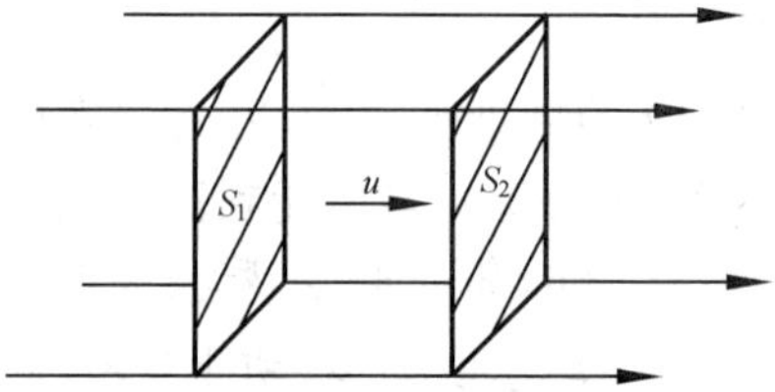

图 4-27　平面波

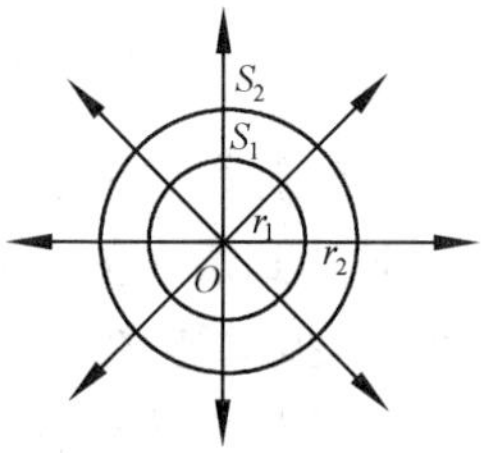

图 4-28　球面波

$$A_1/A_2 = r_2/r_1$$

即振幅与半径成反比. 令 $A_2=A, r_2=r, r_1=1$(单位),则有

$$A = A_1/r$$

由此可写出球面简谐波的波动方程

$$y = (A_1/r)\cos[\omega(t \pm r/u) + \alpha]$$

式中,"±"号表示波的传播方向.

4-7 波的传播

本节旨在讨论有关机械波传播过程中的现象和规律,这些规律对于各种波动过程(如光波)都有重要意义.

一、惠更斯原理

为了解释光遇到障碍物或两种介质的界面时传播情况所发生的变化,荷兰物理学家惠更斯(C. Huygens)于1690年提出:在波的传播过程中,波前上的每一点都可看成发射子波的波源,在 t 时刻这些子波源发出的子波,经 Δt 时间后形成半径为 $u\Delta t$(u 为波速)的球形波面,在波的前进方向上这些子波波面的包迹就是 $t+\Delta t$ 时刻的新波面. 这就是惠更斯原理.

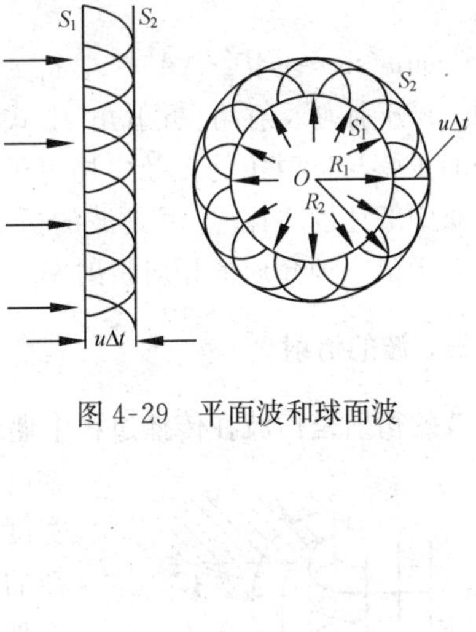

图 4-29　平面波和球面波

惠更斯原理也适用于机械波. 对任何波动过程,只要知道某一时刻的波前就可以用几何作图确定下一时刻的波前,从而决定波的传播方向. 按照惠更斯原理容易理解平面波和球面波的传播(图 4-29),也容易解释波在衍射、反射和折射现象中传播方向的变化.

二、波的反射与折射

当波从一种介质进入另一种介质时,一部分要从界面返回,形成反射波;而进入另一种介质的部分则会改变传播方向形成折射波. 根据惠更斯原理,可以说明波在反射与折射时所遵从的规律.

设平面波 AB 以波速 u 入射到两种介质 1 和 2 的分界面 MN 上(图 4-30). 在不同时刻,波前的位置分别为 AB'', CC'', DD'', EE'', …. 当振动由点 B'' 传至点 B',由 C'' 传至 B', …时,在点 A, C, D, E, … 发出的次波分别通过了由半径 AA',

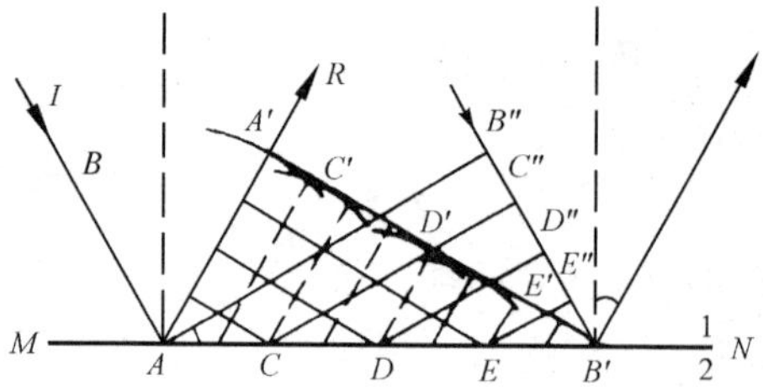

图 4-30　波的反射

CC'，DD'，EE'，…所决定的距离. 由于是在同种介质中传播，波速不变，因而 $AA'=B''B'$，$CC'=C''B'$，$DD'=D''B'$，$EE'=E''B'$，…. 中心在 A，C，D，E，…的一组圆柱面的包迹 $A'B'$ 就是反射波的波前. 由图可见，反射线 AR 与入射线 IA 和界面法线位于同一平面内，并且入射线与法线的夹角（入射角）等于反射线与法线的夹角（反射角）. 这就是波的反射定律.

对波的折射也可作类似的讨论. 由图 4-31可见，当波在第一种介质中通过距离 BB'时，波在同一时间内将在另一种介质中通过距离 AA'. 二者之比应等于波在两种介质中的波速 u_1、u_2 之比，即有

$$BB'/AA' = u_1/u_2$$

因为

$$BB' = AB'\sin i, \quad AA' = AB'\sin r$$

所以

$$\sin i/\sin r = BB'/AA' = u_1/u_2 \qquad (4\text{-}34)$$

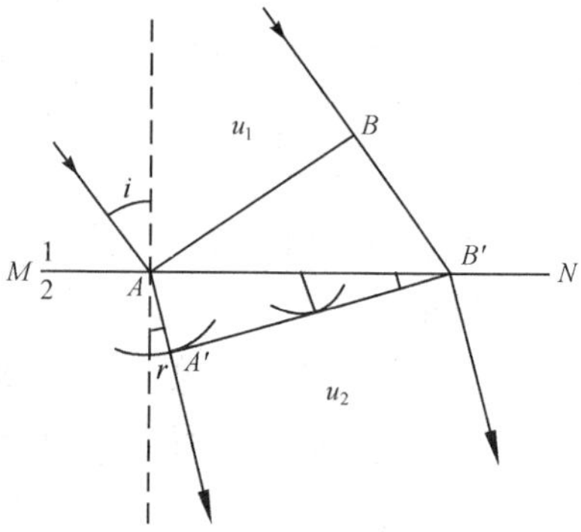

图 4-31　波的折射

其中 i、r 分别为入射角、折射角. 上式说明入射角的正弦与折射角的正弦之比等于波在两种介质中的速度之比. 这就是波的折射定律. 其中比值 $n_{21}=u_1/u_2$ 称为第二种介质相对于第一种介质的相对折射率.

三、波的衍射

波的衍射是指波在传播过程中遇到障碍物时，传播方向发生改变，能绕过障碍物的现象. 如图 4-32 所示，当平面波 AB 通过一宽度为 d（d>波长 λ）的狭缝时，缝上各点将成为新的次波源，发出半球面形的次波. 根据惠更斯原理，可知狭缝处的波前已不再是平面，在靠近边缘处，波前进入了被障碍物挡住的阴影区域，波线发生了弯曲，已不再是直线，即波能绕过障碍物的边缘传播了. 缝宽 d 越窄，这种衍射效应越明显，波线弯曲得越厉害. 不仅如此，更进一步的研究表明，波的衍射现象发生时，波场中的强度分布也将发生变化.

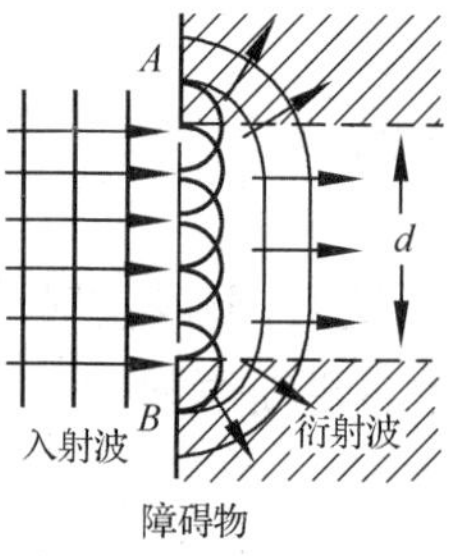

图 4-32　波的衍射

惠更斯原理虽然可以定性地说明波的衍射现象，但还不能作出定量的分析. 另外它也不能解释为什么次波只能向前传而不能向后传. 后来法国的物理学家菲涅耳补充和发展了惠更斯原理，对探索波的衍射规律作出了重大的贡献. 关于这些，我们将在光学中加以介绍.

4-8 波的干涉 驻波

前面我们只讨论了一列波单独传播的情形. 当几列波同时传播时情形又如何呢？为此，我们介绍一些有关波的叠加的知识.

一、波的叠加原理

实验表明，几列波同时通过同一介质时，它们各自保持自己的频率、波长、振幅和振动方向等特点不变，彼此互不影响，这称为波传播的独立性. 管弦乐队合奏时，我们能辨别出各种乐器的声音；天线上有各种无线电信号和电视信号，但我们仍能接收到任一频率的信号. 这些都是波传播的独立性的例子.

在几列波相遇的区域内，任一质元的位移等于各列波单独传播时所引起的该质元的位移的矢量和，这称为波的叠加原理. 波的叠加原理是波的干涉和衍射现象的基本依据. 一般来说，叠加原理只有在波的强度比较小的情况下才成立.

二、波的干涉

波的叠加问题很复杂，我们只讨论一种最简单也是最重要的波的叠加情况，即两列频率相同、振动方向相同、相位相同或相位差恒定的波的叠加. 满足这三个条件的波称为相干波，能产生相干波的波源称为相干波源.

当两波传播时，若相遇处的各点引起了频率相同、振动方向相同、相位差固定的振动合成，其结果必然是在两波相遇的空间各点，有的振动始终加强，有的振动始终减弱，即在整个空间形成一种各质点振动强弱稳定分布的图像. 这种现象就称为波的干涉.

以下我们以简谐波为例说明波的干涉现象.

设两个相干点波源 S_1、S_2 所发出的平面简谐波经传播距离 r_1、r_2 后，相遇于点 P(图 4-33). 因而这两列波在点 P 所引起的振动为

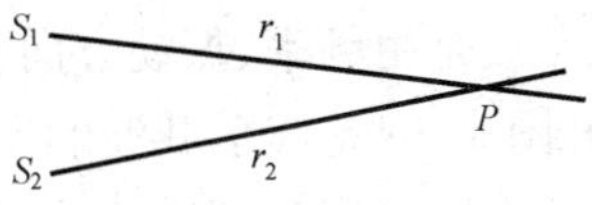

图 4-33 波的干涉

$$y_1 = A_1\cos(\omega t + \alpha_1 - 2\pi r_1/\lambda)$$
$$y_2 = A_2\cos(\omega t + \alpha_2 - 2\pi r_2/\lambda)$$

显然点 P 所参与的是两个同频率、同振动方向的简谐振动的合振动. 根据(4-19)式、(4-20)式可以得到合振动的结果，即点 P 的振动方程为

$$y = y_1 + y_2 = A\cos(\omega t + \alpha)$$

其中

$$A = \sqrt{A_1^2 + A_2^2 + 2A_1A_2\cos\Delta\varphi} \tag{4-35}$$

其中两个分振动的相位差为

$$\Delta\varphi = (\alpha_1 - \alpha_2) + 2\pi(r_2 - r_1)/\lambda \tag{4-36}$$

由于 $\alpha_1 - \alpha_2$ 的值是由波源决定的，且对空间各点此值都相同，故可令其为零，从而有

$$\Delta\varphi = 2\pi(r_2 - r_1)/\lambda \tag{4-37}$$

将此式代入(4-35)式时，可知当

$$\Delta\varphi = 2\pi(r_2 - r_1)/\lambda = \pm 2k\pi$$

或 $(r_2 - r_1) = \pm k\lambda, k = 0,1,2,\cdots$ 时振幅最大，$A = A_1 + A_2$，即此点的振动始终得到最大的加强. 当

$$\Delta\varphi = 2\pi(r_2 - r_1)/\lambda = \pm(2k+1)\pi$$

或

$$(r_2 - r_1) = \pm(2k+1)\lambda/2, \quad k = 0,1,2,\cdots$$

时振幅最小，$A = |A_1 - A_2|$，即此点的振动始终受到最大的减弱. 至于其他各点，$\Delta\varphi$ 位于上述两种情况之间，因而振幅即为 $A_1 + A_2$ 与 $|A_1 - A_2|$ 之间. 由以上的分析可知，空间各点的振动是加强还是减弱，主要取决于该点至两相干波源的波程差 $r_2 - r_1$. 图 4-34 给出了两列水面波发生干涉的情形.

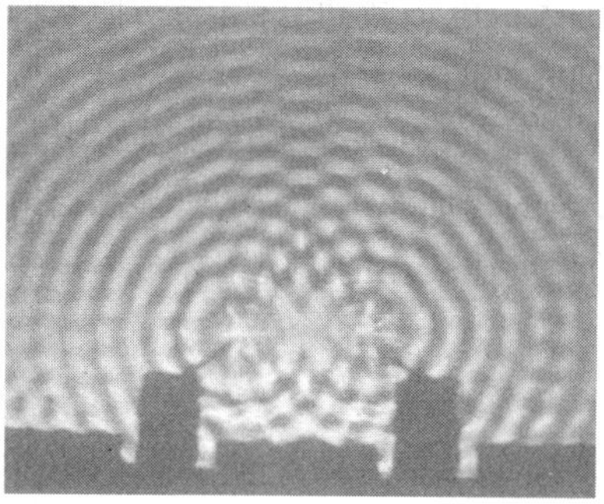

图 4-34　水波的干涉

三、驻波

驻波是一种特殊的波的干涉现象. 顾名思义，它在每时刻都有一定的波形，而这波形是驻定不传播的，只是各点的位移时大时小而已.

驻波是由频率、振动方向和振幅都相同，而传播方向相反的两列简谐波叠加形成的. 图 4-35 是演示驻波的实验，电动音叉与水平拉紧的细橡皮绳 AB 相连，移动 B 处的尖劈可调节 AB 间的距离. 橡皮绳末端悬一重物 m，以拉紧绳并产生张力. 音叉振动时在绳上形成向右传播的波，通过尖劈的反射又形成向左传播的反射波，这两个波的频率、振动方向和振幅相同. 适当调节 AB 距离，这两列波就会叠加形成驻波.

实验发现，驻波波形不移动，绳中各点都以相同的频率振动，但各点的振幅随位置的不同而不同. 有些点的振幅最大，这些点称为波腹；有些点始终静止不动，这

些点称为波节. 如果按相邻两个波节之间的距离分段的话，那么驻波是一种分段振动. 在同一分段上的各点，或者同时向上运动，或者同时向下运动，它们具有相同的振动相位. 下面通过波的叠加来说明驻波的这些特性.

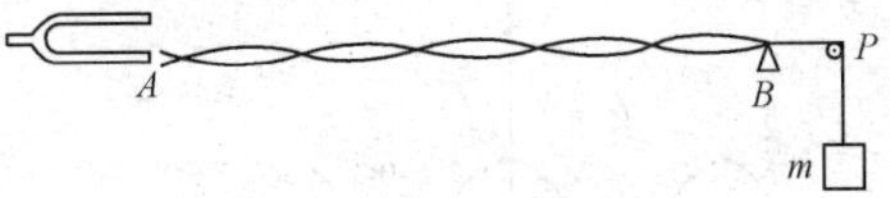

图 4-35　驻波实验

设一列波沿 x 轴的正方向传播，另一列波沿 x 轴的负方向传播. 选取共同的坐标原点和时间零点，它们的波动方程为

$$y_1 = A\cos(\omega t - kx)$$
$$y_2 = A\cos(\omega t + kx)$$

在两波相遇处，各质元的合位移应为

$$y = y_1 + y_2 = A\cos(\omega t - kx) + A\cos(\omega t + kx)$$

利用三角函数的和差化积公式，得

$$y = 2A\cos kx\cos\omega t = 2A\cos\frac{2\pi x}{\lambda}\cos\omega t \tag{4-38}$$

上式就是驻波的波动方程. 可以看出，驻波波动方程不是 $(t-x/u)$ 的函数，所以驻波不是行波，它的相位和能量都不传播.

驻波波动方程(4-38)由两个因子组成，其中 $\cos\omega t$ 只与时间有关，代表简谐振动. 而 $|2A\cos2\pi x/\lambda|$ 只与位置有关，代表处于 x 点的质元振动的振幅. 图 4-36 给出了 $t=0, T/8, T/4, T/2$ 各时刻的驻波波形曲线. 由 $|\cos2\pi x/\lambda|=1$ 可知，波腹的位置为

$$x = \frac{\lambda}{2}k, \quad k = 0, \pm1, \pm2, \cdots \tag{4-39}$$

而由 $|\cos2\pi x/\lambda|=0$ 可得波节的位置为

$$x = \frac{\lambda}{2}\left(k + \frac{1}{2}\right), \quad k = 0, \pm1, \pm2, \cdots \tag{4-40}$$

可见相邻两波腹之间，或相邻两波节之间的距离都是 $\lambda/2$，而相邻波节和波腹之间的距离为 $\lambda/4$.

由图 4-36 还可以看出驻波分段振动的特点. 设在某一时刻 $\cos\omega t$ 为正，由于在相邻波节 $x=-\lambda/4$ 和 $x=\lambda/4$ 之间，$\cos2\pi x/\lambda$ 取正值，所以这一分段中的各点都处于平衡位置的上方；而在相邻波节 $x=\lambda/4$ 和 $x=3\lambda/4$ 之间，$\cos2\pi x/\lambda$ 取负值，各点都处于平衡位置的下方. 这说明驻波是以波节划分的分段振动，在相邻波节之间，各点的振动相位相同；在波节两边，各点振动反相. 驻波是分段振动，因此相位不传播.

在整体上，驻波的能量是不传播的，但这并不意味驻波中各质元的能量不发生变化. 由图 4-36 可以看出，全部质元的位移达到最大值时，各质元的速度为零，能量全部为势能，并主要集中在波节附近；当全部质元都通过平衡位置时，各质元恢

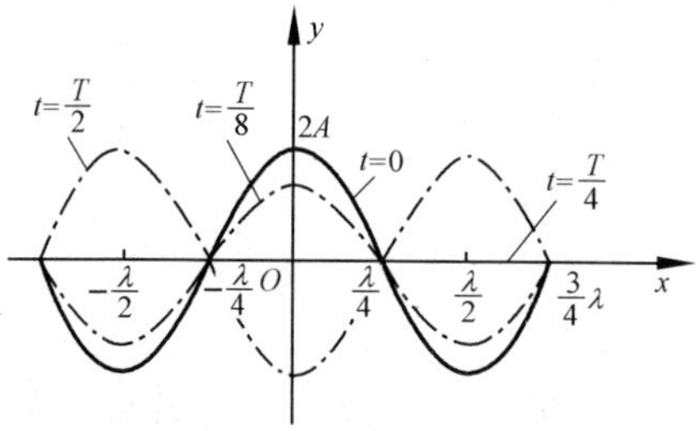

图 4-36　驻波的波形曲线

复到自然状态，且速度最大，能量全部变成动能，并主要集中在波腹附近. 虽然各点的能量发生变化，但由于波节静止而波腹附近不形变，所以在波节或波腹的两边始终不发生能量交换. 驻波相邻的波节和波腹之间的 $\lambda/4$ 区域实际上构成一个独立的振动体系，它与外界不交换能量，能量只在相邻波节和波腹之间流动.

四、半波损失

在图 4-35 表示的驻波实验中，反射点 B 处橡皮绳的质元固定不动，因此形成驻波的波节. 这说明，反射波所引起的 B 点振动的相位与入射波的相反，或者说反射使 B 点振动的相位突变 π，这相当于入射波多走了半个波后再反射，因此称为半波损失. 如果反射点是自由的，则反射波与入射波在反射点同相，形成驻波的波腹，这时反射波没有半波损失.

反射波在界面处能否发生半波损失，决定于这两种介质的密度和波速的乘积 ρu，相比之下 ρu 较大的介质称为波密介质，ρu 较小的介质称为波疏介质. 实验和理论都表明，在与界面垂直入射情况下，如果波从波疏介质入射到波密介质，则在界面处的反射波有半波损失，反射点是驻波的波节(图 4-37(a))；如果从波密介质入射到波疏介质，则没有半波损失，反射点是波腹(图 4-37(b)). 反射点固定和反射点自由则是两种极端情况.

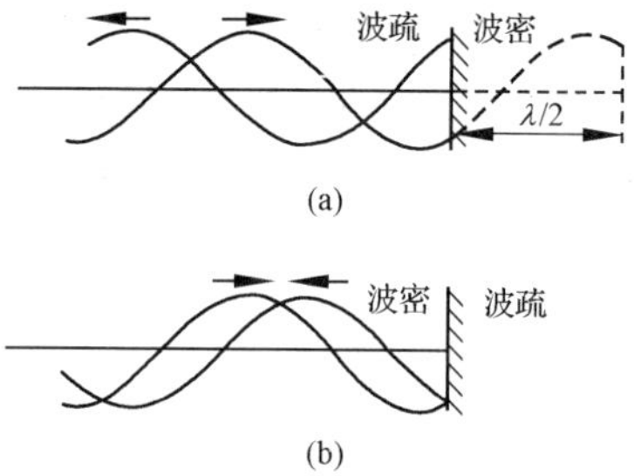

图 4-37　波的反射

驻波的规律在声学(包括音乐)、无线电学、光学(包括激光)等学科中都有着重要的应用. 往往可以利用驻波测量波长或系统的振动频率.

4-9　多普勒效应

在生活中，我们常有这样的经验，当一列火车在我们面前飞驰而过时，我们听到的火车汽笛声调有一个由高到低的变化. 火车迎面驶来，汽笛声调较火车静止时为高；火车驶离而去，汽笛声调较火车静止时为低. 这种在波源与观察者有相对运动时，观察者接收到的声波频率 ν' 与波源频率 ν 存在差异的现象就称为声波的多普勒效应.

为简单起见，我们首先讨论波源与观察者在同一直线上运动的情形. 设波源、观察者相对于介质的速度分别为 u、v，且二者接近时 u、$v>0$；反之，u、$v<0$. 另外设介质中的波速为 V，对机械波而言，V 与 u、v 无关.

(1) 波源与观察者相对于介质静止（即 $u=v=0$），观察者在单位时间内接收到的振动数 ν' 应等于单位时间内通过观察者所在处的波数. 由于单位时间内波的传播距离为波速 V，波长为 λ，故单位时间内通过的波数为

$$\nu' = V/\lambda = V/(VT) = 1/T = \nu$$

即观察者接收到的频率 ν' 与波源频率 ν 相同.

(2) 波源静止，观察者相对于介质运动（即 $u=0$，且可假定 $v>0$），此时因为观察者以速度 v 迎向波源运动，这相当于波以速度 $V+v$ 通过观察者，因此单位时间内通过观察者的波数为

$$\begin{aligned}\nu' &= (V+v)/\lambda = (V+v)/(VT) \\ &= [(V+v)/V]\nu \\ &= (1+v/V)\nu \end{aligned} \tag{4-41}$$

即观察者接收到的频率 ν' 为波源频率 ν 的 $(1+v/V)$ 倍. 当观察者迎向波源运动时，$v>0$，观察者接收到的频率 ν' 大于波源频率 ν；而当观察者背离波源运动时，$v<0$，观察者接收到的频率 ν' 就小于波源频率 ν 了. 特别是当 $v=-V$ 时，观察者与波相对静止，$\nu'=0$，即观察者接收不到波动了.

(3) 观察者静止，波源相对于介质运动（即 $v=0$，且可假定 $u>0$），此时位于点 B 的波源所发出的波在一个振动周期内所传播的距离总等于波长 λ（图 4-38）. 但在此周期内，由于波源在波的传播方向上移动了一段距离 uT 而到达点 B'，所以整个波形被挤在 $B'A$ 之间，因此波长缩短为 $\lambda'=\lambda-uT$，从而观察者在单位时间内接收到的振动数 ν' 由于波长缩短而增大为

$$\begin{aligned}\nu' &= v/\lambda = v/(\lambda-uT) \\ &= V/[(V-u)T] \\ &= [V/(V-u)]\nu \end{aligned} \tag{4-42}$$

即 $\nu'>\nu$. 若波源背离观察者运动，$u<0$，则观察者接收到的频率 ν' 就会因波长变长而使 $\nu'<\nu$ 了.

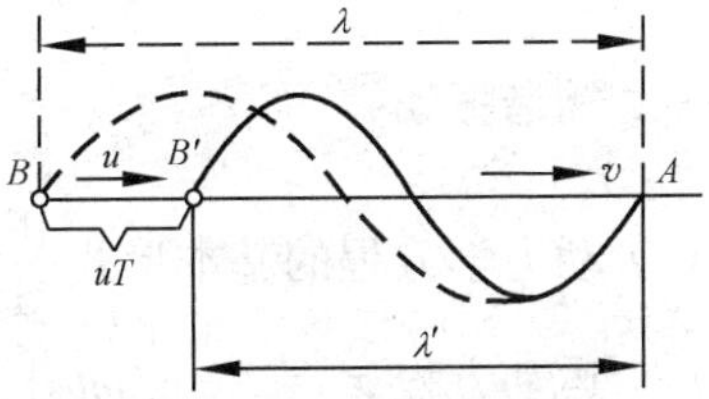

图 4-38　波源运动时的多普勒效应

(4) 观察者和波源同时相对于介质运动（可假定 $u>0$，$v>0$），根据以上讨论，观察者以速度 v 迎向波源运动，相当于波速变为 $V+v$；而波源以速度 u 迎向观察者运动，相当于波长缩短为 $\lambda'=\lambda-uT$. 因此，观察者所接收到的频率 ν' 应为

$$\begin{aligned}\nu' &= (V+v)/(\lambda-uT) \\ &= [(V+v)/(V-u)]\nu \end{aligned} \tag{4-43}$$

即 ν' 同时与 v，u 有关.

显然，此式是波源与观察者在同一直线上运动时，多普勒效应的普遍规律. 据此还可讨论波源与观察者不在同一直线上运动的情形.

由于机械波是通过介质传播的，因此观察者和波源相对于介质运动的速度 v 和 u 在(4-43)式中的地位是不对称的. 也就是说，在以介质为参考系时，观察者的运动与波源的运动在物理意义上是不同的，不能作等价变换.

事实上，多普勒效应并不限于机械波，光波(电磁波)同样存在多普勒效应. 在真空中，由于光速 c 与参考系的选取无关，故在光波的多普勒效应公式中只出现观察者与波源的相对速率 v. 根据相对论原理可以证明，当光源与观察者在同一直线上运动时

$$\nu'(\text{接近}) = \nu\sqrt{(1+v/c)/(1-v/c)}$$

$$\nu'(\text{远离}) = \nu\sqrt{(1-v/c)/(1+v/c)} \tag{4-44}$$

由此可见，当光源远离观察者而去时，观察者接收到的光波频率变小，波长变长，这种现象被称为“红移”.

天文学家们在发现了来自宇宙星体的光波存在着红移现象以后，提出了“大爆炸”宇宙学的理论. 除此以外，多普勒效应已在科学研究、工程技术、交通管理、医疗卫生等各行业有着极为广泛的应用. 例如，分子、原子等粒子由于热运动的多普勒效应其发射、吸收谱线频率会增宽. 利用这种增宽，可在天体物理、受控热核反应等实验中监视、分析恒星大气、等离子体的物理状态. 利用多普勒效应制成的雷达系统已广泛地应用于对于车辆、导弹、卫星等运动目标的速度监测. 医院里用的“B超”就是利用超声波的多普勒效应来检查人体内脏、血液系统的运动状况的.

本章要点

一、简谐振动

(1) 动力学方程的基本形式 $\dfrac{\mathrm{d}^2 x}{\mathrm{d}t^2} + \omega^2 x = 0$.

(2) 运动方程 $x = A\cos(\omega t + \alpha)$.

(3) 描述简谐振动的特征量.

① 振幅 A. 振动物体偏离平衡位置最大位移的绝对值.

振幅由系统的初始条件决定，其公式为 $A = \sqrt{x_0^2 + (v_0/\omega)^2}$.

② 相位 $\varphi = \omega t + \alpha$ 与初相 α. 相位是决定振动系统在 t 时刻状态的物理量；初相则由系统的初始条件决定，有公式 $\alpha = \arctan(-v_0/\omega x_0)$.

③ 周期 T 和频率 ν. T 表示系统做一次完全振动所需要的时间；ν 表示单位时间内系统所做的完全振动的次数，因而 $T = 1/\nu$.

T 和 ν 是由系统本身的性质决定的. 可由列出的动力学方程中的角频率 ω 求

出，有 $T=2\pi/\omega$ 和 $\nu=\omega/2\pi$.

单摆的周期为 $T=2\pi\sqrt{l/g}$.

弹簧振子的周期为 $T=2\pi\sqrt{m/k}$.

(4) 几何描述法——旋转矢量法.

(5) 能量. 简谐振动系统的总机械能守恒. 对水平弹簧振子，动能为

$$E_k=\frac{1}{2}m\omega^2A^2\sin^2(\omega t+\alpha)$$

势能为

$$E_p=\frac{1}{2}m\omega^2A^2\cos^2(\omega t+\alpha)$$

总机械能为

$$E=\frac{1}{2}m\omega^2A^2=\frac{1}{2}kA^2$$

(6) 阻尼振动、受迫振动.

① 阻尼振动. 小阻尼情况($\beta<\omega_0$)下，弹簧振子做衰减振动，衰减振动的周期 T' 比自由振动周期 T 长；大阻尼($\beta>\omega_0$)和临界阻尼($\beta=\omega_0$)情况下，弹簧振子的运动都是非周期性的，即振子开始运动后，振子随着时间逐渐返回平衡位置. 临界阻尼与大阻尼情况相比，振子将更快地返回平衡位置.

② 受迫振动. 在周期性变化外力作用下的振动. 稳态时振动的角频率与驱动力的角频率相同；当驱动力角频率 $\omega_r=\sqrt{\omega_0^2-2\beta^2}$ 时，振子的振幅具有最大值，发生位移共振；当驱动力角频率 $\omega_r=\omega_0$ 时，速度振幅具有极大值，系统发生速度共振，亦称能量共振.

(7) 简谐振动的合成.

① 振动方向相同、频率相同. 合成仍为同方向同频率的简谐振动. 以两个振动的合成为例，合成后有 $x=A\cos(\omega t+\alpha)$. 其中

$$A=\sqrt{A_1^2+A_2^2+2A_1A_2\cos(\alpha_1-\alpha_2)},\quad \alpha=\arctan\left(\frac{A_1\sin\alpha_1+A_2\sin\alpha_2}{A_1\cos\alpha_1+A_2\cos\alpha_2}\right)$$

当 $\alpha_1-\alpha_2=2k\pi\ (k=0,\pm1,\pm2,\cdots)$ 时，$A=A_1+A_2$，即振动得到最大的加强；而当 $\alpha_1-\alpha_2=(2k+1)\pi\ (k=0,\pm1,\pm2,\cdots)$ 时，$A=|A_1-A_2|$，即振动受到最大的削弱.

② 振动方向相同、频率不同. 合成后不再为简谐振动，只是在 ω_1、ω_2 都很大，且相差很小时会出现振幅时大时小的拍现象，拍频率为 $\nu=|\nu_1-\nu_2|$，表示单位时间内振幅变化的次数.

③ 振动方向垂直、频率相同. 合成后振动的物体的轨迹一般为椭圆，特殊情况下为圆或直线.

二、机械波的基本概念

(1) 产生的条件. 波源、弹性介质.

(2) 基本类型. 横波、纵波.

(3) 特征量. 波速、周期和频率、波长.

(4) 几何描述. 波面与波前、波线.

三、平面简谐波

(1) 波动方程　$y=A\cos[\omega(t-x/u)+\alpha]$.

(2) 能量.

① 能量密度 $w=\rho A^2\omega^2\sin^2[\omega(t-x/u)+\alpha]$.

平均能量密度 $\overline{w}=\frac{1}{2}\rho A^2 w^2$.

② 平均能流密度(强度)$\overline{I}=\overline{w}u=\frac{1}{2}\rho VA^2\omega^2$.

四、机械波的干涉

(1) 惠更斯原理.

(2) 波的叠加原理.

(3) 波的相干条件. 频率相同,振动方向相同,相位差固定.

(4) 两列波相干叠加的结果. 当 $\Delta\varphi=\pm 2k\pi(k=0,1,2,\cdots)$时,振幅最大;当 $\Delta\varphi=\pm(2k+1)\pi\ (k=0,1,2,\cdots)$时,振幅最小.

(5) 驻波. 由两列振幅相同、传播方向相反的波相干叠加形成,其波动方程形如

$$y=2A\cos(2\pi x/\lambda)\cos\omega t$$

由此可解定波腹、波节的位置. 相邻的波腹(或波节)间的距离为半个波长.

五、多普勒效应

由于声源与观察者的相对运动,接收频率发生变化的现象. 一般规律为$\nu'=\frac{V+u}{V-u}\nu$.

习　　题

4-1　有一轻质弹簧,其刚度系数为 $k=0.72\text{N}\cdot\text{m}^{-1}$,弹簧右端固定一个质量为 $m=20\text{g}$ 的小球,将小球从平衡位置向右拉到 $x=0.05\text{m}$ 处释放,求简谐振动方程.

4-2 一细圆环质量为 m,半径为 R,挂在墙上的钉子上. 求它的微小摆动的周期.

4-3 如题 4-3 图所示,有两个刚度系数分别为 k_1 和 k_2 的轻弹簧,其与一质量为 m 的物体分别组成图示(a)和(b)的振子系统,试分别求出两系统的振动周期.

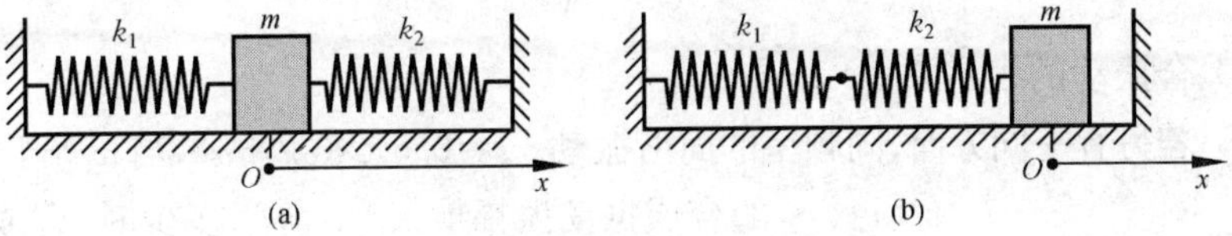

题 4-3 图

4-4 如题 4-4 图所示,一轻质弹簧在 60N 的拉力下伸长 30cm. 现把质量为 4kg 的物体悬挂在该弹簧的下端并使之静止,再把物体向下拉 10cm,然后由静止释放并开始计时. 求:(1) 物体的振动方程;(2) 物体在平衡位置上方 5cm 时弹簧对物体的拉力;(3) 物体从第一次越过平衡位置时刻起到它运动到上方 5cm 处所需要的最短时间.

4-5 题 4-5 图为截面积为 S 的 U 形管,内装有密度为 ρ,长度为 l 的液体柱,受到扰动后管内液体发生振荡,试写出液体柱的运动微分方程. 不计各种阻力.

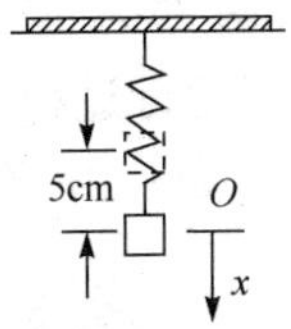

题 4-4 图

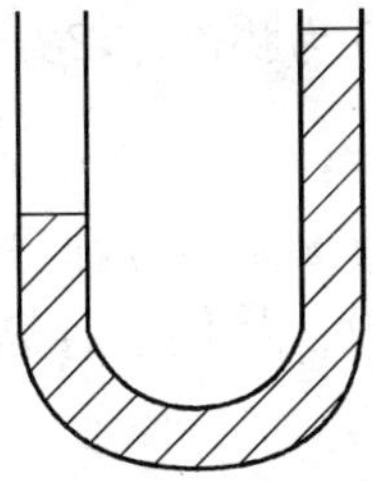

题 4-5 图

4-6 一物块悬挂于弹簧下端并做简谐振动,当物块位移为振幅的一半时,这个振动系统的动能占总能量的多大部分? 势能占多大部分? 位移多大时,动能、势能各占总能量的一半?

4-7 一个 3.0kg 的质点按下面方程做简谐振动 $x=5.0\cos\left(\frac{\pi}{3}t-\frac{\pi}{4}\right)$,式中,$x$、$t$ 的单位分别为 m 和 s. 试问:

(1) x 为何值时,势能等于总能量的一半?

(2) 质点从平衡位置到这一位置需要多长时间?

4-8 一物体做简谐振动,其振幅为 $A=2\times10^{-2}$m,周期为 $T=4$s. 若 $t=0$,物体位于平衡位置且向 x 轴的负方向运动,求:(1) 速度的最大值 v_m;(2) 加速度的

最大值 a_m；(3) 振动方程的表达式.

4-9 某质点同时参与两个同方向、同频率的简谐振动，其振动规律为

$$x_1 = 0.4\cos\left(3t + \frac{\pi}{3}\right)$$

$$x_2 = 0.3\cos\left(3t - \frac{\pi}{6}\right)$$

求：(1) 合振动的表达式；

(2) 若另有一同方向、同频率的简谐振动 $x_3 = 0.5\cos(\omega t + \alpha)$，当 α 等于多少时，x_1、x_2、x_3 的合成振动振幅最大？α 等于多少时，合成振动的振幅最小？

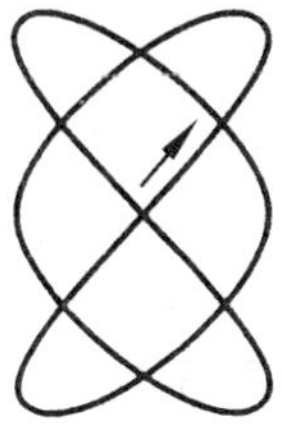

题 4-10 图

4-10 在示波器上看到如题 4-10 图所示的李萨如图，已知水平方向的频率为 4.05×10^4 Hz，试求垂直方向的频率.

4-11 由 $t=0$ 时振子的位置 x_0 和速度 v_0，可确定临界阻尼振动 $x=(A_1+A_2t)e^{-\beta t}$（式中 β 为已知量）中的待定常量 A_1、A_2 分别为多少？$t=0$ 时振子加速度为多少？

4-12 受迫振动的稳定状态由下式给出：

$$x = A\cos(\omega t + \varphi), \quad A = \frac{h}{\sqrt{(\omega_0^2 - \omega^2)^2 + 4\beta^2\omega^2}}, \quad \varphi = \arctan\frac{-\beta\omega}{\omega_0^2 - \omega^2}$$

其中 $h = \dfrac{H}{m}$，而 $H\cos(\omega t)$ 为胁迫力，$2\beta = \dfrac{\gamma}{m}$，其中 $-\gamma\dfrac{dx}{dt}$ 是阻尼力. 有一偏车轮的汽车上有两个弹簧测力计，其中一个的固有振动角频率为 $\omega_0 = 39.2727\text{s}^{-1}$，另外一个的固有振动角频率为 $\omega_0' = 78.5454\text{s}^{-1}$，在汽车运行过程中，司机看到两个弹簧的振动幅度之比为 7. 设 β 为小量，计算中可以略去，已知汽车轮子的直径为 1m，求汽车的运行速度.

4-13 据报道，1976 年唐山大地震时，当地某居民曾被猛地向上抛起 2m 高. 设地震横波为简谐波，且频率为 1Hz，波速为 $3\text{km}\cdot\text{s}^{-1}$，它的波长多大？振幅多大？

4-14 一横波沿绳子传播，其波的表达式为 $y=0.05\cos(10\pi t-4\pi x)$(SI)

(1) 求此波的振幅、波速、频率和波长；

(2) 求绳子上各质点的最大振动速度和最大振动加速度；

(3) 求 $x_1 = 0.2$m 处和 $x_2 = 0.7$m 处两质点振动的相位差.

4-15 一列沿 x 正向传播的简谐波，已知 $t_1=0$ 和 $t_2=0.25$s 时的波形如题 4-15 图所示，试求：

(1) P 点的振动方程；

(2) 此波的波动方程；

(3) 画出 O 点的振动曲线.

4-16 如题 4-16 图所示，两相干波源在 x 轴上的位置为 S_1 和 S_2，其间距离为 $d=30\text{m}$，S_1 位于坐标原点 O. 设波只沿 x 轴正负方向传播，单独传播时强度保持不变. $x_1=9\text{m}$ 和 $x_2=12\text{m}$ 处的两点是相邻的两个因干涉而静止的点. 求两波的波长和两波源间最小相位差.

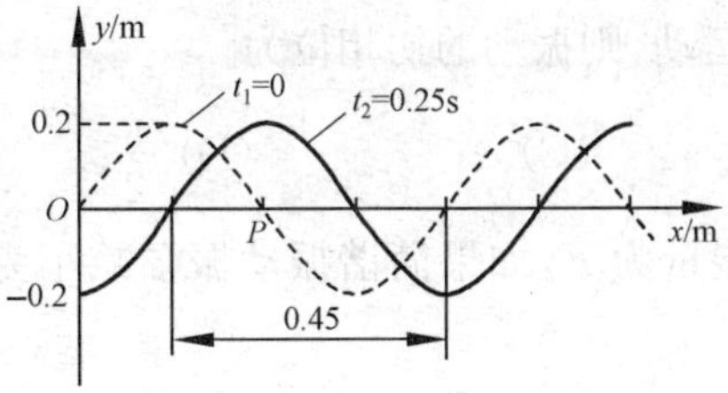

题 4-15 图

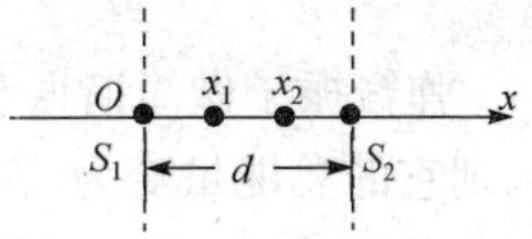

题 4-16 图

4-17 一波源以 35000W 的功率向空间发射球面电磁波，在某处测得波的平均能量密度为 $7.8\times10^{-15}\text{J}\cdot\text{m}^{-3}$，求该处离波源的距离. 电磁波的传播速度为 $3.0\times10^{8}\text{m}\cdot\text{s}^{-1}$.

4-18 如题 4-18 图所示，一平面简谐波沿 x 轴正方向传播，BC 为波密介质的反射面. 波由 P 点反射，$\overline{OP}=3\lambda/4$，$\overline{DP}=\lambda/6$. 在 $t=0$ 时，O 处质点的合振动是经过平衡位置向负方向运动. 求 D 点处入射波与反射波的合振动方程.（设入射波和反射波的振幅皆为 A，频率为 ν.）

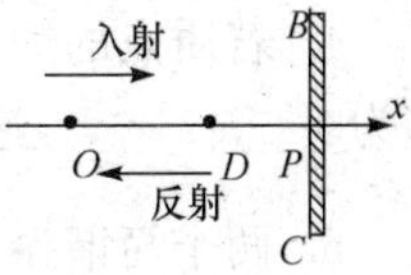

题 4-18 图

4-19 一条琴弦上发生驻波，相邻波节间距为 65cm，弦振动的频率为 $2.3\times10^{2}\text{Hz}$，求波的传播速度和波长.

4-20 一平面简谐波某时刻的波形如题 4-20 图所示，此波以波速 u 沿 x 轴正方向传播，振幅为 A，频率为 ν.

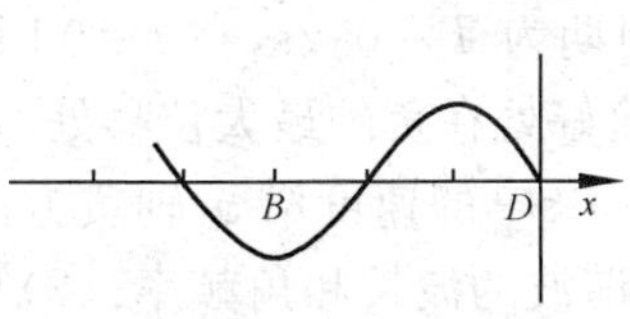

题 4-20 图

(1) 若以图中 B 点为 x 轴的坐标原点，并以此时刻为 $t=0$ 时刻，写出此波的波动方程；

(2) 图中 D 点为反射点，且为一波节，若以 D 为 x 轴的坐标原点，并以此时刻为 $t=0$ 时刻，写出此入射波波函数和反射波的波动方程；

(3) 写出合成波的波动方程，并定出波腹和波节的位置坐标.

4-21 主动脉内血液的流速一般是 $0.32\text{m}\cdot\text{s}^{-1}$. 今沿血流方向发射 4.0MHz 的超声波，红细胞反射回的波与原发射波将形成的拍频是多少？已知声波在人体内的传播速度为 $1.54\times10^{3}\text{m}\cdot\text{s}^{-1}$.

4-22 一辆汽车以 $30\text{m}\cdot\text{s}^{-1}$ 的速度行驶，鸣笛的频率为 1000Hz，求：(1) 路边静止的观察者听到的鸣笛声的频率；(2) 若该车停着鸣笛，观察者以 $30\text{m}\cdot\text{s}^{-1}$ 的

速度远离声源，观察者听到的鸣笛声的频率.

自 测 题

1. 一质点沿 x 轴方向做简谐振动，其运动方程用余弦函数表示. 在 $t=0$ 时刻质点经过平衡位置向 x 轴正方向运动，则振动的初相位为[　　]

(A) 2π； (B) $\dfrac{3\pi}{2}$； (C) π； (D) $\dfrac{\pi}{2}$.

2. 一弹簧振子做简谐振动，总能量为 E，如果简谐振动振幅减小为原来的三分之一，则它的总能量变为[　　]

(A) $3E$； (B) $E/3$； (C) $9E$； (D) $E/9$.

3. 波从一种介质进入另一种介质时，其周期和波长[　　]

(A) 都不发生变化；

(B) 周期变化，波长不变；

(C) 都发生变化；

(D) 周期不变，波长变化.

4. 若质点的简谐振动方程为 $x=0.2\cos(10\pi t+\pi/4)\,\mathrm{m}$，求 $t=3\mathrm{s}$ 时质点的位移为__________，速度为__________.

5. 两个简谐振动的振动方程为 $x_1=0.4\cos\left(\pi t-\dfrac{\pi}{3}\right)$，$x_2=0.3\cos\left(\pi t+\dfrac{\pi}{6}\right)$，则合振动的振幅为__________ m.

6. 一平面简谐波以波速 $4.0\mathrm{m}\cdot\mathrm{s}^{-1}$ 沿着 x 轴正向传播，$t=0$ 时刻的波形如 6 题图所示. 求：(1)原点的振动方程；(2)该波的波动方程.

7. 波源沿 y 轴方向按余弦规律振动，振幅为 $A=0.3\mathrm{m}$，周期为 $T=0.2\mathrm{s}$，在 $t=0$ 时刻，$x=0$处的质点恰好处在负的最大位移处，若此振动以 $u=10\mathrm{m}\cdot\mathrm{s}^{-1}$ 的速度沿 x 轴负方向传播，求：(1)该简谐波的波长和角频率；(2)写出波的波动方程；(3)写出距波源 $x=5\mathrm{m}$ 处质点的振动方程.

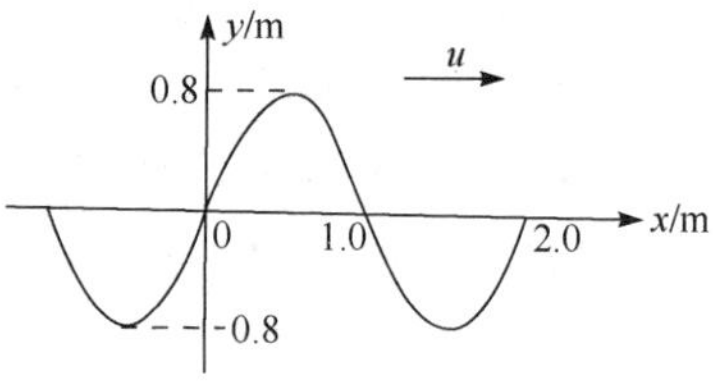

6 题图

第四章习题答案

第四章自测题答案

第五章　波 动 光 学

光和我们的生活密切相关，人们无时无刻不受到“光”的影响，以致自古以来人们就怀着很大的兴趣去研究和认识它. 直至今日，人类已经在实践中积累了很丰富的光学知识，并已在生产实践和科学技术的各个领域得到了很好的应用. 根据光的发射、传播、接收以及光与其他物质相互作用的性质和规律，人们通常把光学分成四个研究分支，分别是几何光学、波动光学、量子光学和现代光学. 其中后两者研究的是光与其他物质的相互作用以及光在现代科技各个领域中的应用，这些内容超出了大学物理课程的范畴，有兴趣的读者可以在学完本课程后进一步深入学习. 本章仅就波动光学作一般介绍.

5-1　光 的 干 涉

一、光波　光的相干性

理论和实践均已证明，光是一种电磁波. 能够引起视觉作用的电磁波叫可见光，它的波长范围在 400～760nm. 波长在 760nm 以上到 600μm 左右的电磁波称为“红外线”，波长在 400nm 以下到 5nm 左右的电磁波称为“紫外线”. 红外线和紫外线统称为不可见光，本章所讨论的光学现象都是在可见光范围内的.

在光波中，产生感光作用和生理作用的是电场强度 $\boldsymbol{E}$，通常把 $\boldsymbol{E}$ 称为光矢量，$\boldsymbol{E}$ 的振动称为光振动.

具有单一频率或波长的光称为单色光. 实际上频率范围较窄的光，就可以近似地认为是单色光. 光的频率范围越窄，其单色性越好. 通常单个原子发出的光可以认为是频率为一定值的单色光. 普通发光体包含着大量分子或原子. 以白炽灯为例，大量的分子和原子在热能的激励下辐射出电磁波，各个分子或原子的辐射是彼此独立的，各自的情况不尽相同，所以白炽灯发出的光具有各种频率. 把具有各种频率的光称为复色光.

发光的物体称为光源. 实验室里常用的钠光灯是一种单色性较好的光源，其波长分别为 589nm 和 589.6nm.

在学习机械波时已经知道，只有由相干波源发出的波，即频率相同、振动方向相同、相位相同或相位差保持恒定的两列波相遇时，才能产生干涉现象. 由于机械波的波源可以连续地振动，辐射出不中断的波，只要两个波源的频率相同，相干波源的其他两个条件，即振动方向相同和相位差恒定的条件就较容易满足. 因此，观察机械波的干涉现象比较容易.但是对于光波,即使形状、大小、频率均相同的两个普通独立光源,它们发出的光波在相遇区域也不会产生干涉现象,其原因与光源的发光机理有关.

光是由光源中原子或分子的运动状态发生变化时辐射出来的电磁波.一方面大量分子或原子各自独立地发出一个个波列,它们的发射是无规律的,彼此间没有联系,因此在同一时刻,各原子或分子所发出的光,即使频率相同,但相位和振动方向却是各不相同的.另一方面,原子或分子的发光是断续的,当它们发出一个波列之后,大约经过 10^{-8} s 的间歇,再发出第二个波列.所以同一原子所发出的前后两个波列的频率即使相同,但其振动方向和相位却不一定相同.由此可知,对于两个独立光源所发出的光波,不可能满足产生相干的三个条件.不但如此,即使是同一个光源上不同部分发出的光,由于它们是由不同的原子或分子所发出的,也不会产生干涉现象.

那么,怎样才能获得相干光呢?只有从同一光源上同一点发出的光,通过某种装置分成两束或多束光,使它们沿不同路径传播,然后再让它们相遇,在相遇区域中就能产生干涉现象.

二、双缝干涉

1802 年,英国科学家托马斯·杨(Thomas Young)用实验方法使一束太阳光通过相邻两小孔分成两束,发现了光的干涉图样.这是历史上证实光具有波动性的最早实验.

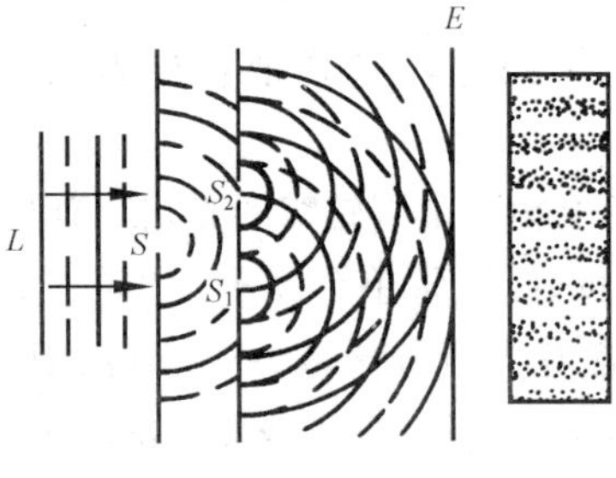

图 5-1　杨氏双缝干涉实验

双缝实验装置如图 5-1 所示,由光源 L 发出的波长为 λ 的单色平行光照射在狭缝 S 上,S 相当于一个新的光源.在 S 的前方又放有两条平行狭缝 S_1 和 S_2,均与 S 平行且等距,这样 S_1 和 S_2 恰好处在由光源 S 发出的光的同一波阵面上.这时 S_1 和 S_2 构成一对相干光源,从 S_1 和 S_2 散发出的光,在空间叠加,将产生干涉现象.S_1 和 S_2 发出的两束相干光是从同一波阵面上分出来的,这种获得相干光的方法称为波阵面分割法.若在双缝前面放一屏幕 E,则屏幕上将出现稳定的明暗相间的干涉条纹.这些条纹都与狭缝平行,条纹之间的距离都相等.

下面分析屏幕上出现明、暗条纹应满足的条件.如图 5-2 所示,设相干光源 S_1 和 S_2 的中心相距为 d,其中点为 M,双缝到屏幕的距离为 D.在屏幕上任取一点 P,它到 S_1 和 S_2 的距离分别为 r_1 和 r_2,则由 S_1 和 S_2 发出的光到达 P 点的波程差为 $\Delta r = r_2 - r_1$.在波动理论中我们已明确,波程差为一个波长 λ 时,相应的相位

差为 2π，所以到达 P 点的两列相干波振动的相位差 $\Delta\varphi$ 与波程差 Δr 之间的关系为

$$\Delta\varphi = 2\pi\frac{\Delta r}{\lambda} \tag{5-1}$$

根据相干波的干涉条件，若 $\Delta\varphi=\pm 2k\pi$，即

$$\Delta r = \pm k\lambda, \quad k = 0,1,2,\cdots \tag{5-2}$$

则 P 点干涉加强，出现明条纹；若 $\Delta\varphi=\pm(2k+1)\pi$，即

$$\Delta r = \pm(2k+1)\frac{\lambda}{2}, \quad k = 0,1,2,\cdots \tag{5-3}$$

则 P 点干涉减弱，出现暗条纹. 下面计算波程差 Δr.

设 S、S_1 和 S_2 在屏幕上的投影分别为 O、O_1 和 O_2，$OP=x$（图 5-2），由直角三角形 S_1O_1P 和 S_2O_2P 得

$$r_1^2 = D^2 + \left(x - \frac{d}{2}\right)^2$$

$$r_2^2 = D^2 + \left(x + \frac{d}{2}\right)^2$$

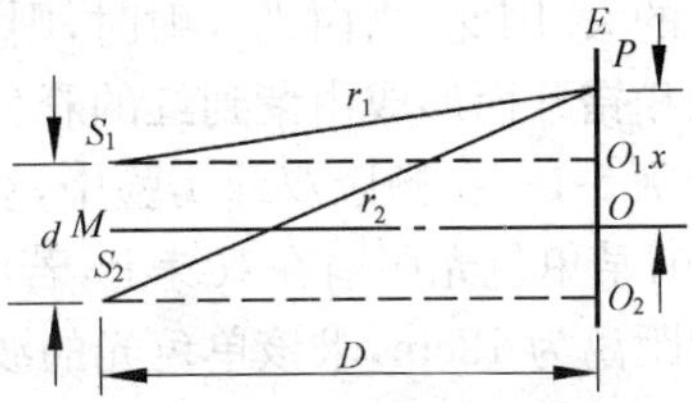

图 5-2 双缝干涉条纹的计算

将两式相减，得

$$r_2^2 - r_1^2 = (r_2 + r_1)(r_2 - r_1)$$
$$= (r_2 + r_1)\cdot\Delta r = 2xd$$

实际的干涉装置，$D\approx 1\text{m}$，$d\approx 1\times 10^{-3}\text{m}$，即满足 $D\gg d$，同时 $D\gg x$，所以 $r_2+r_1\approx 2D$，则由上式得

$$\Delta r = \frac{xd}{D} \tag{5-4}$$

将(5-4)式代入(5-2)式中，得屏幕上出现明条纹中心的位置为

$$x_k = \pm k\frac{D\lambda}{d}, \quad k = 0,1,2,\cdots \tag{5-5}$$

式中，x_k 取正负号表示干涉条纹对称地分布在 O 点的两侧；k 称为干涉级次. 对于 O 点，$x=0$，$\Delta r=0$，$k=0$，称为中央明条纹；其余与 $k=1,2,\cdots$ 对应的明条纹分别称为第一级、第二级……明条纹. 相邻两明条纹中心间的距离称为条纹间距，用 Δx 表示，由(5-5)式可得

$$\Delta x = x_{k+1} - x_k = \frac{D}{d}\lambda \tag{5-6}$$

此结果与 k 无关，表明条纹是均匀分布的.

将(5-4)式代入(5-3)式中，得屏幕上出现暗条纹中心的位置为

$$x_k = \pm (2k+1)\frac{D\lambda}{2d},\quad k=0,1,2,\cdots \tag{5-7}$$

此式说明暗条纹也是对称地分布在中央明纹的两侧，由相邻两暗条纹中心间的距离可得出与(5-6)式相同的结果.

总结上述讨论，对杨氏双缝干涉可得下列结论：

(1) 由(5-6)式可知，干涉明暗条纹是等距离分布的，要使 Δx 能够用人眼分辨，必须使 D 足够大，d 足够小，否则干涉条纹密集，以致无法分辨.

(2) 当单色光入射时，若已知 d 和 D 值，可通过实验测出条纹间距 Δx，再根据(5-6)式得 $\lambda=\dfrac{\Delta x \cdot d}{D}$，可计算出单色光的波长 λ.

(3) d、D 值给定，则 $\Delta x \propto \lambda$，波长越长，条纹间距越大，因此红光的条纹间距比紫光的大. 因此，当白光入射时，则只有中央明条纹是白色的，其他各级明条纹因各色光相错开而形成由紫到红的彩色条纹.

例 5-1 在杨氏双缝实验中，双缝间距 $d=0.10\text{mm}$，观察屏到双缝的距离 $D=2.0\text{m}$，某单色光照射在双缝上，若测出观察屏上中央明条纹两侧的第 5 级明条纹间的距离为 12cm，求该单色光的波长.

解 条纹间距

$$\Delta x=\frac{D}{d}\lambda$$

$$10\Delta x=12\times 10^{-2}\text{m}$$

解得

$$\lambda=\frac{d}{D}\Delta x=6.0\times 10^{-7}\text{m}$$

三、光程和光程差

在上面所讨论的双缝干涉实验中，两束相干光都在同一介质(空气)中传播，光的波长不发生变化. 所以只要计算两相干光到达某一点的几何路程差 Δr，再根据相位差与波程差之间的关系(5-1)式，就可确定两相干光在该点是相互加强还是相互减弱. 但是当光通过不同介质时，光的波长要随介质的不同而变化，这时就不能只根据几何路程差来计算相位差了. 为此，需要引入光程这一概念.

设一频率为 ν 的单色光在真空中的波长为 λ，传播速度为 c. 当它在折射率为 n 的介质中传播时频率不变，而传播速度变为 $u=c/n$，所以其波长为 $\lambda_n=u/\nu=c/n\nu=\lambda/n$. 这说明，一定频率的光在折射率为 n 的介质中传播时，其波长为真空中波长的 $1/n$.

由于波传播一个波长的距离，相位变化 2π，若光在介质中传播的几何路程为 r，则相应的相位变化为

$$\Delta\varphi = 2\pi\frac{r}{\lambda_n} = 2\pi\frac{nr}{\lambda}$$

上式说明，光在介质中传播时，其相位的变化不但与几何路程及光在真空中的波长

有关，而且还与介质的折射率有关. 如果对光在任意介质中，都采用真空中的波长 λ 来计算相位的变化，那么就必须把几何路程 r 乘以折射率 n. 我们把 nr 定义为光程. 光程的意义就在于把单色光在不同介质中的传播都折算为该单色光在真空中的传播.

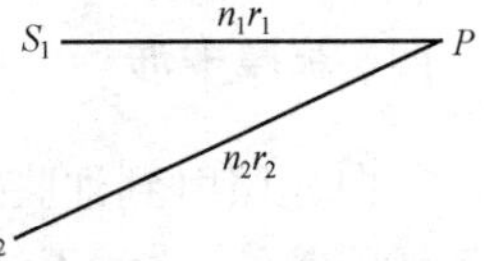

图 5-3　光程差

设从初相相同的相干光源 S_1 和 S_2 发出频率为 ν 的光波，分别经过光程 n_1r_1 和 n_2r_2 到达 P 点(图 5-3)，则相位差为

$$\Delta\varphi=\left(2\pi\nu t-2\pi\frac{n_2r_2}{\lambda}\right)-\left(2\pi\nu t-2\pi\frac{n_1r_1}{\lambda}\right)=2\pi\frac{n_1r_1-n_2r_2}{\lambda}$$

用 δ 表示光程差 $n_1r_1-n_2r_2$，故由上式得相位差与光程差的普遍关系为

$$\Delta\varphi=2\pi\frac{\delta}{\lambda}\tag{5-8}$$

两束相干光干涉加强、减弱的条件为

$$\Delta\varphi=2\pi\frac{\delta}{\lambda}=\begin{cases}\pm 2k\pi, & k=0,1,2,\cdots,\quad \text{明纹}\\ \pm(2k+1)\pi, & k=0,1,2,\cdots,\quad \text{暗纹}\end{cases}$$

若直接用光程差表示，则为

$$\delta=\pm k\lambda,\quad k=0,1,2,\cdots,\quad \text{明纹}\tag{5-9}$$

$$\delta=\pm(2k+1)\frac{\lambda}{2},\quad k=0,1,2,\cdots,\quad \text{暗纹}\tag{5-10}$$

光程差决定明暗条纹的位置和形状，因此在一个具体的干涉装置中，分析计算两束相干光在相遇点的光程差，是我们讨论光波干涉问题的基本出发点.

我们在观察干涉、衍射等现象时，常借助于透镜. 平行光通过透镜后，将会聚在焦点 F 上，形成亮点(图 5-4(a)). 平行光同一波面上各点 A、B、C 的相位相同，到达 F 点后相互加强形成亮点，说明各光线到达 F 点后的相位仍相同. 可见从 A、B、C 各点到 F 点的光程相等，这一事实可理解为：光线 AaF、CcF 在空气中经过的几何路程长，但是光线 BbF 在透镜中经过的路程比光线 AaF、CcF 在透镜中经过的路程长，由于透镜的折射率大于空气的折射率，因此折算成光程，各光线的光程相等. 对于斜入射的平行光(图 5-4(b))，将会聚于 F' 点. 由类似的讨论可知，AaF'、

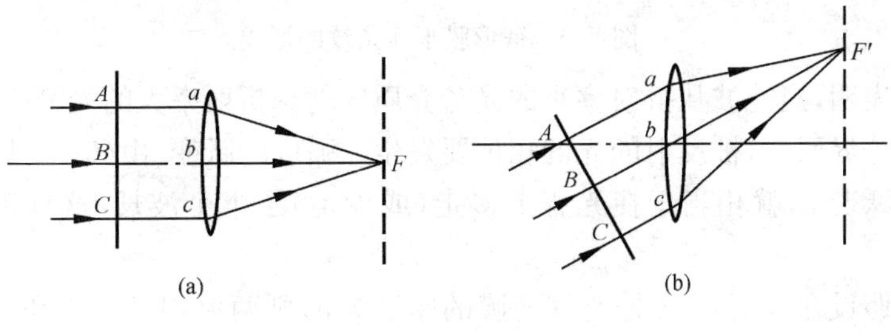

图 5-4　平行光入射通过透镜

BbF'、CcF'的光程均相等. 可见使用透镜可改变光线的传播方向，但不会引起附加的光程差.

四、等厚干涉

当白光照射到油膜或肥皂膜上时，薄膜表面常出现美丽的彩色条纹，这是由光的干涉引起的，这类干涉叫做薄膜干涉. 我们着重讨论其中的一种——等厚干涉. 获得等厚干涉的典型装置是劈形膜和牛顿环.

1. 劈形膜的干涉

劈形膜干涉的实验装置如图 5-5 所示. 两块平面玻璃片，一端互相叠合，另一端夹入薄纸(图中纸片厚度已大大放大)，这时，在两玻璃片之间形成空气薄膜，称为空气劈形膜. 两玻璃片的交线称为棱边，在平行于棱边的直线上的各点，所对应的劈的厚度是相等的. 单色光源 S 位于薄透镜 L 的焦点，M 为半反射半透射的玻璃片，T 为移测显微镜，在其中观察经空气膜的上下表面反射的光形成的等厚干涉条纹.

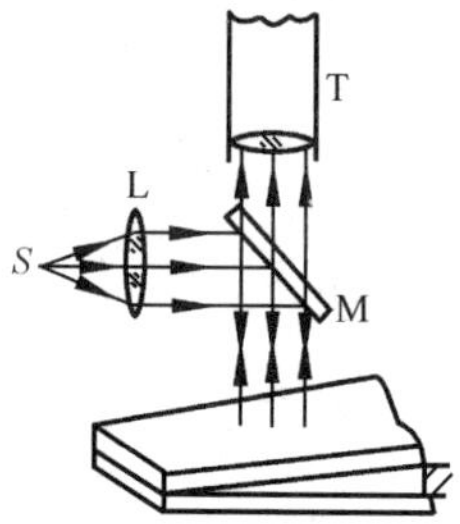

图 5-5　劈形膜实验

实验时将平行单色光正入射到劈面上. 为说明干涉的形成，我们分析入射到劈形膜的上表面 A 点的光线(图 5-6(a)). 此光线一部分在 A 点反射，形成反射光线 1，另一部分则折射进入空气，在空气膜的下表面被反射回来形成光线 2. 由于光线 1、2 是从同一条入射光线分割出来的，所以它们是相干光，当它们在空气膜上表面附近相遇时就产生干涉，在劈形膜表面形成干涉条纹. 两束相干光 1、2 是从同一振幅上分割出来的，这种获得相干光的方法称为振幅分割法.

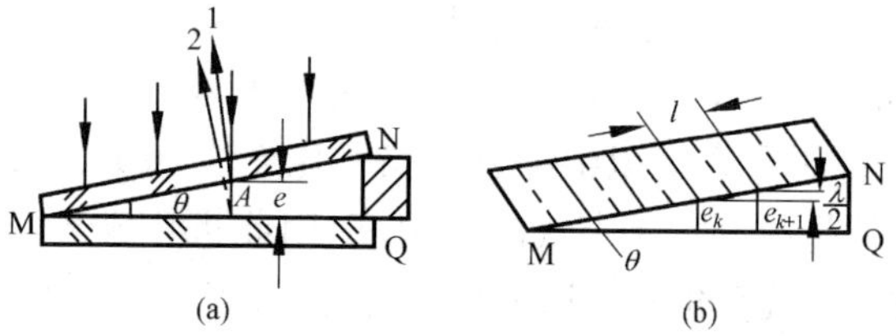

图 5-6　劈形膜干涉条纹的形成

实验表明，当光波从折射率小的光疏介质入射到折射率大的光密介质时，在两种介质的分界面上，被反射的光的相位要发生 π 弧度的跃变. 由(5-8)式可知，反射光的相位跃变 π，就相当于在光程上多走(或少走)了半个波长，这种现象称为半波损失.

我们假设在入射点 A 处空气薄膜的厚度为 e，则两束相干光 1 和 2 在相遇点的光程差为

$$\delta = 2ne + \frac{\lambda}{2} \tag{5-11}$$

式中，n 为空气的折射率[①]；右边第一项是由于光线 2 比光线 1 相遇时多走了 $2e$ 的几何路程；第二项 $\frac{\lambda}{2}$ 是由于光波在空气劈形膜的上表面反射时没有半波损失，而在下表面(空气-玻璃分界面)反射时有半波损失.

由于劈形薄膜各处的厚度 e 不同，所以光程差也就不同，因而将产生干涉加强或减弱的现象. 由(5-9)式，干涉加强产生明纹的条件是

$$2ne + \frac{\lambda}{2} = k\lambda,\quad k = 1,2,3,\cdots \tag{5-12}$$

由(5-10)式，干涉减弱产生暗纹的条件是

$$2ne + \frac{\lambda}{2} = (2k+1)\frac{\lambda}{2},\quad k = 0,1,2,\cdots \tag{5-13}$$

上两式表明，各级明纹或暗纹都与一定的膜厚 e 相对应. 因此在薄膜上表面的一条等厚线上，就形成同一级的一条干涉条纹. 这些干涉条纹叫做等厚干涉条纹，它们是一些与棱边平行的明暗相间的直条纹(图 5-6(b)). 在棱边处，$e=0$，两反射相干光的光程差为 $\frac{\lambda}{2}$，因而形成暗条纹.

设 Δe 为相邻两条明纹或暗纹对应的劈形膜厚度的差，由(5-12)式有

$$2ne_{k+1} + \frac{\lambda}{2} = (k+1)\lambda$$

$$2ne_k + \frac{\lambda}{2} = k\lambda$$

两式相减得

$$\Delta e = e_{k+1} - e_k = \frac{\lambda}{2n} \tag{5-14}$$

设 l 为相邻两条明纹或暗纹之间的水平距离，由图 5-6(b)可得

$$l = \frac{\Delta e}{\sin\theta}$$

将(5-14)式代入，得

$$l = \frac{\lambda}{2n\sin\theta} \tag{5-15}$$

由于 θ 很小，$\sin\theta \approx \theta$，上式可改写为

$$l = \frac{\lambda}{2n\theta} \tag{5-16}$$

此式表明，劈形膜干涉条纹是等间距的，条纹间距 l 与劈形膜顶角 θ 有关，θ 越大，l

---

① 空气的折射率近似等于 1，但为了导出的公式对任意介质劈形膜都适用，空气的折射率仍然用 n 表示.

越小，即条纹越密，当θ角大到一定程度时，条纹将密不可分. 所以劈形膜干涉条纹只在θ角很小时才能观察到.

劈形膜的干涉在生产实践中有很多的应用，下面举两个例子.

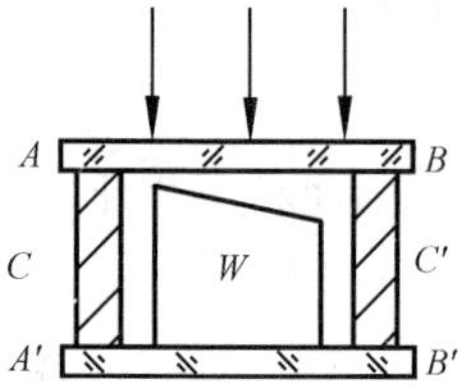

图 5-7　干涉膨胀仪示意图

(1) 干涉膨胀仪. 图 5-7 是干涉膨胀仪的结构示意图. $C'C$ 为一个由热膨胀系数很小的材料(如石英)制成的套框，AB 与 $A'B'$ 为平板玻璃，套框内放置待测样品 W，其上表面磨成倾斜状，致使在 AB 板下表面与样品 W 的上表面之间形成一空气劈形膜，当以单色光正入射 AB 板时，将产生等厚干涉条纹. 由于套框的热膨胀系数很小，可以认为空气劈形膜的上表面不会因温度变化而改变. 当样品受热膨胀时，劈形膜下表面将升高，空气层厚度发生变化，使干涉条纹随之移动. 由(5-14)式可知，空气层的厚度改变$\frac{\lambda}{2n}$，将有一个条纹的移动. 因此，测出条纹移动的数目，就可测出劈形膜下表面的升高量(即样品尺寸的改变量)，由此可算出样品的热膨胀系数.

(2) 测量微小角度. 设一个由折射率为 n 的透明物质所构成的劈状材料，劈底的两个边界面 AB 和 CD 形成一微小角度θ(图 5-8). 当单色平行光正入射到劈的上表面时，形成等厚干涉直条纹. 若测得相邻两条明纹间的距离为 l，由(5-16)式可得

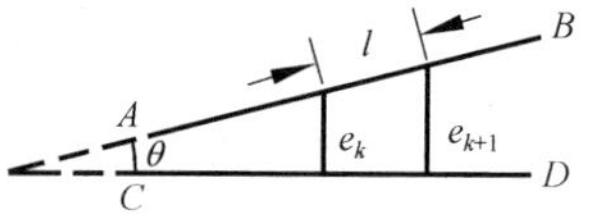

图 5-8　测量微小角度原理图

$$\theta=\frac{\lambda}{2nl}$$

利用此式可测得微小的角度.

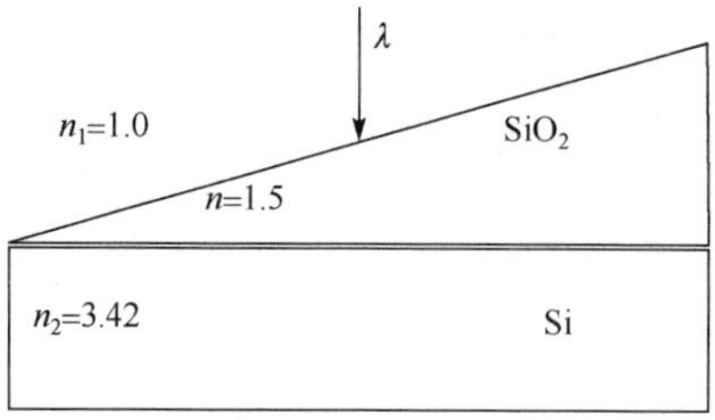

图 5-9　例 5-2 图

例 5-2　为测量在硅表面的保护层 SiO_2 的厚度，可将 SiO_2 的表面磨成劈尖状如图 5-9 所示，现用波长 $\lambda=644.0\text{nm}$ 的镉灯垂直照射，一共观察到 8 条明纹，求 SiO_2 的厚度.

解　由于 SiO_2 的折射率比空气的大，比 Si 的小，所以半波损失抵消了，光程差为 $\delta=2ne$.

第一条明纹在劈尖的棱边上，8 条明纹只有 7 个间隔，所以光程差为 $\delta=7\lambda$. SiO_2 的厚度为 $e=7\lambda/2n=1503\text{nm}=1.503\mu\text{m}$.

2. 牛顿环

观察牛顿环的实验装置如图 5-10(a)所示. 在一块平玻璃 B 上放一曲率半径

R 很大的平凸透镜 A，在 A、B 之间便形成环状的空气劈形膜. 当单色平行光正入射时，在空气劈形膜的上、下表面发生反射形成两束相干光，它们在平凸透镜下表面处相遇而发生干涉. 在显微镜下观察，可以看到一组干涉条纹，这些条纹是以接触点 O 为中心的同心圆环，称为牛顿环(图 5-10(b)).

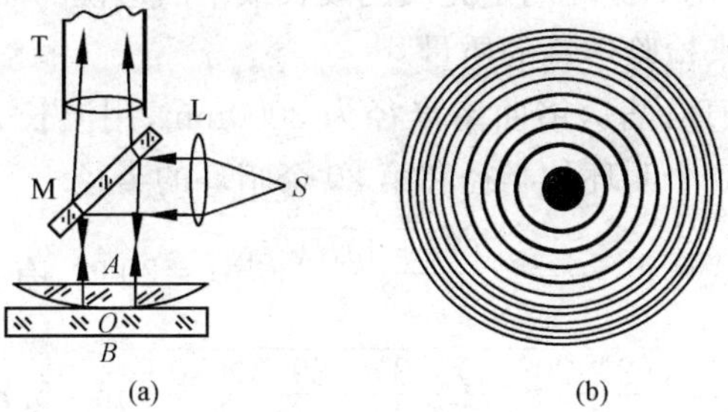

图 5-10　牛顿环

在空气层上、下表面反射的两束相干光，它们之间的光程差为

$$\delta = 2e + \frac{\lambda}{2}$$

式中，e 为空气薄层的厚度；$\frac{\lambda}{2}$ 是光在空气层的下表面(空气-平玻璃分界面)反射时产生的半波损失. 这一光程差由空气薄层的厚度决定，而空气薄层的等厚线是以 O 为中心的同心圆，所以牛顿环的干涉条纹为明暗相间的环. 同时由于空气劈形膜的上表面是弯曲的，越往外劈形膜的厚度变化得越快，光程差的变化也越快，故越往外条纹越密.

牛顿环形成明环的条件为

$$2e + \frac{\lambda}{2} = k\lambda, \quad k = 1,2,3,\cdots$$

形成暗环的条件为

$$2e + \frac{\lambda}{2} = (2k+1)\frac{\lambda}{2}, \quad k = 0,1,2,\cdots$$

在中心 O 处，$e=0$，两束反射光的光程差为 $\frac{\lambda}{2}$，所以形成暗斑.

由图 5-11 可以看出

$$r^2 = R^2 - (R-e)^2 = 2Re - e^2$$

由于 $R \gg e$，e^2 可略去，所以

$$r^2 \approx 2Re$$

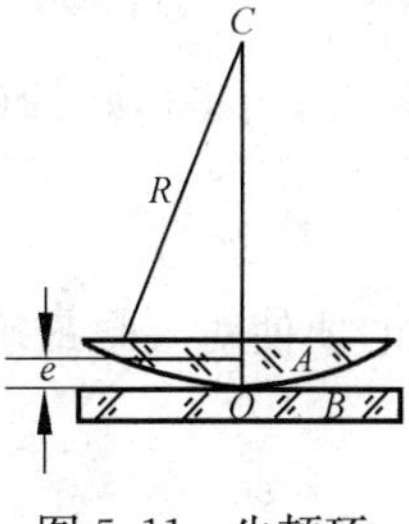

图 5-11　牛顿环干涉规律计算

由形成明环及暗环的条件公式解出 e，分别代入上式，可得明环半径为

$$r=\sqrt{\frac{(2k-1)R\lambda}{2}},\quad k=1,2,3,\cdots \tag{5-17}$$

暗环半径为

$$r=\sqrt{kR\lambda},\qquad k=0,1,2,3,\cdots \tag{5-18}$$

在实验室里，常用牛顿环测定光波的波长或平凸透镜的曲率半径，在工业生产中则常利用牛顿环来检验透镜的质量.

例 5-3 一牛顿环，凸透镜曲率半径为 3000mm，用波长 $\lambda=589.3\text{nm}$ 的平行光垂直照射，求第 20 个明环的半径和第 20 个暗环的半径.

解 据(5-17)式可得 $r_{明}=\sqrt{\frac{(2k-1)R\lambda}{2}}$，当 $k=20$ 时，有

$$r_{20明}=\sqrt{\frac{(2\times20-1)\times3\times589.3\times10^{-9}}{2}}\text{m}=5.87\text{mm}$$

据(5-18)式可得 $r_{暗}=\sqrt{kR\lambda}$，当 $k=20$ 时，有

$$r_{20暗}=\sqrt{20\times3\times589.3\times10^{-9}}\text{m}=5.95\text{mm}$$

五、增透膜和增反膜

在现代光学仪器中，如照相机、显微镜等都由多个透镜组成. 入射光经每个透镜的两个表面反射后，透过仪器的光能很少. 为了解决这一问题，可在透镜表面镀一层厚度均匀的低折射率的透明薄膜. 当膜的厚度适当时，可使所使用的入射单色光在膜的两个表面上反射的两束光因干涉而互相抵消，这样就可以减少光的反射，让尽量多的光透射过去. 这种使透射光增强的薄膜就叫增透膜. 常用的镀膜材料是氟化镁(MgF_2)，它的折射率为 1.38(图 5-12).

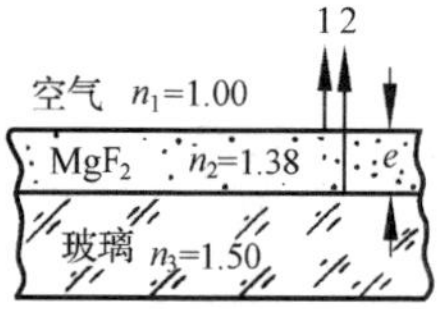

图 5-12 增透膜示意图

当单色光正入射时，从镀膜层的上、下表面反射的光 1 和 2 都有半波损失，所以光线 1、2 之间的光程差为 $\delta=2n_2e$，式中 e 为氟化镁薄膜的厚度. 要使两反射光干涉减弱，应有

$$2n_2e=(2k+1)\frac{\lambda}{2},\quad k=0,1,2,\cdots$$

取 $k=0$，可得薄膜的最小厚度

$$e=\frac{\lambda}{4n_2}$$

例如，要使对人眼最敏感的黄绿光($\lambda=550\text{nm}$)反射减弱，则镀膜层的最小厚度为

$$e=\frac{550}{4\times1.38}=100\ (\text{nm})=0.1(\mu\text{m})$$

与增透膜相反，若镀膜层的厚度恰好使所使用的单色光在膜的上、下表面上的反射光因干涉而加强，则这种使反射光加强的膜叫增反膜. 利用增反膜可制成反射

率高达 99%以上的反射式滤色片.

六、迈克耳孙干涉仪

前面指出,劈形膜干涉条纹的位置决定于光程差,只要光程差有一微小的变化就会引起干涉条纹的明显移动.迈克耳孙(Michelson,1852～1931)干涉仪就是利用这种原理制成的,其结构如图 5-13(a)所示.M_1 和 M_2 是两块精密磨光的平面反射镜,其中 M_1 是固定的,它的平面位置可以微调;M_2 用螺旋控制,可做微小移动.G_1 和 G_2 是两块材料相同、厚薄均匀而且相等的平行玻璃片.在 G_1 的一个表面上镀有半透明的薄银膜,使照射到 G_1 上的光线分成振幅近似相等的透射光和反射光,因此称为分光板,G_1、G_2 这两块平行玻璃片与 M_1 和 M_2 的倾角为 45°.

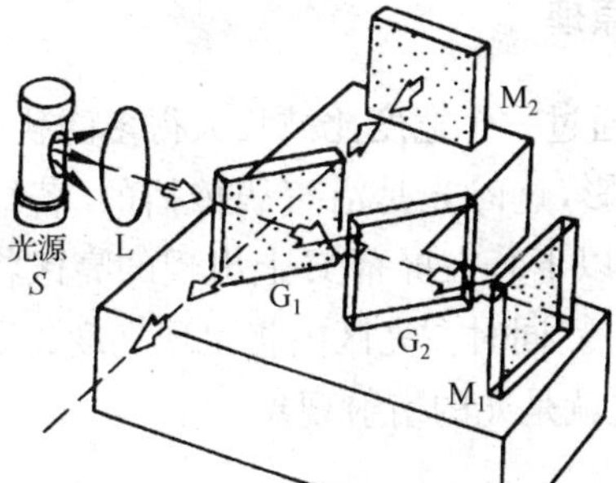

(a) 迈克耳孙干涉仪结构简图

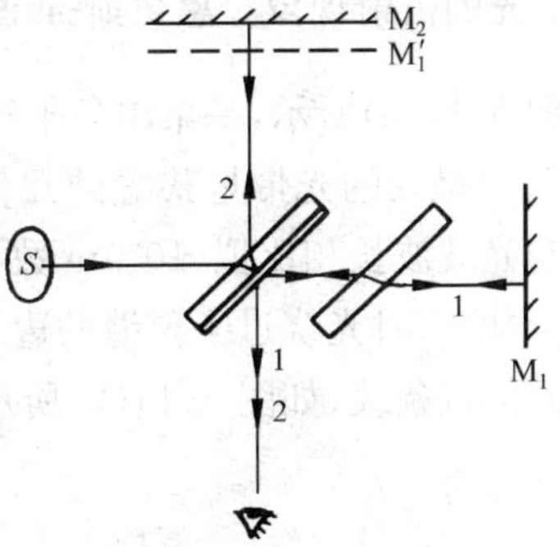

(b) 迈克耳孙干涉仪原理图

图 5-13　迈克耳孙干涉仪结构和原理图

由光源 S 发出的光线,射到 G_1 上后分成两束光线.光线 1 透过 G_1 及 G_2 到达 M_1,经 M_1 反射后,再穿过 G_2 经银膜反射到视场中.光线 2 从 G_1 的镀膜面反射到 M_2,经 M_2 反射后,再穿过 G_1 到达视场中.显然,光线 1 和 2 是两条相干光线,它们在视场中相遇时产生干涉.

由于分光板 G_1 的存在,M_1 相对于镀膜面形成一虚像 M_1' 位于 M_2 附近,光线 1 可以看作是从 M_1' 处反射的.M_1' 和 M_2 之间形成一空气膜,光线 2 通过 G_1 三次,加上 G_2 后,光线 1 也通过三次与 G_1 厚度相同的玻璃片(G_2 起光程补偿作用),这样 M_1' 和 M_2 之间的空气膜厚度就是光线 1 和 2 的光程差.如果 M_1 与 M_2 并不严格垂直,那么,M_1' 与 M_2 也不严格平行,则在 M_1' 和 M_2 之间形成空气劈形膜,光线 1 和 2 形成等厚干涉,这时观察到的干涉条纹是明暗相间的条纹.若入射单色光波长为 λ,则每当 M_2 向前或向后移动 $\lambda/2$ 的距离时,就可看到干涉条纹平移过一条.所以计算视场中移过的条纹数目 m,就可以算出 M_2 移动的距离 x

$$x = m\frac{\lambda}{2}$$

因此，用已知波长的光波可以测定长度(即 M_2 移动的距离)，测量精度可达十分之一波长的数量级. 反之，也可以由已知长度来测定光波的波长. 迈克耳孙曾用自己的干涉仪测定了红镉线的波长.

5-2 光的衍射

5-1 节我们讲述了光的干涉，这是光的波动性的一个重要特征. 光作为电磁波，它的另一个重要特征就是在一定条件下能产生衍射现象. 这一节将讲述光的衍射现象、惠更斯-菲涅耳原理、夫琅禾费单缝衍射、圆孔衍射、光学仪器的分辨本领、衍射光栅等.

一、光的衍射现象　惠更斯-菲涅耳原理

如图 5-14(a)所示，一束单色平行光通过一个宽度比波长大得多的狭缝 K 时，在屏幕 E 上呈现的光带是狭缝的几何投影，这时光是沿直线传播的. 若缩小缝宽使其可与光波波长相比拟(10^{-4}m 数量级以下)，在屏幕 E 上出现的亮区将比狭缝宽许多，说明这时光绕过了狭缝的边缘传播. 同时在亮区内将出现亮度逐渐减弱的明暗相间的直条纹，如图 5-14(b)所示，这就是光的衍射现象.

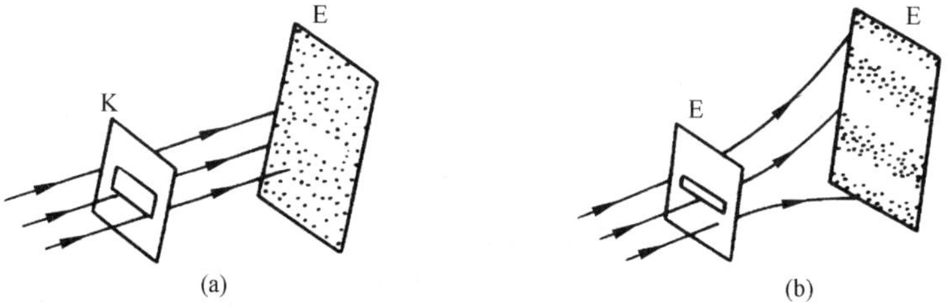

图 5-14　光通过狭缝

利用惠更斯原理，可以定性地解释衍射现象中光绕过狭缝边缘传播的方向问题，但它不能说明光的衍射图样中的强度分布. 为此，菲涅耳用子波可以叠加干涉的思想对惠更斯原理做了补充：从同一波面上各点发出的子波，在传播到空间某一点时，各个子波之间也可以相互叠加而产生干涉现象. 这就是惠更斯-菲涅耳原理. 光的衍射图样的形成，正是光波传到狭缝处时波面上各点发出的无数个子波在屏上相干叠加的结果.

二、夫琅禾费单缝衍射

通常把衍射现象分为两类. 一类是光源和屏幕(或两者之一)与衍射缝(或小孔)的距离是有限的，这类衍射叫做菲涅耳衍射. 另一类是光源和屏幕离衍射缝(或

小孔)都无限远,这类衍射叫夫琅禾费衍射. 在此,我们只讨论夫琅禾费单缝衍射,即入射在衍射缝上的是平行光,观察的衍射光也是平行光. 图 5-15 就是夫琅禾费单缝衍射的实验简图,两个透镜 L_1 和 L_2 的应用,就相当于把光源和屏幕都推到无穷远处.

在惠更斯-菲涅耳原理的基础上,菲涅耳利用波带法说明了单缝衍射图样的形成. 如图 5-15 所示,由单色光源 S 发出的光,通过透镜 L_1 形成单色平行光正入射在单缝上,AB 为单缝的截面,其宽度为 a. 按照惠更斯-菲涅耳原理,AB 上各点都可以看成新的波源,它们将发出子波,向前传播. 在这些子波到达空间某处时,会叠加产生干涉.

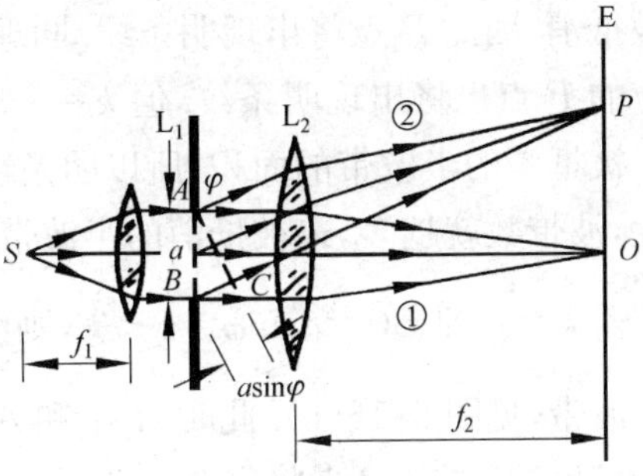

图 5-15　夫琅禾费衍射实验

对沿入射方向传播的各子波射线,经透镜 L_2 会聚于焦点 O(图中光束①). 由于在单缝处的波阵面 AB 是同相面,所以这些子波的相位是相同的,它们经透镜后不会引起附加的光程差,在 O 点会聚时仍保持相等,因而互相干涉加强. 这样,屏上正对狭缝中心的 O 处应出现平行于单缝的亮线,然而由于衍射,实际上在 O 处出现了有一定宽度的明条纹,叫做中央明条纹. 中央明条纹的光强最大.

在其他方向上,如与入射方向成 φ 角传播的子波射线(图中光束②),经透镜 L_2 会聚于屏幕上的 P 点. φ 叫衍射角. 这些光束中各子波射线到达 P 点的光程并不相等,所以它们在 P 点的相位各不相同. 如果过 A 作平面 AC,使 AC 垂直 BC,则由平面 AC 上各点到 P 点的光程都相等. 因此,从 AB 面发出的各射线到达 P 点的光程差就产生在 AB 面转向 AC 面的路程之间. 由图可知,从单缝的 A 和 B 两端点发出的子波到达 P 点的光程差

$$BC = a\sin\varphi$$

显然是沿 φ 角方向的各子波光线最大光程差.

为了根据最大光程差决定屏上明暗条纹的分布情况,我们以单色光波长的一半$\left(\frac{\lambda}{2}\right)$来划分最大光程差 BC,并假设 BC 恰好等于单色光半波长的整数倍,即 $BC=a\sin\varphi=k\cdot\frac{\lambda}{2},k=1,2,3,\cdots$. 现在假定 $k=3$,见图 5-16(a),则 $BC=a\sin\varphi=3\cdot\frac{\lambda}{2}$,这样我们可以将 BC 三等分. 过这些等分点我们可以作彼此相距为$\frac{\lambda}{2}$的平行于 AC 的平面,这些平面把单缝处的波面 AB 截成 AA_1、A_1A_2 和 A_2B 三个面积

相等的波带，这样的波带叫做半波带. 两个相邻的半波带上，任何两个对应点（如 AA_1 的中点和 A_1A_2 的中点）所发出的子波光线，到达 P 点的光程差都是 $\frac{\lambda}{2}$，它们将彼此互相干涉而抵消. 因此，从整个半波带来说，AA_1 和 A_1A_2 这一对相邻的半波带所发出的光，在 P 点将完全干涉抵消. 而只剩下半波带 A_2B 上发出的子波没有被抵消，因此 P 点将出现明条纹. 同理，当 $k=5$ 时，波面 AB 可分为五个半波带，对应的 P 点也将出现明条纹. 但 $k=5$ 时，未被抵消的半波带的面积要小于 $k=3$ 时未被抵消的半波带的面积，所以明条纹的亮度不如 $k=3$ 时的亮. 因此，衍射角 φ 越大，波带数就越多，未被抵消的半波带的面积越小，明条纹的亮度也就越小.

若 $k=4$，即 $BC=a\sin\varphi=4\cdot\frac{\lambda}{2}$，则波面 AB 可分成 AA_1、A_1A_2、A_2A_3、A_3B 四个半波带，见图 5-16(b). 此时 AA_1 和 A_1A_2 以及 A_2A_3 和 A_3B 这两对相邻的半波带所发出的光，在 P 点将完全干涉抵消，因此 P 点处出现暗条纹.

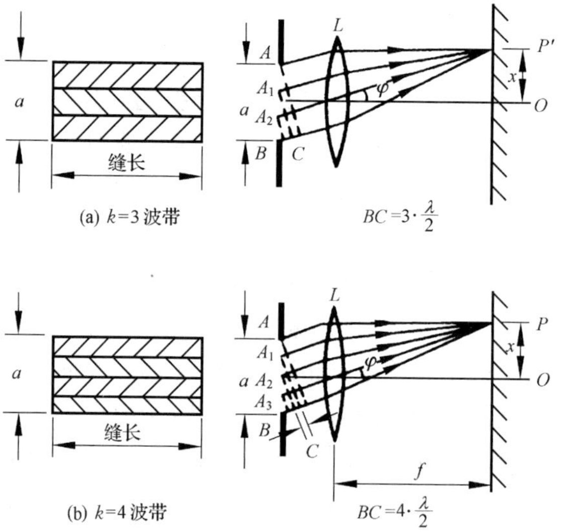

图 5-16　单缝菲涅耳半波带

对于任意其他 φ 角，AB 不能分成整数个半波带，则屏幕上的对应点将介于明暗之间.

综上所述，若对应衍射角 φ，BC 恰好等于半波长的偶数倍，即 AB 波面恰好能分成偶数个半波带，则在屏上对应处出现暗条纹. 用数学式表示为

$$a\sin\varphi=\pm 2k\frac{\lambda}{2},\quad k=1,2,3,\cdots \text{为暗条纹} \tag{5-19}$$

对应 $k=1,2,3,\cdots$分别叫第一级暗条纹、第二级暗条纹……，式中正、负号表示各级暗条纹对称分布在中央明条纹的两侧.

若对应衍射角 φ，BC 恰好等于半波长的奇数倍，即 AB 波面恰好能分成奇数个半波带，则在屏上对应处出现明条纹. 用数学式表示为

$$a\sin\varphi = \pm(2k+1)\frac{\lambda}{2}, \quad k=1,2,3,\cdots \text{为明条纹} \tag{5-20}$$

对应 $k=1,2,3,\cdots$分别叫第一级明条纹、第二级明条纹……，各级明条纹也对称地分布在中央明条纹的两侧.

单缝衍射的光强分布如图 5-17 所示. 可以看出，中央明条纹的光强最大，这是因为整个 AB 波面发出的子波在中央处都加强. 对其他各级明纹，其光强迅速减弱.

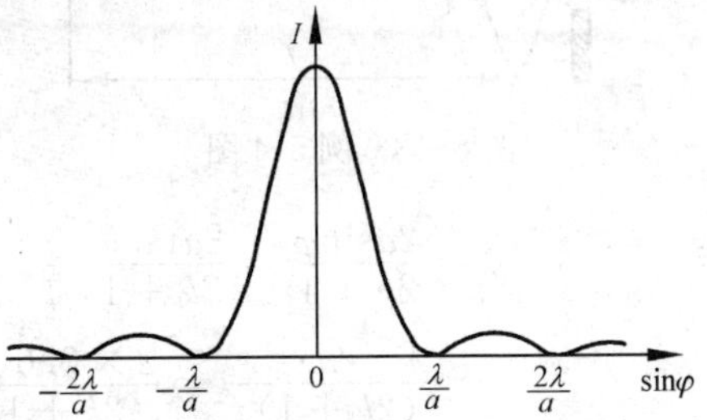

图 5-17 单缝衍射条纹的强度分布

由图 5-16 可知，在衍射角 φ 很小时，φ 和透镜焦距 f 以及条纹在屏上距中心 O 的距离 x 之间的关系为

$$x = f\tan\varphi \approx f\sin\varphi \approx f\varphi$$

中央明纹的宽度为两个第一级暗纹之间的距离，由(5-19)式可求出第一级暗纹距中心的距离为

$$x_1 = \varphi_1 f = \frac{\lambda}{a}f$$

所以中央明纹的宽度为

$$l_0 = 2x_1 = \frac{2\lambda}{a}f \tag{5-21}$$

其他各级明纹的宽度为

$$l = \varphi_{k+1}f - \varphi_k f = \left[\frac{(k+1)\lambda}{a} - \frac{k\lambda}{a}\right]f = \frac{\lambda}{a}f \tag{5-22}$$

可见，中央明纹的宽度为其他明纹宽度的两倍. 上两式表明，明纹宽度反比于缝宽 a. 缝越窄，条纹分布越宽，衍射越显著；缝越宽，衍射越不明显. 当缝宽 $a \gg \lambda$ 时，各级衍射条纹都密集于中央明纹附近而无法分辨，只显出单一的亮纹，实际上它就是单缝的像. 这时，可以认为光是沿直线传播的.

当缝宽 a 一定时，入射光波长 λ 越大，衍射角也越大. 因此若用白光照射，因各色光对 $\varphi=0$ 时都加强，中央明纹仍是白色的，而其两侧将出现一系列由紫到红的彩色条纹.

例 5-4 已知单缝的宽度为 0.6mm，会聚透镜的焦距等于 40cm，让光线垂直入射单缝平面，在屏幕上 $x=1.4\text{mm}$ 处看到明条纹极大，如图 5-18 所示. 试求：(1)入射光的波长及衍射级数；(2)缝面所能分成的半波带数.

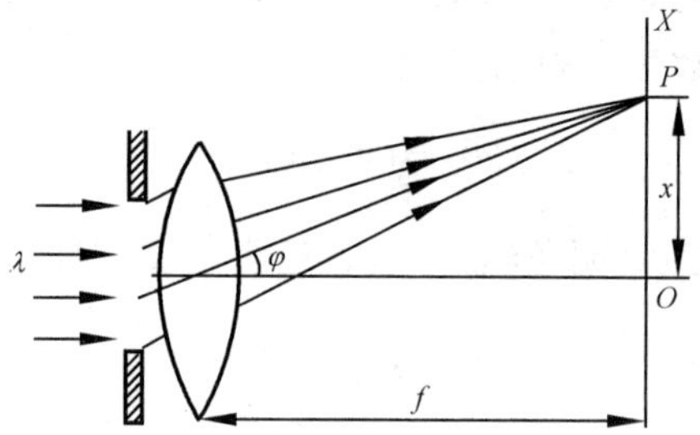

图 5-18　例 5-4 图

解　(1) 根据单缝衍射明纹公式,有

$$a\sin\varphi=(2k+1)\frac{\lambda}{2},\quad k=1,2,\cdots$$

依题意,由图 5-18 可得

$$\tan\varphi=\frac{x}{f}=\frac{0.14}{40}=0.0350$$

即

$$\varphi\ll 5^\circ$$

所以入射光线的波长为

$$\lambda=\frac{2a\sin\varphi}{2k+1}=\frac{2a\tan\varphi}{2k+1}$$

$$=\frac{2ax}{(2k+1)f}=\frac{2\times0.6\times0.14}{(2k+1)\times40}=\frac{4.2\times10^{-3}}{2k+1}(\text{mm})$$

在可见光的波长范围内 400nm$<\lambda<$760nm,把一系列 k 的许可值代入上式中,求出符合题意的解.

令 $k=1$,求得 $\lambda=1400$nm,为红外线,不符合题意;

令 $k=2$,求得 $\lambda=840$nm,仍为红外线,不符合题意;

令 $k=3$,求得 $\lambda=600$nm,为可见光,符合题意;

令 $k=4$,求得 $\lambda=466.7$nm,为可见光,符合题意;

令 $k=5$,求得 $\lambda=380$nm,为紫外线,不符合题意.

所以,本题有两个解:

波长为 600nm 的第三级衍射和波长为 466.7nm 的第四级衍射.

(2) 单缝波面在波长为 600nm 时,可以分割成 $2k+1=7$ 个半波带;在波长为 466.7nm 时,可以分割成 $2k+1=9$ 个半波带.

三、光学仪器的分辨本领

1. 圆孔衍射

在图 5-15 中,如果我们用圆孔代替狭缝,就构成了圆孔的夫琅禾费衍射装置,在透镜 L_2 的焦平面上可得到圆孔的衍射图样(图 5-19).衍射图样的中央为一明亮的圆斑,称为艾里斑,它集中了光强的绝大部分(约 84%).圆孔衍射的光强分布如图 5-20 所示.

由理论计算,艾里斑对透镜 L_2 的光心所张角度的一半(称之为半张角)为

$$\theta=1.22\frac{\lambda}{D}\tag{5-23}$$

式中,λ 为入射单色光的波长;D 为圆孔的直径.

若艾里斑的直径为 d,透镜 L_2 的焦距为 f,在 θ 角很小的情况下,可以得到

$$\tan\theta\approx\sin\theta\approx\theta=\frac{d}{2f}$$

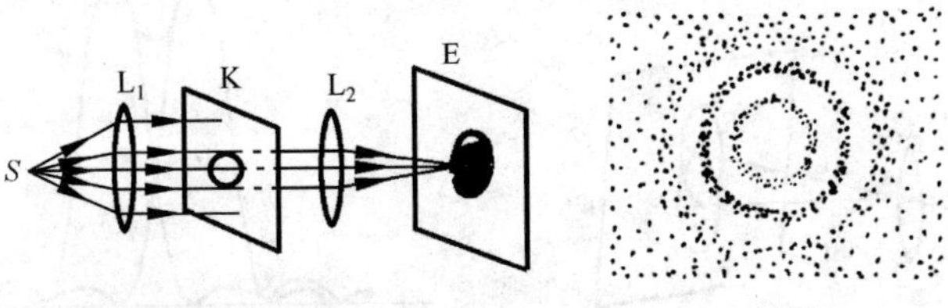

(a) 夫琅禾费圆孔衍射装置　　(b) 衍射图样

图 5-19　夫琅禾费圆孔衍射

与(5-23)式比较,可见圆斑的直径与圆孔直径成反比,圆孔越小,衍射现象越显著.

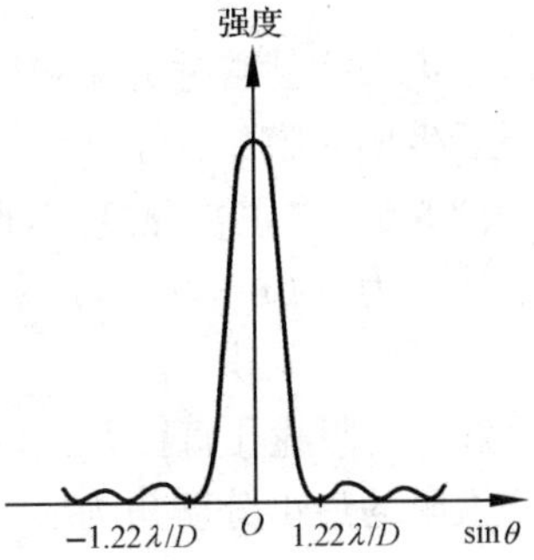

图 5-20　圆孔衍射光强分布

2. 光学仪器的分辨本领

大多数光学仪器所使用的透镜的边缘都是圆形的,它就相当于一个透光的小圆孔. 按几何光学,物体上一个发光点经透镜聚焦后将得到一个对应的像点. 但是实际上,由于光的衍射,我们得到的是一个有一定大小的艾里斑. 因此对相距很近的两个物点,经同一个透镜成像后,其相应的两个艾里斑就会互相重叠. 如果两个物点相距太近,以致相应的两个艾里斑互相重叠得很厉害,我们将完全无法分辨出这两个物点的像. 可见,由于光的衍射,光学仪器的分辨能力受到了限制.

那么两个物点之间的最小距离为多少才能被光学仪器所分辨呢? 英国物理学家瑞利提出了一个判据:如果一个物点的艾里斑中心,刚好和另一个物点的艾里斑边缘(即第一个暗环)相重合(图 5-21),则这两个物点恰好能被这一光学仪器所分辨. 这个判据就称作瑞利判据. "恰能分辨"时两个物点 S_1、S_2 对透镜中心所张的角 $\delta\varphi$ 叫做最小分辨角(图 5-21(b)). 由图 5-21(a)可以看出,最小分辨角 $\delta\varphi$ 刚好等于艾里斑对透镜中心所张角度的一半,即半张角 θ. 因此由(5-23)式得到

$$\delta\varphi = 1.22\,\frac{\lambda}{D} \tag{5-24}$$

在光学仪器中,通常把 $\delta\varphi$ 的倒数

$$\frac{1}{\delta\varphi} = \frac{D}{1.22\lambda} \tag{5-25}$$

称为光学仪器的分辨本领. 由(5-25)式可知,为提高光学仪器的分辨本领,可采用增大透镜的直径或者减小入射光的波长的方法. 大型天文望远镜的物镜做得很大,显微镜使用波长较短的光照明,都是为了提高其分辨本领. 电子显微镜用波长极短

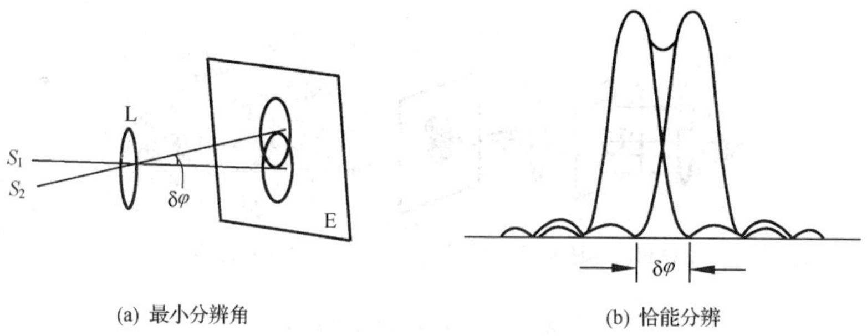

图 5-21　瑞利判据

的电子束来代替普通光束，从而获得极高的分辨本领，它甚至可以观察到原子表层扩展后生成薄膜的样子.

例 5-5　在正常照度下，设人眼瞳孔直径约为 3mm，而在可见光中，人眼最灵敏的波长为 550nm，迎面开来的汽车，其两车灯相距为 1m，汽车离人多远时，两灯刚能为人眼所分辨?

解　人眼瞳孔直径 $D=3\text{mm}=3\times10^{-3}\text{m}$，光波波长 $\lambda=550\text{nm}=5.5\times10^{-7}\text{m}$.

人眼的最小分辨角为

$$\delta\varphi=1.22\frac{\lambda}{D}=1.22\times\frac{5.5\times10^{-7}}{3\times10^{-3}}=2.24\times10^{-4}(\text{rad})$$

两车灯距离 $W=1\text{m}$，所以当车很远时，$\delta\varphi\approx\sin\delta\varphi=\dfrac{W}{L}$，距离为 $L=\dfrac{W}{\delta\varphi}=4464\text{m}$.

四、衍射光栅

在单缝衍射实验中，原则上可以通过对明纹宽度的测量来测定入射光的波长.但实际上，由于单缝衍射的光强大部分都集中在中央明纹上，其他明纹光强很弱，条纹不够清晰明亮，以致无法进行精确地测量. 为了得到亮度很大、分得很开的谱线，我们往往利用光栅这一光学元件.

1. 平面衍射光栅

在一块玻璃片上用金刚石刀尖刻划出一系列等宽度、等距离的平行刻痕，刻痕处因漫反射而不透光，两刻痕间相当于透光的狭缝，这样就做成了平面衍射光栅. 若刻痕的宽度为 b，两刻痕间的宽度为 a，则 $(a+b)=d$ 叫做光栅常量. 实际的光栅，每毫米内通常有几十乃至上千条刻痕. 光栅常量的数量级为 $10^{-6}\sim10^{-5}\text{m}$.

光栅有许多缝，当单色光正入射到光栅上时，从各个缝发出的光都是相干光，它们之间叠加后将发生干涉，而从各个缝上无数个子波波源发出的光本身又会产生衍射. 正是各个缝之间的干涉和每缝自身的衍射的总效果，形成了光栅的衍射条纹.

2. 光栅公式

下面简单讨论光栅衍射中出现明条纹应满足的条件. 在图 5-22 中，波长为 λ

的单色平行光正入射到光栅上，从相邻两缝发出的沿衍射角 φ 方向的平行光，经透镜会聚于 P 时，它们之间的光程差都等于 $d\sin\varphi$. 我们选取任意相邻两缝发出的光，若它们之间的光程差 $d\sin\varphi$ 恰好等于入射光波长 λ 的整数倍，这两束光将在 P 点干涉加强. 显然，其他任意相邻两缝沿 φ 方向发出的光的光程差也等于 λ 的整数倍，它们会聚于 P 点后也是相互加强，因此 P 点应形成明条纹. 可见，光栅衍射在屏幕上形成明条纹的条件为

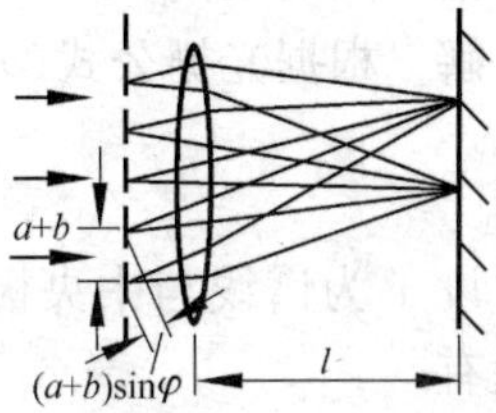

图 5-22　平面衍射光栅

$$d\sin\varphi = \pm k\lambda, \quad k = 0,1,2,\cdots \tag{5-26}$$

这个公式称为光栅公式. k 称为衍射级次. $k=0$ 时，$\varphi=0$ 为中央极大；对应于 $k=1$，$2,\cdots$ 的明条纹分别叫第一级明纹、第二级明纹……，正、负号表示各级明纹对称分布在中央极大的两侧.

由(5-26)式可得

$$\sin\varphi = \frac{k\lambda}{d}$$

可以看出，当以单色光正入射光栅时，光栅常量 d 越小，φ 就越大，明条纹之间的间隔也越大. 详尽的讨论还可以证明，光栅的狭缝数目越多，明纹就越亮，条纹的宽度将越窄. 因此，利用衍射光栅可以获得亮度大、分得很开、宽度很窄的条纹，这为精确地测量波长提供了有利的条件.

3. 衍射光谱

由光栅公式(5-26)可知，如果用白光照射光栅，由于各成分单色光的波长 λ 不同，除中央零级条纹是由各色光混合而成仍为白光外，各单色光的其他同级明条纹将在不同的衍射角出现，形成按远离中央明纹方向由紫到红排列的彩色光带，这些光带的整体就叫做衍射光谱(图 5-23). 对于较高级次的光谱，会出现不同颜色的不同级次光谱的重叠.

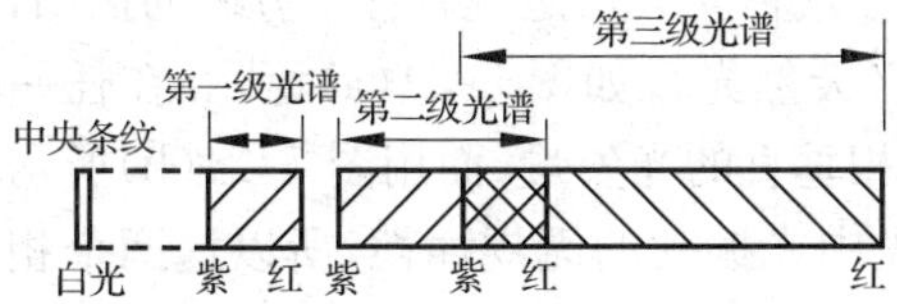

图 5-23　衍射光谱

各种光源发出的光，经过光栅衍射后所形成的光谱是不相同的. 由于各种元素或化合物有它们自己特定的光谱，因此由物质光谱的结构，可以定性地分析出该物质所含的元素或化合物. 在科学研究和工程技术上，衍射光谱已被广泛地应用.

例 5-6　波长为 500nm 及 520nm 的光照射到光栅常量为 0.002cm 的衍射光栅上. 在光栅后面用焦距为 2m 的透镜把光线会聚在屏幕上. 求这两种光线的第一

级光谱线间的距离.

解 根据光栅公式$(a+b)\sin\varphi=k\lambda$,得

$$\sin\varphi_1=\frac{\lambda}{a+b}$$

设x为谱线与中央极大间的距离,D为透镜的焦距,则$x=D\tan\varphi$,因此对第一级有

$$x_1=D\tan\varphi_1$$

由于φ角很小,所以$\sin\varphi\approx\tan\varphi$. 因此,波长为520nm与500nm的两种光线的第一级谱线间的距离为

$$\begin{aligned}x_1-x_1'&=D\tan\varphi_1-D\tan\varphi_1'=D\left(\frac{\lambda}{a+b}-\frac{\lambda'}{a+b}\right)\\&=200\times\left(\frac{520\times10^{-7}}{0.002}-\frac{500\times10^{-7}}{0.002}\right)\\&=0.2(\text{cm})\end{aligned}$$

5-3 光的偏振

光的干涉和衍射现象是光的波动性的有力证明,但是却不能证明光波究竟是横波还是纵波. 光有偏振现象,则证实光是横波. 本节讲述光的偏振现象和几种获得偏振光的简单方法.

一、自然光　偏振光

我们在本章前两节已经提过,光是电磁波,而电磁波是横波. 电磁波中起感光作用的主要是$\boldsymbol{E}$矢量,所以$\boldsymbol{E}$矢量又叫光矢量,$\boldsymbol{E}$的振动叫光振动. 对普通光源,由于分子或原子发光的间歇性和光矢量振动方向的无规律性,所以光矢量的振动方向分布在一切可能的方位. 而且在垂直于光传播方向的平面内的任一个方向上,光振动的振幅都相等,没有哪个方向的振动比其他方向占优势. 因此普通光源发出的光是在所有振动方向上振幅都相等的光. 这种光矢量是具有各个方向的振动,且各个方向振动概率相等的光,称为自然光(天然光),如图5-24(a)所示. 在任一时刻,我们可以把每个光矢量分解成两个互相垂直的光矢量,而用图5-24(b)所示的方法来表示自然光. 但应注意,由于自然光中光振动的无规律性,所以这两个相互垂直的光矢量之间并没有恒定的相位差. 通常我们用和传播方向垂直的短线表示光矢量在纸面内的振动,用点子表示垂直于纸面的振动. 对于自然光,点子和短线等距分布、数量相同,表示没有哪一个方向的光振动占优势,如图5-24(c)所示.

自然光经过某些物质反射、折射或吸收后,可能只保留某一方向的光振动,这种光矢量只沿一个固定方向振动的光称为线偏振光,如图5-25(a)、(b)所示. 光矢量的振动方向和光的传播方向组成的平面叫做振动面. 图5-25(a)中的振动面平

行于纸面,图 5-25(b)中的振动面垂直于纸面. 若光波中,某一方向的光振动比与之相垂直的另一方向的光振动占优势,这种光叫做部分偏振光,如图 5-25(c)、(d)所示.

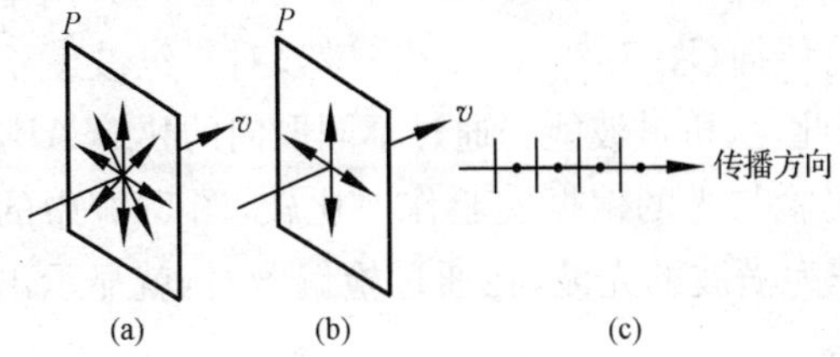

图 5-24　自然光

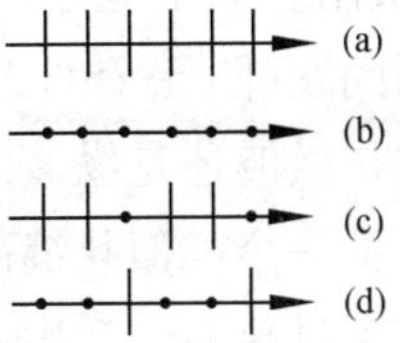

图 5-25　线偏振光和部分偏振光

二、偏振片　起偏和检偏

从自然光中获得偏振光的过程叫做起偏,所用的相应器件叫做起偏器. 偏振片就是最常用、最简单的起偏器. 某些物质,如硫酸金鸡钠碱晶体,能吸收某一方向的光振动,而只让与这个方向垂直的光振动通过. 把这种晶体涂在透明薄片上,就成为偏振片. 被允许通过的光振动方向,叫做偏振化方向. 在表示偏振片的图上,用符号"|"表明它的偏振化方向(图 5-26).

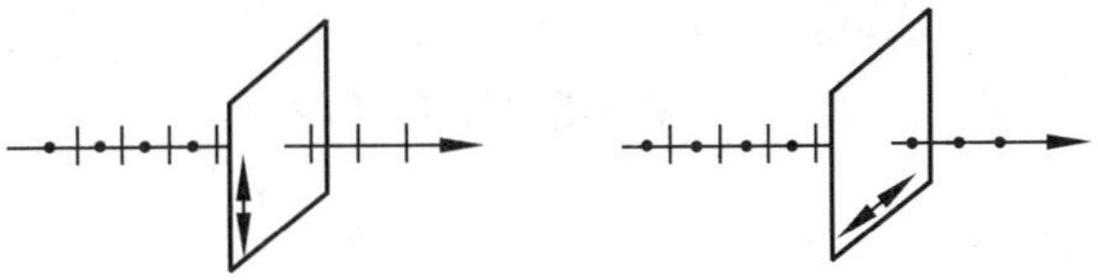

图 5-26　起偏器

偏振片也可以作为检偏器用来检验某一束光是否是偏振光. 如图 5-27 所示,让一束偏振光直射到偏振片上,当偏振片的偏振化方向与偏振光的光振动方向相同时,该偏振光可完全透过偏振片射出(图 5-27(a)). 若把偏振片转过 90°角,即当偏振片的偏振化方向与偏振光的光振动方向垂直时,该偏振光将不能透过偏振片(图 5-27(c)). 当我们以偏振光的传播方向为轴,不停地旋转偏振片时,透射光将经历由最明到黑暗,再由黑暗变回最明的变化过程. 如果直射到偏振

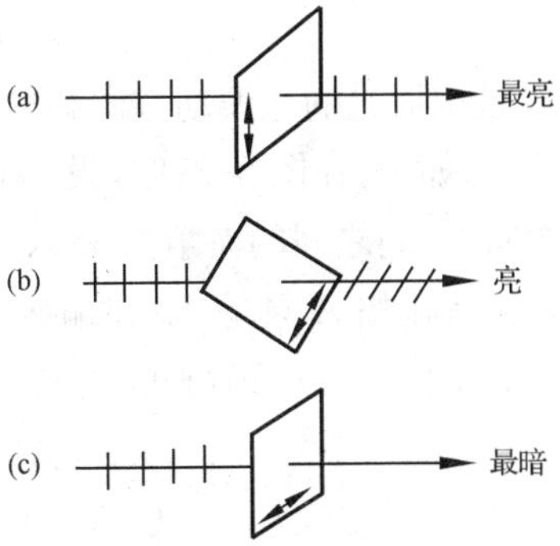

图 5-27　检偏器

片的光是自然光，上述现象就不会出现. 因此这块偏振片就是一个检偏器.

上述光的偏振实验说明了光的横波特性. 为说明这个问题，我们将偏振片对光波的作用与狭缝对机械波的直观作用作一类比. 在图 5-28(a)中，机械横波完全可以通过与波的振动方向平行的狭缝 AB. 但是，当狭缝 AB 与横波的振动方向垂直时，波将被阻止而不能穿过狭缝向前传播(图 5-28(c)). 很显然，对于纵波就不存在这样的问题(图 5-28(b)、(d)). 因此，从机械波能否通过不同取向的狭缝 AB，可以判断它是横波还是纵波. 将这一实验与光的偏振实验作一比较，图 5-27中的检偏器就起了一个类似狭缝的作用. 作为横波的光波，在通过检偏器时，就显示出了机械横波穿过狭缝时产生的类似效果.

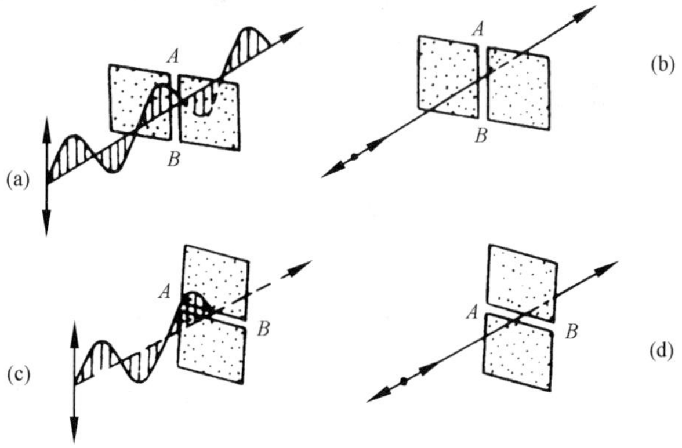

图 5-28　机械横波与纵波的区别

三、马吕斯定律

1808 年马吕斯通过实验发现，强度为 I_0 的偏振光，通过检偏器后，透射光的强度为

$$I = I_0 \cos^2\alpha \tag{5-27}$$

式中，α 是偏振光的光振动方向和检偏器偏振化方向之间的夹角. 上式称为马吕斯定律. 证明如下：在图 5-29中，设 OM 为入射偏振光的光振动，ON 为检偏器的偏振化方向，它们之间的夹角为 α. 以 A_0 表示入射偏振光的光矢量的振幅，通过检偏器的光矢量振幅 A 只是 A_0 在偏振化方向的分量，即 $A=A_0\cos\alpha$. 因为光强与振幅的平方成正比，所以透射光的光强 I 与入射偏振光的光强 I_0 之比为

$$\frac{I}{I_0} = \frac{A^2}{A_0^2} = \frac{A_0^2\cos^2\alpha}{A_0^2} = \cos^2\alpha$$

即

$$I = I_0 \cos^2\alpha$$

由上可知，当 $\alpha=0°$ 或 180°时，$I=I_0$，光强最大；当 $\alpha=90°$ 或 270°时，$I=0$，没有光从

检偏器射出；当 α 为其他值时，光强介于零与 I_0 之间.

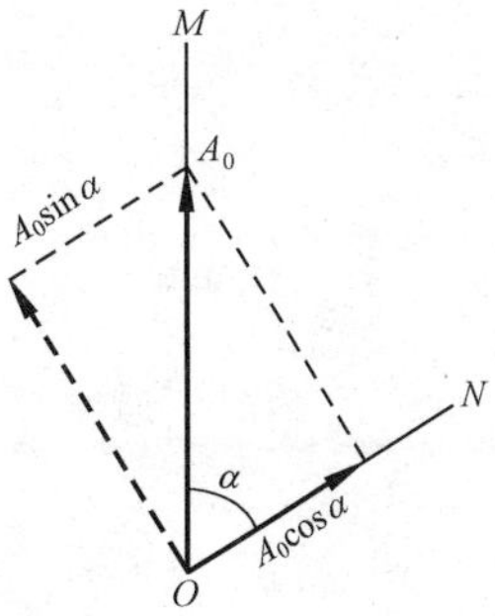

图 5-29 马吕斯定律

例 5-7 一束光由自然光和线偏振光混合而成，当它通过一偏振片时发现透射光的强度取决于偏振片的取向，其强度可以变化 5 倍，求入射光中两种光的强度各占总入射光强度的几分之几？

解 自然光通过偏振片后光强为 $I_0'=\dfrac{1}{2}I_0$，线偏振光通过偏振片后最大光强 $I'=I$，最小光强为零. 由题可知

$$\frac{I_0'+0}{I_0'+I'}=\frac{1}{5}$$

得

$$I'=4I_0'$$

所以

$$\frac{I_0}{I}=\frac{2I_0'}{I'}=\frac{1}{2}$$

四、反射和折射时光的偏振

实验证明，自然光在折射率为 n_1 和 n_2 的不同介质的分界面反射和折射时，在一般情况下，反射光和折射光不再是自然光，而是部分偏振光，见图 5-30. 反射光中垂直于入射面的光振动占优势，而在折射光中平行于入射面的光振动占优势.

实验还表明，反射光的偏振化程度与入射角有关. 当入射角 i_0 满足

$$\tan i_0=\frac{n_2}{n_1} \tag{5-28}$$

时，反射光成为光振动垂直于入射面的完全偏振光，而折射光仍为平行振动占优势的部分偏振光，见图 5-31.（5-28）式称为布儒斯特定律. 入射角 i_0 称为布儒斯特角或起偏振角.

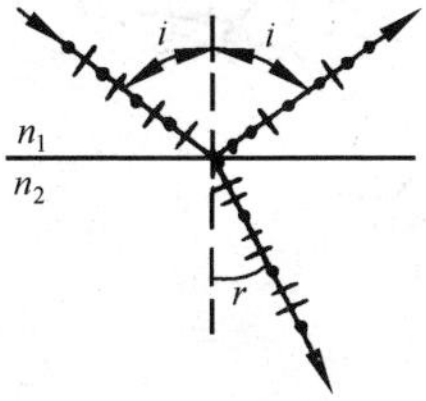

图 5-30 自然光经反射和折射后变成部分偏振光

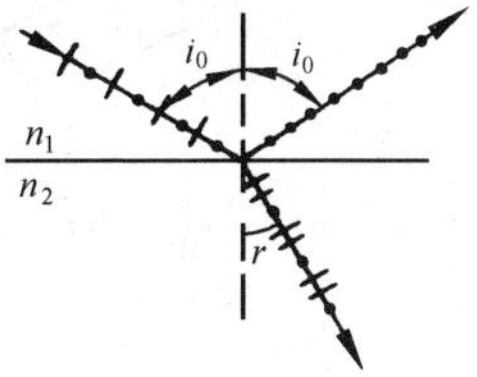

图 5-31 入射角为 i_0 时反射光为偏振光

可以推论，当入射角为布儒斯特角时，反射光与折射光互相垂直. 根据折射定律，有

$$\frac{\sin i_0}{\sin r} = \frac{n_2}{n_1}$$

又

$$\tan i_0 = \frac{\sin i_0}{\cos i_0} = \frac{n_2}{n_1}$$

所以

$$\sin r = \cos i_0$$

即

$$i_0 + r = 90°$$

当自然光以布儒斯特角 i_0 入射时，入射光中平行于入射面的光振动完全被折射，垂直于入射面的光振动也大部分被折射，被反射的只占一小部分. 因此，反射光虽为偏振光，但光强很弱. 例如，自然光从空气($n_1=1$)射向玻璃($n_2=1.50$)时，布儒斯特角 $i_0 \approx 56°$，反射光的强度大约只占入射光强度的 8%. 为了增强反射光的强度和提高折射光的偏振化程度，可以利用把许多玻璃片重叠在一起构成玻璃片堆，见图 5-32. 自然光以布儒斯特角入射时，光经各层玻璃面的多次反射和折射，可使反射光的强度加强. 同时折射光中的垂直分量也随之减小，使透射光接近于完全偏振光.

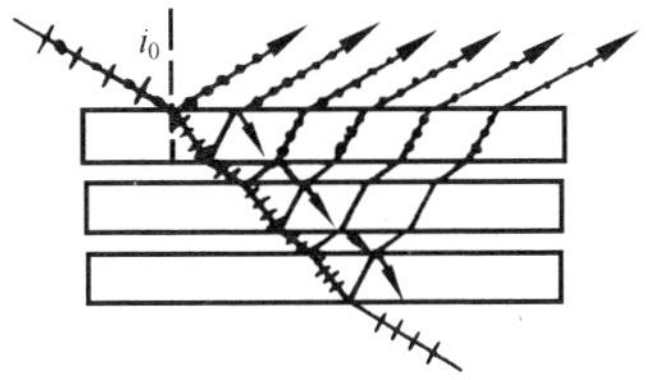

图 5-32　玻璃片堆

*五、由双折射产生偏振光

通常，当一束光线在两种各向同性介质的分界面上发生折射时，在入射面内只有一束折射光. 但是，当光线射入某些各向异性的介质晶体(如方解石、石英等)时，一束光将分解为两束折射光. 这种现象称为双折射现象，如图 5-33 所示. 能够产生双折射现象的晶体叫做双折射晶体. 当我们通过双折射晶体观察物体时，物体的像将是双重的.

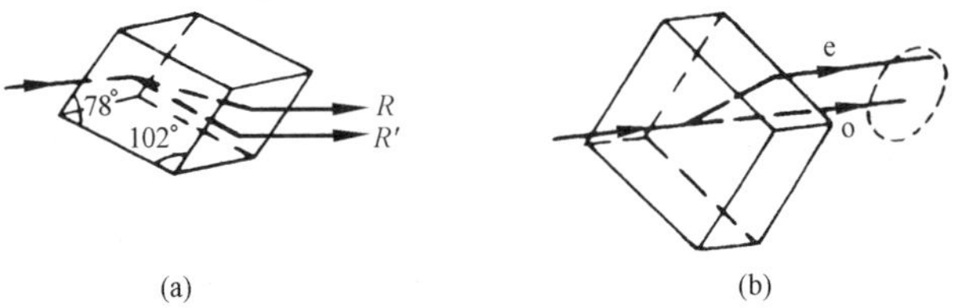

图 5-33　双折射现象

当我们改变入射光线的入射角 i 时，两束折射光线中的一束始终遵守折射定律，这束光称为寻常光线，用 o 表示，简称 o 光；另一束光则不遵守折射定律，当入射角 i 改变时，其折射率也

随之改变，即$\frac{\sin i}{\sin r}$不是一个常数，这束光一般也不在入射面内，称为非常光线，用 e 表示，简称 e 光. 当光线正入射，即当入射角 $i=0$ 时，o 光仍沿原方向传播，而 e 光一般要发生折射而偏离原方向传播(图 5-33(b)). 这时，如果将晶体绕光的入射方向旋转，o 光将不动，而 e 光将随之绕轴旋转.

经检偏器检测，o 光和 e 光都是线偏振光.

由 $n=\frac{c}{v}$ 可知，折射率 n 决定光在介质中的传播速度 v，所以寻常光线在晶体中沿各个方向传播的速度都相同，而非常光线的传播速度却随传播方向的不同而改变.

实验发现，在晶体内部存在一个特殊的方向，沿这个方向，寻常光线和非常光线的传播速度相同，即光沿这个方向传播时不发生双折射，此方向称为晶体的光轴. 必须注意，晶体的光轴仅表示晶体内的一个方向，晶体内任何一条与光轴方向平行的直线都是光轴. 只有一个光轴的晶体称为单轴晶体，如方解石、石英等. 有两个光轴的晶体称为双轴晶体，如云母、硫磺等.

通过光轴并与任一个晶体的天然晶面相正交的面，即由光轴与该晶面的法线所组成的平面，叫做晶体的主截面. 方解石的主截面为平行四边形(图 5-34(a)). 晶体内任一已知光线和光轴所组成的平面叫做该光线的主平面. 寻常光线的光振动方向垂直于其主平面，而非常光线的光振动方向在其主平面内(图 5-34(b)). 一般情况下，o 光和 e 光的主平面并不重合，只有当入射光线在主截面内，即入射面是晶体的主截面时，o 光、e 光的主平面和主截面重合在一起. 这时，o 光和 e 光的振动方向相互垂直.

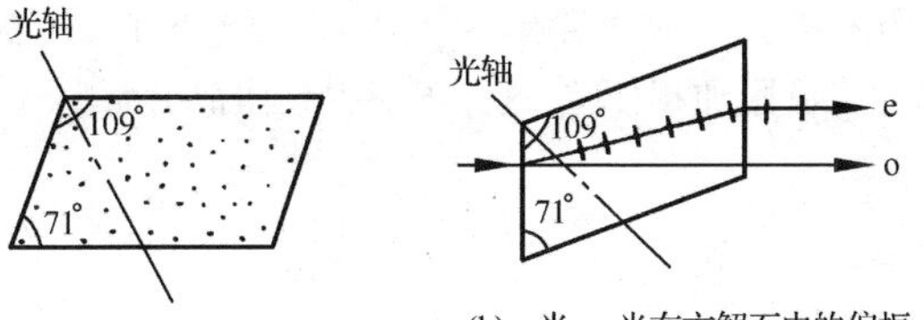

(a) 方解石的主截面

(b) o光、e光在方解石内的偏振情况(主平面与主截面重面)

图 5-34　方解石

*六、偏振光干涉和人工双折射

1. 偏振光干涉

在实验室中观察偏振光干涉的基本装置如图 5-35 所示.

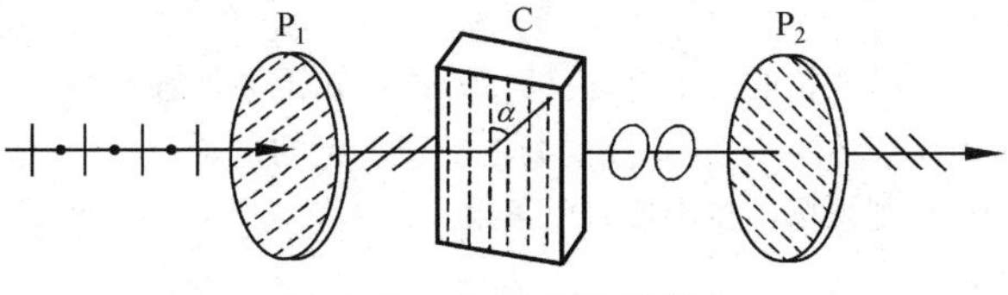

图 5-35　偏振光干涉实验

单色自然光垂直入射于偏振片 P_1，通过 P_1 后成为线偏振光，通过晶片 C 后由于晶片的双

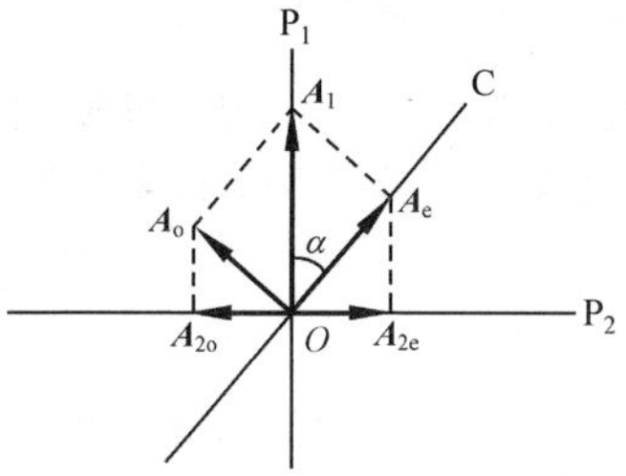

图 5-36 偏振光干涉的振幅矢量图

折射,成为有一定相位差但光振动相互垂直的两束光. 这两束光射入 P_2 时,只有沿 P_2 的偏振化方向的光振动才能通过,于是就得到了两束相干的偏振光.

图 5-36 为通过 P_1、C 和 P_2 的光的振幅矢量图. 这里 P_1、P_2 表示两正交偏振片的偏振化方向,C 表示晶片的光轴方向. A_1 为入射晶片的线偏振光的振幅,A_o 和 A_e 为通过晶片后两束光的振幅,A_{2o} 和 A_{2e} 为通过 P_2 后两束相干光的振幅. 如果忽略吸收和其他损耗,由振幅矢量图可求得

$$A_o = A_1 \sin\alpha$$

$$A_e = A_1 \cos\alpha$$

$$A_{2o} = A_o \cos\alpha = A_1 \sin\alpha\cos\alpha$$

$$A_{2e} = A_e \cos\alpha = A_1 \sin\alpha\cos\alpha$$

可见在 P_1、P_2 正交时 $A_{2e} = 2_{2o}$.

两相干偏振光总的相位差为

$$\Delta\varphi = \frac{2\pi}{\lambda}(n_o - n_e)d + \pi \tag{5-29}$$

因为透过 P_1 的是线偏振光,所以进入晶片后形成的两束光的初相差为零.(5-29)式中第一项是通过晶片时产生的相位差,第二项是通过 P_2 时产生的附加相位差. 从振幅矢量图可见 A_{2o} 和 A_{2e} 的方向相反,因而附加相位差为 π. 应该明确,这一附加相位差和 P_1、P_2 的偏振化方向间的相对位置有关,在二者平行时没有附加相位差. 这一项应视具体情况而定. 在 P_1 和 P_2 正交的情况下,当

$$\Delta\varphi = 2k\pi, \quad k = 1, 2, \cdots$$

或

$$(n_o - n_e)d = (2k-1)\frac{\lambda}{2}$$

时,干涉加强;当

$$\Delta\varphi = (2k+1)\pi, \quad k = 1, 2, \cdots$$

或

$$(n_o - n_e)d = k\lambda$$

时,干涉减弱. 如果晶片厚度均匀,当用单色自然光入射,干涉加强时,P_2 后面的视场最明;干涉减弱时视场最暗,并无干涉条纹. 当晶片厚度不均匀时,各处干涉情况不同,则视场中将出现干涉条纹.

当白光入射时,对各种波长的光来讲,由(5-29)式可知干涉加强和减弱的条件因波长的不同而各不相同. 所以当晶片的厚度一定时,视场将出现一定的色彩,这种现象称为色偏振. 如果这时晶片各处厚度不同,则视场中将出现彩色条纹.

2. 人工双折射

有些本来是各向同性的非晶体和有些液体,在人为条件下,可以变成各向异性,因而产生的双折射现象称为人工双折射. 下面简单介绍两种人工双折射现象中偏振光的干涉和应用.

1) 应力双折射

塑料、玻璃等非晶体物质在机械力作用下产生变形时，就会获得各向异性的性质，和单轴晶体一样，可以产生双折射.

利用这种性质，在工程上可以制成各种机械零件的透明塑料模型，然后模拟零件的受力情况，观察、分析偏振光干涉的色彩和条纹分布，从而判断零件内部的应力分布. 这种方法称为光弹性方法.

2) 克尔效应

这种人工双折射是非晶体或液体在强电场作用下产生的. 电场使分子定向排列，从而获得类似于晶体的各向异性性质，这一现象是克尔(J. Kerr)于1875年首次发现的，所以称为克尔效应.

图5-37所示的实验装置中，P_1、P_2为正交偏振片. 克尔盒中盛有液体(如硝基苯等)并装有长为l、间隔为d的平行板电极. 加电场后，两板间液体获得单轴晶体的性质，其光轴方向沿电场方向.

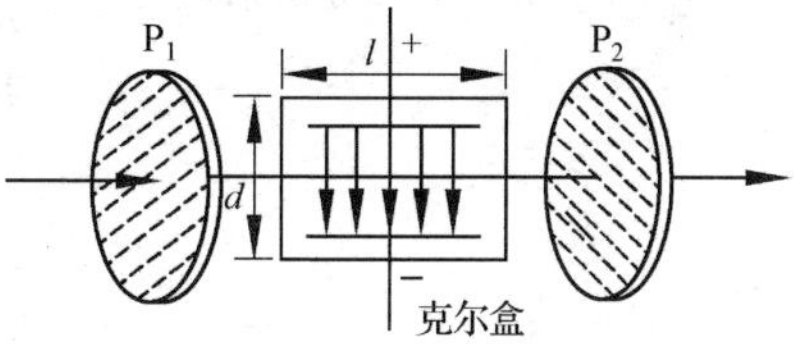

图5-37　克尔效应

线偏振光通过液体时产生双折射，通过液体后o、e光的光程差为

$$\delta = (n_o - n_e)l = kl\frac{u^2}{d^2}$$

当电压u变化时，光程差δ随之变化，从而使透过P_2的光强也随之变化，因此可以用电压对偏振光的光强进行调制. 克尔效应的产生和消失所需时间极短，约为10^{-9} s. 因此可以做成几乎没有惯性的光断续器. 这些断续器已广泛用于高速摄影、激光通信和电视等装置中.

另外，有些晶体，特别是压电晶体在加电场后也能改变其各向异性性质，其折射率的差值与所加电场强度成正比，所以称为线性电光效应，又称泡克耳斯(Pockels)效应.

还可以指出，在强磁场作用下，非晶体也能产生双折射现象，称为磁双折射效应.

*七、旋光现象

1811年，法国物理学家阿拉戈(D. F. J. Arago)发现，线偏振光沿光轴方向通过石英晶体时，其偏振面会发生旋转. 这种现象称为旋光现象. 如图5-38所示，当线偏振光沿光轴方向通过石英晶体时，其偏振面会旋转一个角度θ. 实验证明，角度θ和光线在晶体内通过的路程l成正比，即

$$\theta = \alpha l$$

式中，α叫做石英的旋光率. 不同晶体的旋光率不同，旋光率的数值还和光的波长有关. 例如，石英对λ=589nm的黄光，α=21.75(°)·mm^{-1}；对λ=408nm的紫光，α=48.9(°)·mm^{-1}.

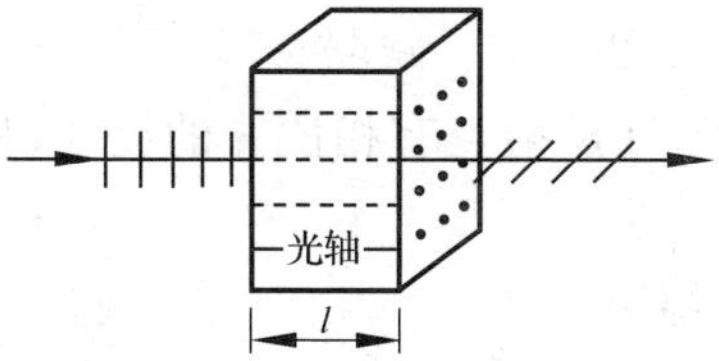

图5-38　旋光现象

很多液体，如松节油、乳酸、糖的溶液也具有旋光性. 线偏振光通过这些液体时，偏振面旋转的角度θ和光在液体中通过的路程l成正比，也和溶液的浓度C成正比，即

$$\theta = [\alpha]Cl$$

式中，$[\alpha]$称为液体或溶液的旋光率. 蔗糖水溶液在20℃时，对λ=589nm的黄光，其旋光率为$[\alpha]$=66.46(°)·dm^{-1}·g^{-1}·mm^3. 糖溶液的这种性质被用来检测糖浆或糖尿中的糖分.

*八、偏振理论在各方面的应用

我们知道，戴上偏振太阳镜能使从玻璃、水面或其他物体表面反射回来的耀眼的光显著减弱.偏振太阳镜是由两块夹着偏振片的玻璃片制成的，为了能吸收更多的光，经常把它做成黑色.当太阳光被空气分子、水蒸气或尘埃粒子散射之后，一部分散射光将变成偏振光.特别当太阳光以 90° 散射时(图 5-39)，在向下散射的光线里，偏振光可达 70%.这些偏振光的光矢量是沿水平方向偏振的，因此，如果我们设计成偏振化方向为竖直的偏振太阳镜，便可挡住大量的强烈反光.偏振眼镜对汽车驾驶员、划船运动员、渔民以及在雪地上行走的人，都是非常有用的.

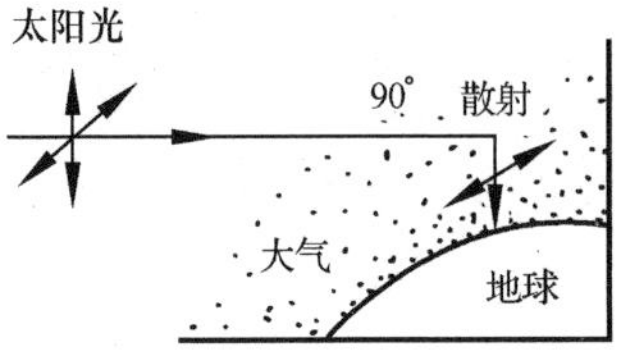

图 5-39　太阳光散射

本章要点

一、光的干涉

(1) 光程.几何路程与介质折射率的乘积(nr).

光程差.两列光波在不同路径中传播的光程之差

$$\delta = n_2 r_2 - n_1 r_1$$

(2) 相位差与光程差的关系 $\Delta\varphi = 2\pi\delta/\lambda$.

(3) 相干光.能够产生干涉现象的光.相干光源的条件是频率相同、振动方向相同、相位差恒定.

(4) 干涉加强和减弱的条件

$$\Delta\varphi = \begin{cases} \pm 2k\pi, & k = 0,1,2,\cdots, \quad 加强 \\ \pm (2k+1)\pi, & k = 0,1,2,\cdots, \quad 减弱 \end{cases}$$

$$\delta = \begin{cases} \pm k\lambda, & k = 0,1,2,\cdots, \quad 加强 \\ \pm (2k+1)\lambda/2, & k = 0,1,2,\cdots, \quad 减弱 \end{cases}$$

(5) 半波损失.由光疏到光密介质的反射光，在反射点有相位 π 的突变，相当于有 $\lambda/2$ 的光程差.

(6) 获得相干光的方法.分波阵面法和分振幅法.

(7) 杨氏双缝干涉(分波阵面法).

明暗纹公式

$$\delta = \frac{d}{D}x = \begin{cases} \pm k\lambda, & k = 0,1,2,\cdots, \quad 明纹 \\ \pm (2k+1)\lambda/2, & k = 0,1,2,\cdots, \quad 暗纹 \end{cases}$$

$$x_{明} = \pm k\frac{D}{d}\lambda, \quad k = 0,1,2,\cdots$$

$$x_{暗} = \pm (2k+1)\frac{D}{d}\frac{\lambda}{2}, \quad k=0,1,2,\cdots$$

条纹间距 $\Delta x = \frac{D}{d}\lambda$.

如果整个装置在介质中,上面公式中的 λ 用 λ/n 置换即可.

(8) 薄膜干涉.

A. 平行薄膜.

① 单色光以各种角度入射到薄膜上,产生等倾干涉,干涉图样是明暗相间的同心圆形条纹.

② 单色光垂直入射时,反射光的光程差

$$\delta = 2n_2 e + \lambda/2$$

B. 等厚干涉(非平行薄膜).

① 劈尖(劈形膜).

反射光程差

$$\delta = 2ne + \frac{\lambda}{2} = \begin{cases} k\lambda, & k=1,2,\cdots, \quad 明纹 \\ (2k+1)\frac{\lambda}{2}, & k=0,1,2,\cdots, \quad 暗纹 \end{cases}$$

相邻明(暗)条纹对应膜厚度差

$$\Delta e = e\sin\theta = e_{k+1} - e_k = \frac{\lambda}{2n}$$

相邻明(暗)条纹间距

$$l = \frac{\Delta e}{\theta} = \frac{\lambda}{2n\theta}$$

② 牛顿环.

反射光程差

$$\delta = 2ne + \frac{\lambda}{2} = \begin{cases} k\lambda, & k=1,2,\cdots, \quad 明纹 \\ (2k+1)\frac{\lambda}{2}, & k=0,1,2,\cdots, \quad 暗纹 \end{cases}$$

环纹半径

$$r_{明} = \sqrt{\frac{(2k-1)R\lambda}{2n}}, \quad k=1,2,\cdots$$

$$r_{暗} = \sqrt{\frac{kR\lambda}{n}}, \quad k=0,1,2,\cdots$$

③ 迈克耳孙干涉仪平面镜移动距离与移过条纹数目的关系.

$$x = m\frac{\lambda}{2}$$

二、光的衍射

(1) 单缝衍射.

① 光程差

$$a\sin\varphi=\begin{cases}\pm k\lambda, & k=1,2,\cdots, \quad 暗纹中心\\ \pm(2k+1)\dfrac{\lambda}{2}, & k=1,2,\cdots, \quad 明纹中心\\ 0 & 中央明纹中心\end{cases}$$

② 中央明纹角宽度

$$\Delta\varphi_0=\varphi_{+1}-\varphi_{-1}=2\frac{\lambda}{a}$$

③ 中央明纹线宽度

$$l_0=2f\tan\left(\frac{\Delta\varphi_0}{2}\right)\approx 2f\frac{\lambda}{a}$$

④ 其他各级明纹宽度

$$l=f\frac{\lambda}{a}$$

(2) 圆孔衍射.

① 艾里斑半张角

$$\delta\varphi=1.22\frac{\lambda}{D}=0.610\frac{\lambda}{R}$$

② 光学仪器的分辨本领

$$1/\delta\varphi=D/1.22\lambda$$

(3) 衍射光栅.

① 光栅公式(平行光正入射)

$$(a+b)\sin\varphi=\pm k\lambda, \quad k=0,1,2,\cdots$$

② 谱线位置

$$x_k=f\tan\varphi_k\approx f\sin\varphi_k$$

三、光的偏振

1. 自然光和偏振光

自然光的光振动在所有可能方向上的振幅都相等. 它可以分成强度相同,振动方向相互垂直的独立的两束光.

光振动沿某一方向占优势的光为部分偏振光,线偏振光的光振动沿着偏振化方向,它的偏振化程度最高.

2. 获得偏振光的方法

(1) 自然光通过偏振片变成线偏振光.

(2) 当自然光以起偏振角 i_0 射到两种介质的界面上时，反射光为线偏振光，折射光为部分偏振光. i_0 由布儒斯特定律

$$\tan i_0 = \frac{n_2}{n_1}$$

决定.

(3) 自然光射到透明晶体中时，由于晶体的双折射现象，透射光是线偏振光.

3. 检偏振

由马吕斯定律得知，线偏振光通过检偏器后的光强为

$$I = I_0 \cos^2 \alpha$$

据此，可以由检偏器转动时光强 I 的改变来检验偏振光. 一切起偏器都可以作检偏器.

习　　题

5-1 在杨氏双缝实验中，两缝间距为 4.0×10^{-4} m，双缝到屏幕的距离为 1.5m，测得中央明纹两侧的两条第 4 级明纹中心相距 16.5mm. 求单色光的波长.

5-2 在杨氏双缝实验中，用白光正入射，两缝的间距为 3.0×10^{-4} m，双缝与屏幕相距 2.0m，白光的波长范围为 400～760nm. 试求第一级彩带的宽度.

5-3 用某透明介质盖在双缝干涉装置中的一条缝上，此时，屏上零级明纹移至原来的第 5 条明纹处，若入射光波长为 589.3nm，介质折射率 $n=1.58$，求此透明介质膜的厚度.

5-4 如题 5-4 图某平凹柱面镜和平面镜之间构成一空气隙，用单色光垂直照射，可得何种形状的干涉条纹，条纹级次高低的大致分布如何?

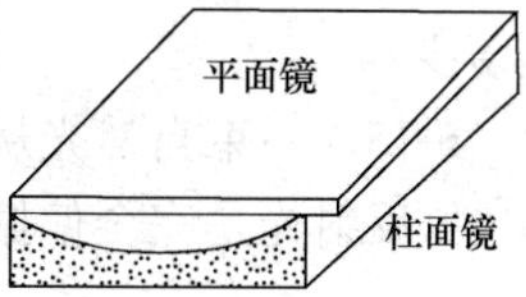

题 5-4 图

5-5 为了测量一精密螺栓的螺距，可用此螺栓来移动迈克耳孙干涉仪中的一面反射镜. 已知所用光波的波长为 546.0nm，螺栓旋转一周后，视场中移过了 2023 条干涉条纹，求螺栓的螺距.

5-6 折射率为 1.50 的两块标准平板玻璃间形成一个劈尖，用波长 $\lambda=500$nm 的单色光垂直入射，产生等厚干涉条纹. 当劈尖内充满 $n=1.40$ 的液体时，相邻明纹间距比劈尖内是空气时的间距缩小 $\Delta l = 0.1$mm，问劈尖角 θ 应是多少?

5-7 用紫光观察牛顿环时，测得第 k 级暗环的半径 $r_k=4$mm，第 $k+5$ 级暗环的半径 $r_{k+5}=6$mm，所用平凸透镜的曲率半径 $R=10$m，求紫光的波长和级数 k.

5-8 如题 5-8 图所示，设牛顿环实验中平凸透镜和平板玻璃间有一小间隙 e_0，充以折射率 n 为 1.33 的某种透明液体，设平凸透镜曲率半径为 R，用波长为 λ_0 的单色光垂直照射，求第 k 级明纹的半径.

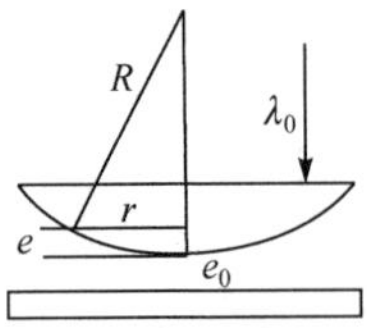

题 5-8 图

5-9 白光照射到折射率为 1.33 的肥皂膜上(肥皂膜置于空气中)，若从正面垂直方向观察，皂膜呈黄色(波长 $\lambda=590.5\text{nm}$)，问膜的最小厚度是多少？

5-10 在夫琅禾费单缝衍射实验中，以钠黄光为光源. $\lambda=589.0\text{nm}$，平行光垂直入射到单缝上. 问：

(1) 若缝宽为 0.10mm，第 1 级极小出现在多大的角度上？

(2) 若要使第 1 级极小出现在 0.50°的方向上，则缝宽应多大？

5-11 据说间谍卫星上的照相机能清楚识别地面上汽车的牌照号码.

(1) 如果需要识别的牌照上的字画间的距离为 5cm，在 160km 高空的卫星上的照相机的最小分辨角应多大？

(2) 此照相机的孔径需要多大？光的波长按 500nm 计.

5-12 钠黄光($\lambda_1=589\text{nm}$，$\lambda_2=589.6\text{nm}$)正入射每厘米有 5000 条刻痕的平面透射光栅上.(1) 最多能看到几级光谱？(2) 设观察透镜的焦距为 1.0m，求这两条黄光的第二级明纹在透镜的焦平面之间的距离.

5-13 两个偏振片叠在一起，一束单色自然光垂直入射.

(1) 若认为偏振是理想的(对透射部分没有反射和吸收)，当连续穿过两个偏振片后的透射光强为最大透射光强的 $\dfrac{1}{3}$ 时，两偏振片偏振化方向间的夹角 α 为多大？

(2) 若考虑到每个偏振片因吸收和反射而使透射光部分的光强减弱 5%，要使透射光强仍如(1)中得到的透射光强，则此时 α 应为多大？

5-14 光在某两种介质界面上的临界角是 45°，它在界面同一侧的起偏振角是多少？

5-15 一束自然光从空气投射到玻璃表面上(空气折射率为 1)，当折射角为 30°时，反射光是完全偏振光，则此玻璃板的折射率等于多少？

自 测 题

1. 在杨氏双缝干涉实验中，若减小两缝间距 d，其他条件不变，则相邻的两明纹间距离[　　]

(A)变小；　　(B)变大；　　(C)不变；　　(D)无法判断.

2. 一束白光垂直照射在一光栅上，在形成的同一级光栅光谱中，离中央明纹

最远的是[　　]

(A)红光；　　(B)黄光；　　(C)绿光；　　(D)紫光.

3. 如果光矢量在一个固定的平面内沿一个固定方向做振动，则这种光是[　　]

(A) 自然光；　(B) 部分偏振光；(C) 线偏振光；　(D) 无法判断.

4. 光的偏振现象证实了[　　]

(A) 光的波动性；　(B) 光是横波；　(C) 光是纵波；　(D) 光是电磁波.

5. 波长为λ的单色平行光垂直照射到缝宽为a的单缝上，已知透镜焦距为f，则中央明纹的宽度为___________，第二级亮纹所对应的半波带数为___________.

6. 某光栅每厘米4000条缝，其光栅常量为___________，用此光栅观察波长为600nm的某单色光光谱. 当光线垂直入射到光栅上时，能看到的光谱线的最高级次$k=$___________.

7. 一束白光垂直照射到空气中一厚度$e=400$nm的肥皂膜(折射率为$n=1.33$)上，在可见光的范围内(400～760nm)，哪些波长的光在反射中增强?

8. 一束光强为I_0的自然光垂直穿过两个偏振片，且此两偏振片的偏振化方向成45°角，若不考虑偏振片的反射和吸收，则穿过两个偏振片后的光强是多少?

第五章习题答案　　第五章自测题答案

第六章　气体动理论及热力学

气体动理论是从物质的微观结构出发，在模型性假设的基础上，运用统计平均的方法来揭示物质的宏观量与微观量之间的内在联系，说明热现象的微观本质. 热力学则是以大量实践中总结出来的有关热现象的最普遍的宏观规律为基础，由能量守恒和转化的观点出发，研究物质的状态以及状态变化过程中有关宏观量间的关系. 总之，热力学是宏观理论，气体动理论是微观理论，二者彼此联系、相互补充.

本章以气体为研究对象，介绍统计物理的基本方法和内容，以及热力学的基本定律.

6-1　平衡态　理想气体状态方程

一、气体的状态参量

在力学中，我们用位置矢量和速度等物理量来反映物体的运动状态，在分子物理学和热力学里，由于研究的是大量分子的集体状态，对气体来说，通常用压强 p、体积 V 以及温度 T 这三个物理量来描述气体的宏观状态，这三个物理量称为气体的状态参量.

二、平衡态和平衡过程

一定质量的气体装在一给定体积的容器中，无论气体初始的状态如何，由于分子的热运动，经过一定时间后，容器中各部分气体的密度、温度和压强都相同，如果气体与外界没有能量和物质的交换，内部也无任何形式能量的转化，则密度、温度和压强都将长期维持均匀不变，这种状态称为平衡态. 换言之，当一定质量的气体处于平衡态时，其状态参量（p，V，T）为定值，不随时间发生变化. 当一定质量的气体与外界交换能量时，它原来的平衡状态将破坏，直到与外界停止交换能量以后，经过一段时间，又会处于新的平衡状态. 如果气体从一个平衡状态经过无数个无限接近平衡状态的中间状态，过渡到另一个平衡状态，这个过程就称为平衡过程，也叫做准静态过程.

三、热力学第零定律

如果有三个物体 A、B、C，A、B 两个物体分别与处于确定状态的 C 达到了热平衡，那么 A、B 两个物体也处于热平衡状态，二者相互接触，不会有能量的传递，这就是热力学第零定律.

四、理想气体状态方程

理想气体是指在任何情况下都能严格遵守三条实验定律(玻意耳定律、盖-吕萨克定律、查理定律)的气体. 而实际上三条实验定律的适用范围是有限的,因此理想气体是不存在的. 但当气体的温度不太低,压强不太大时,可近似当作理想气体,因此,研究理想气体的状态方程仍有重要意义.

由气体的三条实验定律和阿伏伽德罗定律可推导出平衡态下理想气体的状态方程

$$pV = \frac{M}{\mu}RT \tag{6-1}$$

式中,M 为气体的质量;μ 为 1mol 气体的质量;R 为普适气体常量,采用国际单位制时,$R=8.31\text{J}\cdot\text{mol}^{-1}\cdot\text{K}^{-1}$. 由于平衡过程中每一状态都是平衡态,所以,该方程也适用于理想气体的平衡过程.

*6-2　范德瓦耳斯方程

实际气体是一个复杂的系统,理想气体模型忽略了气体分子的体积和气体间的相互作用力,将组成系统的每个气体分子看作是一个极小的、彼此之间无相互作用的弹性质点. 而对于实际气体,气体分子占有一定的体积,气体分子运动可达到的空间小于容器的体积. 对于 1mol 气体来说,因为气体分子的体积而引起的修正 b 可以用实验测定(表 6-1),气体的状态方程修正为

$$p(V_{\mathrm{m}} - b) = RT$$

式中,V_{m} 表示 1mol 理想气体的体积.

表 6-1　范德瓦耳斯常量的实验值

气体	$a/(\text{Pa}\cdot\text{m}^6\cdot\text{mol}^{-2})$	$b/(\text{m}^3\cdot\text{mol}^{-1})$
氢(H_2)	0.554	2.7×10^{-5}
氧(O_2)	0.136	3.2×10^{-5}
氮(N_2)	0.139	3.9×10^{-5}

另外,气体分子之间存在相互作用的引力和斥力,也就是分子力. 对处于容器内部的分子来说,其他分子对它的分子引力是对称分布的;而对于靠近器壁的分子来说,它受到其他分子对它的分子引力是指向气体内部的,这样就会减小气体分子碰撞器壁的动量,从而影响气体的压强. 假设因为分子引力的存在,而使 1mol 气体施加在器壁上的压强减小$\frac{a}{V_{\mathrm{m}}^2}$,$a$ 为反映分子间引力作用的修正量,那么实际的压强是 p,这样考虑了分子自身占有体积和分子间相互作用的引力后,1mol 气体的状态方程变为

$$\left(p + \frac{a}{V_{\mathrm{m}}^2}\right)(V_{\mathrm{m}} - b) = RT \tag{6-2}$$

该方程适用于 1mol 气体组成的系统,称为范德瓦耳斯方程. 对于 M 克摩尔质量为 μ 的气体组

成的系统，范德瓦耳斯方程为

$$\left(p+\frac{M^2}{\mu^2}\frac{a}{V_{\mathrm{m}}^2}\right)\left(V_{\mathrm{m}}-\frac{M}{\mu}b\right)=\frac{M}{\mu}RT \tag{6-3}$$

6-3 理想气体的压强和温度公式

我们知道，一切宏观物体都是由大量分子组成的，分子间还有相互作用力，这些分子都在不停地做无规则热运动，彼此之间发生频繁的碰撞. 虽然每个分子的运动遵从牛顿运动定律，但是，每个分子的状态却具有偶然性. 因此，要完整地描述大量分子所组成的系统的行为，就必须同时建立和求解每一个分子所遵循的力学方程，显然这是不现实的，更无助于说明大量分子集体的宏观性质. 但是，实验证明，大量分子做热运动时具有一种有别于力学规律性的统计规律性. 因此，我们可以用统计的方法求出与大量分子运动有关的一些物理量的平均值，例如，平均能量、平均速度、平均碰撞次数等，从而对与大量气体分子热运动相联系的宏观现象作出微观解释. 下面我们就应用统计方法讨论第一个问题——理想气体压强公式.

一、理想气体的微观模型

为了便于分析和讨论气体的基本现象，通常对理想气体建立如下的微观模型：

(1) 分子本身的大小与分子间平均距离相比较可以忽略不计，分子可以看作质点，它们的运动遵守牛顿运动定律.

(2) 分子间的平均距离很大，除碰撞瞬间外，分子之间和分子与器壁之间均无相互作用力.

(3) 分子间的碰撞以及分子与器壁间的碰撞可以看作是完全弹性碰撞.

这样，理想气体可看作是大量的、无规则热运动的、可忽略体积的、完全弹性的分子小球的集合.

二、气体分子运动的统计假设

除了提出分子模型之外，在具体运用时，还必须作出统计的假设. 根据气体在平衡态时气体分子的空间分布处处均匀的事实，作出如下统计假设：

(1) 容器中任一位置处单位体积内的分子数相同.

(2) 分子沿各个方向运动的机会均等，也就是说，任何时刻沿各个方向运动的分子数目都相等，分子速度在各个方向上的分量的平均值也相等.

三、理想气体压强公式的推导

气体的压强是大量气体分子不断碰撞器壁的结果. 碰撞时气体分子对器壁作用以冲力，由于分子与器壁的碰撞为弹性碰撞，所以作用在器壁上的力的方向都与器壁相垂直.

为了推导方便,我们取一个边长分别为 x、y、z 的长方形容器. 如图 6-1 所示,设容器内有 N 个同类气体的分子,每个分子的质量为 m,忽略重力的影响. 当气体处于平衡态时,器壁各处的压强完全相同. 为此,我们只要求出 A_1 面所受的压强,就可代表整个气体的压强,下面就分几步来推导.

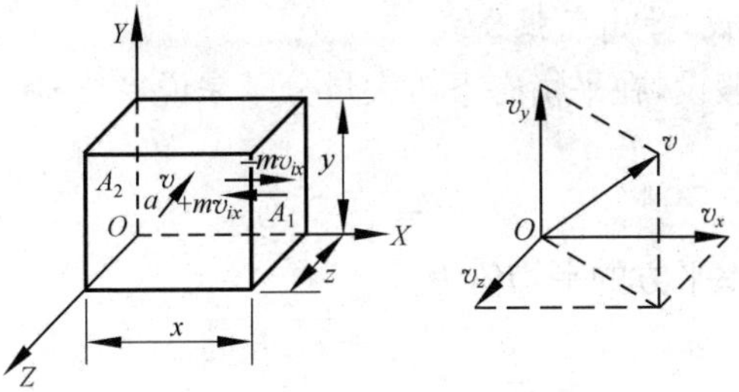

图 6-1　气体压强公式推导

1. Δt 时间内一个分子对 A_1 面的冲量

在容器中任选第 i 个分子 a,速度为 v_i,在直角坐标上的速度分量为 v_{ix}、v_{iy}、v_{iz},由于分子 a 与器壁 A_1 面发生完全弹性碰撞. 所以碰撞前后分子在 Y、Z 两个方向上的速度分量不变,在 X 方向上的速度分量由 v_{ix} 变为 $-v_{ix}$,这样,分子在碰撞过程中的动量改变为 $(-mv_{ix})-mv_{ix}=-2mv_{ix}$. 按动量定理,这就是 A_1 面施于分子的冲量. 再根据牛顿第三定律,分子施于器壁 A_1 面的冲量应为 $I_i=2mv_{ix}$. 分子 a 与 A_1 面连续两次碰撞之间,在 X 方向上所经过的路程是 $2x$,所需时间为 $2x/v_{ix}$,这样,在一段时间 Δt 内,分子 a 与 A_1 面碰撞的次数为 $\Delta t/(2x/v_{ix})=(v_{ix}/2x)\Delta t$,则在 Δt 时间内分子 a 施于 A_1 面的总冲量的大小为

$$I_i = 2mv_{ix}\frac{v_{ix}}{2x}\Delta t = \frac{m}{x}v_{ix}^2\Delta t$$

2. N 个分子对 A_1 面的平均压强

对所有的 N 个分子求和,可得 Δt 时间内 N 个分子施于器壁 A_1 面的总冲量为

$$I = \sum_{i=1}^{N} I_i = \frac{m\Delta t}{x}\sum_{i=1}^{N} v_{ix}^2$$

Δt 时间内 A_1 面受到的平均压强

$$p = \frac{I/\Delta t}{yz} = \frac{m}{xyz}\sum_{i=1}^{N} v_{ix}^2 = \frac{m}{V}\sum_{i=1}^{N} v_{ix}^2$$

式中,$V=xyz$ 为容器的容积. 将上式右端乘以 N,再除以 N,并令 $N/V=n$,n 称为单位体积中的分子数. 则上式变为

$$p = nm\sum_{i=1}^{N}\frac{v_{ix}^2}{N}$$

式中，$\sum_{i=1}^{N}\frac{v_{ix}^2}{N}$ 是 N 个分子在 X 方向的速度分量的平方的平均值，即

$$\sum_{i=1}^{N}\frac{v_{ix}^2}{N}=\frac{v_{1x}^2+v_{2x}^2+\cdots+v_{Nx}^2}{N}=\overline{v_x^2}$$

所以上式又可表示为

$$p=nm\,\overline{v_x^2} \tag{6-4}$$

3. 根据统计假设，导出压强公式

由前面的统计假设，在平衡态下对大量分子来说，三个速度分量的平方的平均值必然相等，即

$$\overline{v_x^2}=\overline{v_y^2}=\overline{v_z^2}$$

又因为所有分子速率平方的平均值为

$$\overline{v^2}=\overline{v_x^2}+\overline{v_y^2}+\overline{v_z^2}$$

所以

$$\overline{v_x^2}=\overline{v_y^2}=\overline{v_z^2}=\frac{1}{3}\overline{v^2}$$

将上式代入(6-4)式，得到压强公式

$$p=\frac{1}{3}nm\,\overline{v^2}$$

或

$$p=\frac{2}{3}n\left(\frac{1}{2}m\,\overline{v^2}\right)$$

式中，$\frac{1}{2}m\,\overline{v^2}$ 为气体分子的平均平动动能. 若用$\overline{\varepsilon_k}$ 表示，有$\overline{\varepsilon_k}=\frac{1}{2}m\,\overline{v^2}$，则上式为

$$p=\frac{2}{3}n\overline{\varepsilon_k} \tag{6-5}$$

由理想气体的压强公式可见，气体作用于器壁的压强正比于单位体积内的分子数 n 和分子的平均平动动能$\overline{\varepsilon_k}$. 单位体积内的分子数越多，压强越大；分子平均平动动能越大，压强也越大. 由于平均平动动能$\overline{\varepsilon_k}$是一个统计平均值，因此，压强 p 也是一个统计量.

四、理想气体温度公式

由理想气体的状态方程和压强公式，可以导出气体的温度与分子的平均平动动能之间的关系，从而揭示了温度这一宏观量的微观本质.

设一个分子的质量为 m，质量为 M 的气体的分子数为 N，1mol 气体的分子数为 N_0，1mol 气体的质量为 μ，则有 $M=mN$ 和 $\mu=mN_0$，把它们代入理想气体状态方程

$$pV=\frac{M}{\mu}RT$$

可得

$$p=\frac{N}{V}\frac{R}{N_0}T \tag{6-6}$$

式中，$N/V=n$；R 为普适气体常量；N_0 为阿伏伽德罗常量（$N_0=6.022\times 10^{23}\text{mol}^{-1}$）；它们之比 R/N_0 也一定是常量，用 k 表示，称为玻尔兹曼常量

$$k=\frac{R}{N_0}=1.38\times 10^{-23}\text{J}\cdot\text{K}^{-1}$$

于是(6-6)式可写成

$$p=nkT$$

将上式与理想气体的压强公式(6-5)相比较，得到理想气体的温度公式

$$\bar{\varepsilon}_k=\frac{1}{2}m\overline{v^2}=\frac{3}{2}kT \tag{6-7}$$

温度公式的物理意义是：处于平衡态的理想气体分子的平均平动动能只与温度有关，而与气体的种类无关. 气体的温度越高，分子的平均平动动能越大；分子的平均平动动能越大，分子热运动越激烈. 因此，我们说温度是表征大量气体分子热运动激烈程度的宏观物理量，是大量分子热运动的集体表现，如同压强一样，温度也是一个统计量，对个别分子来说温度是没有意义的.

例 6-1 在通常情况下（1atm①，20℃），求 1m^3 体积内的空气(1)分子个数；(2)分子总的平动动能；(3)如果某一空气分子（摩尔质量按 29g 计算）正好具有该平均平动动能，则其运动的速率多大？

解 将通常情况下的空气视为理想气体. 根据压强公式 $p=nkT$ 得

$$n=\frac{p}{kT}$$

将已知量化成 SI 制中的单位，代入得

$$n=\frac{1.013\times 10^5}{1.38\times 10^{-23}\times 293.15}=2.504\times 10^{25}(\text{m}^{-3})$$

因为每个分子的平均平动动能为

$$\bar{\varepsilon}_\text{k}=\frac{3}{2}kT$$

所以 1m^3 气体中分子的总平动动能为

$$E_\text{k}=n\bar{\varepsilon}_\text{k}=\frac{p}{kT}\frac{3}{2}kT=\frac{3}{2}p$$

$$=\frac{3}{2}\times 1.013\times 10^5=1.52\times 10^5(\text{J})$$

---

① $1\text{atm}=1.013\times 10^5\text{Pa}$.

设摩尔质量为 29g 的该分子的速率为 v,根据题意有 $\frac{1}{2}mv^2=\overline{\varepsilon_k}=\frac{3}{2}kT$,则

$$v=\sqrt{\frac{3kT}{m}}=\sqrt{\frac{3kTN_0}{mN_0}}=\sqrt{\frac{3RT}{\mu}}=\sqrt{\frac{3\times 8.31\times 293.15}{29\times 10^{-3}}}=502.0(\mathrm{m\cdot s^{-1}})$$

6-4　能量按自由度均分定理　理想气体的内能

在 6-3 节我们已经导出理想气体在平衡态时每个分子的平均平动动能. 但是气体分子通常有一定的大小和比较复杂的结构,不能看作质点,如双原子分子和多原子分子,它们除平动外,还有转动,以及同一分子内原子间的振动,因此气体分子运动的动能一般来说应包括平动、转动和振动三部分动能. 另外,分子间具有相互作用力,因此在一定状态下分子也具有一定的势能.

对于大量分子组成的气体,我们把所有分子热运动动能与势能之和称为气体的内能. 对于理想气体,由于分子间相互作用力可以忽略,所以理想气体内能只是分子各种运动形式的动能总和. 为了计算理想气体的内能,首先引入气体分子自由度的概念.

一、气体分子自由度

气体分子自由度就是决定气体分子在空间位置所需要的独立坐标数目,用 i 表示. 气体分子按结构不同分为单原子分子(如 He、Ar)、双原子分子(如 H_2、O_2、CO)和多原子分子(如 H_2O、CH_4).

1. *单原子分子*

由一个原子组成的分子,称为单原子分子,可将其视为一个自由质点,确定质点在空间的位置,只需 x、y、z 三个独立坐标,所以单原子分子只有三个平动自由度,用 t 表示平动自由度数,所以

$$i=t=3$$

2. *双原子分子*

由两个原子组成的分子称为双原子分子,若两个原子间距离不变,好像两个原子之间由一根质量不计的刚性细杆相连,这种分子称为刚性双原子分子. 显然对于这样的分子,需要用三个独立坐标 x、y、z 决定其质心的位置;两个独立坐标如 α、β 决定其连线的方位(三个方位角 α、β、γ 中只有两个是独立的,因为 $\cos^2\alpha+\cos^2\beta+\cos^2\gamma=1$);可见刚性双原子分子有 3 个平动自由度,2 个转动自由度,所以

$$i=t+r=3+2=5$$

式中,r 为转动自由度数.

若两个原子间的距离易发生变化,我们称之为非刚性双原子分子,其自由度数除了刚性双原子分子的 5 个自由度数外,还需要 1 个反映两原子间相对位置的振

动自由度，用 s 表示，则非刚性双原子分子的自由度为

$$i = t + r + s = 3 + 2 + 1 = 6$$

3. 多原子分子

由三个或三个以上的原子组成的分子叫做多原子分子. 多原子分子的自由度数，需要根据其结构来确定. 一般地讲，如果某一分子由 n 个原子组成，则这个分子最多有 $3n$ 个自由度，其中 3 个是平动的，3 个是转动的，其余 $3n-6$ 个是振动的. 当分子的运动受到某种限制时，其自由度数就会相应减少.

二、能量按自由度均分定理

由前面所讲的温度公式给出

$$\frac{1}{2}m\overline{v^2} = \frac{3}{2}kT$$

又由于

$$\overline{v^2} = \overline{v_x^2} + \overline{v_y^2} + \overline{v_z^2}$$

所以有

$$\frac{1}{2}m\overline{v^2} = \frac{1}{2}m\overline{v_x^2} + \frac{1}{2}m\overline{v_y^2} + \frac{1}{2}m\overline{v_z^2}$$

因为在平衡态下，气体分子沿各个方向运动的机会是相等的，因此

$$\overline{v_x^2} = \overline{v_y^2} = \overline{v_z^2} = \frac{1}{3}\overline{v^2}$$

所以

$$\frac{1}{2}m\overline{v_x^2} = \frac{1}{2}m\overline{v_y^2} = \frac{1}{2}m\overline{v_z^2} = \frac{1}{3}\left(\frac{1}{2}m\overline{v^2}\right)$$
$$= \frac{1}{3}\cdot\left(\frac{3}{2}kT\right) = \frac{1}{2}kT$$

上式说明，分子的每一个平动自由度具有相同的平动动能，其数值为 $\frac{1}{2}kT$，这也就是说，分子的平均平动动能是均匀地分配到各个平动自由度上的. 这一结论同样可推广到分子的转动和振动的能量分配上. 具体表述为：在温度为 T 的平衡态下，气体分子的每一个自由度都具有相同的平均动能，其大小都等于 $\frac{1}{2}kT$. 这就是能量按自由度均分定理.

能量均分定理是关于分子无规则热运动动能的统计规律. 对于个别分子在任一瞬时，它的各种形式的动能和总动能完全可能与根据能量均分定理所确定的平均值有很大差别，而且每一种形式的动能也不一定按自由度均分. 但是，对于大量分子的整体来说，动能之所以按自由度均分是依靠分子的无规则碰撞实现的，是大量分子动能的统计平均结果.

三、理想气体的内能

根据能量均分定理，每个分子的平均总能量为 $\bar{\varepsilon}=\frac{i}{2}kT$，1mol 理想气体有 N_0（N_0 是阿伏伽德罗常量）个分子，所以 1mol 理想气体的内能是

$$E_0=N_0\bar{\varepsilon}=N_0\frac{i}{2}kT=\frac{i}{2}N_0kT$$

已知 $N_0k=R$，故 1mol 理想气体的内能为

$$E_0=\frac{i}{2}RT \tag{6-8}$$

$\frac{M}{\mu}$mol 理想气体的内能则为

$$E=\frac{M}{\mu}\frac{i}{2}RT \tag{6-9}$$

从上式可以看出，理想气体的内能不仅与温度有关，而且还与分子的自由度有关.

对于给定的理想气体，其分子的自由度 i 一定，则内能仅是温度的单值函数，即 $E=E(T)$，这是理想气体的一个重要性质，表 6-2 给出分子自由度、分子平均能量和理想气体内能的理论值.

表 6-2　分子自由度、分子平均能量及理想气体的内能

分子类型	单原子分子	双原子分子		多原子分子	
		刚性	非刚性	刚性	非刚性
自由度(i)	3(平)	5 =3(平)+2(转)	6=3(平) +2(转)+1(振)	6 =3(平)+3(转)	$3n$=3(平)+3(转) +($3n-6$)(振)
分子平均能量($\bar{\varepsilon}$)	$\frac{3}{2}kT$	$\frac{5}{2}kT$	$3kT$	$3kT$	$\frac{3n}{2}kT$
1mol 理想气体内能(E_0)	$\frac{3}{2}RT$	$\frac{5}{2}RT$	$3RT$	$3RT$	$\frac{3n}{2}RT$

例 6-2　氧气(O_2)和臭氧(O_3)各 48g 均处于27℃的热平衡态中，试分别计算各自的内能.

解　这里将氧气(O_2)和臭氧(O_3)的分子都按刚性分子处理. 气体单个分子的平均能量为 $\bar{\varepsilon}=\frac{i}{2}kT$，质量为 M 的气体的内能为

$$E=\frac{M}{\mu}N_0\bar{\varepsilon}=\frac{M}{\mu}N_0\frac{i}{2}kT=\frac{M}{\mu}\frac{i}{2}RT$$

氧气是双原子分子，刚性分子自由度为 $i=5$，48g 27℃的 O_2 的内能

$$E_{O_2}=\frac{M}{\mu}\frac{i}{2}RT=\frac{48}{32}\times\frac{5}{2}R(273.15+27)=9353.42(\mathrm{J})$$

臭氧是三原子分子，刚性分子自由度为 $i=6$，48g 27℃的 O_3 的内能

$$E_{O_3}=\frac{M}{\mu}\frac{i}{2}RT=\frac{48}{48}\times\frac{6}{2}R(273.15+27)=7482.74(\mathrm{J})$$

可见，与相同质量的臭氧的内能相比，氧气的内能大些. 臭氧分子的自由度大于氧气分子的自由度，但质量相同时，氧气的量(摩尔数)大于臭氧的量.

6-5 麦克斯韦气体分子速率分布律

构成气体的大量分子都在永不停息地做无规则热运动，且彼此间频繁碰撞. 因此，对于每个分子，它的速率可以是由零到无限大之间任意可能的值，无一定规律. 但是，对大量分子的整体而言，处于低速率或高速率的分子数少，而处于某一个中等速率周围的分子数较多，这种分布情况对处于任何温度下的任何一种气体来说都是相同的，即遵从的是同一种统计分布规律.

1859 年麦克斯韦首先从理论上导出了气体分子速率分布定律. 直到 1920 年，施特恩(O. Stern，1888～1969)才从实验中证实了麦克斯韦分子按速率分布的统计定律.

一、麦克斯韦气体分子速率分布律

设在平衡态下，一定量理想气体的分子总数为 N，其中速率在 $v\sim v+\Delta v$(如 $220\sim250\mathrm{m\cdot s^{-1}}$ 或 $250\sim300\mathrm{m\cdot s^{-1}}$)内的分子数为 ΔN，那么 $\Delta N/N$ 就是在这一区间内的分子数占总分子数的比率(即分子数 ΔN 占总分子数的百分率). 实验表明，在不同的速率 v 附近取相等的速率区间 Δv，比率 $\frac{\Delta N}{N}$ 不同，即 $\frac{\Delta N}{N}$ 与 v 有关. 另外，在给定的速率 v 附近所取的 Δv 越大，则 $\frac{\Delta N}{N}$ 也就越大，所以 $\frac{\Delta N}{N}$ 又与 Δv 有关，当取 $\Delta v\to0$ 时，单位速率区间内的分子数 $\Delta N/\Delta v$ 与总分子数 N 之比，就成为 v 的一个连续函数，这个函数叫做气体分子速率分布函数，用 $f(v)$ 表示

$$f(v)=\lim_{\Delta v\to0}\frac{\Delta N}{N\Delta v}=\frac{1}{N}\lim_{\Delta v\to0}\frac{\Delta N}{\Delta v}=\frac{1}{N}\frac{\mathrm{d}N}{\mathrm{d}v} \tag{6-10}$$

或

$$\frac{\mathrm{d}N}{N}=f(v)\mathrm{d}v \tag{6-11}$$

式中，$\mathrm{d}N/N$ 为在速率 v 附近处于速率间隔 $\mathrm{d}v$ 内的分子数 $\mathrm{d}N$ 与总分子数 N 的比率，这个比值也叫做分子在速率 v 附近处于速率间隔 $\mathrm{d}v$ 内的概率，所以速率分

布函数的物理意义是：气体分子在速率 v 附近处于单位速率间隔内的概率. 它也叫做概率密度.

1860 年麦克斯韦从理论上导出了处在无外场作用下的气体分子在温度为 T 的平衡态时，气体分子速率分布函数的数学形式为

$$f(v)=4\pi\left(\frac{m}{2\pi kT}\right)^{3/2}\mathrm{e}^{-\frac{mv^2}{2kT}}v^2 \tag{6-12}$$

这样，(6-11)式可写成

$$\frac{\mathrm{d}N}{N}=4\pi\left(\frac{m}{2\pi kT}\right)^{3/2}\mathrm{e}^{-\frac{mv^2}{2kT}}v^2\mathrm{d}v \tag{6-13}$$

上式给出了一定量的理想气体，当它处于平衡态时，分布在速率区间 $v\sim v+\mathrm{d}v$ 的相对分子数 $\mathrm{d}N/N$，这个气体分子速率分布规律叫做麦克斯韦速率分布律.

二、麦克斯韦速率分布曲线

如果以 v 为横轴，以分布函数 $f(v)$ 为纵轴，那么麦克斯韦速率分布函数的图线如图 6-2 所示. 图中任一速率间隔 $v\sim v+\mathrm{d}v$ 内曲线下的狭条面积等于

$$f(v)\mathrm{d}v=\frac{\mathrm{d}N}{N}$$

表示速率分布在这个间隔内的分子数占总分子数的比率，而任一有限速率范围 $v_1\sim v_2$ 内曲线下的面积等于

$$\int_{v_1}^{v_2}f(v)\mathrm{d}v=\frac{\Delta N}{N}$$

表示分布在这个速率范围的分子比率.

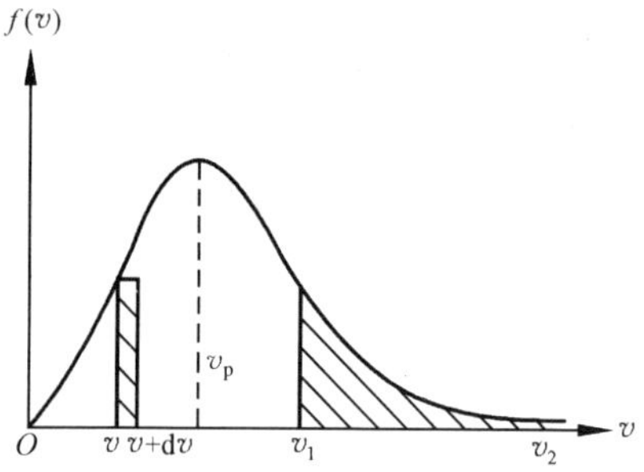

图 6-2　麦克斯韦速率分布曲线

将(6-11)式对所有速率区间积分，可以得到所有速率区间的分子数占总分子数的比率之和，其值显然是 1，因而有

$$\int_0^\infty\frac{\mathrm{d}N}{N}=\int_0^\infty f(v)\mathrm{d}v=1 \tag{6-14}$$

所有速率分布函数必须满足的这一条件，叫做归一化条件.(6-14)式对应于图 6-2 曲线下所包围的全部面积.

三、分子速率的三个统计值

1. 最概然速率 v_{p}

与 $f(v)$ 极大值(图 6-2)对应的速率叫做最概然速率，用 v_{p} 表示. 令速率分布函数 $f(v)$ 对 v 的一阶导数等于 0，可得

$$v_{\mathrm{p}}=\sqrt{\frac{2kT}{m}}=\sqrt{\frac{2RT}{\mu}}\doteq 1.41\sqrt{\frac{RT}{\mu}} \tag{6-15}$$

表示在速率 v_p 附近的单位速率区间内的分子数占总分子数的比率最大. 当温度升高时,v_p 增大;曲线的极值点向分子速率大的一方移动,当分子的摩尔质量增大时,v_p 减小,曲线的极值点向分子速率小的一方移动.

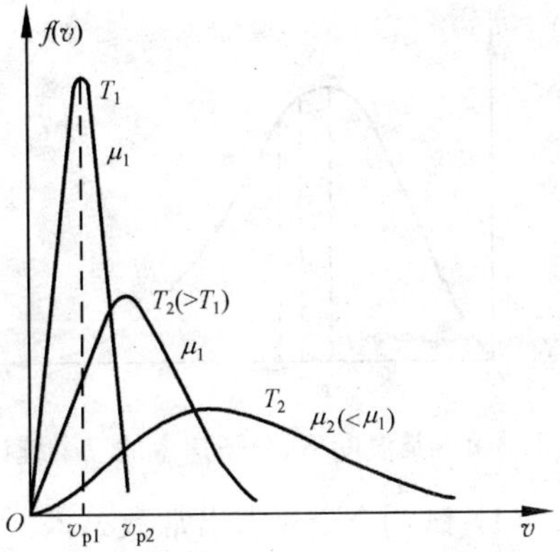

图 6-3 两种气体在不同温度下的麦克斯韦速率分布曲线

图 6-3 是两种气体在不同温度下的麦克斯韦速率分布曲线. 可以看出温度对速率分布的影响. 温度越高,v_p 越大,而 $f(v_p)$ 越小. 这是由于温度升高,分子运动激烈程度变大,速率大的分子数增多,曲线向高速率区域伸展,但曲线下的面积恒为 1,故速率曲线变得平坦些.

2. 平均速率 $\bar{v}$

大量气体分子的速率的算术平均值叫做分子的平均速率,用 $\bar{v}$ 表示. 由于气体分子的速率分布是连续的,所以可用积分求平均,通常取 $\mathrm{d}N$ 代表气体分子速率在 $v \sim v+\mathrm{d}v$ 间隔内的分子数,则

$$\bar{v} = \frac{\int_0^\infty v\mathrm{d}N}{N} = \int_0^\infty vf(v)\mathrm{d}v$$

把(6-12)式代入上式,经积分运算可得

$$\bar{v} = \sqrt{\frac{8kT}{\pi m}} = \sqrt{\frac{8RT}{\pi\mu}} \doteq 1.60\sqrt{\frac{RT}{\mu}} \tag{6-16}$$

3. 方均根速率 $\sqrt{\overline{v^2}}$

分子速率平方的平均值的开方称作方均根速率,用 $\sqrt{\overline{v^2}}$ 表示. 按照上述相同的道理,可求出分子速率平方的平均值为

$$\overline{v^2} = \frac{\int_0^\infty v^2\mathrm{d}N}{N} = \int_0^\infty v^2 f(v)\mathrm{d}v = \frac{3kT}{m}$$

由此可得分子的方均根速率为

$$\sqrt{\overline{v^2}} = \sqrt{\frac{3kT}{m}} = \sqrt{\frac{3RT}{\mu}} \doteq 1.73\sqrt{\frac{RT}{\mu}} \tag{6-17}$$

由(6-15)～(6-17)式可见,分子的三个速率值 v_p、$\bar{v}$、$\sqrt{\overline{v^2}}$ 都与 $\sqrt{T}$ 成正比,与 $\sqrt{m}$ 或 $\sqrt{\mu}$ 成反比,且三者数值相比有 $\sqrt{\overline{v^2}} > \bar{v} > v_p$(图 6-4). 这三种速率分别应用于不同情况. 例如,讨论分子速率分布时,要用到 v_p;计算分子的平均平动动能时用 $\sqrt{\overline{v^2}}$;讨论分子的平均自由程时,则要用到 $\bar{v}$.

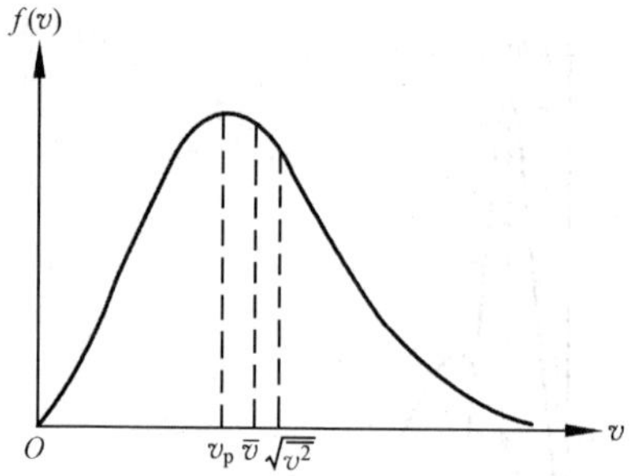

图 6-4　某温度下，分子速率的三个统计值

例 6-3　导体中自由电子的运动可看作类似于理想气体的运动(称电子气). 设导体中共有 N 个自由电子，其中电子的最大速率为 v_F，电子在速率 $v \sim v+\mathrm{d}v$ 之间的速率分布函数为

$$f(v)=\begin{cases}\dfrac{4\pi A}{N}v^2 & (0\leqslant v\leqslant v_F)\\ 0 & (v_F<v)\end{cases}$$

式中，A 为常数. 求：

(1) 试用 N、v_F 求出常数 A；

(2) 电子的平均速率；

(3) 电子的方均根速率；

(4) 速率在 $0\sim\dfrac{1}{2}v_F$ 内的分子数；

(5) 速率在 $\dfrac{1}{2}v_F \sim v_F$ 内的分子的平均速率.

解　(1) 由速率分布函数的归一化公式 $\int_0^\infty f(v)\mathrm{d}v=1$，有

$$\int_0^\infty f(v)\mathrm{d}v=\int_0^{v_F}\frac{4\pi A}{N}v^2\mathrm{d}v+\int_{v_F}^\infty 0\mathrm{d}v=\frac{4\pi A}{N}\frac{1}{3}v_F^3=1\Rightarrow A=\frac{3N}{4\pi v_F^3}$$

(2) 由 $\bar{v}=\int_0^\infty vf(v)\mathrm{d}v$，有

$$\bar{v}=\int_0^{v_F}\frac{4\pi A}{N}v^3\mathrm{d}v+\int_{v_F}^\infty v\cdot 0\mathrm{d}v=\frac{\pi A}{N}v_F^4=\frac{3}{4}v_F$$

(3) 由 $\overline{v^2}=\int_0^\infty v^2 f(v)\mathrm{d}v$，有

$$\sqrt{\overline{v^2}}=\sqrt{\int_0^{v_F}\frac{4\pi A}{N}v^4\mathrm{d}v+\int_{v_F}^\infty v^2\cdot 0\mathrm{d}v}=\sqrt{\frac{4\pi A}{5N}v_F^5}=\frac{\sqrt{15}}{5}v_F$$

(4) 由 $N_{v_1\sim v_2}=\int_{v_1}^{v_2}Nf(v)\mathrm{d}v$，有

$$N_{0\sim\frac{1}{2}v_F}=\int_0^{\frac{1}{2}v_F}N\frac{4\pi A}{N}v^2\mathrm{d}v=\frac{\pi A}{6}v_F^3$$

将 $A=\dfrac{3N}{4\pi v_F^3}$ 代入得

$$N_{0\sim\frac{1}{2}v_F}=\frac{N}{8}$$

(5) 由公式 $\bar{v}_{v_1\sim v_2}=\dfrac{\int_{v_1}^{v_2}vf(v)\mathrm{d}v}{\int_{v_1}^{v_2}f(v)\mathrm{d}v}$，有

$$\overline{v}_{\frac{1}{2}v_F\sim v_F}=\frac{\int_{\frac{1}{2}v_F}^{v_F}\frac{4\pi A}{N}v^3\mathrm{d}v}{\int_{\frac{1}{2}v_F}^{v_F}\frac{4\pi A}{N}v^2\mathrm{d}v}=\frac{\frac{1}{4}\left(v_F^4-\frac{1}{16}v_F^4\right)}{\frac{1}{3}\left(v_F^3-\frac{1}{8}v_F^3\right)}=\frac{45}{56}v_F$$

可见，满足题目所给速率分布函数的导体中的电子，$\overline{v}<\sqrt{\overline{v^2}}<v_p(=v_F)$，三者的大小关系不同于满足麦克斯韦速率分布($v_p<\overline{v}<\sqrt{\overline{v^2}}$).

*四、玻尔兹曼能量分布律　气压公式

麦克斯韦速率分布律说明的是处于平衡态的理想气体在没有外力场作用下分子速率的分布规律.如果考虑外力场(如重力场)的作用，那么气体分子在空间的分布又遵从什么规律呢？

1. 玻尔兹曼能量分布律

由麦克斯韦速率分布律表示式中的因子 $e^{-\frac{mv^2}{2kT}}$ 可以看出，其指数是一个与分子平动动能

$$\varepsilon_k=\frac{1}{2}mv^2=\frac{1}{2}m(v_x^2+v_y^2+v_z^2)$$

有关的量，因此(6-13)式又可表示为

$$\mathrm{d}N=N\left(\frac{m}{2\pi kT}\right)^{3/2}e^{-\frac{\varepsilon_k}{kT}}4\pi v^2\mathrm{d}v \tag{6-18}$$

玻尔兹曼把这个分布推广到分子在外力场(如重力场)中的情况.认为分子的总能量应当是动能 ε_k 和势能 ε_p 之和，对(6-18)式中的 ε_k 应当用 $\varepsilon_k+\varepsilon_p$ 来代替.又由于动能是速率的函数，即 $\varepsilon_k=\varepsilon_k(v^2)$，势能是分子在空间位置坐标的函数，即 $\varepsilon_p=\varepsilon_p(x,y,z)$，所以，这时考虑分子的分布不仅速度限定在一定区间内，而且位置也应限定在一定的坐标区间内.若取分子速度间隔为 $v_x\sim v_x+\mathrm{d}v_x$，$v_y\sim v_y+\mathrm{d}v_y$，$v_z\sim v_z+\mathrm{d}v_z$；坐标间隔为 $x\sim x+\mathrm{d}x$，$y\sim y+\mathrm{d}y$，$z\sim z+\mathrm{d}z$ 的空间体积元 $\mathrm{d}V=\mathrm{d}x\mathrm{d}y\mathrm{d}z$，则此范围内的分子数为

$$\mathrm{d}N=n_0\left(\frac{m}{2\pi kT}\right)^{3/2}e^{-\frac{\varepsilon_k+\varepsilon_p}{kT}}\mathrm{d}v_x\mathrm{d}v_y\mathrm{d}v_z\mathrm{d}x\mathrm{d}y\mathrm{d}z \tag{6-19}$$

式中，n_0 表示在势能 ε_p 为零处单位体积内含有各种速度的分子数，这个结论反映了气体分子按能量的分布规律，称为玻尔兹曼能量分布律.

下面进一步推导分子按势能 ε_p 的分布规律.为此应求出在坐标区间 $x\sim x+\mathrm{d}x$，$y\sim y+\mathrm{d}y$，$z\sim z+\mathrm{d}z$ 内具有各种速度的分子数 $\mathrm{d}N'$

$$\mathrm{d}N'=n_0\left[\int_{-\infty}^{+\infty}\left(\frac{m}{2\pi kT}\right)^{3/2}e^{-\frac{\varepsilon_k}{kT}}\mathrm{d}v_x\mathrm{d}v_y\mathrm{d}v_z\right]\cdot e^{-\frac{\varepsilon_p}{kT}}\mathrm{d}x\mathrm{d}y\mathrm{d}z$$

由于方括号内的积分为1，所以

$$\mathrm{d}N'=n_0e^{-\frac{\varepsilon_p}{kT}}\mathrm{d}x\mathrm{d}y\mathrm{d}z \tag{6-20}$$

以体积元 $\mathrm{d}V=\mathrm{d}x\mathrm{d}y\mathrm{d}z$ 同除(6-20)式两边，即可得势能为 ε_p 处单位体积中具有各种速度的分子数

$$n=n_0e^{-\frac{\varepsilon_p}{kT}} \tag{6-21}$$

此即分子按势能的分布律.

在重力场中，地球表面附近分子的势能为 $\varepsilon_p=mgz$，则(6-21)式又可写成

$$n=n_0\mathrm{e}^{-\frac{mgz}{kT}} \tag{6-22}$$

式中，n_0、n 分别为 $z=0$ 和 $z=z$ 处的分子数密度. (6-22)式就是重力场中气体分子数密度随高度变化的公式，它表明分子数密度 n 随高度的增大按指数减小；分子的质量 m 越大(重力的作用显著)，n 就减小得越迅速；气体的温度越高(分子的无规则热运动剧烈)，n 就减小得越缓慢.

2. 气压公式

把地球表面的大气看作是理想气体，则有 $p=nkT$，将(6-22)式代入，可得气压公式

$$p=p_0\mathrm{e}^{-\frac{mgz}{kT}} \tag{6-23}$$

说明大气压强随高度按指数减小，这恰恰说明了高空处气体的密度较之地面要稀薄的自然现象.

6-6 分子的平均碰撞次数和平均自由程

我们知道，在常温下，气体分子以几百米每秒的平均速率运动着. 气体分子热运动速率如此之大，可是为什么打开一瓶挥发性很强的汽油，距离汽油瓶几米以外的人并不是马上嗅到汽油的气味？这是因为气体分子在运动过程中不断地与其他分子发生碰撞，每通过一次碰撞，分子速度的大小、方向都会发生变化. 如图 6-5 所示，分子运动的路径是迂回曲折的.

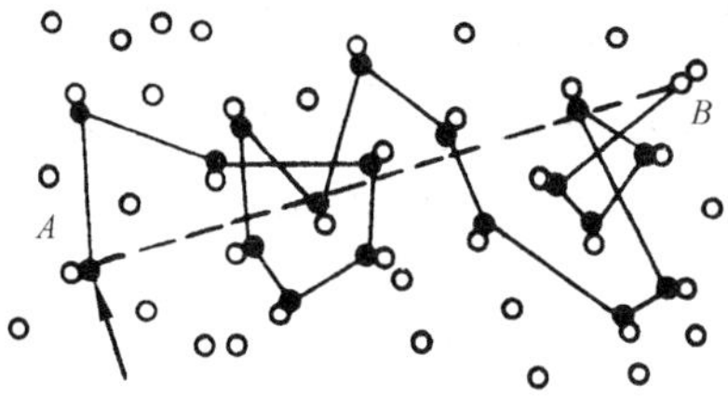

图 6-5 分子碰撞

分子的碰撞问题是分子动理论的重要问题之一，分子间通过碰撞来实现动量、动能的转移，使气体由非平衡态过渡到平衡态.

就单个分子来说，它与其他分子何时在何处发生碰撞，单位时间内与其他分子会发生多少次碰撞，两次碰撞之间可自由运动多长的路程等，这些都是偶然的. 但对大量分子构成的总体来说，分子间的碰撞却遵循着确定的统计规律.

一、气体分子的平均碰撞次数

一个分子在单位时间内与其他分子碰撞的平均次数，称为分子的平均碰撞次数，用 $\overline{Z}$ 表示.

为了计算简便，我们假设气体分子中只有一个分子 A 以平均相对速率 $\overline{u}$ 运动，其他分子静止不动.

在分子 A 的运动轨迹中，以中心运动轨迹为轴线，以 d 为半径，作一个曲折的圆柱体，见图 6-6. 显然，在分子 A 运动过程中，只有中心处于圆柱体内的分子，才会与 A 相碰.

在 Δt 时间内，分子 A 走过的路程为$\bar{u}\Delta t$，相应圆柱体体积为 $\pi d^2\bar{u}\Delta t$，如果分子数密度是 n，则此圆柱体内的总分子数为 $n\pi d^2\bar{u}\Delta t$，这就是 Δt 时间内 A 与其他分子的碰撞次数，单位时间内的平均碰撞次数为

$$\bar{Z}=\frac{n\pi d^2\bar{u}\cdot\Delta t}{\Delta t}=n\pi d^2\bar{u}$$

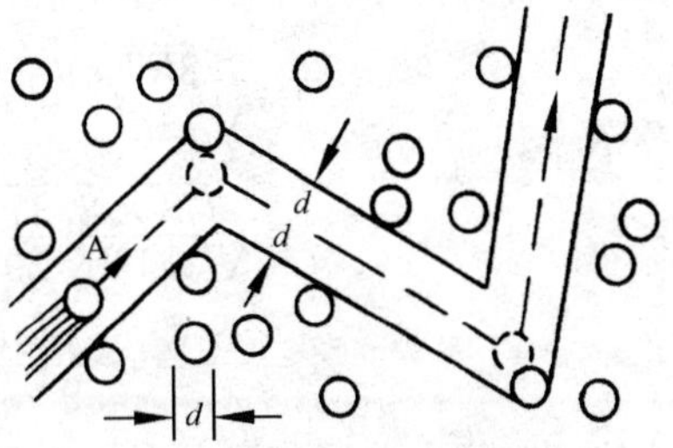

图 6-6 $\bar{\lambda}$ 和 $\bar{Z}$ 的计算

由于所有气体分子都在做无规则热运动，由麦克斯韦速率分布律可证明，气体分子的平均速率 $\bar{v}$ 和平均相对速率 $\bar{u}$ 之间的关系为 $\bar{u}=\sqrt{2}\bar{v}$，所以

$$\bar{Z}=\sqrt{2}\pi d^2 n\bar{v} \tag{6-24}$$

二、平均自由程

分子在连续两次碰撞间所经过的路程的平均值称为平均自由程，用 $\bar{\lambda}$ 表示，$\bar{\lambda}$ 与 $\bar{Z}$ 之间具有下列关系：

$$\bar{\lambda}=\frac{\bar{v}}{\bar{Z}}=\frac{1}{\sqrt{2}\pi d^2 n} \tag{6-25}$$

这说明：平均自由程只由分子直径、分子数密度决定，而与分子的平均速率无关.

根据 $p=nkT$，(6-25)式还可写成

$$\bar{\lambda}=\frac{kT}{\sqrt{2}\pi d^2 p} \tag{6-26}$$

说明当温度一定时，平均自由程 $\bar{\lambda}$ 和压强 p 成反比.

需要说明的是，当压强很低时，气体分子数密度变小，分子间很少发生碰撞，只是不断地往返碰撞器壁，此时气体分子的平均自由程就是容器的线度，而不能再由(6-26)式求出.

例 6-4 计算空气分子在标准状态下的平均自由程和平均碰撞次数. 取分子的有效直径为 $d=3.5\times10^{-10}\,\mathrm{m}$，空气的平均摩尔质量为 $29\times10^{-3}\,\mathrm{kg\cdot mol^{-1}}$.

解 已知 $T=273\mathrm{K}$，$p=1.013\times10^5\,\mathrm{Pa}$，$k=1.38\times10^{-23}\,\mathrm{J\cdot K^{-1}}$，代入(6-26)式可得

$$\begin{aligned}\bar{\lambda}&=\frac{kT}{\sqrt{2}\pi d^2 p}\\&=\frac{1.38\times10^{-23}\times273}{1.41\times3.14\times(3.5\times10^{-10})^2\times1.013\times10^5}\\&=6.9\times10^{-8}(\mathrm{m})\end{aligned}$$

可见，在标准状态下，空气分子的平均自由程 $\bar{\lambda}$ 约为其有效直径 d 的 200 倍.

其次，计算分子的平均速率 $\bar{v}$，然后计算平均碰撞次数.

$$\bar{v}=\sqrt{\frac{8RT}{\pi\mu}}$$

$$=\sqrt{\frac{8\times 8.31\times 273}{3.14\times 29\times 10^{-3}}}=446(\mathrm{m\cdot s^{-1}})$$

$$\bar{Z}=\frac{\bar{v}}{\bar{\lambda}}=\frac{446}{6.9\times 10^{-8}}=6.5\times 10^{9}(\mathrm{s^{-1}})$$

即平均地讲，每个分子每秒与其他分子碰撞 65 亿次.

6-7 热力学第一定律

前几节，我们从物质的微观结构出发，运用力学规律和统计平均的方法，研究了大量气体分子热运动的规律. 从这一节开始，我们将从能量的观点出发，研究物体在宏观状态发生变化时，热量、功和内能相互转化的关系和条件等问题.

在热力学中，常把所研究的物体(气体、液体、固体)或物体组称为热力学系统，简称系统，而把与热力学系统相作用的环境称为外界.

一、系统的内能　功和热量

1. 系统的内能

热力学系统的能量依赖于系统内部的状态，这种取决于系统内部状态的能量称之为热力学系统的内能.

由能量均分定理，我们很容易求出质量为 M，摩尔质量为 μ 的理想气体的内能

$$E=\frac{M}{\mu}\frac{i}{2}RT$$

它是温度的单值函数，即 $E=E(T)$，也就是说理想气体的内能只由气体的温度决定，而与气体的状态(即 V、p)无关.

2. 功和热量

从热力学的观点来看，改变系统的内能有两个途径，一是向系统传递热量，二是对系统做功. 外界对系统做功或向系统传递热量，都能使系统内能增加；反之，系统对外界做功或向外界传递热量，系统的内能则要减少. 从改变系统内能的作用来看，功和热量是等效的.

功和热量虽然有其等效的一面，但是它们的本质是有区别的. 做功是物体作宏观位移完成的，而传递热量则是在微观分子的相互作用下完成的.

二、热力学第一定律的表述

前面已指出，做功和传递热量都能使系统的内能发生变化，若系统从外界吸收

热量 Q,同时系统对外界做功为 W,则根据能量守恒定律应有

$$Q = (E_2 - E_1) + W \tag{6-27}$$

这就是热力学第一定律的数学表达式.具体含义是:系统从外界吸收的热量,一部分用于增加系统的内能,另一部分用于系统对外界做功.显然,热力学第一定律就是包括热现象在内的能量守恒定律.

通常对(6-27)式规定:系统从外界吸热时,Q 为正值,系统向外界放热时,Q 为负值;系统对外做功时,W 为正值,外界对系统做功时,W 为负值;系统内能增加时,增量(E_2-E_1)为正值,内能减少时,增量(E_2-E_1)为负值.

对于状态的微小变化过程,热力学第一定律的数学形式可写成

$$dQ = dE + dW \tag{6-28}$$

由热力学第一定律可知,要使系统对外做功,必然要消耗系统的内能或从外界吸收热量,或两者皆有.历史上曾有人企图制造一种机器,既不消耗系统的内能,又不需要外界向系统传递热量,而使系统在不消耗任何能量的情况下不断地对外做功,这种机器称为第一类永动机.显然,它是违反热力学第一定律的,所以制造第一类永动机是不可能的.

三、平衡过程中的热力学第一定律

如图 6-7 所示,设有一气缸,其中气体从初始状态Ⅰ(即 p_1、V_1、T_1 状态,相应内能为 E_1),经平衡过程膨胀变化到末状态Ⅱ(即 p_2、V_2、T_2 状态,相应内能为 E_2),所经过的过程可以不同,如沿着过程ⅠaⅡ或ⅠbⅡ等.

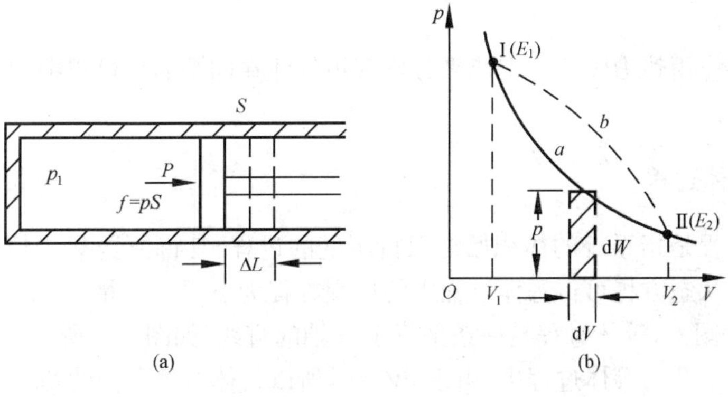

图 6-7　气体膨胀做功

由于内能是状态的单值函数,所以内能的变化和过程无关,它只取决于始末状态,亦即不论其过程如何,只要始末状态已定,其内能的改变量(E_2-E_1)就为一定值.

在ⅠaⅡ平衡过程中,我们任取中间的某一状态(气体压强为 p),活塞的截面积是 S(图 6-7(a)),当活塞移动一微小距离 dl 时,气体所做的元功为

$$dW = pSdl = pdV$$

式中,dV 是气体体积的微小增量.

在气体状态变化的整个过程中,dW 可以用画斜线的小面积来表示(图 6-7(b)),而从状态Ⅰ变到状态Ⅱ的整个过程中,气体所做的总功应等于实线下面的面积,用积分求得

$$W = \int_{\mathrm{I}-\mathrm{II}} dW = \int_{V_1}^{V_2} pdV \tag{6-29}$$

从图中可知,若系统沿虚线ⅠbⅡ所示过程进行,那么系统所做的功,等于虚线下面的面积,比实线表示的过程中的功大,从而得出一个重要结论:系统由一个状态变化到另一个状态时所做的功,不仅取决于它的始、末状态,而且和它所经历的过程有关. 对于平衡过程,热力学第一定律可表示为

$$Q = (E_2 - E_1) + \int_{V_1}^{V_2} pdV \tag{6-30}$$

对于微小量变化,则表示为

$$dQ = dE + pdV \tag{6-31}$$

应该指出,当系统由某一状态变到另一状态时,内能是状态的函数,即仅由始末状态来决定,与过程无关. 而功则随过程不同而不同,所以,从(6-30)式可知,系统吸收或放出的热量也一定随过程不同而不同,功与热量的传递都不是系统的状态函数.

6-8 热力学第一定律对理想气体的应用

下面将应用热力学第一定律来分析理想气体在四个简单过程中功、热量、内能的转换情况.

一、等体过程

等体过程是指系统的体积始终保持不变的过程. 其特征是 V 为恒量,$dV=0$. 由理想气体状态方程可得等体过程中的过程方程为 $p/T=$恒量.

在 p-V 图上,等体过程是一条平行于 p 轴的直线,如图 6-8 所示.

在由Ⅰ→Ⅱ的等体过程中,由于 $dV=0$,所以气体对外所做的功

$$W = \int_{V_1}^{V_2} pdV = 0$$

根据热力学第一定律有

$$Q_V = E_2 - E_1$$

这说明,理想气体在等体过程中吸收的热量将全部用来增加系统的内能.

由理想气体内能公式,可得此过程内能的增量

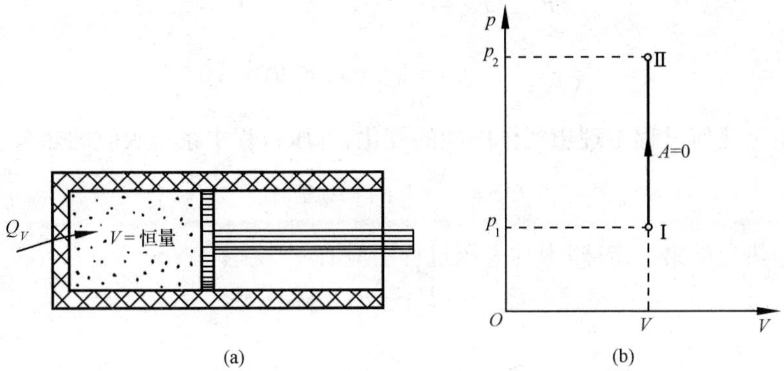

图 6-8　气体的等体过程

$$E_2 - E_1 = \frac{M}{\mu}\frac{iR}{2}(T_2 - T_1)$$

则有

$$Q_V = \frac{M}{\mu}\frac{iR}{2}(T_2 - T_1)$$

而系统在等体过程中吸收的热量为

$$Q_V = \frac{M}{\mu}C_V(T_2 - T_1)$$

将上面两式进行比较，应有

$$C_V = \frac{i}{2}R \tag{6-32}$$

单原子分子、双原子分子、多原子分子的定容摩尔热容量分别为$\frac{3}{2}R$、$\frac{5}{2}R$、$3R$，这是定容摩尔热容量的理论值.

二、等压过程

等压过程是指系统的压强始终保持不变的过程. 由理想气体状态方程可得，等压过程中的过程方程为 V/T=恒量.

在 p-V 图上，等压过程是一条平行于 V 轴的直线，如图 6-9 所示.

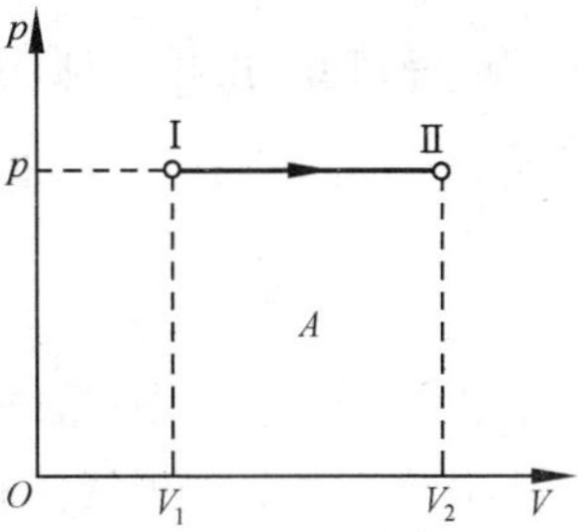

图 6-9　气体的等压过程

在由 Ⅰ → Ⅱ 的等压过程中，气体对外所做的功

$$W = \int_{V_1}^{V_2} p\mathrm{d}V = p(V_2 - V_1)$$

对于理想气体，由于内能是温度的单值函数，所以等压过程中，内能的变化仍有

$$E_2 - E_1 = \frac{M}{\mu}\frac{iR}{2}(T_2 - T_1)$$
$$= \frac{M}{\mu}C_V(T_2 - T_1) \tag{6-33}$$

此式适用于任何过程中理想气体内能的变化,等压过程中系统吸收的热量

$$Q_p = \frac{M}{\mu}C_p(T_2 - T_1)$$

根据热力学第一定律,上述等压过程中应有

$$Q_p = (E_2 - E_1) + W$$

即

$$\frac{M}{\mu}C_p(T_2 - T_1) = \frac{M}{\mu}C_V(T_2 - T_1) + p(V_2 - V_1)$$

再由理想气体状态方程可得

$$pV_2 = \frac{M}{\mu}RT_2,\quad pV_1 = \frac{M}{\mu}RT_1$$

代入上式,有

$$\frac{M}{\mu}C_p(T_2 - T_1) = \frac{M}{\mu}C_V(T_2 - T_1) + \frac{M}{\mu}R(T_2 - T_1)$$
$$= \frac{M}{\mu}(C_V + R)(T_2 - T_1)$$

对比等式两边有

$$C_p = C_V + R \tag{6-34}$$

该公式称为迈耶公式.它表明理想气体定压摩尔热容量等于定容摩尔热容量与普适气体恒量 R 之和.显然 $C_p > C_V$,这是因为在等体过程中,气体吸收的热量全部用来增加内能;而在等压过程中,只有一部分用来增加内能,另一部分转化为气体膨胀对外所做的功.

在实际应用中,常用到 C_p 与 C_V 的比值,这个比值用 γ 表示,称为摩尔热容比

$$\gamma = \frac{C_p}{C_V} > 1$$

由前面推导可知,理想气体的 C_p、C_V 和 γ 只与分子的自由度有关,而与气体的温度无关.

三、等温过程

如果在整个过程中,系统的温度始终保持不变,则称为等温过程,其特征是 T 为恒量,$\mathrm{d}T=0$. 由理想气体状态方程可得,等温过程的过程方程为 $pV=$恒量.

每一等温过程在 p-V 图上对应一条双曲线,称为等温线(图 6-10).

因为 $\mathrm{d}T=0$,所以理想气体在由 Ⅰ→Ⅱ 的等温过程中内能不变,有

$$E_2 - E_1 = \frac{M}{\mu} C_V (T_2 - T_1) = 0$$

根据热力学第一定律，可得

$$Q_T = W \tag{6-35}$$

这就是说，理想气体等温膨胀时，它由外界吸收的热量全部转化为对外所做的功.

在等温膨胀过程中，系统对外界所做的功由(6-29)式和理想气体状态方程可得

$$W = \int_{V_1}^{V_2} p\mathrm{d}V = \int_{V_1}^{V_2} \frac{M}{\mu} RT \frac{\mathrm{d}V}{V} = \frac{M}{\mu} RT \ln \frac{V_2}{V_1} \tag{6-36}$$

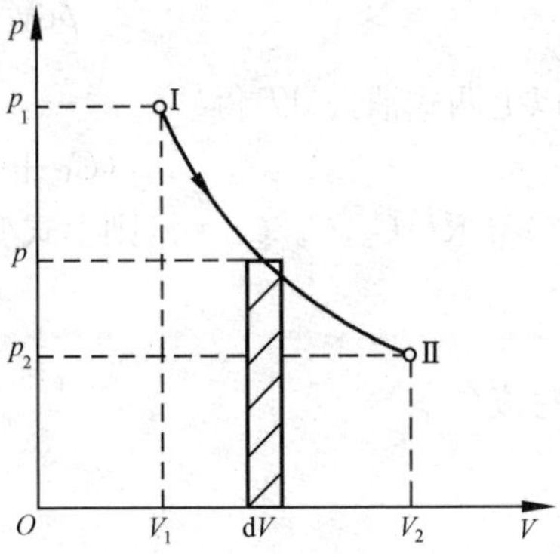

图 6-10　气体的等温过程

当 $V_2 > V_1$ 时，等温膨胀，$W > 0$，系统对外界做功；反之，当 $V_2 < V_1$ 时，等温压缩，$W < 0$，外界对系统做功.

例 6-5　把 $p = 1\text{atm}$，$V_1 = 100\text{cm}^3$ 的 H_2，等温压缩到 $V_2 = 20\text{cm}^3$ 需要做功多少？这一过程与外界交换了多少的热量？

解　由于 $p = 1\text{atm} = 1.01 \times 10^5\text{Pa}$，$V_1 = 10^{-4}\text{m}^3$，$V_2 = 2 \times 10^{-5}\text{m}^3$. 根据等温过程方程 $pV = C$，气体对外做功

$$W = \int_{V_1}^{V_2} p\mathrm{d}V = pV_1 \ln \frac{V_2}{V_1} = 1.01 \times 10^5 \times 10^{-4} \times \ln \frac{1}{5} = -16.26(\text{J})$$

负号表示压缩过程，外界对气体做功.

由于等温过程，气体内能不变，$\Delta E = 0$. 根据热力学第一定律 $Q = \Delta E + W$，气体吸收的热量 $Q = W = -16.26\text{J}$，负号表示气体对外界放出热量.

四、绝热过程

绝热过程是指系统在整个过程中始终不跟外界交换热量的过程，其特征是 $\mathrm{d}Q = 0$. 绝热过程是另一类简单而又有重要意义的过程. 被良好绝热材料隔绝的系统或者由于过程进行较快来不及和外界有显著热量交换的过程，就可近似地看作绝热过程. 因为热量传递是比较缓慢的，所以一个过程只要进行得足够迅速，在实际上就可以看作是绝热过程. 在工程上有许多绝热过程的实例. 例如，用良好绝热材料制成的绝热套包起来的气缸内，气体所经历的状态变化过程；声波传播时引起空气的压缩和膨胀；内燃机气缸内气体的爆炸过程等.

下面推导绝热过程的过程方程.

在绝热过程中，因为 $\mathrm{d}Q = 0$，对应热力学第一定律微分(6-28)式，有

$$0 = \mathrm{d}E + \mathrm{d}W = \frac{M}{\mu} C_V \mathrm{d}T + p\mathrm{d}V$$

另一方面，将理想气体状态方程取微分有

$$p\mathrm{d}V + V\mathrm{d}p = \frac{M}{\mu}R\mathrm{d}T$$

由以上两式消去 $\mathrm{d}T$ 得

$$(C_V + R)p\mathrm{d}V = -C_V V\mathrm{d}p$$

因 $C_V+R=C_p$，$C_p/C_V=\gamma$，则上式变为

$$\frac{\mathrm{d}p}{p} = -\gamma\frac{\mathrm{d}V}{V}$$

或写成

$$\frac{\mathrm{d}p}{p} + \gamma\frac{\mathrm{d}V}{V} = 0$$

这就是理想气体绝热过程所满足的微分方程式，因为对同一种气体，γ 为常数，故将上式积分可得

$$\ln p + \gamma\ln V = 常数$$

或

$$pV^{\gamma} = 常数 \tag{6-37}$$

把理想气体状态方程 $pV=\frac{M}{\mu}RT$ 代入上式，分别消去 p 或 V，可得

$$TV^{\gamma-1} = 常数 \tag{6-38}$$

$$p^{\gamma-1}T^{-\gamma} = 常数 \tag{6-39}$$

(6-37)式～(6-39)式称为绝热过程的过程方程.

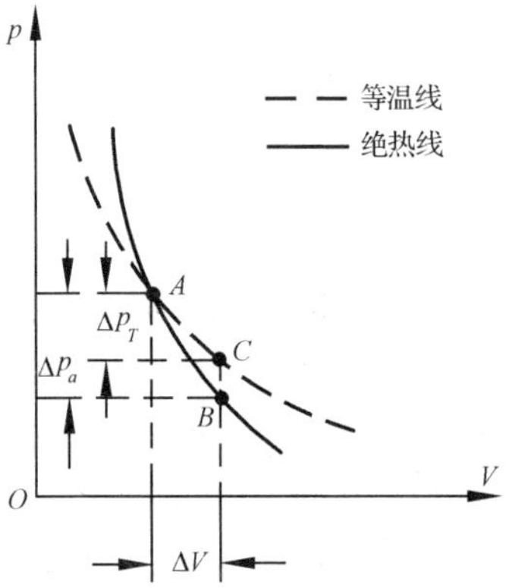

图 6-11　绝热线比等温线陡

在 p-V 图上画出理想气体绝热过程曲线，该曲线称为绝热线. 图 6-11 中的实线为绝热线，虚线为等温线，可见绝热线比等温线要陡些，这表明同一气体从同一初态作同样的体积膨胀时，压强的降低在绝热过程中比在等温过程中要多(如图 6-11 所示，$\Delta p_a > \Delta p_T$).

下面计算一下绝热过程中的内能、功和热量.

因为是绝热过程，所以

$$Q = 0$$

又由热力学第一定律可得

$$W = -(E_2 - E_1) = -\frac{M}{\mu}C_V(T_2 - T_1) \tag{6-40}$$

由上式可以看出，系统内能的改变仅仅是由外界与系统之间的做功引起的，当 $W>0$ 时，气体绝热膨胀，温度降低，内能减少；当 $W<0$ 时，气体绝热压缩，温度升高，内能增加.

绝热过程的功也可由(6-29)式直接积分计算.

由绝热过程方程,在Ⅰ→Ⅱ的过程中有

$$p_1V_1^\gamma = p_2V_2^\gamma = pV^\gamma$$

把它代入(6-29)式

$$\begin{aligned}W &= \int_{V_1}^{V_2} p\mathrm{d}V = \int_{V_1}^{V_2} p_1V_1^\gamma \frac{\mathrm{d}V}{V^\gamma} = p_1V_1^\gamma\int_{V_1}^{V_2}\frac{1}{V^\gamma}\mathrm{d}V\\ &= p_1V_1^\gamma\left(\frac{V_2^{1-\gamma}}{1-\gamma}-\frac{V_1^{1-\gamma}}{1-\gamma}\right)\\ &= \frac{p_1V_1}{1-\gamma}\left[\left(\frac{V_1}{V_2}\right)^{\gamma-1}-1\right]\\ &= \frac{1}{\gamma-1}(p_1V_1-p_2V_2)\end{aligned} \tag{6-41}$$

利用状态方程,并注意到$C_p/C_V=\gamma$,$C_p-C_V=R$,则(6-41)式就可化为

$$W = -\frac{M}{\mu}C_V(T_2-T_1)$$

例 6-6 设有 5mol 的氢气,初始状态的压强为 $p_1=1\times10^5\text{Pa}$,温度 $T_1=300\text{K}$. 求经绝热过程,将气体压缩为原来体积的 1/10 需要做的功. 若是等温过程,结果如何?

解 已知氢气的 $\gamma=C_p/C_V=1.4$, $C_V=\frac{5}{2}R$.

由绝热过程方程式

$$T_2 = T_1\left(\frac{V_1}{V_2}\right)^{\gamma-1} = 300\times10^{1.4-1} = 300\times10^{0.4}$$

所以

$$T_2 = 754\text{K}$$

由(6-40)式计算绝热过程中气体做的功

$$\begin{aligned}W &= -\frac{M}{\mu}C_V(T_2-T_1)\\ &= -5\times\frac{5}{2}\times8.31\times(754-300) = -4.7\times10^4(\text{J})\end{aligned}$$

式中,“−”号表示外界对系统做功.

对等温过程

$$\begin{aligned}W &= \frac{M}{\mu}RT\ln\frac{V_2}{V_1} = 5\times8.31\times300\times\ln\frac{1}{10}\\ &= -2.9\times10^4(\text{J})\end{aligned}$$

式中,“−”号表示外界对系统做功.

*6-9 多方过程

理想气体的三个等值过程和绝热过程都是理想过程，气体的实际过程往往与它们相差很多，经常用下述过程方程表示实际过程

$$pV^n = 常量 \tag{6-42}$$

式中，n 称为多方指数，满足(6-42)式的过程称为多方过程. $n=0$，对应等压过程；$n=1$，对应等温过程；$n=\gamma$，对应绝热过程；$n=\infty$，对应等体过程.

理想气体在多方过程中，系统内能的增量

$$\Delta E = \nu C_V (T_2 - T_1)$$

气体对外做的功

$$W = \int_{V_1}^{V_2} p\mathrm{d}V = \frac{p_1V_1 - p_2V_2}{n-1}$$

气体吸收的热量

$$Q = \nu C_n (T_2 - T_1)$$

C_n 是多方过程的摩尔热容.

6-10 循环过程 卡诺循环

在 6-8 节中，我们分析了热力学系统在单一过程中的热功转换，可是生产上却往往要求工作物质能够连续不断地进行热功转换，单一过程则满足不了这个要求，需要利用循环过程.

一、循环过程

热力学系统经过一系列状态变化又回到初始状态，这样的周而复始的变化过程称为循环过程，简称循环.

如果组成一循环过程的每一步都是平衡过程，则此循环过程可在 p-V 图上用一闭合曲线表示. 如果在 p-V 图上所示的循环过程是顺时针的，称为正循环；反之，称为逆循环.

一般热机(如蒸汽机、内燃机)都是利用热力学系统进行正循环，不断把热转换为功，如图 6-12 所示，在过程 ABC 中系统膨胀对外做正功，其数值等于 $ABCV_2V_1A$包围的面积，同时从高温热源吸收热量为 Q_1；在压缩过程 CDA 中，外界对系统做功，即系统对外界做负功，其数值等于 $CDAV_1V_2C$ 所包围的面积，同时系统向低温热源放出热量为 Q_2，由此看到系统经过一个完整的正循环，对外界做的净功为正，且等于闭合曲线 $ABCDA$ 所包围的面积，从外界吸的净热为 Q_1-Q_2，由于经过一个循环系统又回到初始状态，内能增量为零，由热力学第一定律可得

$$W = Q_1 - Q_2$$

此式表明，系统经过一个正循环过程，将从高温热源处吸收的热量，一部分用来对外做功，另一部分向低温热源放出，而使系统回到原来状态.

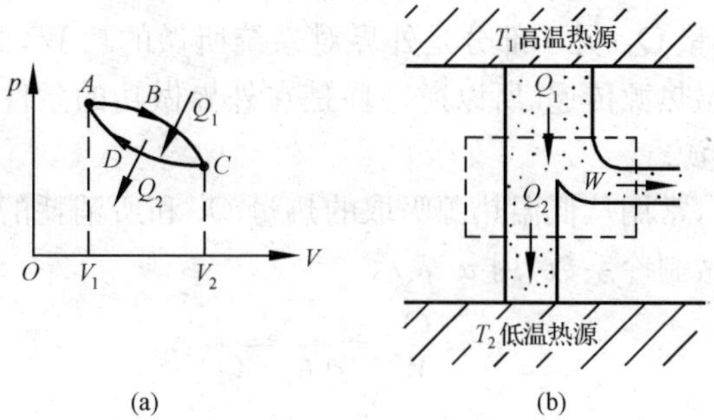

图 6-12　正循环过程

热机性能的重要标志之一就是它的效率，即吸收来的热量有多少转化为有用的功. 热机所做的有用功 W 就等于从高温热源吸收的热量 Q_1 与放给低温热源的热量 Q_2 之差，即 $W=Q_1-Q_2$，则热机的效率可表示为

$$\eta=\frac{W}{Q_1}=\frac{Q_1-Q_2}{Q_1} \tag{6-43}$$

第一部实用的热机是创制于 17 世纪的蒸汽机，用于煤矿中的抽水. 目前蒸汽机主要用于发电厂. 热机除蒸汽机外，还有内燃机、喷气发动机等. 虽然它们的工作方式不同，但工作原理却基本相同，都是不断地把热转换为功.

获得低温装置的制冷机也是利用热力学系统的循环过程来实现的，不过与热机中的循环过程恰恰相反，如图 6-13 所示的逆循环过程.

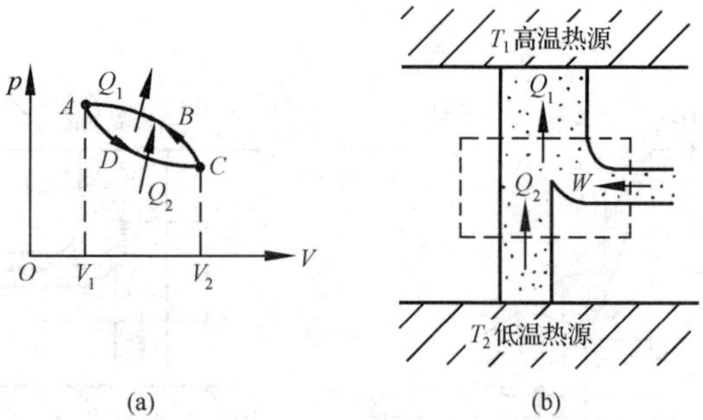

图 6-13　逆循环过程

在 ADC 过程中系统膨胀，对外界做正功，其数值等于 $ADCV_2V_1A$ 所包围的面积，同时从低温热源吸热为 Q_2；在 CBA 过程中系统压缩，外界对系统做功，即系统对外界做负功，在数值上等于 $CBAV_1V_2C$ 所包围的面积，同时向高温热源放热为 Q_1，因此，经过一个逆循环，外界对热力学系统做的净功 W 等于循环过程闭合

曲线的面积，由热力学第一定律可得

$$Q_2 + W = Q_1$$

上式表明，工作物质向高温热源放出的热量 Q_1，包括两个部分：一部分来自从低温热源吸收的热量 Q_2；另一部分是外界对系统所做的功 W，此功全部转化为热量，两者一并向高温热源传递. 所以逆循环是在外界做功的条件下，把热量从低温热源传递到高温热源.

制冷机的功效，常用从低温热源吸取的热量 Q_2 和所消耗的外功 W 的比值来衡量，这一比值叫做制冷系数，用 w 表示

$$w = \frac{Q_2}{W} = \frac{Q_2}{Q_1 - Q_2} \tag{6-44}$$

二、卡诺循环

19 世纪末以后，蒸汽机虽然得到了广泛的应用，但其效率却一直很低，只有 3%～5%，95%以上的热量都没有得到利用. 人们在摸索中对蒸汽机的结构不断进行着各种改进，尽量减少漏气、散热和摩擦等因素的影响，但热机的效率也只有微小的提高. 提高热机效率的关键是什么？热机效率的提高有没有一个限度？人们开始从理论上来研究热机的效率. 1824 年法国青年工程师卡诺(Carnot)研究了一种理想热机的效率，并从理论上证明了这种理想热机的效率最大，从而指出了提高热机效率的途径. 这种理想热机称为卡诺热机，其循环过程称为卡诺循环.

卡诺循环是在两个温度恒定的热源(一个高温热源、一个低温热源)之间工作的循环过程，在整个循环中，工作物质只和高温热源、低温热源交换能量.

理想气体的卡诺正循环是由两个等温过程和两个绝热过程组成的. 如图 6-14 所示，曲线 AB 和 CD 是温度为 T_1 和 T_2 的两条等温线，曲线 BC 和 DA 是两条绝热线.

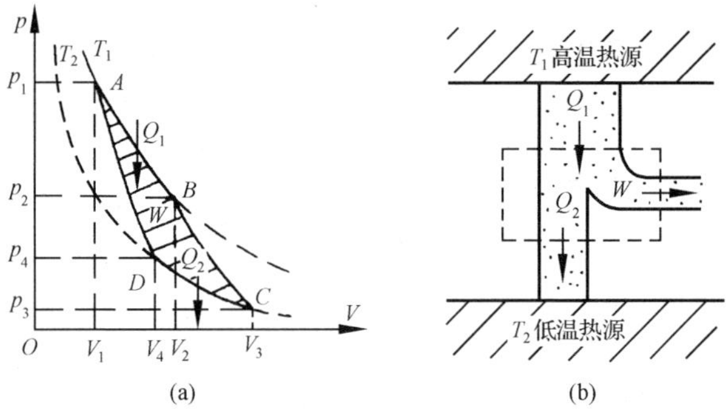

图 6-14　卡诺正循环——热机

现在根据各个分过程中能量转化的具体情况，来求卡诺正循环的效率.

(1) 在 AB 的等温膨胀过程中，气体从温度为 T_1 的高温热源中吸收热量 Q_1，

用于对外做功，内能不变，有

$$Q_1 = \frac{M}{\mu} R T_1 \ln \frac{V_2}{V_1}$$

(2) 在 BC 的绝热膨胀过程中，气体不吸收热量，温度由 T_1 降低到 T_2，减少内能，用于对外做功.

(3) 在 CD 的等温压缩过程中，外界对气体做的功等于气体向温度为 T_2 的低温热源放出的热量 Q_2，其数值为

$$Q_2 = \frac{M}{\mu} R T_2 \ln \frac{V_3}{V_4}$$

(4) 在 DA 的绝热压缩过程中，气体不吸收热量，外界对气体做的功，用于增加气体的内能，使温度由 T_2 升到 T_1，回到初始状态 A.

由以上的分析可知，在整个循环过程中，系统从外界吸收的总热量为 Q_1，放出的总热量为 Q_2，由于内能不变，根据热力学第一定律，系统对外所做的净功为

$$W = Q_1 - Q_2 = \frac{M}{\mu} R T_1 \ln \frac{V_2}{V_1} - \frac{M}{\mu} R T_2 \ln \frac{V_3}{V_4}$$

所以，其效率

$$\eta = \frac{W}{Q_1} = \frac{T_1 \ln \frac{V_2}{V_1} - T_2 \ln \frac{V_3}{V_4}}{T_1 \ln \frac{V_2}{V_1}}$$

根据理想气体绝热方程 $TV^{\gamma-1}$ = 常量可得

$$T_1 V_2^{\gamma-1} = T_2 V_3^{\gamma-1}$$

和

$$T_1 V_1^{\gamma-1} = T_2 V_4^{\gamma-1}$$

上两式相除，有

$$\frac{V_2}{V_1} = \frac{V_3}{V_4}$$

代入卡诺正循环效率公式，可得

$$\eta = \frac{T_1 - T_2}{T_1} = 1 - \frac{T_2}{T_1} \tag{6-45}$$

由此可见，理想气体的卡诺正循环效率只由高温热源和低温热源的温度决定. 且由(6-45)式可以看出：T_1 越大，T_2 越小，则效率越高. 也就是说，两个热源的温度差越大，从高温热源所吸取的热量 Q_1 的利用率越高. 这是除了减少损耗外提高热机效率的方法之一. 不过，由于 T_2 不能无限降低，总要有一部分热量 Q_2 向低温热源放出而不能转变为功，卡诺热机的效率总是小于 1 的.

例 6-7 一卡诺循环的热机，高温热源的温度是 400K，每一循环从高温热源吸热 100J，并向低温热源放热 80J. 求：(1)低温热源的温度；(2)此循环的热机效率.

解 (1) 由卡诺循环的热机效率公式有 $1-\frac{Q_2}{Q_1}=1-\frac{T_2}{T_1}$，所以

$$T_2=\frac{Q_2}{Q_1}T_1=\frac{80}{100}\times 400=320(\mathrm{K})$$

(2) 热机效率为

$$\eta=1-\frac{T_2}{T_1}=1-\frac{320}{400}\times 100\%=20\%$$

如果使卡诺循环沿着逆时针方向，即按图 6-15 所示的 $A\to D\to C\to B\to A$ 方向进行，气体将会从低温热源 T_2 吸取热量 Q_2，又接受外界对气体所做的功 W，向高温热源放出热量 $Q_1=Q_2+W$，这是一个卡诺制冷循环，不难求得其制冷系数为

$$w=\frac{Q_2}{W}=\frac{Q_2}{Q_1-Q_2}=\frac{T_2}{T_1-T_2} \tag{6-46}$$

上式表明，T_2 愈小，w 也愈小. 这说明要从温度愈低的低温热源吸取热量，就必须消耗愈多的外功. 对于通常所用的制冷机(如冰箱)，T_1 就是大气温度，逆向卡诺循环的制冷系数 w 决定于低温物体的温度 T_2.

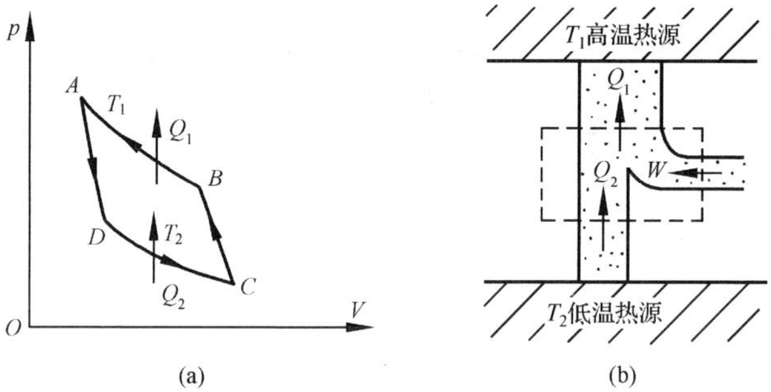

图 6-15 卡诺逆循环制冷机

例 6-8 一定量理想气体经过由下列平衡过程组成的循环过程：

(1) 绝热压缩，由 V_1、T_1 到 V_2、T_2($1\to 2$)；

(2) 等容吸热，由 V_2、T_2 到 V_2、T_3($2\to 3$)；

(3) 绝热膨胀，由 V_2、T_3 到 V_1、T_4($3\to 4$)；

(4) 等容放热，由 V_1、T_4 到 V_1、T_1($4\to 1$).

试求这个循环的效率.

解 这个循环见图 6-16，因为吸热和放热只在两个等容过程中进行，所以

$$Q_1=\frac{M}{\mu}C_V(T_3-T_2)$$

$$Q_2=\frac{M}{\mu}C_V(T_4-T_1)$$

代入效率公式即得

$$\eta = 1 - \frac{Q_2}{Q_1} = 1 - \frac{T_4 - T_1}{T_3 - T_2}$$

又因 1→2 和 3→4 是绝热过程，所以

$$\frac{T_2}{T_1} = \left(\frac{V_1}{V_2}\right)^{\gamma-1}$$

$$\frac{T_3}{T_4} = \left(\frac{V_1}{V_2}\right)^{\gamma-1}$$

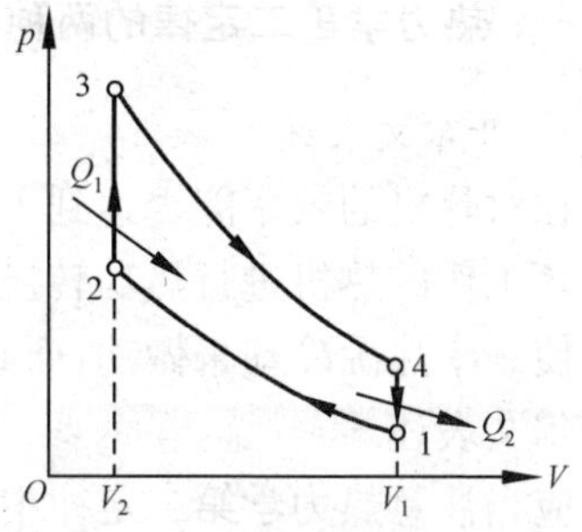

图 6-16 例 6-8 图

由此得

$$\frac{T_2}{T_1} = \frac{T_3}{T_4} = \frac{T_3 - T_2}{T_4 - T_1}$$

因而

$$\eta = 1 - \frac{1}{\dfrac{T_2}{T_1}} = 1 - \frac{1}{\left(\dfrac{V_1}{V_2}\right)^{\gamma-1}}$$

引入绝热压缩比

$$r = \frac{V_1}{V_2}$$

即得

$$\eta = 1 - \frac{1}{r^{\gamma-1}}$$

由此可见，这个循环的效率完全由绝热压缩比 r 所决定，并随着 r 的增大而增大，本题讨论的循环称为奥托循环，或称为定容加热循环，它是四冲程汽油机中的工作循环.

6-11 热力学第二定律

热力学第一定律仅仅指出，在任何热力学过程中，能量必须守恒，除此之外，对过程的进行方向没有给出任何其他限制. 然而人们可以想出许多热力学过程，虽然这些过程中能量是守恒的，但实际上从来都没有发生过. 例如，当热的物体和冷的物体接触时，从未发生过热的物体变得更热，冷的物体变得更冷的现象，热量传递的方向与物体间温度的高低有着某种确定的关系. 由此可见，自然界中符合热力学第一定律的过程并不一定都能发生，哪些能够发生，哪些不能发生，这些问题将由热力学第二定律解决.

热力学第二定律本质上是关于内能与其他形式能量相互转化的独立于热力学第一定律的另一基本规律，它指出与热现象有关的变化过程进行的可能方向和达到平衡的必要条件，它和热力学第一定律一起，构成了热力学的主要理论基础.

一、热力学第二定律的两种表述

1. 开尔文表述

在对热机的效率能否达到100％的研究过程中，开尔文于1851年得出有关使用循环工作的热机进行热功转换的如下结论：不可能制造出一种循环工作的热机，它只使一个热源冷却来做功，而其他物体不发生任何变化，这就是热力学第二定律的开尔文表述.

应当注意热力学第二定律中“循环工作”和“其他物体不发生任何变化”这两句话，如果工作物质所进行的不是循环过程，那么使一个热源冷却做功而不向低温热源放出热量，是完全可能的. 例如，在气体等温膨胀过程中，气体只从一个热源吸热，全部变为功而不放出任何热量，但是气体膨胀了，不能自动收缩回到初始状态，这时必然引起其他物体发生了变化，在外界留下了痕迹.

历史上曾有许多人企图制造出一种热机，只从一个热源吸热，并将热全部变为功，效率达到100％，这种热机叫做第二类永动机. 如果可能，我们可利用海水的热量做功，只要把海水的温度仅降低0.01K，就可使全世界的工厂全部开动一千年. 但所有这些企图都失败了，当然，在确定了热力学第二定律后，第二类永动机显然仅是一种幻想而已.

2. 克劳修斯表述

在对理想制冷机的制冷系数能否达到无穷大的研究过程中，1850年克劳修斯得出热力学第二定律的另一种表述为：热量不可能自动地从低温物体传向高温物体. 这种表述称为热力学第二定律的克劳修斯表述.

在克劳修斯表述中，应当注意“自动”两字，否则，通过制冷机，热量可以从低温物体传到高温物体. 但此时外界必须做功. 因此热量就不是“自动”地从低温物体传向高温物体.

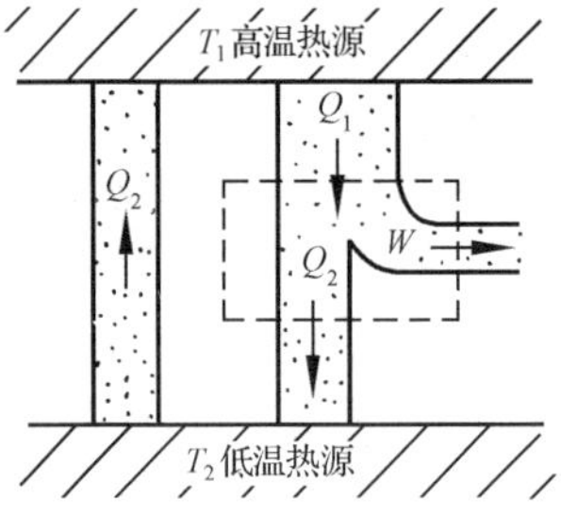

图6-17 热力学第二定律两种说法等效性的证明

3. 两种表述的一致性

热力学第二定律的开尔文表述和克劳修斯表述，在表面上很不相同，但在实质上是等效的，如果这两种表述之一不成立，则另一表述也不成立，具体证明如下.

假设克劳修斯的表述不成立，如图6-17所示，热量 Q_2 可以自动地由低温热源 T_2 传向高温热源 T_1 而不需要外界做功. 那么，我们就可以在高温热源 T_1 和低温热源 T_2 之间设计一个卡诺热机，使它在一个循环过程中，从高温热源吸取热量 Q_1，对外做功 W，并向低温热源放出热量 Q_2，这样设计的卡诺热机符合热力学第一定律和热力学第二定律，是可以实现的. 但是，总的结果却是：低温热源没有发生任何变化，而只是从单一的高温热源处吸热 $Q_1 - Q_2$ 全部用来对外做功 W. 这显然违反热力学第二定律的开尔文表述. 因此,上述的设计表明,如果克劳修斯的表述不成立,那么开尔文表述也不成立. 反之也可以证明,违反开尔文表述,也必然违反克劳修斯表述. 这就是热力学第二定律两种表述的等效性.

二、可逆过程和不可逆过程

热力学第二定律的两种表述说明,与热现象有关的变化过程具有一定的方向性. 为了说明其方向性,我们引入可逆过程和不可逆过程的概念.

对任何一个状态变化过程,如果可以使系统顺着相反的次序,再经过和原来完全一样的中间状态而重新回到原状态,并且对外界不留下任何痕迹,则此过程称为可逆过程;反之,则称为不可逆过程.

热量能自动地由高温物体传向低温物体,但是根据热力学第二定律的克劳修斯表述,此热量不能再自动地从低温物体传回高温物体. 因此,由高温物体向低温物体传递热量的过程就是不可逆过程.

应当注意,我们在自然界中遇到的一切过程实际上都是不可逆过程. 可逆过程只是为了研究方便而提出的一种理想的过程.

掌握了可逆过程和不可逆过程的概念后,我们很容易理解,热力学第二定律的表述可以多种多样,其实质都是表述一切与热现象有关的宏观过程都是不可逆的,它指明了自然界中一切自发过程进行的方向.

三、卡诺定理

前面介绍的卡诺循环就是建立在理想的可逆循环的基础上的. 1824 年,卡诺在他的热机理论上首先阐明了可逆热机的概念,提出了卡诺定理.

(1) 在相同的高温热源和相同的低温热源之间工作的一切可逆热机,其效率都相等,与工作物质无关,即

$$\eta = 1 - \frac{Q_2}{Q_1} = 1 - \frac{T_2}{T_1}$$

(2) 在相同的高温热源和相同的低温热源之间工作的一切不可逆热机的效率 η' 不可能大于可逆热机的效率 η,即

$$\eta' < 1 - \frac{T_2}{T_1}$$

卡诺定理为我们指出了提高热机效率的途径:①应尽量提高高温热源的温度,并降低低温热源的温度;②要选择合适的循环过程,尽量使之接近于卡诺循环;③要尽量减少过程的不可逆性.

四、热力学第二定律的统计意义

热力学第二定律所讨论的是大量分子热运动的不可逆性,这种不可逆性可以

从统计的意义上来解释.

为了说明这种不可逆性,先举一个日常生活中的例子.假如有 N 个小球,黑白各半,分开放在一个盘子的两半边.如果把盘子摇几下,黑白两种球就要混合,再多摇几下,黑白球仍然是混合的.会不会分开呢?有可能,但是机会却很小,摇几千次或几万次,不一定会碰上一次,黑白球数目越大,分开的机会就越小.

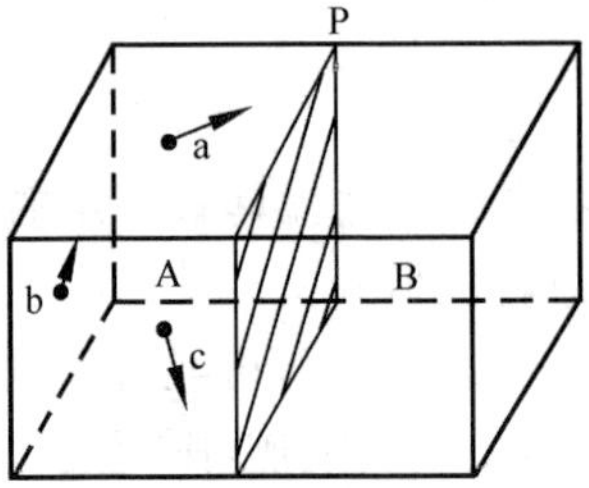

图 6-18 气体自由膨胀不可逆性的统计意义

下面再来分析理想气体自由膨胀的不可逆性的统计意义.假想容器中有三个气体分子 a、b、c(图 6-18),用一活动的隔板 P 将容器分为两半.先假定分子都在隔板的 A 侧,今将隔板抽掉,气体分子将向另外的 B 侧运动,此后分子在容器中的分配有八种方式,情况见表 6-3,可以看到 a、b、c 三个分子全退回到 A 边的可能性是存在的,其概率是 $1/8=1/2^3$. 而 A、B 两边都有分子的可能性是较大的.若分子数很大,如 1mol 的气体,其分子总数为 $N_0=6.02\times10^{23}$ 个,则气体膨胀之后,自动收缩而完全返回 A 侧的概率仅有 $1/2^{6\times10^{23}}$,这概率是很小的,实际上也就是说气体的膨胀是一个不可逆的过程.

表 6-3 分子在容器中的分配方式统计表

A	abc	ab	ac	bc	a	b	c	0
B	0	c	b	a	bc	ac	ab	abc

从以上分析可知,不可逆过程实质上是一个从概率较小的状态到概率较大的状态的转变过程,所以与此相反的过程的概率是很小的,这个相反的过程原则上并非不可能,但因概率很小,实际上是观察不到的.在一孤立系统内,一切实际过程都向着状态的概率增大的方向进行.

对于热传递来说,由于高温物体分子的平均动能比低温物体分子的平均动能大,在它们相互接触中,显然能量从高温物体传到低温物体的概率要比反向传递的概率大得多.对热功转换的问题,功转变为热的过程是表示在外力作用下宏观物体的有规则的定向运动转变为分子的无规则运动,这种转变的概率较之热转变为功的概率大.所以说热传递的不可逆性和热功转换的不可逆性的热力学第二定律本质上是一个统计性的规律.

6-12 熵 熵增加原理

前面已经指出,自然界中的不可逆过程的种类是无穷多的,而判断每一个不可逆过程的标准也不尽相同,能否找到一个共同的标准来判断一切不可逆过程的方向呢?由此引入一个新的态函数——熵,这个态函数在初、终两态的差异可被用来作为过程进行方向的数学判据，并且可以用态函数熵来定量地表述热力学第二定律.

一、克劳修斯熵公式

1865 年，克劳修斯由卡诺定理入手，引入熵的公式，根据卡诺定理，对任何一个可逆卡诺热机的效率有

$$\eta=1-\frac{Q_2}{Q_1}=1-\frac{T_2}{T_1}$$

现在我们规定吸收的热量为正，放出的热量为负，则上式可写成以下形式

$$\frac{Q_1}{T_1}+\frac{Q_2}{T_2}=0$$

说明在可逆卡诺循环中，量$\frac{Q}{T}$在整个循环过程中的代数和为零.

这个结论可以推广到任意的可逆循环过程，把求和号变为积分号有

$$\oint\frac{\mathrm{d}Q}{T}=0$$

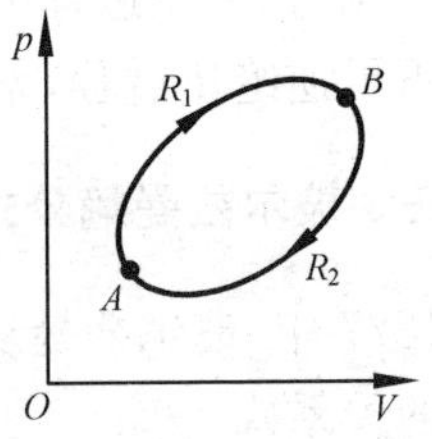

图 6-19　可逆循环

下面我们来讨论如图 6-19 所示的过程，以 A 和 B 表示一个系统的初态和终态. 从 A 到 B 可以进行许多可逆过程，假设系统经可逆过程 R_1 从 A 到 B，又经可逆过程 R_2 从 B 回到 A，则由上式得

$$\oint_{R_1R_2}\frac{\mathrm{d}Q}{T}=0$$

或

$$\int_{A\,(R_1)}^{B}\frac{\mathrm{d}Q}{T}+\int_{B\,(R_2)}^{A}\frac{\mathrm{d}Q}{T}=0$$

即

$$\int_{A\,(R_1)}^{B}\frac{\mathrm{d}Q}{T}=-\int_{B\,(R_2)}^{A}\frac{\mathrm{d}Q}{T}$$

此式也可写成

$$\int_{A\,(R_1)}^{B}\frac{\mathrm{d}Q}{T}=\int_{A\,(R_2)}^{B}\frac{\mathrm{d}Q}{T}\tag{6-47}$$

由于 R_1、R_2 为任意取的两个可逆过程，所以(6-47) 式表明，$\int_A^B\frac{\mathrm{d}Q}{T}$的值与 AB 之间的可逆路径无关，由此推断系统存在一个态函数，这个态函数叫做熵，用 S 表示，则有

$$S_B - S_A = \int_A^B \frac{dQ}{T} \tag{6-48}$$

式中，S_B 和 S_A 分别是终态和初态的熵.

如果系统经历的是一个不可逆过程，则通过证明可知

$$S_B - S_A > \int_A^B \frac{dQ}{T} \tag{6-49}$$

二、熵增加原理

下面判断绝热过程中，系统熵的变化，因为绝热，所以 $dQ=0$，对于可逆过程，由(6-48)式有

$$S_B - S_A = 0$$

对于不可逆过程，由(6-49)式有

$$S_B - S_A > 0$$

由此可见，在绝热过程中，系统的熵永不减少. 对于可逆绝热过程，系统的熵不变；对于不可逆绝热过程，系统的熵总是增加的，这个结论叫做熵增加原理.

三、玻尔兹曼熵公式

1877 年，玻尔兹曼从热力学第二定律的统计意义出发，给出熵与热力学概率之间的关系式

$$S = k\ln W \tag{6-50}$$

式中，k 为玻尔兹曼常量；W 为系统宏观态的热力学概率，上式称为玻尔兹曼熵公式. 对于系统的某一宏观态，都有一个 W 值与之对应，同时就有一个 S 值与之对应. 所以，由(6-50)式定义的熵 S 是系统状态的单值函数.

例 6-9 1kg 0℃的水和一个 100℃的热源接触，当水温达到 100℃时，水的熵增加多少？热源的熵增加多少？水和热源的总熵增加多少(水的定压比热容为 $4.187\times10^3 \mathrm{J\cdot kg^{-1}\cdot K^{-1}}$)？

解 水的熵的增加量为

$$\Delta S_1 = \int_{273.15}^{373.15} \frac{C_p dT}{T} = C_p \ln\frac{373.15}{273.15}$$
$$= 4.187\times10^3 \times \ln 1.366 = 1.306\times10^3 (\mathrm{J\cdot K^{-1}})$$

热源的熵的增加量为

$$\Delta S_2 = -\frac{100C_p}{373.15} = -\frac{4.187\times10^5}{373.15}$$
$$= -1.122\times10^3 (\mathrm{J\cdot K^{-1}})$$

水和热源的总熵的增加量为

$$\Delta S = \Delta S_1 + \Delta S_2 = 0.184\times10^3 \mathrm{J\cdot K^{-1}}$$

因 $\Delta S>0$，所以这个过程是不可逆的.

本章要点

(1) 理想气体处于某一平衡态时，状态参量 p、V、T 之间的关系满足理想气体状态方程

$$pV = \frac{M}{\mu}RT$$

(2) 根据理想气体微观模型，利用统计的概念和统计平均方法，导出理想气体压强公式

$$p = \frac{2}{3}n\left(\frac{1}{2}m\overline{v^2}\right) = \frac{2}{3}n\bar{\varepsilon}_k$$

上式表征了三个统计平均量 p、n 和 $\bar{\varepsilon}_k$ 之间相互联系的一个统计规律，而不是一个力学规律. 理想气体压强公式从定量的意义上阐明了理想气体压强的微观实质.

(3) 由理想气体状态方程和压强公式可导出温度与分子平均平动动能的关系式

$$\bar{\varepsilon}_k = \frac{3}{2}kT$$

这是分子运动论的一条基本规律(能量均分定理)的直接推论，它从微观的角度阐明了温度的实质.

(4) 分子热运动能量遵从的统计规律——能量按自由度均分定理：气体分子的每一个自由度都具有相同的平均动能，其大小都等于 $\frac{1}{2}kT$.

若某种气体分子有 t 个平动自由度，r 个转动自由度，s 个振动自由度. 由能量均分定理，可计算出 1mol 理想气体的内能为

$$E_0 = \frac{1}{2}(t + r + 2s)RT$$

若忽略气体分子的振动自由度 s，气体分子可视为刚性. 1mol 理想气体的内能通常表示为

$$E_0 = \frac{1}{2}(t + r)RT = \frac{i}{2}RT$$

由刚性气体分子组成的质量为 M、摩尔质量为 μ 的理想气体内能

$$E = \frac{M}{\mu}\frac{i}{2}RT$$

本章理想气体分子都以刚性对待.

(5) 气体分子热运动速率的统计分布规律——麦克斯韦速率分布律.

为了描述气体分子按速率的分布情况，研究其定量规律，引入速率分布函数

$$f(v) = \frac{dN}{N dv}$$

与 $f(v)$ 极大值对应的速率叫做最概然速率，由麦克斯韦速率分布函数可得

$$v_{\mathrm{p}}=\sqrt{\frac{2kT}{m}}=\sqrt{\frac{2RT}{\mu}}\doteq 1.41\sqrt{\frac{RT}{\mu}}$$

利用 $f(v)$ 还可求出与速率有关的力学量的统计平均值.

平均速率

$$\bar{v}=\sqrt{\frac{8kT}{\pi m}}=\sqrt{\frac{8RT}{\pi\mu}}\doteq 1.60\sqrt{\frac{RT}{\mu}}$$

方均根速率

$$\sqrt{\overline{v^2}}=\sqrt{\frac{3kT}{m}}=\sqrt{\frac{3RT}{\mu}}\doteq 1.73\sqrt{\frac{RT}{\mu}}$$

由以上结果可得

$$v_{\mathrm{p}}<\bar{v}<\sqrt{\overline{v^2}}$$

(6) 为了确定分子相互作用对运动情况的影响，引入平均自由程 $\bar{\lambda}$，它是在把分子间的碰撞简化为刚球的弹性碰撞的基础上提出的，是一个统计平均量

$$\bar{\lambda}=\frac{1}{\sqrt{2}\pi d^2 n}=\frac{kT}{\sqrt{2}\pi d^2 p}$$

(7) 热力学第一定律——能量转化和守恒定律，热力学第一定律的数学表达式为

$$Q=(E_2-E_1)+W$$

内能 E 是描述系统状态的物理量，系统在平衡态下的内能是状态参量的单值函数；功 W 和热量 Q 都不是系统状态的特征，而是过程量. 传热和做功虽然都是能量传递的方式，但两者在本质上是有区别的.

(8) 热力学第一定律对理想气体准静态过程的应用. 本章讨论了等体、等压、等温和绝热几个典型过程中 (E_2-E_1)、W 和 Q 的计算，主要运算公式如表 6-4.

表 6-4　理想气体热力学过程的主要公式

过程	特征	过程方程	系统内能的增量 E_2-E_1	系统对外界做功 W	系统从外界吸收热量 Q
等体	$\mathrm{d}V=0$	$\frac{p}{T}=$恒量	$\frac{M}{\mu}C_V(T_2-T_1)$	0	$\frac{M}{\mu}C_V(T_2-T_1)$
等压	$\mathrm{d}p=0$	$\frac{V}{T}=$恒量	$\frac{M}{\mu}C_V(T_2-T_1)$	$p(V_2-V_1)$ 或 $\frac{M}{\mu}R(T_2-T_1)$	$\frac{M}{\mu}C_p(T_2-T_1)$
等温	$\mathrm{d}T=0$	$pV=$恒量	0	$\frac{M}{\mu}RT\ln\frac{V_2}{V_1}$ 或 $\frac{M}{\mu}RT\ln\frac{p_1}{p_2}$	$\frac{M}{\mu}RT\ln\frac{V_2}{V_1}$ 或 $\frac{M}{\mu}RT\ln\frac{p_1}{p_2}$

续表

过程	特征	过程方程	系统内能的增量 E_2-E_1	系统对外界做功 W	系统从外界吸收热量 Q
绝热	$dQ=0$	$pV^{\gamma}=$恒量 $TV^{\gamma-1}=$恒量 $p^{\gamma-1}T^{-\gamma}=$恒量	$\frac{M}{\mu}C_V(T_2-T_1)$	$\frac{1}{\gamma-1}(p_1V_1-p_2V_2)$ 或$-\frac{M}{\mu}C_V(T_2-T_1)$	0

(9) 循环过程和卡诺循环.

循环过程是从能量转化的角度对一般热机共同点的抽象.

在正循环中,系统吸收热量,主要用于对外做功,循环效率为

$$\eta=\frac{W}{Q_1}=\frac{Q_1-Q_2}{Q_1}=1-\frac{Q_2}{Q_1}$$

在逆循环中,外界对系统做功,制冷系数为

$$w=\frac{Q_2}{W}=\frac{Q_2}{Q_1-Q_2}$$

卡诺循环是为了提高热机效率而提出的一种理想热机循环,理想气体准静态卡诺循环效率公式为

$$\eta=\frac{W}{Q_1}=1-\frac{T_2}{T_1}$$

(10) 热力学第二定律.

热力学第二定律的表述可以多种多样,其实质在于指出一切与热现象有关的实际宏观过程都是不可逆的,向人们指出了自然界中一切自发过程进行的方向.

热力学第二定律的统计意义是在一个孤立系统内,一切实际过程都向着状态的概率增大的方向进行.

(11) 熵和熵增加原理.

自发过程的不可逆性与过程的初态及终态间存在着一种必然的内在联系,用数学形式表达为一个新的态函数——熵.

玻尔兹曼给出熵与热力学概率之间的关系式

$$S=k\ln W$$

熵增加原理:在绝热过程中,系统的熵永不减少.对于可逆绝热过程,系统的熵不变,对于不可逆绝热过程,系统的熵总是增加.

习　　题

6-1　一定质量的理想气体,当 T 恒定($pV=C$)时 V 减小,压强 p 增大;当 V

恒定($p/T=C$)时 T 增大,p 增大. 这两种情况下宏观效果相同,微观有何区别,用气体动理论的观点解释.

6-2 储存在容积为 25L 的钢瓶中的煤气,温度是 0℃时,压强是 8atm. (1)在一般情况(20℃,1atm)下,煤气的体积是多少? (2)当钢瓶内的煤气压强与外界大气压(1atm)相同时,便无法正常使用. 此时,有人将钢瓶放进装有热水的盆中,假定能将钢瓶内的煤气升温到 80℃,问还能使用一般情况下的煤气多少升?

6-3 氧气瓶的容积为 32L,其中氧气的压强为 $1300\text{N}\cdot\text{cm}^{-2}$,氧气厂规定压强降到 $100\text{N}\cdot\text{cm}^{-2}$时就应重新充气,以免经常洗瓶. 某小型吹玻璃车间,平均每天用 1atm 下的氧气 400L,问一瓶氧气能用多少天(假设使用过程中温度不变)?

6-4 一容器内储有氢气,其压强为 $1.01\times10^5\text{Pa}$,求温度为 300K 时,(1) 气体的分子数密度;(2) 气体的质量密度.

6-5 处于温度 $T=300\text{K}$ 平衡态的氢气和氩气,分别求两种分子的平均能量、平均动能和平均平动动能.

6-6 目前实验室中所能获得的真空,其压强约为 $1.33\times10^{-8}\text{Pa}$. 试问在 27℃的温度下,在这样的真空中每立方厘米内有多少个气体分子?

6-7 2g 氢气装在 20L 的容器内,当容器内的压强为 $3.99\times10^4\text{Pa}$ 时,氢气分子的平均平动动能为多大?

6-8 0.56g N_2 封闭在一容器内,计算温度 $T=273\text{K}$ 时 N_2 的内能(假设 N_2 可视为理想气体).

6-9 速率分布函数 $f(v)$的物理意义是什么? 试说明下列各量的物理意义(n 为分子数密度,N 为系统总分子数).

(1) $f(v)\mathrm{d}v$; (2) $Nf(v)\mathrm{d}v$; (3) $nf(v)\mathrm{d}v$;

(4) $\int_{v_1}^{v_2} f(v)\mathrm{d}v$; (5) $\int_{v_1}^{v_2} Nf(v)\mathrm{d}v$; (6) $\dfrac{\int_{v_1}^{v_2} vf(v)\mathrm{d}v}{\int_{v_1}^{v_2} f(v)\mathrm{d}v}$.

6-10 求处于热平衡态中,温度为127℃的氢气分子和氧气分子的平均速率、方均根速率及最概然速率. 并指出题 6-10 图中氢气和氧气的麦克斯韦速率分布曲线,说明理由.

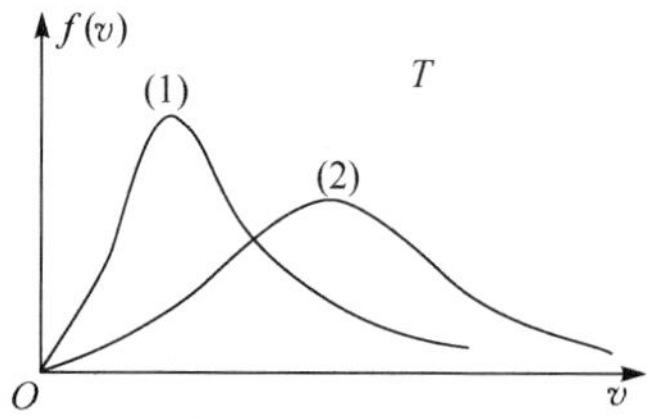

题 6-10 图

6-11 假设有 N 个粒子,其速率分布函数为

$$f(v)=\begin{cases} av & (0\leqslant v<v_0) \\ \dfrac{3}{2}av_0-\dfrac{1}{2}av & (v_0\leqslant v<3v_0) \\ 0 & (3v_0\leqslant v) \end{cases}$$

(1)由 v_0 求常数 a;(2)求粒子的平均速率;

(3)速率在$\frac{1}{2}v_0\sim 2v_0$ 内的分子数;(4)速率在$v_0\sim\infty$内的分子的平均速率.

6-12 某种气体的速率分布函数为

$$f(v)=4\sqrt{\frac{a^3}{\pi}}v^2\mathrm{e}^{-av^2}\quad (0\leqslant v\leqslant\infty)$$

式中,a 是常量.试求该气体的最概然速率 v_p、平均速率 $\bar{v}$ 和方均根速率.

6-13 一飞机在地面时,机舱中的压力计指示为 1.013×10^5Pa 到高空后,压力降为 8.105×10^4Pa.设大气的温度均为 27℃,问此时飞机距地面的高度为多少?

6-14 如果保持理想气体的温度不变,当压强降为原来的 1/5 时,分子的碰撞频率、分子的平均自由程分别是多少(已知原来分子的平均碰撞频率为 Z_0;平均自由程为 λ_0).

6-15 对于某种确定的理想气体,有几种方法可以使理想气体分子的平均碰撞频率增大?

6-16 封闭在绝热容器中的气体向真空做自由膨胀,体积变为原来的两倍,计算系统的内能变化和系统对外做的功.

6-17 如题 6-17 图所示,一定量的空气,开始时在状态 A,压强为 2atm,体积为 2L,沿直线 AB 变化到状态 B 后,压强变为 1atm,体积变为 3L,求在此过程中气体所做的功.

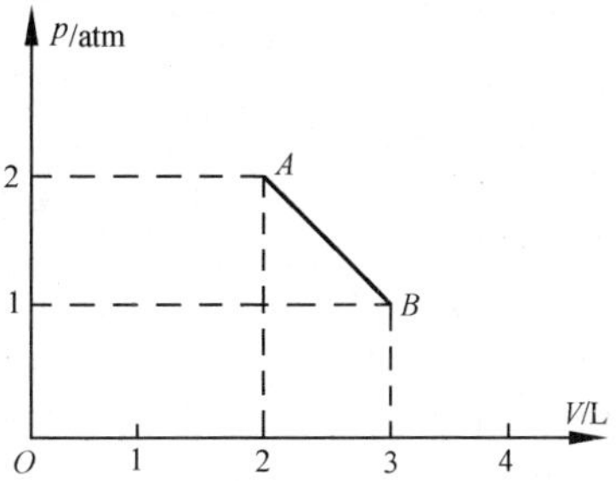

题 6-17 图

6-18 气缸内贮有 2mol 的空气,温度为 27℃.若维持压力不变,而使空气的体积膨胀到原体积的 3 倍,求空气膨胀时所做的功.

6-19 2mol 的理想气体在 300K 时,从 4L 等温压缩到 1L,求气体做的功和吸收的热量.

6-20 1mol 氢气,温度为 300K,体积为 $0.002\mathrm{m}^3$,试计算下列两种过程中氢气做的功:(1) 绝热膨胀到体积为 $0.02\mathrm{m}^3$;(2) 等温膨胀至体积为 $0.02\mathrm{m}^3$.

6-21 如题 6-21 图所示,$abcda$ 为 1mol 单原子分子理想气体的循环过程,求:(1)气体循环一次,在吸热过程中从外界吸收的热量;(2) 气体循环一次对外做的净功;(3) 证明 $T_aT_c=T_bT_d$.

6-22 1mol 单原子分子理想气体,经历如题 6-22 图所示的循环过程,已知 $V_b=2V_a$,在下列两种情况下计算该循环的热机效率:(1)$a\to b$ 为等温过程;(2)$a\to b$ 为绝热过程.

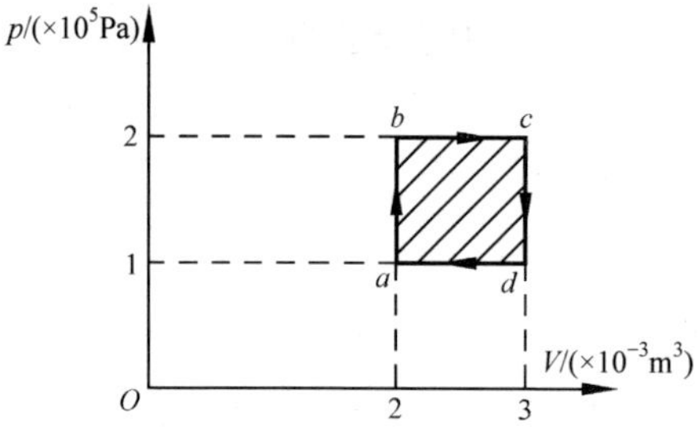

题 6-21 图

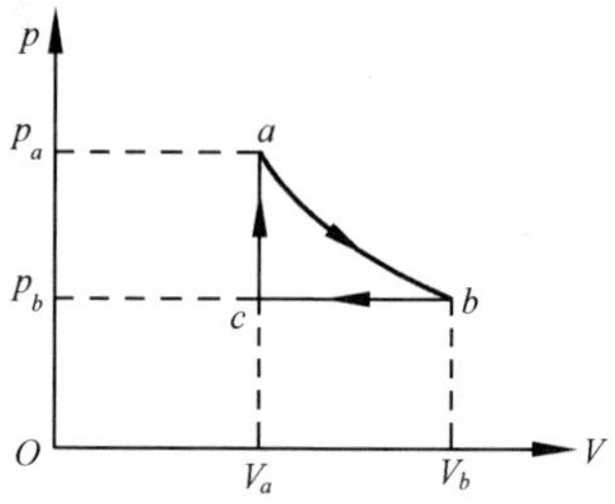

题 6-22 图

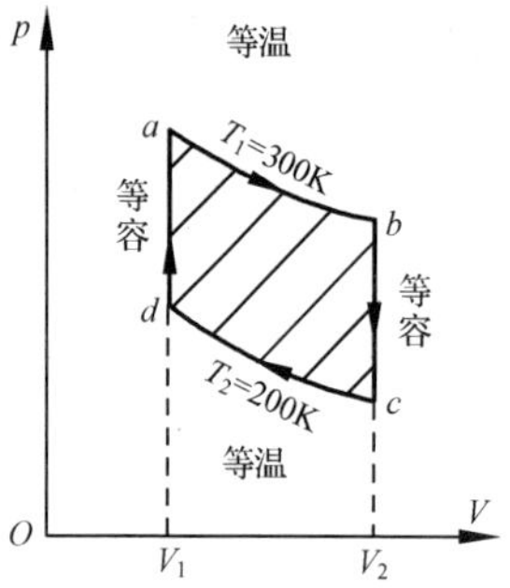

题 6-23 图

6-23 0.32kg 的氧气做如题 6-23 图所示的循环，若 $V_2=2V_1$、$T_1=300\text{K}$、$T_2=200\text{K}$，求此循环的热机效率.

6-24 关于可逆过程和不可逆过程的判断：

(1) 可逆热力学过程一定是准静态过程；

(2) 准静态过程一定是可逆过程；

(3) 不可逆过程就是不能向相反方向进行的过程；

(4) 凡有摩擦的过程，一定是不可逆过程.

6-25 如题 6-25 图所示，用热力学第一定律和第二定律分别证明：在 p-V 图上一绝热线与一等温线不能有两个交点.

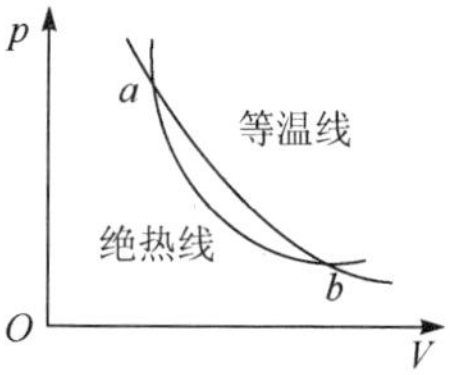

题 6-25 图

6-26 制冷机工作时，其冷藏室中的温度为－10℃，其放出的冷却水的温度为 11℃，若按理想卡诺制冷循环计算，此制冷机每消耗 10^3J 的功，可以从冷藏室中吸出多少热量？

6-27 把 1kg 的 20℃ 的水放到温度恒为 100℃ 的炉子上加热，最后达到 100℃，水的比热是 $4.18\times10^3\text{J}\cdot\text{kg}^{-1}\cdot\text{K}^{-1}$，水和炉子的熵变各是多少？

自 测 题

1. 若 $f(v)$ 表示麦克斯韦速率分布函数，则 $\int_{v_1}^{v_2} f(v)\mathrm{d}v$ 表示速率分布在 $v_1\sim v_2$ 区间的[　　]

(A) 分子数；

(B) 分子数比率；

(C) 分子的平均速率；

(D) 分子的方均根速率.

2. 在体积一定的容器中，若把理想气体的温度升高，则[　　]

(A) 分子的平均动能和气体的压强都减小；

(B) 分子的平均动能增大，气体的压强减小；

(C) 分子的平均动能和气体的压强都增大；

(D) 分子的平均动能减小，气体的压强增大.

3. 对于如3题图所示的循环过程，理想气体对外做的功为 W 及内能的变化为 ΔE，下列叙述正确的是[　　]

(A) $\Delta E=0, W>0$；

(B) $\Delta E=0, W<0$；

(C) $\Delta E>0, W<0$；

(D) $\Delta E<0, W>0$.

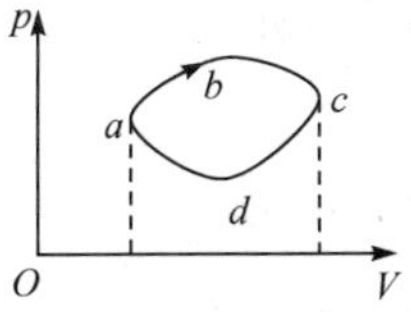

3 题图

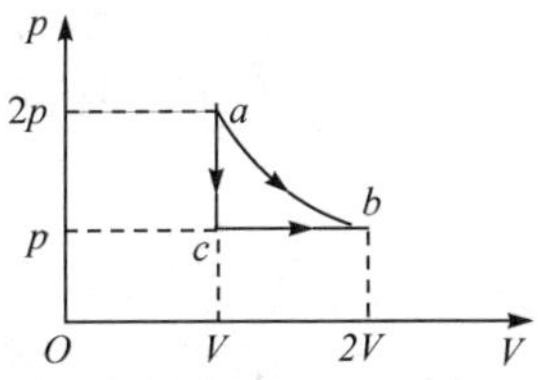

6 题图

4. 温度为127℃的氢气分子的方均根速率 $\sqrt{\overline{v^2}}=$__________，最概然速率 v_p $=$__________.（$\mu_{H_2}=2\times10^{-3}\text{kg}\cdot\text{mol}^{-1}$.）

5. 一容器中装有刚性双原子分子理想气体，温度为 T，气体分子总数为 N，则该容器中气体分子的平均平动动能为__________；平均转动动能为__________；气体的内能为__________.

6. 如6题图所示，当1mol氧气(1)由 a 等温变化到 b 时，求该氧气对外界做的功；(2)由 a 等体变化到 c 时，求该氧气内能的增量；(3)由 c 等压变化到 b 时，求该氧气所吸收的热量(图中 p、V 为已知条件).

7. 一卡诺热机，高温热源的温度是400K，每一循环从高温热源吸热100J，并向低温热源放热80J. 求：(1)低温热源的温度；(2)此热机的效率.

第六章习题答案　　　　第六章自测题答案

第七章 静 电 场

电磁学是研究电与磁的现象和规律的科学，它与现代科学和技术密切关联. 在第七～九章中，我们将分别讨论静电场、稳恒磁场、电磁感应及电磁场的特性及其规律.

对静止电荷间相互作用的研究叫静电学，它是电磁学的基础. 在本章中，我们将从静止电荷之间的相互作用出发，研究静止电荷电场的性质，静电场与导体的相互作用和影响，并简要介绍静电场中的介质.

7-1 电荷和电场

一、电荷

19 世纪的科学家已经认识到自然界中只有两种电荷，即正电荷和负电荷. 以后一系列的实验确认了这一点，并证明：同种电荷相斥，异种电荷相吸. 各种物质所带电荷的最小单位称为基本电荷 e，其数量由密立根(Millikan)在 1909 年测得：$e=1.602\times10^{-19}$C，各种物质的带电量总是这一基本电荷的整数倍，这一现象被称为电荷的量子化现象. 近代理论推测夸克粒子有可能携带 $e/3$ 或 $2e/3$ 的电量，但至今尚未分离出这样的粒子.

经过大量实验，富兰克林(Franklin)总结出自然界中重要的守恒定律之一——电荷守恒定律：在孤立系统中，系统的总电量守恒.

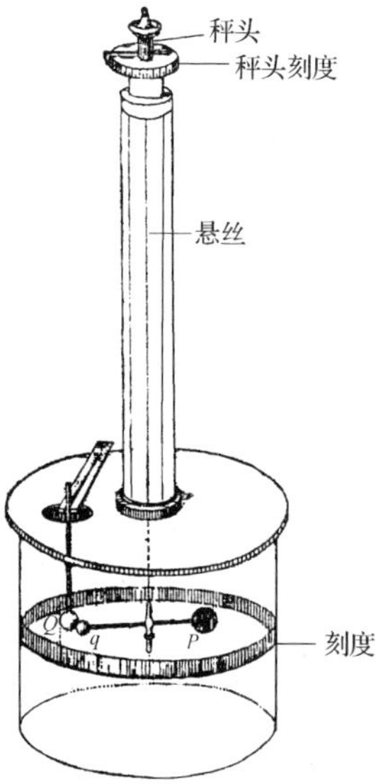

图 7-1 库仑扭秤

通过测量丝线扭转角度确定 q 与 Q 之间作用力

二、库仑定律

库仑(Coulomb)在 1785 年通过实验(图 7-1)总结出两点电荷之间的相互作用规律，即库仑定律.

在真空中，两个静止点电荷之间的相互作用力 $\boldsymbol{F}$ 的大小与两点电荷 q_1 和 q_2 的乘积成正比，与它们之间的距离 r 的平方成反比，

力的方向沿两点电荷的连线，同号电荷相斥，异号电荷相吸. 用矢量式表示为

$$\boldsymbol{F}=k\frac{q_1q_2}{r^2}\hat{\boldsymbol{r}} \tag{7-1}$$

式中，r 是两点电荷之间的距离；$\hat{\boldsymbol{r}}$ 是从施力电荷指向受力电荷的单位矢量；k 是比例系数，在 SI（国际单位）制中，$k=8.98755\times10^9\,\mathrm{N\cdot m^2\cdot C^{-2}}\approx9\times10^9\,\mathrm{N\cdot m^2\cdot C^{-2}}$.
为简化由库仑定律导出的一些公式，令 $k=\frac{1}{4\pi\varepsilon_0}$，式中$\varepsilon_0=8.85\times10^{-12}\,\mathrm{C^2\cdot N^{-1}\cdot m^{-2}}$，被称为真空电容比率. (7-1)式可改写为

$$\boldsymbol{F}=\frac{1}{4\pi\varepsilon_0}\frac{q_1q_2}{r^2}\hat{\boldsymbol{r}} \tag{7-2}$$

由(7-2)式可以看出：当 q_1 与 q_2 同号时，$\boldsymbol{F}$ 与 $\hat{\boldsymbol{r}}$ 同方向，即 q_2 受斥力；当 q_1 与 q_2 异号时，$\boldsymbol{F}$ 与 $\hat{\boldsymbol{r}}$ 反向，表示 q_2 受引力，如图 7-2 所示.

库仑定律只适用于两个静止点电荷的相互作用，若考虑两个以上点电荷之间的相互作用，应使用力的叠加原理，即作用在其中某一点电荷 q_0 上的库仑力 $\boldsymbol{F}_0$ 等于其他点电荷分别单独存在时，作用在该点电荷上的库仑力的矢量和，如图 7-3所示.

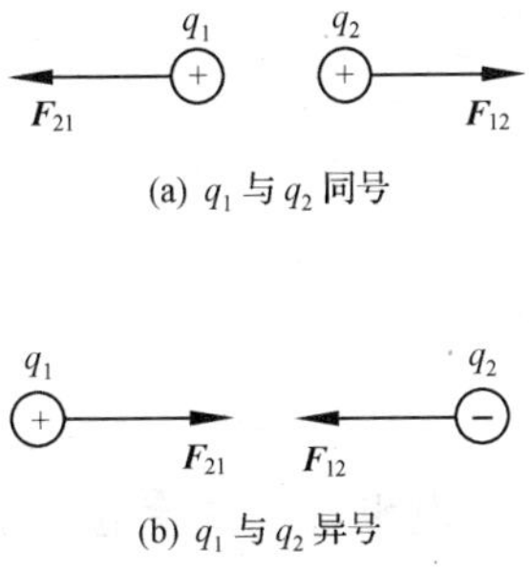

图 7-2　电荷之间的库仑力

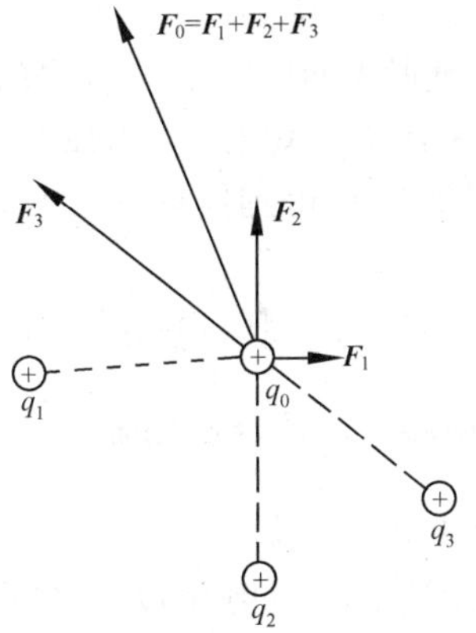

图 7-3　$\boldsymbol{F}_0$ 为其他点电荷对 q_0 作用力的矢量和

三、电场　电场强度

两点电荷之间的相互作用力是相距一定距离而发生的，不同于通常物体间相接触的相互作用力. 这种超距离的相互作用靠什么传递呢？普遍的观点认为，第一个电荷在它周围的空间产生电场，第二个电荷并没有直接接触第一个电荷，而是处在它的电场中并与该电场发生相互作用. 可将这种作用示意为

$$电荷\underset{作用于}{\overset{产生}{\rightleftharpoons}}电场\underset{产生}{\overset{作用于}{\rightleftharpoons}}电荷$$

从这个意义上讲，电场在两个带电粒子中间起媒介作用.

由于电场的分布具有分散性，所以对电场的描述需要逐点进行. 下面从静电场的施力特性出发研究静电场的性质.

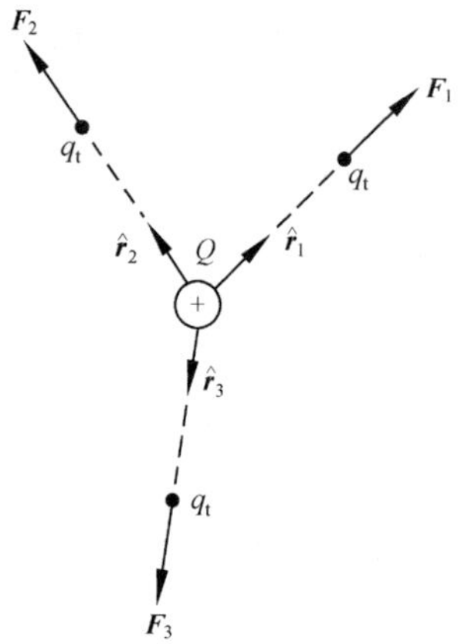

图 7-4　通过 q_t 受力得到 Q 的电场图像

现在我们来研究一个静止点电荷 Q 的电场. 将一正的小试验电荷 q_t（试验电荷 q_t 足够小以至于可忽略它对被测量的点电荷 Q 产生的电场的影响）放在电场的不同处，测量 q_t 所受的电场力，便可获得一幅电荷 Q 的电场的图像，场中每一点都有一个唯一的力矢量，如图 7-4，该力即库仑力.

为描述电场的方向及大小，定义在电场中的某点，单位正电荷所受到的电场力为该点电场的电场强度，简称场强，用字母 $\boldsymbol{E}$ 表示为

$$\boldsymbol{E}=\frac{\boldsymbol{F}}{q_t} \tag{7-3}$$

场强 $\boldsymbol{E}$ 在 SI 制中的单位为 $\mathrm{N\cdot C^{-1}}$ 或 $\mathrm{V\cdot m^{-1}}$.

只要场源电荷 Q 存在，场强 $\boldsymbol{E}$ 便存在，与是否放置试验电荷 q_t 无关. 一旦场强 $\boldsymbol{E}$ 已知，可通过 $\boldsymbol{E}$ 得到任意一点电荷 q 在电场中所受的电场力

$$\boldsymbol{F}=q\boldsymbol{E} \tag{7-4}$$

若 $q>0$，则 $\boldsymbol{F}$ 与 $\boldsymbol{E}$ 同向；若 $q<0$，则 $\boldsymbol{F}$ 与 $\boldsymbol{E}$ 反向.

四、用库仑定律计算场强

1. 点电荷的场强

设真空中有一点电荷 Q，求距 Q 为 r 处点 P 的场强. 设想将一试验电荷 q_t 放到点 P，由库仑定律，作用在 q_t 上的电场力为

$$\boldsymbol{F}=\frac{1}{4\pi\varepsilon_0}\frac{q_tQ}{r^2}\hat{\boldsymbol{r}}$$

根据(7-3)式，得点 P 处场强

$$\boldsymbol{E}=\frac{\boldsymbol{F}}{q_t}=\frac{Q}{4\pi\varepsilon_0 r^2}\hat{\boldsymbol{r}} \tag{7-5}$$

2. 点电荷系的场强

叠加原理不仅适用于库仑力的计算，也适用于场强的计算. 求点电荷系在点 P 产生的场强时，我们先用库仑定律计算出 Q_1 在点 P 的场强 $\boldsymbol{E}_1$、Q_2 的场强 $\boldsymbol{E}_2$ 等，再求它们的矢量和. 对于 N 个点电荷组成的系统，在点 P 产生的场强 $\boldsymbol{E}$ 为矢量和，

$\boldsymbol{E}=\boldsymbol{E}_1+\boldsymbol{E}_2+\cdots+\boldsymbol{E}_n=\sum\limits_{i=1}^{n}\boldsymbol{E}_i$，其中 $\boldsymbol{E}_i$ 为

$$\boldsymbol{E}_i = \frac{Q_i}{4\pi\varepsilon_0 r_i^2}\hat{\boldsymbol{r}}_i$$

例 7-1 正方形的边长为 a，四个顶点都放有点电荷，如图 7-5 所示，计算其中心 O 点处的电场强度.

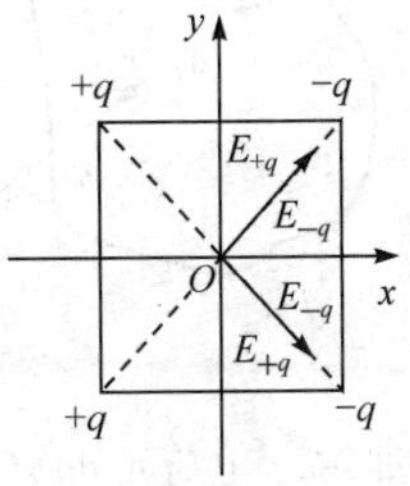

图 7-5 计算 O 点的场强

解 以中心 O 为坐标原点，水平向右为 x 轴正方向，竖直向上为 y 轴正方向建立坐标系. 根据对称性，电荷在中心 O 处产生的电场强度的 y 分量抵消，只有 x 分量，所以

$$\boldsymbol{E}_O = 4E_{qx}\boldsymbol{i} = 4\frac{q}{4\pi\varepsilon_0[(a/2)^2+(a/2)^2]}\sin 45°\boldsymbol{i} = \frac{\sqrt{2}q}{\pi\varepsilon_0 a^2}\boldsymbol{i}$$

例 7-2 图 7-6 所示为由位于 $(0,a)$ 的正电荷 Q 与位于 $(0,-a)$ 的负电荷 $-Q$ 所组成的电偶极子，求其垂直平分线上距 O 点 r 处点 P 的场强.

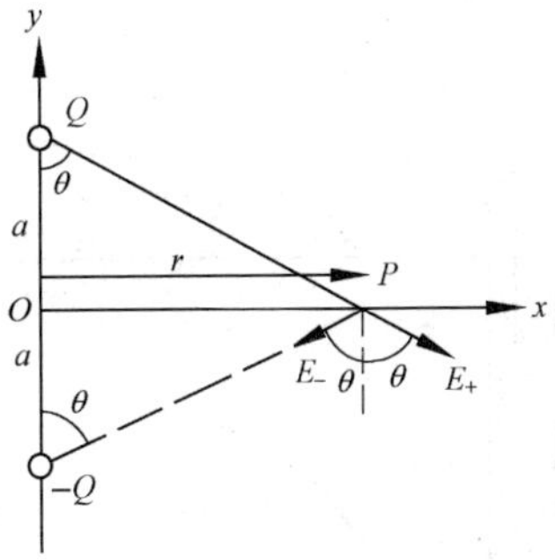

图 7-6 电偶极子垂直平分线上的场强

解 在 x 轴上任何一点，两个电荷产生的场强有同样的大小

$$E_+ = E_- = \frac{1}{4\pi\varepsilon_0}\cdot\frac{Q}{r^2+a^2}$$

由对称性可知，E_+ 与 E_- 的 x 分量抵消了，只剩 y 分量. 注意 $\cos\theta = \frac{a}{(r^2+a^2)^{1/2}}$，则有

$$\begin{aligned} E_y &= -(E_+ + E_-)\cos\theta \\ &= 2\times\frac{(-1)}{4\pi\varepsilon_0}\times\frac{Q}{(r^2+a^2)}\times\frac{a}{(r^2+a^2)^{1/2}} \\ &= \frac{-2aQ}{4\pi\varepsilon_0(r^2+a^2)^{3/2}} \end{aligned}$$

我们将电偶极子中一个电荷的电量 Q 与正负电荷之间距离 $\boldsymbol{d}$ 的乘积定义为电偶极矩，用符号 $\boldsymbol{p}$ 表示，$\boldsymbol{d}$ 的方向由 $-Q$ 指向 Q. 则有

$$\boldsymbol{p} = Q\boldsymbol{d} \tag{7-6}$$

将 $\boldsymbol{p}$ 引入 $\boldsymbol{E}$，注意 $r \gg a$ 时，$(r^2+a^2)^{-\frac{3}{2}} \approx \frac{1}{r^3}$，则有

$$\boldsymbol{E} = \frac{-\boldsymbol{p}}{4\pi\varepsilon_0 r^3}$$

3. 连续分布电荷的场强

如果电荷连续分布在一个物体上，我们可把它分为许多电荷元，每一个电荷元的线度很小，它可以被看作是点电荷. 设由电荷元 $\mathrm{d}q$ 到电场中一点 P 的距离为 r（图 7-7），$\mathrm{d}q$ 在点 P 产生的元场强 $\mathrm{d}\boldsymbol{E}$ 为 $\frac{\mathrm{d}q}{4\pi\varepsilon_0 r^2}\hat{\boldsymbol{r}}$. 根据场强叠加原理，整个带电体

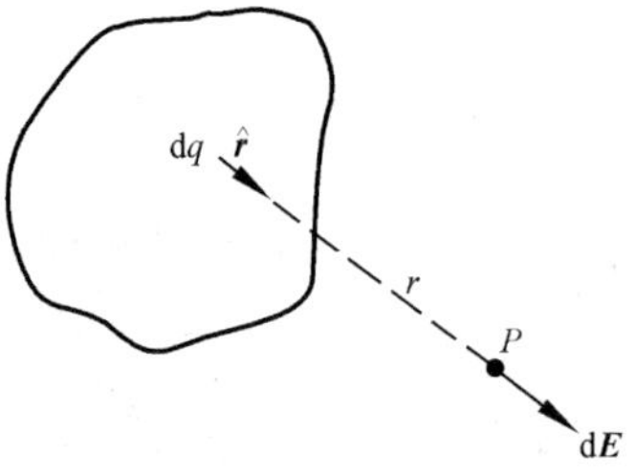

图 7-7　电荷元 dq 产生的元场强 d$\boldsymbol{E}$

在点 P 产生的场强可用积分计算

$$\boldsymbol{E}=\int \mathrm{d}\boldsymbol{E}=\frac{1}{4\pi\varepsilon_0}\int\frac{\mathrm{d}q}{r^2}\hat{\boldsymbol{r}} \qquad (7\text{-}7)$$

要求出上述积分，dq 应表达为 r 的函数. 此外，(7-7)式是一个矢量积分，一般不能直接计算. 应先将元场强 d$\boldsymbol{E}$ 沿直角坐标分解为 dE_x、dE_y、dE_z，然后分别对它们积分，求得 $\boldsymbol{E}$ 的三个分量 E_x、E_y、E_z，再确定场强 $\boldsymbol{E}$ 的大小和方向.

例 7-3　一无限长带电直线，电荷线密度为 λ，求距该直线 R 处的电场强度(图 7-8).

解　我们选择电荷元 dq 为长度 dl 上所带电量，即 d$q=\lambda$dl，dq 在点 P 产生的元场强的大小

$$\mathrm{d}E=\frac{\lambda\mathrm{d}l}{4\pi\varepsilon_0 r^2}$$

为计算积分，首先必须统一积分变量. 在此题中，为便于计算，将变量 l 和 r 统一用 θ 表达. 由图可知，$r=R\sec\theta$，$l=R\tan\theta$，由 l 又可得 d$l=R\sec^2\theta$dθ，代入 dl 及 r 后，可得

$$\mathrm{d}E=\frac{\lambda\mathrm{d}\theta}{4\pi\varepsilon_0 R}$$

对于每一个正 y 轴上的 dl 长度，一定存在另一个对称的负 y 轴上的 dl，这两个长度上的电荷元在点 P 产生的场强 y 分量相互抵消，

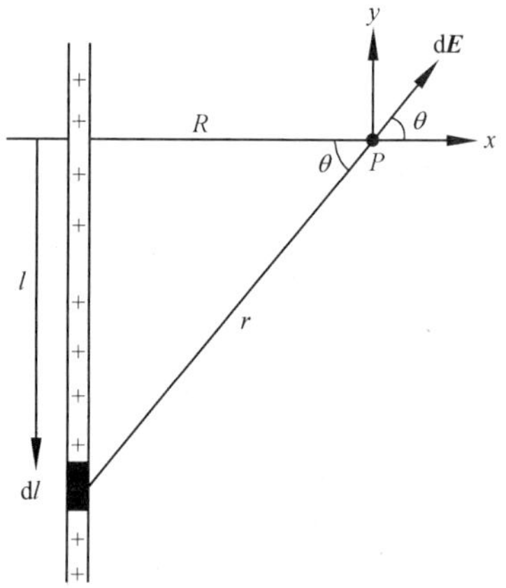

图 7-8　无限长带电直线的场强

因此求总场强时我们只需对 dE_x 积分. 注意 d$E_x=$d$E\cos\theta$，积分限为 $-\frac{\pi}{2}$ 和 $\frac{\pi}{2}$，有

$$E=\int\mathrm{d}E_x=\frac{\lambda}{4\pi\varepsilon_0 R}\int_{-\frac{\pi}{2}}^{\frac{\pi}{2}}\cos\theta\mathrm{d}\theta=\frac{\lambda}{4\pi\varepsilon_0 R}[\sin\theta]_{-\frac{\pi}{2}}^{\frac{\pi}{2}}=\frac{\lambda}{2\pi\varepsilon_0 R}$$

方向沿 x 轴.

例 7-4　图 7-9 所示为半径 a 的均匀带电圆环，总电量 Q，求圆环轴线上距圆心为 x 处点 P 的场强.

解　电荷元 dq 在点 P 产生的元场强 d$\boldsymbol{E}$ 可分解为平行于轴线的分量 dE_x 和垂直于轴线的分量 d$E_\perp$. d$E_\perp$ 必被直径另一端的另一电荷元 dq' 的场强的垂直分量所抵消，因此合场强 $\boldsymbol{E}$ 只有轴向分量 E_x(图 7-9). 计算过程如下：

$$\mathrm{d}E_x=\frac{\mathrm{d}q}{4\pi\varepsilon_0 r^2}\cos\theta=\frac{\mathrm{d}q}{4\pi\varepsilon_0 r^2}\cdot\frac{x}{r}=\frac{x\mathrm{d}q}{4\pi\varepsilon_0(x^2+a^2)^{3/2}}$$

注意

$$r^2=x^2+a^2,\quad \cos\theta=\frac{x}{r}=\frac{x}{\sqrt{x^2+a^2}}$$

则有

$$E=E_x=\frac{1}{4\pi\varepsilon_0}\int\frac{x\mathrm{d}q}{(x^2+a^2)^{3/2}}$$

因为 x 在整个积分过程中不变化，可将其提出积分号.

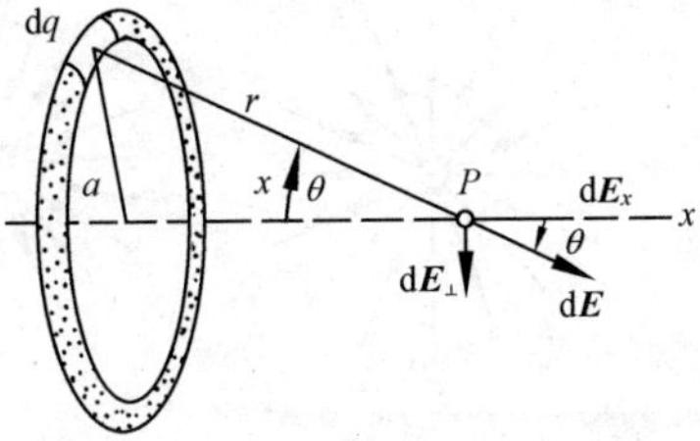

图 7-9　带电圆环在点 P 的场强

$$E=\frac{x}{4\pi\varepsilon_0(x^2+a^2)^{3/2}}\int\mathrm{d}q=\frac{xQ}{4\pi\varepsilon_0(x^2+a^2)^{3/2}}$$

方向沿 x 轴正向.

讨论：(1) 当 x 取 0 时，$E=0$. 这是因为圆环各部分在圆心产生的场强互相抵消. (2) 当 $x\gg a$ 时，$E\approx\dfrac{Q}{4\pi\varepsilon_0 x^2}$，此时可将圆环视为点电荷.

7-2　电通量　高斯定理

一、电场线

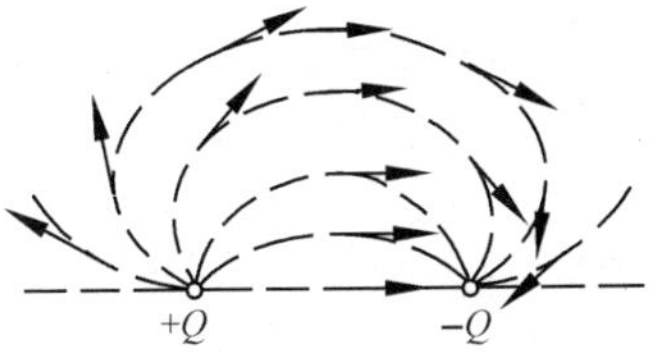

图 7-10　电场线图示法

为了形象直观地描述电场的分布，法拉第(Faraday)在 1840 年提出电场线图示法. 即在电场中画出一系列有指向的曲线，使曲线上每一点的切线方向与该点场强方向一致，这些曲线就叫做电场线或 **E** 线(图 7-10). 图 7-11 为几种典型的电场线分布. 电场线有以下性质.

(1) 电场线起自正电荷(或无穷远)，止于负电荷(或无穷远)，电场线不闭合，不会在没有电荷的地方中断.

(2) 某点的场强大小与该点电场线密度成正比，电场线密度为与电场线垂直的单位面积上的电场线条数 $\mathrm{d}N/\mathrm{d}S_\perp$.

(3) 两条电场线在没有电荷存在的空间不相交.

在法拉第提出电场线图示法后，数学家高斯(Gauss)又将电场线量化使用，提出电通量的概念及高斯定理，使一些特殊对称分布的电荷的场强计算大为简化.

二、电通量

通过电场中任一面积的电场线数目叫做通过该面的电通量，用符号 Φ_e 表示.

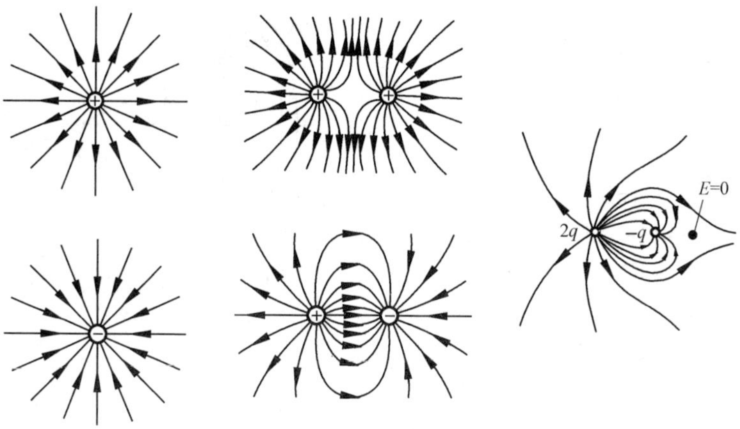

图 7-11　几种典型电场的电场线图

电通量的计算如下.

1. 在匀强电场中通过平面 S 的电通量

若平面 S 与场强 $\boldsymbol{E}$ 垂直，则 $\Phi_e = ES$，如图 7-12(a)所示，若平面 S 的法线方向单位矢量 $\boldsymbol{n}$ 与场强 $\boldsymbol{E}$ 成 θ 角，如图 7-12(b)所示，则 $\Phi_e = ES_\perp = ES\cos\theta$.

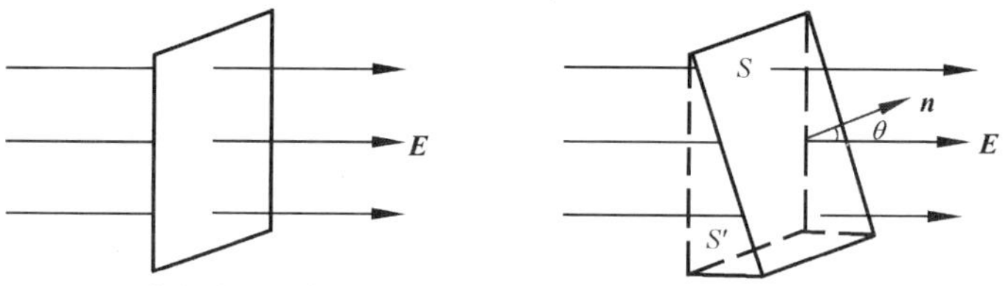

(a) 平面 S 与 $\boldsymbol{E}$ 垂直　　(b) 平面 S 的法向 $\boldsymbol{n}$ 与 $\boldsymbol{E}$ 成 θ 角

图 7-12　匀强电场中的电通量

2. 在任意电场中通过任意曲面 S 的电通量

如图 7-13 所示，在 S 曲面上取一小面积元矢量 $\mathrm{d}\boldsymbol{S}$，其大小为 $\mathrm{d}S$，法向单位矢量为 $\boldsymbol{n}$. 将 $\mathrm{d}\boldsymbol{S}$ 看作是平面，并认为在 $\mathrm{d}\boldsymbol{S}$ 面上各点的场强 $\boldsymbol{E}$ 相等，因 $\boldsymbol{n}$ 与 $\boldsymbol{E}$ 夹角为 θ，则通过 $\mathrm{d}\boldsymbol{S}$ 的电通量为

$$\mathrm{d}\Phi_e = E\cos\theta\mathrm{d}S = \boldsymbol{E}\cdot\mathrm{d}\boldsymbol{S}$$

通过整个 S 面的电通量为通过所有面元的电通量的总和.

$$\Phi_e = \int\mathrm{d}\Phi_e = \int_S E\cos\theta\mathrm{d}S$$

若 S 曲面为闭合曲面，如图 7-14 所示，通过 S 闭合面的电通量为

$$\Phi_e = \oint\mathrm{d}\Phi_e = \oint_S E\cos\theta\mathrm{d}S = \oint_S \boldsymbol{E}\cdot\mathrm{d}\boldsymbol{S}$$

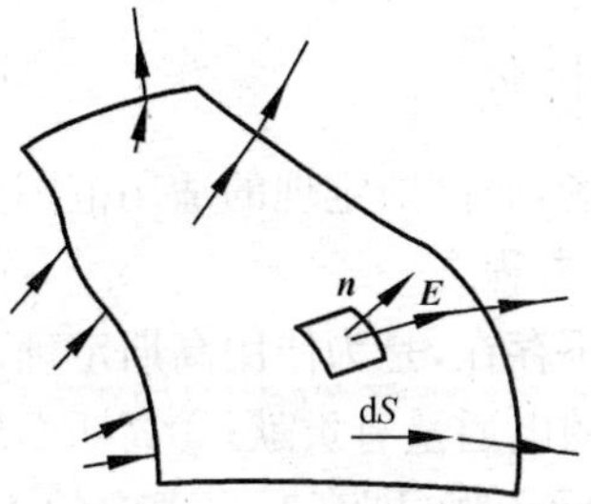

图 7-13　任意电场中通过曲面 S 的电通量

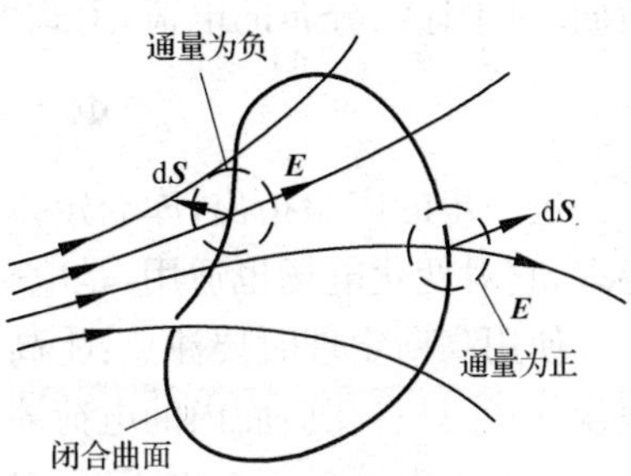

图 7-14　通过闭合曲面 S 的电通量

此时应注意 $\mathrm{d}\Phi_e$ 的正和负. 我们规定面元 $\mathrm{d}\boldsymbol{S}$ 的法向单位矢量 $\boldsymbol{n}$ 指向曲面外侧为正. 因此当电场线从外穿进曲面里, $\boldsymbol{n}$ 与 $\boldsymbol{E}$ 的夹角 θ 大于 90°时, $\mathrm{d}\Phi_e=\boldsymbol{E}\cdot\mathrm{d}\boldsymbol{S}$ 为负值, 电场线从曲面里向外穿出, θ 小于 90°时, $\mathrm{d}\Phi_e$ 为正值, 若 θ 等于 90°, $\mathrm{d}\Phi_e$ 为零.

三、高斯定理

如图 7-15 所示, 一半径为 r 的球面 S 包围一位于球心的点电荷 Q. 在这个球面上, 场强 $\boldsymbol{E}$ 的方向处处垂直于球面, 且 $\boldsymbol{E}$ 的大小相等, 都是 $E=\dfrac{Q}{4\pi\varepsilon_0 r^2}$. 通过这个球面 S 的电通量为

$$\Phi_e=\oint_S \boldsymbol{E}\cdot\mathrm{d}\boldsymbol{S}=E\oint_S \mathrm{d}S=4\pi r^2 E=\frac{Q}{\varepsilon_0}$$

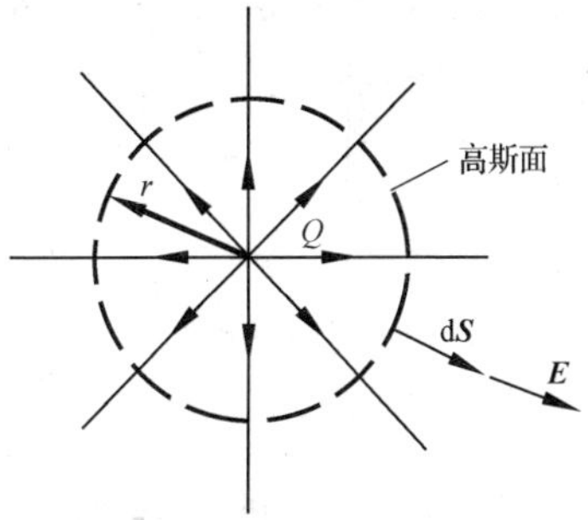

图 7-15　高斯面上 $\boldsymbol{E}$ 的大小处处相等

从此例中可以看出, 通过球面 S 的电通量只与其中的电量 Q 有关, 与高斯面的半径 r 无关. 若将球面 S 变为任意闭合曲面, 由电场线的连续性可知, 通过该闭合曲面的电通量仍为 Q/ε_0.

若闭合面 S 内是负电荷 $-Q$, 则 $\boldsymbol{E}$ 的方向处处与面元 $\mathrm{d}\boldsymbol{S}$ 取向相反, 可计算出穿过 S 面的电通量为 $-Q/\varepsilon_0$. 若电荷 Q 在闭合曲面 S 之外, 它的电场线就会穿入又穿出 S 面, 通过 S 面的电通量为零.

如果闭合面 S 内有若干个电荷 $Q_1, Q_2, \cdots, Q_n$, 由场强叠加原理可知, 通过 S 面的电通量为

$$\Phi_e=\oint_S \boldsymbol{E}\cdot\mathrm{d}\boldsymbol{S}=\oint_S \sum_{i=1}^{n}\boldsymbol{E}_i\cdot\mathrm{d}\boldsymbol{S}=\sum_{i=1}^{n}\oint_S \boldsymbol{E}_i\cdot\mathrm{d}\boldsymbol{S}=\frac{1}{\varepsilon_0}\sum_{i=1}^{n}Q_i \tag{7-8a}$$

(7-8a)式表明, 在真空中的静电场内, 通过任意闭合曲面的电通量等于该面所包围电荷的代数和的 $1/\varepsilon_0$, 这就是真空中的高斯定理. 通常把闭合曲面 S 称为高

斯面. 对于连续分布的电荷，上式可表达为

$$\Phi_e = \oint_S \boldsymbol{E} \cdot \mathrm{d}\boldsymbol{S} = \frac{1}{\varepsilon_0}\int_Q \mathrm{d}q \tag{7-8b}$$

进一步的实验指出，库仑定律只适用于静电场，而高斯定理的适用范围要广泛得多，它对变化电场也适用，是电磁场理论的基本方程之一.

使用高斯定理时要注意：①高斯面事实上并不存在，是为使用高斯定理而人为假设的；②只有高斯面内的电荷才对通过高斯面的电通量有贡献；③高斯面外的电荷虽然对求电通量不起作用，但对高斯面上的实际场强（即高斯定理中的 $\boldsymbol{E}$）是有贡献的.

四、用高斯定理计算场强

虽然高斯定理的适用范围很广，但用它求带电体的电场分布时有很大的局限性，只对那些电荷分布高度对称的带电体才能使用高斯定理求场强. 在选择高斯面时，应注意：①首先利用电荷的对称分布确定电场线形状；②所选高斯面应平行于电场线或垂直于电场线；③当高斯面法向与电场线平行时，高斯面上的场强 $\boldsymbol{E}$ 的大小应处处相等，这样 $\boldsymbol{E}$ 可提出积分号外，积分被简化为对面元的取和. 下面举例说明.

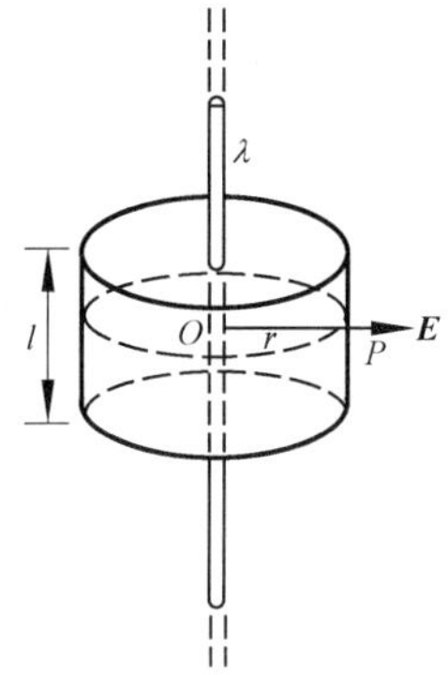

图 7-16　无限长均匀带电直线的场强分析

例 7-5　求无限长均匀带电直线的电场分布. 已知线上电荷线密度为 λ.

输电线上均匀带电，电荷线密度为 $4.2\mathrm{nC}\cdot\mathrm{m}^{-1}$，求距电线 0.50m 处的电场强度.

解　带电直线的电场分布应具有轴对称性，考虑离直线距离为 r 的一点 P 处的场强 $\boldsymbol{E}$（图 7-16）. 由于空间各向同性而带电直线为无限长，且均匀带电，所以电场分布具有轴对称性，因而 P 点的电场方向唯一的可能是垂直于带电直线而沿径向，并且和 P 点在同一圆柱面（以带电直线为轴）上的各点的场强大小也都相等，而且方向都沿径向.

作一个通过 P 点，以带电直线为轴，高为 l 的圆筒形封闭面为高斯面 S，通过 S 面的电通量为

$$\begin{aligned}\Phi_e &= \oint_S \boldsymbol{E} \cdot \mathrm{d}\boldsymbol{S} \\ &= \int_{S_1} \boldsymbol{E} \cdot \mathrm{d}\boldsymbol{S} + \int_{S_t} \boldsymbol{E} \cdot \mathrm{d}\boldsymbol{S} + \int_{S_b} \boldsymbol{E} \cdot \mathrm{d}\boldsymbol{S}\end{aligned}$$

在 S 面的上、下底面（S_t 和 S_b）上，场强方向与底面平行，因此，上式等号右侧后面两项等于零. 而在侧面（S_1）上各点 $\boldsymbol{E}$ 的方向与各点的法线方向相同，所以有

$$\oint_S \boldsymbol{E} \cdot \mathrm{d}\boldsymbol{S} = \int_{S_1} \boldsymbol{E} \cdot \mathrm{d}\boldsymbol{S} = \int_{S_1} E\mathrm{d}S = E\int_{S_1} \mathrm{d}S = E \cdot 2\pi rl$$

此封闭面内包围的电荷 $\sum q_{\text{int}} = \lambda l$. 由高斯定理得

$$E \cdot 2\pi rl = \lambda\, l/\varepsilon_0$$

由此得

$$E = \frac{\lambda}{2\pi\varepsilon_0 r}$$

这一结果与 7-1 节中例 7-3 的结果相同. 由此可见,当条件允许时,利用高斯定理计算场强分布要简便得多.

题中所述输电线周围 0.50m 处的电场强度为

$$E = \frac{\lambda}{2\pi\varepsilon_0 r} = \frac{4.2 \times 10^{-9}}{2\pi \times 8.85 \times 10^{-12} \times 0.50} = 1.5 \times 10^2 (\mathrm{N} \cdot \mathrm{C}^{-1})$$

方向沿径向向外.

例 7-6 求均匀带电球面内外的电场分布,设球面带电量 Q,半径为 R.

解 先求球面外场强分布. 因电荷为均匀球面分布,故电场分布为球对称,电场线均沿半径方向向外指,且在任一同心球面上,$\boldsymbol{E}$ 处处大小相等.

为求球面外一点 P 处的场强 $\boldsymbol{E}_P$,取过 P 点与球面同心、半径为 r_1 的高斯面(图 7-17(a)). 在球面 S_1 上,$\boldsymbol{E}$ 的方向处处与 S_1 的法向平行,因此 $\boldsymbol{E} \cdot \mathrm{d}\boldsymbol{S} = E\mathrm{d}S$,且 S_1 面上场强大小 E 处处相等,可以提出积分号外,由(7-8)式可得

$$\oint_{S_1} \boldsymbol{E} \cdot \mathrm{d}\boldsymbol{S} = \oint_{S_1} E\mathrm{d}S = E\oint_{S_1} \mathrm{d}S = E \cdot 4\pi r_1^2 = \frac{Q}{\varepsilon_0}$$

因此

$$E = \frac{Q}{4\pi\varepsilon_0 r_1^2}$$

现在我们来求球面内场强分布,考虑电场的对称性,仍取球面为高斯面,任取球面内一点 P',过 P' 作一同心高斯面 S_2,半径 r_2,因 S_2 面内所包围电量为零,(7-8)式变为

$$E \cdot 4\pi r_2^2 = 0$$

结论为,在带电球面 S 内部场强处处为零.

根据上述计算,将均匀带电球面内外的场强分布用 E-r 曲线表示,如图 7-17(b)所示.

例 7-7 无限大均匀带电平面,电荷面密度为 σ(单位面积所带电量),求平面外电场分布.

解 对于这样一个无限大平面来说,所有与它等距离的点组成的空间平面上场强大小相等. 由对称性可知,空间电场线应为垂直于平面,等距离由平面向外指的直线,对于该电场,选一闭合柱面 S 为高斯面,它的两端面与平面等距,如图 7-18(a)所示(有时称它为"高斯药盒").

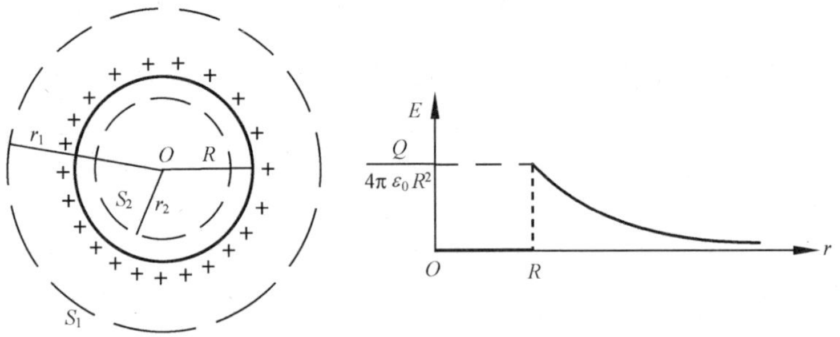

(a) 高斯球面 S_1 和 S_2　　　　(b) E-r 曲线

图 7-17　均匀带电球面内外场强

用这样的“高斯药盒”，很容易求出两端面处的场强 $\boldsymbol{E}$. 在“药盒”的侧表面 S_3 上，电场线与表面平行，因此没有任何电通量，若两端面面积为 $S_1=S_2=S'$，“药盒”内包围电量为 $\sigma S'$，应用高斯定理，可得

$$\oint_S \boldsymbol{E}\cdot \mathrm{d}\boldsymbol{S}=E_1S_1+E_2S_2+0=\frac{\sigma S'}{\varepsilon_0}$$

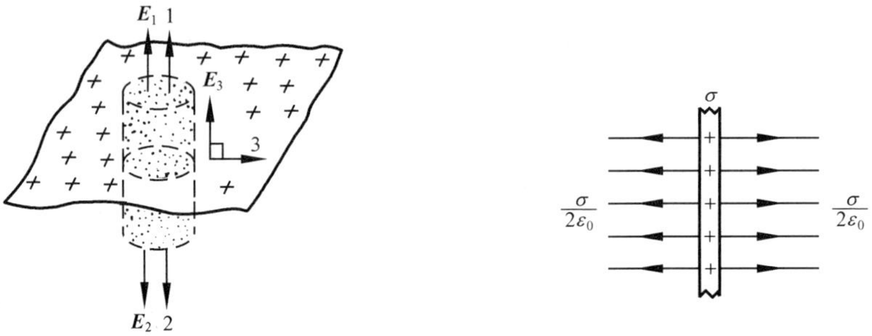

(a) 电场线仅穿过“高斯药盒”的两端面　　　　(b) 无限大均匀带电平面外电场为匀强电场

图 7-18　例 7-7 图

因为

$$E_1=E_2=E$$

所以有

$$2ES'=\frac{\sigma S'}{\varepsilon_0}$$

即

$$E=\frac{\sigma}{2\varepsilon_0} \tag{7-9}$$

(7-9)式表示所求电场为匀强电场，如图 7-18(b)所示.

应用(7-9)式，可求出两无限大均匀带等量异号电荷、平行放置的金属板之间的场强分布. 见图 7-19，位于原点处的左极板带电 $4\times10^{-9}\ \mathrm{C\cdot m^{-2}}$，板面与 yOz 面平行，与之平行的位于 $x=2\text{m}$ 处的右极板带电 $-4\times10^{-9}\text{C}\cdot\text{m}^{-2}$，正负电荷均分布于两极板相向的面上，求 $x=1.8\text{m}$ 处和 $x=5\text{m}$ 处的场强.

利用(7-9)式结果，可知左极板和右极板在 $x=1.8\text{m}$ 处产生的场强大小分别为 $\frac{\sigma}{2\varepsilon_0}=\frac{4\times10^{-9}}{2\times8.85\times10^{-12}}=226\ (\text{N}\cdot\text{C}^{-1})$，方向都是由左向右，因此 $x=1.8\text{m}$ 处的场强应为

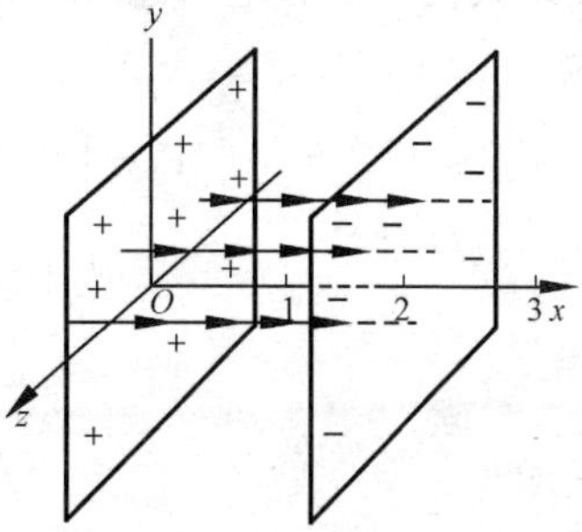

图 7-19　两无限大平行带电板的空间场强

$E=\frac{\sigma}{2\varepsilon_0}+\frac{\sigma}{2\varepsilon_0}=\frac{\sigma}{\varepsilon_0}=452\text{N}\cdot\text{C}^{-1}$. 在 $x=5\text{m}$ 处，左、右极板产生的场强大小相等，方向相反，故合场强为零，电场线分布见图 7-19.

7-3　静电场力的功　电势

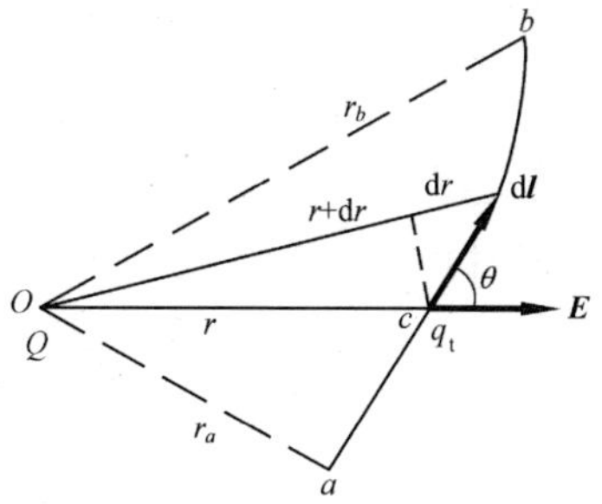

图 7-20　q_t 在 Q 的电场中的位移 $\mathrm{d}\boldsymbol{l}$

本节将从静电场力做功出发，研究静电场的性质.

一、静电场力做功的特点

在力学中我们知道势能是很有用的概念，但只有对保守力才能定义势能. 通过下面的分析我们得知，静电场力是保守力，因而可以引进电势能和电势的概念.

设试验电荷 q_t 在点电荷 Q 的电场中从 a 点沿任意路径 $\overset{\frown}{acb}$ 移到 b 点，a、b 点分别距 Q 为 r_a、r_b. 在路径中任意一点 c，q_t 受电场力 $\boldsymbol{F}=q_t\boldsymbol{E}$，当 q_t 位移 $\mathrm{d}\boldsymbol{l}$ 时，电场力做元功

$$\mathrm{d}W=\boldsymbol{F}\cdot\mathrm{d}\boldsymbol{l}=q_t\boldsymbol{E}\cdot\mathrm{d}\boldsymbol{l}=q_tE\mathrm{d}l\cos\theta$$

由图 7-20 知，$\mathrm{d}l\cos\theta=\mathrm{d}r$，代入 $E=\frac{1}{4\pi\varepsilon_0}\cdot\frac{Q}{r^2}$，可得到

$$\mathrm{d}W=q_tE\mathrm{d}r=\frac{1}{4\pi\varepsilon_0}\cdot\frac{Qq_t}{r^2}\mathrm{d}r$$

当试验电荷由 a 移到 b 时，电场力做功为

$$W=\int_{\overset{\frown}{acb}}\mathrm{d}W=\frac{Qq_t}{4\pi\varepsilon_0}\int_{r_a}^{r_b}\frac{\mathrm{d}r}{r^2}=\frac{Qq_t}{4\pi\varepsilon_0}\left(\frac{1}{r_a}-\frac{1}{r_b}\right)\tag{7-10}$$

(7-10)式表示电场力的功仅与试验电荷的始末位置 r_a、r_b 有关，与路径无关. (7-10)式虽然出自点电荷电场，但可证明这个结论对任意电荷系的电场都适用.

如果我们让试验电荷经$\widehat{acb}$到达 b 点后再沿任意路径 L 回到 a 点，则电场力做的功为

$$
\begin{aligned}
W &= \int_{\widehat{acb}} \mathrm{d}W + \int_{\widehat{bLa}} \mathrm{d}W \\
&= q_{\mathrm{t}} \int_{r_a}^{r_b} \boldsymbol{E} \cdot \mathrm{d}\boldsymbol{l} + q_{\mathrm{t}} \int_{r_b}^{r_a} \boldsymbol{E} \cdot \mathrm{d}\boldsymbol{l} = 0
\end{aligned}
$$

即

$$
\oint_L \boldsymbol{E} \cdot \mathrm{d}\boldsymbol{l} = 0 \tag{7-11}
$$

此式表明在静电场中电场强度 $\boldsymbol{E}$ 的环流为零，又称作静电场的环路定理.

二、电势能和电势

在力学中我们得知，保守力的功等于相应的保守场的势能增量的负值. 静电场力的功则应为静电势能(E_{p})的增量的负值，即

$$
W_{ab} = q_{\mathrm{t}} \int_a^b \boldsymbol{E} \cdot \mathrm{d}\boldsymbol{l} = -(E_{\mathrm{p}b} - E_{\mathrm{p}a}) = E_{\mathrm{p}a} - E_{\mathrm{p}b} \tag{7-12}
$$

图 7-21 示意在重力场中重力对物体 m 做功使重力势能减少及在静电场中电场力对正电荷 q 做功使静电势能减少的情况.

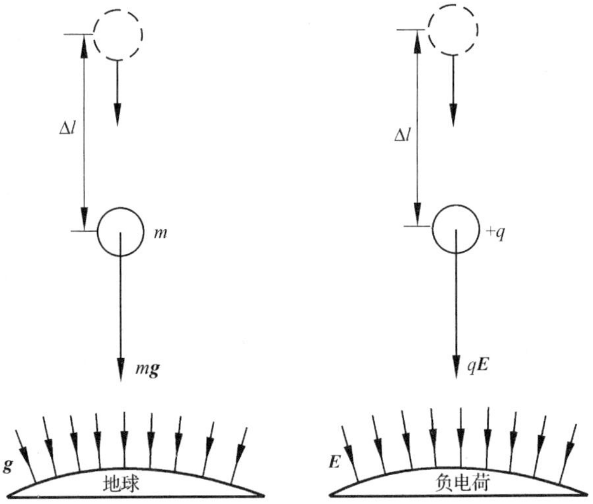

(a) 重力场中重力对 m 做功　　(b) 静电场中电场力对 q 做功

图 7-21　重力场和静电场

和重力势能一样，电势能也是相对量，它的大小取决于势能零点的选择，为了简单，常选择无限远处的电势能为零. 令(7-12)式中 $b \to \infty$ 时 $E_{\mathrm{p}b}=0$，则有

$$
E_{\mathrm{p}a} = W_{a\infty} = q_{\mathrm{t}} \int_a^{\infty} \boldsymbol{E} \cdot \mathrm{d}\boldsymbol{l} \tag{7-13}
$$

(7-13)式表明,当选取无穷远处电势能为零时,电荷 q_t 在电场中某点 a 处的电势能 E_{pa} 在量值上等于电场力使电荷 q_t 从 a 点移到无限远处所做的功 $W_{a\infty}$.

电势能 E_{pa} 的大小与试验电荷 q_t 有关,它与 q_t 的比值是与 q_t 无关的表示 a 点电场性质的物理量,定义为 a 点的电势,用 U_a 表示为

$$U_a = \frac{E_{pa}}{q_t} = \int_a^{\infty} \boldsymbol{E} \cdot \mathrm{d}\boldsymbol{l} \tag{7-14}$$

从(7-14)式中看出,当 q_t 取单位正电荷时,$U_a = E_{pa}$,即电场中某点 a 的电势数值上与单位正电荷在该点的电势能相等,也等于把单位正电荷从该点经任意路径移到无穷远时静电场力所做的功. 电势为标量,在 SI 制中单位为伏特(Volt),用 V 表示. 在实际应用中,某两点之间的电势差也称电压. 由(7-14)式可知,a、b 两点的电势差为

$$U_a - U_b = \int_a^{\infty} \boldsymbol{E} \cdot \mathrm{d}\boldsymbol{l} - \int_b^{\infty} \boldsymbol{E} \cdot \mathrm{d}\boldsymbol{l} = \int_a^b \boldsymbol{E} \cdot \mathrm{d}\boldsymbol{l} \tag{7-15}$$

它在数值上等于将单位正电荷从 a 点经任意路径移到 b 点时电场力所做的功. 同样道理,我们可以用已知电势差 $U_a - U_b$ 来求把任意电荷 q 从 a 点移到 b 点时电场力所做的功

$$W_{ab} = q(U_a - U_b) \tag{7-16}$$

三、电势的计算

已知场强分布时,我们可直接用(7-14)式通过积分求电势.

例 7-8 求点电荷电场的电势分布.

解 将点电荷场强 $E = \dfrac{Q}{4\pi\varepsilon_0 r^2}$ 代入(7-14)式可以得到

$$U_r = \int_r^{\infty} \boldsymbol{E} \cdot \mathrm{d}\boldsymbol{l} = \int_r^{\infty} E \mathrm{d}r = \frac{Q}{4\pi\varepsilon_0} \int_r^{\infty} \frac{\mathrm{d}r}{r^2} = \frac{Q}{4\pi\varepsilon_0 r} \tag{7-17}$$

式中,r 为点电荷 Q 到任意场点 a 的距离.

此式表明,点电荷电场中电势的正负由点电荷的正负决定,电势的大小由距离 r 决定,无穷远处电势为零.

例 7-9 求例 7-6 中均匀带电球面的空间电势分布.

解 由例 7-6 知,球面内外的场强大小为

$$E = \begin{cases} 0 & (r < R) \\ \dfrac{Q}{4\pi\varepsilon_0 r^2} & (r > R) \end{cases}$$

球面外任一点 P_2 的电势 U_2 为

$$U_2 = \int_r^{\infty} E \mathrm{d}r = \int_r^{\infty} \frac{Q}{4\pi\varepsilon_0 r^2} \mathrm{d}r = \frac{Q}{4\pi\varepsilon_0 r} \qquad (r > R)$$

求球面内任一点 P_1 的电势 U_1 时要注意积分区间跨两个定义域,积分须分区域进

行,即

$$U_1=\int_r^{\infty}\boldsymbol{E}\cdot \mathrm{d}\boldsymbol{l}=\int_r^{R}\boldsymbol{E}\cdot \mathrm{d}\boldsymbol{l}+\int_R^{\infty}\boldsymbol{E}\cdot \mathrm{d}\boldsymbol{l}$$

$$=0+\int_R^{\infty}\frac{Q}{4\pi\varepsilon_0 r^2}\mathrm{d}r=\frac{Q}{4\pi\varepsilon_0 R}$$

由计算得知,均匀带电球面外的电势分布与相同电量的点电荷电势分布相同,球面内的电势与球面处的电势相等为常量,如图 7-22 所示.

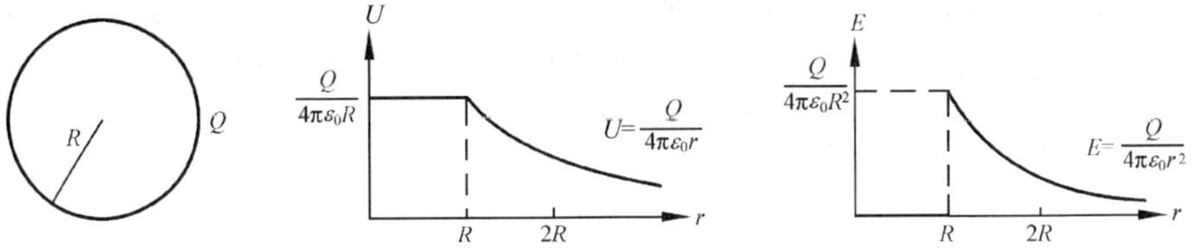

图 7-22　均匀带电球面的空间电势和电场

当空间有若干个点电荷存在时,根据场强叠加原理和电势定义,电势的分布可采用对每个点电荷单独存在时的电势的叠加来求. 由于电势是标量,叠加变为取代数和,即

$$U_a=\int_r^{\infty}\boldsymbol{E}\cdot \mathrm{d}\boldsymbol{l}=\int_r^{\infty}\left(\sum_{i=1}^{n}\boldsymbol{E}_i\right)\cdot \mathrm{d}\boldsymbol{l}$$

$$=\sum_{i=1}^{n}\int_r^{\infty}(\boldsymbol{E}_i\cdot \mathrm{d}\boldsymbol{l})$$

$$=\sum_{i=1}^{n}U_i=\sum_{i=1}^{n}\frac{Q_i}{4\pi\varepsilon_0 r_i} \tag{7-18}$$

式中,r_i 为点电荷 Q_i 到点 a 的距离.

如果空间中电荷为连续分布,先把电荷分为若干电荷元 $\mathrm{d}q$,将每个 $\mathrm{d}q$ 视为点电荷,用 r 表示 $\mathrm{d}q$ 到点 a 的距离,用积分替换(7-18)式中的取和,则有

$$U_a=\int_Q\frac{\mathrm{d}q}{4\pi\varepsilon_0 r} \tag{7-19}$$

(7-19)式是标量积分,要比场强积分容易得多.

例 7-10　一点电荷的电荷量为 $Q_1=2\times10^{-5}\mathrm{C}$,位于$(-d,0)$处,另一点电荷电荷量为 $Q_2=-1\times10^{-5}\mathrm{C}$,位于$(+d,0)$处,如图 7-23 所示,设 $d=1\mathrm{m}$,求点 $P(2,2)$处的电势.

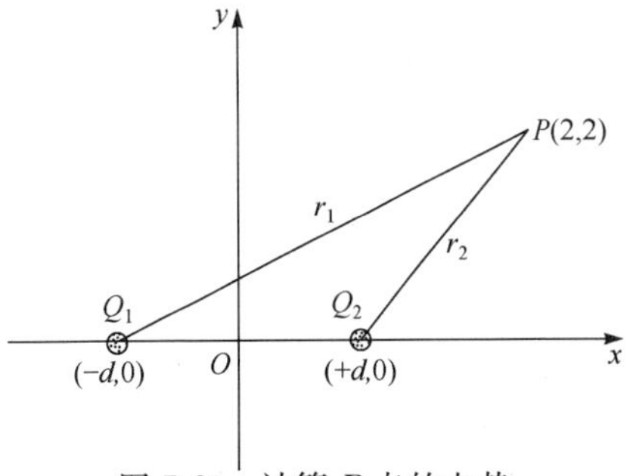

图 7-23　计算 P 点的电势

解　根据电势叠加原理可知点 P 处的电势为

$$U=U_1+U_2$$

其中

$$U_1=\frac{Q_1}{4\pi\varepsilon_0 r_1},\quad U_2=\frac{Q_2}{4\pi\varepsilon_0 r_2}$$

建立坐标系如图 7-23 所示，其中

$$r_1=\sqrt{3^2+2^2}\approx 3.6(\mathrm{m}),\quad r_2=\sqrt{1^2+2^2}\approx 2.2(\mathrm{m})$$

将 r_1、r_2 代入 U_1、U_2 中得

$$U_1=5.0\times10^4\,\mathrm{V},\quad U_2=-4.1\times10^4\,\mathrm{V} \tag{7-20}$$

所以点 P 处的电势为 $U=9.0\times10^3\,\mathrm{V}$.

例 7-11 求均匀带电圆环轴线上任一点的电势，圆环半径为 a，带电 Q.

解 在圆环上取一电荷元 $\mathrm{d}q$，它距圆环轴线上任一点 P 为 r，$r=\sqrt{x^2+a^2}$ 对于圆环上所有的电荷元为常数(图 7-24). $\mathrm{d}q$ 在点 P 的电势为

$$\mathrm{d}U=\frac{\mathrm{d}q}{4\pi\varepsilon_0 r}$$

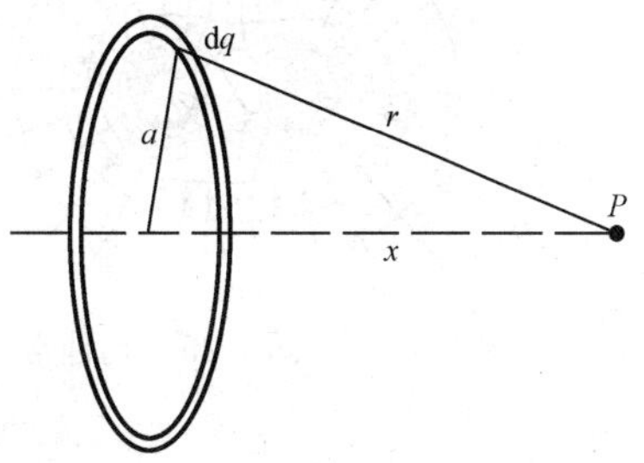

图 7-24 均匀带电圆环轴线上的电势

整个圆环在点 P 的电势为

$$U=\int \mathrm{d}U=\int_Q \frac{\mathrm{d}q}{4\pi\varepsilon_0 r}=\frac{Q}{4\pi\varepsilon_0 r}=\frac{Q}{4\pi\varepsilon_0 (x^2+a^2)^{1/2}}$$

讨论：①在 $x=0$ 时，$U=\dfrac{Q}{4\pi\varepsilon_0 a}$，$U\neq 0$，而由例 7-4 得知该点场强 $E=0$；②当 $x\gg a$ 时，$U\approx\dfrac{Q}{4\pi\varepsilon_0 x}$，表明在轴线上远离环心的地方，可将带电圆环看作一点电荷.

四、等势面 场强与电势的关系

1. 等势面

静电场中电势相同的点构成的面叫等势面. 可以证明，在任何静电场中，等势面和电场线总是互相正交的，同时，等势面越密的地方场强越大.

由于测量电势比测量场强容易，在实际问题中往往是先测出静电场的等势面分布，然后绘制电场线. 图 7-25 是几种常见的电场的等势面和电场线图，图中有箭头的粗线为电场线，闭合曲线为等势面，各相邻的两个等势面之间的电势差都是相等的.

2. 已知电势求场强

如图 7-26 所示，设想在静电场中有两个靠得很近的等势面Ⅰ和Ⅱ，它们的电势分别为 U 和 $U+\mathrm{d}U$. 在两等势面上分别取点 A 和点 B，这两点非常靠近，间距为 $\mathrm{d}l$，因此，它们之间的电场强度 $\boldsymbol{E}$ 可以认为是不变的. 设 $\mathrm{d}\boldsymbol{l}$ 与 $\boldsymbol{E}$ 之间的夹角为 θ，则

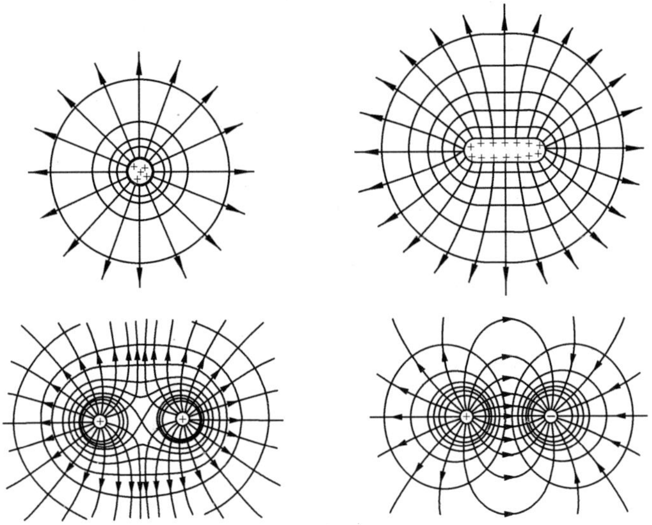

图 7-25　几种常见的电场的电场线和等势面

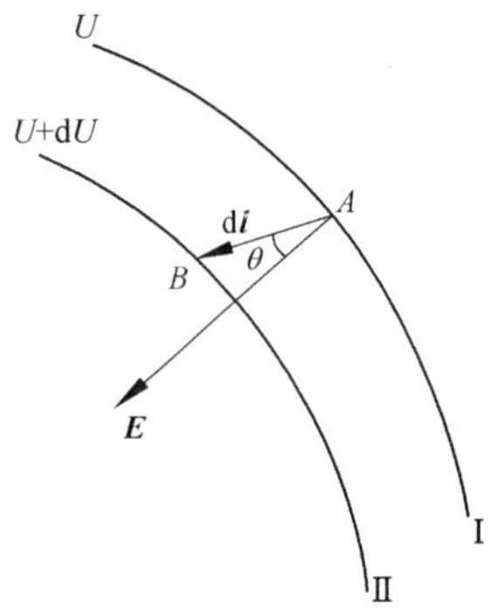

图 7-26　求 E 和 V 的关系

将单位正电荷由点 A 移到点 B，电场力所做的功由(7-16)式得

$$-(U_B-U_A)=\boldsymbol{E}\cdot \mathrm{d}\boldsymbol{l}=E\mathrm{d}l\cos\theta$$

因为 $-(U_B-U_A)=-\mathrm{d}U$，以及电场强度 $\boldsymbol{E}$ 在 $\mathrm{d}\boldsymbol{l}$ 上的分量为 $E\cos\theta=E_l$，所以有

$$-\mathrm{d}U=E_l\mathrm{d}l$$

或

$$E_l=-\frac{\mathrm{d}U}{\mathrm{d}l} \tag{7-21}$$

$\dfrac{\mathrm{d}U}{\mathrm{d}l}$是沿 $\boldsymbol{l}$ 方向单位长度的电势变化率. (7-21)式表明，电场中某一点的电场强度沿任一方向的分量等于这一点的电势沿该方向单位长度的电势变化率的负值，这就是电场强度与电势的关系.

显然，电势沿不同方向的单位长度变化率是不同的.

知道等势面上各点的电势是相等的，因此，电场中某一点的电势在沿等势面上任一方向的 $\mathrm{d}U/\mathrm{d}l_{\mathrm{t}}=0$. 这说明等势面上任一点电场强度的切向分量为零，即 $E_{\mathrm{t}}=0$. 此外，如图 7-27 所示，由于两等势面相距很近，且两等势面法线方向的单位法线矢量为 $\boldsymbol{n}$，它的方向通常规定由低电势指向高电势. 于是由(7-21)式可知，电场强度沿法线的分量 E_{n} 为

$$E_{\mathrm{n}}=-\frac{\mathrm{d}U}{\mathrm{d}l_{\mathrm{n}}}$$

式中，dU/dl_n 是沿法线方向单位长度上电势的变化率，是电势空间变化率的最大值. 此外，因为等势面上任一点电场强度的切向分量为零，所以电场中任意点 $\boldsymbol{E}$ 的大小就是该点 $\boldsymbol{E}$ 的法向分量 E_n. 于是有

$$E = -\frac{dU}{dl_n}$$

式中，负号表示当 $\frac{dU}{dl_n} < 0$ 时，$E > 0$，即 $\boldsymbol{E}$ 的方向总是由高电势指向低电势，$\boldsymbol{E}$ 的方向与 $\boldsymbol{n}$ 的方向相反. 写成矢量式

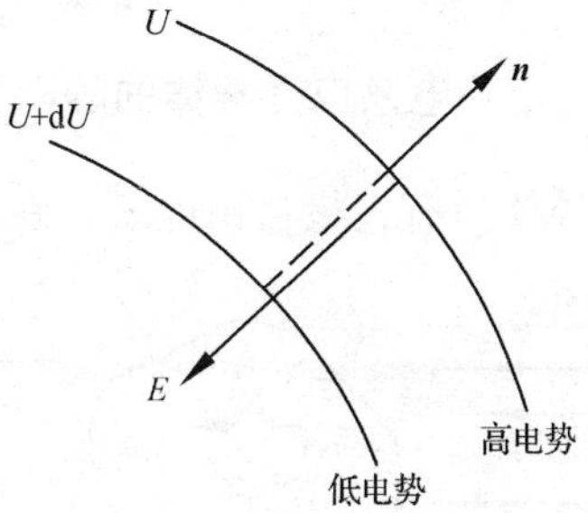

图 7-27　电场中一点场强方向与等势面法线方向相反

$$\boldsymbol{E} = -\frac{dU}{dl_n}\boldsymbol{n} \tag{7-22}$$

上式表明，电场中任一点的电场强度 $\boldsymbol{E}$ 等于该点电势沿等势面法线方向单位长度的变化率的负值，$\boldsymbol{E}$ 的方向与法线方向相反.

一般说来，在直角坐标系中，电势 U 是坐标 x、y 和 z 的函数，电场强度在这三个方向上的分量分别为

$$E_x = -\frac{\partial U}{\partial x}, \quad E_y = -\frac{\partial U}{\partial y}, \quad E_z = -\frac{\partial U}{\partial z} \tag{7-23}$$

$$\boldsymbol{E} = -\left(\frac{\partial U}{\partial x}\boldsymbol{i} + \frac{\partial U}{\partial y}\boldsymbol{j} + \frac{\partial U}{\partial z}\boldsymbol{k}\right) = -\frac{dU}{dl_n}\boldsymbol{n} \tag{7-24}$$

应当指出，电势 U 是标量，与矢量 $\boldsymbol{E}$ 相比，U 比较容易计算，所以，在实际计算时，常先计算电势 U，然后再用微分的方法来求出电场强度 $\boldsymbol{E}$.

例 7-12　点电荷的电势为 $U = \frac{Q}{4\pi\varepsilon_0 r}$，求：(1) 径向场强分量；(2) x 向场强分量.

解　(1) 由(7-21)式得径向场强分量为

$$E_r = -\frac{dU}{dr} = \frac{Q}{4\pi\varepsilon_0 r^2}$$

(2) Q 到场点的距离 r 可表示为 $r = (x^2 + y^2 + z^2)^{1/2}$，这样电势 U 可表达为 $U = \frac{Q}{4\pi\varepsilon_0 (x^2 + y^2 + z^2)^{1/2}}$，在求场强的 x 分量时，将式中的 y 和 z 视为常量，这样

$$E_x = -\frac{\partial U}{\partial x} = \frac{Qx}{4\pi\varepsilon_0 (x^2 + y^2 + z^2)^{3/2}} = \frac{Qx}{4\pi\varepsilon_0 r^3}$$

7-4　静电场中的导体和电介质

前三节中我们讨论了真空中的静电场，本节我们将讨论静电场中有导体和电

介质时的情景.

一、静电感应　导体的静电平衡条件

导体内有大量自由电子存在,不带电时,导体呈电中性.如果把带电或不带电的导体放到外电场 $\boldsymbol{E}_0$ 中,自由电子在电场力的作用下要产生定向移动,使导体中的电荷重新分布.直到重新分布的电荷产生的电场 $\boldsymbol{E}'$ 与原电场 $\boldsymbol{E}_0$ 抵消,使导体内合场强为零,自由电子所受的电场力也为零,定向运动停止,见图 7-28.这种外电场使导体上电荷重新分布的现象叫做静电感应现象,因静电感应而出现的电荷叫做感应电荷.图 7-29 中的(a)~(c)示意两中性导体球被感应带异性电荷的过程.

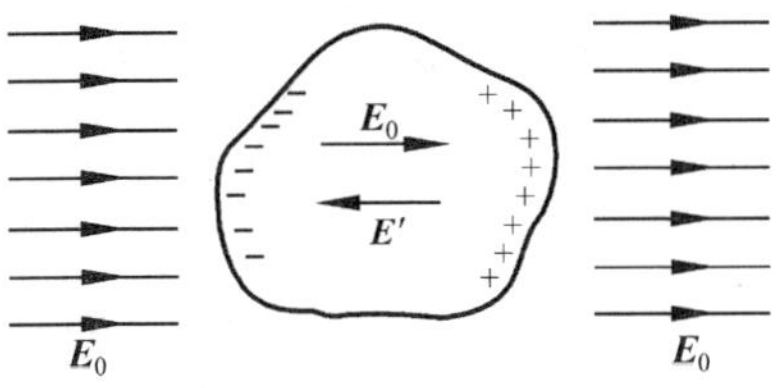

图 7-28　导体内场强 $\boldsymbol{E}_0+\boldsymbol{E}'=0$

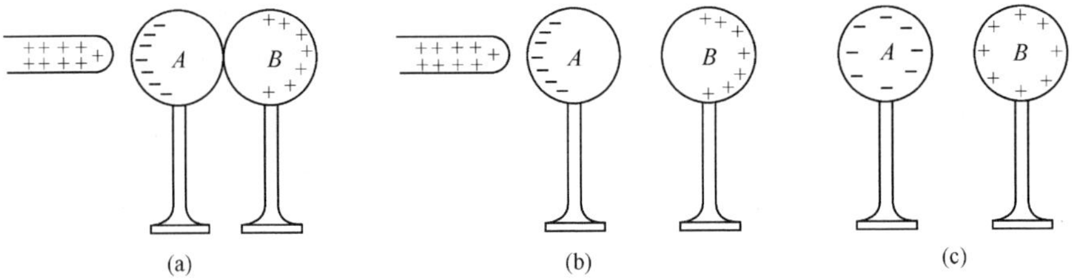

图 7-29　感应电荷的产生

静电感应过程结束后,导体上的电荷分布稳定的状态叫做静电平衡状态.由上面的分析可知,导体内部场强处处为零是导体处于静电平衡的充分必要条件.

当导体处于静电平衡时,有以下性质:

(1) 导体内各点和表面上各点的电势都相等,整个导体是等势体,导体表面是等势面.图 7-30 中 $U_A=U_B$.

(2) 导体内部没有电荷,电荷只分布在外表面(如果导体腔内有电荷,则有可能分布于内表面).图 7-31(a)示意电荷分布在外表面,图 7-31(b)示意腔内有电荷,内表面有电荷分布情况.

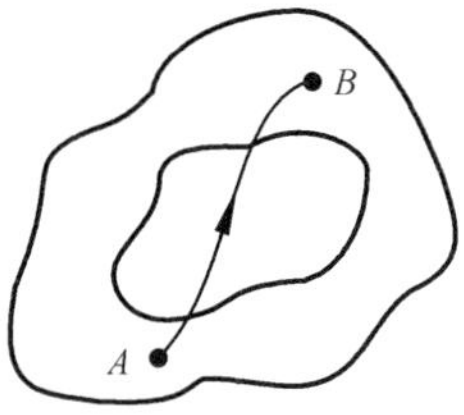

图 7-30　导体为等势体

(3) 紧靠导体表面处的各点的场强方向与导体表面垂直,大小为 σ/ε_0,σ 为导体表面电荷面密度,见图 7-32.

(4) 导体接地后,电势为零.电荷是否为零则要看周围电场条件.

(5) 对于任意带电导体,面电荷密度与该处的曲率半径成反比,即曲率半径小的地方电荷密度大,如图 7-33 所示.

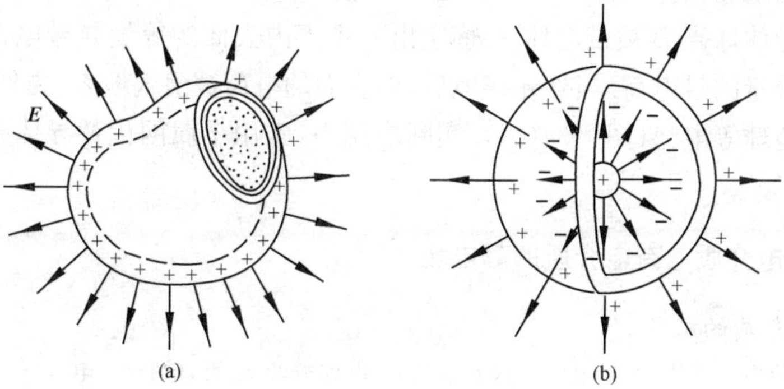

图 7-31　导体上电荷的分布

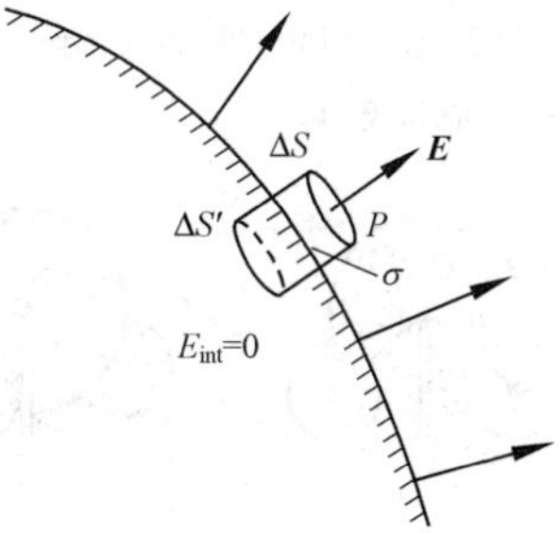

图 7-32　导体表面电荷与场强的关系

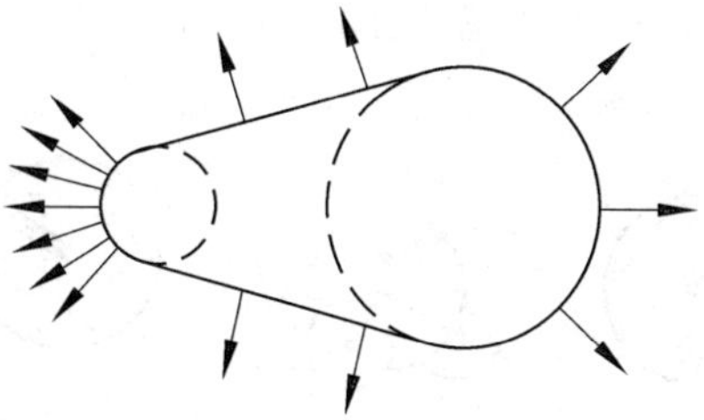

图 7-33　面电荷密度与曲率半径的关系

二、静电屏蔽

利用导体静电平衡时的特性，可以实现静电屏蔽.

用一个空腔导体壳便可屏蔽外电场，使空腔内的物体不受外电场影响. 这时不论外电场怎样变化，导体壳达到静电平衡后腔内场强处处为零，电势处处相等(图 7-34(a)). 如果希望腔内电势不受外界电场变化影响，将导体外壳接地即可.

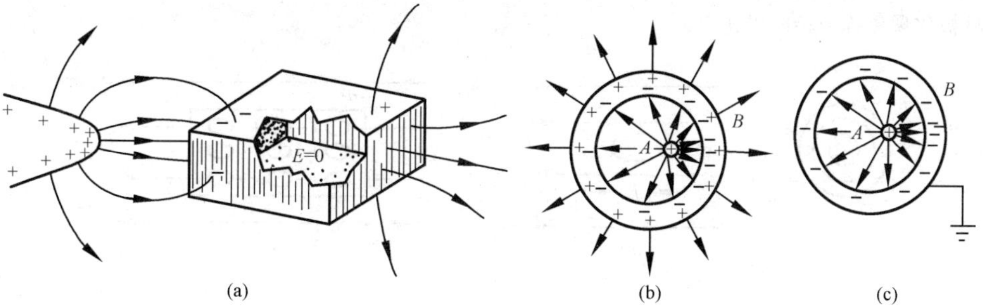

图 7-34　静电屏蔽

接地的空腔导体同样可以屏蔽腔内带电体对壳外的影响. 见图 7-34(b)，原来不带电的导体球壳 B 被带电体 A 感应出分布于内表面的等量异号电荷和分布于外表面的等量同号电荷. 当外壳接地后，外表面的电荷被引入地表，壳外电场消失，导体壳和地球等电势(图 7-34(c)). 实际应用中，常用金属网代替导体壳制成屏蔽服、屏蔽罩等.

*三、电介质　有电介质的静电场

1. 电介质的极化

电介质是电阻率很大、导电能力很差的物质，例如玻璃、云母、橡胶等. 电介质分成无极分子电介质和有极分子电介质.

将分子中的正电荷看作集中在一点即“正电中心”上，认为负电荷也集中在“负电中心”上. 在不存在外电场时，如果分子的正负电中心重合，则称为无极分子，如氢(H_2)、氦(He)、甲烷(CH_4)等，见图 7-35(a). 若每个分子的正负电中心不重合，如氯化氢(HCl)、一氧化碳(CO)、水蒸气(H_2O)等，则称为有极分子(图 7-35(b)). 有极分子具有电偶极矩 $\boldsymbol{p}$.

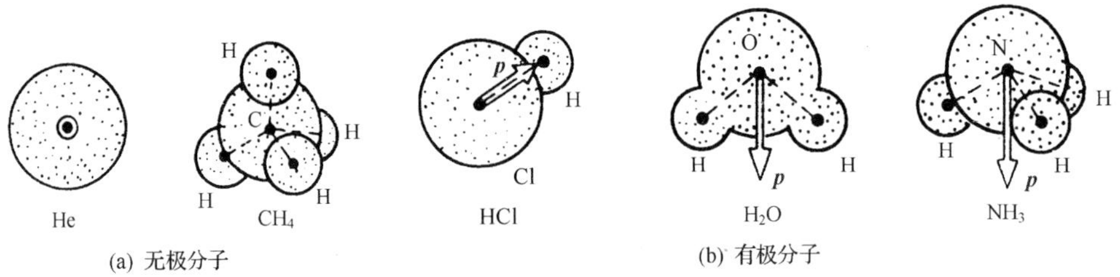

图 7-35　无极分子和有极分子

将有极分子或无极分子放到外电场 $\boldsymbol{E}_0$ 中，会发现电介质沿 $\boldsymbol{E}_0$ 方向在两端出现等量异号电荷，电介质中的电场 $\boldsymbol{E}$ 的大小与 $\boldsymbol{E}_0$ 的大小也不同，这种现象叫做电介质的极化.

无极分子放入电场后，在外电场作用下，正负电中心被拉开一定距离，形成电偶极矩(图 7-36(a))，其电偶极矩 $\boldsymbol{p}$ 的方向与外电场 $\boldsymbol{E}_0$ 方向相同(图 7-36(b))，分子排列的结果为电介质两端出现极化电荷 $\pm\sigma'$(图 7-36(c))，这种极化现象称为位移极化. 有极分子放入外电场 $\boldsymbol{E}_0$ 后，原来杂乱无章排列的分子电偶极矩受到电场力矩作用而转向与 $\boldsymbol{E}_0$ 相同的方向(图 7-37)，这种极化现象称为转向极化.

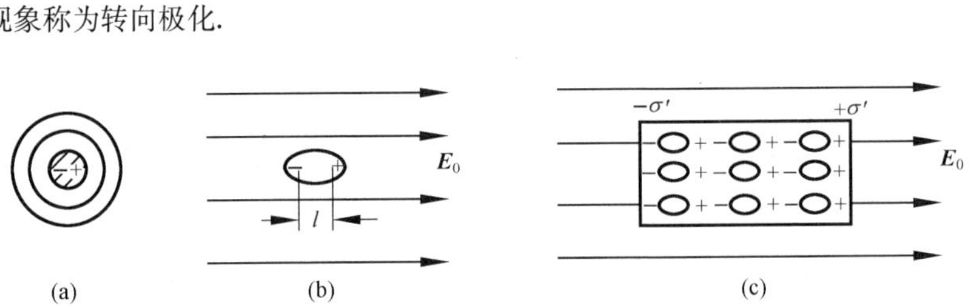

图 7-36　无极分子的位移极化

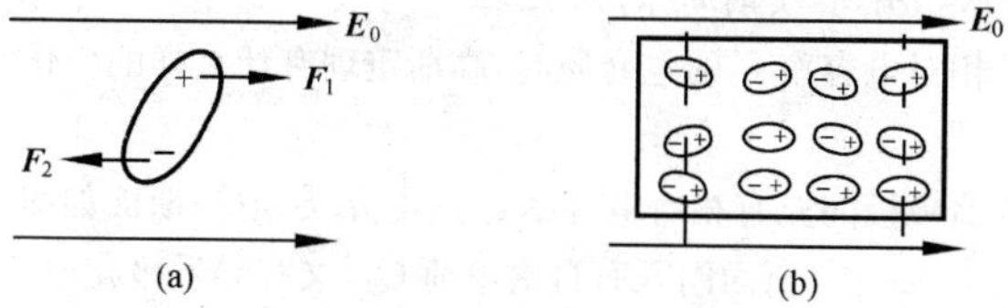

图 7-37　有极分子的转向极化

不管是哪一种极化，其宏观效果都是在电介质的两个端面上产生等量异号的极化电荷，这些极化电荷虽不能脱离电介质分子，但一样能在周围空间激发电场 $\boldsymbol{E}'$，$\boldsymbol{E}'$ 被称作附加电场.

2. 介质中的场强

有电介质时，介质内外任一点空间总场强为 $\boldsymbol{E}=\boldsymbol{E}_0+\boldsymbol{E}'$. 在均匀的电介质充满电场的情况下，如图 7-38 所示，实验和计算均可得到：电介质内某点的场强 $\boldsymbol{E}$ 是电介质不存在时在该点的场强 $\boldsymbol{E}_0$ 的 $1/\varepsilon_r$ 倍，即

$$\boldsymbol{E}=\frac{\boldsymbol{E}_0}{\varepsilon_r} \tag{7-25}$$

式中，ε_r 对于给定的均匀电介质是一个无量纲的常数，叫做相对电容率. 几种电介质的 ε_r 值可参阅表 7-1.

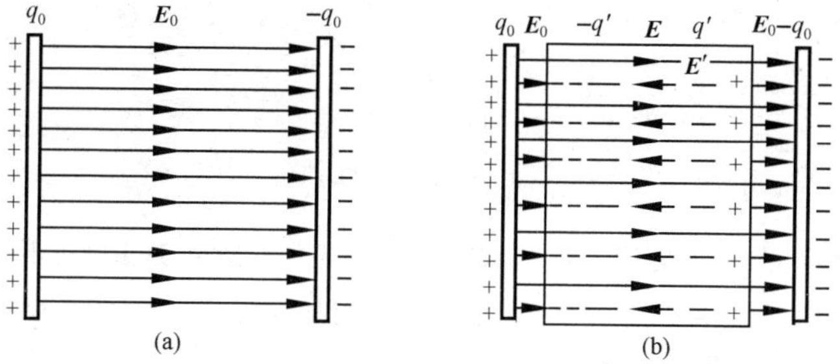

图 7-38　介质中的场强

表 7-1　电介质的相对电容率和击穿场强

材料	相对电容率	击穿场强/($\times10^6\,\mathrm{V\cdot m^{-1}}$)
空气	1.00059	3
电木	4.9	24
(硼硅酸)玻璃	5.6	14
云母	5.4	10～100
纸	3.7	12
水(20℃)	80	—
变压器油	2.24	12
石蜡	2.1～2.5	10

3. 电位移矢量　有介质时的高斯定理

当电场中充满了相对电容率 ε_r 的电介质时，高斯定理有什么样的变化？现以平行板电容器为例.

设一平行板电容器极板间充有相对电容率 ε_r 的电介质，取高斯面如图 7-39 中虚线所示，高斯面内既有自由电荷 Q_0，又有异号极化电荷 $-Q'$，由高斯定理有

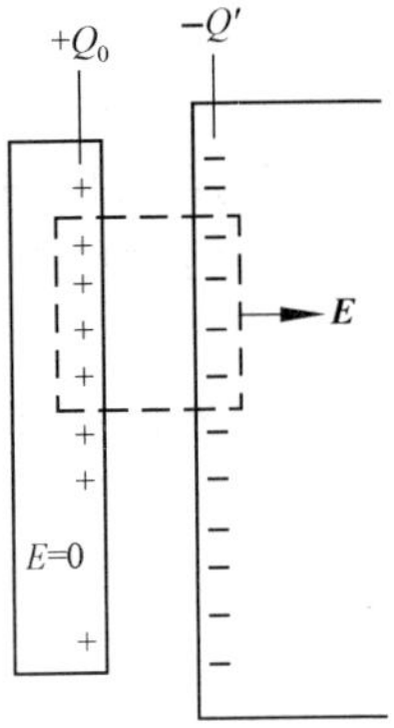

图 7-39　图中虚线为高斯面

$$\oint_S \boldsymbol{E}\cdot \mathrm{d}\boldsymbol{S} = \frac{1}{\varepsilon_0}(Q_0 - Q') \tag{7-26}$$

因为 $\oint_S \boldsymbol{E}\cdot \mathrm{d}\boldsymbol{S}=ES$，所以有

$$E = \frac{1}{\varepsilon_0 S}(Q_0 - Q')$$

对于极板间没有电介质的电容器，可求得

$$E_0 = \frac{Q_0}{\varepsilon_0 S} \tag{7-27}$$

比较 $E=E_0-E'$ 及 $E=\dfrac{E_0}{\varepsilon_r}$，考虑(7-27)式，可得到

$$\frac{1}{\varepsilon_0 S}(Q_0 - Q') = \frac{Q_0}{\varepsilon_r \varepsilon_0 S} \tag{7-28}$$

(7-26)式可改写为

$$\oint_S \varepsilon_0 \varepsilon_r \boldsymbol{E}\cdot \mathrm{d}\boldsymbol{S} = Q_0$$

若引进矢量

$$\boldsymbol{D} = \varepsilon_0 \varepsilon_r \boldsymbol{E} \tag{7-29}$$

$$\oint_S \boldsymbol{D}\cdot \mathrm{d}\boldsymbol{S} = Q_0$$

式中，$\boldsymbol{D}$ 叫电位移矢量，单位是 $\mathrm{C}\cdot\mathrm{m}^{-1}$；$\oint_S \boldsymbol{D}\cdot \mathrm{d}\boldsymbol{S}$ 叫做电位移通量. 这个结论不仅适用于平行板电容器，而且适用于一般情况，即有介质的电场中，通过任意闭合曲面的电位移通量等于该面所包围的自由电荷的代数和. 数学表达式为

$$\oint_S \boldsymbol{D}\cdot \mathrm{d}\boldsymbol{S} = \sum_{i=1}^{n}(Q_0)_i \tag{7-30}$$

$\boldsymbol{D}$ 矢量是为了计算简便而人为引入的辅助矢量，它与场强 $\boldsymbol{E}$ 的关系为 $\boldsymbol{D}=\varepsilon_0\varepsilon_r\boldsymbol{E}$，$\boldsymbol{D}$ 矢量本身没有物理意义.

7-5　电容　电容器　静电场的能量

一、孤立导体的电容

当一个导体附近没有其他导体和带电体时，称该导体为孤立导体. 若选无限远处电势为零，则孤立导体的电势将随着电量 Q 的增加而按比例地增加，这一点已被理论和实验证明. 比值 Q/U 则是一个与电量 Q 和电势 U 无关的量，它只与导体的大小和形状有关，被定义为孤立导体的电容，即

$$C = \frac{Q}{U} \tag{7-31}$$

导体的电容是表示导体储电能力的物理量，它在数值上等于使导体的电势升高一个单位时所需的电量.

电容的单位是F(法拉)，$F=C\cdot V^{-1}$，这个单位很大，通常用 μF(微法)或 pF(皮法).

$$1F=10^6\mu F=10^{12}pF$$

若把地球看作是一个孤立导体球，它的电势为 $U=\frac{Q}{4\pi\varepsilon_0 R}$，电容为 $C=\frac{Q}{U}=4\pi\varepsilon_0 R\approx 700\mu F$.

二、电容器及其电容

电容器是储存电荷和电能的容器，也是电路中常见的元件. 电容器大小不一、种类繁多，但结构均为两片彼此靠近的金属薄片间隔以电介质. 两金属片称为极板，每个极板引出一导线供接入电路用. 如果把电容器的两极板分别接到电势 U 的两端，两极板的内表面必定带等量异号电荷 Q 和 $-Q$. 定义其中一极板带电量的绝对值 Q 与两极板间电势差的比值为电容器的电容 C.

$$C=\frac{Q}{U} \tag{7-32}$$

电容器在生产实际中应用非常广泛，按电介质的种类可分为空气、云母、陶瓷、电解电容器等(图 7-40).

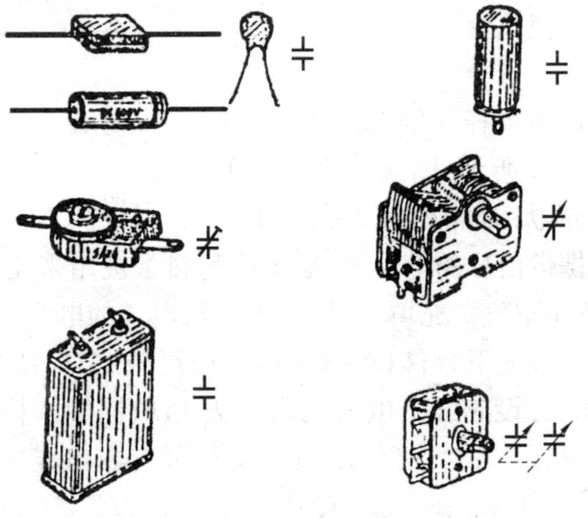

图 7-40　各种电容器

三、电容器电容的计算

通过计算电容器极板带电量，再算出两极板间电势差，即可算出不同形状电容器的电容.

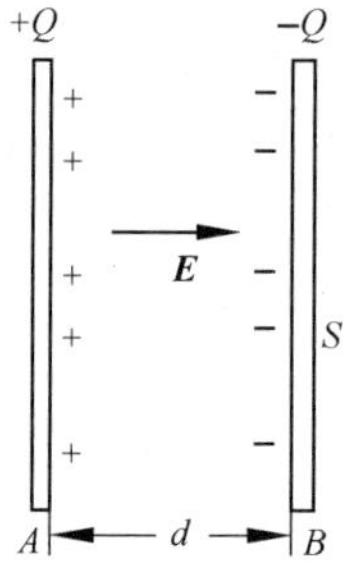

图 7-41　平行板电容器

1. 平行板电容器

如图 7-41 所示，电容器两极板面积均为 S，相距为 d，带电量分别为 $+Q$、$-Q$. 由 7-2 节结果可知两极板间场强为

$$E=\frac{Q}{\varepsilon_0 S}$$

两极板间电势差为

$$U_{AB}=\int_A^B \boldsymbol{E}\cdot \mathrm{d}\boldsymbol{l}=Ed=\frac{Qd}{\varepsilon_0 S}$$

因此平行板电容器的电容为

$$C=\frac{Q}{U_{AB}}=\frac{\varepsilon_0 S}{d} \tag{7-33}$$

实验指出，不论什么形状的电容器，如果两极板间为真空时电容为 C_0，当极板间充有某种电介质时，电容则变为 $C=\varepsilon_r C_0$，式中 ε_r 为该电介质的相对电容率. 因此充满电介质的平行板电容器的电容为

$$C=\frac{\varepsilon_0\varepsilon_r S}{d} \tag{7-34}$$

(7-34)式指出，极板间距变化、极板面积变化或极板间电介质变化均会引起电容变化. 图 7-42 所示为一种电容式键盘，按键时极板间距离改变而导致电容值改变.

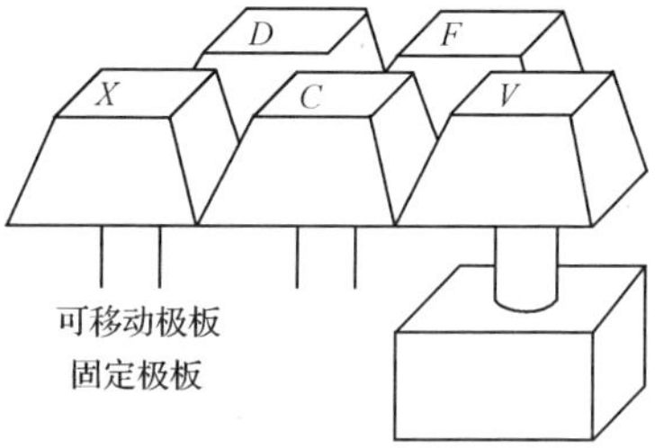

图 7-42　电容式输入键盘

2. 圆柱形电容器

一圆柱形电容器由半径 a 的芯线和半径 b 的外壳组成，如图 7-43 所示. 输送电视信号的同轴电缆就是这种形状. 通常电缆外壳接地以屏蔽外界对内芯所携带信号的电干扰. 尼龙或塑料常被用来充填在内芯和外皮之间. 现在我们来计算用空气做充填物，长 L 的一段电缆的电容.

在电缆足够长的情况下，可以忽略两端的边缘效应，电缆内外的场强可参照 7-2 节用高斯定理求出. 设芯线上电荷线密度为 λ，取同轴圆柱高斯面，半径为 r，$a<r<b$，用高斯定理可求出电缆中空部分的场强：由 $\oint_S \boldsymbol{E}\cdot \mathrm{d}\boldsymbol{S}=\frac{Q}{\varepsilon_0}$，考虑电场只有径向分量，有 $\oint_S \boldsymbol{E}\cdot \mathrm{d}\boldsymbol{S}=E_r\cdot 2\pi rL=\frac{\lambda L}{\varepsilon_0}$，所以 $E_r=\frac{\lambda}{2\pi\varepsilon_0 r}$. 芯线与外壳之间的电势差则为 $U_a-U_b=\int_a^b E_r\cdot \mathrm{d}r=\frac{\lambda}{2\pi\varepsilon_0}\int_a^b \frac{\mathrm{d}r}{r}=\frac{\lambda}{2\pi\varepsilon_0}\ln\frac{b}{a}$，则长 L 的一段电缆上的电容 C 为

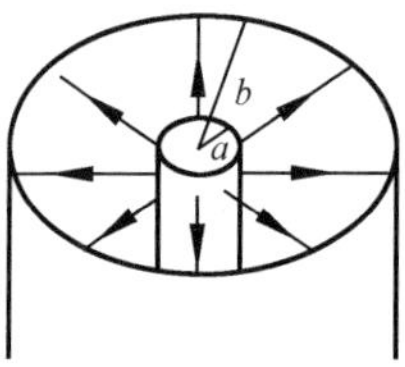

图 7-43　圆柱形电容器的电容

$$C=\frac{Q}{U_{ab}}=\frac{2\pi\varepsilon_0 L}{\ln\frac{b}{a}} \tag{7-35}$$

(7-35)式表明 C 与电缆长度 L 有关，并与外壳半径 b 和芯线半径 a 的比值有关.

四、静电场的能量

在电容器充电时，正电荷由负极板被送到正极板. 由于正极板的电势比负极板高，被传送的电荷的电势能就增加了. 若电荷电量为 q，正负极板电势差为 U，电荷的电势能增加为 qU，这表明电场力做了相等数量的功. 这时电势能作为静电势能被储存在电容器中.

在电容器充电之前，两极板上均无电荷，极板之间没有电场，也没有电势差. 充电之后，电量被源源不断地送到正极板，两极板间电势差逐渐增大. 设某时刻极板带电量为 q，板间电势差为 $U=q/C$，式中，C 是电容. 若此时有电量 $\mathrm{d}q$ 从电势为零的负极板被送往电势为 U 的正极板(图 7-44)，$\mathrm{d}q$ 的电势能增加为

$$\mathrm{d}E_{\mathrm{p}}=U\mathrm{d}q=\frac{q}{C}\mathrm{d}q$$

电势能增加的总量则为 $\mathrm{d}E_{\mathrm{p}}$ 当 q 从零增到 Q 时的积分(图 7-45).

$$E_{\mathrm{p}}=\int\mathrm{d}E_{\mathrm{p}}=\int_0^Q\frac{q}{C}\mathrm{d}q=\frac{1}{2}\frac{Q^2}{C}$$

该电势能即电容器的储能 W_{e}，利用 $C=Q/U$，可将这个能量表达为不同的形式

$$W_{\mathrm{e}}=\frac{1}{2}\frac{Q^2}{C}=\frac{1}{2}QU=\frac{1}{2}CU^2 \tag{7-36}$$

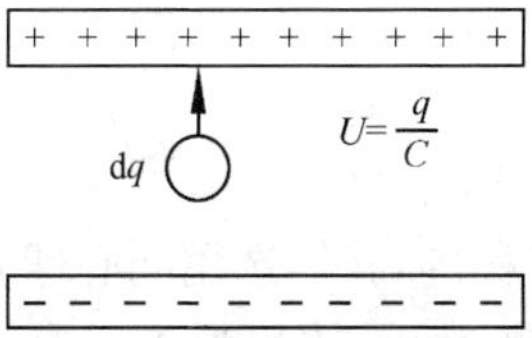

图 7-44　电量 dq 被送往正极板

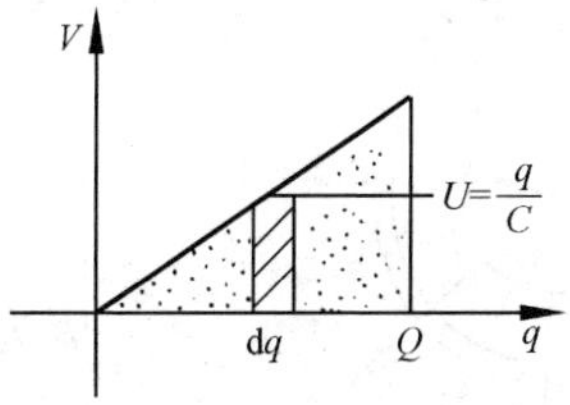

图 7-45　$E_{\mathrm{p}}=\frac{1}{2}Q^2/C$

例 7-13　某电容器标有"100μF、220V"，(1) 该电容器最多能储存多少电荷? (2) 该电容器最多能储存多少静电能?

解　(1) 该电容器最多能储存的电荷量为

$$Q_{\max}=CU=2.2\times10^{-2}\mathrm{C}$$

(2) 该电容器最多能储存的静电能为

$$W_{\mathrm{e}}=\frac{1}{2}CU^2=2.4\mathrm{J}$$

在电容器被充电的过程中，电场逐渐在两极板间建立起来，充电所需要的功正是建

立场所需要的功,因此可以认为电容器的储能就是静电场能.若一平行板电容器中电介质相对电容率为ε_r,极板带电为Q,极板面积为S,则极板间电势差$U=Ed$,其中d为极板间距离,E为极板间场强,$E=E_0/\varepsilon_r=\sigma/\varepsilon_r\varepsilon_0=Q/\varepsilon_r\varepsilon_0 S$,将$Q=\varepsilon_r\varepsilon_0 SE$和$U=Ed$代入(7-36)式,便可得到电场能$W_e$与场强的关系

$$W_e=\frac{1}{2}QU=\frac{1}{2}(\varepsilon_r\varepsilon_0 SE)(Ed)=\frac{1}{2}\varepsilon_r\varepsilon_0 E^2(Sd)$$

式中,Sd为两极板间体积;用w_e表示每单位体积所具有的能量,叫能量密度,即

$$w_e=\frac{1}{2}\varepsilon_r\varepsilon_0 E^2=\frac{1}{2}ED \tag{7-37}$$

(7-37)式不仅适用于平行板电容器的电场,而且适用于所有的空间电场,即使是不涉及电容器的情况,甚至是非匀强电场,(7-37)式一样可以用来计算空间电场.让我们看下面的例子:计算将电量Q从无穷远传送到半径为R的导体球上所需要的功.设无穷远处电势为零,当导体球上带有电量q时具有电势$U=q/4\pi\varepsilon_0 R$,此时再将电量dq从无限远运送到导体球上所需的功为Udq,它就是导体电势能的增量

$$dE_p=Udq=\frac{qdq}{4\pi\varepsilon_0 R}$$

整个电势能的增量则为对dE_p当q从零到Q时的积分

$$E_p=\int_0^Q dE_p=\frac{1}{4\pi\varepsilon_0 R}\frac{Q^2}{2}=\frac{1}{2}QU \tag{7-38}$$

这就是导体球的电势能.现在我们用能量密度来计算导体球内外的空间电场能,看看计算结果是否与(7-38)式相同.注意空间$\varepsilon_r=1$,场强分布为

$$E_r=\begin{cases}0 & (r<R)\\ \dfrac{Q}{4\pi\varepsilon_0 r^2} & (r>R)\end{cases}$$

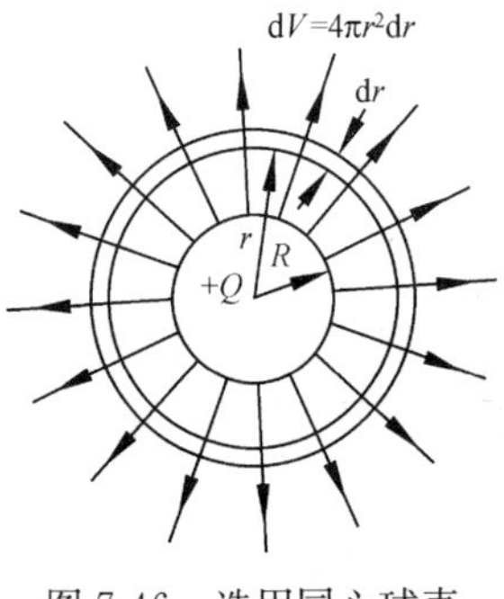

图 7-46 选用同心球壳 $dV=4\pi r^2 dr$ 为体积元

因为电场是球对称的,我们选用同心球壳为体积元,球壳半径为r,厚度为dr,体积为$4\pi r^2 dr$(图7-46),在这个体积元中的电场能量为

$$dW_e=w_e\cdot dV=\frac{1}{2}(\varepsilon_0 E^2)\cdot 4\pi r^2 dr=\frac{Q^2 dr}{8\pi\varepsilon_0 r^2}$$

在导体球内场强为零,所以电场能只存在于球外空间$r=R$到$r=\infty$.

$$W_e=\int_R^\infty\frac{Q^2 dr}{8\pi\varepsilon_0 r^2}=\frac{1}{2}\frac{Q^2}{4\pi\varepsilon_0 R}=\frac{1}{2}QU \tag{7-39}$$

这个结果与(7-38)式是相同的.

7-6　一些静电现象和静电技术的应用

静电技术已被越来越多地应用于各行各业，如静电除尘、静电喷漆、复印技术及心电图等，生活中也有大量对静电现象的利用，下面简单介绍除尘器及复印机的静电技术.

一、除尘器

1907 年卡托(F. G. Cottrell)发明了一种简单的装置用以清洁工厂烟囱中冒出的烟雾，其原理如图 7-47 所示，一根金属线连在相对于接地导体筒壁的高电势(60kV)上，尘烟从底部进入烟囱经过金属线周围的强电场，从金属线到周围空气中有一恒定电晕放电，被电场加速的电子使尘埃粒子进一步离子化，最终带正电的粒子(直径约 10^{-6}m)被吸引到外壳上并粘在上面. 经过定期振荡或冲洗烟道，使尘埃脱离管壁集中在一起被除去，用这种装置可以除去 99%的烟气中的尘埃.

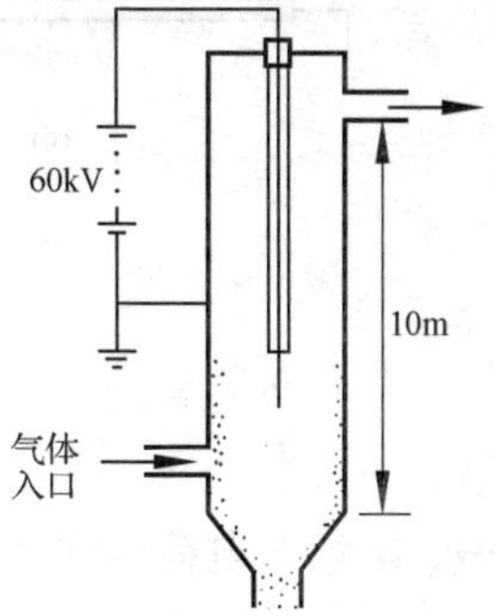

图 7-47　烟囱除尘装置原理图

二、复印机

现代办公设备中复印机已成为必不可少的工具. 这项在 1935 年由卡尔森(C. F. Coulson)发明的技术经完善后在 1948 年被用于制造第一台复印机.

复印机的心脏部位是一个被称作光电导体的物体，它在黑暗中为绝缘体，而在光线照耀下则变为导体，这是因为一些电子在吸取足够的能量后会从所在的原子逃脱出来成为自由电子. 通常这种光电导体材料是一层分布于导体基片上的厚约 2.5×10^{-5}m 的硒或氧化锌塑性粉末. 复印基本步骤如下.

(1) 一具有高电势(7kV)的细导线(1.5×10^{-5}m)从板面经过并通过电晕放电使光电导体层具有均匀正电荷，如图 7-48(a)所示.

(2) 光电导体暴露在被复印物的反射光下，被光照的部分变为导体，这部分的表面所带正电荷经下面的接地导体板流入地下，如图 7-48(b)所示.

(3) “着色剂”粒子. 例如，直径 10^{-6}m 的碳粒子，带有负电荷，会自动粘在有正电荷的区域上(图 7-48(c)).

(4) 现在把潜在的图像转移到复印纸上，因为着色粒子还带有一些负电荷，有必要在纸上喷一层正电荷(图 7-48(d)).

(5) 图像由灯丝加热而熔化，固定在纸上，整个复印过程很快就可完成.

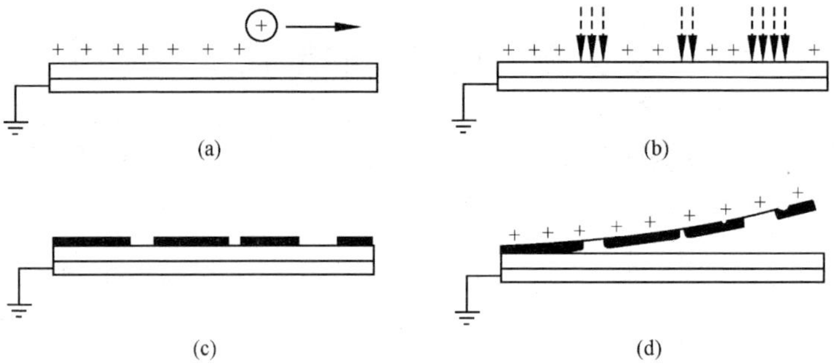

图 7-48　复印步骤简图

本 章 要 点

一、电场与电荷的作用

(1) 电场强度矢量 $\boldsymbol{E}$.

定义式 $\boldsymbol{E}=\dfrac{\boldsymbol{F}}{q_0}$.

(2) 电势 U.

定义式 $U_P=\int_P^C \boldsymbol{E}\cdot \mathrm{d}\boldsymbol{l}$，$C$ 为零电势参考点.

(3) 高斯定理

$$\oint_S \boldsymbol{E}\cdot \mathrm{d}\boldsymbol{S}=\sum q_i/\varepsilon_0$$

(4) 环路定理

$$\oint_L \boldsymbol{E}\cdot \mathrm{d}\boldsymbol{l}=0$$

二、电场与导体及介质的作用

(1) 导体的静电平衡条件.

$\boldsymbol{E}_{内}=0$，导体是等势体，导体表面是等势面.

(2) 电容器电容.

定义式 $C=q/(U_A-U_B)$.

(3) 静电场的能量.

能量密度 $w_e=\dfrac{1}{2}DE=\dfrac{1}{2}\varepsilon E^2=\dfrac{1}{2}\dfrac{D^2}{\varepsilon}$.

电场中的分布在空间 V 中的电场能量

$$W_e=\int_V w_e \mathrm{d}V=\int_V \frac{1}{2}\varepsilon E^2 \mathrm{d}V$$

习 题

7-1 如题 7-1 图所示，四个点电荷位于边长为 L 的正方形的四个顶点. 求：(1)中心点 A 的场强；(2)一边中心点 B 的场强(用单位矢量 $\boldsymbol{i}$ 和 $\boldsymbol{j}$ 表示).

7-2 两个质量为 m 的小球由长 L 的丝线从同一点挂下，每一个小球带电为 q，每条丝线与垂线的夹角均为 θ，如题 7-2 图所示. (1)证明小球所带电量为 $q=2L\sin\theta\sqrt{4\pi\varepsilon_0 mg\tan\theta}$；(2)若 $m=10^{-2}\text{kg}$、$L=0.5\text{m}$、$\theta=10°$，求 q 的大小.

7-3 两个带电量为 q 的正电荷分别位于 $y=a$ 和 $y=-a$ 处. (1)证明 x 轴上的场强为沿 x 轴向且大小为 $E_x=\dfrac{qx}{2\pi\varepsilon_0}(x^2+a^2)^{-3/2}$；(2)证明在接近原点处，即 $x\ll a$ 时，$E_x\approx\dfrac{qx}{2\pi\varepsilon_0 a^3}$；(3)证明当 $x\gg a$ 时，$E_x\approx\dfrac{q}{2\pi\varepsilon_0 x^2}$，并解释为何不用演算即可估计出这个结果.

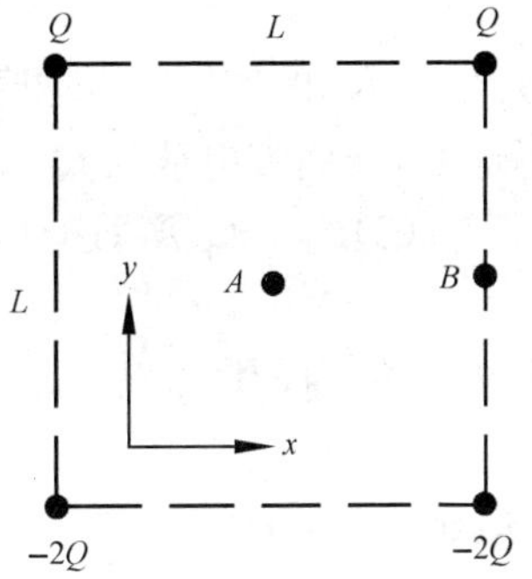

题 7-1 图

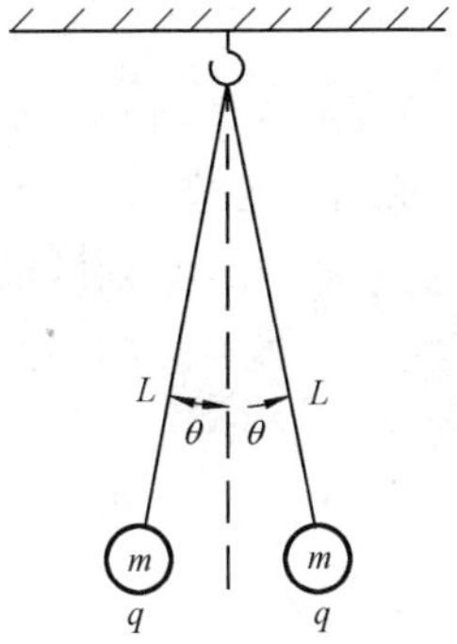

题 7-2 图

7-4 求电偶极子轴线上任意一点处的电场强度.

7-5 如题 7-5 图所示，两条无限长平行直导线相距为 r_0，均匀带有等量异号电荷，电荷线密度为 λ. 求：(1)两导线构成的平面上任一点的电场强度(设该点到其中一线的垂直距离为 x)；(2)每一根导线上单位长度导线受到另一根导线上电荷作用的电场力.

7-6 如题 7-6 图所示，求匀强电场 $\boldsymbol{E}$ 通过半球面的电通量，半球面半径为 R.

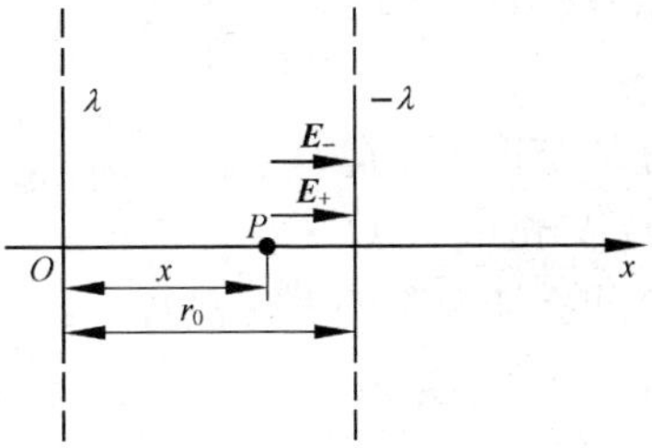

题 7-5 图

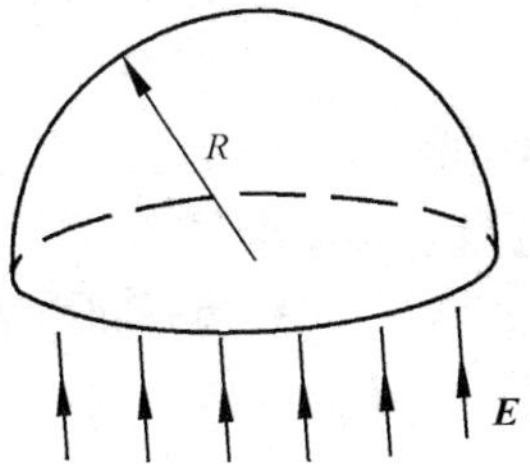

题 7-6 图

7-7 边长为 a 的立方体如题 7-7 图所示，其表面分别平行于 xOy、yOz 和 zOx 平面，立方体的一个顶点为坐标原点. 现将立方体置于电场强度 $\boldsymbol{E}=(E_1+kx)\boldsymbol{i}+E_2\boldsymbol{j}$（$k$、$E_1$、$E_2$ 为常数）的非均匀电场中，求电场对立方体各表面及整个立方体表面的电场强度通量.

7-8 一无限长空心圆柱体内外径分别为 a 和 R，如题 7-8 图所示，圆柱体上均匀分布电荷体密度为 ρ 的电量，求出下列区域的场强：(1)$a<r<R$；(2)$r>R$.

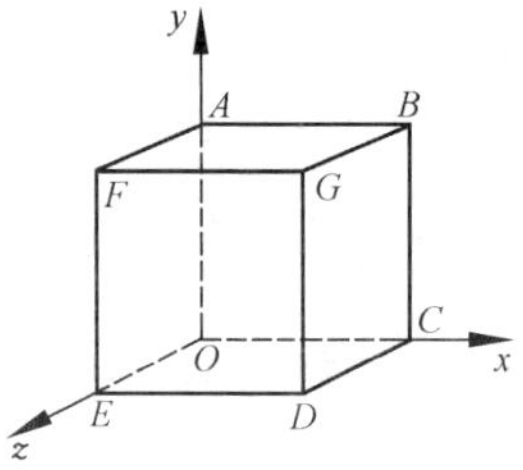

题 7-7 图

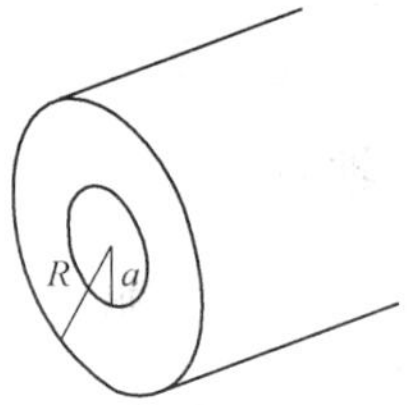

题 7-8 图

7-9 如题 7-9 图所示，一个内、外半径分别为 R_1 和 R_2 的均匀带电球壳，总电荷为 Q_1，球壳外同心罩一个半径为 R_3 的均匀带电球面，球面带电荷为 Q_2. 求出下列区域的电场强度：(1)$r<R_1$；(2)$R_1<r<R_2$；(3)$R_2<r<R_3$；(4) $r>R_3$.

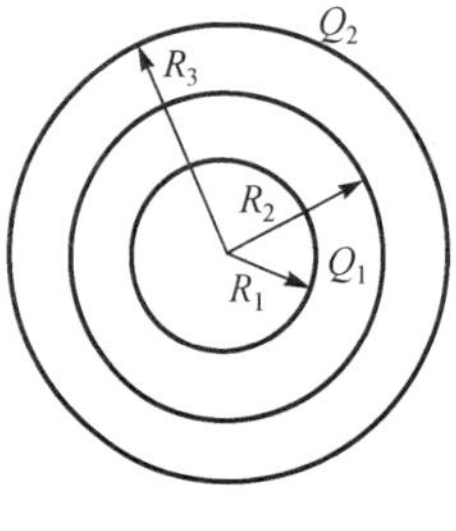

题 7-9 图

7-10 设在半径为 R 的球体内，其电荷为球对称分布，电荷体密度为

$$\rho=\begin{cases}kr & (0\leqslant r\leqslant R)\\ 0 & (r>R)\end{cases}$$

k 为一常量. 试分别用高斯定理和电场叠加原理求电场强度 E 与 r 的函数关系.

7-11 两平行无限大均匀带电平面上的面电荷密度分别为 $+\sigma$ 和 -2σ，求题 7-11 图示中 3 个区域的电场强度.

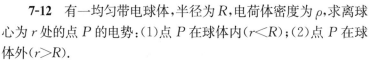

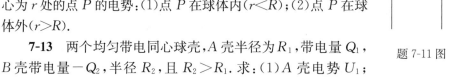

题 7-11 图

7-12 有一均匀带电球体，半径为 R，电荷体密度为 ρ，求离球心为 r 处的点 P 的电势：(1)点 P 在球体内($r<R$)；(2)点 P 在球体外($r>R$).

7-13 两个均匀带电同心球壳，A 壳半径为 R_1，带电量 Q_1，B 壳带电量 $-Q_2$，半径 R_2，且 $R_2>R_1$. 求：(1)A 壳电势 U_1；(2)B 壳电势 U_2；(3)两壳间电势差 U_1-U_2；(4)什么情况下两壳等电势.

7-14 已知某场强为 $\boldsymbol{E}=2x\boldsymbol{i}-3y^2\boldsymbol{j}$ $(\mathrm{N\cdot C^{-1}})$，求从 $\boldsymbol{r}_A=\boldsymbol{i}-2\boldsymbol{j}$(m) 到 $\boldsymbol{r}_B=2\boldsymbol{i}+\boldsymbol{j}+3\boldsymbol{k}$(m) 的电势差.

7-15 电量 q 均匀分布在长为 $2l$ 的细杆上，求在杆外延长线上与杆端距离为 a 的点 P 的电势（设无穷远处为电势零点）.

7-16 半径为 R 的均匀带电圆环，见题 7-16 图，其轴线上有两点 P_1 和 P_2，到环心的距离如题 7-16 图所示，取无限远处电势为零，求 U_1/U_2.

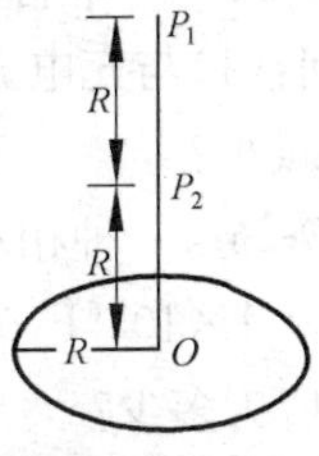

题 7-16 图

7-17 一半径为 R 的长棒，其内部的电荷分布是均匀的，电荷的体密度为 ρ. 求：(1) 棒表面的电场强度大小；(2) 棒轴线上的一点与棒表面之间的电势差.

7-18 两个很长的同轴圆柱面，半径分别为 R_1、R_2，带有等量异号的电荷，且内圆柱面带正电荷，外圆柱面带负电荷，两者的电势差为 U_0. 求：(1) 圆柱面单位长度上的带电量；(2) 两圆柱面之间的电场强度.

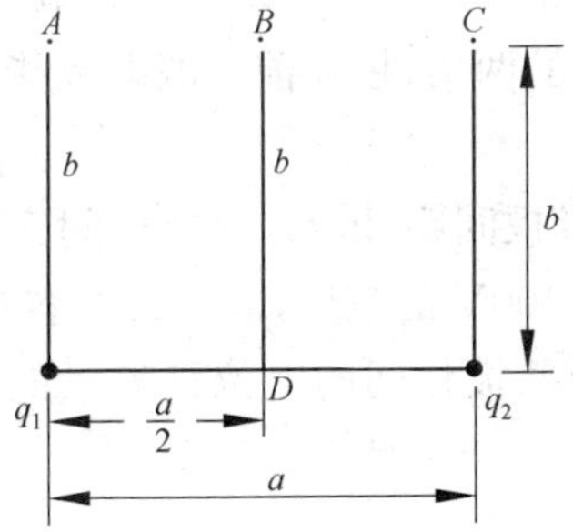

题 7-19 图

7-19 如题 7-19 图所示，已知 $a=8\times10^{-2}\,\text{m}$，$b=6\times10^{-2}\,\text{m}$，$q_1=-3\times10^{-8}\,\text{C}$，$q_2=3\times10^{-8}\,\text{C}$. 求：(1) D 点、B 点、A 点和 C 点的电势；(2) 将电量为 $2\times10^{-9}\,\text{C}$ 的点电荷 q_0 由 A 点移到 C 点，电场力所做的功；(3) 将 q_0 由 B 点移到 D 点电场力所做的功.

7-20 电子枪向电视机屏幕发射电子束，电子从静止开始经过电势差为 $3\times10^4\,\text{V}$ 的加速. (1) 当电子触及屏幕时具有多少能量？(2) 电子撞击屏幕的速度多大？

7-21 如题 7-21 图所示，AB 两点相距 $2l$，$\overset{\frown}{OCD}$ 是以 B 为圆心，l 为半径的半圆. A 点有正电荷 $+q$，B 点有负电荷 $-q$. 问：(1) 把单位正电荷从 O 点沿 $\overset{\frown}{OCD}$ 移到 D 点时电场力对它做的功？(2) 把单位负电荷从 D 点沿 AB 的延长线移到无穷远时电场力对它做的功？

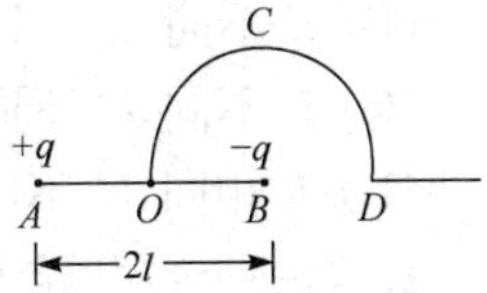

题 7-21 图

7-22 一金属球，半径为 R，带有电荷 Q，把它放在均匀无限大的相对电容率为 ε_r 的介质中，在任一点 $(r>R)$ 的电位移矢量的大小 D 为多少？电场强度的大小 E 为多少？

7-23 在一半径为 R_1 的长直导线外，套有氯丁橡胶绝缘护套，护套外半径为 R_2，相对电容率为 ε_r. 设沿轴线单位长度上，导线的电荷密度为 λ. 试求介质层内的 $\boldsymbol{D}$ 和 $\boldsymbol{E}$.

7-24 三平行板 A、B、C，A 在 B、C 之间，面积均为 200cm^2，A、B 之间相距 4mm，A、C 之间相距 2mm，B、C 两板接地，若使 A 板带正电 $3\times10^{-7}\,\text{C}$，(1) B、C 两板上的感应电量各是多少？(2) A 板的电势多大？

7-25 一平行板电容器，充电后与电源断开，然后再充满各向同性的均匀电介质，问：(1)与充电介质前相比，电容 C 增大还是减小？(2)两极板间电势差 U 增大还是减小？

7-26 一种相对电容率 $\varepsilon_r=24$ 的电介质击穿场强为 $4\times10^7\,\text{V}\cdot\text{m}^{-1}$，要用此材料制作 $0.1\times10^{-6}\,\text{F}$，耐压 $2\times10^3\,\text{V}$ 的电容器，问：(1)极板间最小距离为多少？(2)极板面积应为多少？

7-27 两个同心导体球壳，内球壳半径为 R_1，外球壳半径为 R_2，中间充满相对电容率为 ε_r 的各向同性均匀电介质，构成一个球形电容器，设内外球壳上分别带有电荷 $+q$ 和 $-q$. 求：(1)电容器电容；(2)电容器储存的电能.

7-28 一圆柱形电容器由半径为 R_1 的圆柱形芯线和半径为 R_2 的圆柱形外壳组成，长为 L，$L\gg(R-r)$，两圆柱之间是空气，设内外圆柱单位长度上带电量分别为 λ 和 $-\lambda$，求：(1)电容器的电容；(2)电容器储存的电能.

7-29 一平行板电容器的电容为 10pF，充电到 $Q=1\times10^{-8}\,\text{C}$，并切断电源，(1)求极板间电势差；(2)若把极板间距离扩大到原来的两倍，扩大前后的电场能量各为多少？(3)如果不切断电源，第(2)问又如何？

7-30 一平行板电容器，极板面积 $3\times10^{-2}\,\text{m}^2$，极板间距 3mm，两极板间充满相对电容率为 4 的各向同性均匀电介质，两极板间加 400V 的电压，求：(1)电容 C；(2)极板上的总电量 Q 和极板上的电荷面密度 σ；(3)两极板间的电位移矢量的大小 D 和电场强度的大小 E；(4)电场能量和能量密度.

自　测　题

1. 在静电场中，电场线为均匀分布的平行直线的区域内，在电场线方向上任意两点的电场强度 $\boldsymbol{E}$ 和电势 U 相比较，下属描述正确的是[　　]

(A) $\boldsymbol{E}$ 相同，U 相同；

(B) $\boldsymbol{E}$ 不同，U 相同；

(C) $\boldsymbol{E}$ 不同，U 不同；

(D) $\boldsymbol{E}$ 相同，U 不同.

2. 当一个带电导体达到静电平衡时，下列说法正确的是[　　]

(A) 导体内任一点与其表面上任一点的电势差等于零；

(B) 表面曲率较大处电势较高；

(C) 导体内部的电势比导体表面的电势高；

(D) 表面上电荷密度较大处电势较高.

3. 在静电场中，电场强度沿任意闭合路径的线积分等于零，即 $\oint_L \boldsymbol{E}\cdot \mathrm{d}\boldsymbol{l}=0$，这表明静电场是__________（填“保守场”或“非保守场”）.

4. 两块"无限大"的均匀带电平行平板，其电荷面密度分别为 $2\sigma(\sigma>0)$ 及 $-\sigma$，如 4 题图所示. 两平板之间 $\boldsymbol{E}$ 的大小__________，方向为__________.

5. 两个均匀带电的同心球面，小球面半径为 R_1，带电量为 Q_1，大球面半径为 R_2，带电量为 Q_2，试用高斯定理求下列区域的 $\boldsymbol{E}$ 分布：(1)$R_1<r<R_2$；(2)$r>R_2$.

6. 一圆柱形电容器，内圆柱的半径为 R_1，外圆柱的半径为 R_2，长为 L，$L\gg(R_2-R_1)$，设内、外圆柱单位长度上所带电量分别为 λ 和 $-\lambda$，求：(1)两圆柱之间的电势差；(2)电容器的电容；(3)电容器储存的静电能.

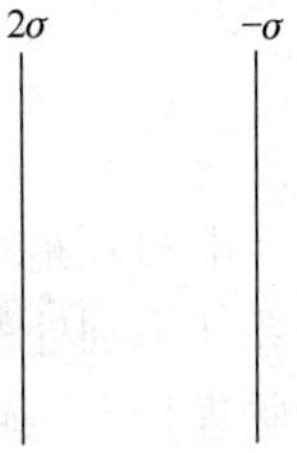

4 题图

第七章习题答案

第七章自测题答案

第八章　稳 恒 磁 场

电与磁是相互伴随，相互转化的. 在现代生产技术、科学研究和日常生活里，磁现象几乎到处都有. 本章将讨论恒定电流所产生的磁场特性，并引入表述磁场特征的物理量——磁感应强度 $\boldsymbol{B}$，然后介绍电流的磁场中 $\boldsymbol{B}$ 的计算，以及磁场对电流和运动电荷的作用.

8-1　基本磁现象

人类最早发现磁现象是从天然磁石能够吸引铁质物体的现象开始的. 我国是发现天然磁铁最早的国家. 有些铁质的物体在经磁石吸引后，本身也具有了吸铁的本领，这就是人造磁铁. 目前在人们日常生活和工业生产中使用的磁铁都是人工制造的. 一般是把铁磁性物质，如铁、钴、镍或它们的合金制成各种形状，如条形、马蹄形等，然后通过电流的强磁场进行磁化，制成永久磁铁.

实验表明，磁铁各部分磁性的强弱是不相同的. 若将条形磁铁放入铁屑中，再取出时发现，它的两端吸引铁屑最多，因而磁性最强. 中间部分几乎没有铁屑，因而磁性最弱. 我们将磁铁的磁性最强的部位叫做磁极，条形磁铁的磁极在它的两端.

若将一根条形磁铁悬挂起来，当它静止的时候，它的一端总是指向地球的南端，另一端总是指向地球的北端. 指向地球南端的称为 S 极，指向地球北端的称为 N 极.

实验表明，磁铁之间存在着相互作用. 即同性的磁极相互排斥，异性的磁极相互吸引，由此推想，地球是一个大磁铁，它的 N 极位于地理南极附近，S 极位于地理北极附近. 以上便是指南针(罗盘)的工作原理.

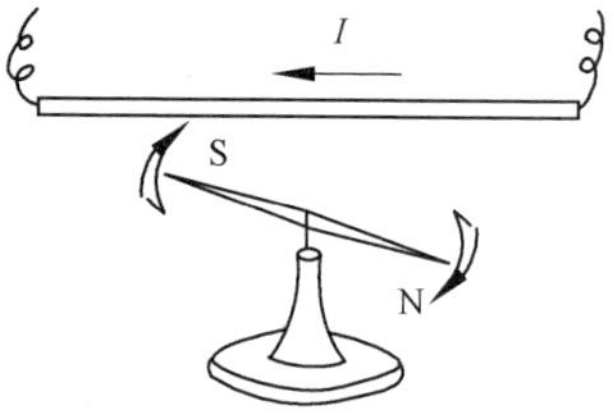

图 8-1　奥斯特的实验

历史上很长一段时期里，磁学和电学的研究一直是独立发展的，人们认为电现象和磁现象之间没有联系. 直至 1820 年，丹麦科学家奥斯特发表了自己多年的研究成果，即著名的奥斯特实验，如图 8-1所示. 实验发现，在通电导线的附近小磁针会发生偏转，表明电流可以对磁铁施加作用力. 这是人们最早发现的电现象和磁现象之间的联系.

在图 8-2 所示的实验中，把一段直导线水平悬挂在马蹄形磁铁的两极中间，当导线通过电流时，导线就会发生水平方向的移动. 这表明磁铁也可给电流施加作用力.

除此之外，电流和电流之间也有相互作用力. 如图 8-3 所示，将两根直导线平行地悬挂起来，当两导线中分别通以相同方向的电流时，两导线相互吸引，当通以相反方向的电流时，两导线相互排斥.

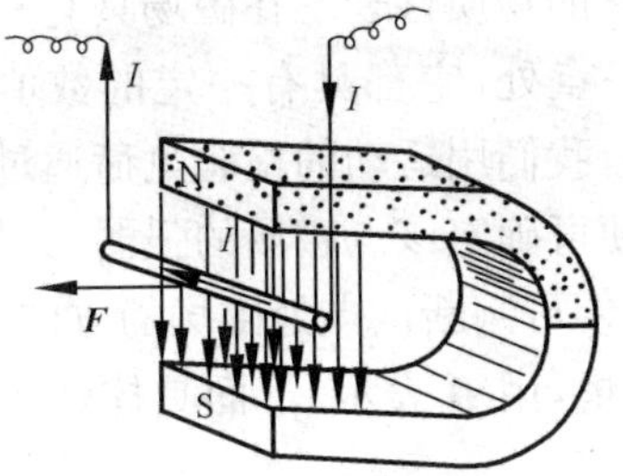

图 8-2　磁铁对载流导线的作用

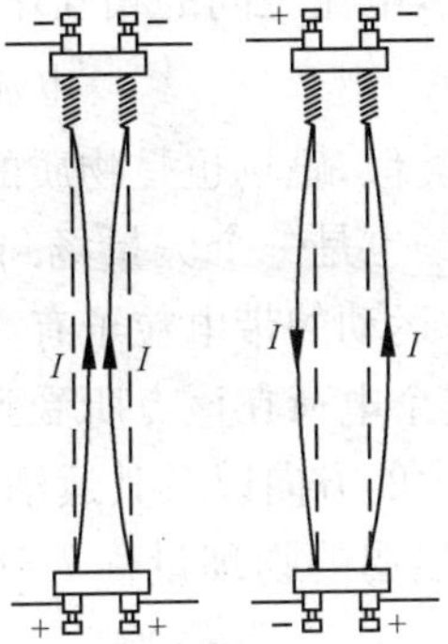

图 8-3　平行电流之间的相互作用

实验还表明，一个载流的螺线管的行为很像一块条形磁铁. 当线圈中通有电流时，线圈平面的一侧形成 N 极，另一侧形成 S 极. 其极性和电流方向的关系可用图 8-4所示的右手定则来描述：用右手握住螺线管，弯曲的四指沿电流回绕方向，大拇指便指向螺线管的 N 极.

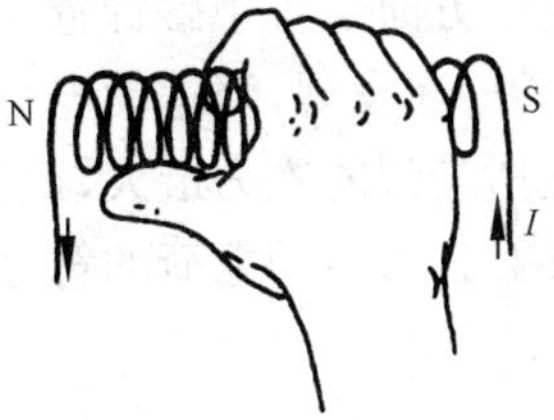

图 8-4　确定载流螺线管极性的右手定则

以上实验事实启发了人们对磁性起源的认识. 磁性的起源是否就是电流，或者说是运动电荷？1822 年法国科学家安培提出了有关物质磁性本质的假说. 安培认为，一切磁现象的根源都是电流. 他认为磁性物质的分子中，存在着小的回路电流，称为分子电流. 分子电流相当于一个基元磁铁，如果某种物质的分子电流都按一定方向排列起来，这种物质在宏观上就会显示出 N、S 极来. 这就是安培的分子电流假说. 按照该假说，很容易说明两种磁极不能单独存在的原因. 因为每一分子电流都具有正反两面，一面形成磁性的 N 极，另一面形成磁性的 S 极，而正反两面是无法单独存在的. 安培分子电流假说和现代对物质磁性的理解是相当符合的.

8-2　磁场　磁感应强度

一、磁场

一切磁现象都是由运动电荷或电流产生的(定向运动电荷形成电流，杂乱无章运动的电荷的磁效应相互抵消). 也就是说,在运动电荷的周围会产生磁场. 磁场的主要表现是:对磁场中的运动电荷或载流导体有磁力的作用. 这种作用是通过“场”来传递的. 因此,电流之间的相互作用方式可示意为

$$电流 \leftrightarrows 磁场 \leftrightarrows 电流$$

与静电场类似,磁场也是物质的一种形态,它的物质性表现在磁场具有一定的能量. 同时,磁场也是一个矢量场. 在磁场中任一点处,它都具有一定的数值和方向. 根据磁场对运动的带电粒子有力的作用特性,我们用运动的检验电荷通过磁场中某点,计量这个电荷在该点所受到的磁场力,便可确定该点磁场的强弱. 另外,根据运动电荷受力的方向以及其运动速度的方向,便可判断该点处磁场的方向.

描述磁场强弱的物理量称为磁感应强度矢量,用 $\boldsymbol{B}$ 表示. 下面具体讨论磁感应强度矢量 $\boldsymbol{B}$.

二、磁感应强度矢量

根据磁场的特性,我们让运动的检验电荷通过磁场中的某点. 在实验中发现:当运动电荷沿不同方向通过磁场中某一确定的点时,电荷所受作用力的大小是不同的,且存在着这样一个特殊的方向,当电荷沿该方向入射时,它所受的作用力为零. 我们规定:运动电荷在场中某点受力为零时的运动方向为该点的磁感应强度 $\boldsymbol{B}$ 的方向. 这个方向与将小磁针置于此处时小磁针 N 极的指向是一致的.

在实验中还发现,当运动电荷以某一速率沿垂直于磁感应强度 $\boldsymbol{B}$ 的方向进入磁场时,它所受到的磁力最大,记作 $\boldsymbol{F}_{\max}$. $\boldsymbol{F}_{\max}$ 既垂直于运动电荷的速度 $\boldsymbol{v}$,又垂直于磁场方向. 且当运动电荷的符号不同时,所受的磁场力 $\boldsymbol{F}_{\max}$ 的方向不同,如图 8-5 所示.

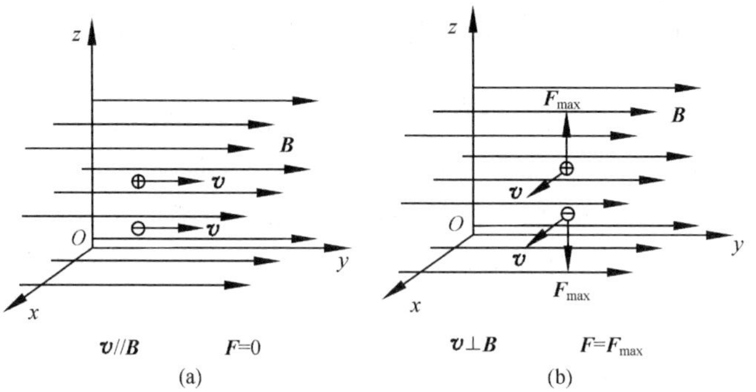

图 8-5　运动的带电粒子在磁场中的受力图

实验证明,在磁场中运动的带电粒子,当其运动方向垂直于磁场方向时,它所受到的磁场力 $\boldsymbol{F}_{\max}$ 的大小和粒子的带电量及运动速度的大小成正比,即

$$F_{\max} \propto qv$$

我们把磁场中任一点磁感应强度 $\boldsymbol{B}$ 的大小定义为

$$B=\frac{F_{\max}}{qv} \tag{8-1}$$

比值$\frac{F_{\max}}{qv}$是一个与运动粒子本身性质无关的量,磁场中不同位置处,这个比值一般不同,但对于磁场中某一点,它是一个确定的值,反映了该点处磁场的性质. 由上可知:磁感应强度 $\boldsymbol{B}$ 是一个矢量,它既有大小,又有方向. 若在一定的条件下,空间各处的磁感应强度 $\boldsymbol{B}$ 大小相等、方向相同,这种磁场称为均匀磁场. 由恒定电流产生的不随时间变化的磁场称为稳恒磁场.

在国际单位制中,磁感应强度 $\boldsymbol{B}$ 的单位是 T(特斯拉),即

$$1\mathrm{T}=1\mathrm{N}\cdot\mathrm{A}^{-1}\cdot\mathrm{m}^{-1}$$

8-3　磁感应线　磁场中的高斯定理

一、磁感应线

在静电场中,我们曾用电场线来形象地描绘静电场的分布. 同样在稳恒磁场中,我们也可用设想的磁感应线来形象地描绘空间各点的磁场的强弱和方向.

磁感应线是磁场中的一系列曲线,曲线上每一点的切线方向和该点的磁场方向一致(即与 $\boldsymbol{B}$ 的方向一致). 图 8-6 给出了几种电流磁场的磁感应线分布情况.

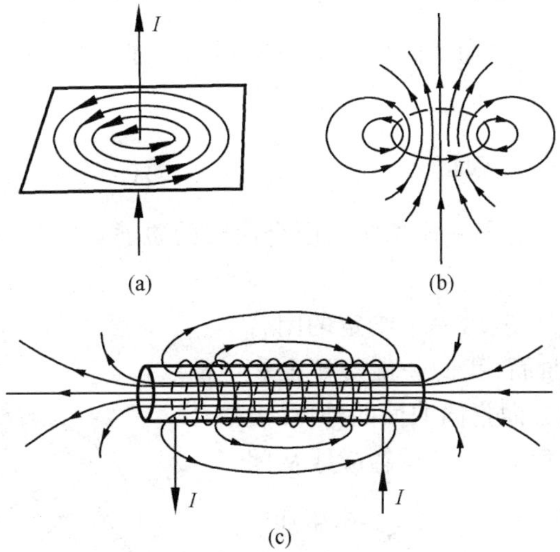

图 8-6　直电流(a)、圆电流(b)和螺线管(c)电流的磁感应线

分析各种磁感应线图形,可以得出两个结论:

(1) 磁感应线在空间不会相交. 这一点与电场线相似.

(2) 磁感应线是环绕电流的闭合曲线，没有起点，也没有终点. 这一点与电场线不同.

为了使磁感应线能够定量地描述磁场，我们规定通过磁场中某点处与 $\boldsymbol{B}$ 垂直的单位面积上磁感应线的数目，等于该点 $\boldsymbol{B}$ 的量值. 这样，根据磁感应线的疏密，就可判断 $\boldsymbol{B}$ 的强弱分布，即磁感应线密的地方磁场强，疏的地方磁场弱.

磁感应线的环绕方向和电流的方向之间存在着一定的关系，这个关系可以用右手螺旋法则判断.

二、磁通量

通常把穿过一个面积的磁感应线的条数称为穿过该面积的磁通量，用符号 Φ_m 表示. 图 8-7 表示在某一磁场中任意给定的一个面积 S，我们来定义通过该面积的磁通量. 首先我们在面积 S 上任取一面积元 $\mathrm{d}\boldsymbol{S}$，并规定面积元 $\mathrm{d}\boldsymbol{S}$ 的法线矢量 $\boldsymbol{n}$ 的方向为该面积元 $\mathrm{d}\boldsymbol{S}$ 的方向. 设 $\mathrm{d}\boldsymbol{S}$ 与面积元所在处的磁感应强度 $\boldsymbol{B}$ 成 θ 角，则通过此面积元 $\mathrm{d}\boldsymbol{S}$ 的磁通量可写作

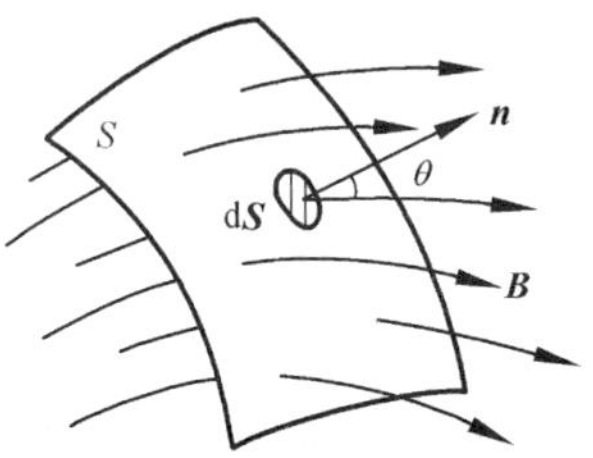

图 8-7　通过面积 S 的磁通量

$$\mathrm{d}\Phi_m = B\cos\theta\mathrm{d}S = \boldsymbol{B}\cdot\mathrm{d}\boldsymbol{S} \qquad (8\text{-}2)$$

而通过一个有限面积曲面 S 的磁通量为

$$\Phi_m = \int \mathrm{d}\Phi_m = \int_S B\cos\theta\mathrm{d}S = \int_S \boldsymbol{B}\cdot\mathrm{d}\boldsymbol{S} \qquad (8\text{-}3)$$

在国际单位制中，磁通量的单位为 Wb(韦伯)，即

$$1\mathrm{Wb} = 1\mathrm{T}\cdot\mathrm{m}^2$$

三、磁场中的高斯定理

下面我们计算通过某一个给定的闭合曲面的磁通量，并由此引出磁场中的高斯定理.

如图 8-8 所示，S 表示一个给定的闭合曲面. 对于闭合的曲面，我们一般规定面积元的法线矢量 $\boldsymbol{n}$ 的方向指向曲面的外侧. 设 $\boldsymbol{n}$ 与磁感应线的夹角为 θ. 当磁感应线从闭合曲面内穿出时，$0<\theta<\frac{\pi}{2}$，$\cos\theta>0$，磁通量为正；当磁感应线从闭合面外穿入时，$\frac{\pi}{2}<\theta<\pi$，$\cos\theta<0$，磁通量为负. 由于磁感应线是闭

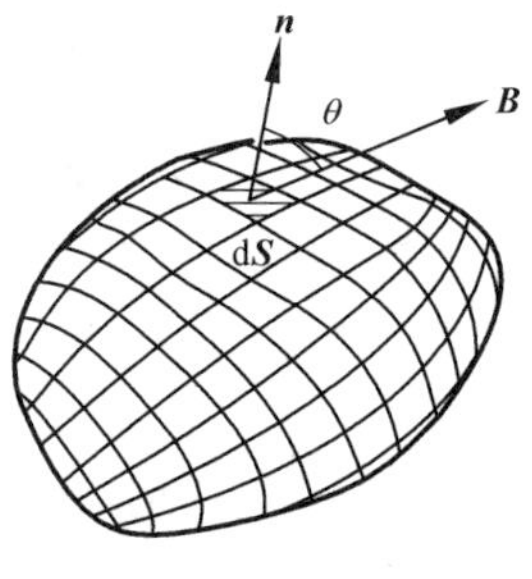

图 8-8　通过闭合曲面 S 的磁通量

合曲线,因而穿入的磁感应线必定要穿出,因此通过任意闭合曲面的总磁通量必定为零,即

$$\oint_S \boldsymbol{B} \cdot \mathrm{d}\boldsymbol{S} = 0 \tag{8-4}$$

上式称为磁场中的高斯定理,它是描述磁场特性的重要公式.

8-4　毕奥-萨伐尔定律及其应用

电流周围存在着磁场,这种现象称为电流的磁效应,本节将进一步讨论电流和它的磁场在数量上的关系.

一、毕奥-萨伐尔定律

恒定电流产生稳恒磁场.任何形状的电流都可以看作是由无限多、无限小段电流所组成的集合体,这样的小段电流称为电流元,用$I\mathrm{d}\boldsymbol{l}$表示.电流元是矢量,它的方向是该电流元的电流方向.任何形状的电流所激发的磁场,都可看作是各电流元产生的磁场叠加而成的.

如图 8-9 所示,在任意通电导线上取一电流元 $I\mathrm{d}\boldsymbol{l}$,它在空间任一点 P 处产生的磁感应强度为 $\mathrm{d}\boldsymbol{B}$,点 P 相对于 $I\mathrm{d}\boldsymbol{l}$ 的位置以径矢 $\boldsymbol{r}$ 来表示,电流元 $I\mathrm{d}\boldsymbol{l}$ 与径矢 $\boldsymbol{r}$ 之间的夹角为 θ.

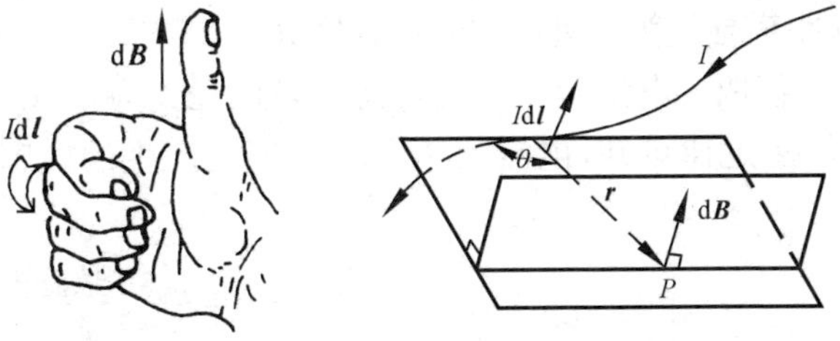

图 8-9　电流元 $I\mathrm{d}\boldsymbol{l}$ 所产生的磁感应强度

毕奥和萨伐尔等通过实验总结出以下结论:恒定电流的电流元 $I\mathrm{d}\boldsymbol{l}$ 在真空中某点所产生的磁感应强度 $\mathrm{d}\boldsymbol{B}$ 的大小与电流元 $I\mathrm{d}\boldsymbol{l}$ 的大小成正比,与电流元 $I\mathrm{d}\boldsymbol{l}$ 和径矢 $\boldsymbol{r}$ 的夹角的正弦成正比,与径矢 $\boldsymbol{r}$ 的大小的平方成反比,即

$$\mathrm{d}B \propto \frac{I\mathrm{d}l\sin\theta}{r^2} \tag{8-5}$$

若将比例式(8-5)表为等式,则有

$$\mathrm{d}B = \frac{\mu_0}{4\pi}\frac{I\mathrm{d}l\sin\theta}{r^2} \tag{8-6}$$

式中，$\frac{\mu_0}{4\pi}$为比例常数，其中 μ_0 叫做真空磁导率. 在国际单位制中，$\mu_0 = 4\pi \times 10^{-7}\text{T}\cdot\text{m}\cdot\text{A}^{-1}$. $\mathrm{d}\boldsymbol{B}$ 的方向可按右手螺旋法则判定. 即 $\mathrm{d}\boldsymbol{B}$ 的方向垂直于 $I\mathrm{d}\boldsymbol{l}$ 和 $\boldsymbol{r}$ 所组成的平面，其指向使右手四指从小于 180°的范围内，由 $I\mathrm{d}\boldsymbol{l}$ 转向 $\boldsymbol{r}$，则伸直的大拇指的指向就是 $\mathrm{d}\boldsymbol{B}$ 的指向. 用矢量可将 $\mathrm{d}\boldsymbol{B}$ 表示为

$$\mathrm{d}\boldsymbol{B} = \frac{\mu_0}{4\pi}\frac{I\mathrm{d}\boldsymbol{l}\times\boldsymbol{r}_0}{r^2} \tag{8-7}$$

式中，$\boldsymbol{r}_0$ 为沿 $\boldsymbol{r}$ 方向的单位矢量. (8-7)式称为毕奥-萨伐尔定律. 由(8-7)式，通过矢量积分，便可求出任意一段载流导线在点 P 产生的磁感应强度 $\boldsymbol{B}$. 即

$$\boldsymbol{B} = \int\mathrm{d}\boldsymbol{B} = \frac{\mu_0}{4\pi}\int_L\frac{I\mathrm{d}\boldsymbol{l}\times\boldsymbol{r}_0}{r^2} \tag{8-8}$$

(8-8)式是矢量积分. 由于一般定积分的含义是求代数和，所以在计算(8-8)式时，应先判断各电流元在点 P 所产生的 $\mathrm{d}\boldsymbol{B}$ 的方向是否沿同一直线. 如果是沿同一直线，则式中的矢量积分可转化为一般积分. 如果各电流元在点 P 所产生的 $\mathrm{d}\boldsymbol{B}$ 方向不一样，应当选择一个坐标系，先写出 $\mathrm{d}\boldsymbol{B}$ 的分量 $\mathrm{d}B_x$、$\mathrm{d}B_y$ 和 $\mathrm{d}B_z$ 的表达式，然后分别积分计算 $\boldsymbol{B}$ 的三个分量 B_x、B_y 和 B_z，最后将 $\boldsymbol{B}$ 表示为 $\boldsymbol{B} = B_x\boldsymbol{i} + B_y\boldsymbol{j} + B_z\boldsymbol{k}$.

二、毕奥-萨伐尔定律的应用

1. 载流直导线的磁场

设在真空中有一段长为 L 的载流直导线，如图 8-10 所示，导线中通有强度为 I 的恒定电流. 求距离导线为 a 处的磁感应强度 $\boldsymbol{B}$.

在通电导线上任取一电流元 $I\mathrm{d}\boldsymbol{l}$，设其到点 P 的径矢为 $\boldsymbol{r}$，$I\mathrm{d}\boldsymbol{l}$ 与 $\boldsymbol{r}$ 之间的夹角为 θ. 由毕奥-萨伐尔定律可知，电流元 $I\mathrm{d}\boldsymbol{l}$ 在点 P 处产生的磁感应强度 $\mathrm{d}\boldsymbol{B}$ 的大小为

$$\mathrm{d}B = \frac{\mu_0}{4\pi}\frac{I\mathrm{d}l\sin\theta}{r^2}$$

其方向垂直于 $I\mathrm{d}\boldsymbol{l}$ 和 $\boldsymbol{r}$ 所组成的平面，也就是矢积 $I\mathrm{d}\boldsymbol{l}\times\boldsymbol{r}$ 的方向，即垂直于纸面向里的方向. 分析可看出直导线上各电流元在点 P 所产生的各个 $\mathrm{d}\boldsymbol{B}$ 的方向都相同. 因此点 P 处的磁感应强度就等于各个电流元在该点产生的磁感应强度之和. 即

$$B = \int\mathrm{d}B = \frac{\mu_0}{4\pi}\int_L\frac{I\mathrm{d}l\sin\theta}{r^2}$$

式中，l、r、θ 均为变量，它们之间的关系可从图 8-10 中得出

$$l = -a\cot\theta, \quad \mathrm{d}l = a\csc^2\theta\mathrm{d}\theta$$

$$r = a\csc\theta$$

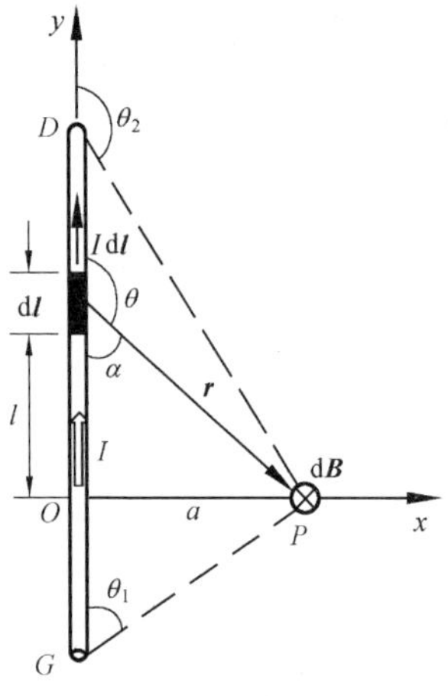

图 8-10　载流直导线的磁场

将 $\mathrm{d}l$ 和 r 的表达式代入前式，并考虑到电流元从始端到终端相对应的 θ 角分别为 θ_1 和 θ_2，所以有

$$\begin{aligned} B &= \frac{\mu_0}{4\pi}\int_{\theta_1}^{\theta_2} \frac{Ia\csc^2\theta\sin\theta\mathrm{d}\theta}{a^2\csc^2\theta} \\ &= \frac{\mu_0 I}{4\pi a}\int_{\theta_1}^{\theta_2} \sin\theta\mathrm{d}\theta \\ &= \frac{\mu_0 I}{4\pi a}(\cos\theta_1 - \cos\theta_2) \end{aligned} \tag{8-9}$$

(8-9)式为有限长载流直导线在其侧旁一点 P 的磁感应强度 $\boldsymbol{B}$ 的大小的表达式.

若点 P 到直导线的距离 a 和导线的长度 L 相比为很小，即 $a \ll L$，则导线可视为“无限长”，这时，$\theta_1 \to 0$、$\theta_2 \to \pi$，于是(8-9)式可化为

$$B = \frac{\mu_0 I}{2\pi a} \tag{8-10}$$

(8-10)式即为“无限长”载流直导线在其近旁产生的磁感应强度 $\boldsymbol{B}$ 的量值.

2. *载流圆线圈轴线上的磁场*

设在真空中有一个半径为 R 的载流圆线圈，通有强度为 I 的恒定电流，求其轴线上到圆心 O 距离为 x 的点 P 处的磁感应强度 $\boldsymbol{B}$.

在通电圆线圈上任取一电流元 $I\mathrm{d}\boldsymbol{l}$，设其到点 P 的径矢为 $\boldsymbol{r}$，显然 $I\mathrm{d}\boldsymbol{l}$ 与 $\boldsymbol{r}$ 的夹角 $\theta = \frac{\pi}{2}$. 由毕奥-萨伐尔定律可知，电流元 $I\mathrm{d}\boldsymbol{l}$ 在点 P 处产生的磁感应强度 $\mathrm{d}\boldsymbol{B}$ 的大小是

$$\mathrm{d}B = \frac{\mu_0}{4\pi}\frac{I\mathrm{d}l\sin\theta}{r^2} = \frac{\mu_0}{4\pi}\frac{I\mathrm{d}l}{r^2}$$

$\mathrm{d}\boldsymbol{B}$ 的方向沿 $I\mathrm{d}\boldsymbol{l} \times \boldsymbol{r}$ 的方向，如图 8-11 所示. 显然，线圈上各电流元在点 P 所产生的磁感应强度的方向是不相同的. 因此，必须把 $\mathrm{d}\boldsymbol{B}$ 分解成两个分量：垂直于轴线的分量 $\mathrm{d}B_\perp = \mathrm{d}B\cos\phi$ 和平行于轴线的分量 $\mathrm{d}B_{/\!/} = \mathrm{d}B\sin\phi$. 由于对称关系，$\mathrm{d}B_\perp$ 互相抵消，因此整个载流圆线圈在点 P 产生的磁感应强度 $\boldsymbol{B}$ 沿轴线方向. 其大小为

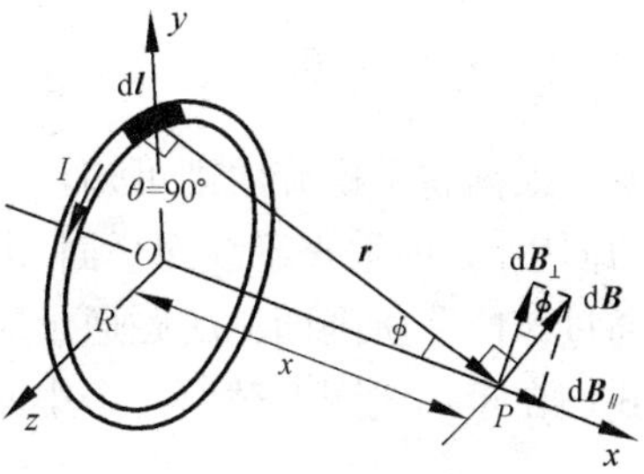

图 8-11　载流圆线圈轴线上的磁场

$$B = \int \mathrm{d}B_{/\!/} = \int \sin\phi\mathrm{d}B$$

上式中 $\sin\phi=\frac{R}{r}=\frac{R}{\sqrt{x^2+R^2}}$，于是有

$$B=\frac{\mu_0}{4\pi}\int_L \frac{R}{\sqrt{x^2+R^2}}\frac{I\mathrm{d}l}{r^2}$$

$$=\frac{\mu_0 I}{4\pi}\frac{R}{(x^2+R^2)^{3/2}}\int_0^{2\pi R}\mathrm{d}l$$

$$=\frac{\mu_0 I}{2}\frac{R^2}{(R^2+x^2)^{3/2}} \tag{8-11}$$

B 的方向垂直于载流圆线圈的平面，并与线圈电流呈右手螺旋关系.

在圆心 O 点，即 $x=0$ 处，有

$$B=\frac{\mu_0 I}{2R} \tag{8-12}$$

B 的方向垂直于圆线圈平面.

例 8-1 在真空中有一"无限长"载流直导线，电流强度为 I，其旁有一矩形回路与直导线共面，如图 8-12 所示，设线圈的长为 l，宽为 $b-a$，线圈到导线的距离为 a，求通过该回路所围面积的磁通量.

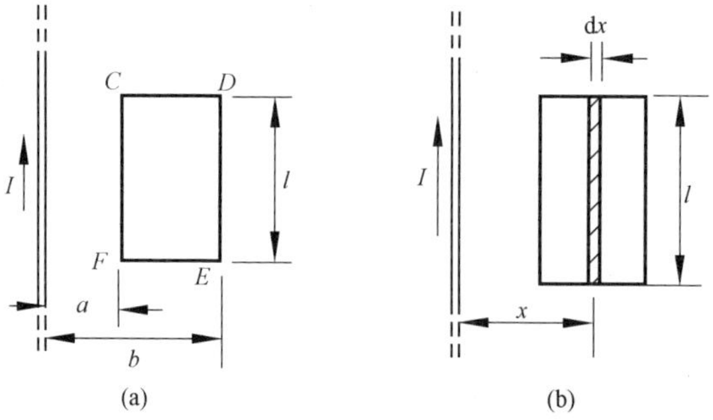

图 8-12 例 8-1 图

解 根据右手螺旋法则可知，长直导线在矩形线圈所在处的磁场方向是垂直于纸面向里的，即垂直于线圈平面. 由于长直导线所激发的磁场是不均匀的，因而计算通过该回路所围面积的磁通量应使用积分.

我们在矩形线圈上截取一个小面积元 d**S**，其宽度为 dx，面积为 d$S=l$dx，设其到长直导线的距离为 x. 长直导线在面元 d**S** 所在处的磁感应强度为 $B=\frac{\mu_0 I}{2\pi x}$，则通过面元 d**S** 的磁通量为

$$\mathrm{d}\Phi_{\mathrm{m}}=\boldsymbol{B}\cdot\mathrm{d}\boldsymbol{S}=B\mathrm{d}S=\frac{\mu_0 I}{2\pi x}l\,\mathrm{d}x$$

通过整个线圈平面的磁通量为

$$\Phi_m = \int d\Phi_m = \int_a^b \frac{\mu_0 Il}{2\pi x}dx = \frac{\mu_0 Il}{2\pi}\ln\frac{b}{a}$$

8-5 安培环路定理

为了进一步研究电流磁场的特性，下面我们将讨论和电流磁场的性质有密切联系的安培环路定理，它反映了通电导线与它所激发的磁场之间的内在联系.

一、安培环路定理

我们通过一个具体例子来引入安培环路定理. 在真空中的载流长直导线所产生的磁场中，取一个与导线垂直的平面，两者交于 O 点. 以 O 点为圆心，以 R 为半径作一圆周 L. 根据长直导线的磁场分布可知，圆周上任一点的磁感应强度的大小均为

$$B=\frac{\mu_0 I}{2\pi R}$$

其方向沿环形回路的切线方向. 取 L 的绕行方向为图 8-13中所示的方向，则 $\boldsymbol{B}$ 与线元 $d\boldsymbol{l}$ 的方向始终相同，其夹角 $\theta=0°$，$\boldsymbol{B}$ 沿环形回路的积分为

$$\begin{aligned}\oint_L \boldsymbol{B}\cdot d\boldsymbol{l} &= \oint_L B\cos\theta dl = \oint_L B dl \\ &= \oint_L \frac{\mu_0 I}{2\pi R}dl = \frac{\mu_0 I}{2\pi R}\oint_L dl \\ &= \frac{\mu_0 I}{2\pi R}\cdot 2\pi R = \mu_0 I \qquad (8\text{-}13)\end{aligned}$$

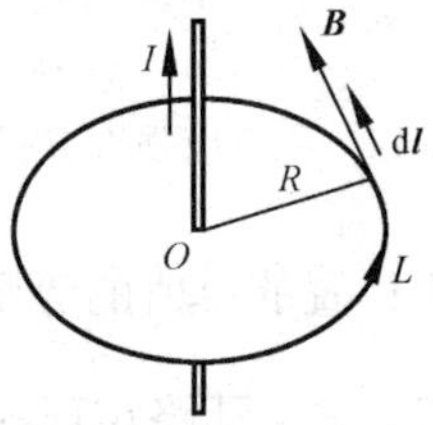

图 8-13 长直载流导线的磁场中 $\boldsymbol{B}$ 的环流

上式表明，$\oint_L \boldsymbol{B}\cdot d\boldsymbol{l}$ 等于包围在闭合回路 L 中的电流与真空磁导率 μ_0 的乘积. $\oint_L \boldsymbol{B}\cdot d\boldsymbol{l}$ 叫做磁感应强度 $\boldsymbol{B}$ 的环流.

如果保持积分路径 L 的绕行方向不变，而改变上述电流的方向，由于 $\boldsymbol{B}$ 与 $d\boldsymbol{l}$ 始终反向，其夹角 $\theta=\pi$，故 $\boldsymbol{B}$ 沿 L 的环流为

$$\begin{aligned}\oint_L \boldsymbol{B}\cdot d\boldsymbol{l} &= \oint_L B\cos\theta dl = -\oint_L B dl \\ &= \frac{-\mu_0 I}{2\pi R}\oint_L dl = -\frac{\mu_0 I}{2\pi R}\cdot 2\pi R = -\mu_0 I \qquad (8\text{-}14)\end{aligned}$$

由以上两式可看出，当 I 的方向与环路 L 的取向呈右手螺旋关系时，该电流 I 为正；反之，电流 I 为负.

实验表明，(8-13)和(8-14)式反映了磁场和电流间的关系，不仅对“无限长”直电流的磁场成立，而且对任何形状的载流导线来说都成立，是描述磁场特性的一个普遍规律. 还应该指出，当电流未穿过闭合回路 L 时，曲线 L 上各点的磁感应强

度 $\boldsymbol{B}$ 不为零，但 $\boldsymbol{B}$ 沿 L 的环流为零.

在一般情况下，若有 n 根电流为 $I_i(i=1,2,\cdots,n)$ 的载流导线穿过闭合回路 L，则由上面的推导，并根据磁场叠加原理，可得出 $\boldsymbol{B}$ 沿该闭合路径的环流为

$$\oint_L \boldsymbol{B}\cdot \mathrm{d}\boldsymbol{l}=\mu_0\sum_{i=1}^{n}I_i \tag{8-15}$$

(8-15)式就是真空中的安培环路定理. 它指出：在电流周围的磁场中，磁感应强度 $\boldsymbol{B}$ 沿任意闭合路径的环流等于通过该闭合路径内的电流强度的代数和与真空磁导率 μ_0 的乘积，而与未穿过该回路的电流无关.

应该强调的是，未穿过闭合回路的电流虽对磁感应强度 $\boldsymbol{B}$ 沿该回路的环流无贡献，但这些电流对路径上各点磁感应强度有贡献.

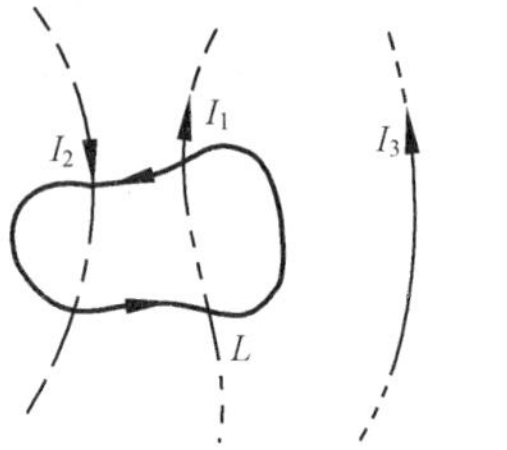

图 8-14　磁感应强度 $\boldsymbol{B}$ 的环流

在图 8-14 中，电流 I_1、I_2 穿过闭合路径 L，由右手螺旋法则可判断出：I_1 取正值，I_2 取负值. 而 I_3 并未穿过回路，所以对 $\boldsymbol{B}$ 的环流无贡献. 于是 $\boldsymbol{B}$ 沿该闭合路径的环流为

$$\oint_L \boldsymbol{B}\cdot \mathrm{d}\boldsymbol{l}=\mu_0(I_1-I_2)$$

安培环路定理表征了电流磁场的磁感应线是无始点也无终点的闭合曲线，因而磁场具有涡旋特征. 又因为 $\boldsymbol{B}$ 的环流不总是零，因此不能引进仅依赖于位置的单值的势函数，所以稳恒磁场是无势场，这种场也称为涡旋场.

二、安培环路定理的应用

利用安培环路定理可以方便地计算出某些具有一定对称性的载流导线的磁场分布.

1. 长直螺线管内的磁场

设长直密绕螺线管单位长度上的匝数为 n，通过的电流强度为 I. 如图 8-15 所示，螺线管内的磁感应强度 $\boldsymbol{B}$ 的方向与管轴平行，且大小相等. 我们在管内任取一点 P，并通过点 P 作一闭合曲线 L，其中 ab 部分沿磁场方向. 于是，$\boldsymbol{B}$ 沿闭合路径 L 的环流为

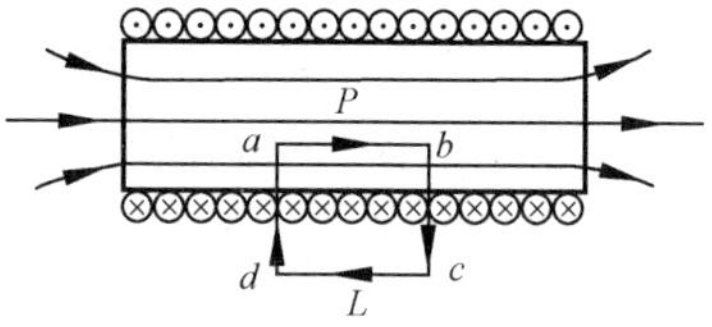

图 8-15　长直密绕载流螺线管内的磁场

$$\oint_L \boldsymbol{B}\cdot \mathrm{d}\boldsymbol{l}=\int_a^b \boldsymbol{B}\cdot \mathrm{d}\boldsymbol{l}+\int_b^c \boldsymbol{B}\cdot \mathrm{d}\boldsymbol{l}+\int_c^d \boldsymbol{B}\cdot \mathrm{d}\boldsymbol{l}+\int_d^a \boldsymbol{B}\cdot \mathrm{d}\boldsymbol{l}$$

由于螺线管外贴近管壁处的磁感应强度为零，所以 $\int_c^d \boldsymbol{B}\cdot \mathrm{d}\boldsymbol{l}=0$. 而积分 $\int_b^c \boldsymbol{B}\cdot \mathrm{d}\boldsymbol{l}$ 和 $\int_d^a \boldsymbol{B}\cdot \mathrm{d}\boldsymbol{l}$ 则因为其路径的一部分在螺管外 $\boldsymbol{B}=0$，另一部分在螺线管内，但由于 $\boldsymbol{B}$ 垂直于 $\mathrm{d}\boldsymbol{l}$，因而 $\boldsymbol{B}\cdot \mathrm{d}\boldsymbol{l}=0$，于是

$$\int_b^c \boldsymbol{B} \cdot \mathrm{d}\boldsymbol{l} = \int_d^a \boldsymbol{B} \cdot \mathrm{d}\boldsymbol{l} = 0$$

从而得到

$$\oint_L \boldsymbol{B} \cdot \mathrm{d}\boldsymbol{l} = \int_a^b \boldsymbol{B} \cdot \mathrm{d}\boldsymbol{l} = \int_a^b B\mathrm{d}l = B\int_a^b \mathrm{d}l = B\overline{ab}$$

积分回路 L 中包围的电流为 $n\,\overline{ab}I$，由安培环路定理得

$$\oint_L \boldsymbol{B} \cdot \mathrm{d}\boldsymbol{l} = B\overline{ab} = \mu_0 n\,\overline{ab}I$$

$$B = \mu_0 nI$$

2. 环形螺线管内的磁场

图 8-16 表示一个环形螺线管(又称螺绕环)，设其总匝数为 N，螺线管中通有强度为 I 的电流.如果螺线管上的线圈很密，则磁场几乎全部集中于管内，环外磁场可以忽略不计.由于环形螺线管内的磁场分布具有对称性，所以管内的磁感应线都是同心圆.在同一条磁感应线上，磁感应强度的数值相等，方向沿环形磁感应线的切线方向.

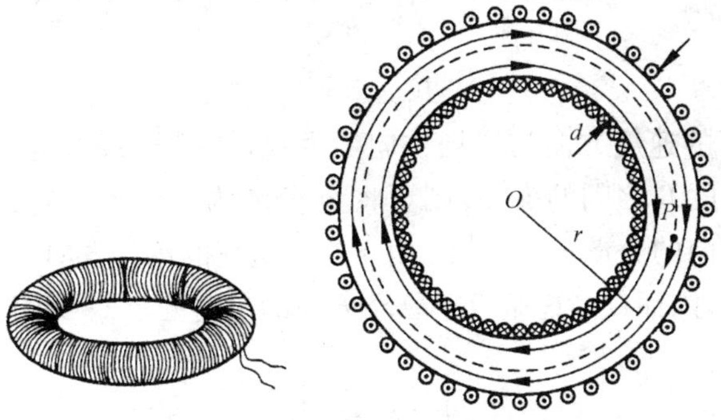

(a) 螺绕环　　(b) 螺绕环内的磁场

图 8-16　环形密绕载流螺线管内的磁场

现计算环内某点 P 的磁感应强度.设点 P 到圆环中心 O 的距离是 r，以 r 作半径的圆周为积分回路 L，由于回路 L 上各点的磁感应强度的方向与 L 的取向相切，且各点的 $\boldsymbol{B}$ 大小相等，根据安培环路定理有

$$\oint_L \boldsymbol{B} \cdot \mathrm{d}\boldsymbol{l} = \oint_L B\mathrm{d}l = B\oint_L \mathrm{d}l = 2\pi rB = \mu_0 NI$$

故环内任意一点 P 的磁感应强度为

$$B = \frac{\mu_0 NI}{2\pi r} \tag{8-16}$$

上式结果表明，环形螺线管的横截面上各点处的磁感应强度 $\boldsymbol{B}$ 的量值不是恒量，与该点到螺线管圆环中心 O 的距离成反比.当环形螺线管的横截面积很小时，即当环的平均半径 R 远远大于 d 时，螺线管内各点的磁感应强度 $\boldsymbol{B}$ 的量值可以近似

地看作都是相等的，则(8-16)式可表示为

$$B=\frac{\mu_0 NI}{2\pi R}=\mu_0 nI$$

式中，$n=\frac{N}{2\pi R}$，称为环形螺线管单位长度上的匝数. 这时环形螺线管内部的磁感应强度表达式与无限长螺线管的表达式完全相同，其方向与电流方向呈右手螺旋关系.

8-6 磁场对运动电荷的作用

一、洛伦兹力

我们从磁感应强度 $\boldsymbol{B}$ 的定义出发，就可以确定磁场对运动电荷的作用力的大小和方向，从而进一步讨论带电粒子在磁场中的运动，这个问题在近代物理学的许多方面有着重要意义.

由(8-1)式可知，当运动电荷的运动方向与磁场方向垂直时，运动电荷所受磁场力的大小为

$$F_{\max}=qvB$$

若运动电荷的速度方向与磁场方向不垂直，如图 8-17 所示，θ 为运动电荷速度 $\boldsymbol{v}$ 与磁感应强度 $\boldsymbol{B}$ 之间的夹角，则可将 $\boldsymbol{v}$ 分解为沿磁场方向的分量 $v_y=v\cos\theta$ 和垂直于磁场方向的分量 $v_x=v\sin\theta$. 由于运动电荷的运动方向与磁场方向一致时不受磁场力作用，因而仅考虑垂直于磁场方向的速度分量 v_x 即可. 于是，运动电荷所受磁场力为

$$F = Bqv\sin\theta \tag{8-17}$$

$\boldsymbol{F}$ 的方向垂直于 $\boldsymbol{v}$ 和 $\boldsymbol{B}$ 所构成的平面，且与 $\boldsymbol{v}$ 和 $\boldsymbol{B}$ 的方向遵从右手螺旋法则，如图 8-17 所示. 于是(8-17)式可表示为矢量式

$$\boldsymbol{F} = q\boldsymbol{v}\times\boldsymbol{B} \tag{8-18}$$

$\boldsymbol{F}$ 称为洛伦兹力. 应该说明，对于带正电的运动电荷，其受力方向沿 $\boldsymbol{v}\times\boldsymbol{B}$ 的方向；而对于带负电的运动电荷，其受力方向与正电荷的受力方向相反.

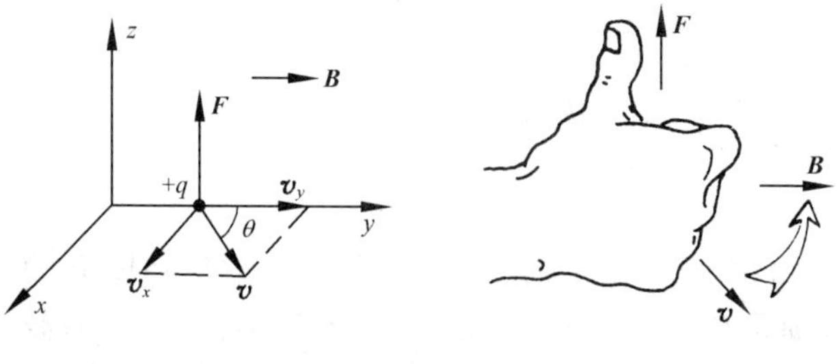

图 8-17 洛伦兹力

由于运动电荷在磁场中所受洛伦兹力的方向总是和运动电荷的运动方向垂直，所以，洛伦兹力不会对运动电荷做功，洛伦兹力只能改变运动电荷的运动方向，而不改变运动速度的大小.

二、运动电荷在均匀磁场中的运动

为简单起见，我们首先讨论运动电荷在均匀磁场中运动的初速度方向与磁场方向垂直的情况. 如图 8-18 所示，磁感应强度 $\boldsymbol{B}$ 的方向垂直于纸面向里，粒子的运动速度 $\boldsymbol{v}$ 的方向垂直于 $\boldsymbol{B}$ 在纸面上，因为洛伦兹力 $\boldsymbol{F}$ 总是垂直于运动电荷的速度 $\boldsymbol{v}$，因而它仅改变 $\boldsymbol{v}$ 的方向，不改变其大小，于是运动电荷的运动轨迹将限定在垂直于 $\boldsymbol{B}$ 的平面内. 这时洛伦兹力的大小为 $F=qvB$，且始终指向圆心. 由于 q、v 和 B 的大小均为恒定的，因而粒子的运动轨迹是一个圆周. 根据牛顿第二定律

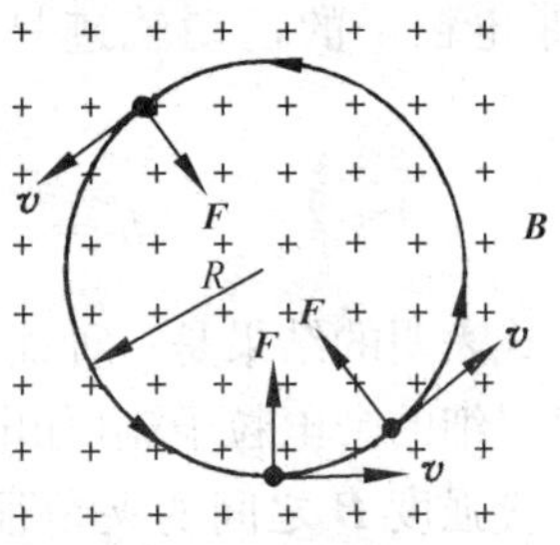

图 8-18 带电粒子在均匀磁场中的运动

$$qvB=m\frac{v^2}{R}$$

得到带电粒子做匀速圆周运动的轨道半径为

$$R=\frac{mv}{qB} \tag{8-19}$$

带电粒子沿圆形轨道绕行一周所需的时间称为周期

$$T=\frac{2\pi R}{v}=\frac{2\pi m}{qB} \tag{8-20}$$

带电粒子在单位时间内绕行的圈数称为频率

$$\nu=\frac{1}{T}=\frac{qB}{2\pi m} \tag{8-21}$$

(8-20)和(8-21)式表明，带电粒子在磁场中运动的周期和频率与粒子运动的速度及轨道半径都无关. 这是一个很重要的结论，它是制造回旋加速器的基本理论依据.

一般情况下，当带电粒子的速度方向与磁场方向不垂直时，如图 8-19 所示，设 $\boldsymbol{v}$ 与 $\boldsymbol{B}$ 之间的夹角为 θ，则可将 $\boldsymbol{v}$ 分解为垂直于 $\boldsymbol{B}$ 的分量 $v_{\perp}=v\sin\theta$ 和平行于 $\boldsymbol{B}$ 的分量 $v_{/\!/}=v\cos\theta$. 若只有 $v_{\perp}$ 分量，带电粒子将做圆周运动，圆周的半径为

$$R=\frac{mv_{\perp}}{qB}=\frac{mv\sin\theta}{qB} \tag{8-22}$$

若只有 $v_{/\!/}$ 分量，由于粒子沿 $\boldsymbol{B}$ 方向运动时不受力，因此粒子将做匀速直线运动. 在两个速度分量同时存在的情况下，粒子的运动将是上述两种运动叠加的结果. 由此

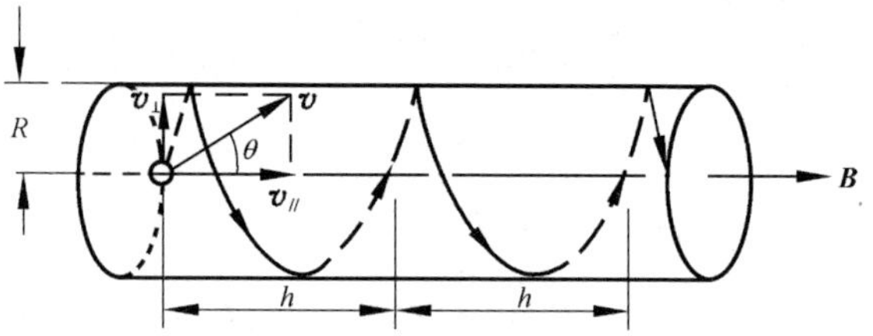

图 8-19　带电粒子在均匀磁场中的螺旋线运动

得到,带电粒子的运动轨迹是一条螺旋线,粒子回旋一周所前进的路程称为螺距,则

$$h = v_{/\!/} T = \frac{2\pi m v_{/\!/}}{qB} = \frac{2\pi m v \cos\theta}{qB} \tag{8-23}$$

(8-23)式表明的结果是一种简单的磁聚焦原理. 我们设想从磁场中的某点 A 发射出一束很细的带电粒子流(如电子流或质子流),各粒子的速率 v 差不多相等,而且与磁感应强度 $\boldsymbol{B}$ 之间的夹角很小. 于是有 $v_{/\!/} = v\cos\theta \approx v$, $v_\perp = v\sin\theta \approx v\theta$. 由于各粒子的 $v_\perp$ 各不相同,在磁场的作用下,将沿半径不同的螺旋曲线前进. 但由于各粒子的 $v_{/\!/}$ 近似相等,所以它们经过相同的螺距后又重新汇聚于 A' 点,如图 8-20 所示. 这与光束经过透镜聚焦的现象很相似,所以叫做磁聚焦现象. 磁聚焦的原理在许多电真空器件(如电子显微镜)中被广泛地应用.

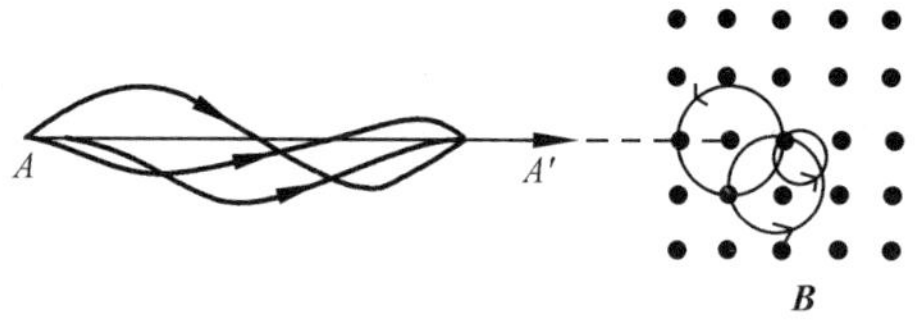

图 8-20　均匀磁场的磁聚焦

三、回旋加速器

回旋加速器是一种加速带电粒子的仪器. 其基本原理就是使带电粒子在电场和磁场的作用下,往复加速达到高速运动,人们用这种高速带电粒子去轰击原子核或撞击其他粒子,观察其中的反应,从而研究原子核与基本粒子的特性. 现代加速器在研究核反应、制造同位素等方面具有重要的作用. 下面着重介绍回旋加速器的基本原理.

如图 8-21(a)所示,回旋加速器的核心部分是两个半圆形(或称 D 形)的金属扁盒 A 和 B,它们之间留有一条窄缝. 现将金属扁盒 A、B 分别接到高频交变电源的两极上,于是在两扁盒 A 和 B 的缝隙之间产生一个交变电场. 再将整个装置放在巨大的电磁铁的两磁极之间,这个磁场的方向垂直于金属扁盒的底面. 带电粒子(如质子、α 粒子、氘核等)被引至两盒间缝隙中央的点 P 处,如图 8-21(b)所示. 设想当 B 盒处于正电势的瞬时,一个正的带电粒子从点 P 出发,在电极的缝隙中被加速进入 A 盒. 由于盒是用金属做成的,对电场有屏蔽作用,所以盒中没有电场,

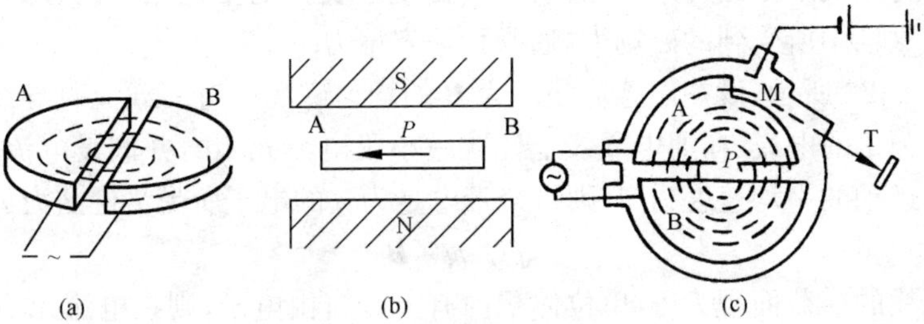

图 8-21　回旋加速器原理图

粒子在盒中速度的大小保持不变.但磁场不被金属盒所屏蔽,所以粒子受到垂直方向的磁场的作用,在 A 盒内做匀速圆周运动,由(8-19)式可知,圆周的半径为

$$R=\frac{mv}{qB}$$

当带电粒子在 A 盒内转过半个圆周再次运动到电极的缝隙处时,电极的极性恰好反转过来,于是粒子再一次被缝隙间的电场加速进入 B 盒,在 B 盒内同样做圆周运动,然后再经过缝隙加速进入 A 盒,如此继续下去,粒子每经过缝隙一次就得到一次加速.因为带电粒子在磁场中做圆周运动的周期与运动速度无关,所以粒子在 A、B 两个半盒中的运动时间是相同的.由(8-20)式得到,粒子运动半周的时间为

$$\tau=\frac{T}{2}=\frac{\pi m}{qB} \tag{8-24}$$

尽管粒子的速率与回旋半径一次比一次增大,但由于其回旋周期不变,因而只需在两电极上加一固定频率的交变电压,就可以保证粒子每次经过缝隙处时都受到电场力的作用而被加速.当经过多次加速,粒子达到了预期的速度时,再用致偏电极 M 将粒子引出,如图 8-21(c)所示.如果粒子被引出盒外前的最后一圈的半径为 R,则粒子在被引出时的速度是

$$v=\frac{q}{m}BR$$

于是粒子的动能为

$$E_{\mathrm{k}}=\frac{1}{2}mv^2=\frac{q^2B^2R^2}{2m}$$

8-7　磁场对电流的作用

一、安培定律

8-6 节中介绍了磁场中的运动电荷要受到洛伦兹力的作用.金属导体中的电流是自由电子的宏观定向移动形成的,在磁场中的通电导体中做定向移动的自由

电子也必将受到洛伦兹力的作用.所有自由电子受到的洛伦兹力的合力就是该载流导线在磁场中所受到的磁场力,通常称为安培力.

如图 8-22 所示,设在磁感应强度为 $\boldsymbol{B}$ 的均匀磁场中有一载流直导线,导线中通有强度为 I 的电流.在通电导线上任取一小段电流元 $I\mathrm{d}\boldsymbol{l}$,并假设电流元内自由电子定向运动的平均速度为 $\boldsymbol{v}$,则每个带电量为 q 的电子所受洛伦兹力为

$$\boldsymbol{f}=q\boldsymbol{v}\times\boldsymbol{B}$$

设载流导线的横截面积为 S,单位体积内有 n 个自由电子,则在电流元 $I\mathrm{d}\boldsymbol{l}$ 中共有自由电子数 $\mathrm{d}N=n\cdot S\mathrm{d}l$.因为 $\mathrm{d}N$ 个自由电子的速度大小和方向均相同,每个自由电子所受到的洛伦兹力的大小和方向也相同,于是电流元中 $\mathrm{d}N$ 个自由电子所受的洛伦兹力的叠加就是电流元 $I\mathrm{d}\boldsymbol{l}$ 所受的安培力,即

$$\mathrm{d}\boldsymbol{F}=\mathrm{d}N(q\boldsymbol{v}\times\boldsymbol{B})=nS\mathrm{d}l(q\boldsymbol{v}\times\boldsymbol{B})$$

由 $I\mathrm{d}\boldsymbol{l}=nqS\mathrm{d}l\boldsymbol{v}$,上式可表示为

$$\mathrm{d}\boldsymbol{F}=I\mathrm{d}\boldsymbol{l}\times\boldsymbol{B} \tag{8-25}$$

如果 $I\mathrm{d}\boldsymbol{l}$ 与 $\boldsymbol{B}$ 之间的夹角用 φ 表示,则 $\mathrm{d}\boldsymbol{F}$ 的大小为

$$\mathrm{d}F=IB\sin\varphi\,\mathrm{d}l \tag{8-26}$$

它的方向垂直于 $I\mathrm{d}\boldsymbol{l}$ 与 $\boldsymbol{B}$ 所构成的平面,并与 $I\mathrm{d}\boldsymbol{l}$ 和 $\boldsymbol{B}$ 呈右手螺旋关系.(8-25)式所表达的规律叫做安培定律.

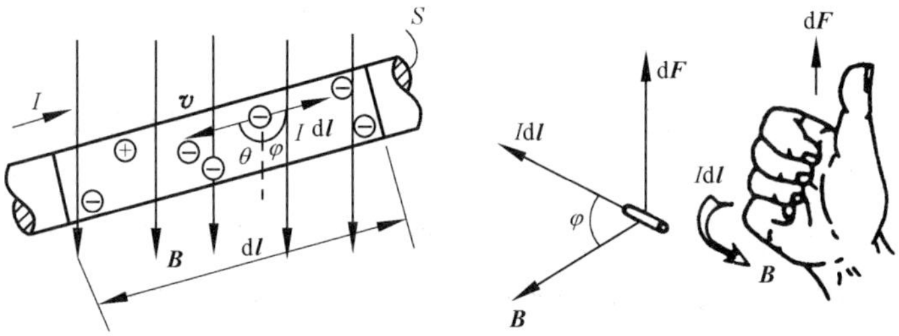

图 8-22 磁场对电流元的作用

对于有限长载流导线,它所受的安培力等于各电流元所受安培力的叠加,即

$$\boldsymbol{F}=\int\mathrm{d}\boldsymbol{F}=\int_l I\mathrm{d}\boldsymbol{l}\times\boldsymbol{B} \tag{8-27}$$

二、安培定律的应用

例 8-2 设在磁感应强度为 $\boldsymbol{B}$ 的均匀磁场中,有一根长为 l 的载流直导线,其电流为 I,导线与磁场的夹角为 θ,如图 8-23 所示.求导线所受安培力的大小和方向.

解 在载流直导线上任取一电流元 $I\mathrm{d}\boldsymbol{l}$,它与 $\boldsymbol{B}$ 的夹角为 θ,由右手螺旋法则可判断出 $\mathrm{d}\boldsymbol{F}$ 的方向垂直于纸面向里.于是电流元 $I\mathrm{d}\boldsymbol{l}$ 所受安培力 $\mathrm{d}\boldsymbol{F}$ 的大小为

$$\mathrm{d}F=IB\sin\theta\mathrm{d}l$$

由于直导线上每一电流元与 $\boldsymbol{B}$ 之间的夹角均为 θ，且所受安培力的方向均相同，于是矢量积分转化为标量积分，从而得到载流直导线在均匀磁场中所受安培力的大小为

$$F=\int \mathrm{d}F=\int_0^l IB\sin\theta \mathrm{d}l=IB\sin\theta\int_0^l \mathrm{d}l=IBl\sin\theta \tag{8-28}$$

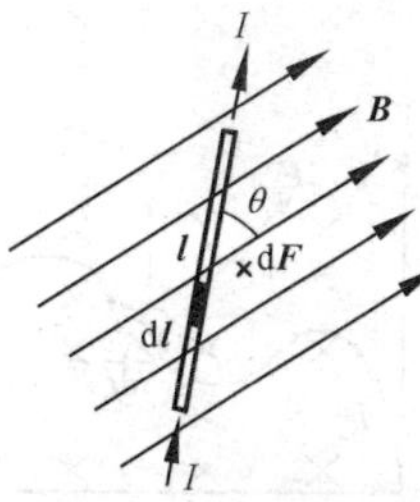

图 8-23 例 8-2

由式(8-28)可以看出，当直导线的电流方向与磁场方向平行($\theta=0$ 或 $\theta=\pi$)时，载流直导线所受的安培力为零；当电流方向与磁场方向垂直$\left(\theta=\dfrac{\pi}{2}\right)$时，载流直导线所受安培力最大，其值为 $F_{\max}=IBl$.

例 8-3 如图 8-24 所示，载流长直导线 l_1 通有电流 I_1，另一载流直导线 l_2 与 l_1 共面且正交，l_2 上通有电流 I_2，l_2 的左端与 l_1 相距为 a，求导线 l_2 所受的安培力.

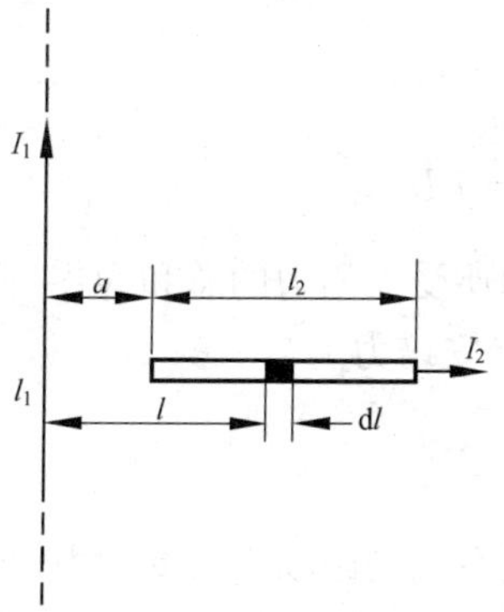

图 8-24 例 8-3 图

解 长直载流导线 l_1 所产生的磁感应强度 $\boldsymbol{B}$ 在 l_2 处的方向虽都是垂直于纸面向里的，但它的大小却是沿 l_2 逐点不同的，因而不能直接使用(8-28)式的结果，要计算 l_2 所受的力，先在 l_2 上任取一小电流元 $I_2\mathrm{d}\boldsymbol{l}$，设其距 l_1 为 l. 在电流元 $I_2\mathrm{d}\boldsymbol{l}$ 的微小范围内，$\boldsymbol{B}$ 可看作恒量，其大小为 $B=\dfrac{\mu_0 I_1}{2\pi l}$，则电流元 $I_2\mathrm{d}\boldsymbol{l}$ 所受安培力的大小为

$$\mathrm{d}F=BI_2\mathrm{d}l\sin\frac{\pi}{2}=\frac{\mu_0 I_1}{2\pi l}I_2\mathrm{d}l$$

由矢量积 $I_2\mathrm{d}\boldsymbol{l}\times\boldsymbol{B}$ 可判断出，电流元 $I_2\mathrm{d}l$ 的受力方向垂直于 l_2 向上. 由于 l_2 上任一电流元受力的方向均相同，所以 l_2 受的力 $\boldsymbol{F}$ 是各电流元受力大小之和，即

$$\begin{aligned}F&=\int \mathrm{d}F=\int_a^{a+l_2}\frac{\mu_0 I_1 I_2}{2\pi l}\mathrm{d}l\\&=\frac{\mu_0 I_1 I_2}{2\pi}\int_a^{a+l_2}\frac{\mathrm{d}l}{l}\\&=\frac{\mu_0 I_1 I_2}{2\pi}\ln\frac{a+l_2}{a}\end{aligned} \tag{8-29}$$

$\boldsymbol{F}$ 的方向垂直于 l_2 向上.

例 8-4 设在磁感应强度为 $\boldsymbol{B}$ 的均匀磁场中，有一平面不规则的载流导线垂直于磁场平面放置，其电流为 I，如图 8-25 所示. 求该导线所受安培力的大小和方向.

解 在载流导线所在平面建立如图所示的直角坐标系 Oxy. 在不规则载流导线上任取一电流元 $I\mathrm{d}\boldsymbol{l}$，根据(8-25)式可知，作用在此电流元 $I\mathrm{d}\boldsymbol{l}$ 上的安培力为 $\mathrm{d}\boldsymbol{F}$，即

$$\mathrm{d}\boldsymbol{F}=I\mathrm{d}\boldsymbol{l}\times\boldsymbol{B}$$

由右手螺旋法则可判断出 $\mathrm{d}\boldsymbol{F}$ 的方向(图 8-25)，$\mathrm{d}\boldsymbol{F}$ 的大小为

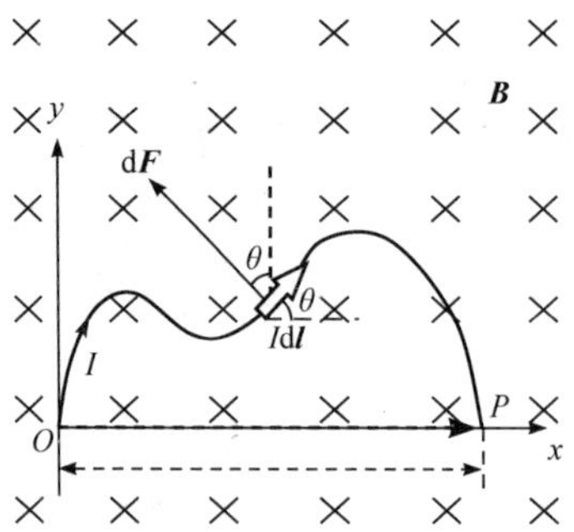

图 8-25　例 8-4 图

$$dF = BIdl$$

考虑到载流导线上各电流元所受的安培力均在 xy 平面内，故可将载流导线上各个电流元所受的力分解成水平和竖直两个分量 dF_x 和 dF_y，则

$$dF_x = dF\sin\theta = BIdl\sin\theta$$

$$dF_y = dF\cos\theta = BIdl\cos\theta$$

式中，θ 为 $d\boldsymbol{F}$ 与 Oy 轴之间的夹角. 从图中可以看出，$dy = dl\sin\theta$，$dx = dl\cos\theta$，于是上式可写成

$$dF_x = BIdy$$

$$dF_y = BIdx$$

从图中可以看出，x 和 y 的上、下限分别是：在载流导线的一端点 O 处为(0,0)，在载流导线的另一端点 P 处为$(l,0)$. 于是，对上式积分，载流导线上所有电流元沿 Ox 轴和 Oy 轴方向受力的总和分别为

$$F_x = \int dF_x = BI\int_0^0 dy = 0$$

$$F_y = \int dF_y = BI\int_0^l dx = BIl$$

可以看出，载流导线上所有电流元沿 x 轴方向所受安培力的总和为零，而沿 y 轴方向所有的分力均竖直向上. 于是载流导线所受安培力为

$$\boldsymbol{F} = BIl\boldsymbol{j}$$

$\boldsymbol{F}$ 的方向沿 y 轴正向.

从上述计算结果可以看出，任意平面载流导线在均匀磁场中所受的力，与其始点和终点相同的载流直导线(如图中 OP 直导线，电流 I 从 O 点流向 P 点)所受的磁场力相同.

例 8-5　如图 8-26 所示是一根中间部分被弯成半径为 R 的半圆形的载流导线，它的两端各有一段长度为 l 的直线部分. 导线上通有强度为 I 的电流，导线放在磁感应强度为 $\boldsymbol{B}$ 的均匀磁场中，$\boldsymbol{B}$ 的方向垂直于纸面向里. 求作用在载流导线上的安培力的大小和方向.

解　由于半圆形载流导线两侧的载流直导线的电流方向与磁场方向垂直，根据关系(8-28)式，两段直导线所受安培力的大小为

$$F_1 = F_2 = IBl$$

方向垂直于导线和磁场的方向向上. 为计算中间部分为半圆形导线所受安培力，在其上取一小段电流元 $Id\boldsymbol{l}$，由图 8-26 中可看出，$Id\boldsymbol{l}$ 的方向与磁场方向垂直，考虑到 $dl = Rd\alpha$，其所受安培力的大小为

$$dF = IBdl = IBRd\alpha$$

由于半圆形载流导线上每一电流元受力 $d\boldsymbol{F}$ 的大小都相同，但各 $d\boldsymbol{F}$ 的方向不同，因此须将 $d\boldsymbol{F}$ 分解为沿 x 轴和沿 y 轴的分量. 根据半圆弧的对称性可知，其上每一

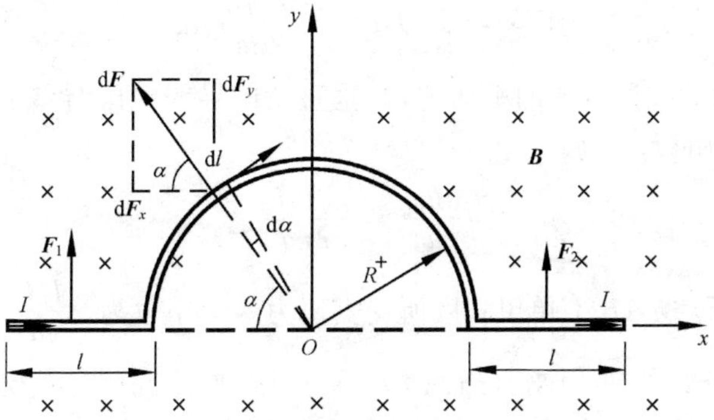

图 8-26　例 8-5 图

电流元所受安培力 d$\boldsymbol{F}$ 在 x 轴方向分量的和为零. 因而半圆形载流导线所受安培力方向为 y 轴方向，其大小为

$$F_3 = F_y = \int \mathrm{d}F_y = \int \sin\alpha \mathrm{d}F$$

$$= \int_0^{\pi} IBR\sin\alpha \mathrm{d}\alpha = IBR[-\cos\alpha]_0^{\pi}$$

$$= 2IBR$$

$\boldsymbol{F}$ 的方向沿 y 轴正方向，即竖直向上. 于是，作用在整个载流导线上的合力为

$$F = F_1 + F_2 + F_3 = 2IBl + 2IBR = 2IB(l+R) \tag{8-30}$$

从上式的结果可以看出，对于半径为 R 的半圆形载流导线，当导线平面与磁场方向垂直时，它在均匀磁场中所受的安培力与一段长为 $2R$，通有相同电流，且与磁场垂直的直导线在均匀磁场中所受的安培力大小相同，均为 $2IBR$.

三、平行电流的相互作用，电流单位“安培”的定义

在本章的开始，我们曾介绍过平行载流直导线之间存在着相互作用，下面对这种现象作出定量的分析，并引入电流强度单位“安培”的定义.

设在真空中，有两条平行的长直载流导线，电流强度分别是 I_1 和 I_2，电流间的距离为 a，如图 8-27 所示. 两导线电流方向相同. 现计算这两条平行载流直导线间的相互作用力.

首先计算载流导线 CD 所受的力. 在导线 CD 上任取一电流元 $I_2\mathrm{d}\boldsymbol{l}_2$，长直导线 AB 在 $I_2\mathrm{d}\boldsymbol{l}_2$ 所在处产生的磁感应强度 $\boldsymbol{B}_{12}$ 的大小为

$$B_{12} = \frac{\mu_0 I_1}{2\pi a}$$

其方向与导线 CD 垂直. 根据安培定律，电流元 $I_2\mathrm{d}\boldsymbol{l}_2$ 所受磁场力 d$\boldsymbol{F}_{21}$ 的大小为

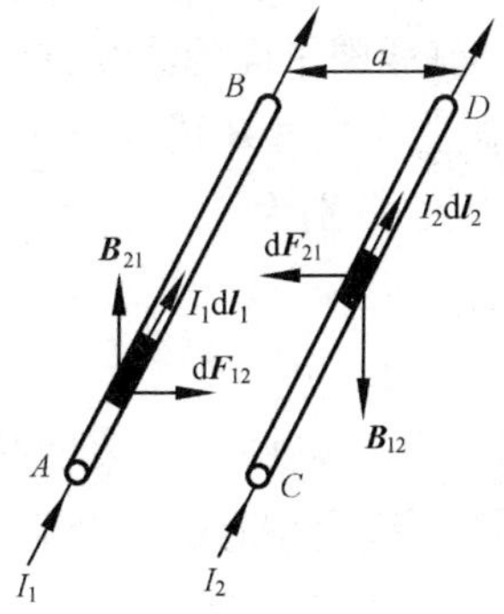

图 8-27　两平行载流直导线间的相互作用力

$$dF_{21} = B_{12} I_2 dl_2 = \frac{\mu_0 I_1}{2\pi a} I_2 dl_2$$

$d\boldsymbol{F}_{21}$的方向在两导线所构成的平面内，并垂直指向导线 AB. 导线 CD 上每单位长度所受的安培力的大小为

$$\frac{dF_{21}}{dl_2} = \frac{\mu_0 I_1 I_2}{2\pi a} \tag{8-31}$$

同理可得，载流导线 AB 上单位长度所受安培力的大小也为$\frac{\mu_0 I_1 I_2}{2\pi a}$. 其方向同样在两导线所构成的平面内，但垂直指向 CD. 这说明，两条同向平行电流是相互吸引的. 用同样的方法可以证明，两条反向平行电流将相互排斥.

在国际单位制中，电流强度的单位为“安培”，而“安培”这个基本单位的定义和测量正是以安培定律为依据的. “安培”的定义如下：当电流强度相等的两条“无限长”平行载流直导线在真空中相距 1m 时，如果每条导线每 1m 长度上所受的安培力为 2×10^{-7}N，每条导线上所通过的电流强度定义为 1A.

在国际单位制中，真空的磁导率 μ_0 是导出量，根据“安培”的定义，在(8-31)式中，令 $a=1$m，$I_1=I_2=1$A，$\frac{dF_{21}}{dl_2}=2\times10^{-7}\text{N}\cdot\text{m}^{-1}$，可以得到

$$\mu_0 = 4\pi\times10^{-7}\text{N}\cdot\text{A}^{-2}$$

8-8 磁场对平面载流线圈的作用

在 8-7 节讨论了磁场对载流导线的作用，本节将讨论磁场对载流线圈的作用.

一、均匀磁场对平面载流线圈的作用

为简化讨论，设平面载流线圈 $abcd$ 是矩形的，边长分别为 l_1 和 l_2，电流强度为 I，线圈置于磁感应强度为 $\boldsymbol{B}$ 的均匀磁场中，如图 8-28 所示. $\boldsymbol{n}$ 为沿线圈平面法线方向(线圈平面的法线方向与线圈内的电流方向呈右手螺旋关系)的单位矢量. $\boldsymbol{n}$ 与磁感应强度$\boldsymbol{B}$ 成任意角φ，根据安培定律，导线 bc 边和ad 边所受安培力$\boldsymbol{F}_1$ 和$\boldsymbol{F}_1'$的大小分别为

$$F_1 = BIl_1\sin\theta \tag{8-32}$$

$$F'_1 = BIl_1\sin(\pi-\theta) = BIl_1\sin\theta \tag{8-33}$$

这两个力的大小相等、方向相反，并且作用在一条直线上，因而彼此抵消. 导线 ab 边和cd 边与磁场垂直，它们所受安培力 $\boldsymbol{F}_2$ 和 $\boldsymbol{F}_2'$的大小分别是

$$F_2 = F'_2 = BIl_2 \tag{8-34}$$

即 $\boldsymbol{F}_2$ 和 $\boldsymbol{F}_2'$两力大小相等、方向相反，但它们不作用在一条直线上，因而产生一个力矩，这个力矩常称为磁力矩，其大小为

$$M = 2F_2\left(\frac{l_1}{2}\cos\theta\right) = BIl_2 l_1\cos\left(\frac{\pi}{2}-\varphi\right)$$

$$= BIl_1 l_2\sin\varphi = BIS\sin\varphi \tag{8-35}$$

式中，$S=l_1 l_2$ 是平面线圈所包围的面积. 如果平面线圈有 N 匝，则磁力矩的大小为

$$M = NBIS\sin\varphi \tag{8-36}$$

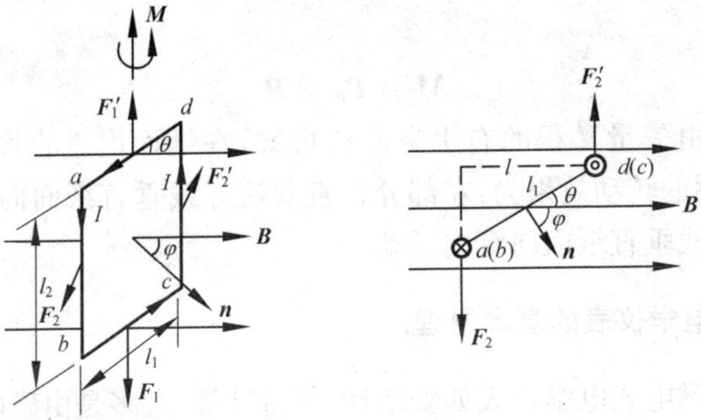

图 8-28　矩形载流线圈在均匀磁场中所受的磁力矩

这个力矩的效果是使线圈发生旋转，即使平面线圈法线矢量 $\boldsymbol{n}$ 的方向转向 $\boldsymbol{B}$ 的方向. 当 $\varphi=0$ 时，即 $\boldsymbol{n}$ 与 $\boldsymbol{B}$ 同向时，$M=0$，线圈达到一平衡状态，这是稳定平衡. 因为若此时线圈稍稍偏离平衡位置，磁力矩的作用将使其返回. 当 $\varphi=\pi$ 时，$M=0$，线圈也达到一平衡状态，但这是一个不稳定的平衡状态，因为当线圈稍稍偏离此位置时，磁力矩的作用将使其偏离加大，从而使线圈转向稳定平衡状态. 当 $\varphi=\frac{\pi}{2}$ 时，即线圈平面平行于磁场时，线圈所受磁力矩最大，其值为 $M=NIBS$.

为了进一步表示(8-36)式中各量之间的方向关系，我们令 $\boldsymbol{P}_\mathrm{m}=NIS\boldsymbol{n}$，$\boldsymbol{P}_\mathrm{m}$ 叫做平面载流线圈的磁矩. 磁矩 $\boldsymbol{P}_\mathrm{m}$ 是一个描述载流线圈本身性质的特征量，其方向沿平面法线矢量方向 $\boldsymbol{n}$，而平面载流线圈的法线方向 $\boldsymbol{n}$ 规定为与线圈中的环绕电流 I 呈右手螺旋关系. 则(8-36)式可写为

$$M = P_\mathrm{m}B\sin\varphi$$

考虑到方向，则有

$$\boldsymbol{M} = \boldsymbol{P}_\mathrm{m}\times\boldsymbol{B} \tag{8-37}$$

(8-37)式不仅对矩形线圈成立，而且对任意形状的平面载流线圈都适用.

例 8-6　一个半径 $R=0.10\mathrm{m}$ 的半圆形闭合线圈，载有电流 $I=10\mathrm{A}$，线圈置于均匀磁场中，磁场方向与线圈平面平行，如图 8-29 所示. 磁感应强度的大小 $B=0.5\mathrm{T}$，求线圈所受磁力矩的大小和方向.

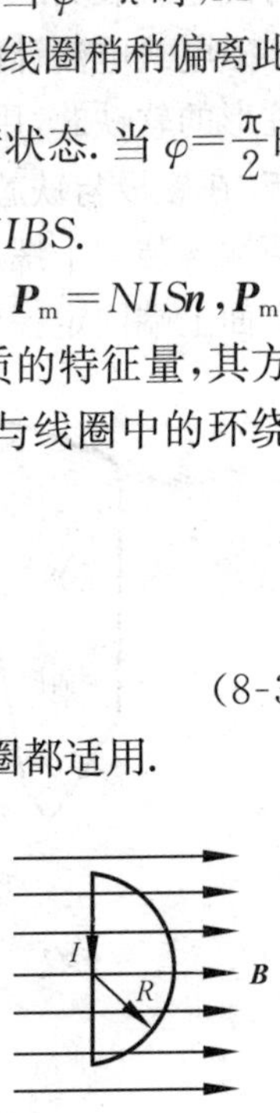

图 8-29　例 8-6 图

解　该平面载流线圈的磁矩大小为

$$P_\mathrm{m} = IS = I\cdot\frac{1}{2}\pi R^2$$

由右手螺旋法则知，该磁矩的方向即线圈的法线 $\boldsymbol{n}$ 方向，为垂直纸面向外，表示为

$$\boldsymbol{P}_{\mathrm{m}} = P_{\mathrm{m}}\boldsymbol{n} = \frac{1}{2}I\pi R^2\boldsymbol{n}$$

磁矩方向与 $\boldsymbol{B}$ 方向夹角 $\varphi=90°$，则线圈所受磁力矩大小为

$$M = P_{\mathrm{m}}B\sin\varphi = \frac{1}{2}\pi R^2 IB = \frac{1}{2}\times 3.14\times 0.10^2\times 10\times 0.5 = 0.0758(\mathrm{N\cdot m})$$

又由于

$$\boldsymbol{M} = \boldsymbol{P}_{\mathrm{m}}\times\boldsymbol{B}$$

该磁力矩的方向由矢量叉积的右手螺旋法可知，在纸面内垂直图中 $\boldsymbol{B}$ 的方向向上. 而该平面线圈的转动效果为：左部分长直载流导线垂直纸面向纸外运动，右部分半圆形载流导线垂直纸面向纸内运动.

二、磁电式电学仪表的基本原理

通常所用的磁电式电学仪表如安培计、伏特计等，大多是由磁电式电流表改装的. 其主要部件是一个磁电式表头. 这种表头的基本工作原理是将一个线圈置于磁场中，当电流流过线圈时，由于磁场对线圈的磁力矩作用，线圈将在磁场中发生偏转. 于是，从线圈偏转角度的大小，便可量度线圈中通过的电流的强弱. 这样的表头称为磁电式表头.

磁电式电流计的结构如图 8-30 所示，在永久磁铁的两极之间，固定安置一个圆柱形的软铁芯，用来增强磁极和铁芯间空气隙内的磁场，并使磁场均匀地沿径向分布. 在磁极与铁芯之间空气隙内的磁场中放一个可绕固定轴转动的线圈，在线圈的两端各装一个螺旋弹簧游丝，以使线圈在转动中保持一定的稳定度. 在线圈的一个底面上端固定一个指针，通过指针的偏转角度以观察线圈的偏转角.

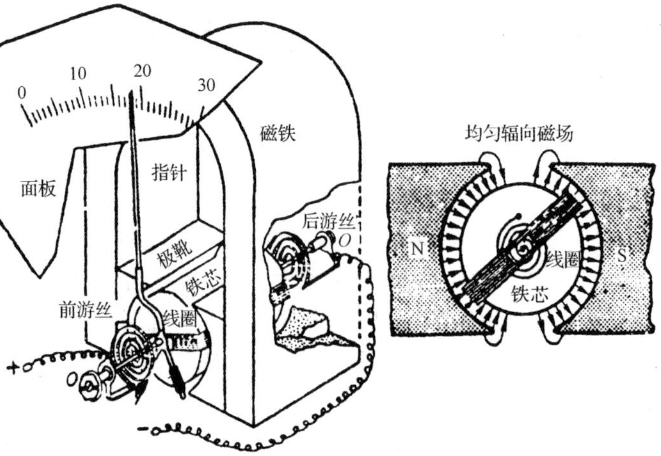

图 8-30　磁电式电流计的工作原理

当电流通过线圈时，线圈受到磁力矩的作用而发生转动. 无论线圈转到什么位置，线圈平面的法线总是和线圈所在处的磁场方向垂直，因此，线圈所受的磁力矩 M 的大小是不变的，即

$$M = NISB$$

当线圈发生偏转时，在线圈两端的游丝会发生形变而产生一个反力矩 M'，反力矩的大小与线圈转过的角度 φ 成正比，即

$$M' = k\varphi$$

式中，k 叫做弹簧游丝的扭转弹性系数，对给定的一对游丝，k 是恒量. 当线圈平衡时，它受到游丝的反力矩恰好等于它所受的磁力矩

$$NISB = k\varphi$$

则

$$I = \frac{k}{NSB}\varphi = C\varphi$$

对于每只表头来说，C 是一个固定不变的恒量，叫做电流计常数. 它表示指针偏转单位角度时所需的电流. C 的量值决定了表头的灵敏度，C 值越小，电流计越灵敏. 即表示电流计只需通过较小的电流，便能产生较大的偏转，这就是磁电式电流计的工作原理.

*8-9　磁介质中的磁场

前面几节讨论了真空中的磁场，本节将讨论有磁介质存在时的磁场. 凡是在磁场中可以影响磁场的物质，统称为磁介质. 实际上，所有的物体都显示一定的磁性，只是所显示磁性的程度不同而已.

一、介质的磁化

我们知道，放在静电场中的电介质会被电场极化，极化了的电介质将产生附加电场，从而对原电场产生影响. 与此类似，放在磁场中的磁介质也会被磁场磁化，磁化了的磁介质也会产生附加磁场，从而对原磁场产生影响.

当某种磁介质在外磁场的作用下，对外界显示宏观磁效应时，我们就说该介质处于磁化状态，我们用 $\boldsymbol{B}_0$ 表示外磁场，$\boldsymbol{B}'$ 表示磁介质所产生的附加磁场，则介质中的磁感应强度为

$$\boldsymbol{B} = \boldsymbol{B}_0 + \boldsymbol{B}' \tag{8-38}$$

实验证明，磁介质磁化后的附加磁场 $\boldsymbol{B}'$ 的方向，可以与 $\boldsymbol{B}_0$ 的方向相同，也可以相反. 在这点上磁介质是与电介质不相同的. 我们把 $\boldsymbol{B}'$ 的方向与 $\boldsymbol{B}_0$ 的方向相同的物质叫做顺磁质，如锰、铝、铂、铬、氮和氧等物质都属于顺磁质. 对于另外一类 $\boldsymbol{B}'$ 的方向与 $\boldsymbol{B}_0$ 的方向相反的物质，叫做抗磁质，如铜、银、铅、金、锌和铋等都属于抗磁质. 实际上，对于一切抗磁质以及大多数顺磁质来说，附加磁场 $\boldsymbol{B}'$ 的值都比 $\boldsymbol{B}_0$ 小得多，因而对原来的磁场的影响比较弱. 所以，顺磁质和抗磁质统称为弱磁物质. 还有一类磁介质，其磁性与顺磁质相同，即 $\boldsymbol{B}'$ 的方向与 $\boldsymbol{B}_0$ 的方向相同，但 $\boldsymbol{B}'$ 在数值上比 $\boldsymbol{B}_0$ 大得多，这类磁介质称为铁磁质. 铁、镍和钴等均属于这一类磁介质.

铁磁质磁性的起源和顺磁质、抗磁质不同，下面我们仅就顺磁质和抗磁质的磁性作出微观解释.

我们知道，分子中任何一个电子都同时参加两种运动，即环绕原子核的轨道运动和电子本身的自旋，这两种运动都产生磁效应. 如果把分子看作是一个整体，则分子中各电子对外界所产生的磁效应的总和可用一个等效的圆电流来表示，这种分子电流和任何有限大的圆电流一样，也有一个磁矩，用符号 $\boldsymbol{P}_{\mathrm{m}}$ 来表示，称为分子磁矩.

在顺磁质中，每个分子的分子磁矩不为零. 当没有外磁场时，由于分子的热运动，每个分子磁矩的排列方向是无规则的，对磁介质内任何一个体积元来说，各分子磁矩的矢量和 $\sum \boldsymbol{P}_{\mathrm{m}}=0$，物质对外界不显磁性. 当有外磁场时，各分子磁矩都要受到磁力矩的作用，在磁力矩作用下，所有分子磁矩 $\sum \boldsymbol{P}_{\mathrm{m}}$ 将转向外磁场方向，但由于分子的热运动，分子磁矩的取向是不可能完全一致的. 尽管如此，在外磁场的作用下，分子磁矩的排列比没有外磁场时较为整齐，因此在宏观的体积中，各分子磁矩的矢量和 $\sum \boldsymbol{P}_{\mathrm{m}} \neq 0$，即合成一个沿外磁场方向的合磁矩. 这样，在磁介质内，分子电流产生了一个沿外磁场方向的附加磁场 $\boldsymbol{B}'$，于是顺磁质内的磁场被加强了.

抗磁质的情形和顺磁质不同，由于两者的分子或原子的电结构不同，因而在磁场中所呈现的磁性也不相同. 在抗磁质中，虽然组成分子的每个电子的磁矩不为零，但每个分子内成对电子的磁矩方向恰好相反，因而电子磁矩都相互抵消，也就是说，抗磁质中每个分子磁矩为零，即 $\boldsymbol{P}_{\mathrm{m}}=0$. 所以当无外磁场时，磁介质不呈现磁性. 当抗磁质放入外磁场中时，分子将产生一个附加磁矩 $\Delta \boldsymbol{P}_{\mathrm{m}}$，其方向与外磁场方向相反，它的大小则随着外磁场的增强而增大. 由于附加磁场 $\boldsymbol{B}'$ 的方向与外磁场的方向相反，于是抗磁质内的磁场被减弱了.

二、磁介质的相对磁导率和磁导率

我们以载流长直螺线管为例来讨论磁介质对外磁场的影响. 设螺线管线圈中的电流强度为 I，单位长度的匝数为 n，则当螺线管内为真空时，其内部的磁感应强度 $\boldsymbol{B}_0$ 的大小为

$$B_0=\mu_0 nI \tag{8-39}$$

在长直螺线管内充满某种均匀的各向同性的磁介质时，由于磁介质的磁化，而在管内产生一个附加磁场 $\boldsymbol{B}'$，使得螺线管内的磁介质中的磁场变为 $\boldsymbol{B}$. 我们以 $\boldsymbol{B}$ 与 $\boldsymbol{B}_0$ 大小的比值定义磁介质的相对磁导率，用 μ_{r} 表示，即

$$\mu_{\mathrm{r}}=\frac{B}{B_0} \tag{8-40}$$

相对磁导率是决定于磁介质的恒量，是一个没有单位的纯数，它表征了磁介质被磁化后对电流磁场的影响程度. 比较(8-39)和(8-40)两式，可得

$$B=\mu_{\mathrm{r}} B_0=\mu_0 \mu_{\mathrm{r}} nI$$

或

$$B=\mu nI \tag{8-41}$$

式中，$\mu=\mu_{\mathrm{r}}\mu_0$，$\mu$ 叫做磁介质的磁导率. 在国际单位制中，磁介质的磁导率 μ 的单位和真空磁导率 μ_0 的单位相同，即 $\mathrm{N}\cdot\mathrm{A}^{-2}$.

对于顺磁质，$\mu_{\mathrm{r}}>1$；对于抗磁质，$\mu_{\mathrm{r}}<1$. 事实上，顺磁质和抗磁质的相对磁导率 μ_{r} 是一个与 1 相差极微的常数，说明这些物质对外磁场的影响很小. 至于铁磁质，它们的相对磁导率 μ_{r} 远大于 1，并且随着外磁场的强弱而变化，因而铁磁质对磁场影响很大.

三、有介质时的安培环路定理

我们以螺线管为例，来讨论磁介质中的安培环路定理.

设长直螺线管通有电流 I，单位长度上匝数为 n. 若螺线管内部为真空，则管中均匀磁场的磁感应强度为

$$B_0 = \mu_0 nI$$

当管内充满均匀的顺磁质时，在外磁场 $\boldsymbol{B}_0$ 的作用下，顺磁质中的分子电流平面将趋向和 $\boldsymbol{B}_0$ 的方向垂直，即分子磁矩 $\boldsymbol{P}_m$ 的方向和 $\boldsymbol{B}_0$ 的方向趋向于一致. 在顺磁质的内部，分子电流是成对的且方向相反，其结果是它们相互抵消. 只有截面边缘上的分子电流未被抵消，形成和截面边缘重合的圆电流，如图 8-31 所示. 于是对于磁介质整体来说，未被抵消的分子电流沿柱面流动.

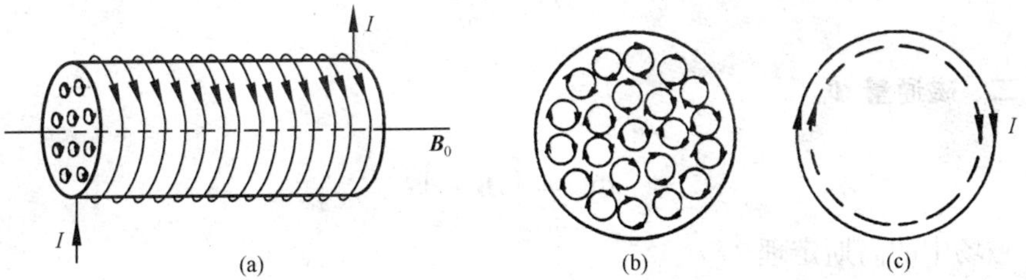

图 8-31　充满顺磁质的长直螺线管

由此可见，顺磁质磁化的结果，可以看作传导电流中增加了一个量值，以 I_m 表示，称为磁化电流. 于是在有磁介质存在的情况下，应用安培环路定理时，就必须计入磁化电流，参看图 8-32，则安培环路定理表示为

$$\oint_L \boldsymbol{B} \cdot \mathrm{d}\boldsymbol{l} = \mu_0 \left(\sum I + \sum I_m \right) \tag{8-42}$$

式中，$\sum I$ 为包围在闭合回路中传导电流的代数和；$\sum I_m$ 为包围在闭合回路中磁化电流的代数和. 由于计算磁化电流是很困难的，因此我们将(8-42)式做一修改. 我们知道，当长直螺线管内部为真空时，安培环路定理可表示为

$$\oint_L \boldsymbol{B}_0 \cdot \mathrm{d}\boldsymbol{l} = \mu_0 \sum I \tag{8-43}$$

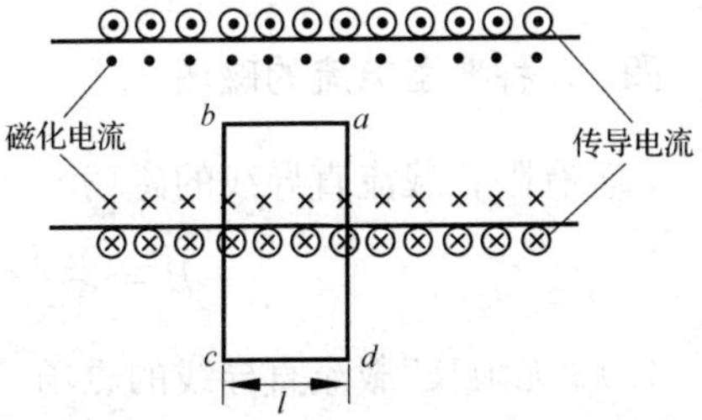

图 8-32　有介质时的安培环路定理

当管内充满相对磁导率为 μ_r 的均匀磁介质时，其内部的磁场变为 $\boldsymbol{B}=\mu_r\boldsymbol{B}_0$，代入(8-43)式可得

$$\oint_L \frac{\boldsymbol{B}}{\mu_0\mu_r} \cdot \mathrm{d}\boldsymbol{l} = \sum I$$

即

$$\oint_L \frac{\boldsymbol{B}}{\mu} \cdot \mathrm{d}\boldsymbol{l} = \sum I \tag{8-44}$$

为了使(8-44)式简化，通常引入一个辅助矢量 $\boldsymbol{H}$，称为磁场强度，它与磁感应强度 $\boldsymbol{B}$ 的关系为

$$\boldsymbol{B} = \mu\boldsymbol{H} \tag{8-45}$$

在国际单位制中，磁场强度 $\boldsymbol{H}$ 的单位是 $\mathrm{A\cdot m^{-1}}$. 引入了这个新的物理量后，(8-44)式可以改写成

$$\oint_L \boldsymbol{H}\cdot \mathrm{d}\boldsymbol{l} = \sum I \tag{8-46}$$

上式可叙述为：磁场强度 $\boldsymbol{H}$ 沿任何闭合回路的环路积分，等于穿过回路的传导电流的代数和. 这就是有介质时的安培环路定理. 这个定理不仅对上述特例成立，它在普遍情况下也是成立的.

本章要点

一、磁感应强度 B 的大小的定义

$$B = \frac{F_{\max}}{qv}$$

二、磁通量 Φ_{m}

$$\Phi_{\mathrm{m}} = \int_S \boldsymbol{B}\cdot \mathrm{d}\boldsymbol{S}$$

磁场中的高斯定理

$$\oint_S \boldsymbol{B}\cdot \mathrm{d}\boldsymbol{S} = 0$$

三、毕奥-萨伐尔定律

$$\mathrm{d}\boldsymbol{B} = \frac{\mu_0}{4\pi}\frac{I\mathrm{d}\boldsymbol{l}\times \boldsymbol{r}_0}{r^2}$$

$$\boldsymbol{B} = \int \mathrm{d}\boldsymbol{B} = \frac{\mu_0}{4\pi}\int_L \frac{I\mathrm{d}\boldsymbol{l}\times \boldsymbol{r}_0}{r^2}$$

四、几种典型电流的磁场

(1) 有限长载流直导线的磁场

$$B = \frac{\mu_0 I}{4\pi a}(\cos\theta_1 - \cos\theta_2)$$

(2) “无限长”载流直导线的磁场

$$B = \frac{\mu_0 I}{2\pi a}$$

(3) 载流圆线圈轴线上的磁场

$$B = \frac{\mu_0 I}{2}\frac{R^2}{(R^2 + x^2)^{3/2}}$$

载流圆线圈中心处的磁场

$$B = \frac{\mu_0 I}{2R}$$

(4) “无限长”载流螺线管内部的磁场

$$B = \mu_0 nI$$

五、安培环路定理

$$\oint_L \boldsymbol{B} \cdot \mathrm{d}\boldsymbol{l} = \mu_0 \sum_{i=1}^{n} I_i$$

六、磁场对运动电荷的作用力——洛伦兹力

$$\boldsymbol{F} = q\boldsymbol{v} \times \boldsymbol{B}$$

七、磁场对电流的作用力——安培力

$$\boldsymbol{F} = \int \mathrm{d}\boldsymbol{F} = \int_L I\mathrm{d}\boldsymbol{l} \times \boldsymbol{B}$$

八、磁场对平面载流线圈的作用

(1) 平面载流线圈的磁矩

$$\boldsymbol{P}_{\mathrm{m}} = NIS\boldsymbol{n}$$

(2) 载流线圈在均匀磁场中所受磁力矩

$$\boldsymbol{M} = \boldsymbol{P}_{\mathrm{m}} \times \boldsymbol{B}$$

九、磁介质

(1) 磁介质的磁导率.

顺磁质($\mu_{\mathrm{r}}>1$),抗磁质($\mu_{\mathrm{r}}<1$),铁磁质($\mu_{\mathrm{r}}\gg1$).

(2) 磁场强度矢量　$\boldsymbol{H}=\dfrac{\boldsymbol{B}}{\mu_0\mu_{\mathrm{r}}}=\dfrac{\boldsymbol{B}}{\mu}$.

(3) 有介质时的安培环路定理

$$\oint_L \boldsymbol{H} \cdot \mathrm{d}\boldsymbol{l} = \sum I$$

习　　题

8-1　如题 8-1 图所示,几种载流导线在平面内分布,电流均为 I,它们在点 O 的磁感应强度各为多少?

8-2　有一个边长为 a 的正方形回路和一个直径为 a 的圆形回路,两个回路中通有大小相等的电流 I,试求正方形回路和圆形回路在各自中心产生的磁感应强度的大小之比.

8-3　三根"无限长"载流直导线按如题 8-3 图所示方式放置,$I_1=3\mathrm{A}$,$I_2=I_3=2\mathrm{A}$,I_2 的流动方向为垂直于纸面向外,I_3 的流动方向为垂直于纸面向里,$d=1\mathrm{cm}$,求点 P 处的磁感应强度 $\boldsymbol{B}$.

8-4　在真空中,有两根互相平行的无限长直导线 L_1 和 L_2,相距 0.10m,通有

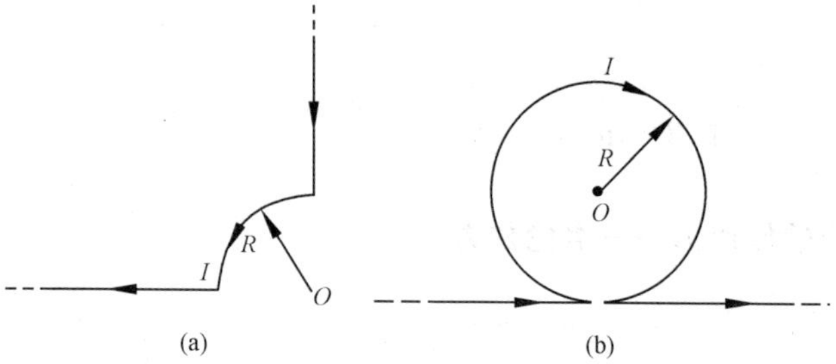

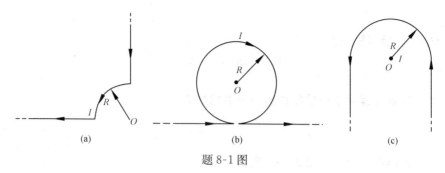

题 8-1 图

方向相反的电流，$I_1=20\text{A}$，$I_2=10\text{A}$，如题 8-4 图所示，A、B 两点与导线在同一平面内，这两点与导线 L_2 的距离均为 5.0cm. 试求 A、B 两点处的磁感应强度以及磁感应强度为零的点的位置.

8-5 如题 8-5 图所示，在横截面均匀的铁环上取任意两点 A、B，用两根长直导线沿半径方向将 A、B 两点与很远处的电源相接，求铁环中心处 O 点的磁感应强度.

8-6 如题 8-6 图所示，一无限长载流平板宽度为 a，通有电流 I，求与平板共面且距平板一边为 b 的任意点 P 的磁感应强度 $\boldsymbol{B}$ 的量值.

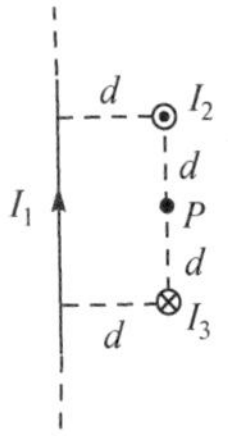

题 8-3 图

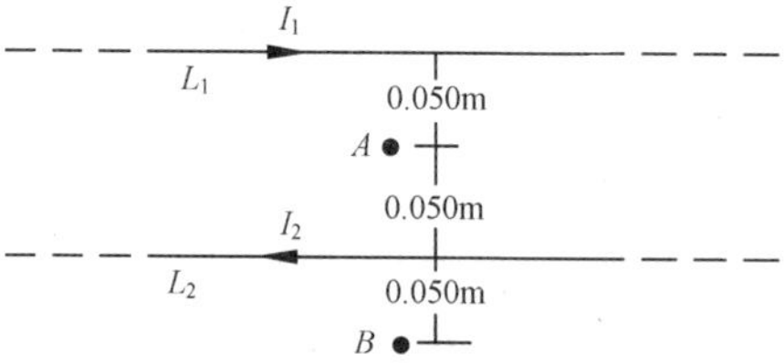

题 8-4 图

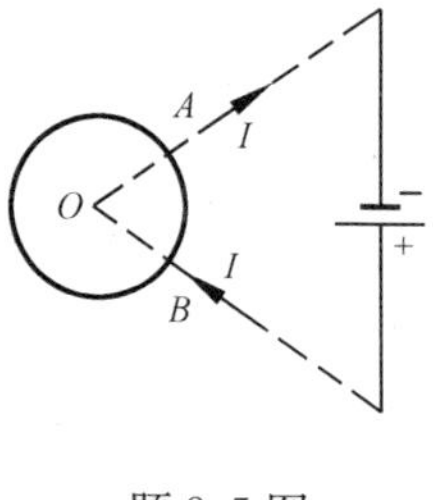

题 8-5 图

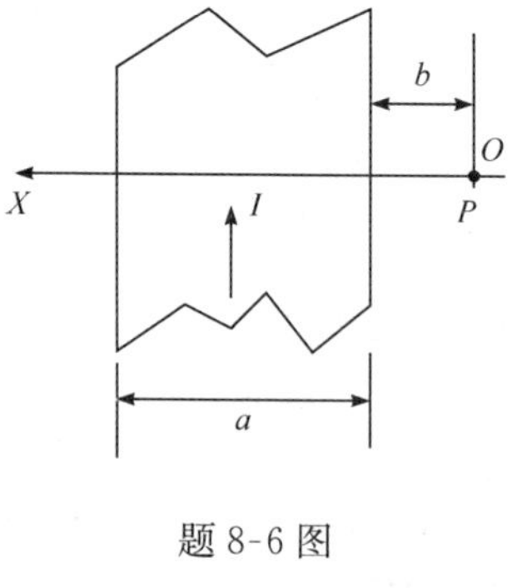

题 8-6 图

8-7 如题 8-7 图所示，AA' 和 CC' 为两个正交放置的圆形线圈，其圆心相重合. AA'线圈半径为 20.0cm，共 10 匝，通有电流 10.0A；而 CC'线圈的半径为 10.0cm，共 20 匝，通有电流 5.0A. 求两线圈公共中心 O 点的磁感强度的大小和方向.

8-8 设有半径为 R 的圆环，均匀带电，所带的总电量为 q. 圆环可绕通过环心并与环面垂直的轴线做匀速转动，圆环转动的角速度为 ω. 试求：

(1) 运动电荷在环中心处产生的磁感应强度 $\boldsymbol{B}$ 的量值.

(2) 运动电荷在轴线上距环心为 x 的一点处产生的磁感应强度 $\boldsymbol{B}$ 的量值.

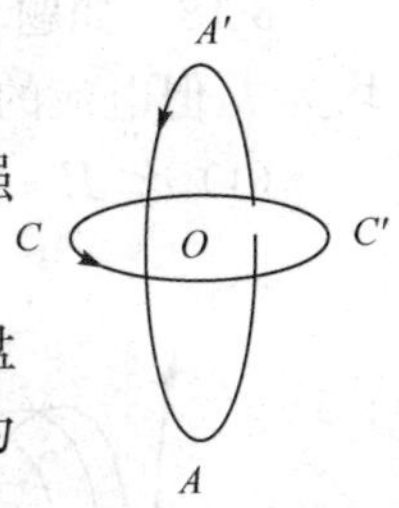

题 8-7 图

8-9 一圆盘，半径为 R，圆盘的表面均匀分布着电荷 q. 圆盘可绕通过盘心并与盘面垂直的轴线做匀速转动，转动的角速度为 ω. 试求运动电荷在圆盘中心处产生的磁感应强度 $\boldsymbol{B}$ 的量值.

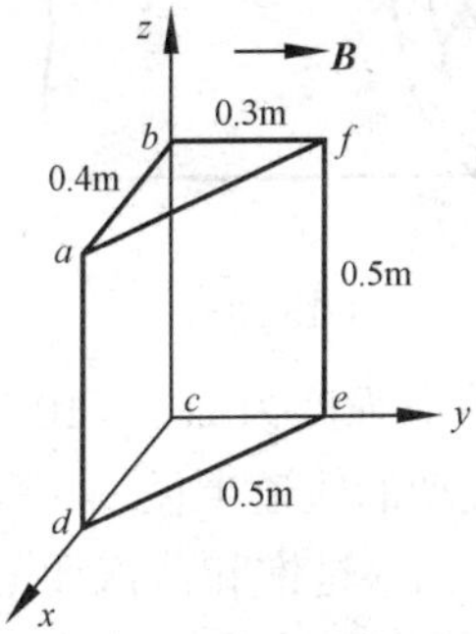

题 8-10 图

8-10 已知一均匀磁场的磁感应强度 $B=2.0\times10^{-2}\,\mathrm{T}$，方向沿 y 轴正方向. 如题 8-10 图所示，求：

(1) 穿过图中 $abcd$ 面的磁通量；

(2) 穿过图中 $bfec$ 面的磁通量；

(3) 穿过图中 $afed$ 面的磁通量.

8-11 两平行长直导线相距 0.4m，每条导线载有电流 $I_1=I_2=20\mathrm{A}$，求通过题 8-11 图中斜线所示面积的磁通量.

8-12 如题 8-12 图所示，环形螺线管的平均直径为 0.15m，环的横截面积为 $7.0\times10^{-4}\,\mathrm{m}^2$，环上绕有 500 匝导线. 假设通过导线的电流强度为 0.60A，求通过圆环横截面的磁通量.

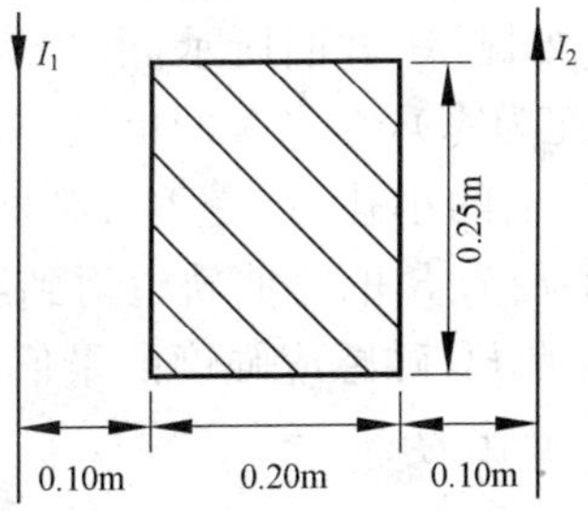

题 8-11 图

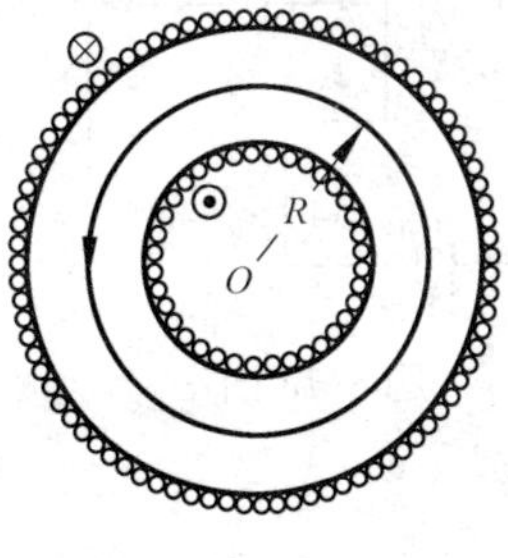

题 8-12 图

8-13 如题 8-13 图所示为空间任意环路 L.

(1) 求磁感应强度 $\boldsymbol{B}$ 沿 L 的环流 $\oint_L \boldsymbol{B}\cdot \mathrm{d}\boldsymbol{l}$.

(2) 在环路 L 上点 P 处的磁感应强度 $\boldsymbol{B}$ 由哪些电流决定？

8-14 一载有电流 I 的“无限长”直空心圆筒，半径为 R(筒壁厚度可以忽略)，电流沿它的轴线方向流动，并且是均匀分布的，试计算以下各处的磁感应强度 $\boldsymbol{B}$ 的量值：

(1) $r<R$；(2) $r>R$.

8-15 如题 8-15 图所示的同轴电缆，两导体中的电流均匀分布，且电流强度均为 I，但电流的流向相反，试计算以下各处的磁感应强度 $\boldsymbol{B}$ 的量值：

(1) $r<R_1$；(2) $R_1<r<R_2$；(3) $R_2<r<R_3$；(4) $r>R_3$.

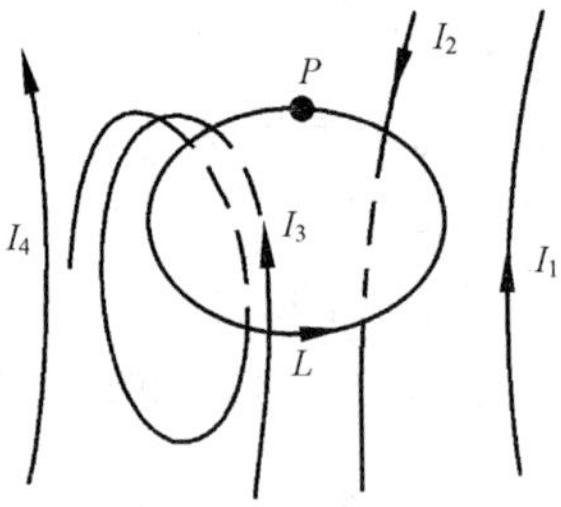

题 8-13 图

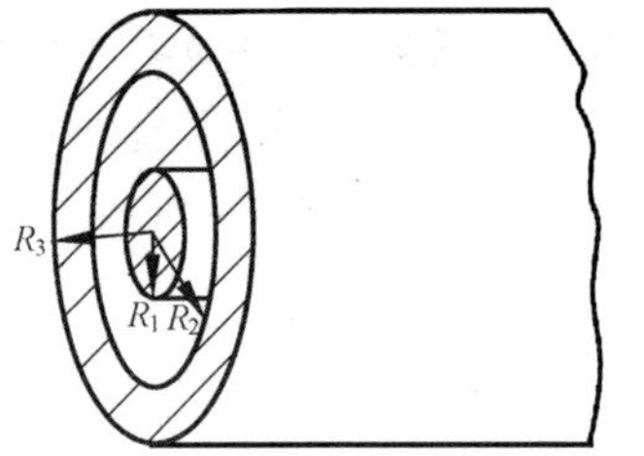

题 8-15 图

8-16 一电子通过 15000V 的加速电压后，进入磁感应强度为 2.5×10^{-2}T 的均匀磁场，设电子的速度与磁场垂直，试求电子做圆周运动的轨道半径.

8-17 带电粒子在通过饱和蒸汽时，在它走过的路径上，过饱和蒸汽便凝结成小液滴，从而使得它的运动轨迹显示出来，这就是云室的原理，今在云室中有 $B=1$T 的均匀磁场，观测到一个质子的轨迹是圆弧，半径 $R=20$cm，已知这个粒子的电荷为 1.6×10^{-19}C，质量为 1.67×10^{-27}kg，求它的动能.

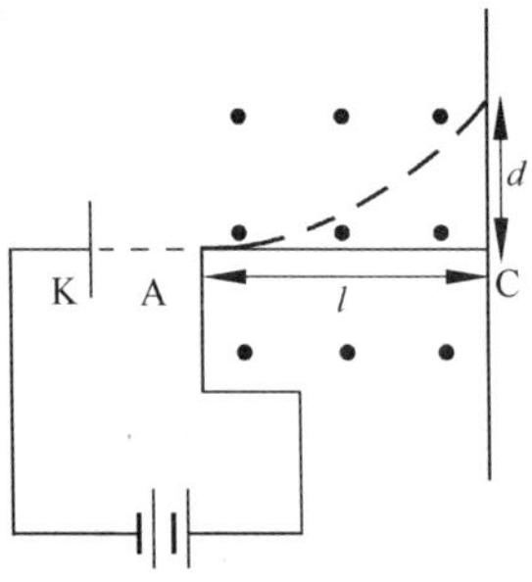

题 8-18 图

8-18 如题 8-18 图所示，电子从阴极 K 发出（设初速为零），在 KA 间电场作用下，被加速穿过 A 上的小孔后，受垂直纸面的磁场作用其沿半径为 R 的弯曲轨道射到屏 C 上. 若加速电压是 U，磁感应强度的量值为 B，证明电子的荷质比为

$$\frac{e}{m}=\frac{8Ud^2}{(d^2+l^2)^2B^2}$$

8-19 一电子在 $B=2.0\times10^{-3}$T 的均匀磁场中沿半径 $R=2.0$cm 的螺旋线运动，螺距 $h=5.0$cm. 已知电子的荷质比 $e/m=1.76\times10^{11}\,\mathrm{C\cdot kg^{-1}}$. 求该电子的速率.

8-20 现代军用武器之一的电磁轨道炮，其工作原理就是载流导线在磁场中受力. 如题 8-20 图所示，已知两导轨内侧间距 $l=1.4$cm，作为炮弹的滑块质量 $m=36$g，滑块从静止开始沿导轨滑行 6m 后获得的发射速度 $v=2.5\,\mathrm{km\cdot s^{-1}}$. 估算发射过程中电源提供的电流强度.

8-21 半径为 0.2m 的载流线圈，电流强度为 20A，方向如题 8-21 图所示. 线

圈置于磁感应强度 $B=0.08\text{T}$ 的均匀磁场中，$\boldsymbol{B}$ 方向沿 x 轴正方向. 问电流元 a、b、c、d 各受力多少？方向如何（设电流元长度均为 $1.0\times10^{-3}\text{m}$）？

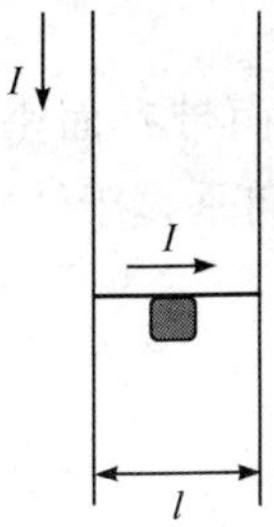

题 8-20 图

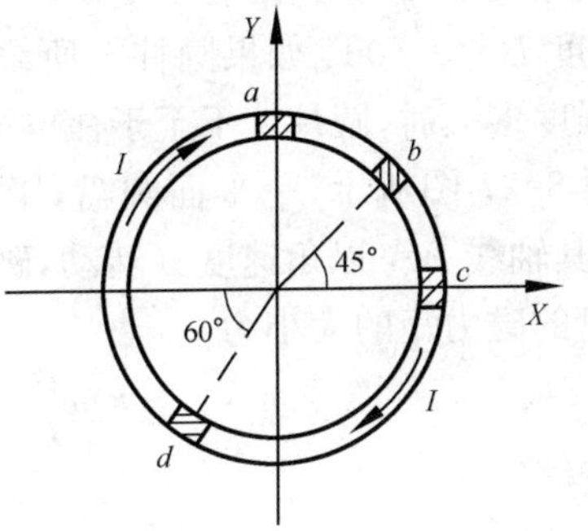

题 8-21 图

8-22 一线圈由半径为 0.3m 的四分之一圆弧 $OabO$ 组成，如题 8-22 图所示，通过的电流为 4.0A，方向按顺时针流动. 把它放在磁感应强度为 0.8T 的均匀磁场中，磁场方向垂直纸面向里，求 $\overline{Oa}$段、$\overline{Ob}$段、$\overset{\frown}{ab}$弧所受安培力的大小和方向.

8-23 如题 8-23 图所示，在长直导线 AB 内通有电流 $I_1=20\text{A}$，在矩形线圈 $CDEF$ 中通有电流 $I_2=10\text{A}$，导线 AB 与线圈共面. 已知 $a=9.0\text{cm}$，$b=20.0\text{cm}$，$d=1.0\text{cm}$，求矩形线圈所受的合力.

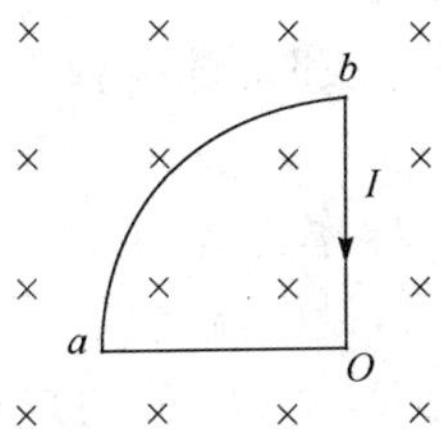

题 8-22 图

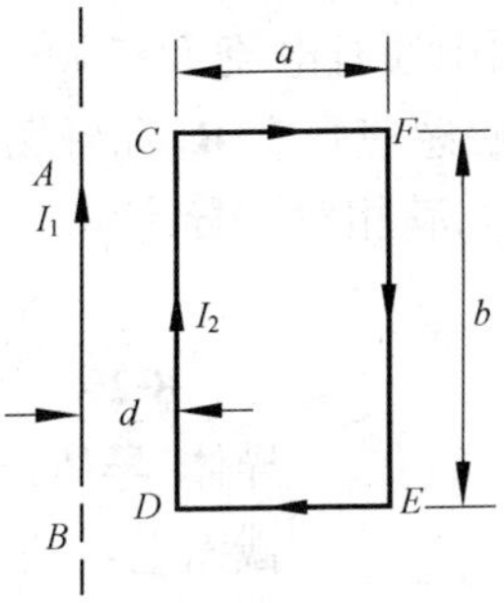

题 8-23 图

8-24 一个长 $l=8\text{cm}$，宽 $a=5\text{cm}$ 的矩形线圈载有电流 $I=20\text{A}$，线圈置于磁感应强度为 $B=0.15\text{T}$ 的均匀磁场中，它可能受到的最大磁力矩是多少？此时线圈和磁场的相对位置如何？

8-25 半径 $R=10\text{cm}$ 的圆线圈共 2000 匝，每匝中的电流为 $I=2.0\text{A}$，线圈置于磁感应强度为 $B=5.0\times10^{-2}\text{T}$ 的均匀磁场中，$\boldsymbol{B}$ 的方向与线圈平面平行，求：

（1）线圈磁矩的大小；

（2）磁场作用于线圈上的磁力矩.

8-26 如题 8-26 图所示，斜面上放一个木制圆柱，圆柱的质量 $m=0.25\text{kg}$，半径为 R，长 $l=0.10\text{m}$，在这圆柱上顺着圆柱缠绕有 $N=10$ 匝的导线，这个圆柱体的轴位于导线回路的平面内，斜面与水平面成 θ 角，斜面上各处有竖直向上的均匀磁场，磁感应强度 $B=0.50\text{T}$. 如果圆柱上所绕的线圈的平面和斜面平行，试问通过线圈的电流强度多大时，圆柱才不至于往下滚动？

8-27 如题 8-27 图所示，一平面圆盘，半径为 R，表面带有面密度为 σ 的电荷. 假定圆盘绕其轴线 AA' 以角速度 ω 转动，磁场 $\boldsymbol{B}$ 的方向垂直于转轴 AA'. 试证磁场作用于圆盘的磁力矩的大小为

$$M=\frac{\pi\sigma\omega R^4 B}{4}$$

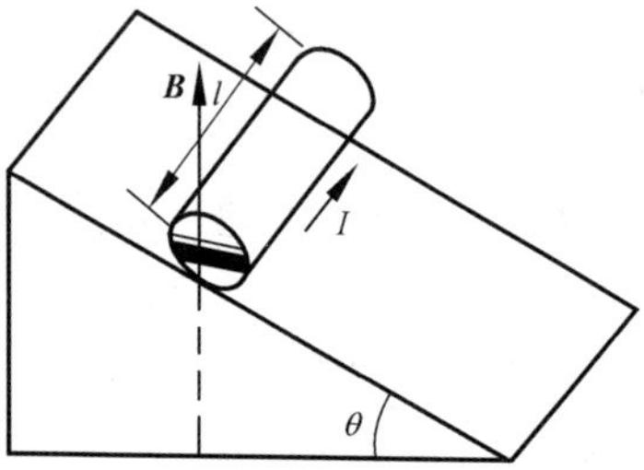

题 8-26 图

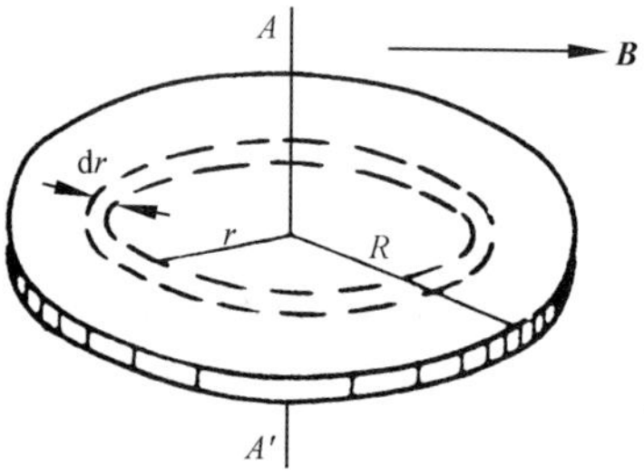

题 8-27 图

8-28 一空心的环形螺线管，它的轴线（中心线）周长 $l=10\text{cm}$，环上线圈总匝数 $N=200$ 匝，线圈中通有电流 $I=100\text{mA}$. 求：

(1) 螺线管内磁感应强度 $\boldsymbol{B}_0$ 和磁场强度 $\boldsymbol{H}_0$ 的量值.

(2) 螺线管内充满相对磁导率 $\mu_r=4200$ 的磁介质时，螺线管内的 $\boldsymbol{B}$ 和 $\boldsymbol{H}$ 的量值.

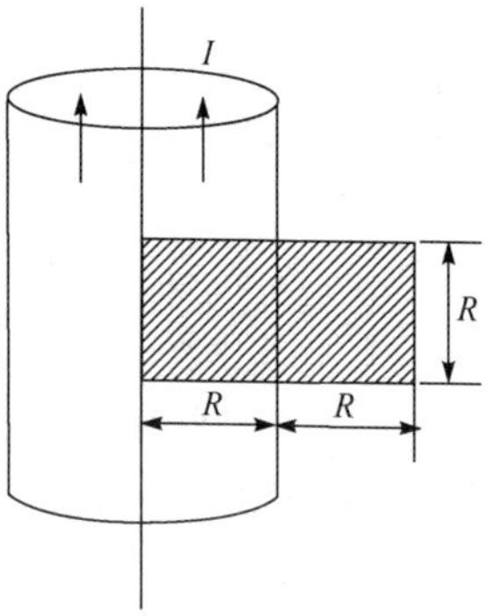

题 8-29 图

8-29 一无限长磁导率为 μ，半径为 R 的圆柱形导体，导体内通有电流 I，设电流均匀分布在导体的横截面上，今取一个长为 R，宽为 $2R$ 的矩形平面，其位置如题 8-29 图所示. 求通过该矩形平面的磁通量.

8-30 如题 8-30 图所示，两个无限长同轴直导体圆筒，筒壁厚度均忽略不计，它们的半径分别为 R_1 和 R_2，两圆筒上流着大小相等、方向相反且沿轴线方向的电流 I，电流均匀地分布在两筒壁上. 当两导体圆筒间充满相对磁导率为 μ_r 的磁介质时，求：

(1) 离轴线为 $r(R_1<r<R_2)$ 的一点处的磁场强度 $\boldsymbol{H}$ 和磁感应强度 $\boldsymbol{B}$ 的量值.

(2) 通过长度为 l 的一段面积（图中画有斜线部分）的磁通量.

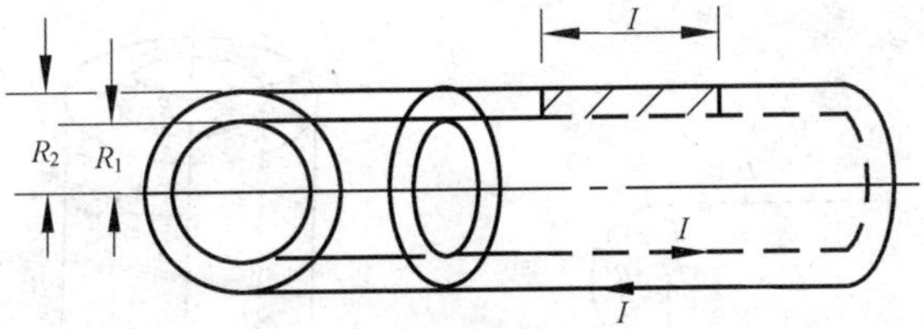

题 8-30 图

自 测 题

1. 如1题图所示，在磁感强度为 $\boldsymbol{B}$ 的均匀磁场中放一半径为 R 的半球面 S，S 边线所在平面的法线方向单位矢量 $\boldsymbol{n}$ 与 $\boldsymbol{B}$ 的夹角为 θ，则通过半球面 S 的磁通量（取半球面向外为正）为[　　]

(A) $\pi R^2 B$;　　(B) 0;

(C) $-\pi R^2 B\sin\theta$;　　(D) $-\pi r^2 B\cos\theta$.

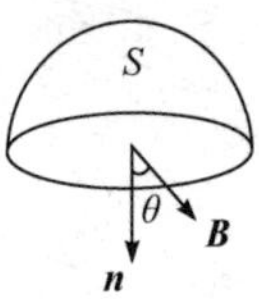

1 题图

2. 一运动电荷 q，质量为 m，以初速 $\boldsymbol{v}_0$ 进入均匀磁场中，若 $\boldsymbol{v}_0$ 与磁场方向的夹角为 α，则[　　]

(A) 其动能改变，动量不变；　　(B) 其动能和动量都改变；

(C) 其动能不变，动量改变；　　(D) 其动能、动量都不变.

3. 抗磁物质的磁导率[　　]

(A) 比真空的磁导率略小；　　(B) 比真空的磁导率略大；

(C) 远大于真空的磁导率；　　(D) 远小于真空的磁导率.

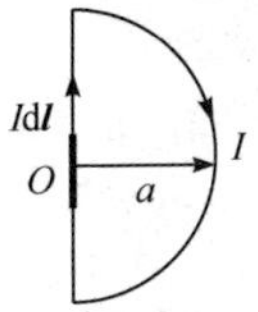

4 题图

4. 在真空中有一半径为 a，流过恒定电流 I 的半圆形闭合线圈，如4题图所示，则圆心 O 处的电流元 $I\mathrm{d}\boldsymbol{l}$ 所受的安培力大小为__________，方向__________.

5. 在均匀磁场中，有两个平面线圈，其面积 $A_1 = 2A_2$，通有电流 $I_1 = 2I_2$，它们所受的最大磁力矩之比 M_2/M_1 等于__________.

6. 一个单位长度上密绕有 n 匝线圈的长直螺线管，每匝线圈中通有强度为 I 的电流，管内充满相对磁导率为 μ_r 的磁介质，则管内中部附近磁感强度的大小和磁场强度大小分别为 $B=$__________，磁场强度 $H=$__________.

7. 将通有电流 I 的无限长导线折成如7题图形状，已知半圆环的半径为 R. 求圆心 O 点的磁感应强度大小和方向.

8. 如8题图所示，两个无限长的同轴圆柱面 A 和 B，半径分别为 R_1 和 R_2，分别通有电流 I，但电流的流向相反，假设电流在圆柱面上均匀分布，试计算以下两个区域的磁感应强度大小的分布：(1) $R_1 < r < R_2$；(2) $r > R_2$.

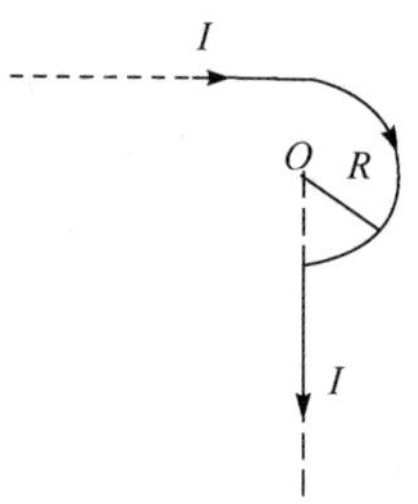

7 题图

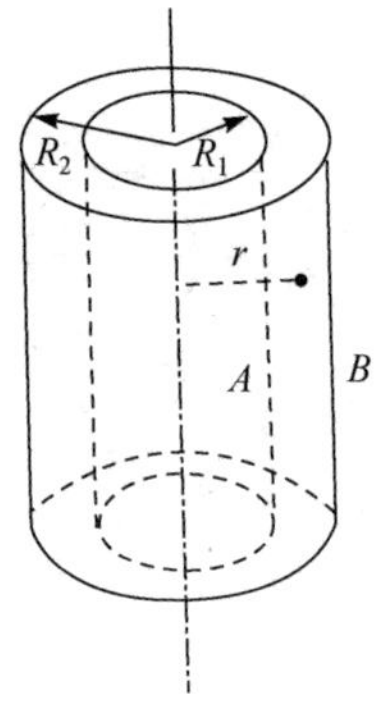

8 题图

第八章习题答案

第八章自测题答案

第九章　电磁感应　电磁场

电磁感应现象是电磁学中最重大的发现之一，电磁感应现象的发现，不仅进一步揭示了电与磁现象的内在联系，推动了电磁学理论的发展，而且在实践上开拓了广泛的应用前景.

本章主要内容：在电磁感应现象的基础上讨论电磁感应定律以及动生电动势和感生电动势、自感与互感、磁场能量、麦克斯韦电磁场理论.

9-1　电磁感应现象　楞次定律

一、电磁感应现象

我们通过以下几个实验说明电磁感应现象，以及产生这一现象的条件.

1. *闭合回路与磁铁做相对运动*

如图 9-1 所示，线圈与电流计连成一闭合回路. 当线圈与磁铁相对静止时，电流计的指针并不偏转，当磁铁靠近或远离线圈时，即当二者做相对运动时，电流计指针才发生偏转，表明此时回路中有电流. 电流计指针的偏转方向与二者相对运动的方向有关.

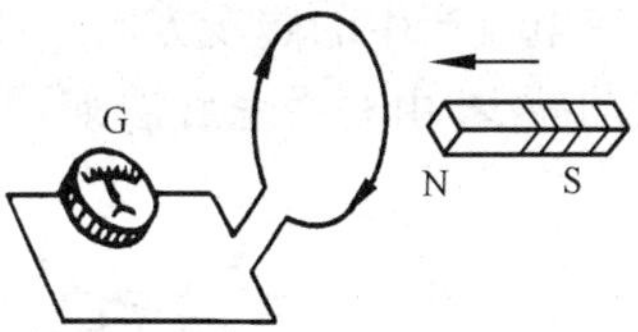

图 9-1　磁铁和线圈有相对运动时的电磁感应

2. *闭合回路与邻近载流线圈中的电流变化*

如图 9-2 所示，在一环形铁芯上绕有线圈 A 和 B，A 接有电流计，B 与开关和电源相接. 在开关 K 闭合或打开的瞬间，与 A 连接的电流计指针将发生偏转，闭合与打开两种情况下的电流方向相反.

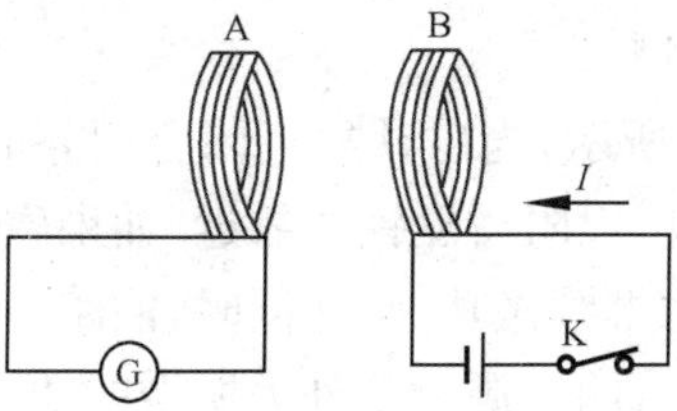

图 9-2　闭合或打开开关时电流计的指针发生偏转

3. *在均匀磁场中改变闭合回路的面积*

在图 9-3 所示的均匀磁场 $\boldsymbol{B}$ 中，放置一个由导线组成的回路 $abcda$，其中导线 ab 可以滑动. 当导线 ab 向右或向左滑动时，电流计的指针将发生偏转. 两种情况下，电流计的指针偏转方向相反，表明电流的流向相反.

上述实验可以看出，线圈（闭合回路）中产生的电流，可以是保持线圈不动，由线圈中的磁场发生变化而引起的，如实验 1 和 2；也可以是保持磁场不变，而由线圈在磁场中运

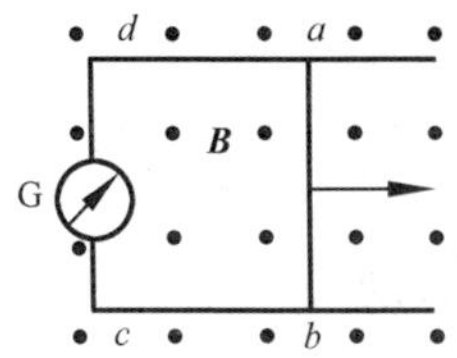

图 9-3　在匀强磁场中改变闭合回路面积时的电磁感应

动引起的，如实验 3. 在线圈中引起电流的方式尽管不同，但综合分析这些实验，有一共同特征，即穿过线圈(或闭合回路)的磁通量都有变化. 因此，我们可以得出如下结论：当穿过闭合导电回路所包围曲面的磁通量发生变化时，不管这种变化是由什么原因引起的，回路中都有电流产生. 这种现象叫做电磁感应现象，回路中所产生的电流叫做感应电流.

二、楞次定律

如何判定感应电流的方向呢？为解决这一问题，楞次在大量实验的基础上，于 1834 年总结出如下定律：闭合回路中所产生的感应电流具有确定的方向，它总是使感应电流自己所产生的通过回路所包围曲面的磁通量，去阻止或者反抗引起感应电流的磁通量的变化. 这一规律叫做楞次定律.

下面举例说明，以加深对楞次定律的理解. 如图 9-4(a)所示，当磁铁 N 极靠近闭合回路 A 时，通过回路 A 的磁通量增加，由楞次定律可知，这时引起的感应电流所产生的磁场方向(虚线)应和磁铁的磁场方向(实线)相反，以反抗引起感应电流的磁通量的增加. 根据右手螺旋法则可确定如图 9-4(a)所示的感应电流方向. 同理，当磁铁的 N 极离开回路 A 时，如图 9-4(b)所示，通过回路 A 的磁通量减少，则感应电流产生的磁场方向应和磁铁的磁场方向相同，以反抗引起感应电流的磁通量的减少. 由右手螺旋法则，即得出如图 9-4(b)所示的感应电流方向.

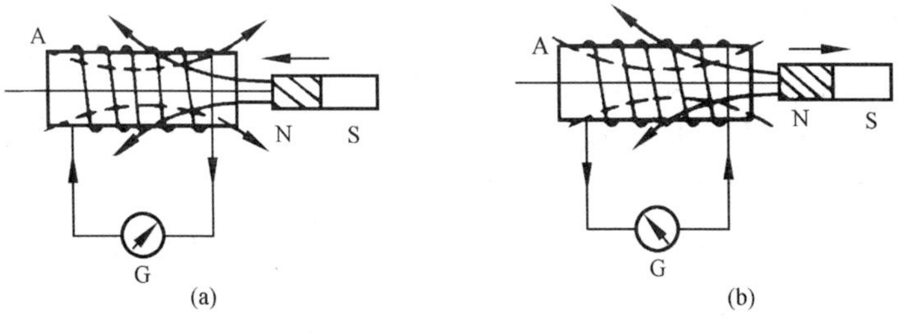

图 9-4　楞次定律应用举例

楞次定律是符合能量守恒定律的. 如图 9-4(a)所示，当磁铁靠近闭合回路时，感应电流所产生的磁场方向与磁铁的磁场方向相反，以阻碍磁铁的靠近. 如果磁铁要维持靠近 A，使回路中维持感应电流，就需要外力继续做功. 与此同时，回路中的感应电流的流动使一定的电能转变成热能，这些能量的来源就是外力所做的功. 利用同样的方法可以分析图 9-4(b). 所以，楞次定律在本质上是能量守恒定律在电磁感应现象中的具体表现.

9-2 电动势 法拉第电磁感应定律

一、电源的电动势

任何闭合回路中的电流，由于电阻的存在都要消耗电能. 要维持回路中的电流，就需要不断地补充能量，给闭合回路中的电流提供能量的装置叫做电源.

图 9-5 所示为极板 A 和极板 B 构成的电源与外电路组成的一闭合回路. 开始时，A 和 B 分别带有正、负电荷. 由于极板 A 的电势高于极板 B 的电势，因此在电场力作用下，正电荷从极板 A 经外电路移到极板 B，并与负电荷中和，直至两极板间的电势差消失.

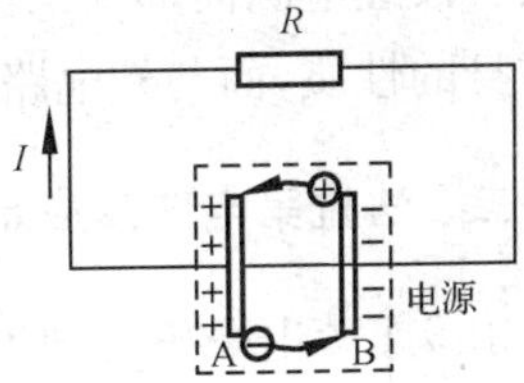

图 9-5 电源的电动势

要维持回路中的恒定电流，就要使两极板间具有恒定的电势差，办法是把正电荷从负极板 B 沿内电路移至正极板 A，以维持 A、B 两极板的正、负电荷不变. 显然，静电力 $\boldsymbol{F}$ 是不能实现这一目标的，因为静电场 $\boldsymbol{E}_{静}$ 是阻止正电荷从 B 移向 A 的. 这就必须由一个非静电力的外力 $\boldsymbol{F}_{\mathrm{K}}$ 来实现. 将其他形式的能量转化成电能的电源是提供非静电力 $\boldsymbol{F}_{\mathrm{K}}$ 的一种装置. 不同类型的电源，提供非静电力的机理不同，如在化学电池中，非静电力源于化学作用；在发电机中，非静电力则源于电磁作用.

正电荷 q 在非静电力 $\boldsymbol{F}_{\mathrm{K}}$ 的作用下，克服静电力 $\boldsymbol{F}$ 的作用，从负极 B 到达正极 A. 与静电场相比较，定义非静电场 $\boldsymbol{E}_{\mathrm{K}}=\boldsymbol{F}_{\mathrm{K}}/q$，它表示单位正电荷所受的非静电力. 这样，当正电荷 q 通过电源绕闭合回路一周时，静电力与非静电力对正电荷所做的功为

$$W=\oint_L q(\boldsymbol{E}_{静}+\boldsymbol{E}_{\mathrm{K}})\cdot \mathrm{d}\boldsymbol{l}$$

由于静电场是保守场，故

$$\oint_L \boldsymbol{E}_{静}\cdot \mathrm{d}\boldsymbol{l}=0$$

所以

$$W=\oint_L q\boldsymbol{E}_{\mathrm{K}}\cdot \mathrm{d}\boldsymbol{l}$$

即

$$W/q=\oint_L \boldsymbol{E}_{\mathrm{K}}\cdot \mathrm{d}\boldsymbol{l}$$

我们把单位正电荷绕闭合回路一周时非静电力所做的功定义为电源的电动势，用符号 $\mathscr{E}$ 表示，则有

$$\mathscr{E}=\frac{W}{q}=\oint_L \boldsymbol{E}_{\mathrm{K}}\cdot\mathrm{d}\boldsymbol{l} \tag{9-1}$$

由于在图 9-5 所示的闭合回路中，$\boldsymbol{E}_{\mathrm{K}}$ 只存在于电源 A、B 内部，在外电路中没有非静电场，这样(9-1)式可改写为

$$\mathscr{E}=\oint_L \boldsymbol{E}_{\mathrm{K}}\cdot\mathrm{d}\boldsymbol{l}=\int_-^+ \boldsymbol{E}_{\mathrm{K}}\cdot\mathrm{d}\boldsymbol{l} \tag{9-2}$$

上式表明电源的电动势的大小等于把单位正电荷从负极经电源内部移到正极时非静电力所做的功.

电动势是标量，单位与电势差的单位相同. 通常把电源内部电势升高的方向，即从负极经电源内部到正极方向规定为电动势的方向. 电动势的大小只取决于电源本身的性质，而与外电路无关.

二、法拉第电磁感应定律

由 9-1 节电磁感应现象的分析可知，当穿过闭合回路的磁通量发生变化时，回路中就有感应电流产生. 感应电流的产生，意味着回路中有电动势存在. 这种由于磁通量变化而引起的电动势称为感应电动势. 以后我们将看到，当回路不闭合时，只要回路中的磁通量发生变化，虽没有感应电流，但感应电动势依然存在. 感应电动势比感应电流更能反映电磁感应现象的本质. 所以对于电磁感应现象更确切的描述是：当穿过闭合回路的磁通量发生变化时，回路中就产生感应电动势.

法拉第对电磁感应现象作了大量的研究. 精确实验表明：穿过闭合回路所围曲面的磁通量发生变化时，回路中产生的感应电动势 $\mathscr{E}_{\mathrm{i}}$ 与该磁通量对时间变化率的负值成正比. 这就是法拉第电磁感应定律，即

$$\mathscr{E}_{\mathrm{i}}=-k\frac{\mathrm{d}\Phi}{\mathrm{d}t}$$

式中，k 为比例常数. 在国际单位制中，$\mathscr{E}_{\mathrm{i}}$ 的单位为 V，Φ 的单位为 Wb，t 的单位为 s，则 $k=1$，于是上式可写成

$$\mathscr{E}_{\mathrm{i}}=-\frac{\mathrm{d}\Phi}{\mathrm{d}t} \tag{9-3}$$

上式是楞次定律的数学表达式，式中的负号表示感应电动势的方向. 如果闭合回路中的电阻为 R，则回路中的感应电流为

$$I_{\mathrm{i}}=-\frac{1}{R}\frac{\mathrm{d}\Phi}{\mathrm{d}t} \tag{9-4}$$

设在时刻 t_1 穿过回路所围面积的磁通量为 Φ_1，在时刻 t_2 穿过回路所围面积的磁通量为 Φ_2，于是在时间 $\Delta t=t_2-t_1$ 内通过回路任一截面的感应电量则为

$$q=\int\mathrm{d}q=\int_{t_1}^{t_2} I_{\mathrm{i}}\mathrm{d}t$$

$$=-\frac{1}{R}\int_{\Phi_1}^{\Phi_2}\mathrm{d}\Phi=\frac{1}{R}(\Phi_1-\Phi_2) \tag{9-5}$$

由上式可知,感应电量与通过回路所围面积的磁通量的改变成正比,而与磁通量变化的快慢无关.

三、感应电动势的方向

(9-3)式中的负号反映了电动势的方向,如何使用该式判断感应电动势的方向,现举例说明.如图 9-6 所示,先在回路上任意规定一个绕行方向作为回路的正方向,并用右手螺旋法则确定此回路的正法线 $\boldsymbol{n}$ 的方向,当通过回路所围面积的磁通量 Φ 与正法线 $\boldsymbol{n}$ 方向相同时规定为正值,相反时为负值.于是,$\mathscr{E}_i$ 的正、负完全由 $\mathrm{d}\Phi/\mathrm{d}t$ 决定.如果 $\mathrm{d}\Phi/\mathrm{d}t>0$,则 $\mathscr{E}_i<0$,表示感应电动势的方向与选定的绕行的正方向相反.图 9-6 中对线圈中磁通量变化的四种情况,分别画出了感应电动势的方向.用这种方向确定的结果,与由楞次定律所判定的完全一致.

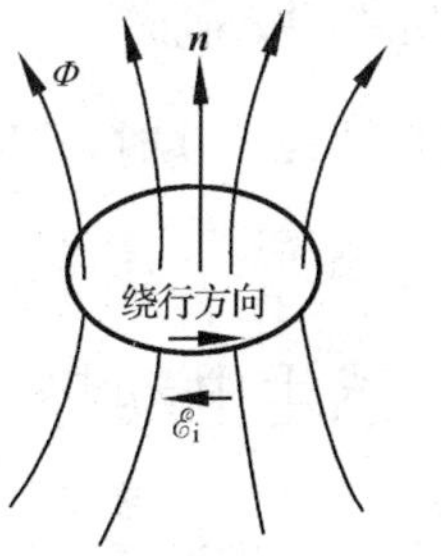

(a) $\Phi>0,\ \frac{\mathrm{d}\Phi}{\mathrm{d}t}>0,\ \mathscr{E}_i(或 I_i)<0$

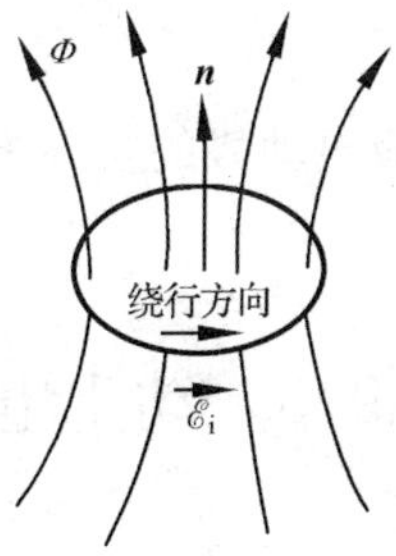

(b) $\Phi>0,\ \frac{\mathrm{d}\Phi}{\mathrm{d}t}<0,\ \mathscr{E}_i(或 I_i)>0$

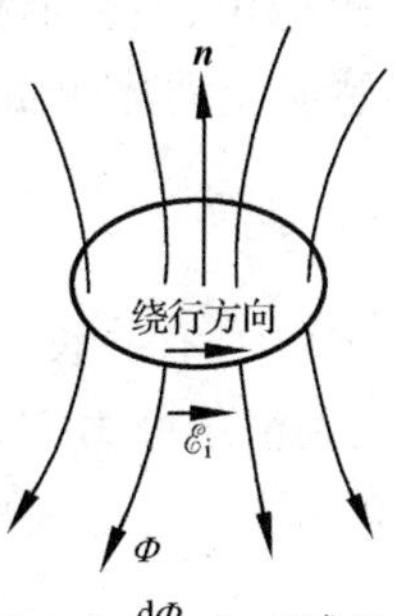

(c) $\Phi<0,\ \frac{\mathrm{d}\Phi}{\mathrm{d}t}<0,\ \mathscr{E}_i(或 I_i)>0$

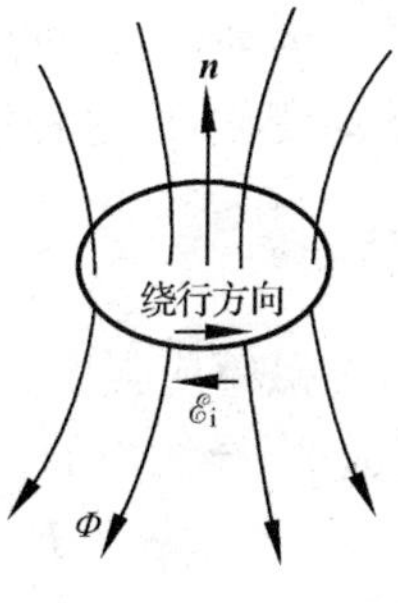

(d) $\Phi<0,\ \frac{\mathrm{d}\Phi}{\mathrm{d}t}>0,\ \mathscr{E}_i(或 I_i)<0$

图 9-6 感应电动势方向的确定

例 9-1 图 9-7 所示一无限长直导线通以 $I=I_0\sin\omega t$ 的变化电流,方向向上,式中 I_0、ω 为常数,t 为时间.在此导线近旁平行且共面地放一长方形线圈,长为 l,宽为 a,线圈的一边与导线相距为 d,求任一时刻线圈中的感应电动势.

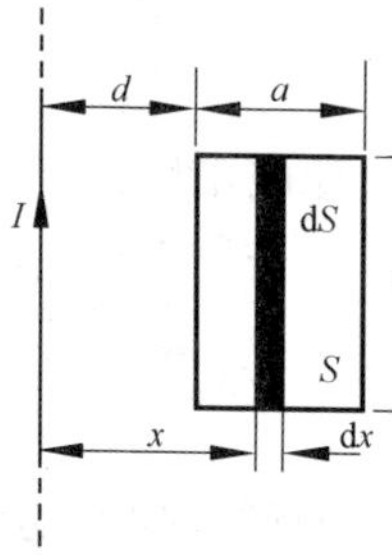

图 9-7　例 9-1 图

解　因为长直导线的电流随时间变化，产生变化的磁感应强度大小 $B=\dfrac{\mu_0 I}{2\pi x}$，所以穿过线圈的磁通量是变化的，故而线圈中就产生了感应电动势. 取回路的绕行正方向为顺时针.

磁感应强度 $\boldsymbol{B}$ 的方向垂直于纸面向里，且为非均匀磁场，故取面积元 $\mathrm{d}S=l\mathrm{d}x$，在 $\mathrm{d}\boldsymbol{S}$ 内 $\boldsymbol{B}$ 视为常量. 于是穿过 $\mathrm{d}\boldsymbol{S}$ 的磁通量为

$$\mathrm{d}\Phi=\boldsymbol{B}\cdot\mathrm{d}\boldsymbol{S}=\frac{\mu_0 I_0 \sin\omega t}{2\pi x}l\,\mathrm{d}x$$

则通过线圈所包围面积 S 的磁通量为

$$\Phi=\int\mathrm{d}\Phi=\int_d^{d+a}\frac{\mu_0 I_0 l\sin\omega t}{2\pi x}\mathrm{d}x=\frac{\mu_0 I_0 l\sin\omega t}{2\pi}\ln\frac{d+a}{d}$$

由法拉第电磁感应定律，有

$$\varepsilon_i=-\frac{\mathrm{d}\Phi}{\mathrm{d}t}=-\frac{\mu_0 I_0\omega l}{2\pi}\ln\frac{d+a}{d}\cos\omega t$$

$\varepsilon_i>0$ 时，回路中感应电动势的实际方向为顺时针；$\varepsilon_i<0$ 时，回路中感应电动势的实际方向为逆时针.

9-3　动生电动势　感生电动势

前面已指出，不论什么原因，只要穿过回路中的磁通量发生变化，回路中就有感应电动势产生. 引起回路中的磁通量发生变化，不外乎有两种方式：一种是磁场不变化，导体在磁场中运动，由这种原因产生的感应电动势叫做动生电动势；另一种是导体不动，而磁场变化，由这种原因产生的感应电动势叫做感生电动势.

一、动生电动势

如图 9-8 所示，在磁感应强度为 $\boldsymbol{B}$ 的均匀磁场中，有一长为 L 的导线 ab 以速度 $\boldsymbol{v}$ 垂直于 $\boldsymbol{B}$ 向右运动. 导线内的自由电子则受到洛伦兹力 $\boldsymbol{F}$ 的作用

$$\boldsymbol{F}=-e(\boldsymbol{v}\times\boldsymbol{B})$$

式中，e 为电子电量；$\boldsymbol{F}$ 的方向驱使电子沿导线由 b 移向 a，致使 b 端带正电，a 端带负电，从而在导线内产生静电场. 电子所受静电场力 $\boldsymbol{F}_e$ 的方向与洛伦兹力 $\boldsymbol{F}$ 相反，当 $\boldsymbol{F}+\boldsymbol{F}_e=0$ 时，a、b 间形成稳定电势差，洛伦兹力是非静电力，引入非静电场 $\boldsymbol{E}_K$，则有

$$\boldsymbol{E}_K=\boldsymbol{F}/(-e)=\boldsymbol{v}\times\boldsymbol{B}$$

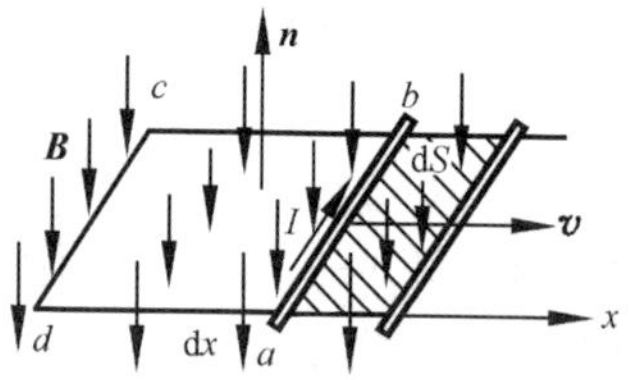

图 9-8　动生电动势

由电动势的定义(9-2)式，磁场中运动导线 ab 产生的动生电动势为

$$\mathscr{E}_{\mathrm{i}}=\int_a^b \boldsymbol{E}_{\mathrm{K}}\cdot \mathrm{d}\boldsymbol{l}=\int_a^b(\boldsymbol{v}\times\boldsymbol{B})\cdot \mathrm{d}\boldsymbol{l} \tag{9-6}$$

在图 9-8 所示情况中，由于 $\boldsymbol{v}\perp\boldsymbol{B}$，且$(\boldsymbol{v}\times\boldsymbol{B})$的方向与 $\mathrm{d}\boldsymbol{l}$ 的方向一致，所以上式为

$$\mathscr{E}_{\mathrm{i}}=\int_0^l vB\,\mathrm{d}l=vBl$$

对于普遍情况，磁场可以是非均匀磁场，导线的形状可以任意. 当导线运动或发生形变时，导线上任意一小段 $\mathrm{d}\boldsymbol{l}$ 都可能有一速度 $\boldsymbol{v}$，一般不同 $\mathrm{d}\boldsymbol{l}$ 的速度 $\boldsymbol{v}$ 不同. 这时在整个导线中产生的动生电动势应为

$$\mathscr{E}_{\mathrm{i}}=\int_l(\boldsymbol{v}\times\boldsymbol{B})\cdot \mathrm{d}\boldsymbol{l} \tag{9-7}$$

上述讨论说明，动生电动势只可能存在于运动的导体中，不论导线是否闭合.

例 9-2 如图 9-9 所示，直角三角形导线框 abc 置于磁感应强度为 $\boldsymbol{B}$ 的均匀磁场中，以角速度 ω 绕 ab 边为轴转动，ab 边平行于 $\boldsymbol{B}$. 求各边的动生电动势及回路 abc 中的总感应电动势.

解 在 ac 边上距 a 点 l 处沿 ac 方向取线元 $\mathrm{d}\boldsymbol{l}$，$\mathrm{d}\boldsymbol{l}$ 的速度大小为 $v=\omega l$，方向垂直纸面向里. 因 $\boldsymbol{v}\perp\boldsymbol{B}$，且 $\boldsymbol{v}\times\boldsymbol{B}$ 的方向与 $\mathrm{d}\boldsymbol{l}$ 的方向一致，所以$(\boldsymbol{v}\times\boldsymbol{B})\cdot\mathrm{d}\boldsymbol{l}=vB\mathrm{d}l=\omega lB\mathrm{d}l$. 由(9-6)式有

$$\mathscr{E}_{ac}=\int_a^c(\boldsymbol{v}\times\boldsymbol{B})\cdot \mathrm{d}\boldsymbol{l}$$
$$=\int_0^{l_1}\omega Bl\,\mathrm{d}l=\frac{1}{2}\omega Bl_1^2$$

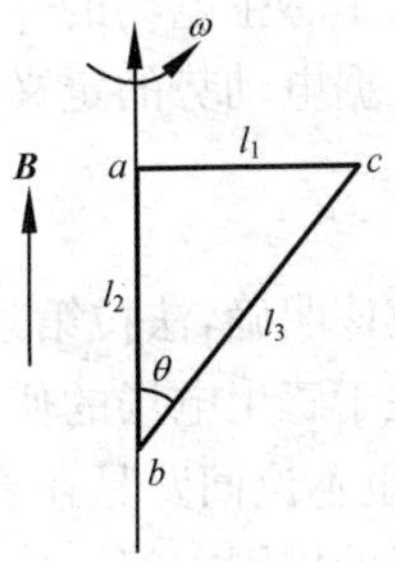

图 9-9　例 9-2 图

因为$(\boldsymbol{v}\times\boldsymbol{B})$的方向 $a\rightarrow c$，所以 $\mathscr{E}_{ac}$ 的指向为 $a\rightarrow c$，即$U_c>U_a$.

在 bc 边上距 b 点 l 处沿 bc 方向取线元 $\mathrm{d}\boldsymbol{l}$，$\mathrm{d}\boldsymbol{l}$ 的速度大小为 $v=\omega l\sin\theta$，$\boldsymbol{v}\perp\boldsymbol{B}$，$|\boldsymbol{v}\times\boldsymbol{B}|=vB=\omega lB\sin\theta$，$(\boldsymbol{v}\times\boldsymbol{B})$的方向平行于 ac 指向，因此与 $\mathrm{d}\boldsymbol{l}$ 夹角为$(90°-\theta)$. 所以

$$(\boldsymbol{v}\times\boldsymbol{B})\cdot\mathrm{d}\boldsymbol{l}=\omega lB\sin\theta\cos(90°-\theta)\mathrm{d}l=\omega B\sin^2\theta l\mathrm{d}l$$

由(9-6)式有

$$\mathscr{E}_{bc}=\int_b^c(\boldsymbol{v}\times\boldsymbol{B})\cdot \mathrm{d}\boldsymbol{l}=\int_0^{l_3}\omega B\sin^2\theta l\,\mathrm{d}l$$
$$=\frac{1}{2}\omega Bl_3^2\sin^2\theta$$
$$=\frac{1}{2}\omega Bl_1^2$$

即 $\mathscr{E}_{bc}=\mathscr{E}_{ac}$，可见 $U_b=U_a$，$U_c>U_b$，$\mathscr{E}_{bc}$ 指向为 $b\rightarrow c$.

因为 ab 边上任一线元 $\boldsymbol{v}=0$，所以 $\mathscr{E}_{ab}=0$，这与以上所得 $U_b=U_a$ 的结果是

一致的.

abc 回路中的总感应电动势为

$$\mathscr{E}=\mathscr{E}_{ab}+\mathscr{E}_{bc}+\mathscr{E}_{ca}=\mathscr{E}_{bc}-\mathscr{E}_{ac}=0$$

事实上,当导线框以 ab 为轴转动时,通过回路 abc 面积的磁通量始终为零,由法拉第电磁感应定律可知,总感应电动势为零.

二、感生电动势

动生电动势的非静电力是洛伦兹力,那么固定在变化磁场中的闭合回路中产生的感生电动势的非静电力又是什么呢?

麦克斯韦对这种情况的电磁感应现象提出如下假设:任何变化的磁场在它周围空间里都要产生一种非静电性的电场,叫做感生电场或涡旋电场,用符号 E_K 表示.感生电场与静电场有相同之处,它们对电荷都要施予作用力;但也有不同之处,静电场由静止电荷所激发,而感生电场是由变化的磁场所激发.其次,静电场是保守场,电场线始于正电荷止于负电荷,而感生电场是非保守场,其电场线是闭合的.正是由于感生电场的存在,回路中才产生感生电动势.

根据电动势的定义式(9-1)及法拉第电磁感应定律式(9-3),感生电动势为

$$\mathscr{E}_i=\oint_L \boldsymbol{E}_K\cdot d\boldsymbol{l}=-\frac{d\Phi}{dt} \tag{9-8}$$

应该明确,法拉第建立的电磁感应定律式(9-3)仅适用于导体回路,而由麦克斯韦关于感生电场的假设所建立的(9-8)式则有更普遍的意义,即无论有无导体回路,也不论回路是在真空中还是在介质中,(9-8)式都是适用的.就是说,在变化的磁场的周围空间,到处充满感生电场.如果有导体回路置于感生电场中,感生电场就驱使导体中的自由电荷运动,显示出感生电流;如果不存在导体回路,感生电场仍然存在,只不过没有感生电流而已.

例 9-3 在半径 $R=0.1$m 的圆柱形空间中存在着均匀磁场 $\boldsymbol{B}$,$\boldsymbol{B}$ 的方向与柱的轴线平行(图 9-10).若 $\boldsymbol{B}$ 的大小的变化率 $dB/dt=0.10\text{T}\cdot\text{s}^{-1}$,求在 $r=0.05$m 处的感生电场的电场强度为多大.

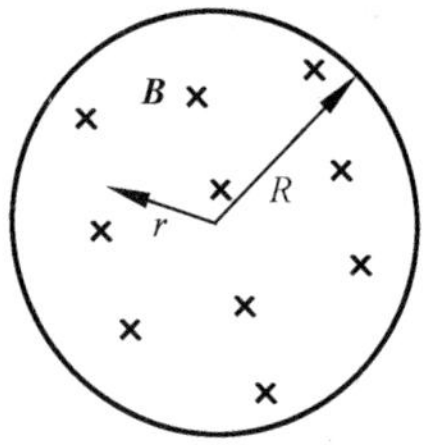

图 9-10 例 9-3 图

解 由题意可知,感生电场是轴对称的,根据

$$-\frac{d\Phi}{dt}=\oint_L \boldsymbol{E}_K\cdot d\boldsymbol{l}$$

有

$$\frac{dB}{dt}S=E_K\cdot 2\pi r$$

故

$$E_K=\frac{\pi r^2}{2\pi r}\cdot\frac{dB}{dt}=\frac{r}{2}\cdot\frac{dB}{dt}=0.025\times 0.1=2.5\times 10^{-3}(\text{V}\cdot\text{m}^{-1})$$

9-4　自感和互感

电磁感应现象的表现形式是多种多样的，下面对线圈中的电磁感应现象作进一步讨论.

一、自感

当一闭合回路中的电流发生变化时，它所激发的磁场通过自身回路的磁通量也发生变化，因此使回路自身产生感应电动势. 这种因回路中电流变化而在回路自身所引起的感应电动势现象，叫做自感现象，所产生的感应电动势叫做自感电动势.

设闭合回路中通有电流 I，根据毕奥-萨伐尔定律，此电流所激发的磁感应强度与电流强度 I 成正比. 因此，穿过回路自身所围面积的磁通量也与 I 成正比，即

$$\Phi = LI \tag{9-9}$$

式中，L 为比例系数，叫做自感系数，简称自感. 自感系数的数值与回路的形状、大小及周围介质有关. 如果回路的几何形状和磁介质分布确定，则 L 为常量.

根据法拉第电磁感应定律，回路中产生的自感电动势为

$$\mathscr{E}_L = -\frac{\mathrm{d}\Phi}{\mathrm{d}t} = -L\frac{\mathrm{d}I}{\mathrm{d}t} \tag{9-10}$$

上式是楞次定律的数学表达式. 它表示，自感电动势总是反抗回路中电流的变化：当电流增加时，自感电动势与原电流的方向相反；当电流减小时，自感电动势与原电流的方向相同. “－”号正体现这一意义. 回路的自感系数越大，回路中的电流就越不容易改变；自感应的作用越强，回路保持原有电流不变的性质就越明显. 因此，自感系数也可视为“电磁惯性”大小的量度.

自感系数的单位是亨利(H). 当线圈中的电流为 1A 时，穿过这个线圈的磁通量为 1Wb，此线圈的自感系数为 1H.

例 9-4　半径为 R 的长直螺线管的长度为 $l(l \gg R)$，均匀密绕 N 匝线圈，管内充满磁导率 μ 为恒量的磁介质，计算该螺线管的自感系数.

解　长直密绕螺线管通有电流强度 I，且忽略两端磁场不均匀性，管内磁感应强度的大小为

$$B = \mu\frac{N}{l}I$$

通过 N 匝线圈的磁通量为

$$\Phi = NBS = \mu\frac{N^2}{l}IS$$

由(9-9)式得长直螺线管的自感系数为

$$L=\frac{\Phi}{I}=\mu\frac{N^2}{l}S=\mu\frac{N^2}{l}\pi R^2$$

令 $n=N/l$，为螺线管单位长度的匝数；$V=\pi R^2 l$，为螺线管体积，有

$$L=\mu n^2 V$$

二、互感

设有两个邻近的闭合回路 1 和 2，分别通有强度为 I_1 和 I_2 的电流，如图 9-11 所示. 当 I_1 发生变化时，I_1 所产生的通过回路 2 所包围面积的磁通量 Φ_{21} 也将变化，因而在回路 2 中激发感应电动势 $\mathscr{E}_{21}$. 同理，当 I_2 变化时，由 I_2 所产生的通过回路 1 所包围面积的磁通量 Φ_{12} 也将变化，因而在回路 1 中也激发感应电动势 $\mathscr{E}_{12}$. 这种两个回路中的电流发生变化时相互在对方回路中激发感应电动势的现象，称为互感现象，所产生的电动势称为互感电动势.

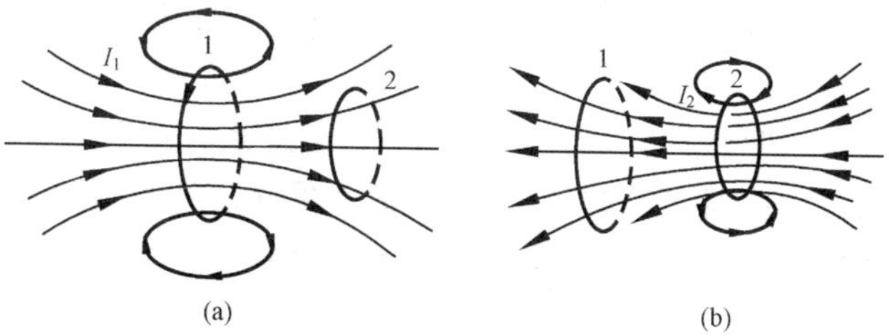

图 9-11　互感现象

根据毕奥-萨伐尔定律，在 I_1 所产生的磁场中，任何一点的磁感应强度都和 I_1 成正比，因此通过回路 2 的磁通量 Φ_{21} 也必然和 I_1 成正比，即

$$\Phi_{21}=M_{21}I_1$$

同理

$$\Phi_{12}=M_{12}I_2$$

式中，M_{21} 和 M_{12} 是两个比例系数，它们仅仅和两个线圈的形状、相对位置及其周围磁介质的分布有关. 理论和实验都证明：$M_{21}=M_{12}$，现记作 $M=M_{21}=M_{12}$，则 M 称作两回路的互感系数，简称互感. 于是，上两式可简化为

$$\Phi_{21}=MI_1 \tag{9-11}$$

$$\Phi_{12}=MI_2 \tag{9-12}$$

应用法拉第电磁感应定律，由于回路 1 中电流 I_1 的变化在回路 2 中激发的电动势为

$$\mathscr{E}_{21}=-M\frac{\mathrm{d}I_1}{\mathrm{d}t} \tag{9-13}$$

同理，由于回路 2 中的电流 I_2 的变化而在回路 1 中激发的电动势为

$$\mathscr{E}_{12}=-M\frac{\mathrm{d}I_2}{\mathrm{d}t} \tag{9-14}$$

由以上两式可以看出，一个回路中所引起的互感电动势，总要反抗另一个回路中的电流变化. 利用互感现象，可以把电能由一个线圈移到另一个线圈，变压器、感应线圈等就是根据这个原理制成的.

互感系数的单位也为 H.

例 9-5 原线圈 C_1 和副线圈 C_2 是长度 l 和截面积 S 都相同的共轴长螺线管，如图 9-12 所示. C_1 有 N_1 匝，C_2 有 N_2 匝，螺线管内磁介质的磁导率为 μ. 求：

(1) 这两共轴螺线管的互感系数；

(2) 两螺线管的自感系数与互感系数的关系.

解 (1) 设原线圈中通有电流 I_1，则管内磁感应强度和通过每匝原线圈的磁通量分别为

$$B = \mu \frac{N_1}{l} I_1$$

$$\Phi = BS = \mu \frac{N_1}{l} I_1 S$$

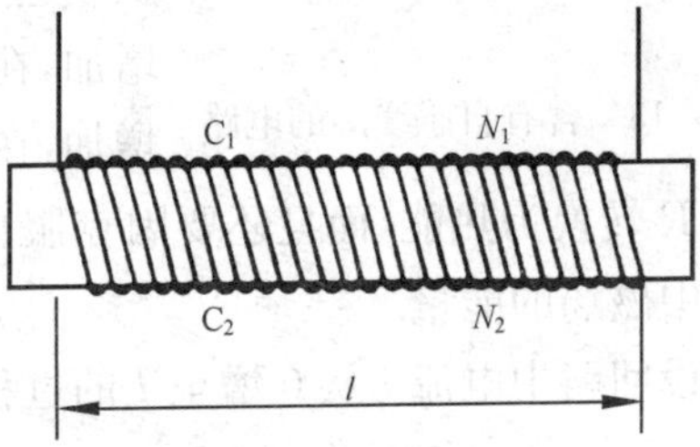

图 9-12 例 9-5 图

通过每匝副线圈的磁通量也为 Φ，通过副线圈的总磁通为

$$N_2\Phi = \mu \frac{N_1 N_2}{l} I_1 S$$

由互感系数的定义式，得

$$M = \frac{N_2\Phi}{I_1} = \mu \frac{N_1 N_2}{l} S$$

(2) 原线圈通有电流 I_1 时，原线圈自己的总磁通量为

$$N_1\Phi = \mu \frac{N_1^2 I_1}{l} S$$

按自感系数的定义式，得原线圈的自感

$$L_1 = \frac{N_1\Phi}{I_1} = \mu \frac{N_1^2}{l} S$$

同理，得副线圈的自感

$$L_2 = \frac{N_2\Phi}{I_2} = \mu \frac{N_2^2}{l} S$$

由此可见

$$M^2 = L_1 L_2, \quad M = \sqrt{L_1 L_2}$$

必须指出，一般情况下，$M = k\sqrt{L_1 L_2}$. k 称为两螺线管耦合系数：$0 \leqslant k \leqslant 1$，$k$ 值视两线圈的相对位置而定.

9-5 磁场的能量

磁场与电场一样也具有能量. 下面通过分析自感现象中的能量转换关系，简要介绍磁场能量.

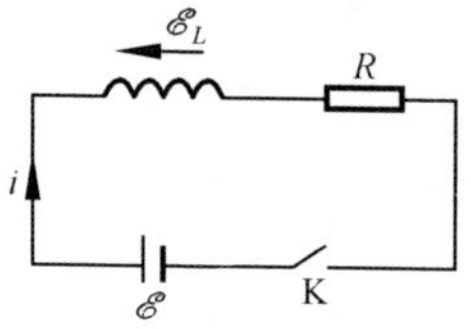

图 9-13 含有自感线圈的电路

设有自感为 L 的线圈，接在如图 9-13 所示的电路中，当开关 K 未接通时，电路中无电流，线圈中也没有磁场. 当接通开关 K 的瞬间，线圈中的电流 i 从零迅速增加到稳定值 I. 由于通过线圈中的电流增加，在线圈中将产生自感电动势 $\mathscr{E}_L$，阻止电流的增加，在此过程中，电源不仅要供给一部分能量通过电阻 R 转换为热能，而且还要因克服自感电动势做功，而将另一部分能量转换为线圈中磁场的能量.

设回路中电流 i 从 0 增至 I 的过程中，线圈中的自感电动势为

$$\mathscr{E}_L = -L\frac{\mathrm{d}i}{\mathrm{d}t}$$

根据能量守恒定律，在 t 到 $t+\mathrm{d}t$ 时间内，电源所做的功 $\mathscr{E}i\mathrm{d}t$，应该等于时间 $\mathrm{d}t$ 内电阻 R 上放出的焦耳热 $i^2R\mathrm{d}t$ 与克服自感电动势所做的功 $\mathrm{d}W=-\mathscr{E}_L i\,\mathrm{d}t$ 之和

$$\begin{aligned}\mathscr{E}i\mathrm{d}t &= i^2R\mathrm{d}t + \mathrm{d}W = i^2R\mathrm{d}t - \mathscr{E}_L i\,\mathrm{d}t \\ &= i^2R\mathrm{d}t + Li\,\mathrm{d}i\end{aligned} \tag{9-15}$$

在电流从 0 增至稳定值 I 的过程中，电源反抗自感电动势所做的功为

$$W_\mathrm{m} = \int \mathrm{d}W_\mathrm{m} = \int_0^I Li\,\mathrm{d}i = \frac{1}{2}LI^2$$

由此可知，对自感系数为 L 的线圈，当其电流为 I 时，磁场的能量为

$$W_\mathrm{m} = \frac{1}{2}LI^2 \tag{9-16}$$

磁场的性质是用磁感应强度 $\boldsymbol{B}$ 来描述的，所以磁场能量也可用磁感应强度 $\boldsymbol{B}$ 来表示. 为简便起见，现以长直密绕螺线管为例进行讨论. 当长直螺线管通有电流 I 时，管中的磁感应强度量值 $B=\mu nI$，螺线管的自感系数 $L=\mu n^2V$. 将它们代入(9-16)式中，可得螺线管内的磁场能量为

$$W_\mathrm{m} = \frac{1}{2}LI^2 = \frac{1}{2}\mu n^2V\left(\frac{B}{\mu n}\right)^2 = \frac{1}{2}\frac{B^2}{\mu}V$$

式中，V 为长直螺线管的体积. 由此可得单位体积内的磁能，即磁场能量密度为

$$w_\mathrm{m} = \frac{W_\mathrm{m}}{V} = \frac{1}{2}\frac{B^2}{\mu} \tag{9-17}$$

因为 $B=\mu H$，上式还可写为

$$w_{\mathrm{m}} = \frac{1}{2}\mu H^2 = \frac{1}{2}BH \tag{9-18}$$

应当明确,(9-17)式虽然是从长直螺线管这一特例导出的,但可以证明,该式对任意磁场都是适用的.

对于非均匀磁场,在有限空间 V 内的磁场能量为

$$W_{\mathrm{m}} = \int_V w_{\mathrm{m}} \mathrm{d}V = \frac{1}{2}\int_V \frac{B^2}{\mu}\mathrm{d}V = \frac{1}{2}\int_V BH\mathrm{d}V \tag{9-19}$$

例 9-6 由两个“无限长”的同轴圆筒状导体所组成的电缆,两圆筒之间充满磁导率为 μ 的各向同性均匀磁介质,沿内圆筒和外圆筒流动的电流方向相反而强度 I 相同.若内圆筒、外圆筒横截面半径分别为 R_1 和 R_2,如图 9-14 所示,求长为 l 的一段电缆内的磁场能量.

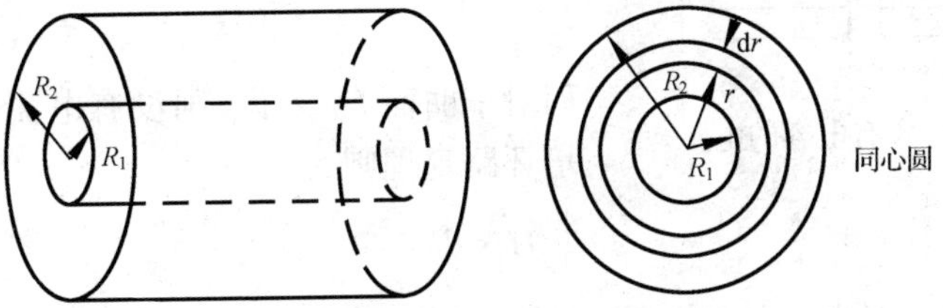

图 9-14 例 9-6 图

解 由安培环路定理可知,在内、外圆筒之间距轴线为 r 处的磁感应强度为

$$B = \frac{\mu I}{2\pi r}$$

在该处的磁场能量密度为

$$w_{\mathrm{m}} = \frac{1}{2}\frac{B^2}{\mu} = \frac{1}{2\mu}\left(\frac{\mu I}{2\pi r}\right)^2 = \frac{\mu I^2}{8\pi^2 r^2}$$

由半径为 r 和 $r+\mathrm{d}r$,长为 l 的两个圆柱面所组成的体积元 $\mathrm{d}V$ 中的磁场能量为

$$\mathrm{d}W_{\mathrm{m}} = w_{\mathrm{m}}\mathrm{d}V = \frac{\mu I^2}{8\pi^2 r^2}\mathrm{d}V$$

总磁场能量应为

$$W_{\mathrm{m}} = \int \mathrm{d}W_{\mathrm{m}} = \int_V w_{\mathrm{m}}\mathrm{d}V = \int_{R_1}^{R_2} \frac{\mu I^2 l}{8\pi^2 r^2} 2\pi r \mathrm{d}r$$

$$= \frac{\mu I^2 l}{4\pi}\ln\frac{R_2}{R_1}$$

9-6 位移电流 麦克斯韦方程组

前面我们已经介绍了电磁学的一些实验定律,麦克斯韦对这些定律进行了长期研究,并在总结前人成就的基础上,引入了感生电场和位移电流的概念,并建立

起系统完整的电磁场理论，预言了电磁波的存在. 本节我们将介绍麦克斯韦的电磁场基本方程，为此先介绍位移电流假设.

一、位移电流

如图 9-15 所示，电容器在充电时，电路中的电流 I 是非恒定电流，它随时间而变化. 现在极板 A 的附近取一个闭合回路 L，并以 L 为边界作两个曲面 S_1 和 S_2. 其中 S_1 与导线相交，S_2 在两极板之间不与导线相交；S_1 和 S_2 构成一个闭合曲面. 对曲面 S_1 来说，由于它与导线相交，通过 S_1 面的电流为 I，所以由安培环路定理有

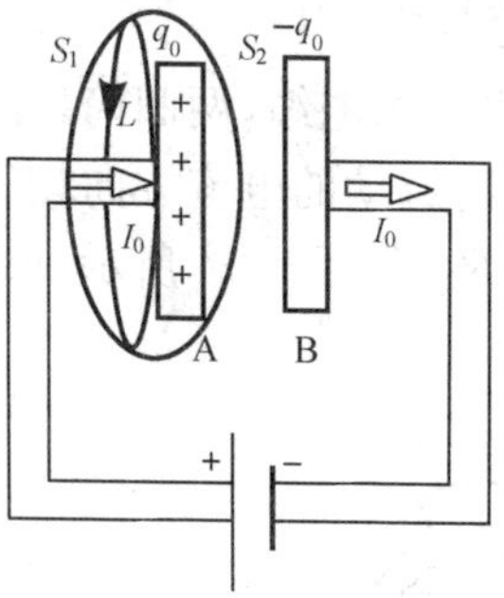

图 9-15　含有电容的电路

$$\oint_L \boldsymbol{H} \cdot \mathrm{d}\boldsymbol{l} = I$$

而对于曲面 S_2 来说，则没有电流通过 S_2，由安培环路定理则有

$$\oint_L \boldsymbol{H} \cdot \mathrm{d}\boldsymbol{l} = 0$$

上述结果表明，在非恒定电流的磁场中，选取不同的曲面，磁场强度的环流有不同的值，安培环路定理失效. 如果以位移电流的假设，安培环路定理则可适合非恒定电流的情况.

在图 9-16 的电容器放电电路中，设某一时刻极板 A 上有电荷 $+q$，其电荷面密度为 $+\sigma$；极板 B 上有电荷 $-q$，其电荷面密度为 $-\sigma$. 当电容器放电时，设正电荷由极板 A 沿导线向极板 B 流动. 若极板的面积为 S，其中传导电流 I_c 为

$$I_c = \frac{\mathrm{d}q}{\mathrm{d}t} = \frac{\mathrm{d}(S\sigma)}{\mathrm{d}t} = S\frac{\mathrm{d}\sigma}{\mathrm{d}t}$$

传导电流密度的大小 j_c 为

$$j_c = \frac{\mathrm{d}\sigma}{\mathrm{d}t}$$

在电容器两极板之间，由于没有自由电荷的移动，传导电流为零，所以对整个电路来说，传导电流是不连续的.

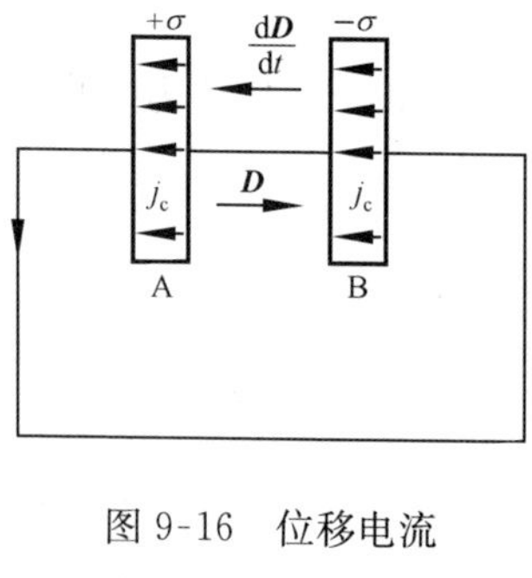

图 9-16　位移电流

但是，在电容器放电过程中，极板上的电荷密度 σ 随时间变化，极板间电场中电位移矢量的大小 $D=\sigma$ 和电通量 $\Phi_e = SD$ 也随时间而变化. 它们随时间的变化率分别为

$$\frac{\mathrm{d}D}{\mathrm{d}t} = \frac{\mathrm{d}\sigma}{\mathrm{d}t}, \quad \frac{\mathrm{d}\Phi_e}{\mathrm{d}t} = S\frac{\mathrm{d}\sigma}{\mathrm{d}t}$$

上述结果说明,极板间电通量的变化率 $\mathrm{d}\Phi_e/\mathrm{d}t$,在数值上等于极板内传导电流 I_c;极板间电位移矢量大小的变化率 $\mathrm{d}D/\mathrm{d}t$ 在数值上等于极板内传导电流密度 j_c. 而且,电容器放电时,由于 σ 减小,极板间电场减弱,所以 $\mathrm{d}\boldsymbol{D}/\mathrm{d}t$ 的方向与 $\boldsymbol{D}$ 的方向相反. 在图 9-16 中 $\boldsymbol{D}$ 方向由左向右,而 $\mathrm{d}\boldsymbol{D}/\mathrm{d}t$ 表示某种电流密度,它就可以代替极板间中断的传导电流密度,从而构成电流的连续性.

为此,麦克斯韦引入位移电流,并定义:电场中某一点位移电流密度 $\boldsymbol{j}_d$ 等于该点电位移矢量对时间的变化率;通过电场中某一截面的位移电流 I_d 等于通过该截面电位移通量 Φ_e 对时间的变化率,即

$$\boldsymbol{j}_d = \frac{\mathrm{d}\boldsymbol{D}}{\mathrm{d}t}, \quad I_d = \frac{\mathrm{d}\Phi_e}{\mathrm{d}t} \tag{9-20}$$

麦克斯韦假设位移电流和传导电流一样,在其周围空间要产生磁场. 要明确,位移电流并非电荷的定向移动,它的本质是随时间变化的电场. 当电路中同时存在传导电流 I_c 和位移电流 I_d 时,它们之和为 $I_s = I_c + I_d$. I_s 叫做全电流.

这样,在非恒定电流的情况下,安培环路定理可修改为

$$\oint_L \boldsymbol{H} \cdot \mathrm{d}\boldsymbol{l} = I_s = I_c + \frac{\mathrm{d}\Phi_e}{\mathrm{d}t}$$

或

$$\oint_L \boldsymbol{H} \cdot \mathrm{d}\boldsymbol{l} = \int_S \left(\boldsymbol{j}_c + \frac{\mathrm{d}\boldsymbol{D}}{\mathrm{d}t}\right) \cdot \mathrm{d}\boldsymbol{S} \tag{9-21}$$

(9-21)式称为全电流安培环路定理. (9-21)式的右边第一项为传导电流对磁场的贡献,第二项为位移电流,即变化的电场对磁场的贡献.

二、麦克斯韦方程组的积分形式

位移电流假设指出变化的电场激发涡旋磁场;前面讨论的感生电场假设指出变化的磁场激发涡旋电场. 这两个假设揭示了电磁场之间的内在联系. 存在变化电场的空间必存在变化磁场,而存在变化磁场的空间也必然存在变化电场,它们构成一个统一的电磁场整体. 这就是麦克斯韦关于电磁场的基本概念.

我们在研究电场和磁场的过程中,曾分别得出有关静电场和稳恒磁场的一些基本方程.

静电场的高斯定理

$$\oint_S \boldsymbol{D} \cdot \mathrm{d}\boldsymbol{S} = q = \int_V \rho \mathrm{d}V$$

静电场的环路定理

$$\oint_L \boldsymbol{E} \cdot \mathrm{d}\boldsymbol{l} = 0$$

磁场的高斯定理

$$\oint_S \boldsymbol{B} \cdot \mathrm{d}\boldsymbol{S} = 0$$

安培环路定理

$$\oint_L \boldsymbol{H} \cdot \mathrm{d}\boldsymbol{l} = I_c = \int_S \boldsymbol{j}_c \cdot \mathrm{d}\boldsymbol{S}$$

麦克斯韦引入涡旋电场和位移电流两个重要概念后，将$\oint_L \boldsymbol{E} \cdot \mathrm{d}\boldsymbol{l}=0$修改为

$$\oint_L \boldsymbol{E} \cdot \mathrm{d}\boldsymbol{l} = -\frac{\mathrm{d}\Phi}{\mathrm{d}t} = -\int_S \frac{\partial \boldsymbol{B}}{\partial t} \cdot \mathrm{d}\boldsymbol{S} \tag{9-22a}$$

将$\oint_L \boldsymbol{H} \cdot \mathrm{d}\boldsymbol{l}=I_c=\int_S \boldsymbol{j}_c \cdot \mathrm{d}\boldsymbol{S}$修改为

$$\oint_L \boldsymbol{H} \cdot \mathrm{d}\boldsymbol{l} = I_c + I_d = \int_S \left(\boldsymbol{j}_c + \frac{\partial \boldsymbol{D}}{\partial t}\right) \cdot \mathrm{d}\boldsymbol{S} \tag{9-22b}$$

使它们能适用于一般的电磁场. 麦克斯韦还认为，(7-30)式和(9-8)式不仅适用于静电场和稳恒磁场，也适用于一般的电磁场. 这样，由(7-30)、(9-8)、(8-4)、(9-22)式组成电磁场的四个基本方程

$$\begin{cases} \oint_S \boldsymbol{D} \cdot \mathrm{d}\boldsymbol{S} = q_0 = \int_V \rho_0 \mathrm{d}V \\ \oint_L \boldsymbol{E} \cdot \mathrm{d}\boldsymbol{l} = -\int_S \frac{\partial \boldsymbol{B}}{\partial t} \cdot \mathrm{d}\boldsymbol{S} \\ \oint_S \boldsymbol{B} \cdot \mathrm{d}\boldsymbol{S} = 0 \\ \oint_L \boldsymbol{H} \cdot \mathrm{d}\boldsymbol{l} = \int_S \left(\boldsymbol{j}_c + \frac{\partial \boldsymbol{D}}{\partial t}\right) \cdot \mathrm{d}\boldsymbol{S} \end{cases} \tag{9-23}$$

(9-23)式就是麦克斯韦方程组的积分形式.

*9-7 麦克斯韦方程组的微积分形式

麦克斯韦提出的涡旋电场和位移电流假说的核心思想是：变化的磁场可以激发涡旋电场，变化的电场可以激发涡旋磁场；电场和磁场不是彼此孤立的，它们相互联系、相互激发组成一个统一的电磁场. 麦克斯韦进一步将电场和磁场的所有规律综合起来，建立了完整的电磁场理论体系. 这个电磁场理论体系的核心就是麦克斯韦方程组.

一、麦克斯韦方程组的积分形式

$$\begin{cases} \oint_S \boldsymbol{D} \cdot \mathrm{d}\boldsymbol{S} = q_0 \\ \oint_S \boldsymbol{B} \cdot \mathrm{d}\boldsymbol{S} = 0 \\ \oint_L \boldsymbol{E} \cdot \mathrm{d}\boldsymbol{l} = -\int_S \frac{\partial \boldsymbol{B}}{\partial t} \cdot \mathrm{d}\boldsymbol{S} \\ \oint_L \boldsymbol{H} \cdot \mathrm{d}\boldsymbol{l} = I_c + \int_S \frac{\partial \boldsymbol{D}}{\partial t} \cdot \mathrm{d}\boldsymbol{S} \end{cases} \tag{9-24}$$

这是1873年前后，麦克斯韦提出的表述电磁场普遍规律的四个方程. 其中：

(1) 描述了电场的性质. 在一般情况下,电场可以是库仑电场,也可以是变化的磁场激发的感应电场,而感应电场是涡旋场,它的电位移线是闭合的,对封闭曲面的通量无贡献.

(2) 描述了磁场的性质. 磁场可以由传导电流激发,也可以由变化电场的位移电流所激发,它们的磁场都是涡旋场,磁感应线都是闭合线,对封闭曲面的通量无贡献.

(3) 描述了变化的磁场激发电场的规律.

(4) 描述了变化的电场激发磁场的规律.

变化场与稳恒场的关系:当$\partial \boldsymbol{B}/\partial t=0$,$\partial \boldsymbol{D}/\partial t=0$时,方程组就还原为静电场和稳恒磁场的方程

$$\begin{cases}\oint_S \boldsymbol{D}\cdot \mathrm{d}\boldsymbol{S}=q_0\\ \oint_S \boldsymbol{B}\cdot \mathrm{d}\boldsymbol{S}=0\\ \oint_L \boldsymbol{E}\cdot \mathrm{d}\boldsymbol{l}=0\\ \oint_L \boldsymbol{H}\cdot \mathrm{d}\boldsymbol{l}=I_c\end{cases}$$

在没有场源的自由空间,即$q_0=0$,$I_c=0$,方程组就成为如下形式:

$$\begin{cases}\oint_S \boldsymbol{D}\cdot \mathrm{d}\boldsymbol{S}=0\\ \oint_S \boldsymbol{B}\cdot \mathrm{d}\boldsymbol{S}=0\\ \oint_L \boldsymbol{E}\cdot \mathrm{d}\boldsymbol{l}=-\int_S \dfrac{\partial \boldsymbol{B}}{\partial t}\cdot \mathrm{d}\boldsymbol{S}\\ \oint_L \boldsymbol{H}\cdot \mathrm{d}\boldsymbol{l}=\int_S \dfrac{\partial \boldsymbol{D}}{\partial t}\cdot \mathrm{d}\boldsymbol{S}\end{cases}$$

麦克斯韦方程组的积分形式反映了空间某区域的电磁场量($\boldsymbol{D}$、$\boldsymbol{E}$、$\boldsymbol{B}$、$\boldsymbol{H}$)和场源(电荷q_0、电流I_c)之间的关系.

二、麦克斯韦方程组的微分形式

在电磁场的实际应用中,经常要知道空间逐点的电磁场量和电荷、电流之间的关系. 从数学形式上,就是将麦克斯韦方程组的积分形式化为微分形式. 利用矢量分析方法,可得

$$\begin{cases}\nabla\cdot \boldsymbol{D}=\rho_0\\ \nabla\cdot \boldsymbol{B}=0\\ \nabla\times \boldsymbol{E}=-\dfrac{\partial \boldsymbol{B}}{\partial t}\\ \nabla\times \boldsymbol{H}=\boldsymbol{j}_c+\dfrac{\partial \boldsymbol{D}}{\partial t}\end{cases}\tag{9-25}$$

注意:

(1) 在不同的惯性参考系中,麦克斯韦方程有同样的形式.

(2) 应用麦克斯韦方程组解决实际问题,还要考虑介质对电磁场的影响.

例如,在各向同性介质中,电磁场量与介质特性量有下列关系:$\boldsymbol{D}=\varepsilon\boldsymbol{E}$,$\boldsymbol{B}=\mu\boldsymbol{H}$,$\boldsymbol{j}=\gamma\boldsymbol{E}$. 在非均匀介质中,还要考虑电磁场量在界面上的边值关系. 再利用$t=0$时场量的初值条件,原则上可以求出任一时刻空间任一点的电磁场,即$\boldsymbol{E}(x,y,z,t)$和$\boldsymbol{B}(x,y,z,t)$.

麦克斯韦方程组在电磁学中的地位，如同牛顿运动定律在力学中的地位一样. 以麦克斯韦方程组为核心的电磁理论，是经典物理学最引以自豪的成就之一. 它所揭示出的电磁相互作用的完美统一，为物理学家树立了这样一种信念：物质的各种相互作用在更高层次上应该是统一的. 另外，这个理论被广泛地应用到技术领域.

*9-8 直流电路

一、闭合电路的欧姆定律

由于单纯利用静电电势差不可能维持恒定的电流，它只能产生短暂的非恒定电流，所以我们必须凭借电源，才能在整个闭合电路中建立起稳恒电场，形成恒定电流.

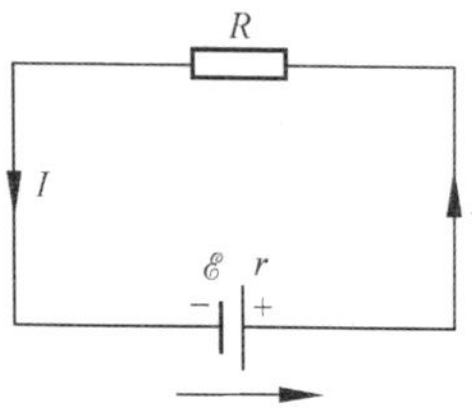

图 9-17 闭合电路

现在我们从功、能的观点来研究闭合的直流电路(图 9-17). 假定外电路和内电路的电阻分别为 R 和 r，I 为闭合电路中的电流强度，在 t 秒内，电源把正电荷 q 从电势较低的负极经过它的内部送到电势较高的正极上去，在这过程中电源要对电荷 q 做功(非静电力克服静电力而做功). 假设正电荷 q 从电源负极送回到正极的过程中非静电力所做的功为 A，那么，我们就把

$$\mathscr{E} = \frac{A}{q} \tag{9-26}$$

称为电源的电动势. 在数值上等于将单位正电荷从负极经电源内部送回到正极的过程中，非静电力所做的功.

虽然，电源内部的非静电力和静电力在性质上是不同的，但是它们都有推动电荷运动的作用. 所以，我们可以等效地将非静电力 $\boldsymbol{F}_{\mathrm{K}}$ 与电荷 q 之比定义为一个非静电性的场强 $\boldsymbol{E}_{\mathrm{K}}$，即

$$\boldsymbol{E}_{\mathrm{K}} = \frac{\boldsymbol{F}_{\mathrm{K}}}{q} \tag{9-27}$$

这个场强 $\boldsymbol{E}_{\mathrm{K}}$ 只存在于电源内部. 非静电力的功可表示为

$$A = \int_{-\,(\text{电源内})}^{+} q\boldsymbol{E}_{\mathrm{K}} \cdot \mathrm{d}\boldsymbol{l} = q \int_{-\,(\text{电源内})}^{+} \boldsymbol{E}_{\mathrm{K}} \cdot \mathrm{d}\boldsymbol{l} \tag{9-28}$$

则按照上式，电源电动势的定义式可写成

$$\mathscr{E} = \int_{-\,(\text{电源内})}^{+} \boldsymbol{E}_{\mathrm{K}} \cdot \mathrm{d}\boldsymbol{l} \tag{9-29}$$

电源电动势 $\mathscr{E}$ 标志了单位正电荷在电源内通过时有多少其他形式的能量(如电池的化学能、发电机的机械能等)转换成电能.

至于电荷再从正极经过外电路到负极的过程，只是电荷把已经获得的电势能 W_{e} 转化为热能 Q 或其他形式的能量，电源并不另外再做功. 所以当电荷 q 循闭合电路绕行一周时，根据能量守恒定律，电源所做的功为

$$A = W_{\mathrm{e}} + Q_i \tag{A}$$

式中，当电流强度为 I 时，电荷所增加的电势能为

$$W_{\mathrm{e}} = q(U_A - U_B) = I(U_A - U_B)t$$

但是上面说过，在电荷从正极经外电路到负极的过程中，它把所增加的电势能通过电阻 R（包括外电路上所有的连接导线和用电器的电阻）全部转化为热量 Q 了. 所以，根据焦耳定律，上式也可写成

$$W_e = Q = I^2Rt \tag{B}$$

同样，在内电路中所转化的热量为

$$Q_i = I^2rt \tag{C}$$

把(B)式、(C)式代入(A)式，则在闭合电路中通有电流强度 I 时，电源所做的功为

$$A = I^2Rt + I^2rt \tag{D}$$

由电动势的定义式(9-26)，当电流强度为 I 时，电源所做的功为

$$A = \mathscr{E}q = \mathscr{E}It \tag{9-30}$$

这也是电源所输出的电能，并在所有电阻上转变为热能，即

$$\mathscr{E}It = I^2Rt + I^2rt$$

化简后，得

$$I = \frac{\mathscr{E}}{R+r} \quad 或 \quad \mathscr{E} = IR + Ir \tag{9-31}$$

式中，IR 称为外电路的电势降落；Ir 称为内电路的电势降落. (9-31)式称为闭合电路的欧姆定律.

由于在一个通有电流的闭合电路中，沿着外电路和内电路的电流流向分别有 IR 和 Ir 的电势降落，因此电源必须起这样一个作用，就是沿着内电路从负极到正极的方向，电源必须能产生一个电势升高 $\mathscr{E}=IR+Ir$，以抵消整个电路中的电势降落，使电路中每一点的电势都维持不变. 这样，在导体中便形成恒定电流. 电源产生的这种电势升高就是电源的电动势.

电动势和电势一样，也是一个标量，其单位和电势相同. 为表述和解题方便起见，我们规定电动势的指向为电势增高的方向，亦即自负极经过电源内部指向正极的方向.

二、一段含源电路的欧姆定律

现在我们进一步研究一段含有电源的电路两端间的路端电压. 图 9-18 表示从整个电路中任取的一段含源电路.

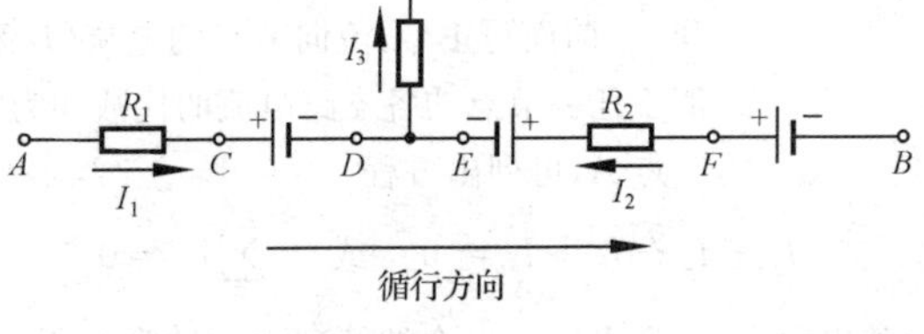

图 9-18　一段含源电路

若需求此电路上两点 A、B 间的路端电压 $U_A - U_B$，则从始端 A 沿着电路 $A \to C \to D \to E \to F \to B$ 到终端 B 的循行方向，凡通过电阻的电流流向与循行方向一致者，电势降低，相反者，电势升高（即负的降低）；凡电源电动势的指向与循行方向一致者，电势升高，相反者，电势降低（即负的升高）. 因而，我们可用电势升、降来计算含源电路的路端电压.

一般地，我们可以写成这样的形式来计算 A、B 两端的路端电压，即

$$U_A - U_B = \sum_i I_iR_i - \sum_i \varepsilon_i \tag{9-32}$$

上式表明，在一段含源电路中，其路端电压等于电流与电阻（包括外电阻和电源的内阻）的乘积之代数和减去该段电路中电动势之代数和. 这一结论称为一段含源电路的欧姆定律.

从(9-32)式看出，如果这段电路中没有电源，仅有一个纯电阻 R，则该式变成 $U_A - U_B = IR$，这就是一段纯电阻电路的欧姆定律；如果这段电路中含有一个电动势为 $\mathscr{E}$、内阻为 r 的电源，且把两个端点 A 和 B 相连接而成为一个闭合电路，于是有 $U_A = U_B$，则(9-32)式成为

$$0 = IR + Ir - \mathscr{E}$$

或

$$I = \mathscr{E}/(R+r)$$

这就是前述的闭合电路的欧姆定律；如果这个闭合电路中包含若干个电源和电阻，则由于单一的闭合电路中的电流 I 是恒量，可作为公因子从求和号内提出，即

$$\sum_i I_i R_i = I \sum_i R_i$$

从而由(9-32)式可得

$$I = \frac{\sum_i \mathscr{E}_i}{\sum_i R_i} \tag{9-33}$$

上式就是单一闭合电路欧姆定律的普遍形式.

三、基尔霍夫定律

一个复杂电路可以是多个电源和多个电阻的复杂连接，我们把任意一条电源和电阻串联的电路叫做支路，把几条支路构成的通路叫做回路，把三条或更多条支路的汇集点叫做节点.

1. 基尔霍夫第一定律

基尔霍夫第一定律又称基尔霍夫电流定律，它表示任何瞬时流入电路任一节点的电流的代数和等于零.

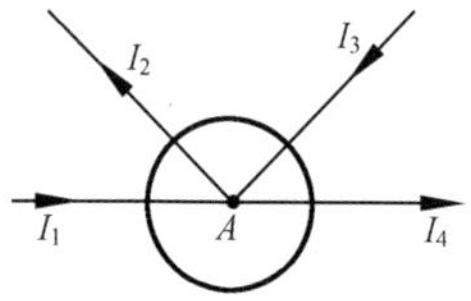

图 9-19　节点

如图 9-19 所示，对于每一个节点都可以作一个闭合曲面把它包围起来. 根据电流的恒定条件 $\oiint_S \boldsymbol{j} \cdot \mathrm{d}\boldsymbol{S} = 0$，汇于每一节点的总电流必定为零. 如果规定从节点流出的电流（如 I_2 和 I_4）前面写正号，流向节点的电流（I_1 和 I_3）前面写负号，则汇于任一节点的各支路电流的代数和为零. 对于图 9-19 中的节点 A，可列出方程

$$-I_1 + I_2 - I_3 + I_4 = 0 \quad 或 \quad \sum_i I_i = 0 \tag{9-34}$$

对于具有 n 个节点的完整电路，可以列出$(n-1)$个彼此独立的这类方程，称为基尔霍夫第一定律或节点电流定律.

2. 基尔霍夫第二定律

基尔霍夫第二定律又称基尔霍夫电压定律，它表示任何瞬时，沿电路的任一回路，各支路电压的代数和等于零.

$$\sum_i I_i R_i + \sum_j \mathscr{E}_j = 0 \tag{9-35}$$

上式表明，对于任一闭合回路，电势降落的代数和为零. 这个回路电压方程的基础是恒定电场的

环路定理，即沿回路环绕一周回到出发点，电势数值不变. 在应用(9-35)式时，首先要选定回路的绕行方向，然后沿绕行方向逐个确定各项前面的正负号：对于电阻来说，若电流方向与绕行方向相同，取正号，否则取负号；对于电源来说，若电动势方向与绕行方向相同，取负号，否则取正号.

四、电流的功和功率

电流通过一段电路时，电场力移动电荷要做功. 在恒定电流的情况下，所做的功 W_e 可表示为

$$W_e = q(U_1 - U_2) = It(U_1 - U_2) \tag{9-36}$$

式中，q 为在时间 t 内通过电路的电量，U_1、U_2 分别为电路两端的电势，I 为电路中的电流强度. 这个功称为电流 I 的功，简称电功，其相应的功率为

$$P = \frac{W_e}{t} = I(U_1 - U_2) \tag{9-37}$$

称为电流的功率，简称电功率.

在国际单位制中，电功的单位为焦耳(J)，1 焦耳＝1 安培·伏特·秒；电功率的单位为瓦特(W)，1 瓦特＝1 焦耳·秒$^{-1}$＝1 伏·安.

应该指出，若电路中是一阻值为 R 的纯电阻，根据欧姆定律，(9-37)式可改写为

$$P = I^2R = \frac{(U_1 - U_2)^2}{R} \tag{9-38}$$

这时的电功率又称为热功率. 当电路是纯电阻电路时，(9-37)式和(9-38)式是等效的，当电路中除有电阻外，还有电动机、充电的蓄电池等转换能量的电器时，(9-37)式和(9-38)式所表示的意义就各不相同了. (9-37)式适应于计算任何电路的电功率，它具有更普遍的意义.

本章要点

(1) 法拉第电磁感应定律 $\mathscr{E}_i = -\dfrac{d\Phi}{dt}$.

(2) 动生电动势 $\mathscr{E}_{ab} = \int_a^b (\boldsymbol{v} \times \boldsymbol{B}) \cdot d\boldsymbol{l}$.

(3) 感生电动势和感生电场 $\mathscr{E} = \oint_L \boldsymbol{E}_K \cdot d\boldsymbol{l} = -\dfrac{d\Phi}{dt}$.

(4) 互感系数 $M = \dfrac{\Phi_{12}}{I_1} = \dfrac{\Phi_{12}}{I_2}$.

(5) 互感电动势 $\mathscr{E}_{21} = -M\dfrac{dI_1}{dt}$.

(6) 自感系数 $L = \dfrac{\Phi}{I}$.

(7) 自感电动势 $\mathscr{E}_L = -L\dfrac{dI}{dt}$.

(8) 自感磁能 $W_m = \dfrac{1}{2}LI^2$.

(9) 磁场能量密度 $w_{\mathrm{m}}=\frac{B^2}{2\mu}=\frac{1}{2}BH$.

(10) 位移电流密度和位移电流

$$\boldsymbol{j}_{\mathrm{d}}=\frac{\partial \boldsymbol{D}}{\partial t},\quad I_{\mathrm{d}}=\frac{\mathrm{d}\Phi_{\mathrm{e}}}{\mathrm{d}t}$$

(11) 全电流安培环路定理 $\oint_L \boldsymbol{H}\cdot \mathrm{d}\boldsymbol{l}=\int_S\left(\boldsymbol{j}_{\mathrm{c}}+\frac{\partial \boldsymbol{D}}{\partial t}\right)\cdot \mathrm{d}\boldsymbol{S}$.

(12) 麦克斯韦方程组

$$\begin{cases}\oint_S \boldsymbol{D}\cdot \mathrm{d}\boldsymbol{S}=\int_V \rho_0\,\mathrm{d}V\\ \oint_L \boldsymbol{E}\cdot \mathrm{d}\boldsymbol{l}=-\int_S \frac{\partial \boldsymbol{B}}{\partial t}\cdot \mathrm{d}\boldsymbol{S}\\ \oint_S \boldsymbol{B}\cdot \mathrm{d}\boldsymbol{S}=0\\ \oint_L \boldsymbol{H}\cdot \mathrm{d}\boldsymbol{l}=\int_S\left(\boldsymbol{j}_{\mathrm{c}}+\frac{\partial \boldsymbol{D}}{\partial t}\right)\cdot \mathrm{d}\boldsymbol{S}\end{cases}$$

(13) 麦克斯韦方程组的微分形式

$$\begin{cases}\nabla\cdot \boldsymbol{D}=\rho_0\\ \nabla\times \boldsymbol{E}=-\frac{\partial \boldsymbol{B}}{\partial t}\\ \nabla\cdot \boldsymbol{B}=0\\ \nabla\times \boldsymbol{H}=\boldsymbol{j}_{\mathrm{c}}+\frac{\partial \boldsymbol{D}}{\partial t}\end{cases}$$

(14) 基尔霍夫定律

$$\sum_i I_i=0$$

$$\sum_i I_iR_i+\sum_j \mathscr{E}_j=0$$

习　　题

9-1 用导线制成一半径为 $r=10\mathrm{cm}$ 的闭合圆形线圈，其电阻 $R=5\Omega$. 有一变化磁场垂直于该线圈平面，已知磁感应强度的大小随时间的变化率 $\mathrm{d}B/\mathrm{d}t$ 等于 $\frac{10}{\pi}$ $(\mathrm{T\cdot s^{-1}})$. 求闭合圆形线圈中感应电流 i 的大小.

9-2 两条平行长直导线通有大小、方向均相同的电流 I，在两条导线旁平行且共面地放一长方形线圈，长为 a，宽为 b，线圈的一边与两条导线的距离分别为 r_1 和 r_2，如题 9-2 图所示. 已知两导线中的电流都为 $I=kt$，其中 k 为常数，t 为时间. 求导线框中的感应电动势.

9-3 一个 $N=150$ 匝的边长为 $a=0.4\mathrm{m}$ 的正方形线圈与一长直导线共面，且线圈的一对对边与导线平行. 其中离导线最近的一边与导线相距 $b=0.4\text{m}$. 若长直导线中通电流 $i=30\sin 314t$, 求: (1) 任意时刻线圈中的感应电动势; (2) $t=0$时刻线圈中的感应电动势.

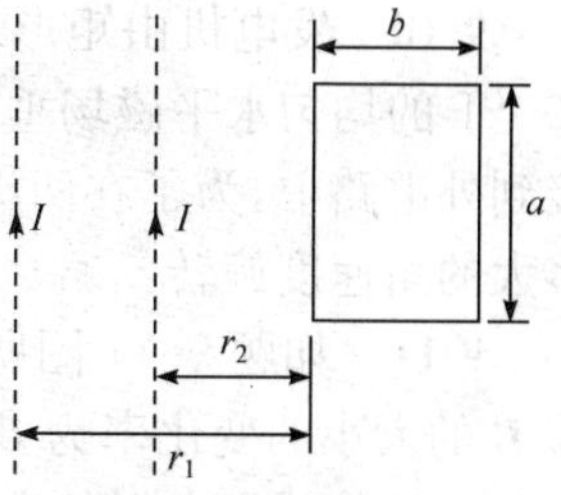

题 9-2 图

9-4 半径为 r 的小导线环, 置于半径为 R 的大导线环中心, 二者在同一平面内, 且 $r \ll R$, 在大导线环中通有正弦电流 $I=I_0\sin\omega t$. 其中 ω、I_0 为常数, t 为时间, 则任一时刻小导线环中感应电动势的大小如何?

9-5 在如题 9-5 图所示的回路中. ab 是可以自由移动的. 整个回路处在一均匀磁场中, $B=0.5\text{T}$, 电阻 $R=0.5\Omega$, 长度 $L=0.5\text{m}$, ab 以速度 $v=4.0\text{m}\cdot\text{s}^{-1}$ 向右匀速运动. (1) 作用在 ab 上的拉力 F 大小如何? (2) 拉力所做功的功率 P_1 为多少? (3) 感应电流消耗在电阻上的功率 P_2 为多少?

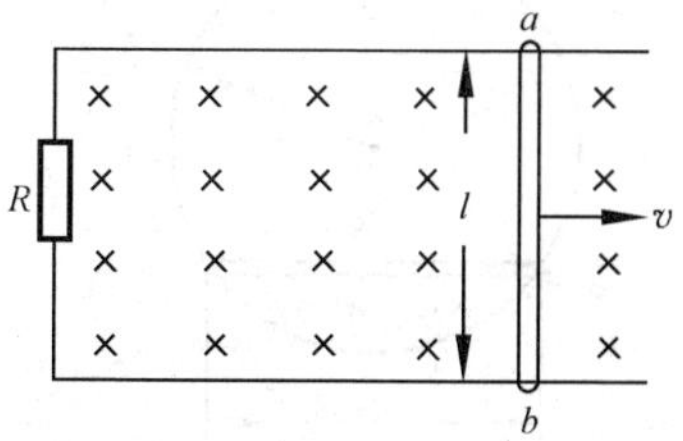

题 9-5 图

9-6 一载流长直导线中有 $I=2\text{A}$ 的电流. 另一长为 $L=0.3\text{m}$ 的直导线 AB 与长直导线共面且与之垂直, 近端 A 距长直导线为 $a=0.1\text{m}$. 求当 AB 以匀速率 $v=2\text{m}\cdot\text{s}^{-1}$ 竖直向上运动时, 导线中感应电动势的大小和方向.

9-7 长度为 L 的铜棒, 以距端点 a 处为支点, 并以匀角速率 ω 绕通过支点且垂直于铜棒的轴转动. 设磁感应强度为 $\boldsymbol{B}$ 的均匀磁场与轴平行, 求棒两端的电势差.

9-8 如题 9-8 图所示, 一长直导线中通有 $I=5\text{A}$ 的电流, 在距导线 0.09m 处, 放一面积为 $0.1\times10^{-4}\text{m}^2$、10 匝的小圆线圈, 线圈中的磁场可看作是均匀的. 今在 0.01s 内把此线圈移至距导线 0.1m 处. 求: (1) 线圈中平均感应电动势的大小; (2) 若线圈的电阻为 0.01Ω, 求通过线圈横截面积的感应电量.

9-9 如题 9-9 图所示, 一载有恒定电流 I 的长直导线附近, 有一导体半圆环 MeN 与长直导线共面, 且端点 MN 的连线与长直导线垂直. 半圆环的半径为 b, 环心 O 与导线相距 a. 设半圆环以速度 v 平行导线平移, 求半圆环内感应电动势的大小和方向.

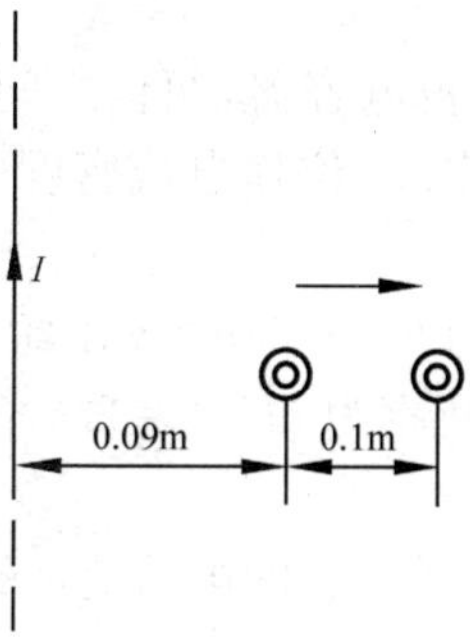

题 9-8 图

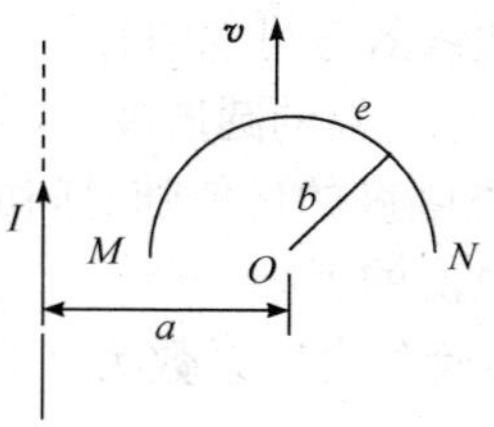

题 9-9 图

9-10 发电机由矩形线圈组成，线圈平面绕竖直轴旋转. 该轴与大小为 2.0×10^{-2}T 的均匀水平磁场垂直，线圈的长、宽各为 0.2m 和 0.1m，120 匝，导线的两端接到外电路上，为了在两端之间输出最大值为 12.0V 的感应电动势，线圈必须以多大的角速度旋转？

9-11 如题 9-11 图所示，在圆柱形空间存在着均匀磁场 $\boldsymbol{B}$，方向与轴线平行，若 $\boldsymbol{B}$ 的大小的变化率为 $\mathrm{d}B/\mathrm{d}t=0.10\mathrm{T\cdot s^{-1}}$，圆柱横截面半径 $R=0.1$m. 在 $r=0.05$m 处的感生电场的电场强度多大？

9-12 如题 9-12 图所示，在半径为 R 的圆柱形空间中存在着均匀磁场 $\boldsymbol{B}$，方向与柱的轴线平行，有长为 L 的金属棒放在磁场中. 设 $\boldsymbol{B}$ 的大小的变化率为 $\mathrm{d}B/\mathrm{d}t$. 试证：棒上感应电动势的大小为 $\mathscr{E}_i=\frac{\mathrm{d}B}{\mathrm{d}t}\cdot\frac{L}{2}\sqrt{R^2-\frac{L}{4}}$.

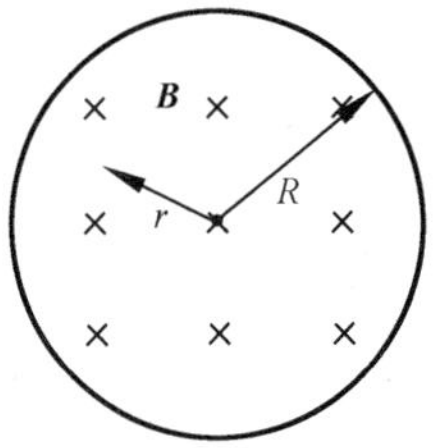

题 9-11 图

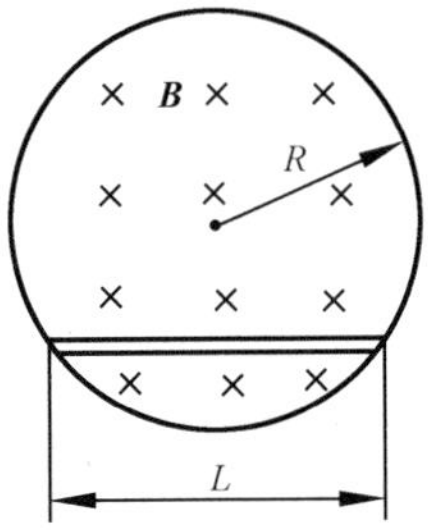

题 9-12 图

9-13 有一个线圈，自感系数是 1.2H，当通过它的电流在 1/200s 内，由 0.5A 均匀地增加到 5A 时，产生的自感电动势是多大？

9-14 一空心直螺线管，长 0.5m，横截面积为 $0.1\times10^{-2}\mathrm{m}^2$，若螺线管上密绕线圈 3000 匝. (1)自感系数为多大？(2)若其中电流随时间的变化率为每秒增加 10A，自感电动势的大小和方向如何？

9-15 A、C 为两同轴的圆线圈，半径分别为 R 和 r，两线圈相距为 L，若 r 很小，可以认为线圈 A 在 C 中所产生的磁感应强度是均匀的，求两线圈的互感系数.

9-16 一截面积为 $8\times10^{-4}\mathrm{m}^2$，长为 0.5m，总匝数为 $N=1000$ 匝的空心螺线管，线圈中的电流均匀地增大，每隔 1s 增加 0.1A. 现把一个铜环套在螺线管上，求互感系数和环内感应电动势的大小.

9-17 设有半径 $R=0.2$m 的圆形平行板电容器，两板之间为真空，板间距离 $d=0.5$cm，以恒定电流 $I=2$A 对电容器充电. 求位移电流密度(设电流是均匀的，平行板电容器的边缘效应可忽略).

9-18 平行板电容器的圆形极板，半径为 $R=0.04$m，放在真空中，今将电容器充电，使两极板间电场强度的量值随时间的变化率为 $\mathrm{d}E/\mathrm{d}t=2.5\times10^{12}\mathrm{V\cdot m^{-1}\cdot s^{-1}}$. 求两极板间位移电流的大小.

9-19 一螺线管的自感系数为 0.01H，通过它的电流为 4A，试求它储存的磁场能量.

9-20 一无限长直导线,横截面各处的电流密度相等,总电流为 I. 试证:每单位长度导线内所储存的磁能为 $\mu_0 I^2/16\pi$.

自 测 题

1. 一块铁板垂直于磁场方向放在磁感应强度正在减小的磁场中时,铁板中出现的涡流(感应电流)将[　　]

(A) 减缓铁板中磁场的减小;

(B) 加速铁板中磁场的减小;

(C) 对磁场不起作用;

(D) 使铁板中磁场反向.

2. 有一匝数 $N=100$ 匝的线圈,通过每匝线圈的磁通量为 $\Phi=5.0\times10^{-3}\cos \pi t$,则 $t=2.5\text{s}$ 时,线圈内的感应电动势为__________.

3. 自感为 0.5H 的线圈中,当电流在(1/8)s 内由 2A 均匀减小到零时,线圈中自感电动势的大小为__________.

4. 已知一空心细长直螺线管的半径为 R,长度为 l,总匝数为 N ,试计算该长直螺线管的自感系数.

5. 如 5 题图所示,一根长度为 L 的铜棒,在均匀磁场 $\boldsymbol{B}$ 中以角速度 ω 绕棒的一端 O 点做匀角速转动,$\boldsymbol{B}$ 的方向垂直铜棒转动的平面. 求铜棒两端之间的动生电动势.

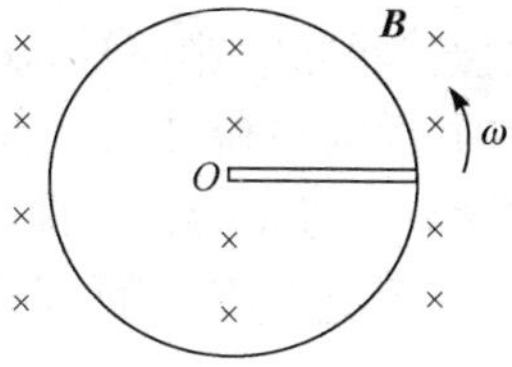

5 题图

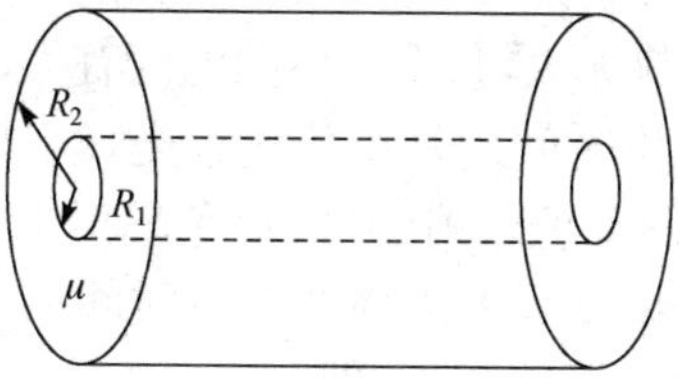

6 题图

6. 如 6 题图所示,由两个“无限长”的同轴圆筒状导体所组成的电缆,沿内圆筒和外圆筒流动的电流方向相反而强度 I 相同. 已知内圆筒和外圆筒截面半径分别为 R_1 和 R_2,两圆筒间充满了磁导率为 μ 磁介质,如图所示,求:(1)内外圆筒之间的磁感应强度大小;(2)长为 L 的一段电缆内的磁场能量.

7. 一螺线管的自感系数为 0.01H,通过它的电流为 4A,求它储存的磁场能量.

第九章习题答案

第九章自测题答案

第十章　量子物理基础

1900 年，德国物理学家普朗克在热辐射的理论中首次引入了分立的“能量子”概念，标志着量子物理学的诞生. 1905 年，爱因斯坦把光量子概念应用于光电效应，进一步促进了量子论的发展. 8 年后，玻尔又发展了量子理论，并把它运用到原子内部，非常成功地解释了氢原子的结构. 在此基础上，从 1924 年到 1928 年，一些卓越的物理学家如德布罗意、海森伯、薛定谔等人经过艰苦的努力，根据微观粒子显示出的波粒二象性，创建了一种新的物理理论——量子力学.

10-1　黑体辐射　普朗克量子假设

一、黑体辐射

一切宏观物体都以电磁波的形式向外辐射能量. 任一给定物体在单位时间内辐射能量的多少，决定于物体的温度，故称之为热辐射. 在任何温度下，任何物体不但能辐射电磁波，还能吸收电磁波. 实验表明，好的辐射体也是好的吸收体. 所谓黑体，是一种在任何温度下全部吸收投射在它上面的一切辐射的理想物体. 一个有密闭空腔的壁上的小孔也就是一个黑体模型，如图 10-1 所示. 实验表明，黑体辐射的电磁波与组成黑体的材料无关，只与黑体的温度有关，所以黑体是研究热辐射的理想模型.

黑体在单位时间内每单位面积上，某波长 λ 附近的单位波长区间所发射的能量 $M_\lambda(T)$，叫做单色辐射强度(单色辐射本领). $M_\lambda(T)$ 与 λ 的关系曲线，如图 10-2 所示. 显然，T 温度下的黑体在单位时间内从单位面积上辐射的能量 $M_0(T)$，即等于波长分布曲线下的面积，即

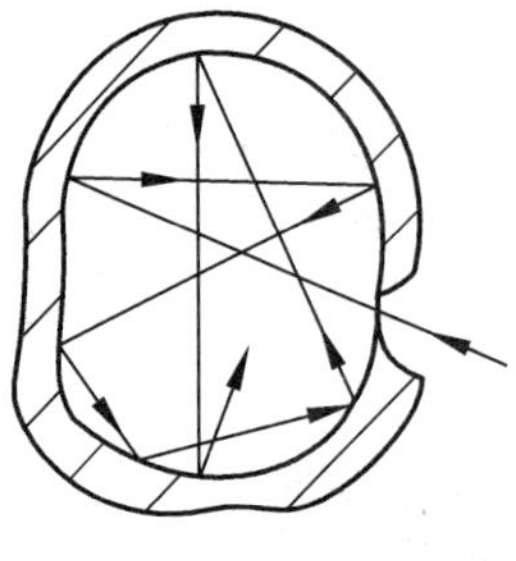

图 10-1　黑体的模型

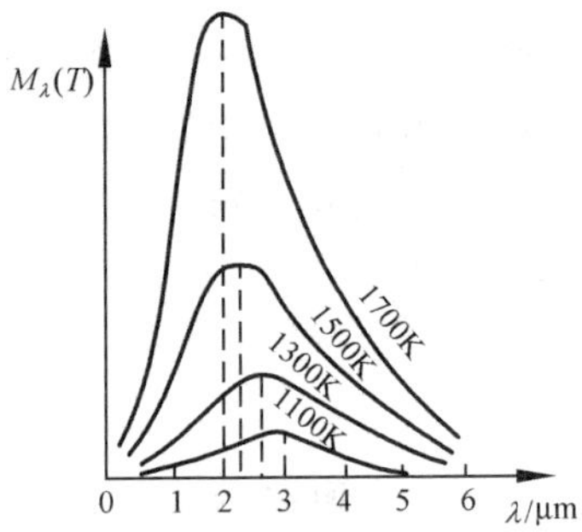

图 10-2　黑体单色辐射本领按波长分布的实验曲线

$$M_0(T) = \int_0^\infty M_\lambda(T)\mathrm{d}\lambda \tag{10-1}$$

1879 年斯特藩通过实验得出辐射能 M_0 与温度的数量关系；1884 年玻尔兹曼从热力学理论出发也得出同样结果：黑体的辐射能与其绝对温度的四次方成正比，即

$$M_0(T) = \sigma T^4 = \int_0^\infty M_\lambda(T)\mathrm{d}\lambda \tag{10-2}$$

这常被称为斯特藩-玻尔兹曼定律. 式中，σ 称为斯特藩常量，其值为 5.67×10^{-8} $\mathrm{W\cdot m^{-2}\cdot K^{-4}}$.

图 10-2 上的曲线都有它的峰值，维恩于 1893 年用热力学理论得到峰值相对应的波长 λ_m 与温度 T 的关系

$$\lambda_m T = b \tag{10-3}$$

式中，b 为常量，其值为 $2.898\times10^{-3}\mathrm{m\cdot K}$. 上式表明，当黑体的绝对温度升高时，在 $M_\lambda(T)$-λ 曲线上与单色辐射强度 $M_\lambda(T)$ 的极大值相对应的波长 λ_m 向短波方向移动. 这被称为维恩位移定律.

为从理论上找到与图 10-2 相一致的 $M_\lambda(T)$ 的数学式，19 世纪末，许多物理学家做了不懈努力，但都未能如愿. 其中有代表性的是瑞利和金斯于 1900 年按经典统计物理得出的 $M_\lambda(T)$ 数学式

$$M_\lambda(T) = \frac{2\pi c}{\lambda^4}kT \tag{10-4}$$

上式叫做瑞利-金斯热辐射公式. 式中，k 为玻尔兹曼常量；c 为光速. 这个公式在长波波段与实验结果相一致，而在短波波段即紫外区与实验不符(图 10-3)，根据(10-4)式，黑体的单色辐射强度 $M(T)$ 将随着波长的变短(即频率的增高)而趋于“无穷大”，即在紫外区将会辐射出无穷大能量，称为“紫外灾难”.

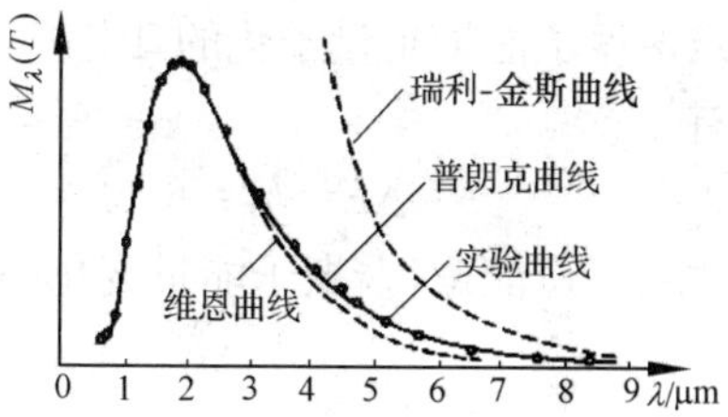

图 10-3　黑体辐射理论公式与实验结果(・表示)的比较

维恩于 1893 年根据经典热力学得到公式

$$M_\lambda(T) = c_1\lambda^{-5}\mathrm{e}^{-\frac{c_2}{\lambda T}} \quad (c_1、c_2 \text{ 为常数})$$

此式叫做维恩公式，在长波段与实验不符，而在短波段与实验结果符合.

二、普朗克量子假设

在寻求与实验结果相一致的公式过程中，1900 年普朗克提出了能量子假说：

(1) 黑体的腔壁是由无数带电谐振子组成的. 这些谐振子不断吸收和辐射电磁波与腔内辐射场交换能量.

(2) 这些谐振子具有的能量是分立的，它们只能取 $0, \varepsilon, 2\varepsilon, \cdots$. 当振子与腔内辐射场交换能量时，能量改变值也只能是 ε 的整数倍. ε 和频率 ν 有如下关系：

$$\varepsilon = h\nu \tag{10-5}$$

他把 h 这个常量称为“基本作用量子”，即今天的普朗克常量. 根据上述假设，普朗克从理论上导出一个与热辐射实验结果符合得很好的公式

$$M_{\lambda}(T) = \frac{2\pi hc^2}{\lambda^5} \frac{1}{e^{hc/\lambda kT} - 1} \tag{10-6}$$

这就是著名的普朗克黑体辐射公式. 根据实验测定，普朗克常量的国际推荐值为

$$h = 6.626176 \times 10^{-34}\,\text{J} \cdot \text{s}$$

一般计算时，取

$$h = 6.63 \times 10^{-34}\,\text{J} \cdot \text{s}$$

例 10-1 质量 $m=0.5\text{kg}$ 的物体和弹性系数为 $k=40\text{N} \cdot \text{m}^{-1}$ 的弹簧组成的振子系统开始以振幅 $A=0.01\text{m}$ 在空气中振动，由于阻尼而逐渐停止. 问观察到的能量减少是连续的还是不连续的?

解 谐振子系统振动的机械能为

$$E=\frac{1}{2}kA^2=\frac{1}{2}\times 40\times 0.01^2=2\times 10^{-3}(\text{J})$$

该谐振子的振动频率

$$\nu=\frac{1}{2\pi}\sqrt{\frac{k}{m}}=\frac{1}{2\times 3.14}\times\sqrt{\frac{40}{0.5}}=1.42(\text{Hz})$$

假定谐振子能量是量子化的，因空气阻尼则以 $\Delta E=h\nu$ 的大小一份一份地消失. 所以有

$$\Delta E=h\nu=6.63\times 10^{-34}\times 1.42=9.41\times 10^{-34}(\text{J})$$

每改变一份能量，谐振子能量变化的百分比为

$$\frac{\Delta E}{E}=\frac{9.41\times 10^{-34}}{2\times 10^{-3}}=4.71\times 10^{-31}$$

因此要观测到能量减少过程中的不连续性，精度要高于 4.71×10^{-31}，这是不可能的，所以一般认为宏观物体的能量是连续的.

10-2 光的量子性

一、光电效应

1887 年赫兹在研究电磁波时偶然发现：金属表面被光照射后有释放出电子(称为光电子)的现象，这种现象叫做光电效应.

图 10-4 是研究光电效应的装置示意图. 当波长较短的光照到金属 K 的表面上时，电子从 K 表面内以大小不同的初速度逸出并飞向 A. 当 K 接电源正极，A 接负极并不断增加反向电压 U，电流表 A 所示电流将逐渐减小. 当反向电压增加到一定数值后，电流表的示值趋于零，这说明 K 逸出的速度最大的电子在受到电场

减速后刚好不能到达 A. 这时的电压叫做遏止电压，用 U_0 表示. 于是电子动能最大值为

$$E_{Kmax} = eU_0$$

式中，e 为电子电量. 从光电效应实验可归纳出如下规律.

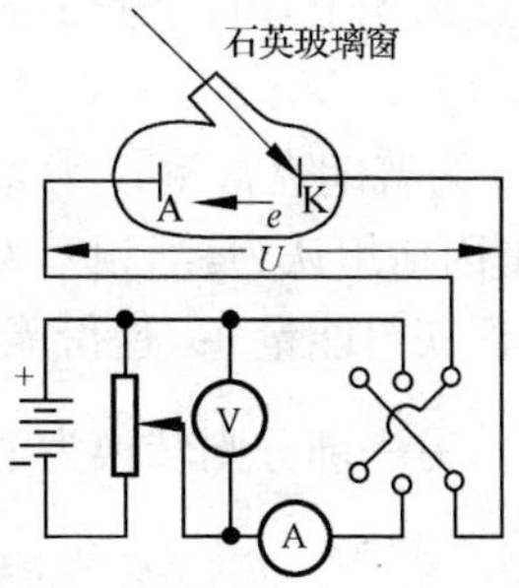

图 10-4　光电效应实验装置图

1. U_0 与 ν 呈线性关系

用不同频率的光照射金属 K，发现遏止电压(光电子动能最大值)与入射光的频率有线性关系，即

$$eU_0 = E_{Kmax} = B\nu - C \tag{10-7}$$

式中，B、C 为常数. 图 10-5 给出了不同频率的光照射金属钠时的实验结果，图中以小圆点标明的实验数据，是由密立根在 1914 年做出的.

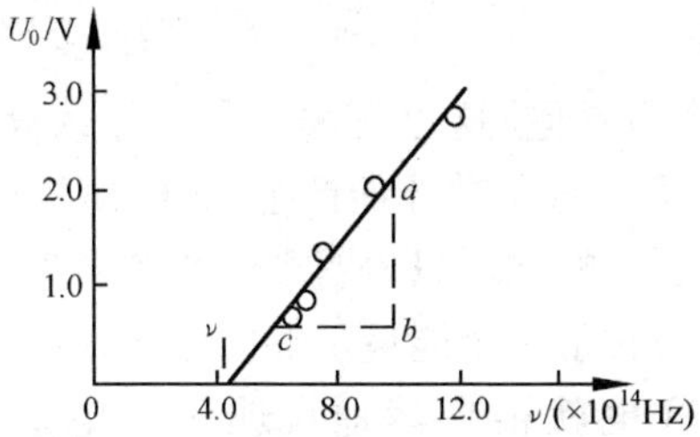

图 10-5　遏止电压与频率的关系

2. 截止频率 ν_0

图中直线在频率坐标轴上的截距 ν_0，称为截止频率(或红限)，它是使某种金属产生光电效应的入射光的最小频率. 表 10-1 给出几种金属的截止频率. 如对金属钠，若用比 4.39×10^{14} Hz 再小的光波照射，无论光强多大，也不会产生光电效应.

表 10-1　几种纯金属的截止频率

金属	铯	钠	锌	银	铂
ν_0/Hz	4.55×10^{14}	4.39×10^{14}	8.07×10^{14}	1.15×10^{15}	1.53×10^{15}

3. 瞬时性

只要用大于截止频率的光照射金属表面，几乎立即就有光电子逸出，其时间间隔不超过 10^{-9} s，且与光强无关. 这就是光电效应的“瞬时性”.

用光的电磁波经典理论说明光电效应的上述实验规律时遇到了困难. 按经典理论，产生光电效应取决于入射光的能量，即光强而不是频率. 然而结果却是只有大于截止频率的光照射金属表面，才能有光电子逸出. 此外，经典理论认为，当入射光的强度很微弱时，电子从光束中吸收能量，经过一段时间积累到足以使电子逸出金属表面，即有“滞后”现象. 但光电效应几乎是“瞬时”的.

二、爱因斯坦的光子理论

为解决光电效应与经典的物理理论的矛盾，1905 年爱因斯坦引进普朗克的能量子假设，提出了新的理论：光本身可看成由微粒组成的粒子流，这些粒子叫做光

量子(或称光子),每个光子的能量为

$$\varepsilon = h\nu \tag{10-8}$$

式中,h 为普朗克常量;ν 为光的频率.

爱因斯坦认为,当频率为 ν 的光束照射在金属表面上时,单个电子吸收一个光子后,便获得能量 $h\nu$,这份能量一部分消耗于电子逸出金属表面时所需要做的逸出功 w,另一部分则转换为电子逸出时的初动能$\frac{1}{2}mv^2$. 由能量守恒定律,有

$$h\nu = \frac{1}{2}mv^2 + w \tag{10-9}$$

这个方程叫做爱因斯坦光电效应方程. 从(10-9)式可以看出,当$\frac{1}{2}mv^2=0$ 时,入射光的频率为截止频率,即

$$\nu_0 = \frac{w}{h} \tag{10-10}$$

可见,不同金属的逸出功不同,因此截止频率也不同. 这也就解释了为什么只有大于 ν_0 的光束照射金属时,即光子的能量只有大于逸出功才能产生光电效应.

另外,按照光子假设,对于不同频率的光,光的强弱只表明光子数的多少,而并不影响每个光子能量的大小. 如果一个电子吸收了一个能量足够的光子,电子将立即逸出金属,并不需要时间去积累能量,这也就很自然地说明了光电效应的瞬时性.

利用光电效应原理制成的光电管、光电倍增管等光电器件被广泛应用于近代技术中. 光电管常用于记录测量光强度、电影、电视和自控装置中,光电倍增管用来放大光电流,它在科技、天文和军事等方面都有重要应用. 此外,光也可以入射到物体的内部(如晶体或半导体的内部),在光的照射下,内部的原子会释放出电子,这些电子仍在物体的内部,使物体的导电性增加. 这种光电效应称为内光电效应.

例 10-2 当光源发出的波长 $\lambda_1=400\text{nm}$ 的光照射某一光电池时,为遏止所有电子到达收集极,需要 $U_1=1.30\text{V}$ 的遏止电压. 若改用其他光源,发现遏止电压减小到 $U_2=0.30\text{V}$,问此时所用光源的波长 λ_2 为多少?

解 由爱因斯坦方程,有

$$h\nu_1=\frac{1}{2}mv_1^2+w=eU_1+w=h\frac{c}{\lambda_1}$$

即

$$\begin{aligned} w &= h\frac{c}{\lambda_1}-eU_1 \\ &= \frac{6.63\times10^{-34}\times3\times10^8}{4.0\times10^{-7}}-1.6\times10^{-19}\times1.3 \\ &= 2.9\times10^{-19}(\text{J}) \\ &= 1.81(\text{eV}) \end{aligned}$$

材料一定，w一定.

由爱因斯坦方程，有

$$h\nu_2=\frac{1}{2}mv_2^2+w=eU_2+w=h\frac{c}{\lambda_2}$$

将U_2、w、e、h、c的值代入上式得

$$\lambda_2=589.3\text{nm}$$

三、康普顿效应

1922年康普顿首先从伦琴射线通过物质的散射中，观察到一个重要现象：在散射光中，除了原波长λ_0的光外，还出现波长$\lambda>\lambda_0$的光. 这种改变波长的散射称为康普顿效应.

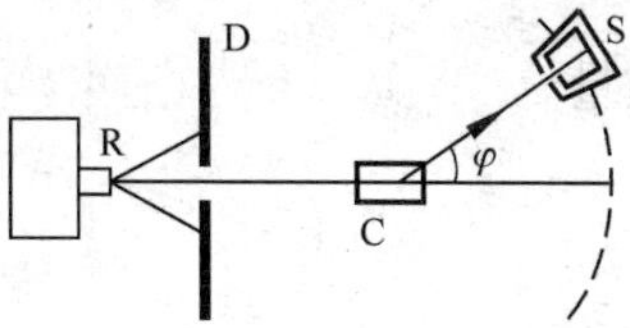

图 10-6　康普顿效应实验装置示意图

图10-6为康普顿效应实验的示意图. 经光阑D射出的一狭束波长为λ_0的单色X射线被某种物质C(如石墨)所散射. 用摄谱仪S可探测到不同方向的散射X射线的波长λ. 从图10-7所表示的实验结果可以看到，除当散射角$\varphi=0°$外，散射线中有两个峰值：一个所对应的波长λ与入射线的波长λ_0相同，另一个对应的波长$\lambda>\lambda_0$，而且λ值与散射角φ有关.

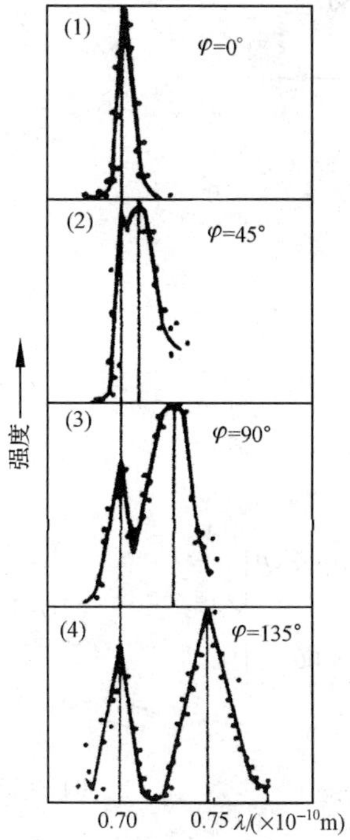

图 10-7　康普顿效应实验结果

实验指出，散射X射线中的两种波长的改变量$\Delta\lambda=\lambda-\lambda_0$与散射角$\varphi$的关系为

$$\Delta\lambda=\frac{2h}{m_0c}\sin^2\frac{\varphi}{2} \tag{10-11}$$

式中，m_0为电子静止质量；c为光速；h为普朗克常量. 从(10-11)式可以看出，$\varphi=0$时，$\Delta\lambda=0$，波长不变；φ角越大，$\Delta\lambda$越大，波长变化量越多.

按照经典的电磁理论认为，作为电磁波的X射线作用在物体的带电粒子上时，带电粒子将受到变化的电磁场作用，从而使带电粒子以与入射电磁波相同的频率做电磁振动，以至于向各方向辐射出与入射X射线相同频率的散射X射线. 可见，经典理论无法解释康普顿效应.

康普顿从光子假设出发，认为X射线是由频率为ν_0、能量为$\varepsilon=h\nu_0$的光子组成的，并假设光子与自由电子之间的碰撞近似于完全弹性碰撞. 碰撞时，电子要获得一部分能量，所以碰撞

后散射的光子能量($h\nu$)要比入射的光子能量小,因而散射光的频率也就比入射光的频率 ν_0 小,即散射 X 射线的波长 λ 比入射 X 射线的波长 λ_0 长. 另外,光子与原子中束缚很紧的电子也发生碰撞,这相当于光子与整个原子的碰撞. 由于原子质量很大,根据碰撞理论,光子碰撞后不会显著地失去能量,因而散射 X 射线中也有与入射 X 射线波长相同的射线. 这就给出了与实验一致的理论解释.

下面,定量地计算波长的变化量 $\Delta\lambda$.

图 10-8 所示为在 X 射线散射过程中,一个光子和一个自由电子碰撞前、后的运动状态. 根据相对论理论,有光子动量大小

$$p=\frac{h\nu}{c} \quad \text{或} \quad p=\frac{h}{\lambda}$$

电子质量

$$m=\frac{m_0}{\sqrt{1-\frac{v^2}{c^2}}} \tag{10-12}$$

因为是弹性碰撞,所以同时满足能量守恒和动量守恒.

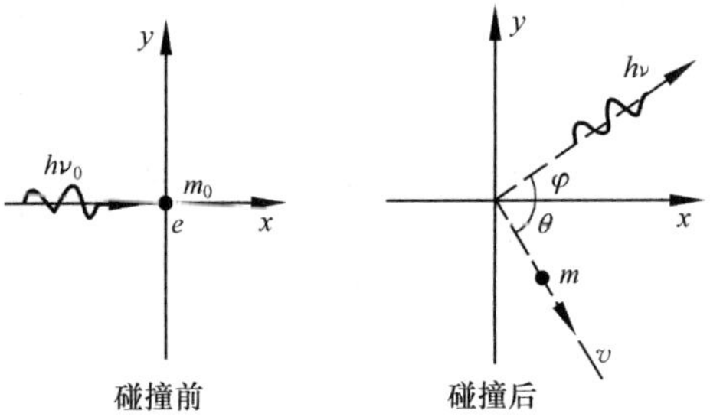

图 10-8　光子与电子的碰撞

由能量守恒得

$$m_0c^2+h\nu_0=mc^2+h\nu \tag{10-13}$$

由动量守恒得

$$\left.\begin{aligned} &\text{沿 } x \text{ 轴的动量} \qquad \frac{h\nu_0}{c}=\frac{h\nu}{c}\cos\varphi+mv\cos\theta \\ &\text{沿 } y \text{ 轴的动量} \qquad 0=\frac{h\nu}{c}\sin\varphi-mv\sin\theta \end{aligned}\right\} \tag{10-14}$$

用 $\sin^2\theta+\cos^2\theta=1$ 消去式(10-14)式中的 θ,得

$$m^2v^2c^2=h^2\nu_0^2+h^2\nu^2-2h^2\nu_0\nu\cos\varphi \tag{10-15}$$

(10-13)式改写成 $mc^2=h(\nu_0-\nu)+m_0c^2$,再平方

$$m^2c^4=h^2\nu_0^2+h^2\nu^2-2h^2\nu_0 v+m_0^2c^4+2hm_0c^2(\nu_0-\nu) \tag{10-16}$$

由(10-16)式减去(10-15)式得

$$m^2c^4\left(1-\frac{v^2}{c^2}\right)=m_0^2c^4-2h^2\nu_0\nu(1-\cos\varphi)+2m_0c^2(\nu_0-\nu)$$

由(10-12)式得 $m^2\left(1-\frac{\nu^2}{c^2}\right)=m_0^2$，代入上式消去 m、v 得

$$2m_0c^2h(\nu_0-\nu)=2h^2\nu_0\nu(1-\cos\varphi)$$

利用 $\nu=c/\lambda$ 及 $\nu_0=c/\lambda_0$，将上式简化，即得

$$\Delta\lambda=\lambda-\lambda_0=\frac{h}{m_0c}(1-\cos\varphi)=\lambda_C(1-\cos\varphi) \tag{10-17}$$

这就是前面的(10-11)式. 式中，h/m_0c 是一个常量，称作康普顿波长，其值为

$$\lambda_C=\frac{h}{m_0c}=\frac{6.3\times10^{-34}}{9.11\times10^{-31}\times3\times10^8}=2.43\times10^{-12}(\mathrm{m})$$

波长的改变 $\Delta\lambda$ 的数量级为 10^{-12}，可见波长愈长，其相对变化量 $\Delta\lambda/\lambda_0$ 就愈小，以至于不能观测出康普顿效应，这时量子结果与经典结果相一致. 只有波长较短的光(如 X 射线)散射时，康普顿效应才明显，这时经典理论就失效了. 继热辐射和光电效应之后，康普顿效应不仅又一次证实了光子假说的正确性，而且也证实了能量守恒定律和动量守恒定律在微观粒子相互作用时同样是正确的.

例 10-3 用 $\lambda_0=1.00\times10^{-10}$ m 的 X 射线和 $\lambda_0=5.00\times10^{-7}$ m 的可见光线分别做康普顿实验. 当它们的散射角为 $\varphi=90°$时，(1) 波长的变化量是多少？(2)光子与电子碰撞时损失的能量有多大？(3)求光子损失能量与入射光子能量之比.

解 (1) 根据(10-17)式

$$\begin{aligned}\Delta\lambda&=\lambda_C(1-\cos\varphi)\\&=\frac{6.63\times10^{-34}}{9.11\times10^{-31}\times3.00\times10^8}\times(1-\cos90°)\\&=2.43\times10^{-12}(\mathrm{m})\end{aligned}$$

(2) 光子损失能量应等于散射前后光子能量之差 ΔE，即

$$\begin{aligned}\Delta E&=h\nu_0-h\nu=hc\left(\frac{1}{\lambda_0}-\frac{1}{\lambda}\right)\\&=hc\left(\frac{1}{\lambda_0}-\frac{1}{\lambda_0+\Delta\lambda}\right)\\&=\frac{hc\Delta\lambda}{\lambda_0(\lambda_0+\Delta\lambda)}\end{aligned}$$

将已知数值分别代入上式，得

X 射线 $$\begin{aligned}\Delta E&=\frac{6.63\times10^{-34}\times3.00\times10^8\times2.43\times10^{-12}}{1.00\times10^{-10}\times(1.00\times10^{-10}+2.43\times10^{-12})}\\&=4.72\times10^{-17}(\mathrm{J})=295(\mathrm{eV})\end{aligned}$$

可见光 $$\begin{aligned}\Delta E&=\frac{6.63\times10^{-34}\times3.00\times10^8\times2.43\times10^{-12}}{5.00\times10^{-7}\times(5.00\times10^{-7}+2.43\times10^{-12})}\\&=1.93\times10^{-24}(\mathrm{J})=1.20\times10^{-5}(\mathrm{eV})\end{aligned}$$

(3) 光子损失能量与光子原有能量比

$$\frac{\Delta E}{E}=\frac{hc\Delta\lambda}{\lambda_0(\lambda_0+\Delta\lambda)\cdot(h\gamma_0)}=\frac{hc\Delta\lambda}{\lambda_0(\lambda_0+\Delta\lambda)}\cdot\frac{\lambda_0}{hc}=\frac{\Delta\lambda}{\lambda_0+\Delta\lambda}$$

分别代入数值，得

X 射线
$$\frac{\Delta E}{E}=\frac{2.43\times10^{-12}}{1.00\times10^{-10}+2.43\times10^{-12}}=2.37\%$$

可见光
$$\frac{\Delta E}{E}=\frac{2.43\times10^{-12}}{5.00\times10^{-7}+2.43\times10^{-12}}=0.0005\%$$

由此可见，波长的改变量与入射光的波长无关，而由散射角决定；波长越长，散射中光子的能量损失以及损失能量的百分比都越小. 这是康普顿用 X 射线而不是用可见光做实验的重要原因.

10-3 德布罗意波

1924 年德布罗意在总结前人研究的基础上指出，实物粒子也具有波粒二象性. 德布罗意认为，质量为 m 的粒子，在以速度 v 做匀速运动时，就有一定的平面单色波与之对应. 若表征粒子性的物理量为能量 E 与动量 p，表征波动性的物理量为波长 λ 与频率 ν，则它们之间的联系为

$$E=mc^2=h\nu$$

$$p=mv=\frac{h}{\lambda} \tag{10-18}$$

这同光子的能量和动量与相应的光波波长和频率的关系是一样的. 按照德布罗意假设，粒子以速度 v 做匀速运动时，粒子的平面单色波波长是

$$\lambda=\frac{h}{mv} \tag{10-19}$$

这种波通常称为德布罗意波或实物波，(10-19)式叫做德布罗意波长公式. 式中，m 为粒子的运动质量，如果以粒子的静止质量 m_0 表示，则为

$$\lambda=\frac{h}{m_0v}\sqrt{1-\frac{v^2}{c^2}} \tag{10-20}$$

若 $v\ll c$，那么

$$\lambda=\frac{h}{m_0v}$$

德布罗意波很快为实验所证实. 1927 年，戴维孙和革末的实验证实了电子束在晶体表面上的反射符合 X 射线衍射的布拉格公式. 电子波动性还可以用另一些方法

显示出来.1927 年 G. P. 汤姆孙发现电子通过多晶薄片 M 后,再照射到照相底片 P 上时,产生了与 X 射线通过晶片出现的极其类似的衍射图样,如图 10-9 所示.

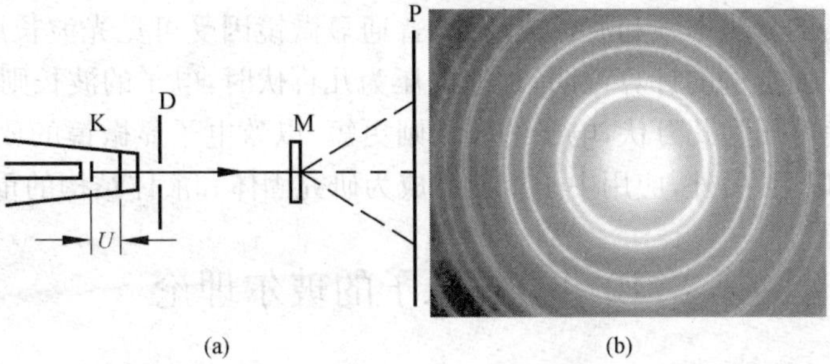

图 10-9　电子的衍射

例 10-4　求初速度为零的电子通过电压为 U 的加速电场时的德布罗意波的波长.

解　电子通过加速电场时的动能应等于它获得的电势能 $E_k = eU$.

先考虑相对论效应:电子的总能量 $E = E_k + m_0c^2 = mc^2$,则

$$E_k = E - m_0c^2 = eU$$

而相对论能量与动量满足

$$E^2 = c^2p^2 + m_0^2c^4$$

从以上两式解得电子加速后的动量为

$$p = \frac{1}{c}\sqrt{E_k^2 + 2m_0c^2E_k} = \frac{1}{c}\sqrt{e^2U^2 + 2m_0c^2eU}$$

由(10-19)式得电子加速后的德布罗意波长

$$\lambda = \frac{h}{p} = \frac{hc}{\sqrt{e^2U^2 + 2m_0c^2eU}}$$

忽略相对论效应,电子的动能 $E_k = \frac{1}{2}m_0v^2$,加速后电子的动量为

$$p = m_0v = \sqrt{2m_0eU}$$

则对应的德布罗意波长

$$\lambda = \frac{h}{\sqrt{2m_0eU}}$$

若加速电压 $U = 200\text{V}$,将 $m_0 = 9.1\times10^{-31}\text{kg}$ 和 $e = 1.6\times10^{-19}\text{C}$ 代入,得忽略相对论效应时电子的德布罗意波长为

$$\lambda=\frac{6.63\times10^{-34}}{\sqrt{2\times9.1\times10^{-31}\times1.6\times10^{-19}\times200}}=8.688\times10^{-11}(\mathrm{m})$$

微观粒子的波动性已得到多方面应用，电子显微镜则是一例. 第五章中曾指出，光学仪器的分辨本领和波长成反比，普通显微镜因受可见光波长所限，分辨率不可能很高. 而上例的计算说明，加速电压为几百伏时，电子的波长则和 X 射线相近. 如果加速电压为几万伏，电子的波长则更短，以致电子显微镜的放大倍数可达到几十万倍以上. 另外，应用中子衍射已成为研究固体和液体结构的重要手段.

*10-4 氢原子的玻尔理论

1911 年卢瑟福根据 α 粒子散射实验，提出了原子的核式模型：原子中心有一带正电数值等于原子序数与基本电量之积的原子核，它几乎集中了原子的全部质量，电子绕核旋转，核的大小与整个原子相比是很小的.

一、氢原子光谱

原子核式模型解释了 α 散射实验现象，肯定了原子核的存在，但对核外电子的运动情况及分布规律并未给予回答. 后来人们认识到，观测分析原子光谱规律，是认识电子分布的重要途径. 从氢气放电管可以获得氢原子光谱. 科学家早就发现氢原子光谱在可见光区和近紫外区有好几条谱线，构成一个有规律的线系. 在可见光区的几条谱线

谱线	颜色	波长
H_α	红	$6562.8\times10^{-10}\,\mathrm{m}$
H_β	深绿	$4861.3\times10^{-10}\,\mathrm{m}$
H_γ	青	$4340.5\times10^{-10}\,\mathrm{m}$
H_δ	紫	$4101.7\times10^{-10}\,\mathrm{m}$

1896 年里德伯在巴耳末研究的基础上，总结出可见光区谱线的波长可由下面公式表示

$$\frac{1}{\lambda}=\tilde{\nu}=R_{\mathrm{H}}\left(\frac{1}{2^2}-\frac{1}{n^2}\right),\quad n=3,4,5,\cdots \tag{10-21}$$

$\frac{1}{\lambda}$ 或 $\tilde{\nu}$ 叫做波数，即单位长度上波的数目. R_{H} 为里德伯常量，通常取 $1.097\times10^7\,\mathrm{m}^{-1}$. 凡符合(10-21)式的一系列谱线称为巴耳末系，上式叫做巴耳末公式.

后来在光谱的紫外区、红外区都发现了氢原子的光谱线，这些谱线都可以用和巴耳末公式相似的公式表示

紫外区：　莱曼系 $\frac{1}{\lambda}=R_{\mathrm{H}}\left(\frac{1}{1^2}-\frac{1}{n^2}\right),\quad n=2,3,4,5,\cdots$

可见光区：巴耳末系 $\frac{1}{\lambda}=R_{\mathrm{H}}\left(\frac{1}{2^2}-\frac{1}{n^2}\right),\quad n=3,4,5,\cdots$

红外区：　帕邢系 $\frac{1}{\lambda}=R_{\mathrm{H}}\left(\frac{1}{3^2}-\frac{1}{n^2}\right),\quad n=4,5,6,\cdots$

布拉开系 $\frac{1}{\lambda}=R_{\mathrm{H}}\left(\frac{1}{4^2}-\frac{1}{n^2}\right),\quad n=5,6,7,\cdots$

普丰德系 $\frac{1}{\lambda}=R_H\left(\frac{1}{5^2}-\frac{1}{n^2}\right)$，　$n=6,7,8,\cdots$

它们的光谱如图 10-10 所示. 显然，氢原子光谱的波数可以归纳为下列表达式：

$$\frac{1}{\lambda}=R_H\left(\frac{1}{k^2}-\frac{1}{n^2}\right) \tag{10-22}$$

式中，$k=1,2,3,\cdots$，对每一个 k，$n=k+1,k+2,k+3,\cdots$，分别构成一个谱线.

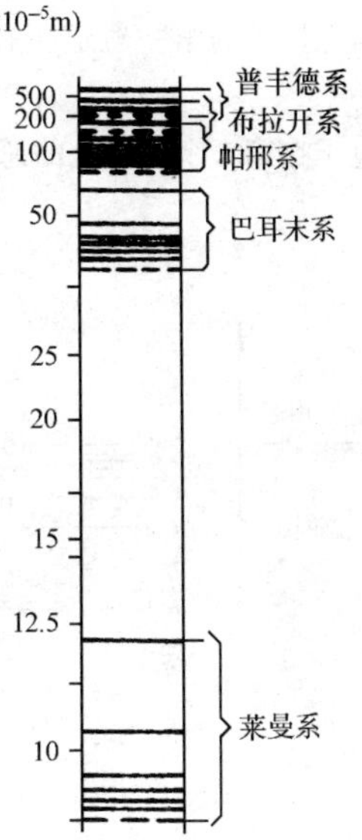

图 10-10　氢原子的光谱系

二、氢原子的玻尔理论

从经典电磁理论来看，电子绕核的加速运动应该引起电磁波的辐射，辐射的电磁波频率等于电子绕核旋转的频率. 随着能量的辐射，电子轨道半径逐渐减小，绕核旋转的频率连续增大，因而所得的原子光谱应是连续光谱. 电子最终将落到原子核上，原子是一个不稳定系统. 但事实上原子发射的是线状光谱，而且原子一般处于某一稳定状态. 为了克服经典理论的困难，1913 年玻尔在卢瑟福核式模型基础上提出了三条关于原子模型的基本假设.

1. 稳定态假设

电子在原子中只能在一些特定的圆轨道上运动，而不辐射光，这时原子处于稳定状态(简称定态)，并具有一定的能量.

2. 跃迁假设

当电子从高能量 E_n 的轨道跃迁到低能量 E_k 的轨道上时，要发射能量 $h\nu$ 的光子，即

$$h\nu=E_n-E_k \tag{10-23}$$

3. 轨道角动量量子化假设

电子绕核运动时，只有电子的角动量 L 等于 $\hbar$ 的整数倍的那些轨道才是稳定的，即

$$L=mvr=n\hbar,\quad \hbar=\frac{h}{2\pi}=1.05\times10^{-34}\,\mathrm{J\cdot s} \tag{10-24}$$

式中，n 是一个不为零的正整数，只能取 $n=1,2,3,\cdots$，称为主量子数. (10-24)式称为轨道角动量量子化条件.

现在从玻尔三条假设出发来推导氢原子能级公式. 设电子在半径为 r_n 的稳定轨道上以速率 v_n 做圆周运动，作用在电子上的库仑力为向心力，故有

$$\frac{mv_n^2}{r_n}=\frac{1}{4\pi\varepsilon_0}\frac{e^2}{r_n^2} \tag{10-25}$$

由假设 3 的(10-24)式，v_n 为

$$v_n=\frac{n\hbar}{mr_n}=\frac{nh}{2\pi mr_n} \tag{10-26}$$

把它代入(10-25)式，有

$$r_n=\frac{\varepsilon_0h^2}{\pi me^2}n^2=r_1n^2,\quad n=1,2,3,\cdots \tag{10-27}$$

式中，$r_1=\varepsilon_0 h^2/(\pi me^2)$，代入 ε_0、h、m、e 诸值，可得 $r_1=0.529\times10^{-10}$ m. r_1 叫做第一玻尔半径，它表示氢原子的第一轨道半径(即 $n=1$). 电子绕核运动的轨道半径的可能值为 $r_1,4r_1,9r_1,16r_1,\cdots$.

电子在第 n 个轨道上的总能量是动能与势能之和，即

$$E_n=\frac{1}{2}mv_n^2+\left(-\frac{1}{4\pi\varepsilon_0}\frac{e^2}{r_n}\right)$$

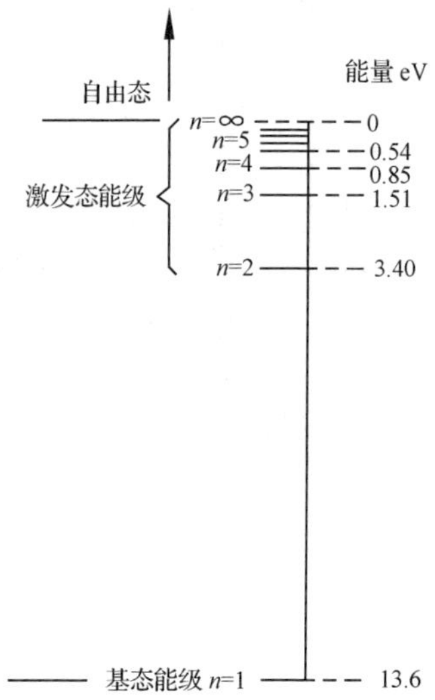

图 10-11　氢原子的能级图

利用(10-26)式和(10-27)式消去上式中的 v_n 和 r_n，得

$$E_n=-\frac{me^4}{8\varepsilon_0^2h^2}\frac{1}{n^2}=\frac{E_1}{n^2} \tag{10-28}$$

式中，$E_1=-me^4/(8\varepsilon_0^2h^2)=-13.6\text{eV}$，$|E_1|$是把氢原子中的电子第一玻尔轨道移至无限远处所需的电离能量值. 从(10-28)式可以看出，氢原子可能具有的能量为

$$E_2=\frac{E_1}{4},\quad E_3=\frac{E_1}{9},\quad\cdots \tag{10-29}$$

(10-28)式称为玻尔理论的氢原子能级公式. (10-29)式反映了氢原子具有的能量 E_n 是不连续的. 原子状态对应最低能级 E_1 的状态，叫做基态(或称正常状态)，与较高能级 $E_2,E_3,\cdots$所对应的状态叫做激发态. 图 10-11 是氢原子能级图.

当电子从较高能级 E_n 跃迁到较低能级 E_k 时，由玻尔假设 2 的(10-23)式可得辐射出单色光的频率 $\nu=(E_n-E_k)/h$，利用(10-28)式和$\lambda=c/\nu$得

$$\bar{\nu}=\frac{me^4}{8\varepsilon_0^2h^3c}\left(\frac{1}{k^2}-\frac{1}{n^2}\right)=\frac{1}{\lambda} \tag{10-30}$$

(10-30)式与(10-21)式相比较，两式在形式上相同，因此里德伯常量为

$$R_{\text{H}}=\frac{me^4}{8\varepsilon_0^2h^3c}=1.097\times10^7\text{m}^{-1} \tag{10-31}$$

这个理论计算值，与(10-21)式中的 R_{H} 值十分接近. 于是利用(10-30)式可得出氢原子光谱的各谱系. 当 $k=1$，$n=2,3,4,\cdots$即为莱曼系；$k=2$，$n=3,4,5,\cdots$即为巴耳末系；依此类推.

例 10-5　在气体放电管中，用能量为 12.5eV 的电子通过碰撞使基态氢原子激发，问受激发的原子向低能级跃迁时，能发射哪些波长的光波线?

解　设氢原子全部吸收电子的能量后最高激发到第 n 能级

$$E_n-E_1=-\frac{13.6\text{eV}}{n^2}-(-13.6)\text{eV}$$

$$=12.5\text{eV},\quad n=3.5$$

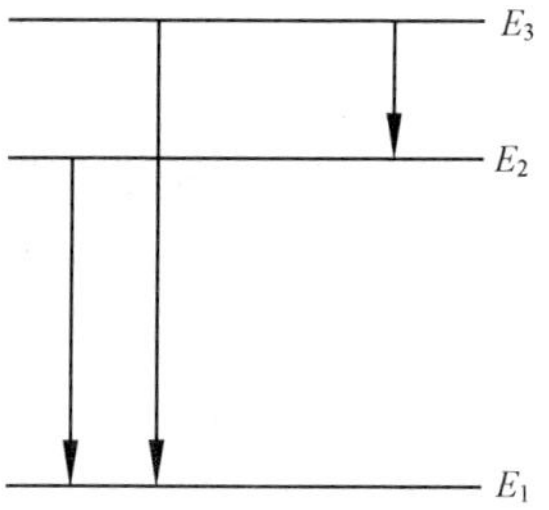

图 10-12　电子跃迁

氢原子最高能激发到 $n=3$ 的能级，能产生 3 条谱线(图 10-12)

$$n=2\rightarrow n=1,\quad h\nu_{21}=h\frac{c}{\lambda_{21}}=E_2-E_1,\quad \lambda_{21}=121.6\text{nm}$$

$$n = 3 \rightarrow n = 1, \quad h\nu_{31} = h\frac{c}{\lambda_{31}} = E_3 - E_1, \quad \lambda_{31} = 102.6\text{nm}$$

$$n = 3 \rightarrow n = 2, \quad h\nu_{32} = h\frac{c}{\lambda_{32}} = E_3 - E_2, \quad \lambda_{32} = 656.5\text{nm}$$

三、玻尔理论的局限性

虽然玻尔的氢原子理论对氢原子和类氢离子光谱的说明是成功的,但对多电子原子的光谱以及谱线强度、宽度等问题却无法处理.玻尔提出的理论既有经典理论不相容的量子化特征,又视微观粒子为经典力学的质点,借助于牛顿力学处理电子轨道问题.故有人认为玻尔理论是掺杂有经典理论的旧量子论,从而导致了理论本身的局限性.尽管如此,玻尔理论是人类探索原子结构过程中的里程碑,对现代量子力学的发展起着重要作用.

10-5　不确定关系

在经典力学中,可以同时用确定的坐标和确定的动量来描述宏观物体的运动.对于微观粒子,我们是否能同时用确定的坐标和确定的动量来描述它的运动呢?

现以电子的单缝衍射为例进行讨论.如图 10-13 所示,设有一束电子沿 Oy 轴射向 AB 上的狭缝,缝宽为 a.于是,在照相底片 CD 上可以观察到衍射图样.

当一个电子通过狭缝的瞬时,我们很难确定它是从缝内哪一点通过的,即很难准确地回答它的坐标 x 为多少.然而,该电子确实是通过了狭缝,因此,我们可以认为电子在 Ox 轴上的坐标的不确定范围为

$$\Delta x = a$$

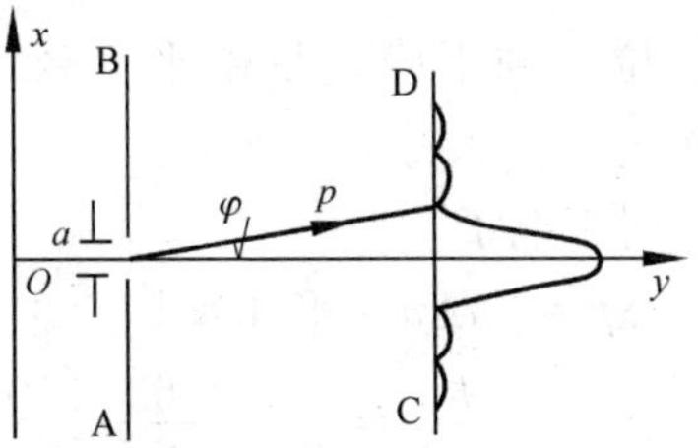

图 10-13　从电子的单缝衍射说明不确定关系

由于电子具有波动性,它们穿过单缝产生衍射,电子的动量方向有改变.由图 10-13 可以看到,如果只考虑一级衍射图样,则电子被限制在一级最小的衍射角范围内,有 $\sin\varphi=\lambda/a=\lambda/\Delta x$.因此,电子动量在 Ox 轴上的分量的不确定范围为

$$\Delta p_x = p\sin\varphi = p\frac{\lambda}{\Delta x}$$

由德布罗意公式

$$\lambda = \frac{h}{p}$$

上式可写成

$$\Delta p_x = \frac{h}{\Delta x}, \quad \text{即}\ \Delta x \Delta p_x = h$$

若把次级衍射也考虑在内,一般说来应为

$$\Delta x \Delta p_x \geqslant \frac{\hbar}{2} \tag{10-32}$$

式中，$\hbar=\dfrac{h}{2\pi}$，上式叫做不确定关系式，它不仅适用于电子，也适用于其他微观粒子.不确定关系表明：对于微观粒子不能同时用确定的位置和确定的动量来描述.这一结论是海森伯于1927年提出的.也就是说，同时确定微观粒子的位置和动量是没有意义的.$\Delta x\Delta p_x\geqslant\dfrac{\hbar}{2}$不是测量仪器的精度所带来的“误差”，而是微观粒子的波动属性所导致的必然.

例 10-6　一颗质量为10g的子弹与一个电子，均以$200\text{m}\cdot\text{s}^{-1}$的速度运动，速度的测量误差在0.01%以内，试比较子弹与电子的位置的不确定量.

解　由不确定关系式$\Delta x\cdot\Delta p\geqslant\dfrac{\hbar}{2}$，得

$$\Delta x\geqslant\frac{\hbar}{2\Delta p}$$

对于子弹

$$\Delta p = m\Delta v = 10\times10^{-3}\times200\times0.01\% = 2.0\times10^{-4}(\text{kg}\cdot\text{m}\cdot\text{s}^{-1})$$

$$\Delta x \geqslant \frac{\hbar}{2\Delta p} = \frac{6.63\times10^{-34}}{2\times2.0\times10^{-4}\times2\pi} = 2.6\times10^{-31}(\text{m})$$

子弹位置的不确定量微乎其微.可见，不确定关系对宏观物体而言，实际上不起作用.

对于电子

$$\Delta p = m\Delta v = 9.1\times10^{-31}\times200\times0.01\% = 1.8\times10^{-32}(\text{kg}\cdot\text{m}\cdot\text{s}^{-1})$$

$$\Delta x \geqslant \frac{\hbar}{2\Delta p} = \frac{6.63\times10^{-34}}{2\times1.8\times10^{-32}\times2\pi} = 2.9\times10^{-3}(\text{m})$$

原子大小为10^{-10}m数量级，电子则更小，显然电子位置的不确定量超过了自身线度的百亿倍.可见，电子的位置和动量不可能同时精确地确定，所以电子不能用经典力学方法处理.

10-6　波　函　数

在量子力学中，用波函数描述微观粒子的运动状态.

一、波函数

由波动理论知道，平面机械波动的波动方程为

$$y(x,t) = A\cos2\pi\left(\nu t-\frac{x}{\lambda}\right) \tag{10-33a}$$

上式也可写成复数形式

$$y(x,t) = A\mathrm{e}^{-\mathrm{i}2\pi\left(\nu t - \frac{x}{\lambda}\right)} \tag{10-33b}$$

实际上,(10-33a)式是(10-33b)式的实数部分.

自由粒子的波函数:由德布罗意假设知,对于所给定的动量 p 和能量 E 沿 x 轴运动的自由粒子,其波长和频率分别为

$$\lambda = \frac{h}{p}, \quad \nu = \frac{E}{h} \tag{10-34}$$

它的波动方程为

$$\Psi(x,t) = \psi_0 \mathrm{e}^{-\mathrm{i}2\pi\left(\nu t - \frac{x}{\lambda}\right)} \tag{10-35a}$$

将(10-34)式代入(10-35a)式中,消去 ν 和 λ,得自由粒子的波函数

$$\Psi(x,t) = \psi_0 \mathrm{e}^{-\frac{\mathrm{i}}{\hbar}(Et - px)} \tag{10-35b}$$

式中,ψ_0 是波函数的振幅.

二、波函数的统计解释

虽然波函数(10-35)式与机械波的波动方程(10-33)式的数学形式相似,但是物质波与机械波、电磁波具有不同的物理含义.对于图 10-9 所表示的电子衍射图样,粒子观点认为,是由于电子不均匀地射向照相底片形成疏密域所致.电子稀疏处概率很小,而密集处概率则很大.而波动观点认为,电子密集的地方表示电子波的强度大,电子稀疏的地方表示波的强度小.于是,某处附近电子出现的概率就反映了在该处德布罗意波的强度.对于电子如此,对于其他微观粒子也是如此.普遍地说:在某处德布罗意波的振幅平方是与粒子在该处邻近出现的概率成正比的.这就是物质波的统计解释.

由(10-35b)式知,波函数 Ψ 为一复数,在一般情况下,振幅 ψ_0 也为一复数,而波的强度应为正实数,所以 ψ_0^2 应由下式所替代

$$|\psi_0|^2 = \varphi_0 \psi_0^*$$

式中,ψ_0^* 是 ψ_0 的共轭复数.在粒子分布空间中取一很小的体积元 $\mathrm{d}V$,ψ_0 可视为不变.按上述对物质波统计意义的解释,粒子在体积元 $\mathrm{d}V$ 内出现的概率 $\mathrm{d}p$ 正比于 $|\psi_0|^2$,也正比于体积 $\mathrm{d}V$ 的大小.如果令其比例系数为 1,则有

$$\mathrm{d}p = |\psi_0|^2 \mathrm{d}V = \psi_0 \psi_0^* \mathrm{d}V$$

因此,在 t 时刻出现在某点附近体积元 $\mathrm{d}V$ 中粒子的概率 $\mathrm{d}p$,与 $|\psi_0^2|\mathrm{d}V$ 成正比,即与该体积元中波函数振幅的平方与体积元大小的乘积成正比.显然,$\mathrm{d}p/\mathrm{d}V = |\psi_0|^2$.$|\psi_0|^2$ 表示 t 时刻粒子出现在某点附近单位体积内的概率,也称概率密度.1926 年,玻恩对波函数提出了统计解释:在空间某处波函数振幅的平方与粒子在该处出现的概率成正比.这也是波函数的物理意义.

波函数满足标准条件:由于粒子在一定时刻空间给定点出现的概率应该是唯一的;还应该是有限的;并且在空间不同点处的分布应该是连续的,所以波函数必

须是单值、有限、连续可微且其一阶导数也是连续可微的.又因为粒子在整个空间出现的概率为1,所以有

$$\int_V |\psi_0|^2 \mathrm{d}V = 1 \tag{10-36}$$

上式叫做归一化条件,满足(10-36)式的函数称为归一化函数.

10-7 薛定谔方程

一、薛定谔方程的建立

在德布罗意假设的基础上,薛定谔建立了在势场中运动的微观粒子所遵循的方程.首先讨论自由粒子所遵循的方程.

1. 一维自由粒子的振幅方程

设有一质量为 m、动量为 p、能量为 E 的自由粒子沿 x 轴运动.由(10-35b)式可得波函数为

$$\Psi(x,t)=\psi_0 \mathrm{e}^{-\mathrm{i}\frac{2\pi}{h}(Et-px)}=\mathrm{e}^{-\mathrm{i}\frac{2\pi}{h}Et}\psi(x) \tag{10-37}$$

其中

$$\psi(x)=\psi_0 \mathrm{e}^{\mathrm{i}\frac{2\pi}{h}px} \tag{10-38}$$

上式是波函数中只和坐标有关而与时间无关的部分,称为振幅函数,通常也称为波函数.将振幅函数对 x 取二阶导数,即得

$$\frac{\mathrm{d}^2\psi(x)}{\mathrm{d}x^2}=\left(\mathrm{i}\,\frac{2\pi}{h}p\right)^2\psi_0 \mathrm{e}^{\mathrm{i}\frac{2\pi}{h}px}=-\frac{4\pi^2}{h^2}p^2\psi(x) \tag{10-39}$$

自由粒子的能量等于其动能 E_k,当自由粒子的速度比光速小很多时,它的动量与能量之间的关系为 $p^2=2mE_\mathrm{k}$.于是,上式可写成

$$\frac{\mathrm{d}^2\psi(x)}{\mathrm{d}x^2}=-\frac{8\pi^2 mE_\mathrm{k}}{h^2}\psi(x)$$

或

$$\frac{\mathrm{d}^2\psi(x)}{\mathrm{d}x^2}+\frac{8\pi^2 mE_\mathrm{k}}{h^2}\psi(x)=0 \tag{10-40}$$

这就是在一维空间中的自由粒子的薛定谔方程,亦称振幅方程.

2. 定态薛定谔方程

如果粒子是在势场中运动,粒子的能量应为它的动能与势能之和,即 $E=E_\mathrm{k}+E_\mathrm{p}$,所以有 $E_\mathrm{k}=E-E_\mathrm{p}$.在量子力学中认为,若粒子在势场中的势能仅是坐标的函数,与时间无关,即 $E_\mathrm{p}=E_\mathrm{p}(x)$,而且系统的能量 E 为一与时间无关的常量,此系统的状态称为定态.这时(10-40)式中的 E_k 用 $E-E_\mathrm{p}$ 替代就可以了,于是可得

$$\frac{\mathrm{d}^2\psi(x)}{\mathrm{d}x^2}+\frac{8\pi^2 m}{h^2}[E-E_\mathrm{p}(x)]\psi(x)=0$$

若粒子是在三维空间中运动,则上式可推广为

$$\frac{\partial^2\psi(x,y,z)}{\partial x^2}+\frac{\partial^2\psi(x,y,z)}{\partial y^2}+\frac{\partial^2\psi(x,y,z)}{\partial z^2}$$

$$+\frac{8\pi^2 m}{h^2}[E-E_p(x,y,z)]\psi(x,y,z)=0 \tag{10-41a}$$

引入拉普拉斯算符$\nabla^2=\frac{\partial^2}{\partial x^2}+\frac{\partial^2}{\partial y^2}+\frac{\partial^2}{\partial z^2}$,上式为

$$\nabla^2\psi+\frac{8\pi^2 m}{h^2}(E-E_p)\psi=0 \tag{10-41b}$$

上式就是一般的定态薛定谔方程.

值得提及,(10-41)式不是由数学的证明或推导才建立的,方程的正确与否只能由实验来验证. 1926 年薛定谔提出该方程后,很快就被用到涉及原子、分子等许多物理问题中,并取得成功的结果,从而证明薛定谔方程反映了微观粒子的运动规律.

二、一维势阱

下面通过对一维势阱中粒子运动问题的讨论,可以使我们加深对能量量子化的理解,它是应用薛定谔方程的一个简明例子.

如图 10-14 所示,设想一粒子处在势能为 E_p 的力场中,并沿 x 轴运动. 粒子的势能 E_p 满足下列边界条件:

(1) 粒子在 $0<x<a$ 的范围内,$E_p=0$.

(2) 粒子在 $x\leqslant 0$ 及 $x\geqslant a$ 的范围内,$E_p=\infty$,且势能 E_p 不随时间变化.

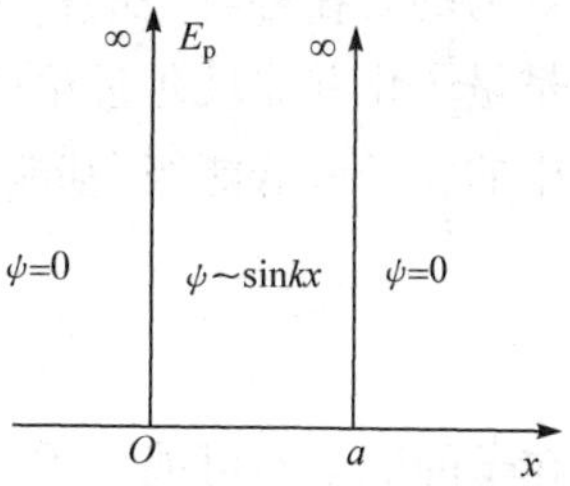

图10-14　一维无限深势阱中的粒子

这样,粒子只能在宽度为 a 的两个无限高势壁之间运动,犹如无限深的平底陷阱中落一小球. 由于势能曲线形状像一个陷阱,故有势阱之称. 可以想象,粒子是被封锁在具有理想反射壁的深阱之中,在深阱内粒子可以自由运动,但不能越出深阱的边界. 于是问题变为在 $0<x<a$ 的势阱内求解方程(10-41). 因为势阱内 $E_p=0$,且是唯一的,所以定态薛定谔方程为

$$\frac{d^2\psi(x)}{dx^2}+\frac{8\pi^2 m}{h^2}E\psi(x)=0 \tag{10-42}$$

令

$$k^2=\frac{8\pi^2 m}{h^2}E \tag{10-43}$$

(10-42)式可改写为

$$\frac{\mathrm{d}^2\psi(x)}{\mathrm{d}x^2}+k^2\psi(x)=0$$

上式的通解为

$$\psi(x)=A\sin kx+B\cos kx \tag{10-44}$$

式中，常量 A、B 以及 k 可由边界条件和波函数的归一化条件来确定. 由边界条件，$x=0$ 时，从(10-44)式可以看出，只有 $B=0$，才能使 $\psi(0)=0$. 于是，得

$$\psi(x)=A\sin kx \tag{10-45}$$

由边界条件，$x=a$ 时，$\psi(a)=0$，则上式为

$$\psi(a)=A\sin ka=0$$

一般来说 A 不能为零，否则波函数 ψ 在势阱内处处为零，不能满足归一化条件，故只有

$$\sin ka=0,\quad ka=n\pi$$

式中，$n=1,2,3,\cdots$ 为正整数. 上式也可写成

$$k=\frac{n\pi}{a}$$

将上式与(10-43)式相比较，可得势阱中粒子可能的能量为

$$E=n^2\frac{h^2}{8ma^2},\quad n=1,2,\cdots \tag{10-46}$$

上式表面，粒子的能量只能取一系列分立的数值，即能量是量子化的. 这和经典理论认为的处在势阱中的粒子能量可以取任意的有限值是完全不同的. 此外，这里的能量量子化并非玻尔理论中的人为假设，而是量子力学的自然结果. 还可看出，势阱中的粒子最低能级(基能级)为

$$E=\frac{h^2}{8ma^2} \tag{10-47}$$

即粒子的能量不可能为零，若 $n=0$，则 $k=0$，薛定谔方程 $\frac{\mathrm{d}^2\psi(x)}{\mathrm{d}x^2}=0$，其通解为

$$\psi(x)=Cx+D\quad(0\leqslant x\leqslant a)$$

在 $x=0$ 和 $x=a$ 两处，边界条件要求 $C=D$，因此 $\psi(x)$ 总为零，不满足归一化条件. 其物理意义只能是势阱中无粒子. 因而其最小值必须为 E_1. 当 $n=2,3,\cdots$ 时，粒子的能量则为 $4E_1,9E_1,16E_1,\cdots$. 从(10-46)式可求得两相邻能级间的差为

$$\Delta E=E_{n+1}-E_n=(2n+1)\frac{h^2}{8ma^2}$$

上式说明，势阱中粒子的相邻能级间的差随量子数 n 的增大而增大. 此外，势阱的宽度 a 越小(小到原子尺度)，能级差越大，能量的量子化越显著. 当势阱宽度 a 大到宏观尺度时，能量的量子化就不显著，以至于可以把能量的变化视为连续的.

下面确定常数 A. 由于粒子被限制在 $0\leqslant x\leqslant a$ 的势阱中，因此，根据归一化条件，粒子在此区域内出现的概率的总和应等于 1，即

$$\int_0^a |\psi(x)|^2 \mathrm{d}x = \int_0^a A^2 \sin^2(kx)\mathrm{d}x = A^2\int_0^a \sin^2\left(\frac{n\pi}{a}\right)x\,\mathrm{d}x = \frac{1}{2}A^2 a = 1$$

于是，有

$$A=\sqrt{\frac{2}{a}}$$

这样，(10-45)式所表示的波函数为

$$\psi(x)=\sqrt{\frac{2}{a}}\sin\left(\frac{n\pi}{a}x\right),\quad 0\leqslant x\leqslant a \tag{10-48}$$

由此可得，能量为 E 的粒子在势阱中的概率密度为

$$|\psi(x)|^2=\frac{2}{a}\sin^2\left(\frac{n\pi}{a}x\right),\quad 0\leqslant x\leqslant a \tag{10-49}$$

图 10-15(a)给出在无限深的势阱中，粒子在前三个能级的能级图，图 10-15(b)给出与前三个能级对应的概率密度. 例如，当量子数 $n=1$ 时，在势阱中部(即 $x=1/2$ 附近)粒子出现在势阱的概率最大，而在两端出现的概率为零. 按照经典力学，粒子在势阱中各处的运动是不受限制的，粒子在势阱内各处出现的概率应该是相等的. 此外，从图中还可以看出，随着量子数 n 的增大，概率密度分布曲线的峰值个数也增多. 例如，$n=2$ 有两个峰值，$n=3$ 有三个峰值，…. 当 n 越来越大时，相邻峰值间距越来越小，波腹靠得很近，这就非常接近于粒子在势阱中各处概率相同的经典分布情况了.

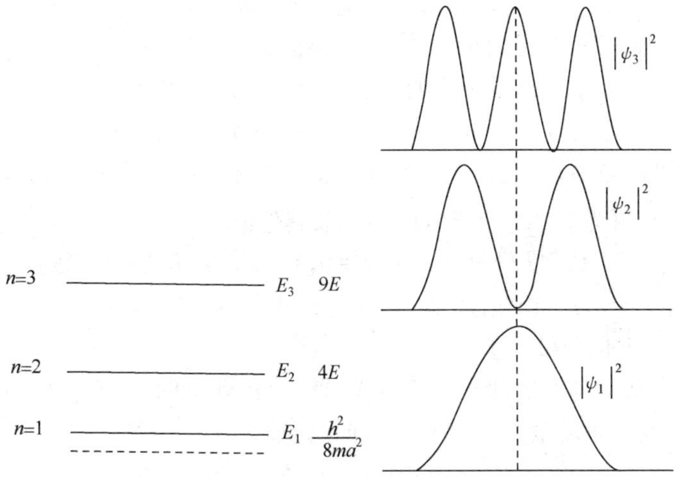

(a) 能级图　　(b) 概率密度

图 10-15　一维无限深势阱中粒子的能级图及其概率密度

10-8 原子中核外电子的状态

前面提到,玻尔氢原子理论不能圆满地解释氢原子的结构及其中电子的运动状态,只有用量子力学才能解决氢原子的问题.氢原子中电子相对于原子核的势能为

$$E_p = -\frac{e^2}{4\pi\varepsilon_0 r}$$

其定态薛定谔方程为

$$\left(-\frac{\hbar^2}{2m}\nabla^2 - \frac{e^2}{4\pi\varepsilon_0 r}\right)\psi(\boldsymbol{r}) = E\Psi(\boldsymbol{r}) \qquad (10\text{-}50)$$

此方程的求解比较繁杂,本节只扼要说明解此方程所得的一些重要结果.

一、描述原子中电子状态的四个量子数

1. 能量量子化和主量子数

氢原子的能级是量子化的,其值为

$$E_n = -\frac{1}{n^2}\left(\frac{me^4}{8\varepsilon_0^2 h^2}\right) \qquad (10\text{-}51)$$

式中,$n=1,2,3,\cdots$为正整数,称为主量子数.(10-51)式与(10-28)式是一致的.

2. 角动量量子化和角量子数

氢原子中电子的角动量为

$$L = \sqrt{l(l+1)}\,\hbar \qquad (10\text{-}52)$$

l 称为角动量量子数,简称角量子数.其可能值为 $l=0,1,2,3,\cdots,(n-1)$.可见,氢原子中的电子角动量也是量子化的.但要注意:一是玻尔理论中的电子绕核运动的轨道虽也是量子化的,$L=n\hbar$,但其最小值为 $L=\hbar$,不能为零,而量子力学得出角动量最小值可以是零;二是角量子数 l 要受主量子数 n 的限制.例如,当 $n=3$ 时,$l=0,1,2$,即 L 可为 0,$\sqrt{2}\hbar$和$\sqrt{6}\hbar$,而不能取其他值.

通常用 s,p,d,f 等字母分别表示 $l=0,1,2,3$ 等.例如,1s 表示 $n=1,l=0$ 的电子.3p 表示 $n=3,l=1$ 的电子.

3. 空间量子化和磁量子数

电子的角动量是矢量,但(10-52)式只给出角动量的值,而未确定它在空间的方位.氢原子电子角动量 L 在某特定方向(如轴 z)上的分量 L_z 为

$$L_z = m_l\hbar \qquad (10\text{-}53)$$

m_l 称为磁量子数,其可能值为 $m_l=0,\pm1,\pm2,\cdots,\pm l$.说明角动量在某特定方向的分量是量子化的.当 l 给定时,m_l 的值有$(2l+1)$个,即 $\boldsymbol{L}$ 在给定方向分量 L_z,可以有$(2l+1)$个不同的值.需要注意,L 的值是 $\sqrt{l(l+1)}\hbar$,而它在 z 轴上的最大分

量是最大的 m_l 与$\hbar$相乘，即 $m_l\hbar$. 如，$l=1$，$l=\sqrt{1\times(1+1)}\hbar=\sqrt{2}\hbar$，而 $L_z=+\hbar,0,-\hbar$，最大分量不等于 L，而小于 L. 图 10-16 表示 $l=1$ 和 $l=2$ 两种情况的 L 取向和在 z 轴上的分量.

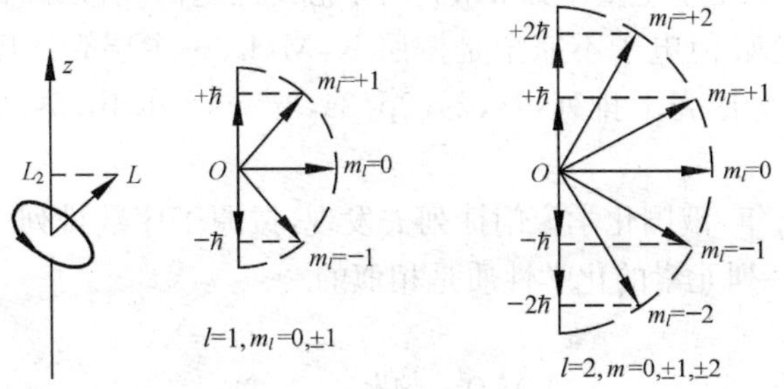

图 10-16　空间量子化

4. *电子自旋和自旋磁量子数*

原子中的电子除在核外运动外，还要绕自身的轴旋转. 自旋是电子的一种基本属性. 1925 年，乌仑贝克和古德斯密特为解释类氢元素中的光谱双线结构而提出的. 电子自旋也有自旋角动量 S，与轨道角动量一样，也是量子化的，s 称为自旋量子数，它只有一个值，$s=\frac{1}{2}$. 因此，自旋角动量的大小只能是 $S=\frac{\sqrt{3}}{2}\hbar$.

电子自旋角动量在特定方向的分量 S_z 也是量子化的，它沿外磁场的分量(如 z 轴)为

$$S_z = m_s\hbar \tag{10-54}$$

式中，m_s 称为自旋磁量子数，只能取$\pm\frac{1}{2}$，即 $m_s=\pm\frac{1}{2}$. 因而 $S_z=\pm\frac{1}{2}\hbar$.

总之，原子中电子的状态是由 n、l、m_l、m_s 四个量子数来确定的.

二、原子中的电子分布

多电子原子中的电子分布规律，由下面两个原理来确定.

1. *泡利不相容原理*

在一个原子中，不可能有两个或两个以上的电子具有相同的量子状态，也不可能具有相同的四个量子数. 这个原理称为泡利不相容原理.

原子中的电子分布是有层次的，由主量子数 n 来区分，通常以字母 K，L，M，N，…分别表示 $n=1,2,3,4,\cdots$ 的电子层壳. 由于一组量子数(n,l,m_1,m_2)决定电子的一量子态，根据泡利不相容原理，一个量子态只能被一个电子所占有. 所以，在主量子数为 n 的电子层壳中，经计算表明电子数最多为 $2n^2$. 例如，K 层最多有 2 个电子，以 $1s^2$ 表示. L 层最多有 8 个电子：其中对应 $l=0$ 的电子有 2 个，以 $2s^2$ 表示，对应于 $l=1$ 的电子有 6 个，以 $2p^6$ 表示，以此类推.

2. 能量最低原理

在原子系统处于正常状态时,每个电子趋向于占有最低的能级. 这一原理称为能量最低原理.

能级基本上决定于主量子数 n,n 越小,能级也越低. 所以离核最近的层壳,一般首先被电子填满. 但电子不完全是按照 K,M,L,…主层壳次序来填充,而是按下列次序在各个分层壳上排列:1s,2s,2p,3s,3p,4s,3d,4p,5s,4d,5p,6s,4f,5d,6p,7s,6d.

1869～1871 年,俄国化学家门捷列夫发现,按原子序数排列可得一周期表,在该周期表中,同一列元素的化学性质是相似的.

10-9 激　　光

人造光源激光是 20 世纪的重大发明之一,广泛地应用于工农业、医疗、国防建设和科学研究等领域. 本节简单介绍激光原理和特性.

一、激光原理

激光是基于受激辐射放大原理产生的一种相干光辐射. 要产生激光,必须找到具有亚稳态能级的工作物质,通过外界激励,实现粒子数反转,形成受激辐射,经过光学谐振腔进行光放大,最后输出激光.

1. 光的吸收与辐射

在光的照射下,原子可能吸收光而从低能级跃迁到高能级,或者从高能级跃迁到低能级而放出光,这种现象称之为光的吸收与受激辐射. 若原子处于激发态,即使没有光的照射,也能自发地从高能级跃迁到低能级而放出光来,这种现象称为自发辐射. 图 10-17 表示了这三种过程.

$$h\nu = E_2 - E_1 \tag{10-55}$$

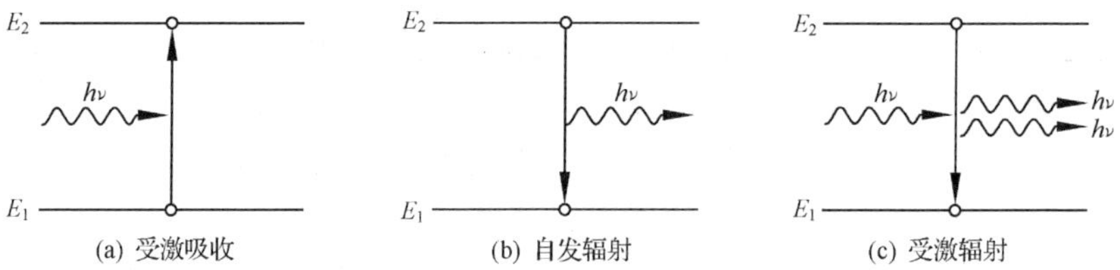

图 10-17　光的吸收与辐射

日常生活中的日光灯、霓虹灯和荧光灯等普通光源都是基于自发辐射,各原子的发光是随机的、独立的、互不相关的,因此自发辐射出的光不是相干光. 而受激辐射却具有极好的相干性,一个入射光子能引发一个频率、方向、相位、偏振都相同的光子,依次引发下去,产生雪崩式的光子数放大,形成激光.

2. 粒子数反转

当光与原子相互作用时，总是同时存在着光的受激吸收、受激辐射和自发辐射三种过程. 热平衡状态下，原子在各能级上的分布服从玻尔兹曼定律，即在温度为 T 时，处于能级 E_i 上的原子数为

$$n_i = n_0 e^{-E_i/kT} \tag{10-56}$$

处于高能态上的原子数远远低于低能态上的原子数. 常温下，原子实际上几乎全处于基态，处于激发态上的原子数极少，受激吸收远大于受激辐射，总效果是净吸收.

要使受激辐射占优势，必须使能级较高的原子数比能级较低的原子数多(称为粒子数反转分布). 要实现粒子数反转，必须从外界不断输入能量(如光照、放电等)给具有亚稳态能级的工作物质，使其从基态能级不断地跃迁到激发态能级上，这个过程叫做激励(或泵浦)，并在亚稳态能级上停留较长时间积累较多的原子，与低能级间形成粒子数反转分布.

例如，氦氖激光器的工作物质为氖，而氦是辅助物质. 图 10-18 为氦氖原子能级的简图.

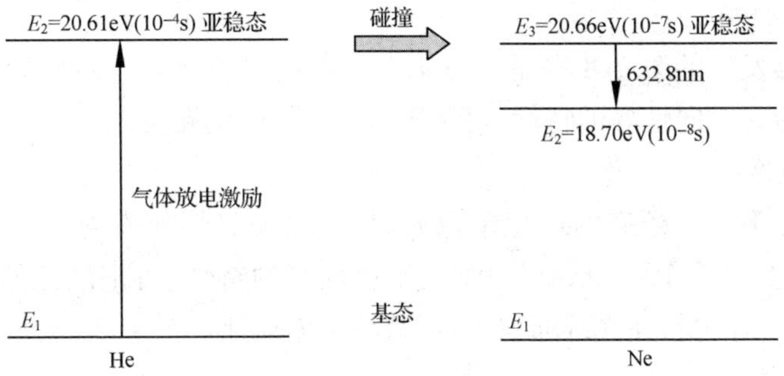

图 10-18 氦氖原子能级图

在激光管的正、负电极加上千伏以上的电压后，管内气体发生放电. 氦原子受到被电场加速的电子碰撞，被激发到亚稳态 E_2，这样处于亚稳态 E_2 的氦原子数增加. 这些受激的氦原子与处在基态的氖原子发生碰撞. 由于氖原子 E_3 的能级与氦原子 E_2 的能级很接近，这样氦原子经过碰撞把能量传给氖原子，使氖原子激发到亚稳态 E_3. 氖原子能级 E_3 的平均寿命是能级 E_2 的平均寿命的 10 倍. 因而在氖原子能级 E_2 与 E_3 之间实现了粒子数反转分布. 处于亚稳态 E_3 的氖原子先自发辐射一个波长为 632.8nm 的光子，该光子可以作用于处于亚稳态 E_3 的氖原子使其发生受激辐射并产生光放大.

3. 光学谐振腔

光学谐振腔是制作出方向性、相干性极好，并且在极小的光束内聚集强大能量的装置，如图 10-19.

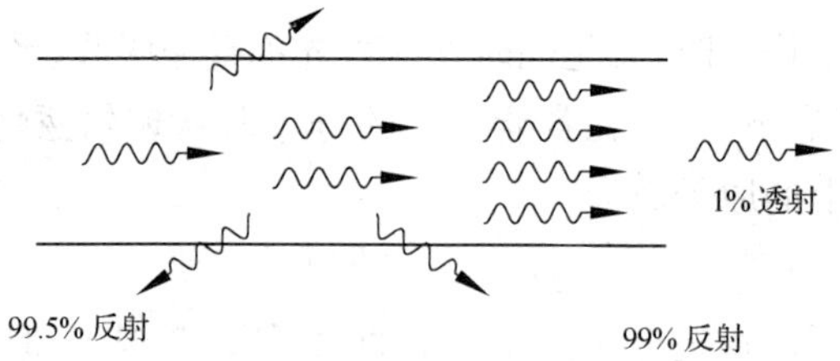

图 10-19　光学谐振腔

把工作物质夹在两个平行的反射镜之间，受激辐射的光沿轴来回反射，不断引发受激辐射，使光子数连锁式地放大，当反射镜距离适当调整为受激辐射光波长的整数倍时，会产生共振（故称谐振器），从反射镜上的窗口透射出来的就是强大的激光.

二、激光的特性

激光具有普通光所没有的一系列优异特性，概括如下.

（1）方向性好.

由激光器发出的激光几乎是一束定向发射的平行光，其发散角很小（可在 1″ 以下）. 利用激光方向性好的特性，可用于定位、导向、测距等.

（2）单色性好.

激光是近乎单一频率的理想单色光. 如氦氖激光器所发射的 632.8nm 的激光，其谱线宽度 $\Delta\lambda=10^{-8}$nm. 利用激光单色性好的特性，可把激光的波长作为长度标准进行精密测量，在光纤通信中，可减小传输损耗.

（3）相干性好.

由于激光是基于受激辐射过程发出的光，因而光子的频率、相位、振动方向都相同，无论是在光源上的不同点，或光源上同一点不同瞬时发出的光都是相干光. 利用激光干涉仪进行检测，比普通干涉仪速度快、精度高，而且激光用于全息照相有其独特的优点.

（4）能量集中.

激光能量在空间和时间上高度集中，可在极小区域内产生几百万摄氏度的高温，目前功率极大的激光，其亮度可达到太阳亮度的 100 亿倍以上. 利用激光能量集中的特性，可以对一些高熔点、高硬度的材料进行打孔、切割、焊接等精密加工，可以制成激光手术刀用于医学，制成激光武器用于军事，还可以用于激光同位素制备、激光核聚变研究等.

本章要点

(1) 黑体辐射.

斯特藩-玻尔兹曼定律 $E_0(T)=\sigma T^4$.

维恩位移定律 $T\lambda_m=b$.

普朗克量子假设. 能量子 $\varepsilon=h\nu$.

普朗克常量 $h=6.63\times10^{-34}\,\mathrm{J\cdot s}$.

(2) 光电效应.

光电效应的爱因斯坦方程 $h\nu=\frac{1}{2}mv^2+w$.

反向遏止电势差 U_0, $\frac{1}{2}mv^2=e|U_0|$.

截止(红限)频率 ν_0, $h\nu_0=w$

爱因斯坦光子理论.

光子能量 $\varepsilon=h\nu$;

光子动量 $p=\frac{h}{\lambda}$;

光子质量 $m=E/c^2=hv/c^2$, $m_0=0$.

(3) 康普顿效应.

波长改变量 $\Delta\lambda=\lambda_C(1-\cos\varphi)$.

(4) 氢光谱波数公式 $\frac{1}{\lambda}=R_H\left(\frac{1}{k^2}-\frac{1}{n^2}\right)$.

玻尔的 3 个基本假设:

稳定态;

跃迁公式 $h\nu=E_n-E_k$;

角动量量子化条件 $L=mvr=n\hbar$, $n=1,2,\cdots$.

(5) 德布罗意波粒二象性

$$E=h\nu$$

$$p=\frac{h}{\lambda}$$

(6) 海森伯不确定关系 $\Delta x\cdot\Delta p_x\geqslant\frac{\hbar}{2}$.

(7) 薛定谔方程 $\mathrm{i}\hbar\frac{\partial\Psi(\boldsymbol{r},t)}{\partial t}=\left(-\frac{\hbar^2}{2m}\nabla^2+V\right)\Psi(\boldsymbol{r},t)$.

定态薛定谔方程 $\left[-\frac{\hbar^2}{2m}\nabla^2+V(\boldsymbol{r})\right]\psi(\boldsymbol{r})=E\psi(\boldsymbol{r})$.

(8) 一维无限深势阱.

能量本征值 $E_n=n^2E_1$, $E_1=\dfrac{\pi^2\hbar^2}{2ma^2}$, $n=1,2,\cdots$.

本征波函数 $\phi_n=\sqrt{\dfrac{2}{a}}\sin\dfrac{n\pi}{a}x$, $0\leqslant x\leqslant a$.

(9) 氢原子中电子状态的 4 个量子数(n、l、m_l、m_s).

能量 $E_n=\dfrac{E_1}{n^2}$, $E_1=-13.6\text{eV}$, $n=1,2,\cdots$.

角动量 $L=\sqrt{l(l+1)}\hbar$, $l=0,1,2,\cdots,(n-1)$.

角动量分量 $L_z=m_l\hbar$, $m_l=0,\pm1,\pm2,\cdots,\pm l$.

自旋 $S=\sqrt{s(s+1)}\hbar=\dfrac{\sqrt{3}}{2}\hbar$, $s=\dfrac{1}{2}$.

自旋分量 $S_z=m_s\hbar=\pm\dfrac{1}{2}\hbar$, $m_s=\pm\dfrac{1}{2}$.

(10) 原子中电子排列.

泡利不相容原理,能量最小原理.

(11) 激光.

激光原理.受激辐射、粒子数反转、光学谐振腔.

激光特性.方向性好、单色性好、相干性好、能量集中.

习　　题

10-1　热核爆炸中火球的瞬时温度高达 10^7K,试估算辐射最强的波长和这种波长的能量子的值.

10-2　设一音叉尖端的质量 $m=0.05$kg,其频率 $\nu=480$Hz,振幅 $A=1.0$mm.当音叉在空气中做简谐振动时由于摩擦效应振动逐渐消失.问观察到的能量减少是连续的还是不连续的?

10-3　在一定的条件下,正常人眼在接收 556nm 的黄绿光时,能对每分钟 6.0×10^3 个光子产生光感.求:(1)人眼每分钟接收到的光能量;(2)人眼接收到的光功率.

10-4　从铝中逸出一个电子的能量为 4.2eV,若以波长为 2.0×10^{-7}m 的光投射到铝表面,试问:(1) 由此发射出来的电子的最大动能是多少?(2)遏止电压是多大?(3)铝的截止波长有多大?

10-5　已知 X 射线的光子能量为 0.6MeV,在康普顿散射之后波长变化了 20%,求反冲电子的能量.

10-6　波长 $\lambda=0.1$nm 的 X 射线在碳块上受到康普顿散射,求在 90°方向上所散射的 X 射线波长以及反冲电子的动能.

10-7 当照射到某金属表面的入射光的波长从 λ_1 减小到 λ_2(λ_1 和 λ_2 均小于该金属的红限波长). 求:(1) 光电子的截止电压改变量;(2) 当 $\lambda_1=295\text{nm}$,$\lambda_2=265\text{nm}$ 时截止电压的改变量.

10-8 电子和光子的波长均为 0.2nm,它们的动量和动能各为多少?

10-9 求温度为 27℃时,对应于最概然速率的氧分子的德布罗意波长.

10-10 计算氢原子光谱中莱曼系的最短和最长波长.

10-11 求氢原子从 $n'=10$ 的状态跃迁到基态时的光子能量和它的波长.

10-12 已知氢光谱的某一线系的极限波长为 364.7nm,其中有一波长为 656.5nm. 试由玻尔理论求该波长相应的始末态能级的能量和电子的玻尔半径.

10-13 铀核的线度为 $7.2\times10^{-15}\text{m}$,求其中一个质子的速度的不确定量.

10-14 一质量为 m 的粒子,约束在长度为 L 的一维线段上,试根据不确定关系估算该粒子所具有的最小能量值.

10-15 一个光子的波长为 $3.0\times10^{-7}\text{m}$,如果测定此波长的精确度为 10^{-6},试求此光子位置的不确定量.

10-16 由微观粒子的不确定关系 $\Delta x\cdot\Delta p\geqslant\dfrac{\hbar}{2}$,证明:能量和时间的不确定关系 $\Delta E\cdot\Delta t\geqslant\dfrac{\hbar}{2}$.

10-17 一沿 x 方向运动的微观粒子,描述其运动状态的波函数为

$$\psi(x)=\sqrt{\frac{a}{2\sqrt{\pi}}}(2x^2-1)\mathrm{e}^{-\frac{1}{2}a^2x^2}\qquad(-\infty<x<\infty)$$

求粒子概率密度为最大值的位置.

10-18 有一沿 x 方向运动的微观粒子,描述其运动状态的波函数为 $\psi(x)=A/(1+\mathrm{i}x)$. (1) 将此波函数归一化;(2) 求出粒子的概率密度;(3) 粒子在何处的概率密度最大?

10-19 一电子在宽为 0.20nm 的一维无限深势阱中. 求:

(1) 计算电子的最低能量;当电子处于基态时,从阱宽的一端到离此端 $\dfrac{1}{4}$ 阱宽的距离内它出现的概率多大?

(2) 当电子处于第一激发态时,在势阱何处出现的概率最小,其值为多少?

10-20 已知粒子在一维无限深势阱中运动,其波函数为

$$\psi(x)=\sqrt{\frac{2}{a}}\sin\frac{3\pi}{a}x\qquad(0\leqslant x\leqslant a)$$

求:(1) 粒子的能量;(2) 粒子在 $x=\dfrac{a}{6}$ 处出现的概率密度.

10-21 一个氧分子被封闭在一个盒子内,按一维无限深势阱计算,设势阱宽

度为 10cm,且该分子的能量等于 $T=300\text{K}$ 时的平均热运动能量 $\frac{3}{2}kT$,相应的量子数 n 的值是多少?第 n 激发态和第 $n+1$ 激发态的能量差是多少?

10-22 求出能够占据一个 d 分壳层的最大电子数,并写出这些电子的 m_l 和 m_s 值.

10-23 氢原子中的电子处于 $n=4, l=3$ 的量子态.问:(1)该电子角动量的值 L 为多少?(2)该角动量 L 在 Z 轴的分量有哪些可能值?(3)角动量 L 与 Z 轴的夹角可能值为多少?

10-24 在描述原子内电子状态的量子数 n, l, m_l, m_s 中:

(1) 当 $n=6$ 时,l 的可能值是多少?(2) $l=6$ 时,m_l 的可能值为多少?(3) 当 $l=4$ 时,n 的最小可能值是多少?(4) 当 $n=3$ 时,电子可能状态数为多少?

10-25 根据能量最小原理:原子处于正常态时,每个电子总是尽先占据能量最低的能级.原子能级能量首先决定于主量子数 n,但也决定于与角量子数 l,由此得出结论:原子外电子不是一定先填满小的主量子数态后,再填大的主量子数态.我国科学工作者根据大量实验事实总结出原子能级高低的规律是:$n+0.7l$ 越大,能级越高.根据这个规律按电子先充对下列各能级态进行排序.

1s;2s;2p;3s;3p;3d;4s;4p;4d;4f;5s;5p;5d;5f;6s;6p;6d;7s.

自 测 题

1. 黑体辐射、光电效应以及康普顿散射都表明了光具有[　　]

(A) 单色性;　　(B) 偏振性;

(C) 波动性;　　(D) 粒子性.

2. 康普顿效应中光子与电子碰撞发生相互作用,以下哪些物理定律严格适用[　　]

(A) 动能守恒,动量守恒;　　(B) 能量守恒,动量守恒;

(C) 动能守恒,机械能守恒;　　(D) 动量守恒,机械能守恒.

3. 德布罗意波是__________波,电子显微镜是根据__________实验的原理设计的.

4. 如果电子被限制在边界 x 与 $x+\Delta x$ 之间,$\Delta x=3\text{nm}$,则电子动量在 x 方向的不确定量近似为__________ $\text{kg}\cdot\text{m}\cdot\text{s}^{-1}$.(普朗克常量 $h=6.63\times10^{-34}\text{J}\cdot\text{s}$.)

5. 按照原子的量子理论,原子可以通过__________和__________两种辐射方式发光.

6. 设用频率为 ν_1 和 ν_2 的两种单色光,先后照射同一种金属均能产生光电效应.已知该金属的红限频率为 ν_0,测得两次照射的遏止电压 $2|U_{01}|=|U_{02}|$,证明这两种单色光的频率有如下的关系 $\nu_2=2\nu_1-\nu_0$.

7. 在光电效应实验中，已知钾的红限波长为 620nm，求：(1)钾的逸出功；(2)在波长 330nm 的紫外线照射下，钾的遏止电压.

8. 当氢原子从某初始状态跃迁到激发能(从基态到激发态所需的能量)为 $\Delta E=10.2\text{eV}$ 的状态时，发射出光子的波长是 $\lambda=486\text{nm}$，求该初始状态的能量和主量子数.

第十章习题答案　　　　第十章自测题答案

阅读与讨论

阅读与讨论一:超导与超导材料

自 1911 年人类首次发现超导现象以来,超导因其异乎寻常的性质和潜在的应用价值成为热门研究领域. 本节介绍超导的基本特性、超导理论发展、超导材料的发展和应用.

一、超导的基本特性

1. 零电阻

1911 年,荷兰物理学家昂内斯(Onnes)在测量低温区金属汞的电阻行为时,发现当温度降低到 4.2K 附近时,样品汞的电阻突然降低到接近于零,如图 Y1-1 所示. 昂内斯认为汞在 4.2K 以下进入了一个新的物态,将其命名为超导态. 在低温下发生的零电阻现象称为物质的超导电性,具有超导电性的材料称为超导体. 超导体电阻突然下降到零的温度称为超导体的临界温度,通常用 T_c 表示. 零电阻是超导体的一个基本特性. 昂内斯随后又发现锡、铅、铌等金属在低温下也表现出超导现象. 昂内斯因其在液氦的制备和物质低温性质的研究等方面的贡献,获得了 1913 年的诺贝尔物理学奖.

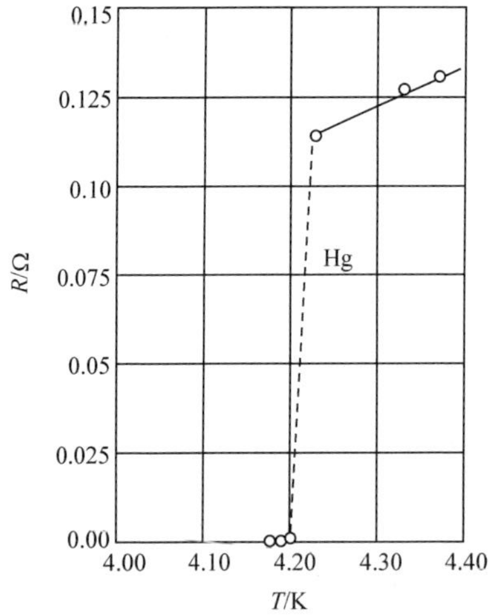

图 Y1-1 样品汞电阻与温度的关系

2. 迈斯纳效应

1933 年,迈斯纳(Meissner)和奥克森费尔德(Ochsenfeld)在研究超导电性时发现,把超导样品放置在磁场中冷却至超导态,样品内的磁通量在发生超导转变时会被完全排斥于体外. 这一现象称为迈斯纳效应,概括地说,即超导体具有完全抗磁性. 迈斯纳效应是超导体的另一个基本特性.

超导体的迈斯纳效应与加磁场的顺序无关. 零电阻使物体内部的电场为零,内部的磁通量保持不变. 图 Y1-2 对比了超导体和理想导体的情况. 如图 Y1-2(a)和(c)所示,当样品在无磁场的条件下将样品冷却至超导态或理想导体状态后再加磁场的过程中,超导体和理想导体周围磁场分布的变化是一样的,撤去外磁场后,磁场消失. 但当样品在磁场中被冷却到临界温度以下再撤去磁场时，超导体和理想导体的情况则完全不同. 如图 Y1-2(b)和(d)所示，撤去磁场后，理想导体内部磁场保持不变，为保持原有磁通量，理想导体内部会产生感生电流，在导体外产生相应的磁场，而超导体内部的磁场被全部排出，周围磁场完全消失.

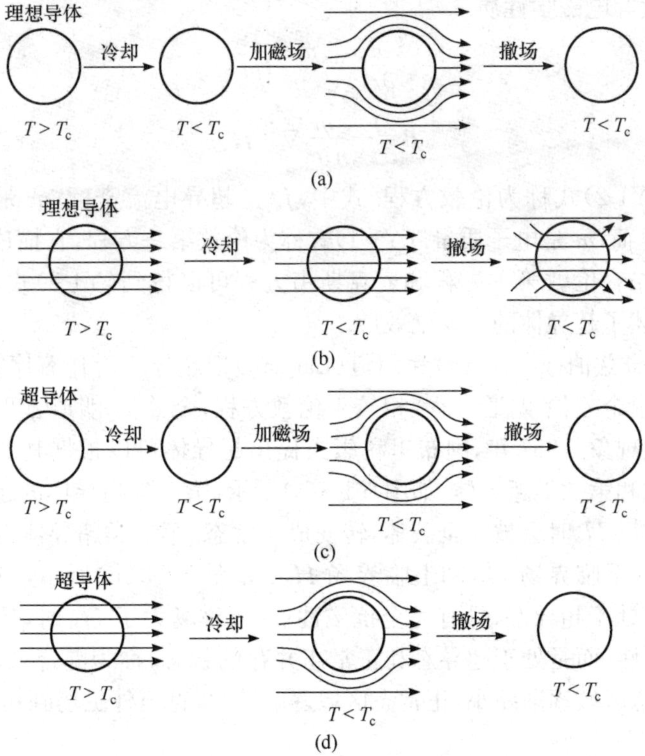

图 Y1-2　(a)和(b)理想导体的磁性，(c)和(d)超导体的磁性

同时具备零电阻特性和迈斯纳效应的材料才能被判断为超导体. 常用的表征超导体性质的参数，除了临界温度 T_c，还有临界磁场 H_c 和临界电流 I_c. 实验发现，当外加磁场超过临界磁场 H_c 时，超导电性会被破坏. 在不加磁场的情况下，通过超导体的电流超过临界电流 I_c 时，超导态也会被破坏. 临界温度 T_c、临界磁场 H_c 和临界电流 I_c 是三个相互关联且相互影响的基本参数.

二、超导理论的发展

1. 超导电性的唯象理论

为了解释超导现象，戈特(Gorter)和开西米尔(Casimir)在 1934 年提出二流体模型. 该模型认为：处于超导态的金属内的自由电子分为两部分：一部分叫超流电子，可以在晶格中无阻运动，处于一种低能的凝聚态；另一部分叫正常电子，与正常金属自由电子气相同. 二者的相对数量受到温度磁场等条件的影响. 这个模型可以对超导体的电子比热和零电阻等实验现象做出解释.

1935 年,在二流体模型的基础上,伦敦兄弟(F. London 和 H. London)提出了一个唯象理论,可以统一地解释超导体的零电阻和迈斯纳效应,并且成功地预言了磁场穿透深度等电磁学性质.

$$\frac{\partial}{\partial t}\boldsymbol{j}_{\mathrm{s}}=\frac{n_{\mathrm{s}}e^2}{m}\boldsymbol{E} \tag{Y1-1}$$

$$\boldsymbol{B}=-\frac{m}{n_{\mathrm{s}}e^2}\nabla\times\boldsymbol{j}_{\mathrm{s}} \tag{Y1-2}$$

(Y1-1)式和(Y1-2)式称为伦敦方程. 式中,$\boldsymbol{j}_{\mathrm{s}}$ 是超导电流密度;n_{s} 是超导电子密度;e 是电子电荷;m 是电子质量. (Y1-1)式称为伦敦第一方程,它描述了超导体的零电阻性质. 结合伦敦第一方程和麦克斯韦方程可以得到(Y1-2)式,称为伦敦第二方程,它描述了超导体的迈斯纳效应.

1950 年,金兹伯(Ginzberg)和朗道(Landau)把超导相看作有序相,通过引入序参量,建立了金兹伯-朗道方程. 相较于伦敦方程,金兹伯-朗道方程可以解释更多的超导实验现象. 1957 年,阿布里科索夫提出超导体可以根据其磁性特点分为第一类超导体和第二类超导体. 如图 Y1-3(a)所示,第一类超导体的超导态在外磁场大于临界磁场 H_{c}时会被完全破坏,转变成正常态. 第二类超导体有两个临界磁场参数,分别为下临界场 H_{c1} 和上临界场 H_{c2}. 如图 Y1-3(b)所示,当外磁场低于 H_{c1}时,超导体处于超导态,具有完全抗磁性;当外磁场大于 H_{c1} 时,超导体并未完全失去超导电性,而是处于超导态和正常态并存的状态,称为混合态,随着外磁场的增加,超导态区域逐渐缩小,正常态区域逐渐扩大,直至外磁场到达 H_{c2},样品完全转变为正常态.

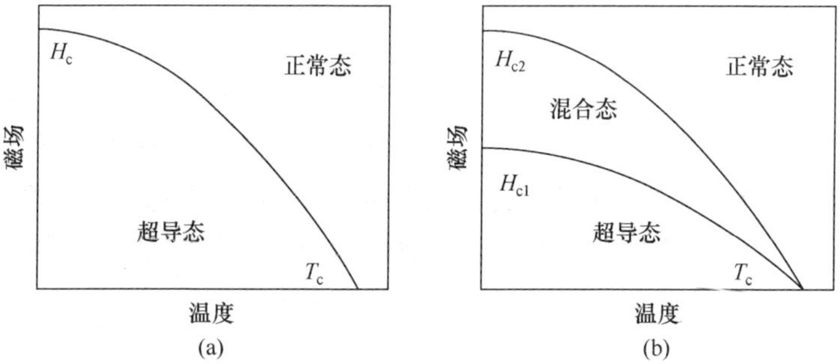

图 Y1-3 (a)第一类超导体和(b)第二类超导体磁场与温度的关系

2. 超导电性的微观理论

超导唯象理论虽然有了快速的发展,但都没能指出产生超导电性的微观原因,直到 1957 年,巴丁(Bardeen)、库珀(Cooper)和施里弗(Schrieffer)在他们发表的论文中提出了超导电性量子理论,通常称为 BCS 理论.

同位素效应和超导能隙等关键性的实验发现在超导微观理论的建立中起到了重要作用. 同位素效应是指同一种超导元素的同位素的临界温度 T_c 与同位素原子质量 M 之间满足下列关系：

$$T_c M^{\alpha} = 常量 \tag{Y1-3}$$

一般地，$\alpha \approx 0.5$. 临界温度 T_c 反映的是电子的性质，原子质量 M 反映的是晶格的性质，晶格振动的能量子称为声子. 同位素效应说明了临界温度 T_c 对原子质量 M 的依赖关系，建立了电子-声子相互作用和超导电性之间的联系.

20 世纪 50 年代的许多实验表明，超导态的电子能谱与正常金属不同. 正常金属在绝对零度下，存在一个能量为 E_F 的能级，电子将占据能量小于 E_F 的所有能级，而大于 E_F 的能级全部为空. 这个能量为 E_F 的能级称为费米能级，对应费米能级的等能面称为费米面. 在超导体中，$T=0K$ 时，在费米面附近出现一个宽度为 2Δ 的能量间隔，该能量内没有对应的电子存在，其中 Δ 称为超导能隙，数量级为 $10^{-4} \sim 10^{-3}$ eV. 超导基态表现为，在绝对零度时，超导能隙以下的态被全部占据，而能隙以上的态全部为空. 图 Y1-4 所示的是 $T=0K$ 时，正常态和超导态的电子能谱示意图. 超导能隙反映了从正常态到超导态转变时电子结构的变化.

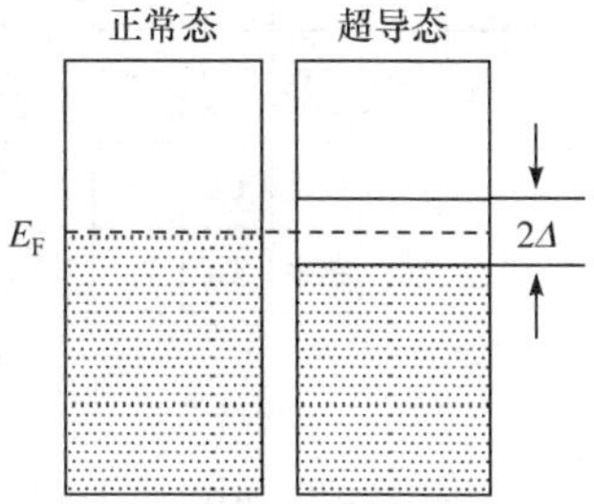

图 Y1-4　$T=0K$ 的电子能谱示意图

BCS 理论对超导电性作出微观解释，在低温下，电子间通过超导体晶格振动为媒介相互作用，即电子-声子耦合，形成电子对，称为库珀对. 库珀对中的两个电子动量和自旋均大小相等、方向相反. 在普通导体中，自由电子受散射，从而产生电阻. 而在超导态中，大量的电子以库珀对形式运动，库珀对内电子不断地相互散射但总动量保持不变，所以电流没有变化. 这就解释了超导态的零电阻现象. 把一个库珀对拆成两个正常电子至少需要 2Δ 的能量，反映了超导能隙的存在. 根据 BCS 理论，$T=0K$ 时的超导能隙与临界温度 T_c 满足

$$2\Delta(0) = 3.53 k_B T_c \tag{Y1-4}$$

BCS 理论可以对超导体的很多性质作出解释. 虽然 BCS 理论是基于简化模型推导出来的，但可以定性地甚至定量地解释多数实验事实. 符合 BCS 理论的超导体称为常规超导体，不能用 BCS 理论完全解释的超导体称为非常规超导体. BCS 理论的三位创立者获得了 1972 年的诺贝尔物理学奖.

三、超导材料的发展

1. *寻求高 T_c 超导*

昂内斯的发现开辟了研究超导电性的新领域. 经过一百多年的研究，已经发现了几十种元素和大量的合金和化合物在常压或高压条件下具有超导电性. 首先研究的是元素超导体，如图 Y1-5 所示．目前，超导元素中常压下临界温度最高的是铌(T_c＝9.2K)．有些元素在常压下未发现超导电性，但在高压下表现出超导电性，例如，硅在常压下是典型的半导体，但在高压下转化成金属，并有低温超导电性，在约 12GPa 下硅的临界温度为 7.1K．除此之外，有的元素在某些特定的形态也具有超导电性．在超导元素的基础上，结合其他元素，可以形成超导合金或超导化合物．这不仅大大扩充了超导体的数量，也显著提高了超导性质．1928 年发现了二元合金 Nb_3Ge 的超导电性，其临界温度达到 T_c＝23.2K．此外，还发现了以 2H-$NbSe_2$ 为代表的层状化合物超导体，以 $CeCu_2Si_2$ 为代表的重费米子超导体以及以 $(TMTSF)_2X$($X=PF_6$、BF_4、ClO_4 等)族化合物为代表的有机超导体等．

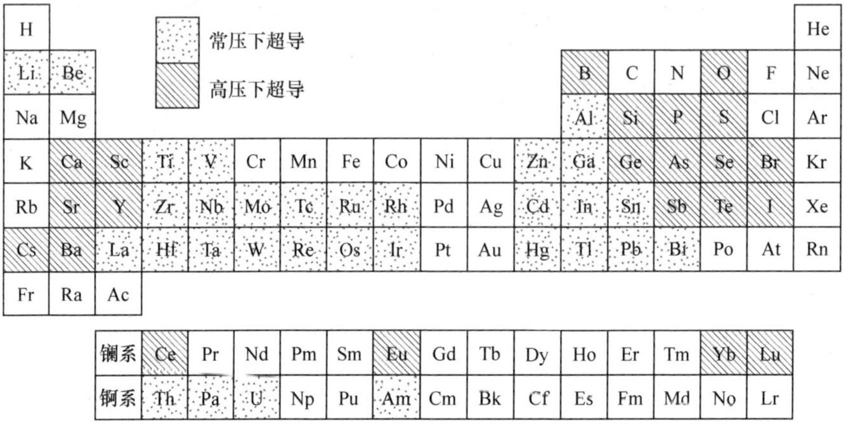

图 Y1-5　元素周期表中的超导元素

自超导被发现的七十多年里，虽然超导理论方面有了长足的进步，超导体的种类也更加丰富，但最高超导临界温度一直由 Nb_3Ge(T_c＝23.2K)保持，长期以来未有显著提高．营造低温环境所需的液氦非常昂贵，极大地限制了超导的应用和研究，直到铜氧化物超导体的出现打破了这一僵局．

2．铜氧化物超导体

1986 年，IBM 苏黎世实验室的柏诺兹(Bernorz)和缪勒(Müller)报道了 Ba-La-Cu-O 化合物具有 T_c＝35K 的超导转变，引发了在铜氧化物中寻找超导体的热潮，开辟了研究超导的全新领域．我国的赵忠贤院士等科学家快速开展研究，在这一领域做出了重要贡献，为我国在国际上赢得了一席之地．Ba-La-Cu-O 超导体一经报道，陆续被发现的铜氧化物超导体在短时间内不断地刷新着超导临界温度 T_c 的纪录．1987 年发现的 Y-Ba-Cu-O 体系 T_c 超过 90K，实现了 T_c 液氮温区的突破；1988 年发现的 Tl-Ba-Ca-Cu-O 体系 T_c 达到 90K；1993 年发现的 Hg-Ba-Ca-Cu-O 体系将 T_c 刷新至 135K；1994 年，朱经武研究组在高压条件下把 Hg-Ba-Ca-Cu-O 体系再次提高到 164K．通常的电子-声子机制作用下的超导临界温度上限为 40K，即麦克米兰极限，临界温度超过 40K 的超导体称为高温超导．铜氧化物高温超导体的发现极大地推进了超导领域的研究，并且拥有广阔的应用前景，柏诺兹和缪勒在其论文发表的第二年就因这一突破性贡献获得了 1987 年的诺贝尔物理学奖.

大量的铜氧化物超导体之间存在着一定的规律. 以 La_2CuO_4 化合物为例，在 La 位进行适当的 Sr 或 Ba 掺杂可以得到超导体 $La_{2-x}Ba_xCuO_4$ 或 $La_{2-x}Ba_xCuO_4$. 此类铜氧化物超导体包含镧，故而称之为镧系超导体，又因其化学计量比为 La(Sr 或 Ba)∶Cu∶O=1∶2∶4，简称为 214 结构. 类似地，根据化学组成和结构，将众多的铜氧化物超导体划分为镧系超导体，包括 214 结构；钇系超导体，包括 123 和 124 等结构；铋系超导体，包括 Bi-2201 和 Bi-2223 等；铊系超导体，包括 Tl-2201、Tl-2212 和 Tl-2223 等；汞系超导体，$HgBa_2Ca_{n-1}Cu_nO_{2(n+1)+d}$ (n=1～3)结构等.

图 Y1-6 中展示了几种铜氧化物超导体的晶体结构和铜氧化物超导体中普遍的 CuO_2 平面. 铜氧化物超导体都是包含 CuO_2 平面的层状结构，可以是单层的，也可以是双层邻近的或三层邻近的，CuO_2 平面中 Cu^{2+} 和 O^{2-} 相互间隔，形成四方格子. 铜氧化物超导体相同的结构特点决定了此类超导体的性质遵循相似的规律. 铜氧化物超导体中的电子具有不可忽略的相互作用，此类超导体的超导机理不能用 BCS 理论很好地解释，属于非常规超导体. 铜氧化物超导的超导电性来源于 CuO_2 平面，其超导电性往往是在母体材料的基础上通过掺杂等手段诱导而得到的. 此类材料的母体是具有长程反铁磁序的莫特绝缘体. 如图 Y1-7 所示，随着电子或空穴的掺杂，材料的性质从母体的莫特绝缘体逐渐变成超导体，并且存在最佳掺杂量，对应着超导临界温度 T_c 的最大值. 在通过掺杂诱导超导电性的过程中，系统中出

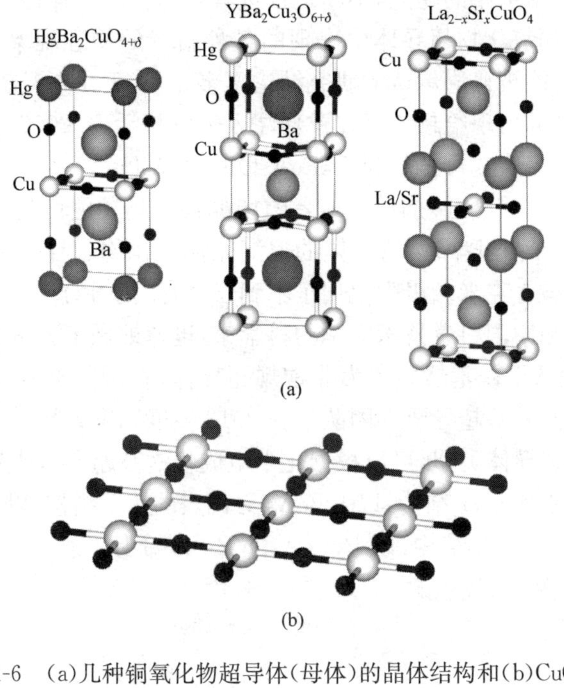

图 Y1-6　(a)几种铜氧化物超导体(母体)的晶体结构和(b)CuO_2 层

现众多竞争相，如电子条纹相（stripe phase）、电荷密度波（CDW）、自旋密度波（SDW）、反铁磁序（AFM）等. 此类超导体在未到达临界温度时，在电子能谱上可以观察到一个能隙，称为赝能隙. 目前对于高温超导机理的研究，普遍认为电子配对是电子在磁涨落的作用下产生的，具有代表性的模型有安德森提出的共振价键（resonating valence bond，RVB）模型等.

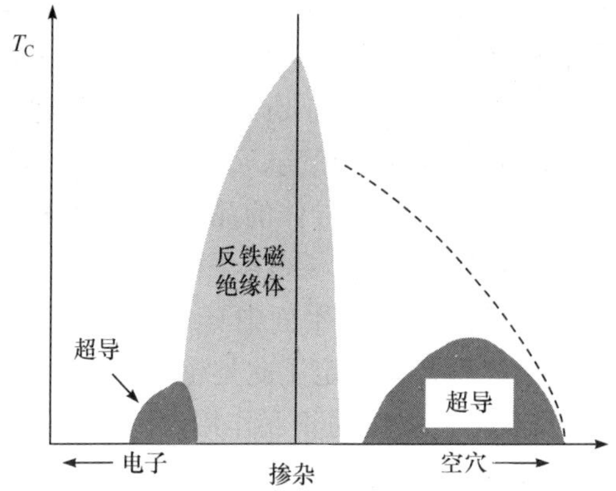

图 Y1-7　铜氧化物超导体电子相图

3. 铁基超导体

自铜氧化物超导体被发现以来，一方面，人们努力克服其材料脆、延展性和柔韧性差、临界电流密度小的缺点，不断地推进其实用化的进程；另一方面，人们试图从理论层面解释铜氧化物超导体中出现的各种新奇的物理现象，然而，经过近 30 年的奋斗，得到的能被普遍承认的研究结论寥寥无几. 正在高温超导的研究陷入迷惘之际，铁基超导的出现给超导研究重新注入生机与活力. 2008 年 2 月，日本西野秀雄教授研究组发现，在母体材料 LaFeAsO 中掺杂 F 元素可以诱发超导电性，临界温度为 $T_c=26K$. 另外，施加压力或者磁场都会对超导电性起到调控作用，如图 Y1-8 所示. 新一轮的寻找高温超导体的浪潮比铜氧化物超导体的那次更为激烈，从发现之初到突破麦克米兰极限仅用了不到三个月. 我国的科学家，尤其是中国科学院物理研究所和中国科学技术大学的科学家，迅速地做了大量工作，将临界温度提升到 55K 并确认了铁基超导体为非常规超导体，在国际学术界引发巨大反响. 赵忠贤院士带领的铁基超导研究团队荣获 2013 年度国家自然科学一等奖.

与铜氧化物超导体类似，可以根据化学组成将铁基超导体或其母体进行分类，例如，以 FeSe 为代表的 11 结构，以 LiFeAs 为代表的 111 结构，以 $AeFe_2As_2$（Ae = Ba，Sr，Ca）为代表的 122 结构，以 ReFeAsO（Re 为稀土元素）为代表的 1111 结构和以 $Sr_3Sc_2O_5Fe_2As_2$ 为代表的 32522 结构等. 图 Y1-9 所示的是几种超导体（母体）的晶体结构示意图.

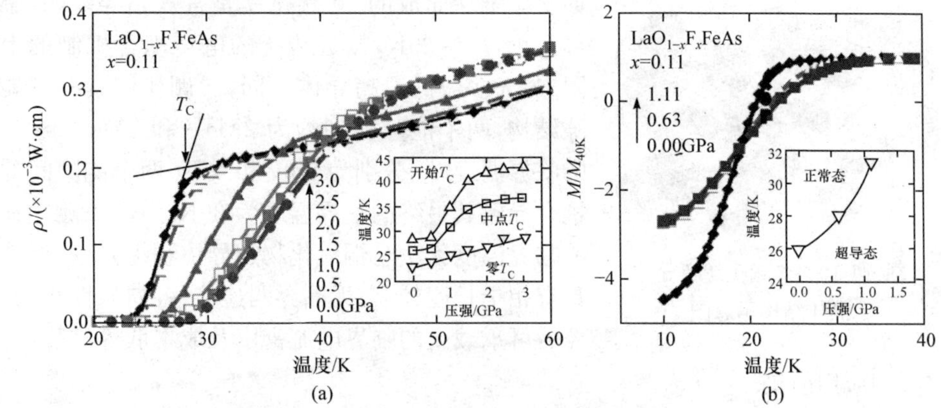

图 Y1-8　$LaO_{0.89}F_{0.11}FeAs$ 中(a)不同压强下的电阻温度曲线和临界温度压强曲线，(b)不同压强下的归一化磁化率温度曲线和温度压强相图(*Nature*，2008，**453**：376-378)

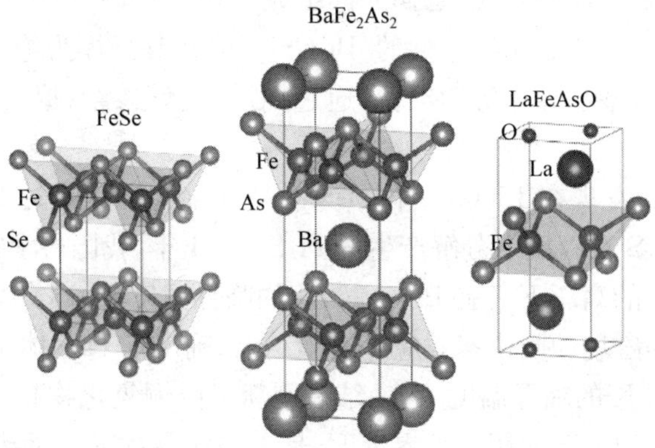

图 Y1-9　超导体 FeSe 和超导母体 $BaFe_2As_2$ 和 LaFeAsO 的晶体结构示意图

铁基超导体拥有共同的 FeAs 或 FeSe 层，这些二维的层状结构是由共边 $FeAs_4$ 四面体或共边 $FeSe_4$ 四面体组成的，就像铜氧化物超导体中的 CuO_2 层，决定着材料的超导电性. 有了铜氧化物超导体的研究积累，对铁基超导体的探索得以快速展开. 虽然铁基超导体在晶体结构特征、电子相图等方面与铜氧化物超导体非常类似，但在电子结构、母体材料性质及电子配对方式等多方面又多有区别. 铁基超导体的出现有助于揭开高温超导微观机制的神秘面纱. 除了在基础研究方面的价值，铁基超导体在应用方面也具有一定的优势. 铁基超导材料的金属性更强，更适合加工成带材. 不过，这类材料往往对空气敏感且具有一定的毒性，需要有高水平的加工工艺.

4. 其他典型超导体

2001 年，日本科学家偶然发现了二硼化镁(MgB_2)的超导电性. 图 Y1-10 所示的是二硼化镁的晶体结构，它是由呈三角格子分布的 Mg 和蜂窝六角结构的 B 平

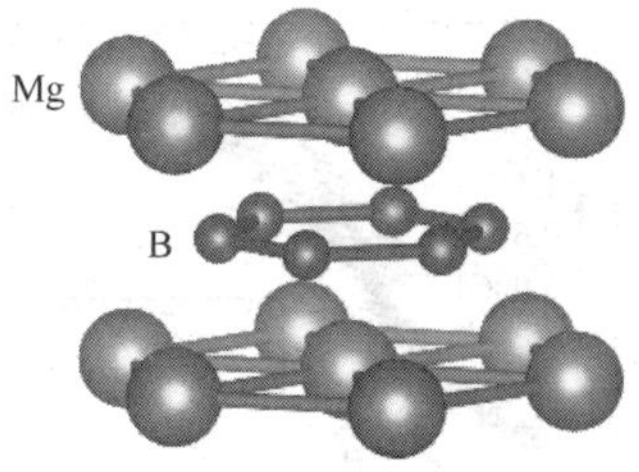

图 Y1-10 二硼化镁超导体晶体结构示意图

面交错堆垛而成的. 二硼化镁是常规超导体，其临界温度 $T_c=39K$，接近传统的电声耦合机制的上限. 与大多数低温超导体不同，二硼化镁具有双能隙结构，两个能隙分别约为 2MeV 和 7MeV，对应的临界温度 T_c 分别为 15K 和 45K. 两个能隙间的耦合导致其最终的临界温度为 39K. 虽然二硼化镁的临界温度无法与铜氧化物超导体相提并论，但其具有相干长度较大、无晶界弱连接、各向异性小、调控后可承载高的临界电流密度及成本低等优势，有广阔的应用前景.

继铜氧化物超导体和铁基超导体两大体系被发现后，人们一直致力于在层状化合物中寻找高温超导体. 2012 年，$Bi_4O_4S_3$ 和 $LaO_{1-x}F_xBiS_2$ 的超导电性被报道，随后又有数十种超导体被发现，它们共同组成 $BiCh_2$(Ch=S 或 Se)基超导体家族. 此类化合物中均含有决定超导电性的$[Bi_2Ch_4]^{2-}$层，其母体为绝缘体. 借鉴研究铜氧化物超导体和铁基超导体等的经验，通过插层、化学掺杂、退火等手段调控超导电性.

2015 年，人们发现在 150GPa 下 H-S 的超导临界温度高达 203K，初步认为，超导的物相是 H_2S 在高压下分解产生的 H_3S. 2014 年，我国科学家计算预测了 H-S 体系在 200GPa 的高压下具有 191～204K 的临界温度. 2015 年，德国科学家给出了临界温度、临界磁场和同位素效应等实验结果，确定了 H-S 体系在 150GPa 的条件下具有高达 203K 的临界温度. 这一结果刷新了由铜氧化物超导体保持的 164K 纪录，是目前获得的最高的超导临界温度，是人类在寻找室温超导进程中向前迈出的一大步(图 Y1-11).

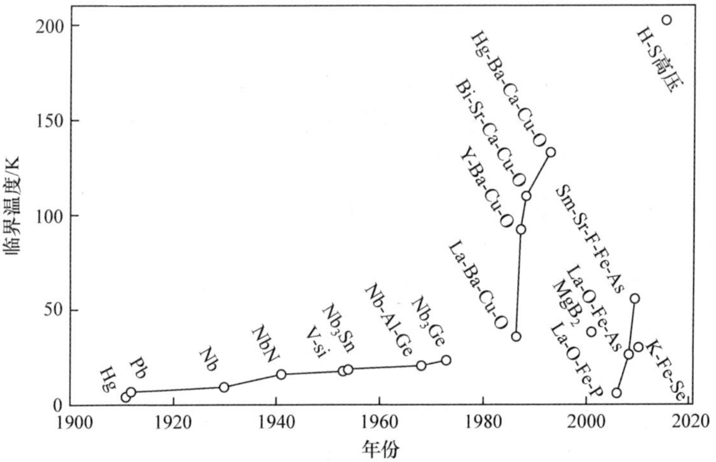

图 Y1-11 超导材料的发展简图

超导物理虽然已有一百多年的历史，但仍是一个充满生机和活力的学科，科学家们在不断地提高超导材料的临界温度，探索超导转变机理.

四、超导材料的应用

超导体拥有不同于正常导体的特殊性质，使之在诸多领域具有广阔的应用前景. 目前，超导已从实验室逐步走向实际应用.

1. 超导材料的开发

为了充分利用超导材料的优异性质，一般把超导材料加工成线材或块材等形态，应用于相关仪器设备. 针对 NbTi、Nb_3Sn、Nb_3Al 等早期的超导材料，现已有成熟的制备技术及加工工艺，并形成了一定规模的超导产业. 随后，铜氧化物超导体的发现大大提升了超导材料的工作温度，其中 Bi 系高温超导材料和 Y 系高温超导材料得到重点关注. 铁基超导体虽然发现时间晚，临界温度不敌铜氧化物超导体，但其具有临界场高、临界电流密度高、各向异性小等优势，有极大的开发价值.

在实际应用中，需要将超导材料加工成超导线材. 20 世纪发明的粉末套管法是目前常用的制备方法，即将需要的超导粉末包裹在金属套管中，再通过拉伸、烧结，生产出超导线材. 通过调控制作过程中的各类参数可以达到提高材料性质的目的. 这类导线一般呈带状，也称为超导带材. 目前，Bi-2223 超导带材的制备技术日趋成熟，美国、日本、德国还有我国等多家公司已具备千米级长带批量化生产的能力. 中国科学院电工研究所的马衍伟团队自 2008 年研制出世界上首根百米级铁基超导长线(图 Y1-12)之后，于 2016 年制备出长达 115m 的 7 芯铁基超导长线. 该线材具有良好的均匀性和较弱的磁场衰减特性，在 10T 强磁场下的临界电流密度超过 $1.2\times10^5\,A\cdot cm^3$. 此外，超导材料还可以加工成超导块材和超导薄膜的形式.

图 Y1-12　世界首根百米级铁基超导长线

2. 超导材料零电阻特性的应用

超导电缆具有传输电流密度大、损耗小、效率高的优点，在电力方面有广泛的应用前景. 与常规电缆相比，超导电缆的应用不仅可以节约空间，更可以大大提高能源的利用率，为国家带来巨大的经济效益. 纵然超导有着零电阻这一无可比拟的独特优势，但相关器材造价昂贵，应用技术尚未成熟，距离广泛的实际应用还有一定的距离. 目前，虽然超导线材已步入商业化，但超导输电技术仍处在尝试阶段.

传统的电机在工作中存在发热现象，在造成能源损失的同时还会对电机的性能造成影响，缩短电机的使用寿命. 超导电机则可以承载更大的电流，同时缩小设备体积和质量、提高能源利用率、延长仪器寿命. 采用超导线圈制作的超导储能装置，具有储存电磁能量大、无损耗等优点，可在需要的时候释放能量. 超导储能装置的应用有助于提高电力系统的调节能力、改善电力系统的稳定性，减轻瞬间断电的损失. 将超导器件应用于计算机可以有效缓解发热现象，在解决散热问题的同时，大大提高计算机的运算速度. 超导的零电阻效应可以规避热噪声，对提高滤波器性能非常重要. 这些技术虽然尚未走入寻常百姓家，但已被应用在军事、科研领域. 例如，2016 年发射的天宫二号就应用了超导滤波器，取得了良好的效果.

3. 超导材料迈斯纳效应的应用

利用超导完全抗磁性制作的超导磁体，具有常规材料无法达到的磁场强度，在现在科学领域有重要的应用价值. 随着低温技术的发展和人们对超导的认识不断加深，超导磁体技术在科学仪器、大科学装置及医学等领域得到了广泛应用. 高能加速器是高能物理重要的研究工具，利用磁场将带电粒子加速，世界上多个高能加速器都使用了超导磁体提供运行所需的高磁场. 2017 年，国际上首台 25MeV 连续波超导质子直线加速器通过达标测试. 在核反应堆中，利用磁约束来控制核聚变的装置叫托卡马克. 20 世纪 90 年代，我国建成首个托卡马克 HT-7 实验装置，成为世界上第四个拥有超导托卡马克装置的国家. 2021 年，《人民日报》报道：“5 月 28 日，中国科学院合肥物质科学研究院有‘人造太阳’之称的全超导托卡马克核聚变实验装置(EAST)创造新的世界纪录，成功实现可重复的 1.2 亿摄氏度 101 秒和 1.6 亿摄氏度 20 秒等离子体运行，向核聚变能源应用迈出重要一步.”如图 Y1-13 所示.

图 Y1-13　全超导托卡马克核聚变实验装置(EAST)

核磁共振是一项广泛应用于物理、化学和生物等领域的检测技术.核磁共振成像无放射性,对人体无伤害,已成为现代医学诊断的重要手段.基于超导磁体的核磁共振成像仪已被广泛地应用于医学领域,是常见的民用超导产品.

磁悬浮列车利用磁悬浮力推动列车前进,1922 年德国工程师赫尔曼·肯佩尔提出了电磁悬浮原理.目前,常规导体磁悬浮列车技术已经发展出成熟的技术.超导电磁铁磁性强、功率大,20 世纪 70 年代左右,人们开始将目光投向超导磁悬浮列车.2015 年 4 月,日本 JR 东海公司进行了超导磁悬浮列车的高速运行试验,载人行驶速度达到 590km·h^{-1},刷新了世界纪录.

4. 约瑟夫森效应的应用

1962 年,约瑟夫森(Josephson)预言了超导体-绝缘体-超导体结中超导隧道电流的性质,被称为约瑟夫森效应.约瑟夫森效应很快得到了实验证实.1973 年,约瑟夫森、江崎玲于奈(Reona Esaki)和贾埃弗(Giaever)因预言和证实了超导体的隧道效应被授予诺贝尔物理学奖.利用超导体的约瑟夫森效应制作的精密电子学仪器具有灵敏度高、功耗小、响应快等优点.例如,超导量子干涉仪(SQUID)是基于约瑟夫森结制作的磁传感器,在脑磁信号和心磁信号等生物磁场测量方面、矿产探测等地磁测量方面、工业无损检测以及科学研究等方面已有大量应用,是目前灵敏度最高的磁传感器.

超导因其独有的特性自被发现以来就一直吸引着人们的目光,超导材料在很多领域有着不可替代的优势,被广泛地应用于生活、生产和科研等方面.经过百年的探索,人们在对传统超导体的认识和应用方面已经取得了巨大的成就,同时也迎来了非常规超导体带来的挑战.超导材料的应用、新型超导体的发现以及超导机理的探索相互促进,共同为推进人类的发展做出贡献.

讨 论 题

1. 阅读了上面的材料,你有哪些收获?
2. 除了阅读材料中的内容,你还可以举出哪些与超导材料有关的应用?

可以查阅资料,自由讨论,并把成果和大家分享.

阅读与讨论二:纳米科学与技术

纳米(nm),即为毫微米,是长度的度量单位. $1\text{nm}=10^{-9}\text{m}$. 1nm 相当于 4 倍原子大小,比单个细菌的长度还要小得多. 因此,纳米是一种很小的长度单位.

纳米科学与技术(简称纳米技术,nanotechnology)是 20 世纪 90 年代初迅速发展起来的新的前沿科研领域. 它是指在 1～100nm 尺度内,研究电子、原子和分子运动规律、特性的高新技术学科,其最终目标是人类按照自己的意志直接操纵单个原子、分子,制造出具有特定功能的产品. 纳米技术是一种非常具有市场潜力的新兴科学技术,关于纳米技术的研究已成为很多国家研究的一个重要方向. 全世界的科学家都知道纳米技术对科技发展的重要性,所以世界各国都不惜重金发展纳米技术,力图抢占纳米科技领域的战略高地.

一、纳米技术的发展历程

纳米技术的灵感,来自于诺贝尔物理学奖获得者理查德·费曼于 1959 年所做的一次题为《在底部还有很大空间》的演讲(图 Y2-1). 在这次演讲中,他预言:人类可以用小的机器制作更小的机器,最后将变成根据人类意愿,逐个地排列原子,制造“产品”(图 Y2-2). 20 世纪 70 年代,科学家开始从不同角度提出有关纳米科技的构想.

图 Y2-1　理查德·费曼在课堂

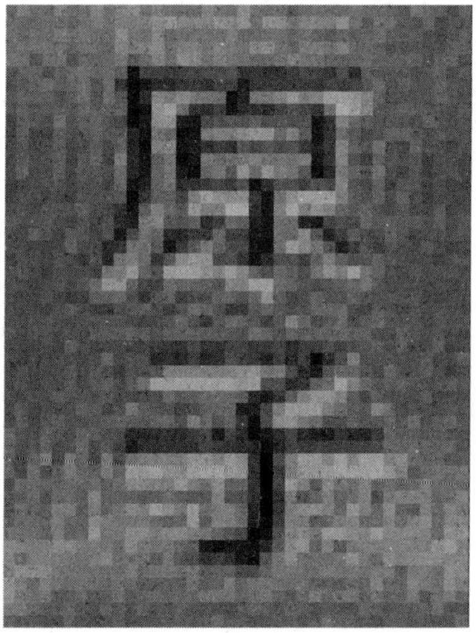

图 Y2-2　原子排成的“原子”字样

1974 年,科学家唐尼古奇(Norio Taniguchi)最早使用纳米技术一词描述精密机械加工;1981 年,科学家发明研究纳米的重要工具——扫描隧道显微镜(scanning tunneling microscope,STM),使人类首次在大气和常温下看见原子(图 Y2-3),为我们揭示了一个可见的原子、分子世界,对纳米科技发展产生了积极促进作用.可以说,扫描隧道显微镜的发明为人类进入纳米世界创造了基础性的技术条件.1990年,IBM 公司阿尔马登研究中心的科学家成功地对单个的原子进行了重排,纳米技术取得一项关键突破.他们使用一种称为扫描探针的设备慢慢地把 35 个原子移动到各自的位置,组成了 IBM 三个字母(图 Y2-4).这证明费曼是正确的,字母加起来还没有 3 个纳米长.1990 年 7 月,第一届国际纳米科学技术会议在美国巴尔的摩举办,标志着纳米科技的正式诞生.

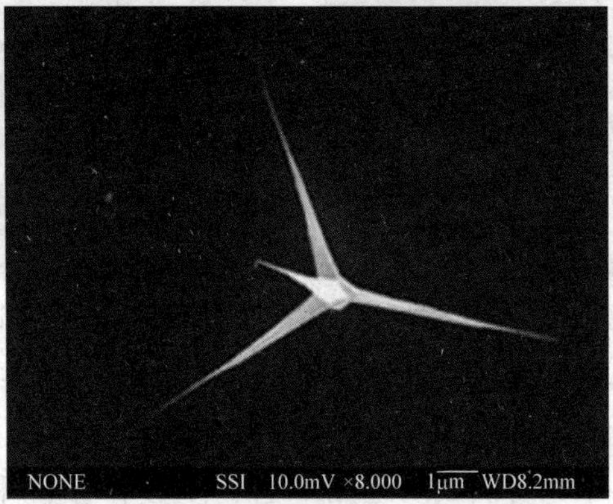

图 Y2-3　STM 下的纳米尺寸

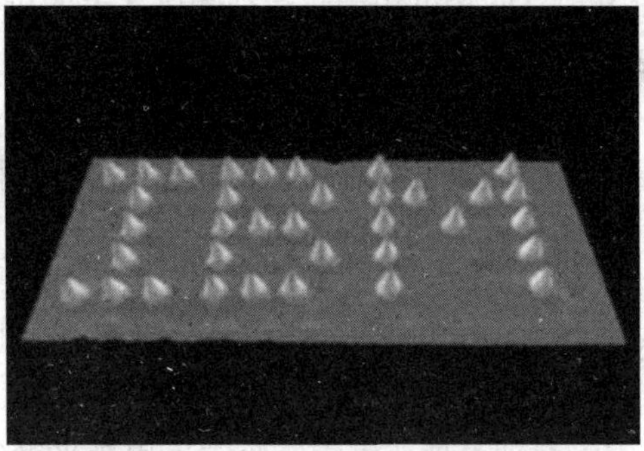

图 Y2-4　原子排成的字母“IBM”

1991 年,碳纳米管(图 Y2-5)被人类发现,它的质量是相同体积钢的六分之一,强度却是钢的 10 倍,成为纳米技术研究的热点.如果用碳纳米管做绳索,则此绳索是唯一可以从月球挂到地球表面,而不被自身重量所拉断的绳索.如果用它做成地球—月球乘人的电梯,人们在月球定居就很容易了.纳米碳管的细尖极易发射电子,用于做电子枪,可做成几厘米厚的壁挂式电视屏,这是电视制造业的发展方向.诺贝尔化学奖得主斯莫利教授认为,纳米碳管将是未来最佳纤维的首选材料,也将被广泛用于超微导线、超微开关以及纳米级电子线路等.

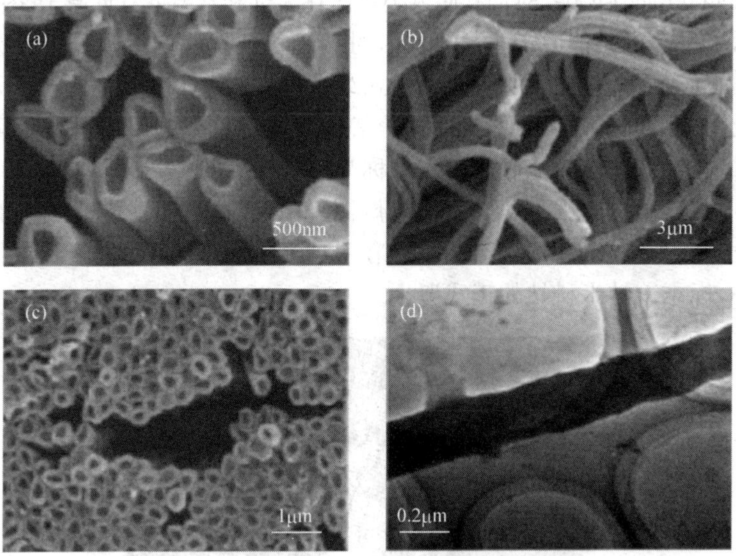

图 Y2-5　整齐排列的具有良好柔韧性的碳纳米管

1993 年,中国科学院北京真空物理实验室自如地操纵原子成功绘出"中国"轮廓图,标志着中国开始在国际纳米科技领域占有一席之地,并居于国际科技前沿.

1997 年,美国科学家首次成功地用单电子移动单电子,利用这种技术可望在2017 年后研制成功速度和存储容量比现在提高成千上万倍的量子计算机.同年,美国纽约大学科学家发现,DNA 可用于建造纳米层次上的机械装置.

1999 年,巴西和美国科学家在进行纳米碳管实验时发明了世界上最小的"秤",它能够称量十亿分之一克的物体,即相当于一个病毒的重量.此后不久,德国科学家研制出能称量单个原子重量的秤,打破了美国和巴西科学家联合创造的纪录.同年,美国科学家在单个分子上实现有机开关,证实在分子水平上可以发展电子和计算装置.

到 1999 年,纳米技术逐步走向市场,全年基于纳米产品的营业额达到 500 亿美元.

2000 年 4 月,美国能源部桑地亚国家实验室运用激光微细加工技术研制出智能手术刀,该手术刀可以每秒扫描 10 万个癌细胞,并将细胞所包含的蛋白质信息输入计算机进行分析判断.

2001 年纽约斯隆-凯特林癌症研究中心的戴维·沙因贝格尔博士报道了把放射性同位素锕-225 的一些原子装入一个形状像圆环的微型药丸中,制造了一种消灭癌细胞的靶向药物.这些研究表明纳米技术应用于医学的进展是十分迅速的.

近年来,一些国家纷纷制定相关战略或者计划,投入巨资抢占纳米技术战略高地.日本设立纳米材料研究中心,把纳米技术列入新 5 年科技基本计划的研发重点;德国专门建立纳米技术研究网;美国将纳米计划视为下一次工业革命的核心,美国政府部门将纳米科技基础研究方面的投资从 1997 年的 1.16 亿美元增加到 2001 年的 4.97 亿美元. 中国将纳米科技列为 973 计划进行重点发展,并对与其相关的产业进行大力扶持.

二、纳米技术的主要内容

1. 纳米材料

纳米材料又称为超微颗粒材料,由纳米粒子组成. 纳米粒子也叫超微颗粒,一般是指尺寸在 1~100nm 的粒子,是处在原子簇和宏观物体交界的过渡区域,从通常的关于微观和宏观的观点看,这样的系统既非典型的微观系统亦非典型的宏观系统,是一种典型的介观系统,它具有表面效应、小尺寸效应、量子尺寸效应及宏观量子隧道效应. 当人们将宏观物体细分成超微颗粒(纳米级)后,它将显示出许多奇异的特性,即它的光学、热学、电学、磁学、力学以及化学特性.

2. 纳米动力学

微型电动机械系统(MEMS)将一种类似于集成电器设计和制造的新工艺,用于有传动机械的微型传感器和执行器、光纤通信系统、特种电子设备、医疗和诊断仪器等. 显著特点是部件很小,刻蚀的深度往往要求数十至数百微米,而宽度误差很小. 在研究方面需要相应地检测准原子尺度的微变形和微摩擦等,使微电机和检测技术达到纳米数量级,具有很大的潜在科学价值和经济价值.

3. 纳米生物学和纳米药物学

结合纳米技术可用自组装方法在细胞内放入零件或组件使其构成新的材料. 例如,新的药物——即使是微米粒子的细粉,也大约有半数不溶于水,但如果粒子为纳米尺度(即超微粒子),则可溶于水. 纳米生物学发展到一定技术时,可以用纳米材料制成具有识别能力的纳米生物细胞,并可以吸收癌细胞的生物医药,注入人体内,可以用于定向杀灭癌细胞.

4. 纳米电子学

纳米电子学是指以纳米尺度材料为基础的器件制备、研究和应用的电子学领域. 由于量子尺寸效应等量子力学机制,纳米材料和器件中电子的形态具有许多新的特征. 纳米电子学是当前科学界极为重视的研究领域,被广泛认为未来数十年将取代微电子学成为信息技术的主体,将对人类的工作和生活产生革命性影响.

三、纳米技术的应用领域

当前纳米技术的研究和应用主要在材料和制备、微电子和计算机技术、医学与健康、航天和航空、环境和能源、生物技术和农产品等方面. 用纳米材料制作的器材重量更轻、硬度更强、寿命更长、维修费更低、设计更方便. 利用纳米材料还可以制作出特定性质的材料或自然界不存在的材料,制作出生物材料和仿生材料.

1. 电子器件

以纳米技术制造的电子器件，其性能大大优于传统的电子器件，功耗可以大幅降低. 信息存储量大，在一张不足巴掌大的 5in(1in=2.54cm) 光盘上，至少可以存储 30 个北京图书馆的全部藏书. 体积小、重量轻，可使各类电子产品体积和重量大为减小(图 Y2-6).

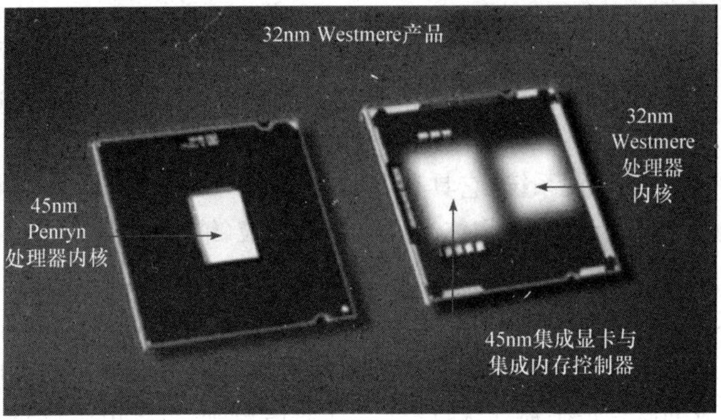

图 Y2-6　纳米器件

2. 陶瓷增韧

陶瓷材料在通常情况下呈脆性，由纳米粒子压制成的纳米陶瓷材料有很好的韧性(图 Y2-7). 因为纳米材料具有较大的界面，界面的原子排列是相当混乱的，原子在外力变形的条件下很容易迁移，因此表现出甚佳的韧性与延展性.

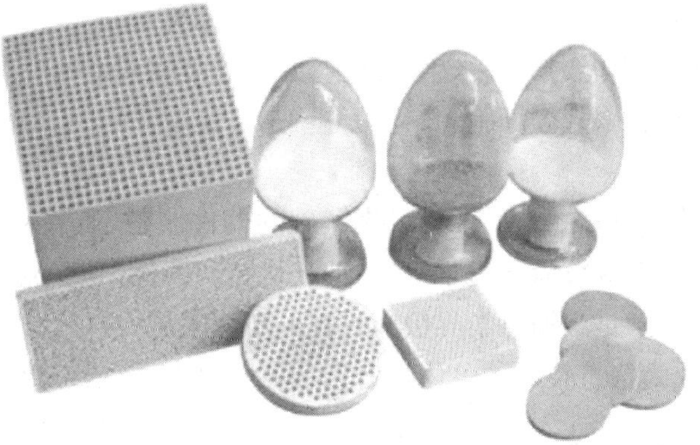

图 Y2-7　纳米陶瓷

3. 隐身材料

由于纳米微粒尺寸远小于红外及雷达波波长，因此纳米微粒材料对这种波的透过率比常规材料要强得多，这就大大减少了波的反射率，使得红外探测器和雷达接收到的反射信号变得很微弱，从而达到隐身的作用；另一方面，纳米微粒材料的比表面积比常规粗粉大3～4个数量级，对红外线和电磁波的吸收率也比常规材料大得多，这就使得红外探测器及雷达得到的反射信号强度大大降低，因此很难发现被探测目标，起到了隐身作用(图 Y2-8).

图 Y2-8　隐形飞机

4. 环境保护

随着纳米技术的悄然崛起，纳米环保也会迅速来临，拓展人类利用资源和保护环境的能力，为彻底改善环境和从源头上控制新的污染源产生创造了条件.

1) 治理有害气体

纳米技术可以制成非常好的催化剂，其催化效率极高. 经它催化的石油中硫的含量少于0.01%. 因而，在燃煤中可加入纳米级助烧催化剂，以帮助煤充分燃烧，提高能源的利用率，防治有害气体. 纳米级催化剂用于汽车尾气催化，有极强的氧化还原性能，使汽油燃烧时不再产生一氧化硫和氮氧化物，根本无须进行尾气净化处理.

2) 污水治理

污水中通常含有有毒有害物质、悬浮物、泥沙、铁锈、异味污染物、细菌病毒等. 污水治理就是将这些物质从水中去除. 由于传统的水处理方法效率低、成本高、存在二次污染等问题，污水治理一直得不到很好解决. 纳米技术的发展和应用很可能彻底解决这一难题. 污水中的贵金属是对人体极其有害的物质. 它从污水中流失，也是资源的浪费. 一种新的纳米技术可以将污水中的贵金属(如金、钌、钯、铂等)完全提炼出来，变害为宝. 一种新型的纳米级净水剂具有很强的吸附能力. 它的吸附能力和絮凝能力是普通净水剂三氯化铝的10～20倍.

3) 纳米相材料 TiO_2

纳米 TiO_2 除了具有纳米材料的特点外，还具有光催化性能，在环境污染治理方面具有极其重要的作用. 例如，可以降解空气中的有害有机物、降解有机磷农药、处理毛纺染整废水、解决石油污染问题和降解城市生活垃圾. 利用纳米 TiO_2 的光催化性能不仅能杀死环境中的细菌，而且能同时降解由细菌释放出的有毒复合物. 在医院的病房、手术室及生活空间细菌密集场所安放纳米 TiO_2 光催化剂还具有除臭作用.

另外，纳米 TiO_2 由于其表面具有超亲水性和超亲油性，因此其表面具有自清洁效应，即其表面具有防污、防雾、易洗、易干等特点.我国新近研制成功一种具备自动清洁功能，可以自动消除异味、杀菌消毒的"纳米自洁净玻璃"."纳米自洁净玻璃"是应用高科技纳米技术在平板玻璃的两面镀制一层纳米薄膜，薄膜在紫外线的作用下可分解沉积在玻璃上的污物，氧化室内有害气体，杀灭空气中的各种细菌和病毒(图 Y2-9).

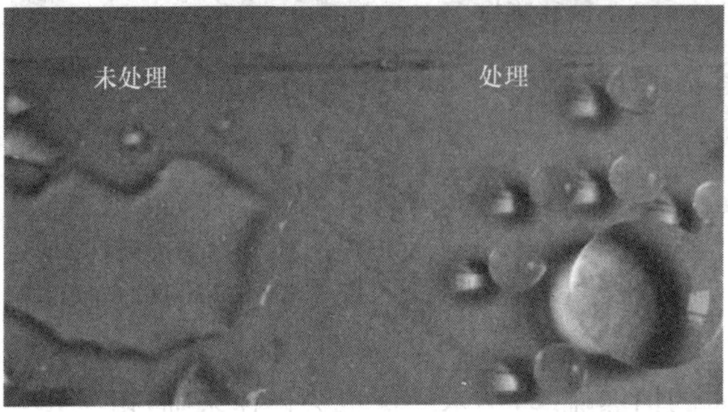

图 Y2-9　是否镀制纳米薄膜涂层的玻璃易洁度对比

5. 医学运用

英国伦敦纳米技术中心的研究人员研制出一种新型纳米探针，利用该纳米探针可以检测出某种抗生素药物是否能够与细菌结合，从而减弱或破坏细菌对人体的破坏能力，达到治疗疾病的目的(图 Y2-10).这是科学家第一次将纳米探针运用于药物筛选.

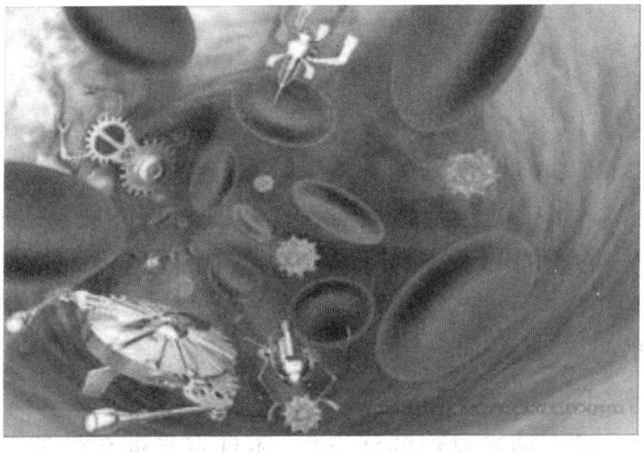

图 Y2-10　纳米机器人应用于医疗健康行业

使用纳米技术能使药品生产过程越来越精细，并在纳米材料的尺度上直接利用原子、分子的排布制造具有特定功能的药品.将药物储存在碳纳米管中，并通过一定的机制来激发药剂的释放，则可控药剂有希望变为现实.纳米材料粒子将使药物在人体内的传输更为方便，用数层纳米粒子包裹的智能药物进入人体后可主动搜索并攻击癌细胞或修补损伤组织.使用纳米技术的新型诊断仪器只需检测少量血液，就能通过其中的蛋白质和DNA诊断出各种疾病.

6. 纳米纤维

纳米纤维的用途很广，例如，将纳米纤维植入织物表面，可形成一层稳定的气体薄膜，制成双疏性界面织物，既可防水，又可防油、防污(图 Y2-11)；用纳米纤维制成的高级防护服，其织物多孔且有膜，不仅能使空气透过，具有可呼吸性，还能挡风和过滤微细粒子，对气溶胶有阻挡性，可防生化武器及有毒物质.此外，纳米纤维还可用于化工、医药等产品的提纯、过滤等.

纳米雨衣可由纳米雨伞转变而成，纳米雨衣又不同于一般的雨衣，因为纳米雨衣可以保证从头到脚绝对不湿.因为是纳米材料，所以纳米雨伞可以一甩即干(图 Y2-12)，雨伞转变为雨衣后，雨衣也只需穿着时轻轻一跳即可全干.

7. 纳米加工

纳米加工的含义是达到纳米级精度的加工技术，例如激光纳米加工(图 Y2-13).由于原子间的距离为0.1～0.3nm，纳米加工的实质就是要切断原子间的结合，实现原子或分子的去除.切断原子间结合所需要的能量必然要求超过该物质的原子间结合能，即所需的能量密度是很大的.用传统的切削、磨削加工方法进行纳米级加工就相当困难了.

截至2008年，纳米加工有了很大的突破，例如，电子束光刻(UGA 技术)加工超大规模集成电路时，可实现0.1μm线宽的加工；离子刻蚀可实现微米级和纳米级表层材料的去除；扫描隧道显微技术可实现单个原子的去除、扭迁、增添和原子的重组.

图 Y2-11　应用纳米技术制成的服装

图 Y2-12　纳米伞

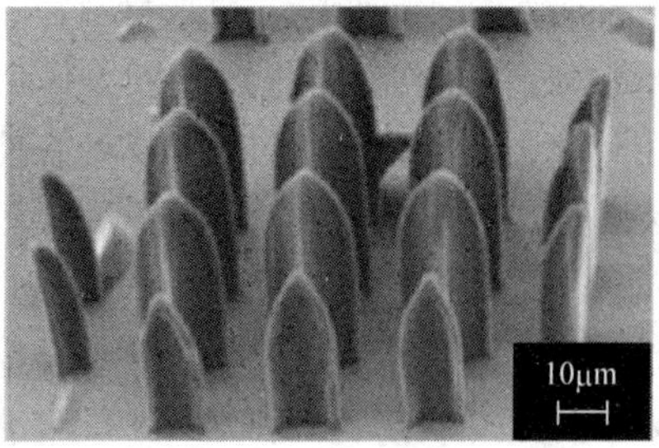

图 Y2-13　纳米光刻形成的 3D 纳米结构

四、结论

纳米科学是一门将基础科学和应用科学集于一体的新兴科学，主要包括纳米电子学、纳米材料学和纳米生物学等. 21 世纪将是纳米技术的时代，纳米材料的应用涉及各个领域，在机械、电子、光学、磁学、化学和生物学领域有着广泛的应用前景. 纳米科学技术的诞生将对人类社会产生深远的影响，并有可能从根本上解决人类面临的许多问题，特别是能源、人类健康和环境保护等重大问题. 我国著名科学家钱学森曾指出，纳米左右和纳米以下的结构是下一阶段科技发展的一个重点，会是一次技术革命，从而将引起 21 世纪又一次产业革命. IBM 的首席科学家 Amotrong 也曾十分肯定地指出："正像 70 年代微电子技术引发了信息革命一样，纳米科学技术将成为下世纪信息时代的核心." 虽然距离应用阶段还有较长的距离要走，但是由于纳米科技所孕育的极为广阔的应用前景，世界各国都已经开始对纳米科技给予高度重视，纷纷制定研究计划，进行相关研究.

讨　论　题

1. 阅读了上面的材料，你有哪些收获？
2. 除了阅读材料中的内容，你还可以举出哪些与纳米技术有关的应用？

可以查阅资料，自由讨论，并把成果和大家分享.

阅读与讨论三：太赫兹技术及其应用

太赫兹(terahertz,THz)是一种波动频率单位，等于 10^{12} Hz，通常用于表示电磁波频率. 太赫兹是一种新的、有很多独特优点的辐射源；太赫兹技术是一个非常重要的交叉前沿领域，给技术创新、国民经济发展和国家安全提供了一个非常诱人的机遇，可能引发科学技术的革命性发展. 随着科学技术的迅猛发展以及社会信息化进程的持续加速，各国之间的科技竞争越来越剧烈，高新技术水平已经成为各国之间竞争实力的标志. 太赫兹技术由于其显著的特点及广泛的应用已成为世界各国研究机构支持和重视的先进科学. 目前，全世界有 100 个以上的研究小组在进行与太赫兹有关的研究. 2004 年，太赫兹技术被美国评为"改变未来世界的十大技术"之一. 2005 年，日本将太赫兹技术列为"国家支柱技术十大重点战略目标"之首. 欧盟设专项资金资助太赫兹技术的研究；英国[以卢瑟福国家实验室(RAL)为代表的太赫兹技术研究机构]、德国、荷兰、以色列等，都在大力支持太赫兹技术的基础和应用研究. 我国政府在 2005 年 11 月专门召开了"香山科技会议"，邀请国内多位在太赫兹研究领域有影响的院士讨论我国太赫兹事业的发展方向，并制定了我国太赫兹技术的发展规划. 总之，太赫兹技术已成为 21 世纪重大新兴科学技术领域之一，对太赫兹技术的研究是国际电子与信息领域重大科学问题之一. 太赫兹研究领域的开拓者之一，美国著名学者张希成博士称："NEXT RAY，T-Ray！"

一、太赫兹波的概念

按传统的分类形式，电磁波分成无线电波、红外线、可见光、紫外线、α 射线、γ 射线等. 随着对电磁波的深入研究，人们发现在电磁波谱中还有一个很特殊的位置，如图 Y3-1 所示，这就是太赫兹波.

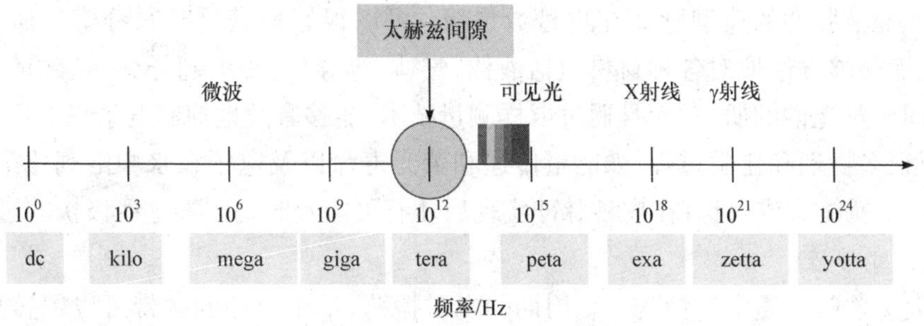

图 Y3-1　太赫兹波段在电磁波谱中的位置示意图

太赫兹波是从 20 世纪 80 年代中后期才被正式命名的，在此以前科学家们将其统称为远红外射线. 太赫兹波通常指的是频率在 0.1～10THz（波长在3～0.03mm)的电磁波,其波段在微波和红外线之间,属于远红外波段,此波段是人们所剩的最后一个未被开发的波段.

实际上,早在一百多年前,就有科学工作者涉及过这一波段. 1896 年和 1897 年,Rubens 和 Nichols 对太赫兹波段进行了先期探索,红外光谱到达 $9\mu m$(0.009mm)和 $20\mu m$(0.02mm),之后又有到达 $50\mu m$ 的记载. 之后的近百年时间,远红外技术取得了许多成果,并且已经产业化. 但是涉及太赫兹波段的研究结果和数据非常少,主要是受到有效太赫兹辐射源和灵敏探测器的限制,因此这一波段也被称为"太赫兹空隙"(THz gap). 随着 20 世纪 80 年代一系列新技术、新材料的发展,特别是超快技术的发展,获得宽带稳定的脉冲太赫兹源成为一种准常规技术,太赫兹技术得以迅速发展,并在国际范围内掀起一股太赫兹研究热潮.

二、太赫兹波的特点

太赫兹波在长波段与毫米波相重合,主要依靠电子学科学技术发展;而在短波段与红外线相重合,则主要依靠光子学科学技术发展. 因此,太赫兹波是宏观电子学向微观光子学过渡的频段. 由于太赫兹波在电磁波谱中有着特殊位置,因此具有一系列不同于其他电磁辐射的特点,而这些特点也使得太赫兹波具有广泛的应用前景.

1. 相干性

太赫兹的相干性源于其相干产生机制. 太赫兹辐射是由相干电流驱动的偶极子振荡产生,或是由相干的激光脉冲通过非线性光学差额效应产生,因此具有很高的时间相干性和空间相干性. 太赫兹相干测量技术能够直接测量电场的振幅和相位,从而方便地提取样品的折射率、吸收系数、消光系数、介电常数等光学参数. 这一特点在研究材料的瞬态相干动力学问题时具有极大的优势.

2. 瞬态性

太赫兹脉冲的典型脉宽在皮秒数量级，可以很好地满足时间分辨的研究条件,从而能够方便地对各种材料包括液体、气体、半导体、高温超导体、铁磁体等进行时间分辨光谱的研究,而且通过取样测量技术,能够有效地抑制背景辐射噪声的干扰. 很多物理和化学过程,如能量传递和荧光寿命以及电子在水中溶剂化等,仅需 10^{-8}s 就能完成,只有在皮秒脉冲实现后才有可能及时地观察这些极快的过程.

3. 宽带性

太赫兹脉冲通常包括若干个周期的电磁振荡,单个脉冲的频带可以覆盖从吉赫兹至几十太赫兹的范围,便于在大的光谱范围内对物质性质进行分析. 例如,大多数的爆炸性物质在太赫兹波段具有特征谱;许多超导材料、薄膜材料、半导体材料的声振动能级也落在太赫兹波段范围.

4. 稳定性

太赫兹时域光谱系统对黑体辐射不敏感，在小于 3THz 范围内信噪比高达 $10^4:1$，远远高于傅里叶变换红外光谱技术，而且其稳定性也更好. 许多材料的大分子振动光谱在太赫兹波段存在很多特征吸收峰，因此太赫兹时域光谱技术是探测材料在太赫兹波段信息的一种有效的手段.

5. 低能量性

约 50%的宇宙空间光子能量，大量星际分子的特征谱线在太赫兹范围. 频率为 1THz 的电磁波的光子能量只有毫电子伏特(～4.1meV)的数量级，与光子能量在千电子伏特的 X 射线(～30keV)相差 7 个数量级. 太赫兹波的光子能量低于各种化学键的键能，因此太赫兹波不会引起有害的电离反应. 也就是说，与 X 射线相比，太赫兹波不会因为电离而破坏被检测物质. 这点对旅客身体的安全检查和对生物样品的检查等应用至关重要. 因此，太赫兹波适合对生物组织进行活体检查，例如，利用太赫兹时域光谱技术研究酶的特性，进行 DNA 鉴别，替代 X 射线进行人体检查等，适合生物大分子与活性物质结构的研究.

6. 高透射性

太赫兹波段的电磁辐射具有很强的透视能力，可以作为一种特殊的"探针"用来对物质内部进行深入研究. 太赫兹辐射能以很小的衰减穿透非金属和非极性材料(如纸张、塑料、木料、纺织品等包装物)，具有很强的穿透性，可对不透明物体进行透视成像，可以与 X 射线成像和超声波成像技术形成有效互补. 太赫兹波甚至还可以穿透墙壁，它所得到的探测图像的分辨率和景深都有明显的增加，可用于安检或质检过程中的无损检测.

7. 吸水性

大多数极性分子如水分子，对太赫兹辐射有强烈的吸收. 在太赫兹成像技术中，可以利用极性物质特别是水对太赫兹电磁辐射的强烈吸收特性分辨生物组织的不同状态，例如，对人体烧伤部位的损伤程度进行诊断；还可以进行产品质量控制，如测量食品表面水分含量以确定其新鲜程度、植物叶片组织的水分含量分布等，如图 Y3-2 所示；由于肿瘤组织中水分含量与正常组织明显不同，可通过分析组织中的水分含量来确定肿瘤的位置.

8. 指纹光谱

太赫兹波段包含了丰富的物理和化学信息. 许多有机分子，例如，生物大分子的转动和振动能级、半导体的子带和微带能量都处在太赫兹波段范围，所以在太赫兹波段表现出很强的吸收和色散特性. 物质的太赫兹光谱(发射、反射和透射光谱)包含丰富的物理和化学信息，使得它们具有类似指纹一样的唯一特点，可用于"指纹"识别和结构表征. 根据这些指纹谱，太赫兹光谱成像技术能够分辨物体的形貌，分析物体的物理化学性质，为缉毒、反恐、排爆等提供可靠的相关理论依据和探测技术.

图 Y3-2　太赫兹波的吸水性示例

三、太赫兹波的应用

太赫兹科学技术是电磁学、激光物理学、半导体物理学等多个学科的交叉技术，并且为这些学科的研究提供了新的研究方法和手段，在基础物理学中发挥着举足轻重的作用. 而且，太赫兹波兼具微波和红外的优异特性，同时包含了丰富的物理和化学信息，在电子、信息、生命、国防、航天等方面蕴含着重大应用前景. 在研究的必要性以及国家重大需求牵引两方面的作用下，太赫兹技术具有极大的科学意义和应用价值.

1. 太赫兹在国家安全、反恐方面的应用

太赫兹波成像技术可以利用相位信息进行成像，许多干电介质对太赫兹波段基本是透明的，但是折射率不同会引起太赫兹波相位的变化，从而实现对不同材料的鉴别. 因此，根据太赫兹波对衣物、塑料、陶瓷、硅片、纸张和干木材等一系列物质具有较好的穿透性能，再结合物质的太赫兹“指纹谱”，可以实现对物质进行识别，在毒品、化学生物危险品和武器等的非接触安全检测、邮件隐藏物的非接触检测等方面受到了反恐、保安和海关检查等部门的高度重视.

1）太赫兹在公共安全检查上的应用

现阶段最吸引人的太赫兹技术可以说是利用其进行安全检查. 使用太赫兹波成像技术在车站、机场对行李或旅客进行安检就非常理想，它可以准确地检查刀具、枪支、炸药及非法药品毒品等，有效保障大众的生命财产安全. 因为太赫兹波成像有两个固有的限制：其一，它不能穿透金属，金属表面几乎可以 100% 的反射太赫兹辐射，因而太赫兹波不能探测金属容器内的物体. 例如，太赫兹波可以穿透衣物和报纸，准确检查出报纸中隐藏的刀具，如图 Y3-3；太赫兹成像技术相对于可见光和 X 射线有非常强的互补特征，其穿透能力介于两者之间，又不会对人体或生物组织造成伤害. 因此，太赫兹安检仪应运而生，它对人体的伤害是 X 射线扫描安检仪的几千分之一，几乎对人体不造成伤害. 美国和欧洲已经开始大量部署太赫兹安检仪. 图 Y3-4 是一名“恐怖分子”身体携带枪支通过太赫兹安检仪的安检效果图.

图 Y3-3　太赫兹波成像效果图

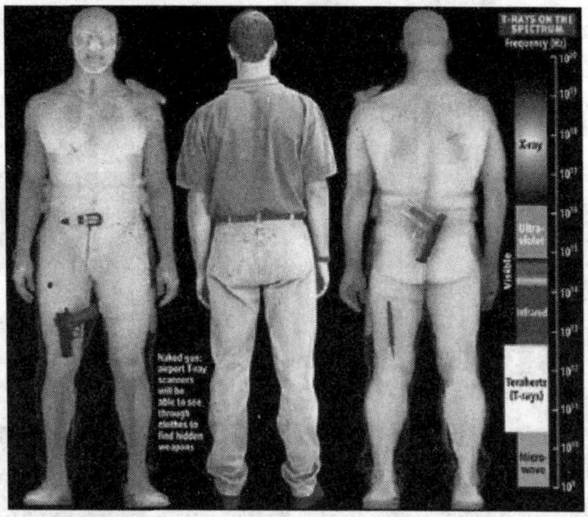

图 Y3-4　太赫兹安检仪效果图

2) 太赫兹在毒品检测中的应用

许多物质的太赫兹光谱包含丰富的物理和化学信息, 使得它们具有类似指纹一样的唯一特点. 国家重点管制类毒品也具有其独特的太赫兹谱, 可用于“指纹”识别和物质结构表征. 根据这些指纹谱, 太赫兹光谱成像技术能够分辨物体的形貌, 分析物体的物理化学性质, 为缉毒、反恐、排爆等提供可靠的相关理论依据和探测技术. 例如, 在充氮气后, 测量系统湿度低于 4%, 温度为室温的测试环境下, 氯胺酮的吸收光谱和反射光谱如图 Y3-5 所示.

2. 太赫兹在无损检测中的应用

由于太赫兹波有较强的穿透率, 并且其光子能量低, 只有几个毫电子伏特, 穿透时不易发生电离, 因而可用于安全的无损检测. 尤其是对一些塑料、泡沫等绝缘材料内部的缺陷和裂纹等进行无损检测和成像, 在战略导弹及航空、航天结构材料的检测和评估方面具有重要的应用价值. 例如, 泡沫材料是航天飞机上常用的材

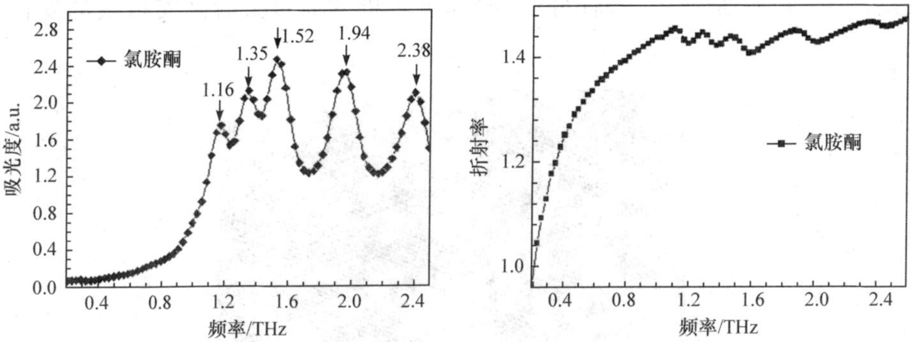

图 Y3-5 以氯胺酮为例的太赫兹光谱测量结果

料，其对太赫兹波的吸收和折射率非常低，因此太赫兹波可以穿透几英寸厚的泡沫材料，并探测到深埋在其中的缺陷.

2003 年 2 月 1 日哥伦比亚号航天飞机失事，机上七名宇航员全部遇难. 调查委员会的初步认定和模拟试验都认为哥伦比亚号的悲剧应该归因于外置燃料箱的一块手提箱大小的泡沫隔离层的脱落对航天飞机左翼的撞击(图 Y3-6).

图 Y3-6 使用太赫兹技术研究航天飞机失事的原因

以预埋缺陷的泡沫材料样品为研究对象，美国使用一套太赫兹波系统通过从顶部和侧面入射太赫兹波脉冲并记录其反射波，研究人员成功探测到 57 个缺陷中的 49 个，证明了太赫兹波可以对航天器燃料舱的隔热材料进行有效的无损探测(图 Y3-7). 这一结果在同时使用的四种无损检测方法（超声波、X 射线、红外热波、太赫兹波）中效果最好. 目前，太赫兹成像已被美国航空航天局选为探测航天飞机中缺陷的关键技术之一.

3. 太赫兹在医学成像、诊断上的应用

由于很多生物大分子及 DNA 分子的旋转及振动能级多处于太赫兹波段，生

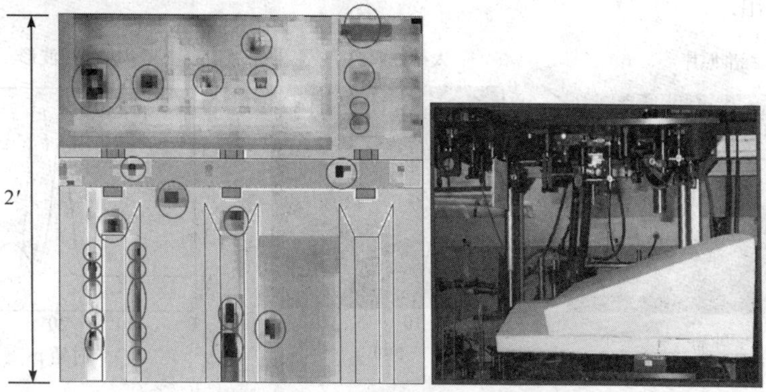

图 Y3-7　太赫兹波探测泡沫材料

物体对太赫兹波具有独特的响应,所以太赫兹辐射可用于疾病诊断、生物体的探测及癌细胞的表皮成像. 跟其他波段的成像技术一样,太赫兹成像技术也是利用太赫兹波照射被测物,通过物品的透射或反射获得样品的信息,进而成像. 太赫兹波成像技术的信息量大,每一像源对应一个太赫兹时域谱,通过对时域谱进行傅里叶变换又可得到每一点的太赫兹频率响应谱,既可以获得物体的形状与内部结构信息,又可以获得物体材料的成分信息.

其实,X 射线、核磁共振(NMR)、计算机辅助层析成像技术(CT)、正电子发射扫描(PET)在医学成像中都发挥着很大的作用,但也都存在局限性. 例如,CT、PET 均采用离子化辐射,可能会引起其他的疾病;MR 、CT 不能对骨头成像;PET 有很高的灵敏度但空间分辨率差. 在生物医学方面使用太赫兹波可解决上述局限性. 例如,计算机辅助层析成像技术是在 X 射线领域首先发展并应用起来的三维解析成像技术,太赫兹波也可以应用于计算机辅助层析成像. X 射线层析成像只能反映物体的吸收率的分布,而太赫兹层析成像测量则记录了整个太赫兹脉冲的时间波形信息,因此可以根据不同的要求选取不同的探测物理量,如电场强度、峰值时间甚至材料的光谱特征. 太赫兹层析成像对物体的反映是多方面的,不仅可以获得物体的吸收率的分布,还可以得到物体的折射率和材料的三维分布.

由于太赫兹波能量低,不会对生物体产生电离危害,即使强烈的太赫兹辐射,对人体的影响也只能停留在皮肤表层,而不是像微波一样可以穿透到人体的内部,因而能对患者进行无损检测和筛查. 另外,太赫兹波对水相中物质水含量或者化学物质的微小变化极其敏感,不同样本水含量的差异有利于太赫兹医学诊断研究. Png 等使用太赫兹光谱鉴别正常和患病的脑组织样本. Stringer 等应用太赫兹光谱技术对人腿皮质骨进行了检测. 图 Y3-8 给出了太赫兹乳腺肿瘤(模型)成像情况. 可以看出,癌变组织和正常组织的太赫兹波具有不同的振幅,波形和时间延迟,因而可以从中得到肿瘤的大小和形状,这样不用照射 X 射线,对人体没有附加伤害. 中国工程院院士杜祥琬指出,在所有物理技术中,电磁波技术对医学的促进作用尤其突出.

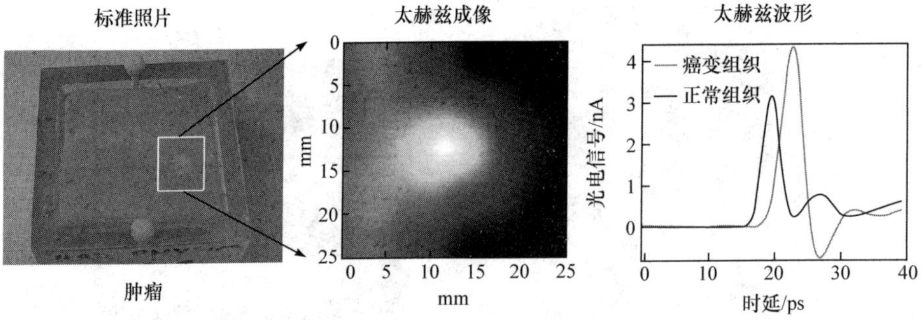

图 Y3-8　太赫兹乳腺肿瘤(模型)成像

4. 太赫兹在生物、环境监测上的应用

由于生物大分子的振动和转动能量均在太赫兹波段,因而利用太赫兹辐射技术可得到 DNA 的重要信息,这对粮食选种、优良菌种选择等起着重要作用;另外,太赫兹在生物化学应用以及药物的分析和检测等方面都具有良好的功能. 由于很多极性生物大分子的振动和旋转能级都处在太赫兹波段内,许多常见中西药品的太赫兹光谱中存在明显的特征吸收,这使得太赫兹光谱技术有可能成为一项药品鉴别的有效手段. 一些研究已经证明药物的药效基团在太赫兹波段十分敏感,具有明显的特征吸收峰,使用 THz-TDS 技术可以准确地识别出基团的振动频率,可结合基于受体或配体的药物设计获得其振动模式,为实现药效基团分析、新药开发等一系列药理研究工作提供帮助. 设想一下制药厂的流水线上安装一台太赫兹时域光谱仪,从药厂出厂的每一片药都进行光谱测量,并与标准的药物进行光谱对比,合格的将进入下一个环节,否则在流水线上将劣质药片清除掉,避免不同药片或不同批次药片的品质差异,保证药品的品质. 例如,在针对降血糖药物的分析研究中,根据吸收谱,能很轻易地区分出瑞格列奈和二甲双胍与磺脲类药物的差别. 而四种格列系列的药物因其功能基团的类似,其太赫兹吸收谱的相似度非常高(图 Y3-9). 然后进一步结合计算机对其进行精确分类,可达到近 100% 的准确性.

太赫兹技术能够对固体、气体、液体及火焰等介质的电学、声学性质及化学成分进行研究. 科研人员可利用太赫兹穿透烟雾来检测出大气中的有毒或有害分子,因此可用于环境的污染检测. 由于太赫兹波同样能够被大气层中的水、氧气、氮化物等物质所吸收,因而可以通过卫星携带的太赫兹探测器实现对大气中气体含量及分布进行检测,然后通过大气微量分子变化来监测全球气候变暖问题. 2004 年美国国防部高级研究计划局投入大量的资金,研制太赫兹成像阵列技术,并最终研制出便携式、远距离太赫兹成像雷达,它可以在沙尘暴、浓烟及海上浓雾中寻找目标并清晰成像. 图 Y3-10 给出灰尘或烟雾中坦克的太赫兹成像效果图.

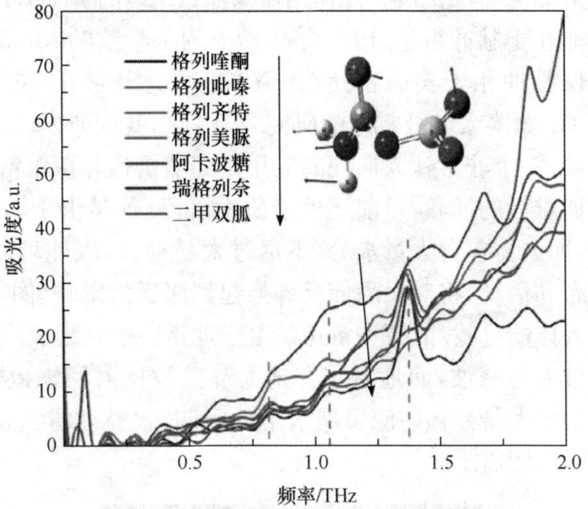

图 Y3-9　七种降血糖药物的太赫兹吸收谱

图 Y3-10　灰尘或烟雾中坦克的太赫兹成像效果图

5. 太赫兹在国防上的应用

以信息技术为核心的现代化战争中,信息化的武器装备不断提高.太赫兹波作为一个新的频率资源,在军事领域有广泛的应用前景.由于太赫兹波比通常微波的频率更高,在远程军事目标探测、显示前方烟雾中的坦克(图 Y3-10)、远距离成像、多光谱成像等方面有重要的应用,能够探测比微波雷达更小的目标和实现更精确的定位,具有更高的分辨率和更强的保密性.因此,太赫兹雷达可成为未来高精度雷达的发展方向.关于太赫兹雷达的研究可以追溯到 1988 年马萨诸塞大学的 Mc-

Intosh 等基于当时真空器件扩展相互作用振荡器(EIO)的 215GHz 的大气窗口附近的一部高功率非相干脉冲雷达. 1991 年佐治亚理工学院的 Mc Millan 等提出并实现了 0.225THz 脉冲相干实验雷达(图 Y3-11),并开展 1.56THz、0.52THz、0.35THz、0.16THz 紧凑太赫兹雷达的研究. 2019 年,我国研发的太赫兹雷达在中国科学院测试成功. 一个非常让人向往的应用是穿墙雷达和探雷雷达,当然也可以用于抗震救灾中遇难者的搜救,目前还处于研发阶段. 这是由于墙壁、木材等材料对太赫兹波透过,而人体包含大量水分,不透过太赫兹波,因此可以透过墙壁侦察到屋内的人员分布和活动,将对反恐怖反绑架起到深远的影响(图 Y3-12),同理也可以用于废墟下人体的寻找. 而探雷雷达是由于地雷一般在地表或地表附近,而干燥的泥土可以透过太赫兹波,而地雷将会把太赫兹波反射回来,从而可以发现目标. 不过,由于高功率太赫兹辐射源发展水平的限制,太赫兹雷达系统成像目前尚无法完全满足实际应用需求.

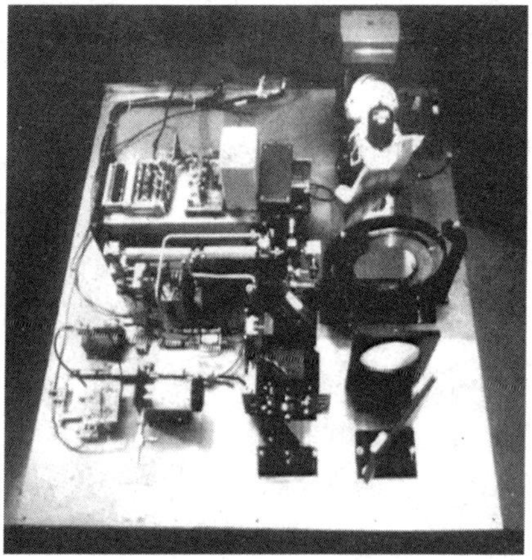

图 Y3-11　0.225THz 脉冲相干雷达

图 Y3-12　太赫兹雷达用于反恐

目前各种军事目标、武器的隐身主要是针对微波、毫米波波段的隐身,而在尚未充分开发利用的太赫兹波段中几乎未涉及. 所以太赫兹雷达有望探测到目前各种军事目标和武器,将成为反隐身的军事武器. 作为反隐身的利器,不管是基于形状隐身还是涂料隐身,甚至基于等离子体隐身的武器装备,太赫兹雷达都能让它们瞬时"现出原形".

6. 太赫兹技术在网络通信中的应用

太赫兹通信是指用太赫兹波作为信息载体进行的空间通信. 因为太赫兹波介于微波与远红外线之间,处于电子学向光子学的过渡领域,所以它集成了微波通信与光通信的优点. 太赫兹波是很好的宽带信息载体,比微波能做到的信道数多得多,特别适合于卫星间及局域网的宽带移动通信,因此在网络通信方面有很好的应用前景. 太赫兹波用于通信可获得 $10GB \cdot s^{-1}$的无线传输速度,比当前的超宽带技术快数百至上千倍. 有专家预言,在不远的将来,无线太赫兹网络将取代无线局域网或蓝牙技术,而成为短距离无线通信的主流技术. 太赫兹卫星成像和通信技术可能是今后各国关注的重要领域.

由于太赫兹通信具有大气不透明、带宽宽、天线小、定向性好、安全性高和散射小等特点,所以其应用领域非常广泛,包括卫星间星际通信、同温层内空对空通信、短程地面无线局域网、短程安全大气通信以及发展太赫兹通信理论. 将来利用太赫兹无线网络下载一部 DVD 电影几乎是"弹指一挥间",几秒钟即可完成. 太赫兹与可见光和红外线相比,它同时具有极高的方向性以及较强的云雾穿透能力,这就使得太赫兹通信可以极高的带宽进行高保密卫星通信(图 Y3-13).

图 Y3-13　卫星空间通信

7. 太赫兹技术在天文探测上的应用

在宇宙中,大量的物质在发出太赫兹电磁波. 碳(C)、水(H_2O)、一氧化碳(CO)、氮(N_2)、氧(O_2)等大量的分子可以在太赫兹波段进行探测. 而这些物质在应用太赫兹技术以前,一部分根本无法探测,而另一部分只能在海拔很高或者月球表面才可以探测到,因为太赫兹波在太空环境中被吸收得较少,可以传播很远的距离. 天体和星际辐射包含了星际形成过程和星际介质化学性质的丰富信息,而太赫兹波段的观测要比其他波段有更低的背景噪声.随着太赫兹技术的发展,天文学家和天体物理学家对太赫兹波段天文观测的兴趣日益增加.太赫兹波在天文学上占有极为重要的地位,是射电天文学上极重要的波段,它可以结合卫星实现空间成像.根据星际、星系际大气分子特征谱及行星小星体的大气动力学原理,通过太赫兹来完成许多天文方面的应用.

目前,世界上已建造了多台用于研究银河系星际云中复杂物理状态及结构的太赫兹波段的射电望远镜.如德国马克斯·普朗克射电天文学研究所和美国位于亚利桑那州的基特峰国家天文台合作研制了一台 10m 直径的亚毫米波射电望远镜.2003 年,Eyal 等在南极阿蒙森海工作站的 1.7m 直径的亚毫米波望远镜上用 1.25～1.5THz 波段的太赫兹探测器(TREND)进行了天文观测,由于南极干燥稀薄的大气层,这个波段将是地基望远镜可以达到最好观测效果的波段(图 Y3-14).

图 Y3-14　南极天文望远镜

四、太赫兹辐射源的发展

太赫兹波主要是通过太赫兹源的辐射产生,因此太赫兹辐射源的研制是太赫兹波科学技术研究的关键.随着太赫兹技术的迅猛发展,太赫兹在目标探测、成像、雷达及通信等方面得到重要应用.太赫兹的广泛应用推动了太赫兹辐射源的发展.根据太赫兹辐射产生的机理,可以将其辐射源分为两大类:一类是利用电子学的方法,另一类是利用光学方法产生太赫兹波辐射.

目前光学方法产生太赫兹辐射的主要有以下几种:太赫兹气体激光器;利用超短激光脉冲产生太赫兹辐射,可采用光电导和光整流两种方案;利用非线性差频过程(DFG)和参量过程产生太赫兹波;基于远红外光泵浦产生太赫兹辐射等.

基于电子学方法的太赫兹源通常可产生窄带连续太赫兹波,是比较容易实用化的太赫兹源.基于电子学方法的太赫兹源可大致分为三类:太赫兹真空微电子器件、太赫兹相对论性器件和太赫兹半导体激光器.采用电子学方法主要有以下几种:反向波振荡器(backward wave oscillator,BWO);太赫兹回旋管(THz gyrotrons);自由电子激光器(free electron laser,FEL);浅掺杂的 p 型锗半导体激光器;量子级联激光器(quantum cascade laser,QCL);电子学振荡器频率转换(倍频);基于高能加速器的太赫兹辐射源等.

利用电子学方法产生太赫兹辐射的优点是效率较高,可以产生大功率的太赫兹波,但频率较低,一般在1THz以下.利用光子学方法产生太赫兹辐射的优点是产生的太赫兹波的方向性和相干性很好,但是输出效率低.鉴于太赫兹介于电子学和光子学之间的特殊波段,对于太赫兹的长波方向,可以依靠电子学(electronics)科学技术产生太赫兹波,而太赫兹的短波长方向则主要是光子学(photonics)科学技术的方法.

五、结论

太赫兹波科学技术作为一门前沿的新兴交叉学科有其独特的优势,并具有广阔的应用前景.如前所述,太赫兹技术在安全检查、无损检测、医学成像及诊断、生物及环境监测、国防、通信、天文探测等方面都展现出相比现有技术的优越性.同时,对其他科学如物理、化学、天文学、生物医学、材料科学、环境科学等均有重大的影响,相关应用需求迫切,发展迅猛.然而,太赫兹科学技术发展至今不到30年,很多关键技术问题,如太赫兹辐射源及太赫兹检测技术等尚不够成熟,一些应用中遇到的问题还没有得到切实的解决.太赫兹技术的多项应用目前还只是处于实验室阶段,真正实现大规模的应用还没有开始.然而,随着太赫兹科学技术的快速发展,太赫兹科学技术的理论不断发展和成熟,伴随着各类太赫兹源和检测技术的研发成功,太赫兹技术必将对国民经济和国家安全产生重大影响.在当今科技快速发展的时代,基础研究、开发研究和产业化发展几乎同步进行、相互融合、相互促进,我们要有高度的紧迫感和责任感,研究太赫兹技术,开发利用太赫兹频谱资源,努力推动我国乃至世界太赫兹波科学技术及其应用更进一步的发展,这将关系着国家未来的发展和需要,具有非常重要的战略意义.

讨 论 题

1. 阅读了上面的材料,你有哪些收获?
2. 除了阅读材料中的内容,你还可以举出哪些与太赫兹技术有关的应用?

可以查阅资料,自由讨论,并把成果和大家分享.

附　　录

附录一　物理中常用的数学

一、矢量

具有一定大小和方向且加法遵从平行四边形法则的量叫作矢量. 力、速度、加速度、电场强度和磁感强度等都是矢量.

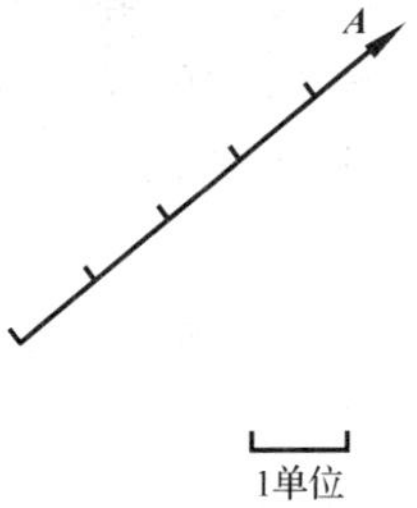

图 A-1　矢量的几何表示

从几何观点看，矢量可以表示为有方向的线段，见图 A-1，在选定单位后，线段的长短（含有几个单位长度）即矢量的大小，箭头方向表示矢量的方向. 书写时常以 $\vec{A}$ 表示矢量. 矢量的印刷符号常用黑体字 $\boldsymbol{A}$.

矢量 $\boldsymbol{A}$ 的大小称作矢量的模，即有向线段的长度，它是一个非负实数. 记作 $|\boldsymbol{A}|$ 或斜体字 A.

模等于 1 的矢量称作单位矢量，在直角坐标系 $O\text{-}xyz$ 中沿 x、y、z 轴的单位矢量分别记作 $\boldsymbol{i}$、$\boldsymbol{j}$ 和 $\boldsymbol{k}$.

模等于零的矢量称为零矢量，其方向可以认为是任意的.

若矢量 $\boldsymbol{A}$ 和矢量 $\boldsymbol{B}$ 的大小相等、方向相同，则称此二矢量相等，即 $\boldsymbol{A}=\boldsymbol{B}$. 若矢量 $\boldsymbol{A}$ 和矢量 $\boldsymbol{B}$ 的大小相等、方向相反，则称此二矢量互为负矢量，即 $\boldsymbol{A}=-\boldsymbol{B}$.

矢量和标量属于不同范畴，它们之间既不能谈相等，也不能谈不相等.

二、矢量的加法和减法

1. 矢量加法

矢量 $\boldsymbol{A}$ 与矢量 $\boldsymbol{B}$ 相加遵从平行四边形法则，参看图 A-2(b)，记作

$$\boldsymbol{A}+\boldsymbol{B}=\boldsymbol{C}$$

$\boldsymbol{C}$ 称为 $\boldsymbol{A}$ 与 $\boldsymbol{B}$ 的矢量和；$\boldsymbol{A}$ 与 $\boldsymbol{B}$ 则称为 $\boldsymbol{C}$ 的分矢量. 矢量的加法也称为矢量的合成. 这种运算还可以简化为三角形法则，即将矢量 $\boldsymbol{B}$ 的起点与矢量 $\boldsymbol{A}$ 的终点相连，以 $\boldsymbol{A}$ 的起点作为起点，以 $\boldsymbol{B}$ 的终点作为终点的矢量即是所求的矢量和 $\boldsymbol{C}$. $\boldsymbol{A}$、$\boldsymbol{B}$ 及 $\boldsymbol{C}$ 构成三角形，如图 A-2(c)所示. 根据三角形的边角关系可解出 $\boldsymbol{C}$ 的大小及方向.

$$C=\sqrt{A^2+B^2+2AB\cos\alpha}$$

$$\tan\beta=\frac{B\cdot\sin\alpha}{A+B\cos\alpha}$$

式中，α 为矢量 $\boldsymbol{A}$ 和 $\boldsymbol{B}$ 间的夹角；β 是和矢量 $\boldsymbol{C}$ 与矢量 $\boldsymbol{A}$ 间的夹角.

还可以将三角形法则推广为多边形法则，即令 $\boldsymbol{A}$、$\boldsymbol{B}$、$\boldsymbol{C}$ 诸矢量依次首尾相接即可找出矢量和 $\boldsymbol{F}$ 的终端，参看图 A-2(d).

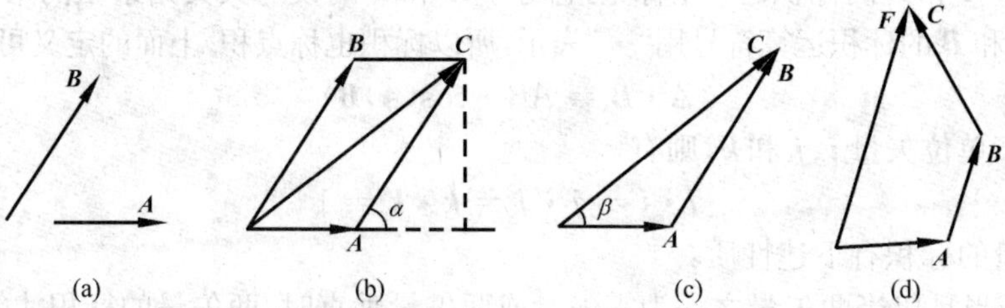

图 A-2　矢量加法

容易证明，矢量加法满足交换律，即

$$\boldsymbol{A}+\boldsymbol{B}=\boldsymbol{B}+\boldsymbol{A}$$

并且，矢量的加法满足结合律，即

$$(\boldsymbol{A}+\boldsymbol{B})+\boldsymbol{C}=\boldsymbol{A}+(\boldsymbol{B}+\boldsymbol{C})$$

2. 矢量减法

若有 $\boldsymbol{A}$ 与 $\boldsymbol{B}$ 的矢量和 $\boldsymbol{C}$，即 $\boldsymbol{A}+\boldsymbol{B}=\boldsymbol{C}$，则矢量 $\boldsymbol{B}$ 可称作矢量 $\boldsymbol{C}$ 与矢量 $\boldsymbol{A}$ 的矢量差，记作

$$\boldsymbol{B}=\boldsymbol{C}-\boldsymbol{A}$$

矢量减法 $\boldsymbol{B}=\boldsymbol{C}-\boldsymbol{A}$ 是矢量加法 $\boldsymbol{A}+\boldsymbol{B}=\boldsymbol{C}$ 的逆运算. 在图 A-2(c)中利用三角形法则，同样可由 $\boldsymbol{C}$ 和 $\boldsymbol{A}$ 画出矢量差 $\boldsymbol{B}$，方法是：自某点出发画出被减矢量 $\boldsymbol{C}$ 与减矢量 $\boldsymbol{A}$，再由减矢量 $\boldsymbol{A}$ 的矢端引向被减矢量 $\boldsymbol{C}$ 的矢端；这一矢量即为矢量差 $\boldsymbol{B}$. 对于矢量 $\boldsymbol{C}$ 与 $\boldsymbol{A}$ 之差 $\boldsymbol{C}-\boldsymbol{A}$ 也可以看作是 $\boldsymbol{C}$ 与 $-\boldsymbol{A}$ 之和，即 $\boldsymbol{C}-\boldsymbol{A}=\boldsymbol{C}+(-\boldsymbol{A})$. 这样，我们就可以用求矢量和的方法来求矢量差. 如图 A-3 所示，即为以 $\boldsymbol{C}$ 与 $-\boldsymbol{A}$ 为两个分矢量，分别采用平行四边形法则和三角形法则求出 $\boldsymbol{C}$ 与 $-\boldsymbol{A}$ 之和 $\boldsymbol{B}$，即 $\boldsymbol{B}$ 是 $\boldsymbol{C}$ 与 $\boldsymbol{A}$ 之差.

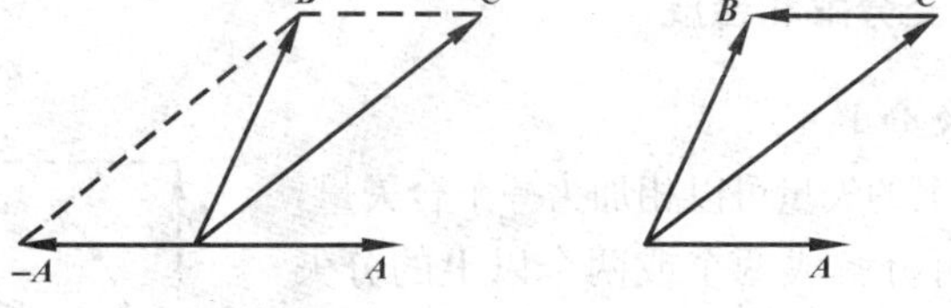

图 A-3　矢量减法

三、矢量的乘法

1. 矢量的标积

矢量 $\boldsymbol{A}$ 和 $\boldsymbol{B}$ 的标积是一个标量，它等于 $\boldsymbol{A}$ 和 $\boldsymbol{B}$ 的模与其夹角余弦的乘积，记作 $\boldsymbol{A}\cdot\boldsymbol{B}$. $\boldsymbol{A}$ 和 $\boldsymbol{B}$ 的标积运算符号用“·”表示，所以标积也称点积. 上面的定义可以写为

$$\boldsymbol{A}\cdot\boldsymbol{B}=AB\cdot\cos(\boldsymbol{A},\boldsymbol{B})$$

对于单位矢量 $\boldsymbol{i}$、$\boldsymbol{j}$ 和 $\boldsymbol{k}$，则有

$$\boldsymbol{i}\cdot\boldsymbol{i}=\boldsymbol{j}\cdot\boldsymbol{j}=\boldsymbol{k}\cdot\boldsymbol{k}=1$$

矢量的标积有下述性质：

(1) 当且仅当两矢量之一为零矢量或两矢量垂直时，两矢量的标积才等于零.

(2) 矢量标积满足交换律，$\boldsymbol{A}\cdot\boldsymbol{B}=\boldsymbol{B}\cdot\boldsymbol{A}$.

(3) 矢量标积满足分配律，$(\boldsymbol{A}+\boldsymbol{B})\cdot\boldsymbol{C}=\boldsymbol{A}\cdot\boldsymbol{C}+\boldsymbol{B}\cdot\boldsymbol{C}$.

(4) 矢量标积满足结合律，$(\boldsymbol{A}\cdot\boldsymbol{B})\lambda=\boldsymbol{A}\cdot(\boldsymbol{B}\lambda)$，$\lambda$ 为一实数.

2 矢量的矢积

矢量 $\boldsymbol{A}$ 和 $\boldsymbol{B}$ 的矢积为一矢量，记作

$$\boldsymbol{C}=\boldsymbol{A}\times\boldsymbol{B}$$

其大小等于 $\boldsymbol{A}$ 和 $\boldsymbol{B}$ 的模与其夹角正弦之积，即 $C=AB\cdot\sin(\boldsymbol{A},\boldsymbol{B})$. 其方向垂直于 $\boldsymbol{A}$ 和 $\boldsymbol{B}$ 所决定的平面，而且 $\boldsymbol{A}$、$\boldsymbol{B}$ 和 $\boldsymbol{C}$ 组成右手螺旋系统，使右手四指从 $\boldsymbol{A}$ 经小于 180° 的角转向 $\boldsymbol{B}$，此时拇指的指向即为 $\boldsymbol{C}$ 的方向，如图 A-4 所示.

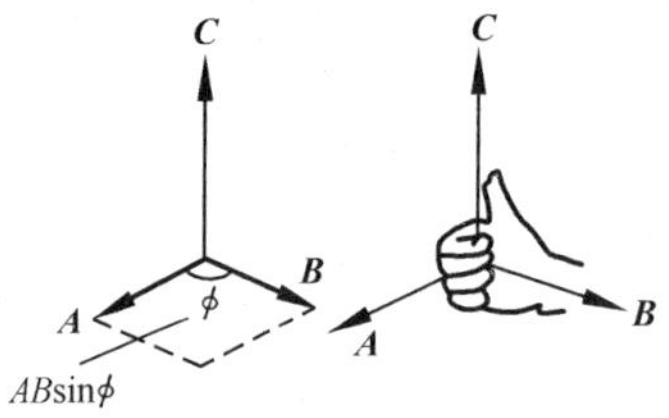

图 A-4　矢量的矢积

矢积用记号“×”表示，所以矢积又叫作叉积.

矢积运算有如下性质：

(1) $\boldsymbol{A}\times\boldsymbol{A}=0$.

(2) $\boldsymbol{A}\times\boldsymbol{B}=-\boldsymbol{B}\times\boldsymbol{A}$.

(3) $(\lambda\boldsymbol{A})\times\boldsymbol{B}=\lambda(\boldsymbol{A}\times\boldsymbol{B})=\boldsymbol{A}\times(\lambda\boldsymbol{B})$，$\lambda$ 为实数.

(4) $\boldsymbol{C}\times(\boldsymbol{A}+\boldsymbol{B})=\boldsymbol{C}\times\boldsymbol{A}+\boldsymbol{C}\times\boldsymbol{B}$.

四、矢量的正交分解和合成

1. 矢量的正交分解

两个或两个以上的矢量可以相加为一个合矢量，反之，一个矢量也可分解成两个或两个以上的分矢量，这个过程叫做矢量的分解. 矢量合成的结果是唯一的，而矢量分解的结果就不是唯一的，沿不同的方向分解可以得到不同的结果，如图 A-5 所示.

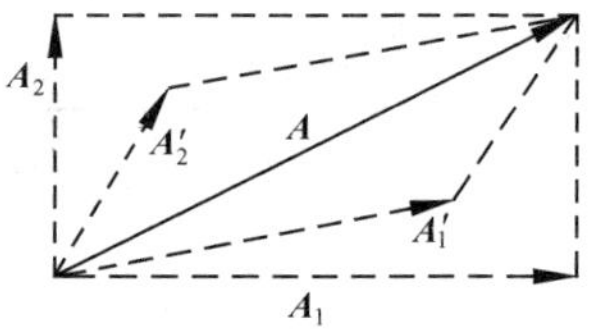

图 A-5

在物理学中，最常用的方法是把一个矢量在选定的直角坐标系上进行分解，这就叫矢量的正交分解.

设平面直角坐标系 Oxy 中，矢量 $\mathbf{A}$ 的“首”端与坐标原点 O 重合，于是矢量 $\mathbf{A}$ 可表示为

$$\mathbf{A}=\mathbf{A}_x+\mathbf{A}_y$$

式中，$\mathbf{A}_x$、$\mathbf{A}_y$ 就是矢量 $\mathbf{A}$ 沿 x 轴和 y 轴的分矢量，如图 A-6(a)所示. 若令 x 轴、y 轴的单位矢量分别为 $\boldsymbol{i}$、$\boldsymbol{j}$，则分矢量 $\mathbf{A}_x$、$\mathbf{A}_y$ 又可表示成

$$\mathbf{A}_x=A_x\boldsymbol{i},\quad \mathbf{A}_y=A_y\boldsymbol{j}$$

于是 $\mathbf{A}$ 又可表示为

$$\mathbf{A}=\mathbf{A}_x+\mathbf{A}_y=A_x\boldsymbol{i}+A_y\boldsymbol{j}$$

式中

$$A_x=A\cos\alpha,\quad A_y=A\sin\alpha$$

α 为 $\mathbf{A}$ 与 x 轴的夹角. A_x、A_y 分别称作矢量 $\mathbf{A}$ 在 x 轴、y 轴上的分量，如图 A-6(b)所示.

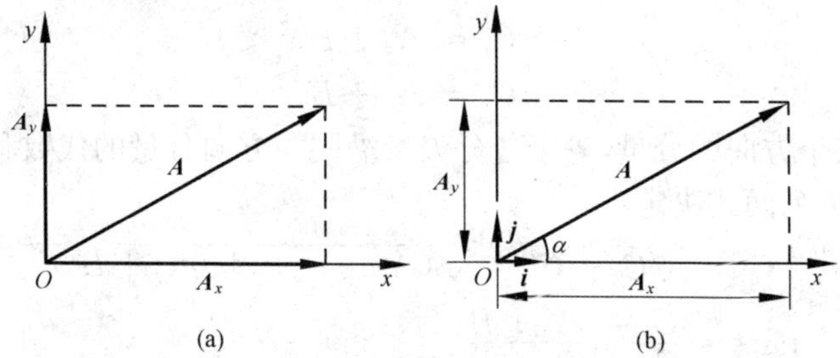

图 A-6

显然矢量 $\mathbf{A}$ 的大小和方向与其分量有下述关系：

$$|\mathbf{A}|=A=\sqrt{A_x^2+A_y^2}$$

$$\tan\alpha=A_y/A_x$$

在图 A-7 中，将矢量 $\mathbf{A}$ 在空间直角坐标系 $O\text{-}xyz$ 中分解，同理可得

$$\mathbf{A}=\mathbf{A}_x+\mathbf{A}_y+\mathbf{A}_z=A_x\boldsymbol{i}+A_y\boldsymbol{j}+A_z\boldsymbol{k}$$

$$A=\sqrt{A_x^2+A_y^2+A_z^2}$$

$$\cos\alpha=\frac{A_x}{A},\cos\beta=\frac{A_y}{A},\cos\gamma=\frac{A_z}{A}$$

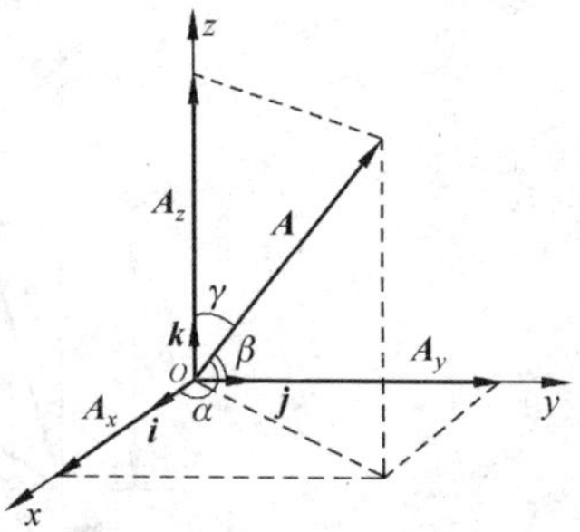

图 A-7

式中，$\mathbf{A}_x$、$\mathbf{A}_y$、$\mathbf{A}_z$ 为矢量 $\mathbf{A}$ 沿 x、y、z 轴的分矢量；A_x、A_y、A_z 为 $\mathbf{A}$ 在 x、y、z 轴上的分量；$\boldsymbol{i}$、$\boldsymbol{j}$、$\boldsymbol{k}$ 为 x、y、z 轴单位矢量；α、β、γ 为矢量 $\mathbf{A}$ 与 x、y、z 轴的夹角；$\cos\alpha$、$\cos\beta$、$\cos\gamma$ 称为矢量 $\mathbf{A}$ 的方向余弦.

2. 矢量合成的解析法

几何合成法虽然可以求出合矢量，但并不方便，尤其是在计算多个矢量的合矢量时更是如此. 简便的方法是将矢量先正交分解，然后再合成.

设有矢量 $\boldsymbol{A}$ 和 $\boldsymbol{B}$，求其合矢量 $\boldsymbol{C}$，先把矢量 $\boldsymbol{A}$、$\boldsymbol{B}$ 在平面直角坐标系 xOy 上作正交分解，有分量式

$$\boldsymbol{A} = A_x\boldsymbol{i} + A_y\boldsymbol{j}, \quad \boldsymbol{B} = B_x\boldsymbol{i} + B_y\boldsymbol{j}$$

合矢量 $\boldsymbol{C}$ 同样可以分解为

$$\boldsymbol{C} = C_x\boldsymbol{i} + C_y\boldsymbol{j}$$

因为

$$\boldsymbol{C} = \boldsymbol{A} + \boldsymbol{B}$$

故得

$$C_x\boldsymbol{i} + C_y\boldsymbol{j} = (A_x\boldsymbol{i} + A_y\boldsymbol{j}) + (B_x\boldsymbol{i} + B_y\boldsymbol{j})$$

根据矢量加法的结合律，有

$$C_x\boldsymbol{i} + C_y\boldsymbol{j} = (A_x + B_x)\boldsymbol{i} + (A_y + B_y)\boldsymbol{j}$$

由此得

$$\begin{cases} C_x = A_x + B_x \\ C_y = A_y + B_y \end{cases}$$

即合矢量沿某个方向的分量，等于各分矢量沿同一方向分量的代数和. 合矢量的大小、方向可由下列两式决定：

$$|\boldsymbol{C}| = \sqrt{C_x^2 + C_y^2} = \sqrt{(A_x + B_x)^2 + (A_y + B_y)^2}$$

$$\tan\phi = \frac{C_y}{C_x} = \frac{A_y + B_y}{A_x + B_x}$$

由图 A-8 也容易从几何关系上得出上述结果.

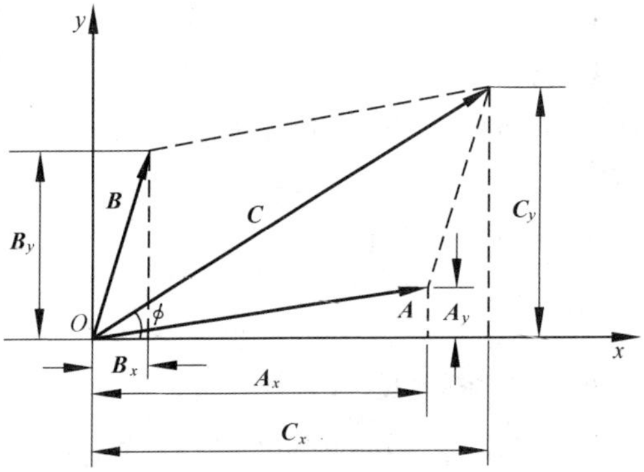

图 A-8

附录二　国际单位制(SI)的基本单位

量的名称	单位名称			定义
	全称	简称	国际代号	
时间	秒	秒	s	1秒是铯-133原子基态的两个超精细能级之间跃迁所对应的辐射的9192631770个周期的持续时间(第13届国际计量大会,1967年)
长度	米	米	m	1米是光在真空中在$(299792458)^{-1}$秒内的行程(第17届国际计量大会,1983年)
质量	千克	千克	kg	1千克是普朗克常量为6.62607015×10^{-34} J·s (6.62607015×10^{-34} kg·m^2·s^{-1})时的质量(第26届国际计量大会,2018年)
电流	安培	安	A	1安培是1s内通过$(1.602176634)^{-1}\times10^{19}$个元电荷所对应的电流(第26届国际计量大会,2018年)
热力学温度	开尔文	开	K	1开尔文是玻尔兹曼常量为1.380649×10^{-23} J·K^{-1} (1.380649×10^{-23} kg·m^2·s^{-2}·K^{-1})时的热力学温度(第26届国际计量大会,2018年)
物质的量	摩尔	摩	mol	1摩尔是精确包含6.02214076×10^{23}个原子或分子等基本单元的系统的物质的量(第26届国际计量大会,2018年)
光强度	坎德拉	坎	cd	1坎德拉是一光源在给定方向上发出频率为540×10^{12} s^{-1}的单色辐射,且在此方向上的辐射强度为$(683)^{-1}$ kg·m^2·s^{-3}时的发光强度(第13届国际计量大会,1967年)

附录三 常用物理常量

物理量的名称	符号	数值
真空中光速	c	$2.99792458\times10^{8}\mathrm{m\cdot s^{-1}}$
万有引力常数	G	$6.6720\times10^{-11}\mathrm{N\cdot m^{2}\cdot kg^{-2}}$
普适气体常量	R	$8.31441\mathrm{J\cdot mol^{-1}\cdot K^{-1}}$
阿伏伽德罗常量	N_0	$6.022045\times10^{23}\mathrm{mol^{-1}}$
玻尔兹曼常量	k	$1.380662\times10^{-23}\mathrm{J\cdot K^{-1}}$
理想气体摩尔体积(标准状态下)	V_{m}	$2.241383\times10^{-2}\mathrm{m^{3}\cdot mol^{-1}}$
原子质量单位	u	$1.6605655\times10^{-27}\mathrm{kg}$
质子静止质量	m_{p}	$1.6726285\times10^{-27}\mathrm{kg}$
中了静止质量	m_{n}	$1.6749543\times10^{-27}\mathrm{kg}$
电子静止质量	m_{e}	$9.109534\times10^{31}\mathrm{kg}$
元电荷	e	$1.6021892\times10^{-19}\mathrm{C}$
电子的比荷	e/m_{e}	$1.7588047\times10^{-11}\mathrm{C\cdot kg^{-1}}$
真空电容率	ε_0	$8.854187818\times10^{-12}\mathrm{F\cdot m^{-1}}$
真空磁导率	μ_0	$4\pi\times10^{-7}\mathrm{H\cdot m^{-1}}$
普朗克常量	h	$6.626176\times10^{-34}\mathrm{J\cdot s}$